수능기출

KB193958

수학 영역

수학 I

거인의 어깨가 필요할 때

만약 내가 멀리 보았다면, 그것은 거인들의 어깨 위에 서 있었기 때문입니다.
If I have seen farther, it is by standing on the shoulders of giants.

오래전부터 인용되어 온 이 경구는, 성취는 혼자서 이룬 것이 아니라
많은 앞선 노력을 바탕으로 한 결과물이라는 의미를 담고 있습니다.
과학적으로 큰 성취를 이룬 뉴턴(Newton, I.; 1642~1727)도
과학적 공로에 관해 언쟁을 벌이며 경쟁자에게 보낸 편지에
이 문장을 인용하여 자신보다 앞서 과학적 발견을 이룬 과학자들의
도움을 많이 받았음을 고백하였다고 합니다.

수학은 어렵고, 잘하기까지 오랜 시간이 걸립니다.
그렇기에 수학을 공부할 때도 거인의 어깨가 필요합니다.

<각 GAK>은 여러분이 오를 수 있는 거인의 어깨가 되어
여러분의 수학 공부 여정을 함께 하겠습니다.
<각 GAK>의 어깨 위에서 여러분이 원하는
수학적 성취를 이루길 진심으로 기원합니다.

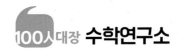

수능 **1등급 각** 나오는
교재 **활용법**

- 최신 수능 경향 문제로 필요충분하게 수능 완성!
- 외형 중심 유형 분류가 아닌 학습 효율을 높인 유형 구성!

❸ **A** 기본 다지고,

001 2014년 10월 교육청 A형 1번
$(3^4)^{\frac{1}{2}} + (3^{-2})^{\frac{1}{2}}$의 값은? [2점]
① $\frac{8}{3}$ ② 3 ③ $\frac{10}{3}$
④ $\frac{11}{3}$ ⑤ 4

004 2014년 7월 교육청 B형 1번
$\sqrt[4]{81} \times \sqrt{\sqrt{16}}$의 값은? [2점]
① $\sqrt{6}$ ② 12
④ 24 ⑤ 30

002 2009학년도 수능(홀) 가/나형 1번
$9^{\frac{3}{4}} \times 27^{-\frac{1}{2}}$의 값은? [2점]
① $\frac{1}{3}$ ② 1 ③ $\sqrt{3}$
④ 3 ⑤ $3\sqrt{3}$

005 2022학년도 수능(홀) 1번
$(2^{\sqrt{3}} \times 4)^{\sqrt{3}-2}$의 값은? [2점]
① $\frac{1}{4}$ ② $\frac{1}{2}$
④ 2 ⑤ 4

003 2010년 10월 교육청 가/나형 1번
$\sqrt[3]{8} \div 2^{-5}$의 값은? [2점]
① 2 ④ 4 ③ 8
④ 16 ⑤ 32

006 2023학년도 수능(홀) 1번
$\left(\frac{4}{2^{\sqrt{2}}}\right)^{2+\sqrt{2}}$의 값은? [2점]
① $\frac{1}{4}$ ② $\frac{1}{2}$
④ 2 ⑤ 4

1 기출 문제를 가로-세로 학습하면 생기는 일?

- 왼쪽에는 대표 기출 문제, 오른쪽에는 유사 기출 문제를 배치하여
  ❶ 가로로 익히고 ❷ 세로로 반복하는 학습!
- 가로로 배치된 유사 기출 문제를 함께 풀거나 시간차를 두고
  풀어 보면서 사고를 확장시켜 보자!

2 손도 대지 못하는 문제가 있다면?

(**1단계**) 개념 카드의 실전 개념을 보면서 **A STEP** 문제를 풀어 보자! ⟶ ❸
(**2단계**) 해설에서 풀이는 보지 말고 **해결 각 잡기**를 읽고 문제를 다시 풀어 보자! ⟶ ❹
(**3단계**) 풀이의 아랫부분은 가리고 풀이를 한 줄씩 또는 **STEP**별로 확인해 보자. ⟶ ❺

3 *B STEP* 문제의 오답 정리까지 마쳤다면?

- 수능 완성을 위해 엄선된 고난도 기출 문제인 *C STEP*으로 실력을 향상시켜 보자! ⟶ ❻
- 틀리거나 어려웠던 문항에서 자신의 어떤 부분이 부족했는지 치열하게 고민해 보고
  기록해 두자!

B 유형 & 유사로 익히면…

유형 01 거듭제곱근의 성질과 지수법칙

013 2006년 5월 교육청 나형 18번

1이 아닌 양수 a에 대하여 $\sqrt[4]{a\sqrt[3]{a\sqrt[4]{a}}}=a^{\frac{m}{n}}$일 때, $m+n$의 값을 구하시오. (단, m과 n은 서로소인 자연수이다.) [3점]

→ **014** 2009년 7월 교육청 나형 18번

$a>0$, $a\neq1$에 대하여 $\left\{\dfrac{\sqrt{a^3}}{\sqrt[3]{a^2}}\times\sqrt{\left(\dfrac{1}{a}\right)^{-1}}\right\}^n=a^k$일 때, 상수 k의 값을 구하시오. [3점]

015 2018년 3월 교육청 나형 14

x에 대한 이차방정식 $x^2-\sqrt[3]{81}x+a=0$의 두 근이 $\sqrt[3]{3}$과 b일 때, ab의 값은? (단, a, b는 상수이다.) [4점]

① 6   ③ 3   ③ $6\sqrt[3]{3}$
④ 12   ⑤ $6\sqrt[3]{9}$

→ **016** 2019년 9월 교육청 나형 26번 (고2)

2 이상의 자연수 n에 대하여 넓이가 $\sqrt[n]{64}$인 정사각형의 한 변의 길이를 $f(n)$이라 할 때, $f(4)\times f(12)$의 값을 구하시오. [4점]

❻ C 수능 완성!

057 2022학년도 6월 평가원 21번

다음 조건을 만족시키는 최고차항의 계수가 1인 이차함수 $f(x)$가 존재하도록 하는 모든 자연수 n의 값의 합을 구하시오. [4점]

(가) x에 대한 방정식 $(x^n-64)f(x)=0$은 서로 다른 두 실근을 갖고, 각각의 실근은 중근이다.
(나) 함수 $f(x)$의 최솟값은 음의 정수이다.

058 2022년 9월 교육청 29번 (고2)

2 이상의 자연수 n과 상수 k에 대하여 $n^2-17n+19k$의 n제곱근 중 실수인 것의 개수를 $f(n)$이라 하자. $\sum\limits_{n=2}^{19}f(n)=19$를 만족시키는 자연수 k의 값을 구하시오. [4점]

정답과 해설

탑 ④

알기

방정식의 근과 계수의 관계
방정식 $ax^2+bx+c=0$의 두 근을 α, β라 하면
$\alpha+\beta=-\dfrac{b}{a}, \alpha\beta=\dfrac{c}{a}$

x에 대한 이차방정식 $x^2-\sqrt[3]{81}x+a=0$의 두 근이 $\sqrt[3]{3}$과 b
이차방정식의 근과 계수의 관계에 의하여
$=\sqrt[3]{81}, \sqrt[3]{3}b=a$에서
$\sqrt[3]{3}+b=\sqrt[3]{81}$에서
$-\sqrt[3]{3}=\sqrt[3]{81}-3^{\frac{1}{3}}=3\cdot3^{\frac{1}{3}}-3^{\frac{1}{3}}=2\times3^{\frac{1}{3}}$
a에서
$b=3^{\frac{1}{3}}\times(2\times3^{\frac{1}{3}})=2\times3^{\frac{2}{3}}$
$=(2\times3^{\frac{1}{3}})\times(2\times3^{\frac{2}{3}})=4\times3=12$
탑 STEP 2
$\sqrt[3]{81}$에서

$\sqrt[4]{a}=\sqrt[3]{4}$ $\therefore a=(\sqrt[3]{4})^4=\sqrt[3]{256}$
$\therefore k=256$

019 **탑** ②

해로 각 잡기

 방정식 $x^n=8$의 실근은 n이 홀수인지 짝수인지에 따라 달라지므로 경우를 나누어 푼다.
 자연수 n에 대하여 n이 홀수인지 짝수인지에 관계없이 $2n$은 짝수이다.

STEP 1 $(x^n-8)(x^{2n}-8)=0$에서
$x^n=8$ 또는 $x^{2n}=8$

STEP 2 (i) n이 짝수일 때
$x=\pm\sqrt[n]{8}$ 또는 $x=\pm\sqrt[2n]{8}$
이때 모든 실근의 곱이 양수이므로 조건을 만족시키지 않는다.
(ii) n이 홀수일 때
$2n$은 짝수

Contents
차례

학습 계획표 4주 28일

· 일차별로 학습 성취도를 체크해 보세요. 성취도가 △, ×이면 반드시 한 번 더 복습합니다.
· 복습할 문항 번호를 메모해 두고 2회독 할 때 중점적으로 점검합니다.

	학습일		문항 번호	성취도	복습 문항 번호
1주	1일차		001~036	○ △ ×	
	2일차		037~060	○ △ ×	
	3일차		061~092	○ △ ×	
	4일차		093~124	○ △ ×	
	5일차		125~148	○ △ ×	
	6일차		149~182	○ △ ×	
	7일차		183~218	○ △ ×	
2주	8일차		219~238	○ △ ×	
	9일차		239~268	○ △ ×	
	10일차		269~298	○ △ ×	
	11일차		299~322	○ △ ×	
	12일차		323~354	○ △ ×	
	13일차		355~384	○ △ ×	
	14일차		385~408	○ △ ×	
3주	15일차		409~438	○ △ ×	
	16일차		439~465	○ △ ×	
	17일차		466~485	○ △ ×	
	18일차		486~513	○ △ ×	
	19일차		514~535	○ △ ×	
	20일차		536~551	○ △ ×	
	21일차		552~579	○ △ ×	
4주	22일차		580~595	○ △ ×	
	23일차		596~631	○ △ ×	
	24일차		632~659	○ △ ×	
	25일차		660~687	○ △ ×	
	26일차		688~709	○ △ ×	
	27일차		710~745	○ △ ×	
	28일차		746~769	○ △ ×	

01

지수

실전 개념 1 **거듭제곱근의 정의** > 유형 01 ~ 03

실수 a와 2 이상의 자연수 n에 대하여 n제곱하여 a가 되는 수, 즉 방정식 $x^n = a$를 만족시키는 x를 a의 n제곱근이라 한다.

이때 a의 제곱근, 세제곱근, 네제곱근, $\cdots$을 통틀어 거듭제곱근이라 한다.

이때 실수 a의 n제곱근 중 실수인 것은 다음과 같다.

n 　　 a	$a > 0$	$a = 0$	$a < 0$
n이 홀수	$\sqrt[n]{a}$	0	$\sqrt[n]{a}$
n이 짝수	$\sqrt[n]{a}$, $-\sqrt[n]{a}$	0	없다.

실전 개념 2 **거듭제곱근의 성질** > 유형 01 ~ 03

$a > 0$, $b > 0$이고 m, n이 2 이상의 정수일 때

① $\sqrt[n]{a^n} = a$

② $\sqrt[n]{a}\,\sqrt[n]{b} = \sqrt[n]{ab}$

③ $\dfrac{\sqrt[n]{a}}{\sqrt[n]{b}} = \sqrt[n]{\dfrac{a}{b}}$

④ $(\sqrt[n]{a})^m = \sqrt[n]{a^m}$

⑤ $\sqrt[m]{\sqrt[n]{a}} = \sqrt[mn]{a} = \sqrt[n]{\sqrt[m]{a}}$

⑥ $\sqrt[np]{a^{mp}} = \sqrt[n]{a^m}$ (단, p는 자연수)

실전 개념 3 **지수의 확장** > 유형 01, 04 ~ 07

(1) 0 또는 음의 정수인 지수

　$a \neq 0$이고 n이 양의 정수일 때

　① $a^0 = 1$

　② $a^{-n} = \dfrac{1}{a^n}$

(2) 유리수인 지수

　$a > 0$이고 m이 정수, n이 2 이상의 정수일 때

　① $a^{\frac{m}{n}} = \sqrt[n]{a^m}$

　② $a^{\frac{1}{n}} = \sqrt[n]{a}$

실전 개념 4 **지수법칙** > 유형 01, 04 ~ 07

$a > 0$, $b > 0$이고 x, y가 실수일 때

① $a^x a^y = a^{x+y}$

② $a^x \div a^y = a^{x-y}$

③ $(a^x)^y = a^{xy}$

④ $(ab)^x = a^x b^x$

A 기본 다지고,

001 2014년 10월 교육청 A형 1번

$(3^2)^{\frac{1}{2}}+(3^{-2})^{\frac{1}{2}}$의 값은? [2점]

① $\dfrac{8}{3}$ ② 3 ③ $\dfrac{10}{3}$

④ $\dfrac{11}{3}$ ⑤ 4

002 2009학년도 수능(홀) 가/나형 1번

$9^{\frac{3}{2}}\times 27^{-\frac{2}{3}}$의 값은? [2점]

① $\dfrac{1}{3}$ ② 1 ③ $\sqrt{3}$

④ 3 ⑤ $3\sqrt{3}$

003 2010년 10월 교육청 가/나형 1번

$\sqrt[3]{8}\div 2^{-2}$의 값은? [2점]

① 2 ② 4 ③ 8

④ 16 ⑤ 32

004 2014년 7월 교육청 B형 1번

$\sqrt[4]{81}\times\sqrt{\sqrt{16}}$의 값은? [2점]

① 6 ② 12 ③ 18

④ 24 ⑤ 30

005 2022학년도 수능(홀) 1번

$\left(2^{\sqrt{3}}\times 4\right)^{\sqrt{3}-2}$의 값은? [2점]

① $\dfrac{1}{4}$ ② $\dfrac{1}{2}$ ③ 1

④ 2 ⑤ 4

006 2023학년도 수능(홀) 1번

$\left(\dfrac{4}{2^{\sqrt{2}}}\right)^{2+\sqrt{2}}$의 값은? [2점]

① $\dfrac{1}{4}$ ② $\dfrac{1}{2}$ ③ 1

④ 2 ⑤ 4

007 2024학년도 수능(홀) 1번

$\sqrt[3]{24} \times 3^{\frac{2}{3}}$의 값은? [2점]

① 6   ② 7   ③ 8

④ 9   ⑤ 10

008 2010년 3월 교육청 가/나형 1번

$2^{\frac{2}{3}} \times 5^{-\frac{1}{3}} \times 10^{\frac{4}{3}}$의 값은? [2점]

① 2   ② 5   ③ 10

④ 20   ⑤ 40

009 2010년 4월 교육청 가/나형 1번

$\sqrt[5]{3^2} = \sqrt{9^k}$일 때, 상수 k의 값은? [2점]

① $\frac{3}{10}$ ② $\frac{2}{5}$ ③ $\frac{1}{2}$

④ $\frac{3}{5}$ ⑤ $\frac{7}{10}$

010 2019년 6월 교육청 가형 4번 (고2)

실수 x가 $5^x = \sqrt{3}$을 만족시킬 때, $5^{2x} + 5^{-2x}$의 값은? [3점]

① $\frac{19}{6}$ ② $\frac{10}{3}$ ③ $\frac{7}{2}$

④ $\frac{11}{3}$ ⑤ $\frac{23}{6}$

011 2020년 11월 교육청 24번 (고2)

실수 a에 대하여 $4^a = \frac{4}{9}$일 때, 2^{3-a}의 값을 구하시오. [3점]

012 2013학년도 9월 평가원 나형 6번

$\left(\sqrt{2\sqrt[3]{4}}\right)^3$보다 큰 자연수 중 가장 작은 것은? [3점]

① 4   ② 6   ③ 8

④ 10   ⑤ 12

013 2006년 5월 교육청 나형 18번

1이 아닌 양수 a에 대하여 $\sqrt[4]{a\sqrt[3]{a\sqrt{a}}}=a^{\frac{n}{m}}$일 때, $m+n$의 값을 구하시오. (단, m과 n은 서로소인 자연수이다.) [3점]

014 2009년 7월 교육청 나형 18번

$a>0$, $a\neq1$에 대하여 $\left\{\dfrac{\sqrt{a^3}}{\sqrt[3]{\sqrt[3]{a^4}}}\times\sqrt{\left(\dfrac{1}{a}\right)^{-4}}\right\}^6=a^k$일 때, 상수 k의 값을 구하시오. [3점]

015 2018년 3월 교육청 나형 14번

x에 대한 이차방정식 $x^2-\sqrt[3]{81}x+a=0$의 두 근이 $\sqrt[3]{3}$과 b일 때, ab의 값은? (단, a, b는 상수이다.) [4점]

① 6 ② $3\sqrt[3]{9}$ ③ $6\sqrt[3]{3}$

④ 12 ⑤ $6\sqrt[3]{9}$

016 2019년 9월 교육청 나형 26번 (고2)

2 이상의 자연수 n에 대하여 넓이가 $\sqrt[n]{64}$인 정사각형의 한 변의 길이를 $f(n)$이라 할 때, $f(4)\times f(12)$의 값을 구하시오.

[4점]

유형 02 거듭제곱근 구하기

017 2016년 4월 교육청 나형 9번

16의 네제곱근 중 실수인 것을 a, -27의 세제곱근 중 실수인 것을 b라 할 때, $a-b$의 최댓값은? [3점]

① 1   ② 2   ③ 3
④ 4   ⑤ 5

018 2020년 11월 교육청 11번 (고2)

양수 k의 세제곱근 중 실수인 것을 a라 할 때, a의 네제곱근 중 양수인 것은 $\sqrt[3]{4}$이다. k의 값은? [3점]

① 16   ② 32   ③ 64
④ 128   ⑤ 256

019 2023년 7월 교육청 9번

2 이상의 자연수 n에 대하여 x에 대한 방정식
$$(x^n-8)(x^{2n}-8)=0$$
의 모든 실근의 곱이 -4일 때, n의 값은? [4점]

① 2   ② 3   ③ 4
④ 5   ⑤ 6

020 2020년 4월 교육청 나형 18번

1이 아닌 세 양수 a, b, c와 1이 아닌 두 자연수 m, n이 다음 조건을 만족시킨다. 모든 순서쌍 (m, n)의 개수는? [4점]

(가) $\sqrt[3]{a}$는 b의 m제곱근이다.
(나) $\sqrt{b}$는 c의 n제곱근이다.
(다) c는 a^{12}의 네제곱근이다.

① 4   ② 7   ③ 10
④ 13   ⑤ 16

021 2019년 6월 교육청 가형 26번 (고2)

두 집합 $A=\{5, 6\}$, $B=\{-3, -2, 2, 3, 4\}$가 있다. 집합 $C=\{x \mid x^a=b,\ x$는 실수, $a\in A,\ b\in B\}$에 대하여 $n(C)$의 값을 구하시오. [4점]

→ **022** 2024년 4월 교육청 19번

집합 $U=\{x \mid -5\leq x\leq 5,\ x$는 정수$\}$의 공집합이 아닌 부분집합 X에 대하여 두 집합 A, B를

$$A=\{a \mid a$는 x의 실수인 네제곱근, $x\in X\},$$
$$B=\{b \mid b$는 x의 실수인 세제곱근, $x\in X\}$$

라 하자. $n(A)=9$, $n(B)=7$이 되도록 하는 집합 X의 모든 원소의 합의 최댓값을 구하시오. [3점]

023 2020년 4월 교육청 가형 14번

2 이상의 자연수 n에 대하여 $(n-5)$의 n제곱근 중 실수인 것의 개수를 $f(n)$이라 할 때, $\sum_{n=2}^{10} f(n)$의 값은? [4점]

① 8　　　　② 9　　　　③ 10

④ 11　　　　⑤ 12

→ **024** 2023년 10월 교육청 9번

자연수 $n\ (n\geq 2)$에 대하여 $n^2-16n+48$의 n제곱근 중 실수인 것의 개수를 $f(n)$이라 할 때, $\sum_{n=2}^{10} f(n)$의 값은? [4점]

① 7　　　　② 9　　　　③ 11

④ 13　　　　⑤ 15

025 2023년 9월 교육청 14번 (고2)

$4 \leq n \leq 12$인 자연수 n에 대하여 $n^2-15n+50$의 n제곱근 중 실수인 것의 개수를 $f(n)$이라 하자. $f(n)=f(n+1)$을 만족시키는 모든 n의 값의 합은? [4점]

① 15   ② 17   ③ 19

④ 21   ⑤ 23

026 2019년 3월 교육청 나형 15번

자연수 n에 대하여 $n(n-4)$의 세제곱근 중 실수인 것의 개수를 $f(n)$이라 하고, $n(n-4)$의 네제곱근 중 실수인 것의 개수를 $g(n)$이라 하자. $f(n)>g(n)$을 만족시키는 모든 n의 값의 합은? [4점]

① 4   ② 5   ③ 6

④ 7   ⑤ 8

027 2021년 11월 교육청 17번 (고2)

2 이상의 자연수 n에 대하여 $2^{n-3}-8$의 n제곱근 중 실수인 것의 개수를 $f(n)$이라 할 때, $\sum\limits_{n=2}^{m} f(n)=15$가 되도록 하는 자연수 m의 값은? [4점]

① 12   ② 14   ③ 16

④ 18   ⑤ 20

028 2009년 10월 교육청 나형 8번

n이 2 이상의 자연수일 때, n의 n제곱근 중 실수인 것의 개수를 $f(n)$이라 하자. $\sum\limits_{n=2}^{m} f(n)=33$을 만족시키는 자연수 m의 값은? [3점]

① 20   ② 21   ③ 22

④ 23   ⑤ 24

029 2015년 3월 교육청 A형 7번

두 실수 a, b에 대하여 $2^a=3$, $3^b=\sqrt{2}$가 성립할 때, ab의 값은? [3점]

① $\dfrac{1}{6}$ ② $\dfrac{1}{4}$ ③ $\dfrac{1}{3}$

④ $\dfrac{1}{2}$ ⑤ 1

→ **030** 2014년 4월 교육청 A형 25번

두 실수 a, b가 $3^{a-1}=2$, $6^{2b}=5$를 만족시킬 때, $5^{\frac{1}{ab}}$의 값을 구하시오. [3점]

031 2013년 3월 교육청 A형 12번

두 실수 x, y에 대하여

$$75^x=\frac{1}{5},\ 3^y=25$$

일 때, $\dfrac{1}{x}+\dfrac{2}{y}$의 값은? [3점]

① -2 ② -1 ③ 0

④ 1 ⑤ 2

→ **032** 2019년 6월 교육청 가형 14번 (고2)

양수 a와 두 실수 x, y가

$$15^x=8,\ a^y=2,\ \frac{3}{x}+\frac{1}{y}=2$$

를 만족시킬 때, a의 값은? [4점]

① $\dfrac{1}{15}$ ② $\dfrac{2}{15}$ ③ $\dfrac{1}{5}$

④ $\dfrac{4}{15}$ ⑤ $\dfrac{1}{3}$

033 2017년 9월 교육청 나형 15번 (고2)

두 양수 a, b에 대하여
$$2^a = 3^b, \ (a-2)(b-2) = 4$$
일 때, $4^a \times 3^{-b}$의 값은? [4점]

① 12   ② 18   ③ 36

④ 54   ⑤ 72

→ 034 2017년 3월 교육청 나형 26번 (고2)

두 실수 a, b에 대하여
$$5^{2a+b} = 32, \ 5^{a-b} = 2$$
일 때, $4^{\frac{a+b}{ab}}$의 값을 구하시오. [4점]

035 2009년 7월 교육청 나형 10번

세 양수 a, b, c가 $a^x = b^{2y} = c^{3z} = 7$, $abc = 49$를 만족할 때, $\dfrac{6}{x} + \dfrac{3}{y} + \dfrac{2}{z}$의 값은? [3점]

① 8   ② 10   ③ 12

④ 14   ⑤ 16

→ 036 2012년 3월 교육청 가/나형 10번

$80^x = 2$, $\left(\dfrac{1}{10}\right)^y = 4$, $a^z = 8$을 만족시키는 세 실수 x, y, z에 대하여 $\dfrac{1}{x} + \dfrac{2}{y} - \dfrac{1}{z} = 1$이 성립할 때, 양수 a의 값은? [3점]

① 32   ② 64   ③ 96

④ 128   ⑤ 160

037 2010학년도 6월 평가원 나형 4번

실수 a가 $\dfrac{2^a+2^{-a}}{2^a-2^{-a}}=-2$를 만족시킬 때, 4^a+4^{-a}의 값은?

[3점]

① $\dfrac{5}{2}$ ② $\dfrac{10}{3}$ ③ $\dfrac{17}{4}$

④ $\dfrac{26}{5}$ ⑤ $\dfrac{37}{6}$

→ **038** 2018년 3월 교육청 나형 25번

두 실수 a, b에 대하여

$$2^a+2^b=2,\ 2^{-a}+2^{-b}=\frac{9}{4}$$

일 때, 2^{a+b}의 값은 $\dfrac{q}{p}$이다. $p+q$의 값을 구하시오.

(단, p와 q는 서로소인 자연수이다.) [3점]

039 2012년 3월 교육청 나형 23번

$a^{\frac{1}{2}}+a^{-\frac{1}{2}}=10$을 만족시키는 양수 a에 대하여 $a+a^{-1}$의 값을 구하시오. [3점]

→ **040** 2018년 3월 교육청 가형 9번 (고2)

두 실수 a, b에 대하여

$$a+b=2,\ 2^{\frac{a}{2}}-2^{\frac{b}{2}}=3$$

일 때, 2^a+2^b의 값은? [3점]

① 9 ② 10 ③ 11

④ 12 ⑤ 13

041 2009년 4월 교육청 나형 8번

$3^{2x}-3^{x+1}=-1$일 때, $\dfrac{3^{4x}+3^{-4x}+1}{3^{2x}+3^{-2x}+1}$의 값은? [4점]

① 3 ② 4 ③ 5

④ 6 ⑤ 7

→ **042** 2007년 4월 교육청 나형 28번

$x-y=2$, $2^x+2^{-y}=5$일 때, 8^x+8^{-y}의 값은? [3점]

① 61 ② 62 ③ 63

④ 64 ⑤ 65

유형 **06** a^x 꼴이 자연수, 정수, 유리수가 되기 위한 조건

043 2006년 3월 교육청 나형 5번

집합 $A=\left\{x\,\middle|\,x=\left(\dfrac{1}{256}\right)^{\frac{1}{n}},\ n\text{은 }0\text{이 아닌 정수}\right\}$의 원소 중 자연수인 것의 개수는? [3점]

① 1   ② 2   ③ 3

④ 4   ⑤ 5

044 2006학년도 경찰대학 10번

n이 정수일 때, $\left(\dfrac{1}{81}\right)^{\frac{1}{n}}$이 나타낼 수 있는 모든 자연수의 합은?

① 63   ② 73   ③ 83

④ 93   ⑤ 103

045 2018년 4월 교육청 나형 27번

2 이상의 자연수 n에 대하여 $\left(\sqrt{3^n}\right)^{\frac{1}{2}}$과 $\sqrt[n]{3^{100}}$이 모두 자연수가 되도록 하는 모든 n의 값의 합을 구하시오. [4점]

046 2023년 6월 교육청 14번 (고2)

등식

$$\left(\dfrac{\sqrt[6]{5}}{\sqrt[4]{2}}\right)^m \times n = 100$$

을 만족시키는 두 자연수 m, n에 대하여 $m+n$의 값은? [4점]

① 40   ② 42   ③ 44

④ 46   ⑤ 48

047 2016년 3월 교육청 나형 24번

100 이하의 자연수 n에 대하여 $\sqrt[3]{4^n}$이 정수가 되도록 하는 n의 개수를 구하시오. [3점]

048 2013학년도 수능(홀) 나형 26번

$2 \le n \le 100$인 자연수 n에 대하여 $\left(\sqrt[3]{3^5}\right)^{\frac{1}{2}}$이 어떤 자연수의 n제곱근이 되도록 하는 n의 개수를 구하시오. [4점]

049 2021년 7월 교육청 9번

2 이상의 두 자연수 a, n에 대하여 $(\sqrt[n]{a})^3$의 값이 자연수가 되도록 하는 n의 최댓값을 $f(a)$라 하자. $f(4)+f(27)$의 값은?

[4점]

① 13   ② 14   ③ 15

④ 16   ⑤ 17

050 2018학년도 사관학교 나형 28번

2 이상의 자연수 n에 대하여 $n^{\frac{4}{k}}$의 값이 자연수가 되도록 하는 자연수 k의 개수를 $f(n)$이라 하자. 예를 들어 $f(6)=3$이다. $f(n)=8$을 만족시키는 n의 최솟값을 구하시오. [4점]

051 2011학년도 9월 평가원 나형 26번

$1 \leq m \leq 3$, $1 \leq n \leq 8$인 두 자연수 m, n에 대하여 $\sqrt[3]{n^m}$이 자연수가 되도록 하는 순서쌍 (m, n)의 개수는? [3점]

① 6   ② 8   ③ 10

④ 12   ⑤ 14

052 2016년 9월 교육청 나형 27번 (고2)

$-2 \leq m \leq 2$, $1 \leq n \leq 16$인 두 정수 m, n에 대하여 $\sqrt[4]{n^m}$이 유리수가 되도록 하는 모든 순서쌍 (m, n)의 개수를 구하시오.

[4점]

> 정답과 해설 12쪽

053 2017년 3월 교육청 가형 27번 (고2)

두 수 $\sqrt{2m}$, $\sqrt[3]{3m}$이 모두 자연수가 되도록 하는 자연수 m의 최솟값을 구하시오. [4점]

→ **054** 2017년 4월 교육청 나형 17번

두 자연수 a, b에 대하여

$$\sqrt{\frac{2^a \times 5^b}{2}} \text{이 자연수}, \quad \sqrt[3]{\frac{3^b}{2^{a+1}}} \text{이 유리수}$$

일 때, $a+b$의 최솟값은? [4점]

① 11   ② 13   ③ 15

④ 17   ⑤ 19

유형 07 지수법칙의 실생활에의 활용

055 2016년 3월 교육청 가형 25번

어느 필름의 사진농도를 P, 입사하는 빛의 세기를 Q, 투과하는 빛의 세기를 R라 하면 다음과 같은 관계식이 성립한다고 한다.

$$R = Q \times 10^{-P}$$

두 필름 A, B에 입사하는 빛의 세기가 서로 같고, 두 필름 A, B의 사진농도가 각각 p, $p+2$일 때, 투과하는 빛의 세기를 각각 R_A, R_B라 하자. $\dfrac{R_A}{R_B}$의 값을 구하시오. (단, $p>0$) [3점]

→ **056** 2014학년도 6월 평가원 A형 15번 / B형 24번

지면으로부터 H_1인 높이에서 풍속이 V_1이고 지면으로부터 H_2인 높이에서 풍속이 V_2일 때, 대기 안정도 계수 k는 다음 식을 만족시킨다.

$$V_2 = V_1 \times \left(\frac{H_2}{H_1}\right)^{\frac{2}{2-k}}$$

(단, $H_1 < H_2$이고, 높이의 단위는 m, 풍속의 단위는 m/초이다.)

A지역에서 지면으로부터 12 m와 36 m인 높이에서 풍속이 각각 2(m/초)와 8(m/초)이고, B지역에서 지면으로부터 10 m와 90 m인 높이에서 풍속이 각각 a(m/초)와 b(m/초)일 때, 두 지역의 대기 안정도 계수 k가 서로 같았다. $\dfrac{b}{a}$의 값은? (단, a, b는 양수이다.) [4점]

① 10   ② 13   ③ 16

④ 19   ⑤ 22

057 2022학년도 6월 평가원 21번

다음 조건을 만족시키는 최고차항의 계수가 1인 이차함수 $f(x)$가 존재하도록 하는 모든 자연수 n의 값의 합을 구하시오. [4점]

(가) x에 대한 방정식 $(x^n-64)f(x)=0$은 서로 다른 두 실근을 갖고, 각각의 실근은 중근이다.

(나) 함수 $f(x)$의 최솟값은 음의 정수이다.

---

058 2022년 9월 교육청 28번 (고2)

2 이상의 자연수 n과 상수 k에 대하여 $n^2-17n+19k$의 n제곱근 중 실수인 것의 개수를 $f(n)$이라 하자. $\sum_{n=2}^{19} f(n)=19$를 만족시키는 자연수 k의 값을 구하시오. [4점]

059 2023학년도 수능(홀) 13번

자연수 $m\,(m \geq 2)$에 대하여 m^{12}의 n제곱근 중에서 정수가 존재하도록 하는 2 이상의 자연수 n의 개수를 $f(m)$이라 할 때, $\sum\limits_{m=2}^{9} f(m)$의 값은? [4점]

① 37   ② 42   ③ 47

④ 52   ⑤ 57

060 2023학년도 9월 평가원 11번

함수 $f(x) = -(x-2)^2 + k$에 대하여 다음 조건을 만족시키는 자연수 n의 개수가 2일 때, 상수 k의 값은? [4점]

> $\sqrt{3}^{f(n)}$의 네제곱근 중 실수인 것을 모두 곱한 값이 -9이다.

① 8   ② 9   ③ 10

④ 11   ⑤ 12

02

로그

개념 카드

> 유형 01, 02

실전 개념 1 로그의 정의

$a>0$, $a \neq 1$일 때, 양수 N에 대하여 $a^x = N$을 만족시키는 실수 x를 $\log_a N$으로 나타내고, a를 밑으로 하는 N의 로그라 한다. 이때 N을 $\log_a N$의 진수라 한다. 즉,

$$a^x = N \Longleftrightarrow x = \log_a N$$

실전 개념 2 로그의 성질

> 유형 03 ~ 10

(1) **로그의 기본 성질**

$a>0$, $a \neq 1$, $M>0$, $N>0$일 때

① $\log_a 1 = 0$, $\log_a a = 1$ ② $\log_a MN = \log_a M + \log_a N$

③ $\log_a \dfrac{M}{N} = \log_a M - \log_a N$ ④ $\log_a M^k = k \log_a M$ (단, k는 실수)

(2) **로그의 밑의 변환**

$a>0$, $a \neq 1$, $b>0$, $b \neq 1$, $c>0$, $c \neq 1$일 때

① $\log_a b = \dfrac{\log_c b}{\log_c a}$ ② $\log_a b = \dfrac{1}{\log_b a}$

(3) **로그의 여러 가지 성질**

$a>0$, $a \neq 1$, $b>0$일 때

① $\log_{a^m} b^n = \dfrac{n}{m} \log_a b$ (단, m, n은 실수, $m \neq 0$)

② $a^{\log_c b} = b^{\log_c a}$ (단, $c>0$, $c \neq 1$)

③ $a^{\log_a b} = b$

실전 개념 3 상용로그

> 유형 05 ~ 10

(1) **상용로그**

10을 밑으로 하는 로그를 상용로그라 하고, 상용로그 $\log_{10} N$은 보통 밑 10을 생략하여 $\log N$과 같이 나타낸다.

(2) **상용로그의 표현**

임의의 양수 N에 대하여 상용로그 $\log N$의 값을

$$\log N = n + \log a \ (n \text{은 정수}, \ 0 \leq \log a < 1)$$

와 같이 나타낼 수 있다.

061 2019학년도 9월 평가원 나형 25번

양수 a에 대하여 $a^{\frac{1}{2}}=8$일 때, $\log_2 a$의 값을 구하시오. [3점]

062 2022년 6월 교육청 11번 (고2)

81의 세제곱근 중 실수인 것을 a라 할 때, $\log_9 a$의 값은? [3점]

① $\dfrac{1}{3}$ ② $\dfrac{4}{9}$ ③ $\dfrac{5}{9}$

④ $\dfrac{2}{3}$ ⑤ $\dfrac{7}{9}$

063 2022년 10월 교육청 16번

$\log_2 96+\log_{\frac{1}{4}} 9$의 값을 구하시오. [3점]

064 2014학년도 6월 평가원 A형 5번

$\log_5 (6-\sqrt{11})+\log_5 (6+\sqrt{11})$의 값은? [3점]

① 1   ② 2   ③ 3
④ 4   ⑤ 5

065 2012년 7월 교육청 가/나형 2번

$\left(\dfrac{1}{\log_8 2}\right)^3+\log_2 16^2$의 값은? [2점]

① 18   ② 28   ③ 32
④ 35   ⑤ 46

066 2018년 3월 교육청 나형 12번

$\dfrac{1}{\log_4 18}+\dfrac{2}{\log_9 18}$의 값은? [3점]

① 1   ② 2   ③ 3
④ 4   ⑤ 5

067 2022년 3월 교육청 16번

$\dfrac{\log_5 72}{\log_5 2} - 4\log_2 \dfrac{\sqrt{6}}{2}$의 값을 구하시오. [3점]

068 2010년 3월 교육청 가/나형 2번

$\log_5 3 \times \left(\log_3 \sqrt{5} - \log_{\frac{1}{9}} 125\right)$의 값은? [2점]

① -1 ② $-\dfrac{1}{2}$ ③ 1

④ $\dfrac{3}{2}$ ⑤ 2

069 2021년 6월 교육청 7번 (고2)

$(\sqrt{2})^{1+\log_2 3}$의 값은? [3점]

① $\sqrt{6}$ ② $2\sqrt{2}$ ③ $\sqrt{10}$

④ $2\sqrt{3}$ ⑤ $\sqrt{14}$

070 2020년 9월 교육청 8번 (고2)

1이 아닌 두 양수 a, b에 대하여

$$\log_2 a = \log_8 b$$

가 성립할 때, $\log_a b$의 값은? [3점]

① $\dfrac{1}{3}$ ② $\dfrac{1}{2}$ ③ 2

④ 3 ⑤ 4

071 2021년 11월 교육청 8번 (고2)

1이 아닌 양수 a에 대하여 $\log_2 3 \times \log_a 4 = \dfrac{1}{2}$일 때,

$\log_3 a$의 값은? [3점]

① 2 ② $\dfrac{5}{2}$ ③ 3

④ $\dfrac{7}{2}$ ⑤ 4

072 2022년 9월 교육청 24번 (고2)

$\log_5 2 = a$, $\log_2 7 = b$일 때, 25^{ab}의 값을 구하시오. [3점]

073 2016년 3월 교육청 나형 5번

양수 a에 대하여 $\log_2 \dfrac{a}{4}=b$일 때, $\dfrac{2^b}{a}$의 값은? [3점]

① $\dfrac{1}{16}$　　　② $\dfrac{1}{8}$　　　③ $\dfrac{1}{4}$

④ $\dfrac{1}{2}$　　　⑤ 1

→ **074** 2008학년도 6월 평가원 가/나형 24번

다음 조건을 만족시키는 세 정수 a, b, c를 더한 값을 k라 할 때, k의 최댓값과 최솟값의 합을 구하시오. [4점]

> (가) $1 \le a \le 5$
> (나) $\log_2(b-a)=3$
> (다) $\log_2(c-b)=2$

075 2019년 6월 교육청 나형 16번 (고2)

두 양수 a, b $(b \ne 1)$가 다음 조건을 만족시킬 때, a^2+b^2의 값은? [4점]

> (가) $(\log_2 a)(\log_b 3)=0$
> (나) $\log_2 a+\log_b 3=2$

① 3　　　② 4　　　③ 5

④ 6　　　⑤ 7

→ **076** 2023년 9월 교육청 9번 (고2)

두 양수 m, n에 대하여

$$\log_2\left(m^2+\dfrac{1}{4}\right)=-1, \ \log_2 m=5+3\log_2 n$$

일 때, $m+n$의 값은? [3점]

① $\dfrac{5}{8}$　　　② $\dfrac{11}{16}$　　　③ $\dfrac{3}{4}$

④ $\dfrac{13}{16}$　　　⑤ $\dfrac{7}{8}$

077 2019년 3월 교육청 나형 26번

$\log_x(-x^2+4x+5)$가 정의되기 위한 모든 정수 x의 값의 합을 구하시오. [4점]

→ **078** 2019년 6월 교육청 가형 24번 (고2)

$\log_{(a+3)}(-a^2+3a+28)$이 정의되도록 하는 모든 정수 a의 개수를 구하시오. [3점]

079 2017년 4월 교육청 나형 13번

모든 실수 x에 대하여 $\log_a (x^2+2ax+5a)$가 정의되기 위한 모든 정수 a의 값의 합은? [3점]

① 9 　　　　② 11 　　　　③ 13

④ 15 　　　　⑤ 17

→ 080 2006년 3월 교육청 가/나형 26번

실수 a의 값에 관계없이 로그가 정의될 수 있는 것을 **보기**에서 모두 고른 것은? [3점]

┌─ **보기** ──────────────────┐
ㄱ. $\log_{a^2-a+2} (a^2+1)$

ㄴ. $\log_{2|a|+1} (a^2+1)$

ㄷ. $\log_{a^2+2} (a^2-2a+1)$
└────────────────────────┘

① ㄱ 　　　　② ㄱ, ㄴ 　　　　③ ㄱ, ㄷ

④ ㄴ, ㄷ 　　　　⑤ ㄱ, ㄴ, ㄷ

유형 03 로그의 계산 (1)

081 2017년 4월 교육청 나형 8번

이차방정식 $x^2-18x+6=0$의 두 근을 α, β라 할 때, $\log_2 (\alpha+\beta)-2\log_2 \alpha\beta$의 값은? [3점]

① -5 　　　　② -4 　　　　③ -3

④ -2 　　　　⑤ -1

→ 082 2007년 5월 교육청 나형 20번

이차방정식 $x^2-8x+1=0$의 두 근을 α, β라 하자.

$\log_2 \left(\alpha+\dfrac{4}{\beta}\right)+\log_2 \left(\beta+\dfrac{4}{\alpha}\right)=k$일 때, 2^k의 값을 구하시오.

[3점]

083 2019학년도 6월 평가원 나형 13번

좌표평면 위의 두 점 $(1, \log_2 5)$, $(2, \log_2 10)$을 지나는 직선의 기울기는? [3점]

① 1 　　　　② 2 　　　　③ 3

④ 4 　　　　⑤ 5

→ 084 2021학년도 6월 평가원 나형 11번

좌표평면 위의 두 점 $(2, \log_4 2)$, $(4, \log_2 a)$를 지나는 직선이 원점을 지날 때, 양수 a의 값은? [3점]

① 1 　　　　② 2 　　　　③ 3

④ 4 　　　　⑤ 5

085 2018학년도 수능(홀) 나형 16번

1보다 큰 두 실수 a, b에 대하여

$$\log_{\sqrt{3}} a = \log_9 ab$$

가 성립할 때, $\log_a b$의 값은? [4점]

① 1   ② 2   ③ 3

④ 4   ⑤ 5

→ **086** 2019년 7월 교육청 나형 12번

1보다 큰 두 실수 a, b에 대하여

$$\log_a \frac{a^3}{b^2} = 2$$

가 성립할 때, $\log_a b + 3\log_b a$의 값은? [3점]

① $\dfrac{9}{2}$ ② 5   ③ $\dfrac{11}{2}$

④ 6   ⑤ $\dfrac{13}{2}$

087 2008년 9월 교육청 가/나형 28번 (고2)

양의 실수 k에 대하여 k의 네제곱근 중 실수인 것을 a, b $(a > b)$라 하고, k의 세제곱근 중 실수인 것을 c, $-k$의 세제곱근 중 실수인 것을 d라 한다. 이때,

$\log_2 \dfrac{c}{a} = \log_2 \dfrac{b}{d} + 1$을 만족하는 k의 값을 구하시오. [4점]

→ **088** 2018년 4월 교육청 나형 19번

2 이상의 세 실수 a, b, c가 다음 조건을 만족시킨다.

> (가) $\sqrt[3]{a}$는 ab의 네제곱근이다.
> (나) $\log_a bc + \log_b ac = 4$

$a = \left(\dfrac{b}{c}\right)^k$이 되도록 하는 실수 k의 값은? [4점]

① 6   ② $\dfrac{13}{2}$ ③ 7

④ $\dfrac{15}{2}$ ⑤ 8

유형 **04** 로그의 계산 (2); 로그의 밑의 변환을 이용하는 경우

089 2018학년도 9월 평가원 나형 13번

두 실수 a, b가

$$ab = \log_3 5, \ b - a = \log_2 5$$

를 만족시킬 때, $\dfrac{1}{a} - \dfrac{1}{b}$의 값은? [3점]

① $\log_5 2$ ② $\log_3 2$ ③ $\log_3 5$

④ $\log_2 3$ ⑤ $\log_2 5$

→ 090 2024학년도 9월 평가원 7번

두 실수 a, b가

$$3a + 2b = \log_3 32, \ ab = \log_9 2$$

를 만족시킬 때, $\dfrac{1}{3a} + \dfrac{1}{2b}$의 값은? [3점]

① $\dfrac{5}{12}$ ② $\dfrac{5}{6}$ ③ $\dfrac{5}{4}$

④ $\dfrac{5}{3}$ ⑤ $\dfrac{25}{12}$

091 2020년 7월 교육청 나형 24번

1보다 큰 두 실수 a, b에 대하여

$$\log_{27} a = \log_3 \sqrt{b}$$

일 때, $20 \log_b \sqrt{a}$의 값을 구하시오. [3점]

→ 092 2021학년도 6월 평가원 가형 6번

두 양수 a, b에 대하여 좌표평면 위의 두 점 $(2, \log_4 a)$, $(3, \log_2 b)$를 지나는 직선이 원점을 지날 때, $\log_a b$의 값은?

(단, $a \neq 1$) [3점]

① $\dfrac{1}{4}$ ② $\dfrac{1}{2}$ ③ $\dfrac{3}{4}$

④ 1 ⑤ $\dfrac{5}{4}$

093 2020년 6월 교육청 26번 (고2)

다음 조건을 만족시키는 두 실수 a, b에 대하여 $a+b$의 값을 구하시오. [4점]

(가) $\log_2 (\log_4 a)=1$

(나) $\log_a 5 \times \log_5 b = \dfrac{3}{2}$

---

094 2022년 6월 교육청 26번 (고2)

1보다 큰 두 실수 a, b에 대하여

$$\log_{16} a = \frac{1}{\log_b 4}, \ \log_6 ab = 3$$

이 성립할 때, $a+b$의 값을 구하시오. [4점]

095 2016년 10월 교육청 나형 25번

1이 아닌 두 양수 a, b에 대하여 $\dfrac{\log_a b}{2a} = \dfrac{18\log_b a}{b} = \dfrac{3}{4}$이 성립할 때, ab의 값을 구하시오. [3점]

096 2009학년도 수능(홀) 나형 21번

$1<a<b$인 두 실수 a, b에 대하여

$$\frac{3a}{\log_a b} = \frac{b}{2\log_b a} = \frac{3a+b}{3}$$

가 성립할 때, $10\log_a b$의 값을 구하시오. [3점]

097 2024학년도 수능(홀) 9번

수직선 위의 두 점 $P(\log_5 3)$, $Q(\log_5 12)$에 대하여 선분 PQ를 $m : (1-m)$으로 내분하는 점의 좌표가 1일 때, 4^m의 값은? (단, m은 $0 < m < 1$인 상수이다.) [4점]

① $\dfrac{7}{6}$ ② $\dfrac{4}{3}$ ③ $\dfrac{3}{2}$

④ $\dfrac{5}{3}$ ⑤ $\dfrac{11}{6}$

098 2024년 3월 교육청 9번

좌표평면 위의 두 점 $(0, 0)$, $(\log_2 9, k)$를 지나는 직선이 직선 $(\log_4 3)x + (\log_9 8)y - 2 = 0$에 수직일 때, 3^k의 값은? (단, k는 상수이다.) [4점]

① 16   ② 32   ③ 64

④ 128   ⑤ 256

099 2014년 4월 교육청 A형 15번

1보다 크고 10보다 작은 세 자연수 a, b, c에 대하여

$$\frac{\log_c b}{\log_a b} = \frac{1}{2}, \ \frac{\log_b c}{\log_a c} = \frac{1}{3}$$

일 때, $a + 2b + 3c$의 값은? [4점]

① 21   ② 24   ③ 27

④ 30   ⑤ 33

100 2021학년도 경찰대학 23번

$\log_a b = \dfrac{3}{2}$, $\log_c d = \dfrac{3}{4}$을 만족시키는 자연수 a, b, c, d에 대하여 $a - c = 19$일 때, $b - d$의 값을 구하시오. [4점]

101 2015년 4월 교육청 A형 12번

두 양수 a, b $(a<b)$가 다음 조건을 만족시킬 때, $\log \dfrac{b}{a}$의 값은? [3점]

(가) $ab=10^2$

(나) $\log a \times \log b = -3$
---

① 4   ② 5   ③ 6
④ 7   ⑤ 8

102 2016년 6월 교육청 나형 18번 (고2)

a, b는 1이 아닌 양수이고
$$\log_a 2 + \log_b 2 = 2, \quad \log_2 a + \log_2 b = -1$$
일 때, $(\log_a 2)^2 + (\log_b 2)^2$의 값은? [4점]

① 4   ② 6   ③ 8
④ 10   ⑤ 12

103 2021학년도 9월 평가원 가형 11번

1보다 큰 세 실수 a, b, c가
$$\log_a b = \frac{\log_b c}{2} = \frac{\log_c a}{4}$$
를 만족시킬 때, $\log_a b + \log_b c + \log_c a$의 값은? [3점]

① $\dfrac{7}{2}$ ② 4   ③ $\dfrac{9}{2}$
④ 5   ⑤ $\dfrac{11}{2}$

104 2021년 6월 교육청 27번 (고2)

1보다 큰 세 실수 a, b, c가
$$\log_a b = \frac{\log_b c}{2} = \frac{\log_c a}{3} = k \ (k\text{는 상수})$$
를 만족시킬 때, $120k^3$의 값을 구하시오. [4점]

105 2020학년도 9월 평가원 나형 28번

네 양수 a, b, c, k가 다음 조건을 만족시킬 때, k^2의 값을 구하시오. [4점]

(가) $3^a = 5^b = k^c$

(나) $\log c = \log (2ab) - \log (2a+b)$

106 2017년 3월 교육청 나형 16번 (고2)

세 양수 a, b, c가 다음 조건을 만족시킨다.

(가) $\sqrt[3]{a} = \sqrt{b} = \sqrt[4]{c}$

(나) $\log_8 a + \log_4 b + \log_2 c = 2$

$\log_2 abc$의 값은? [4점]

① 2 ② $\dfrac{7}{3}$ ③ $\dfrac{8}{3}$

④ 3 ⑤ $\dfrac{10}{3}$

107 2017년 6월 교육청 가형 26번 (고2)

1이 아닌 두 양수 a, b에 대하여 $x = \log_2 a$, $y = \log_2 b$라 하면 $x^2 - 4xy + y^2 = 0$이 성립한다. $\log_8 a^{\frac{1}{y}} + \log_8 b^{\frac{1}{x}}$의 값을 k라 할 때, $27k$의 값을 구하시오. [4점]

108 2023년 9월 교육청 16번 (고2)

세 양수 a, b, c가

$$2^a = 3^b = c, \quad a^2 + b^2 = 2ab(a+b-1)$$

을 만족시킬 때, $\log_6 c$의 값은? [4점]

① $\dfrac{\sqrt{2}}{4}$ ② $\dfrac{1}{2}$ ③ $\dfrac{\sqrt{2}}{2}$

④ 1 ⑤ $\sqrt{2}$

유형 07 로그의 성질을 이용하여 식의 값 나타내기

109 2020학년도 6월 평가원 나형 8번

$\log_2 5=a$, $\log_5 3=b$일 때, $\log_5 12$를 a, b로 옳게 나타낸 것은? [3점]

① $\frac{1}{a}+b$　② $\frac{2}{a}+b$　③ $\frac{1}{a}+2b$

④ $a+\frac{1}{b}$　⑤ $2a+\frac{1}{b}$

110 2019년 6월 교육청 가형 9번 (고2)

$\log 2=a$, $\log 3=b$라 할 때, $\log_5 18$을 a, b로 나타낸 것은? [3점]

① $\frac{2a+b}{1+a}$　② $\frac{a+2b}{1+a}$　③ $\frac{a+b}{1-a}$

④ $\frac{2a+b}{1-a}$　⑤ $\frac{a+2b}{1-a}$

111 2009년 4월 교육청 나형 26번

두 양수 a, b에 대하여 $2^a=c$, $2^b=d$일 때, **보기**에서 옳은 것만을 있는 대로 고른 것은? [3점]

보기

ㄱ. $c^b=d^a$

ㄴ. $a+b=\log_2 cd$

ㄷ. $\frac{a}{b}=\log_c d$

① ㄱ　② ㄷ　③ ㄱ, ㄴ

④ ㄴ, ㄷ　⑤ ㄱ, ㄴ, ㄷ

112 2016년 3월 교육청 나형 14번 (고2)

함수

$$f(x)=\frac{x+1}{2x-1}$$

에 대하여 $\log 2=a$, $\log 3=b$라 할 때, $f(\log_3 6)$의 값을 a, b로 나타낸 것은? [4점]

① $\frac{a+2b}{a+b}$　② $\frac{2a+b}{a+b}$　③ $\frac{2a+b}{a+2b}$

④ $\frac{a+b}{2a+b}$　⑤ $\frac{a+2b}{2a+b}$

유형 08 로그의 값이 자연수가 되기 위한 조건

113 2019학년도 수능(홀) 나형 15번

2 이상의 자연수 n에 대하여 $5\log_n 2$의 값이 자연수가 되도록 하는 모든 n의 값의 합은? [4점]

① 34   ② 38   ③ 42

④ 46   ⑤ 50

➜ **114** 2019년 9월 교육청 나형 17번 (고2)

2 이상의 자연수 n에 대하여
$$\log_n 4 \times \log_2 9$$
의 값이 자연수가 되도록 하는 모든 n의 값의 합은? [4점]

① 93   ② 94   ③ 95

④ 96   ⑤ 97

115 2018년 6월 교육청 나형 28번 (고2)

100 이하의 자연수 n에 대하여 $\log_2 \dfrac{n}{6}$이 자연수가 되는 모든 n의 값의 합을 구하시오. [4점]

➜ **116** 2021학년도 수능(홀) 가형 27번

$\log_4 2n^2 - \dfrac{1}{2}\log_2 \sqrt{n}$의 값이 40 이하의 자연수가 되도록 하는 자연수 n의 개수를 구하시오. [4점]

117 2019년 6월 교육청 나형 19번 (고2)

자연수 n에 대하여 $2^{\frac{1}{n}}=a$, $2^{\frac{1}{n+1}}=b$라 하자.

$\left\{\dfrac{3^{\log_2 ab}}{3^{(\log_2 a)(\log_2 b)}}\right\}^5$ 이 자연수가 되도록 하는 모든 n의 값의 합은? [4점]

① 14　　　　② 15　　　　③ 16

④ 17　　　　⑤ 18

---

118 2023년 11월 교육청 17번 (고2)

1이 아닌 세 양수 a, b, c가

$$-4\log_a b = 54\log_b c = \log_c a$$

를 만족시킨다. $b \times c$의 값이 300 이하의 자연수가 되도록 하는 모든 자연수 a의 값의 합은? [4점]

① 91　　　　② 93　　　　③ 95

④ 97　　　　⑤ 99

---

119 2023년 6월 교육청 27번 (고2)

자연수 전체의 집합의 두 부분집합

$$A=\{a,\, b,\, c\},\ B=\{\log_2 a,\, \log_2 b,\, \log_2 c\}$$

에 대하여 $a+b=24$이고 집합 B의 모든 원소의 합이 12일 때, 집합 A의 모든 원소의 합을 구하시오.

(단, a, b, c는 서로 다른 세 자연수이다.) [4점]

---

120 2020년 6월 교육청 28번 (고2)

자연수 k에 대하여 두 집합

$$A=\{\sqrt{a}\,|\,a\text{는 자연수},\ 1\le a\le k\},$$
$$B=\{\log_{\sqrt{3}} b\,|\,b\text{는 자연수},\ 1\le b\le k\}$$

가 있다. 집합 C를

$$C=\{x\,|\,x\in A\cap B,\ x\text{는 자연수}\}$$

라 할 때, $n(C)=3$이 되도록 하는 모든 자연수 k의 개수를 구하시오. [4점]

유형 09 상용로그표

121 2018년 3월 교육청 나형 10번

다음은 상용로그표의 일부이다.

수	…	7	8	9
…	…	…	…	…
4.0	…	0.6096	0.6107	0.6117
4.1	…	0.6201	0.6212	0.6222
4.2	…	0.6304	0.6314	0.6325
…	…	…	…	…

위의 표를 이용하여 구한 $\log \sqrt{419}$ 의 값은? [3점]

① 1.3106 ② 1.3111 ③ 2.3106

④ 2.3111 ⑤ 3.3111

→ 122 2021년 6월 교육청 5번 (고2)

다음은 상용로그표의 일부이다.

수	…	4	5	6	…
⋮		⋮	⋮	⋮	
3.1	…	.4969	.4983	.4997	…
3.2	…	.5105	.5119	.5132	…
3.3	…	.5237	.5250	.5263	…

$\log (3.14 \times 10^{-2})$ 의 값을 위의 표를 이용하여 구한 것은?

[3점]

① -2.5119 ② -2.5031 ③ -2.4737

④ -1.5119 ⑤ -1.5031

유형 10 로그의 실생활에의 활용

123 2015학년도 수능(홀) A형 10번 / B형 25번

디지털 사진을 압축할 때 원본 사진과 압축한 사진이 다른 정도를 나타내는 지표인 최대 신호 대 잡음비를 P, 원본 사진과 압축한 사진의 평균제곱오차를 E라 하면 다음과 같은 관계식이 성립한다고 한다.

$$P = 20 \log 255 - 10 \log E \ (E > 0)$$

두 원본 사진 A, B를 압축했을 때, 최대 신호 대 잡음비를 각각 P_A, P_B라 하고, 평균제곱오차를 각각 $E_A \ (E_A > 0)$, $E_B \ (E_B > 0)$이라 하자. $E_B = 100 E_A$일 때, $P_A - P_B$의 값은?

[3점]

① 30 ② 25 ③ 20

④ 15 ⑤ 10

→ 124 2016년 4월 교육청 나형 16번

어떤 지역의 먼지농도에 따른 대기오염 정도는 여과지에 공기를 여과시켜 헤이즈계수를 계산하여 판별한다. 광화학적 밀도가 일정하도록 여과지 상의 빛을 분산시키는 고형물의 양을 헤이즈계수 H, 여과지 이동거리를 $L(\mathrm{m}) \ (L > 0)$, 여과지를 통과하는 빛전달률을 $S \ (0 < S < 1)$라 할 때, 다음과 같은 관계식이 성립한다고 한다.

$$H = \frac{k}{L} \log \frac{1}{S} \ (\text{단, } k\text{는 양의 상수이다.})$$

두 지역 A, B의 대기오염 정도를 판별할 때, 각각의 헤이즈계수를 H_A, H_B, 여과지 이동거리를 L_A, L_B, 빛전달률을 S_A, S_B라 하자. $\sqrt{3} H_A = 2 H_B$, $L_A = 2 L_B$일 때, $S_A = (S_B)^p$을 만족시키는 실수 p의 값은? [4점]

① $\sqrt{3}$ ② $\dfrac{4\sqrt{3}}{3}$ ③ $\dfrac{5\sqrt{3}}{3}$

④ $2\sqrt{3}$ ⑤ $\dfrac{7\sqrt{3}}{3}$

125 2015년 3월 교육청 A형 29번

$\log_2(-x^2+ax+4)$의 값이 자연수가 되도록 하는 실수 x의 개수가 6일 때, 모든 자연수 a의 값의 곱을 구하시오. [4점]

126 2012학년도 6월 평가원 가/나형 20번

100 이하의 자연수 전체의 집합을 S라 할 때, $n \in S$에 대하여 집합

$$\{k \mid k \in S$$이고 $\log_2 n - \log_2 k$는 정수$\}$$

의 원소의 개수를 $f(n)$이라 하자. 예를 들어, $f(10)=5$이고 $f(99)=1$이다. 이때, $f(n)=1$인 n의 개수를 구하시오. [4점]

> 정답과 해설 28쪽

127 2023학년도 6월 평가원 21번

자연수 n에 대하여 $4\log_{64}\left(\dfrac{3}{4n+16}\right)$의 값이 정수가 되도록 하는 1000 이하의 모든 n의 값의 합을 구하시오. [4점]

128 2022학년도 수능(홀) 13번

두 상수 a, b $(1<a<b)$에 대하여 좌표평면 위의 두 점 $(a,\ \log_2 a)$, $(b,\ \log_2 b)$를 지나는 직선의 y절편과 두 점 $(a,\ \log_4 a)$, $(b,\ \log_4 b)$를 지나는 직선의 y절편이 같다. 함수 $f(x)=a^{bx}+b^{ax}$에 대하여 $f(1)=40$일 때, $f(2)$의 값은?

[4점]

① 760   ② 800   ③ 840
④ 880   ⑤ 920

03

지수함수와 로그함수

실전 개념 1 지수함수 $y=a^x$ ($a>0$, $a\ne 1$)의 성질 ❯ 유형 01, 03 ~ 05, 07, 10 ~ 13

(1) 정의역은 실수 전체의 집합이고, 치역은 양의 실수 전체의 집합이다.
(2) $a>1$일 때, x의 값이 증가하면 y의 값도 증가한다.
   $0<a<1$일 때, x의 값이 증가하면 y의 값은 감소한다.
(3) 그래프는 점 $(0, 1)$과 점 $(1, a)$를 지나고, 점근선은 x축이다.
(4) 일대일함수이다.

실전 개념 2 로그함수 $y=\log_a x$ ($a>0$, $a\ne 1$)의 성질 ❯ 유형 02 ~ 07, 10 ~ 13

(1) 정의역은 양의 실수 전체의 집합이고, 치역은 실수 전체의 집합이다.
(2) $a>1$일 때, x의 값이 증가하면 y의 값도 증가한다.
   $0<a<1$일 때, x의 값이 증가하면 y의 값은 감소한다.
(3) 그래프는 점 $(1, 0)$과 점 $(a, 1)$을 지나고, 점근선은 y축이다.
(4) 일대일함수이다.

실전 개념 3 지수함수와 로그함수의 최대·최소 ❯ 유형 01, 02, 10

(1) **지수함수의 최대·최소**
   정의역이 $\{x\,|\,m\le x\le n\}$인 지수함수 $y=a^x$ ($a>0$, $a\ne 1$)은
   ① $a>1$이면 $x=m$일 때 최솟값 a^m, $x=n$일 때 최댓값 a^n을 갖는다.
   ② $0<a<1$이면 $x=m$일 때 최댓값 a^m, $x=n$일 때 최솟값 a^n을 갖는다.

(2) **로그함수의 최대·최소**
   정의역이 $\{x\,|\,m\le x\le n\}$인 로그함수 $y=\log_a x$ ($a>0$, $a\ne 1$)는
   ① $a>1$이면 $x=m$일 때 최솟값 $\log_a m$, $x=n$일 때 최댓값 $\log_a n$을 갖는다.
   ② $0<a<1$이면 $x=m$일 때 최댓값 $\log_a m$, $x=n$일 때 최솟값 $\log_a n$을 갖는다.

실전 개념 4 지수함수와 로그함수의 관계 ❯ 유형 08, 09, 13

지수함수 $y=a^x$과 로그함수 $y=\log_a x$는 서로 역함수 관계이므로 두 함수의 그래프는 직선 $y=x$에 대하여 대칭이다.

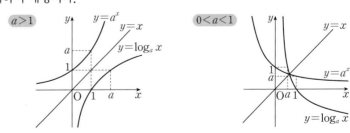

기본 다지고,

129 2022학년도 수능 예시문항 3번

함수 $y=2^x$의 그래프를 y축의 방향으로 m만큼 평행이동한 그래프가 점 $(-1, 2)$를 지날 때, 상수 m의 값은? [3점]

① $\dfrac{1}{2}$ ② 1   ③ $\dfrac{3}{2}$

④ 2   ⑤ $\dfrac{5}{2}$

130 2020년 4월 교육청 나형 6번

함수 $y=a+\log_2 x$의 그래프가 점 $(4, 7)$을 지날 때, 상수 a의 값은? [3점]

① 1   ② 2   ③ 3

④ 4   ⑤ 5

131 2016년 4월 교육청 가형 4번

좌표평면에서 두 곡선 $y=\log_2 x$, $y=\log_4 x$가 직선 $x=16$과 만나는 점을 각각 P, Q라 하자. 두 점 P, Q 사이의 거리는?

[3점]

① 1   ② 2   ③ 3

④ 4   ⑤ 5

132 2018학년도 9월 평가원 가형 5번

곡선 $y=2^x+5$의 점근선과 곡선 $y=\log_3 x+3$의 교점의 x좌표는? [3점]

① 3   ② 6   ③ 9

④ 12   ⑤ 15

133 2017학년도 9월 평가원 가형 23번

곡선 $y=\log_2(x+5)$의 점근선이 직선 $x=k$이다. k^2의 값을 구하시오. (단, k는 상수이다.) [3점]

134 2015학년도 6월 평가원 A형 24번

$-1 \le x \le 3$에서 정의된 두 함수

$$f(x)=2^x, \quad g(x)=\left(\dfrac{1}{2}\right)^{2x}$$

의 최댓값을 각각 a, b라 하자. ab의 값을 구하시오. [3점]

135 2018학년도 수능(홀) 가형 5번

$1 \le x \le 3$에서 정의된 함수 $f(x) = 1 + \left(\dfrac{1}{3}\right)^{x-1}$의 최댓값은?

[3점]

① $\dfrac{5}{3}$ 　　　② 2 　　　③ $\dfrac{7}{3}$

④ $\dfrac{8}{3}$ 　　　⑤ 3

136 2023년 9월 교육청 24번 (고2)

집합 $\{x \mid 1 \le x \le 25\}$에서 정의된 함수 $y = 6\log_3(x+2)$의 최댓값을 M, 최솟값을 m이라 할 때, $M+m$의 값을 구하시오. [3점]

137 2020년 11월 교육청 23번 (고2)

$1 \le x \le 7$에서 정의된 함수 $y = \log_2(x+1) + 2$의 최댓값을 구하시오. [3점]

138 2017년 3월 교육청 가형 5번

좌표평면에서 곡선 $y = a^x$을 직선 $y = x$에 대하여 대칭이동한 곡선이 점 $(2, 3)$을 지날 때, 양수 a의 값은? [3점]

① $\sqrt{3}$ 　　　② $\log_2 3$ 　　　③ $\sqrt[4]{3}$

④ $\sqrt[3]{2}$ 　　　⑤ $\log_3 2$

139 2023년 6월 교육청 12번 (고2)

함수 $f(x) = 3^{x-2} + a$의 역함수의 그래프가 점 $(a+5, a+2)$를 지날 때, 3^a의 값은? (단, a는 상수이다.) [3점]

① 5 　　　② 6 　　　③ 7

④ 8 　　　⑤ 9

140 2022년 9월 교육청 8번 (고2)

함수 $y = \log_3(2x+1)$의 역함수의 그래프가 점 $(4, a)$를 지날 때, a의 값은? [3점]

① 40 　　　② 42 　　　③ 44

④ 46 　　　⑤ 48

유형 **01** 지수함수의 그래프

141 2023년 6월 교육청 7번 (고2)

두 상수 a, b에 대하여 함수 $y=2^{x+a}+b$의 그래프가 그림과 같을 때, $a+b$의 값은?

(단, 직선 $y=3$은 함수의 그래프의 점근선이다.) [3점]

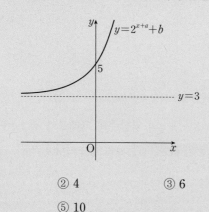

① 2   ② 4   ③ 6
④ 8   ⑤ 10

142 2020년 4월 교육청 가형 24번

함수 $f(x)=2^{x+p}+q$의 그래프의 점근선이 직선 $y=-4$이고 $f(0)=0$일 때, $f(4)$의 값을 구하시오.

(단, p와 q는 상수이다.) [3점]

143 2021년 9월 교육청 8번 (고2)

함수 $y=3^x$의 그래프를 x축의 방향으로 m만큼, y축의 방향으로 n만큼 평행이동한 그래프는 점 $(7, 5)$를 지나고, 점근선의 방정식이 $y=2$이다. $m+n$의 값은?

(단, m, n은 상수이다.) [3점]

① 6   ② 8   ③ 10
④ 12   ⑤ 14

144 2011학년도 수능(홀) 나형 11번

좌표평면에서 지수함수 $y=a^x$의 그래프를 y축에 대하여 대칭이동시킨 후, x축의 방향으로 3만큼, y축의 방향으로 2만큼 평행이동시킨 그래프가 점 $(1, 4)$를 지난다. 양수 a의 값은?

[3점]

① $\sqrt{2}$ ② 2   ③ $2\sqrt{2}$
④ 4   ⑤ $4\sqrt{2}$

145 2021년 11월 교육청 9번 (고2)

$1 \leq x \leq 3$에서 정의된 함수 $f(x) = \left(\dfrac{1}{2}\right)^{x-a} + 1$의 최댓값이 5일 때, 함수 $f(x)$의 최솟값은? (단, a는 상수이다.) [3점]

① $\dfrac{3}{2}$ ② 2   ③ $\dfrac{5}{2}$

④ 3   ⑤ $\dfrac{7}{2}$

→ **146** 2018년 3월 교육청 가형 11번

$-1 \leq x \leq 2$에서 정의된 함수 $f(x) = \left(\dfrac{3}{a}\right)^x$의 최댓값이 4가 되도록 하는 모든 양수 a의 값의 곱은? [3점]

① 16   ② 18   ③ 20

④ 22   ⑤ 24

147 2019학년도 9월 평가원 가형 7번

함수 $f(x) = -2^{4-3x} + k$의 그래프가 제2사분면을 지나지 않도록 하는 자연수 k의 최댓값은? [3점]

① 10   ② 12   ③ 14

④ 16   ⑤ 18

→ **148** 2013년 3월 교육청 A형 29번

함수 $f(x) = \left(\dfrac{1}{2}\right)^{x-5} - 64$에 대하여 함수 $y = |f(x)|$의 그래프와 직선 $y = k$가 제1사분면에서 만나도록 하는 자연수 k의 개수를 구하시오.

(단, 좌표축은 어느 사분면에도 속하지 않는다.) [4점]

149 2017년 7월 교육청 24번

함수 $f(x)=\log_6(x-a)+b$의 그래프의 점근선이 직선 $x=5$이고, $f(11)=9$이다. 상수 a, b에 대하여 $a+b$의 값을 구하시오. [3점]

→ **150** 2023년 3월 교육청 8번

두 점 $\mathrm{A}(m,\ m+3)$, $\mathrm{B}(m+3,\ m-3)$에 대하여 선분 AB를 $2:1$로 내분하는 점이 곡선 $y=\log_4(x+8)+m-3$ 위에 있을 때, 상수 m의 값은? [3점]

① 4 　　　　 ② $\dfrac{9}{2}$ 　　　　 ③ 5

④ $\dfrac{11}{2}$ 　　　　 ⑤ 6

151 2019학년도 수능(홀) 가형 5번

함수 $y=2^x+2$의 그래프를 x축의 방향으로 m만큼 평행이동한 그래프가 함수 $y=\log_2 8x$의 그래프를 x축의 방향으로 2만큼 평행이동한 그래프와 직선 $y=x$에 대하여 대칭일 때, 상수 m의 값은? [3점]

① 1 　　　　 ② 2 　　　　 ③ 3

④ 4 　　　　 ⑤ 5

→ **152** 2022년 6월 교육청 7번 (고2)

함수 $y=\log_3 x$의 그래프를 x축의 방향으로 2만큼, y축의 방향으로 5만큼 평행이동한 그래프가 점 $(5,\ a)$을 지날 때, 상수 a의 값은? [3점]

① 6 　　　　 ② 7 　　　　 ③ 8

④ 9 　　　　 ⑤ 10

➤ 정답과 해설 33쪽

153 2022년 11월 교육청 8번 (고2)

함수 $f(x)=\log_a(3x+1)+2$가 $0\le x\le 5$에서 최솟값 $\dfrac{2}{3}$를 가질 때, a의 값은? (단, a는 1이 아닌 양의 상수이다.) [3점]

① $\dfrac{1}{32}$ ② $\dfrac{1}{8}$ ③ $\dfrac{1}{2}$

④ 2   ⑤ 8

➤ 154 2020학년도 6월 평가원 가형 9번

함수
$$f(x)=2\log_{\frac{1}{2}}(x+k)$$
가 $0\le x\le 12$에서 최댓값 -4, 최솟값 m을 갖는다. $k+m$의 값은? (단, k는 상수이다.) [3점]

① -1 ② -2 ③ -3

④ -4 ⑤ -5

155 2019년 6월 교육청 가형 12번 (고2)

함수 $y=2+\log_2 x$의 그래프를 x축의 방향으로 -8만큼, y축의 방향으로 k만큼 평행이동한 그래프가 제4사분면을 지나지 않도록 하는 실수 k의 최솟값은? [3점]

① -1 ② -2 ③ -3

④ -4 ⑤ -5

➤ 156 2009년 7월 교육청 가/나형 21번

좌표평면 위의 네 점 $A(3,\,-1)$, $B(5,\,-1)$, $C(5,\,2)$, $D(3,\,2)$를 연결하여 만든 직사각형이 있다. 로그함수 $y=\log_a(x-1)-4$가 직사각형 ABCD와 만나기 위한 a의 최댓값을 M, 최솟값을 N이라 할 때, $\left(\dfrac{M}{N}\right)^{12}$의 값을 구하시오. [4점]

157 2024학년도 6월 평가원 7번

상수 $a\,(a>2)$에 대하여 함수 $y=\log_2(x-a)$의 그래프의 점근선이 두 곡선 $y=\log_2\dfrac{x}{4}$, $y=\log_{\frac{1}{2}}x$와 만나는 점을 각각 A, B라 하자. $\overline{\mathrm{AB}}=4$일 때, a의 값은? [3점]

① 4   ② 6   ③ 8

④ 10   ⑤ 12

158 2016년 7월 교육청 가형 15번

두 곡선 $y=2^x$, $y=-4^{x-2}$이 y축과 평행한 한 직선과 만나는 서로 다른 두 점을 각각 A, B라 하자. $\overline{\mathrm{OA}}=\overline{\mathrm{OB}}$일 때, 삼각형 AOB의 넓이는? (단, O는 원점이다.) [4점]

① 64   ② 68   ③ 72

④ 76   ⑤ 80

159 2020학년도 수능(홀) 가형 15번

지수함수 $y=a^x\,(a>1)$의 그래프와 직선 $y=\sqrt{3}$이 만나는 점을 A라 하자. 점 $\mathrm{B}(4,\,0)$에 대하여 직선 OA와 직선 AB가 서로 수직이 되도록 하는 모든 a의 값의 곱은?

(단, O는 원점이다.) [4점]

① $3^{\frac{1}{3}}$ ② $3^{\frac{2}{3}}$ ③ 3

④ $3^{\frac{4}{3}}$ ⑤ $3^{\frac{5}{3}}$

160 2019학년도 6월 평가원 가형 14번

직선 $x=k$가 두 곡선 $y=\log_2 x$, $y=-\log_2(8-x)$와 만나는 점을 각각 A, B라 하자. $\overline{\mathrm{AB}}=2$가 되도록 하는 모든 실수 k의 값의 곱은? (단, $0<k<8$) [4점]

① $\dfrac{1}{2}$ ② 1   ③ $\dfrac{3}{2}$

④ 2   ⑤ $\dfrac{5}{2}$

❯정답과 해설 35쪽

161 2020년 7월 교육청 나형 10번

두 곡선 $y=\log_2 x$, $y=\log_a x$ $(0<a<1)$이 x축 위의 점 A 에서 만난다. 직선 $x=4$가 곡선 $y=\log_2 x$와 만나는 점을 B, 곡선 $y=\log_a x$와 만나는 점을 C라 하자. 삼각형 ABC의 넓이가 $\dfrac{9}{2}$일 때, 상수 a의 값은? [3점]

① $\dfrac{1}{16}$　　　② $\dfrac{1}{8}$　　　③ $\dfrac{3}{16}$

④ $\dfrac{1}{4}$　　　⑤ $\dfrac{5}{16}$

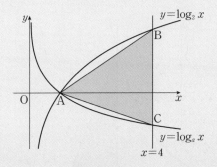

→ **162** 2018년 10월 교육청 가형 24번

그림과 같이 두 곡선 $y=\log_2 x$, $y=\log_{\frac{1}{2}} x$가 만나는 점을 A 라 하고, 직선 $x=k$ $(k>1)$이 두 곡선과 만나는 점을 각각 B, C라 하자. 삼각형 ACB의 무게중심의 좌표가 $(3, 0)$일 때, 삼각형 ACB의 넓이를 구하시오. [3점]

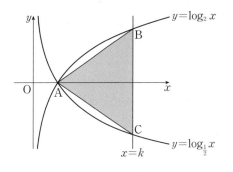

163 2021년 7월 교육청 11번

$a > 1$인 실수 a에 대하여 두 함수

$$f(x) = \frac{1}{2}\log_a(x-1) - 2, \ g(x) = \log_{\frac{1}{a}}(x-2) + 1$$

이 있다. 직선 $y = -2$와 함수 $y = f(x)$의 그래프가 만나는 점을 A라 하고, 직선 $x = 10$과 두 함수 $y = f(x)$, $y = g(x)$의 그래프가 만나는 점을 각각 B, C라 하자. 삼각형 ACB의 넓이가 28일 때, a^{10}의 값은? [4점]

① 15   ② 18   ③ 21

④ 24   ⑤ 27

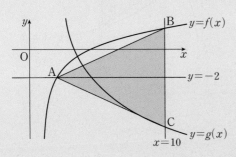

164 2021년 9월 교육청 11번 (고2)

양수 p에 대하여 두 함수

$$f(x) = \log_2(x-p), \ g(x) = 2^x + 1$$

이 있다. 곡선 $y = f(x)$의 점근선이 곡선 $y = g(x)$, x축과 만나는 점을 각각 A, B라 하고, 곡선 $y = g(x)$의 점근선이 곡선 $y = f(x)$와 만나는 점을 C라 하자. 삼각형 ABC의 넓이가 6일 때, p의 값은? [3점]

① 2   ② $\log_2 5$ ③ $\log_2 6$

④ $\log_2 7$ ⑤ 3

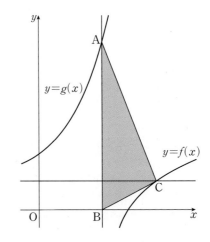

❯정답과 해설 37쪽

165 2017년 3월 교육청 가형 11번

그림과 같이 두 곡선 $y=\log_a x$, $y=\log_b x\,(1<a<b)$와 직선 $y=1$이 만나는 점을 A_1, B_1이라 하고, 직선 $y=2$가 만나는 점을 A_2, B_2라 하자. 선분 A_1B_1의 중점의 좌표는 $(2, 1)$이고 $\overline{A_1B_1}=1$일 때, $\overline{A_2B_2}$의 값은? [3점]

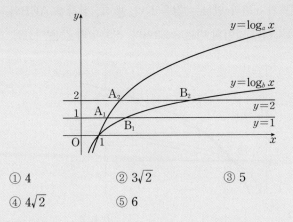

① 4　　　　　② $3\sqrt{2}$　　　　　③ 5

④ $4\sqrt{2}$　　　　　⑤ 6

→ 166 2023년 9월 교육청 18번 (고2)

그림과 같이 두 곡선 $y=\log_2 x$, $y=\log_2 (x-p)+q$가 점 $(4, 2)$에서 만난다. 두 곡선 $y=\log_2 x$, $y=\log_2 (x-p)+q$가 x축과 만나는 점을 각각 A, B라 하고, 직선 $y=3$과 만나는 점을 각각 C, D라 하자. $\overline{CD}-\overline{BA}=\dfrac{3}{4}$일 때, $p+q$의 값은? (단, $0<p<4$, $q>0$) [4점]

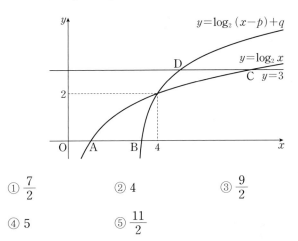

① $\dfrac{7}{2}$　　　　　② 4　　　　　③ $\dfrac{9}{2}$

④ 5　　　　　⑤ $\dfrac{11}{2}$

그림과 같이 곡선 $y=\log_4 x$ 위의 점 A와 곡선 $y=-\log_4 (x+1)$ 위의 점 B가 있다. 점 A의 y좌표가 1이고, x축이 삼각형 OAB의 넓이를 이등분할 때, 선분 OB의 길이는? (단, O는 원점이다.) [3점]

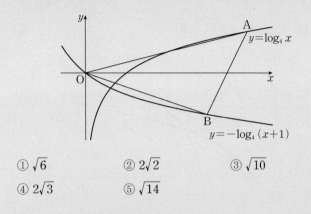

① $\sqrt{6}$ ② $2\sqrt{2}$ ③ $\sqrt{10}$
④ $2\sqrt{3}$ ⑤ $\sqrt{14}$

상수 k에 대하여 그림과 같이 직선 $x=k\,(k>1)$이 두 함수 $y=\log_2 x$, $y=\log_a x\,(a>2)$의 그래프와 만나는 점을 각각 A, B라 하고, 점 B를 지나고 x축에 평행한 직선이 함수 $y=\log_2 x$의 그래프와 만나는 점을 C라 하자. 함수 $y=\log_2 x$의 그래프가 x축과 만나는 점을 D라 할 때, 삼각형 ACB와 삼각형 BCD의 넓이의 비는 3 : 2이다. 상수 a의 값은? [4점]

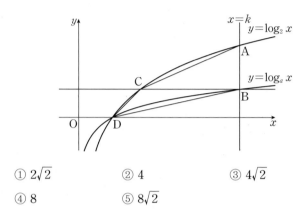

① $2\sqrt{2}$ ② 4   ③ $4\sqrt{2}$
④ 8   ⑤ $8\sqrt{2}$

169 2025학년도 6월 평가원 12번

그림과 같이 곡선 $y=1-2^{-x}$ 위의 제1사분면에 있는 점 A를 지나고 y축에 평행한 직선이 곡선 $y=2^x$과 만나는 점을 B라 하자. 점 A를 지나고 x축에 평행한 직선이 곡선 $y=2^x$과 만나는 점을 C, 점 C를 지나고 y축에 평행한 직선이 곡선 $y=1-2^{-x}$과 만나는 점을 D라 하자. $\overline{AB}=2\overline{CD}$일 때, 사각형 ABCD의 넓이는? [4점]

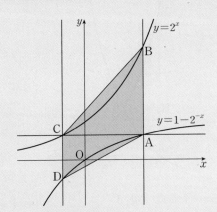

① $\dfrac{5}{2}\log_2 3-\dfrac{5}{4}$ ② $3\log_2 3-\dfrac{3}{2}$ ③ $\dfrac{7}{2}\log_2 3-\dfrac{7}{4}$

④ $4\log_2 3-2$ ⑤ $\dfrac{9}{2}\log_2 3-\dfrac{9}{4}$

→ 170 2022년 6월 교육청 17번 (고2)

$0<t<1$인 실수 t에 대하여 직선 $y=t$가 함수 $y=|2^x-1|$의 그래프와 제1사분면에서 만나는 점을 A, 제2사분면에서 만나는 점을 B라 하자. 양수 a에 대하여 점 A를 지나고 x축에 수직인 직선이 함수 $y=-a|2^x-1|$의 그래프와 만나는 점을 C라 하자. $\overline{AB}=\overline{AC}=1$일 때, $a+t$의 값은? [4점]

① 2   ② $\dfrac{7}{3}$ ③ $\dfrac{8}{3}$

④ 3   ⑤ $\dfrac{10}{3}$

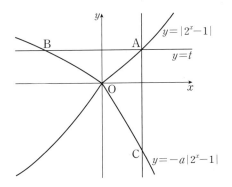

그림과 같이 두 함수 $f(x)=\left(\dfrac{1}{2}\right)^{x-1}$, $g(x)=4^{x-1}$의 그래프와 직선 $y=k\,(k>2)$가 만나는 점을 각각 A, B라 하자. 점 C(0, k)에 대하여 $\overline{\mathrm{AC}}:\overline{\mathrm{CB}}=1:5$일 때, k^3의 값을 구하시오. [4점]

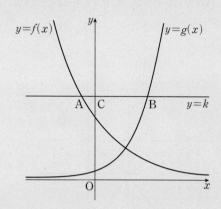

그림과 같이 두 곡선 $y=2^{-x+a}$, $y=2^x-1$이 만나는 점을 A, 곡선 $y=2^{-x+a}$이 y축과 만나는 점을 B라 하자. 점 A에서 y축에 내린 수선의 발을 H라 할 때, $\overline{\mathrm{OB}}=3\times\overline{\mathrm{OH}}$이다. 상수 a의 값은? (단, O는 원점이다.) [4점]

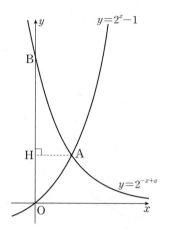

① 2   ② $\log_2 5$ ③ $\log_2 6$

④ $\log_2 7$ ⑤ 3

❯ 정답과 해설 39쪽

173 2020년 3월 교육청 나형 16번

그림과 같이 자연수 m에 대하여 두 함수 $y=3^x$, $y=\log_2 x$의 그래프와 직선 $y=m$이 만나는 점을 각각 A_m, B_m이라 하자. 선분 $A_m B_m$의 길이 중 자연수인 것을 작은 수부터 크기순으로 나열하여 a_1, a_2, a_3, …이라 할 때, a_3의 값은? [4점]

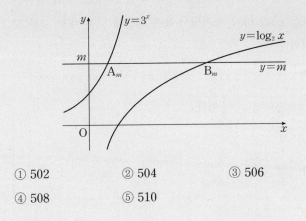

① 502   ② 504   ③ 506
④ 508   ⑤ 510

→ 174 2020년 9월 교육청 19번 (고2)

그림과 같이 실수 t $(1<t<100)$에 대하여 점 $P(0, t)$를 지나고 x축에 평행한 직선이 곡선 $y=2^x$과 만나는 점을 A, 점 A에서 x축에 내린 수선의 발을 Q라 하자. 점 $R(0, 2t)$를 지나고 x축에 평행한 직선이 곡선 $y=2^x$과 만나는 점을 B, 점 B에서 x축에 내린 수선의 발을 S라 하자. 사각형 ABRP의 넓이를 $f(t)$, 사각형 AQSB의 넓이를 $g(t)$라 할 때, $\dfrac{f(t)}{g(t)}$의 값이 자연수가 되도록 하는 모든 t의 값의 곱은? [4점]

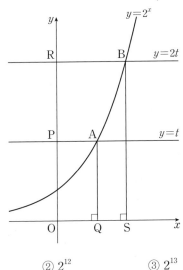

① 2^{11} ② 2^{12} ③ 2^{13}
④ 2^{14} ⑤ 2^{15}

175 2020년 3월 교육청 나형 8번

$a>1$인 실수 a에 대하여 직선 $y=-x$가 곡선 $y=a^x$과 만나는 점의 좌표를 $(p,\ -p)$, 곡선 $y=a^{2x}$과 만나는 점의 좌표를 $(q,\ -q)$라 할 때, $\log_a pq=-8$이다. $p+2q$의 값은? [3점]

① 0 ② -2 ③ -4

④ -6 ⑤ -8

→ 176 2009학년도 수능(홀) 나형 11번

$0<a<\dfrac{1}{2}$인 상수 a에 대하여 직선 $y=x$가 곡선 $y=\log_a x$와 만나는 점을 $(p,\ p)$, 직선 $y=x$가 곡선 $y=\log_{2a} x$와 만나는 점을 $(q,\ q)$라 하자. **보기**에서 옳은 것만을 있는 대로 고른 것은? [4점]

┌ 보기 ┐
ㄱ. $p=\dfrac{1}{2}$이면 $a=\dfrac{1}{4}$이다.

ㄴ. $p<q$

ㄷ. $a^{p+q}=\dfrac{pq}{2^q}$
└────────┘

① ㄱ ② ㄱ, ㄴ ③ ㄱ, ㄷ

④ ㄴ, ㄷ ⑤ ㄱ, ㄴ, ㄷ

177 2022년 6월 교육청 14번 (고2)

함수 $y=3^x$의 그래프 위의 x좌표가 양수인 점 A와 함수 $y=\left(\dfrac{1}{3}\right)^x-6$의 그래프 위의 점 B에 대하여 선분 AB의 중점의 좌표가 $(0,\ 2)$일 때, 점 A의 y좌표는? [4점]

① 4 ② $\dfrac{9}{2}$ ③ 5

④ $\dfrac{11}{2}$ ⑤ 6

→ 178 2014년 11월 교육청 B형 10번 (고2)

좌표평면에서 곡선 $y=\log_2 x$를 x축에 대하여 대칭이동시킨 후, x축의 방향으로 2만큼 평행이동시킨 곡선을 $y=f(x)$라 하자. 점 $A(1,\ 0)$과 곡선 $y=\log_2 x$ 위의 점 B에 대하여 선분 AB의 중점 M이 곡선 $y=f(x)$ 위의 점이 되도록 하는 점 B의 x좌표는? [3점]

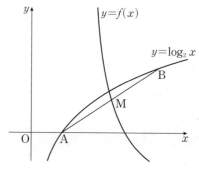

① $\dfrac{13}{4}$ ② $\dfrac{7}{2}$ ③ $\dfrac{15}{4}$

④ 4 ⑤ $\dfrac{17}{4}$

179 2009년 7월 교육청 나형 6번

원점 O에서 함수 $f(x)=4^x$ 위의 한 점 P를 잇는 선분 OP가 있다. 함수 $g(x)=2^x$의 그래프가 선분 OP를 1 : 3으로 내분할 때, 점 P의 x좌표는? [3점]

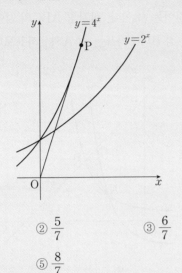

① $\dfrac{4}{7}$ ② $\dfrac{5}{7}$ ③ $\dfrac{6}{7}$

④ 1   ⑤ $\dfrac{8}{7}$

→ **180** 2019년 9월 교육청 가형 27번 / 나형 28번 (고2)

곡선 $y=\log_3(5x-3)$ 위의 서로 다른 두 점 A, B가 다음 조건을 만족시킨다.

> (가) 세 점 O, A, B는 한 직선 위에 있다.
> (나) $\overline{OA} : \overline{OB}=1 : 2$

직선 AB의 기울기가 $\dfrac{q}{p}$일 때, $p+q$의 값을 구하시오.

(단, O는 원점이고, p와 q는 서로소인 자연수이다.) [4점]

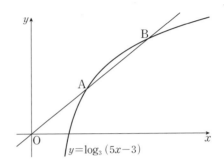

181 2014년 9월 교육청 A형 18번 (고2)

그림과 같이 직선 $y=-x+p\ (p>1)$이 x축, y축, 곡선 $y=2^x$과 만나는 점을 각각 A, B, C라 하고, 점 C에서 y축에 내린 수선의 발을 D라 하자. 삼각형 BDC의 넓이가 8일 때, 삼각형 OAC의 넓이는? (단, O는 원점이다.) [4점]

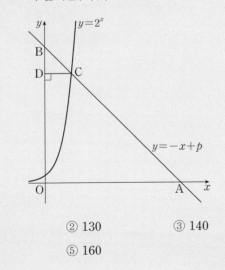

① 120   ② 130   ③ 140
④ 150   ⑤ 160

→ **182** 2021학년도 9월 평가원 가형 13번 / 나형 15번

곡선 $y=2^{ax+b}$와 직선 $y=x$가 서로 다른 두 점 A, B에서 만날 때, 두 점 A, B에서 x축에 내린 수선의 발을 각각 C, D라 하자. $\overline{AB}=6\sqrt{2}$이고 사각형 ACDB의 넓이가 30일 때, $a+b$의 값은? (단, a, b는 상수이다.) [3점]

① $\dfrac{1}{6}$ ② $\dfrac{1}{3}$ ③ $\dfrac{1}{2}$

④ $\dfrac{2}{3}$ ⑤ $\dfrac{5}{6}$

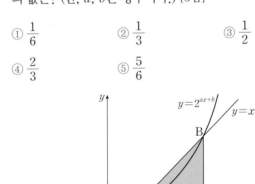

그림과 같이 두 상수 a, k에 대하여 직선 $x=k$가 두 곡선 $y=2^{x-1}+1$, $y=\log_2(x-a)$와 만나는 점을 각각 A, B라 하고, 점 B를 지나고 기울기가 -1인 직선이 곡선 $y=2^{x-1}+1$과 만나는 점을 C라 하자. $\overline{AB}=8$, $\overline{BC}=2\sqrt{2}$일 때, 곡선 $y=\log_2(x-a)$가 x축과 만나는 점 D에 대하여 사각형 ACDB의 넓이는? (단, $0<a<k$) [4점]

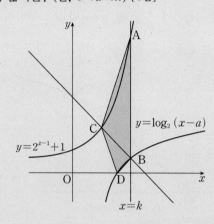

① 14   ② 13   ③ 12

④ 11   ⑤ 10

그림과 같이 두 곡선 $y=2^{x-3}+1$과 $y=2^{x-1}-2$가 만나는 점을 A라 하자. 상수 k에 대하여 직선 $y=-x+k$가 두 곡선 $y=2^{x-3}+1$, $y=2^{x-1}-2$와 만나는 점을 각각 B, C라 할 때, 선분 BC의 길이는 $\sqrt{2}$이다. 삼각형 ABC의 넓이는?

(단, 점 B의 x좌표는 점 A의 x좌표보다 크다.) [4점]

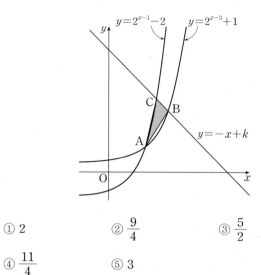

① 2   ② $\dfrac{9}{4}$ ③ $\dfrac{5}{2}$

④ $\dfrac{11}{4}$ ⑤ 3

❯ 정답과 해설 42쪽

185 2022년 7월 교육청 11번

기울기가 $\frac{1}{2}$인 직선 l이 곡선 $y=\log_2 2x$와 서로 다른 두 점에서 만날 때, 만나는 두 점 중 x좌표가 큰 점을 A라 하고, 직선 l이 곡선 $y=\log_2 4x$와 만나는 두 점 중 x좌표가 큰 점을 B라 하자. $\overline{AB}=2\sqrt{5}$일 때, 점 A에서 x축에 내린 수선의 발 C에 대하여 삼각형 ACB의 넓이는? [4점]

① 5　　　　② $\frac{21}{4}$　　　　③ $\frac{11}{2}$

④ $\frac{23}{4}$　　　　⑤ 6

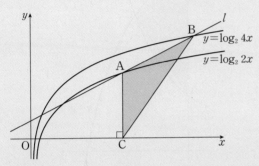

→ **186** 2022학년도 수능(홀) 9번

직선 $y=2x+k$가 두 함수

$$y=\left(\frac{2}{3}\right)^{x+3}+1,\ y=\left(\frac{2}{3}\right)^{x+1}+\frac{8}{3}$$

의 그래프와 만나는 점을 각각 P, Q라 하자. $\overline{PQ}=\sqrt{5}$일 때, 상수 k의 값은? [4점]

① $\frac{31}{6}$　　　　② $\frac{16}{3}$　　　　③ $\frac{11}{2}$

④ $\frac{17}{3}$　　　　⑤ $\frac{35}{6}$

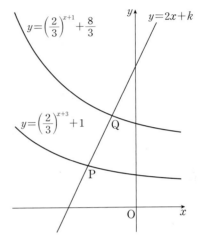

187 2019년 4월 교육청 가형 11번

그림과 같이 두 함수 $f(x)=\dfrac{2^x}{3}$, $g(x)=2^x-2$의 그래프가 y축과 만나는 점을 각각 A, B라 하고, 두 곡선 $y=f(x)$, $y=g(x)$가 만나는 점을 C라 할 때, 삼각형 ABC의 넓이는?

[3점]

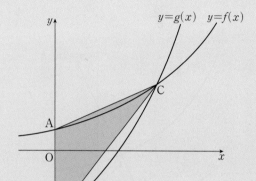

① $\dfrac{1}{3}\log_2 3$ ② $\dfrac{2}{3}\log_2 3$ ③ $\log_2 3$

④ $\dfrac{4}{3}\log_2 3$ ⑤ $\dfrac{5}{3}\log_2 3$

→ **188** 2018년 3월 교육청 가형 9번

그림과 같이 두 함수 $f(x)=2^x+1$, $g(x)=-2^{x-1}+7$의 그래프가 y축과 만나는 점을 각각 A, B라 하고, 곡선 $y=f(x)$와 곡선 $y=g(x)$가 만나는 점을 C라 할 때, 삼각형 ACB의 넓이는? [3점]

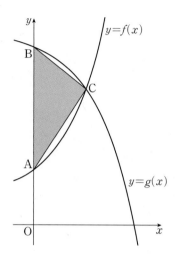

① $\dfrac{5}{2}$ ② 3   ③ $\dfrac{7}{2}$

④ 4   ⑤ $\dfrac{9}{2}$

❯ 정답과 해설 44쪽

189 2019년 11월 교육청 가형 13번 (고2)

그림과 같이 두 곡선 $y=\log_2(x+4)$, $y=\log_2 x+1$이 x축과 만나는 점을 각각 A, B라 하고 두 곡선이 만나는 점을 C라 할 때, 삼각형 ABC의 넓이는? [3점]

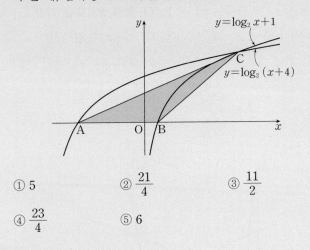

① 5   ② $\dfrac{21}{4}$ ③ $\dfrac{11}{2}$

④ $\dfrac{23}{4}$ ⑤ 6

➡ **190** 2020년 3월 교육청 가형 14번

함수 $y=\log_3|2x|$의 그래프와 함수 $y=\log_3(x+3)$의 그래프가 만나는 서로 다른 두 점을 각각 A, B라 하자. 점 A를 지나고 직선 AB와 수직인 직선이 y축과 만나는 점을 C라 할 때, 삼각형 ABC의 넓이는?

(단, 점 A의 x좌표는 점 B의 x좌표보다 작다.) [4점]

① $\dfrac{13}{2}$ ② 7   ③ $\dfrac{15}{2}$

④ 8   ⑤ $\dfrac{17}{2}$

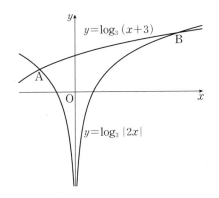

191 2020년 7월 교육청 가형 13번

두 함수 $f(x)=2^x+1$, $g(x)=2^{x+1}$의 그래프가 점 P에서 만난다. 서로 다른 두 실수 a, b에 대하여 두 점 $A(a, f(a))$, $B(b, g(b))$의 중점이 P일 때, 선분 AB의 길이는? [3점]

① $2\sqrt{2}$ ② $2\sqrt{3}$ ③ 4

④ $2\sqrt{5}$ ⑤ $2\sqrt{6}$

➡ **192** 2022학년도 6월 평가원 10번

$n\geq2$인 자연수 n에 대하여 두 곡선

$$y=\log_n x, \quad y=-\log_n(x+3)+1$$

이 만나는 점의 x좌표가 1보다 크고 2보다 작도록 하는 모든 n의 값의 합은? [4점]

① 30   ② 35   ③ 40

④ 45   ⑤ 50

193 2020년 4월 교육청 가형 28번

그림과 같이 1보다 큰 실수 a에 대하여 곡선 $y=|\log_a x|$가 직선 $y=k\,(k>0)$과 만나는 두 점을 각각 A, B라 하고, 직선 $y=k$가 y축과 만나는 점을 C라 하자. $\overline{OC}=\overline{CA}=\overline{AB}$일 때, 곡선 $y=|\log_a x|$와 직선 $y=2\sqrt{2}$가 만나는 두 점 사이의 거리는 d이다. $20d$의 값을 구하시오.

(단, O는 원점이고, 점 A의 x좌표는 점 B의 x좌표보다 작다.)

[4점]

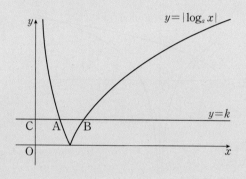

→ 194 2021년 10월 교육청 8번

2보다 큰 상수 k에 대하여 두 곡선 $y=|\log_2{(-x+k)}|$, $y=|\log_2 x|$가 만나는 세 점 P, Q, R의 x좌표를 각각 x_1, x_2, x_3이라 하자. $x_3-x_1=2\sqrt{3}$일 때, x_1+x_3의 값은?

(단, $x_1<x_2<x_3$) [3점]

① $\dfrac{7}{2}$ ② $\dfrac{15}{4}$ ③ 4

④ $\dfrac{17}{4}$ ⑤ $\dfrac{9}{2}$

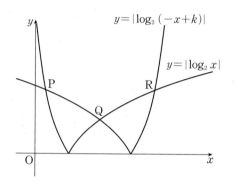

195 2020년 6월 교육청 16번 (고2)

함수 $y=\log_2 x$의 그래프 위에 서로 다른 두 점 A, B가 있다. 선분 AB의 중점이 x축 위에 있고, 선분 AB를 1 : 2로 외분하는 점이 y축 위에 있을 때, 선분 AB의 길이는? [4점]

① 1   ② $\dfrac{\sqrt{6}}{2}$ ③ $\sqrt{2}$

④ $\dfrac{\sqrt{10}}{2}$ ⑤ $\sqrt{3}$

→ 196 2018학년도 9월 평가원 가형 16번

$a>1$인 실수 a에 대하여 곡선 $y=\log_a x$와 원 $C:\left(x-\dfrac{5}{4}\right)^2+y^2=\dfrac{13}{16}$의 두 교점을 P, Q라 하자. 선분 PQ가 원 C의 지름일 때, a의 값은? [4점]

① 3   ② $\dfrac{7}{2}$ ③ 4

④ $\dfrac{9}{2}$ ⑤ 5

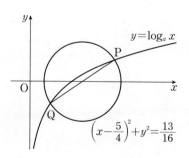

유형 07 _ 지수함수와 로그함수의 그래프의 평행이동의 활용

197 2019년 9월 교육청 나형 16번 (고2)

그림과 같이 두 함수 $f(x)=\log_2 x$, $g(x)=\log_2 3x$의 그래프 위에 네 점 A(1, $f(1)$), B(3, $f(3)$), C(3, $g(3)$), D(1, $g(1)$)이 있다. 두 함수 $y=f(x)$, $y=g(x)$의 그래프와 선분 AD, 선분 BC로 둘러싸인 부분의 넓이는? [4점]

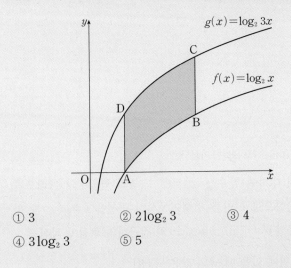

① 3
② $2\log_2 3$
③ 4
④ $3\log_2 3$
⑤ 5

→ 198 2011학년도 9월 평가원 가/나형 15번

함수 $y=\log_2 4x$의 그래프 위의 두 점 A, B와 함수 $y=\log_2 x$의 그래프 위의 점 C에 대하여, 선분 AC가 y축에 평행하고 삼각형 ABC가 정삼각형일 때, 점 B의 좌표는 (p, q)이다. $p^2 \times 2^q$의 값은? [4점]

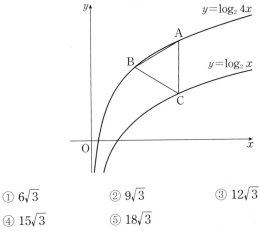

① $6\sqrt{3}$
② $9\sqrt{3}$
③ $12\sqrt{3}$
④ $15\sqrt{3}$
⑤ $18\sqrt{3}$

199 2017년 3월 교육청 가형 27번

그림과 같이 곡선 $y=2^x$을 y축에 대하여 대칭이동한 후, x축의 방향으로 $\frac{1}{4}$만큼, y축의 방향으로 $\frac{1}{4}$만큼 평행이동한 곡선을 $y=f(x)$라 하자. 곡선 $y=f(x)$와 직선 $y=x+1$이 만나는 점 A와 점 B(0, 1) 사이의 거리를 k라 할 때, $\frac{1}{k^2}$의 값을 구하시오. [4점]

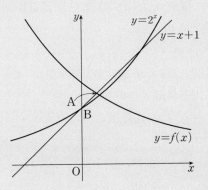

→ 200 2010년 3월 교육청 가형 30번

그림과 같이 두 곡선 $y=\log_6 (x+1)$, $y=\log_6 (x-1)-4$와 두 직선 $y=-2x$, $y=-2x+8$로 둘러싸인 부분의 넓이를 구하시오. [3점]

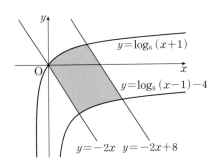

201 2016학년도 6월 평가원 A형 15번

함수 $y=\log_3 x$의 그래프를 x축의 방향으로 a만큼, y축의 방향으로 2만큼 평행이동한 그래프를 나타내는 함수를 $y=f(x)$라 하자. 함수 $f(x)$의 역함수가 $f^{-1}(x)=3^{x-2}+4$일 때, 상수 a의 값은? [4점]

① 1 ② 2 ③ 3
④ 4 ⑤ 5

→ 202 2008학년도 수능(홀) 나형 10번

지수함수 $f(x)=a^{x-m}$의 그래프와 그 역함수의 그래프가 두 점에서 만나고, 두 교점의 x좌표가 1과 3일 때, $a+m$의 값은? [3점]

① $2-\sqrt{3}$ ② 2 ③ $1+\sqrt{3}$
④ 3 ⑤ $2+\sqrt{3}$

203 2020년 11월 교육청 13번 (고2)

함수 $f(x)=\log_2(x+a)+b$의 역함수를 $g(x)$라 하자. 곡선 $y=g(x)$의 점근선이 직선 $y=1$이고 곡선 $y=g(x)$가 점 $(3, 2)$를 지날 때, $a+b$의 값은? (단, a, b는 상수이다.) [3점]

① 1 ② 2 ③ 3
④ 4 ⑤ 5

→ 204 2019년 7월 교육청 가형 11번

양수 k에 대하여 함수 $f(x)=3^{x-1}+k$의 역함수의 그래프를 x축의 방향으로 k^2만큼 평행이동시킨 곡선을 $y=g(x)$라 하자. 두 곡선 $y=f(x)$, $y=g(x)$의 점근선의 교점이 직선 $y=\dfrac{1}{3}x$ 위에 있을 때, k의 값은? [3점]

① 1 ② $\dfrac{3}{2}$ ③ 2
④ $\dfrac{5}{2}$ ⑤ 3

205 2020년 6월 교육청 14번 (고2)

함수 $y=3^x-a$의 역함수의 그래프가 두 점 $(3, \log_3 b)$, $(2b, \log_3 12)$를 지나도록 하는 두 상수 a, b에 대하여 $a+b$의 값은? [4점]

① 7 ② 8 ③ 9
④ 10 ⑤ 11

→ 206 2020년 4월 교육청 나형 20번

두 함수

$$f(x)=2^x, \quad g(x)=2^{x-2}$$

에 대하여 두 양수 a, b $(a<b)$가 다음 조건을 만족시킬 때, $a+b$의 값은? [4점]

> (가) 두 곡선 $y=f(x)$, $y=g(x)$와 두 직선 $y=a$, $y=b$로 둘러싸인 부분의 넓이가 6이다.
>
> (나) $g^{-1}(b)-f^{-1}(a)=\log_2 6$

① 15 ② 16 ③ 17
④ 18 ⑤ 19

207 2023년 4월 교육청 10번

상수 $a\,(a>1)$에 대하여 곡선 $y=a^x-1$과 곡선 $y=\log_a(x+1)$이 원점 O를 포함한 서로 다른 두 점에서 만난다. 이 두 점 중 O가 아닌 점을 P라 하고, 점 P에서 x축에 내린 수선의 발을 H라 하자. 삼각형 OHP의 넓이가 2일 때, a의 값은? [4점]

① $\sqrt{2}$ ② $\sqrt{3}$ ③ 2

④ $\sqrt{5}$ ⑤ $\sqrt{6}$

208 2012년 10월 교육청 가/나형 16번

그림과 같이 지수함수 $y=a^x$과 로그함수 $y=\log_a x$가 두 점 P, Q에서 만날 때, 점 P에서 x축, y축에 내린 수선의 발을 각각 A, B라 하자. 점 Q를 지나고 x축과 평행한 직선이 직선 AP와 만나는 점을 D, 점 Q를 지나고 y축과 평행한 직선이 직선 BP와 만나는 점을 C라 할 때, 두 사각형 OAPB와 PCQD는 합동이다. a의 값은? (단, O는 원점이다.) [4점]

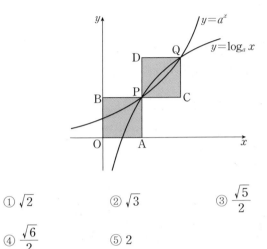

① $\sqrt{2}$ ② $\sqrt{3}$ ③ $\dfrac{\sqrt{5}}{2}$

④ $\dfrac{\sqrt{6}}{2}$ ⑤ 2

209 2011학년도 6월 평가원 가/나형 8번

곡선 $y=2^x-1$ 위의 점 A(2, 3)을 지나고 기울기가 -1인 직선이 곡선 $y=\log_2(x+1)$과 만나는 점을 B라 하자. 두 점 A, B에서 x축에 내린 수선의 발을 각각 C, D라 할 때, 사각형 ACDB의 넓이는? [3점]

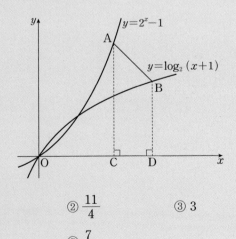

① $\dfrac{5}{2}$ ② $\dfrac{11}{4}$ ③ 3

④ $\dfrac{13}{4}$ ⑤ $\dfrac{7}{2}$

210 2011년 7월 교육청 나형 6번

그림과 같이 직선 $y=x$와 수직으로 만나는 평행한 두 직선 l, m이 있다. 두 직선 l, m이 함수 $f(x)=\log_2 x$, $g(x)=2^x$의 그래프와 만나는 교점을 A, B, C, D라 하자. $f(b)=g(1)=a$ 일 때, 사각형 ABCD의 넓이는? [3점]

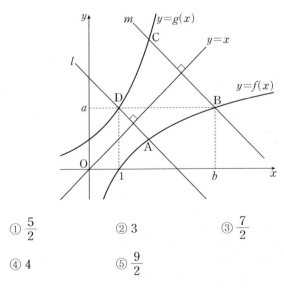

① $\dfrac{5}{2}$ ② 3   ③ $\dfrac{7}{2}$

④ 4   ⑤ $\dfrac{9}{2}$

곡선 $y=\log_{\sqrt{2}}(x-a)$와 직선 $y=\dfrac{1}{2}x$가 만나는 점 중 한 점을 A라 하고, 점 A를 지나고 기울기가 -1인 직선이 곡선 $y=(\sqrt{2})^x+a$와 만나는 점을 B라 하자. 삼각형 OAB의 넓이가 6일 때, 상수 a의 값은? (단, $0<a<4$이고, O는 원점이다.)

[4점]

① $\dfrac{1}{2}$ ② 1   ③ $\dfrac{3}{2}$

④ 2   ⑤ $\dfrac{5}{2}$

그림과 같이 직선 $y=-x+a$가 두 곡선 $y=2^x$, $y=\log_2 x$와 만나는 점을 각각 A, B라 하고, x축과 만나는 점을 C라 할 때, 점 A, B, C가 다음 조건을 만족시킨다.

㈎ $\overline{AB}:\overline{BC}=3:1$

㈏ 삼각형 OBC의 넓이는 40이다.

점 A의 좌표를 A$(p,\ q)$라 할 때, $p+q$의 값은?

(단, O는 원점이고, a는 상수이다.) [4점]

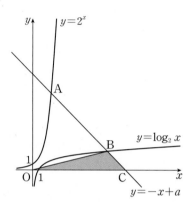

① 10   ② 15   ③ 20

④ 25   ⑤ 30

213 2010년 7월 교육청 나형 12번

그림과 같이 함수 $y=\log_2 x$의 그래프와 직선 $y=mx$의 두 교점을 A, B라 하고, 함수 $y=2^x$의 그래프와 직선 $y=nx$의 두 교점을 C, D라 하자. 사각형 ABDC는 등변사다리꼴이고 삼각형 OBD의 넓이는 삼각형 OAC의 넓이의 4배일 때, $m+n$의 값은? (단, O는 원점) [3점]

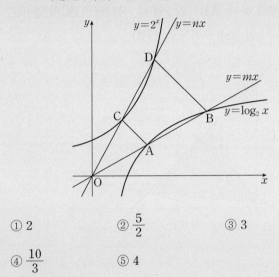

① 2   ② $\dfrac{5}{2}$ ③ 3

④ $\dfrac{10}{3}$ ⑤ 4

➡ 214 2025학년도 9월 평가원 14번

자연수 n에 대하여 곡선 $y=2^x$ 위의 두 점 A_n, B_n이 다음 조건을 만족시킨다.

> ㈎ 직선 $A_n B_n$의 기울기는 3이다.
> ㈏ $\overline{A_n B_n}=n\times\sqrt{10}$

중심이 직선 $y=x$ 위에 있고 두 점 A_n, B_n을 지나는 원이 곡선 $y=\log_2 x$와 만나는 두 점의 x좌표 중 큰 값을 x_n이라 하자. $x_1+x_2+x_3$의 값은? [4점]

① $\dfrac{150}{7}$ ② $\dfrac{155}{7}$ ③ $\dfrac{160}{7}$

④ $\dfrac{165}{7}$ ⑤ $\dfrac{170}{7}$

215 2022년 6월 교육청 27번 (고2)

$a>2$인 실수 a에 대하여 그림과 같이 직선 $y=-x+5$가 세 곡선 $y=a^x$, $y=\log_a x$, $y=\log_a(x-1)-1$과 만나는 점을 각각 A, B, C라 하자. $\overline{AB}:\overline{BC}=2:1$일 때, $4a^3$의 값을 구하시오. [4점]

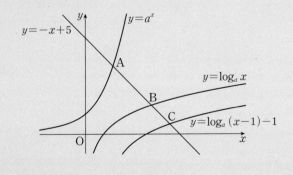

➡ 216 2018년 7월 교육청 가형 15번

점 $A(4, 0)$을 지나고 y축에 평행한 직선이 곡선 $y=\log_2 x$와 만나는 점을 B라 하고, 점 B를 지나고 기울기가 -1인 직선이 곡선 $y=2^{x+1}+1$과 만나는 점을 C라 할 때, 삼각형 ABC의 넓이는? [4점]

① 3   ② $\dfrac{7}{2}$ ③ 4

④ $\dfrac{9}{2}$ ⑤ 5

217 2024년 3월 교육청 21번

$a > 2$인 실수 a에 대하여 기울기가 -1인 직선이 두 곡선

$$y = a^x + 2, \quad y = \log_a x + 2$$

와 만나는 점을 각각 A, B라 하자. 선분 AB를 지름으로 하는 원의 중심의 y좌표가 $\dfrac{19}{2}$이고 넓이가 $\dfrac{121}{2}\pi$일 때, a^2의 값을 구하시오. [4점]

→ **218** 2022학년도 9월 평가원 21번

$a > 1$인 실수 a에 대하여 직선 $y = -x + 4$가 두 곡선

$$y = a^{x-1}, \quad y = \log_a(x-1)$$

과 만나는 점을 각각 A, B라 하고, 곡선 $y = a^{x-1}$이 y축과 만나는 점을 C라 하자. $\overline{AB} = 2\sqrt{2}$일 때, 삼각형 ABC의 넓이는 S이다. $50 \times S$의 값을 구하시오. [4점]

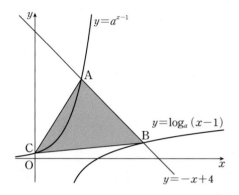

유형 10 지수함수와 로그함수의 합성함수

219 2022년 9월 교육청 27번 (고2)

두 함수

$$f(x)=\left(\frac{1}{2}\right)^{x-a}, g(x)=(x-1)(x-3)$$

에 대하여 합성함수 $h(x)=(f\circ g)(x)$라 하자. 함수 $h(x)$가 $0\le x\le 5$에서 최솟값 $\frac{1}{4}$, 최댓값 M을 갖는다. M의 값을 구하시오. (단, a는 상수이다.) [4점]

→ 220 2013년 3월 교육청 A형 18번

두 함수 $f(x)$, $g(x)$를

$$f(x)=x^2-6x+3, g(x)=a^x \ (a>0, \ a\ne 1)$$

이라 하자. $1\le x\le 4$에서 함수 $(g\circ f)(x)$의 최댓값은 27, 최솟값은 m이다. m의 값은? [4점]

① $\frac{1}{27}$ ② $\frac{1}{3}$ ③ $\frac{\sqrt{3}}{3}$

④ 3   ⑤ $3\sqrt{3}$

221 2021학년도 9월 평가원 나형 17번

$\angle A=90°$이고 $\overline{AB}=2\log_2 x$, $\overline{AC}=\log_4 \dfrac{16}{x}$인 삼각형 ABC의 넓이를 $S(x)$라 하자. $S(x)$가 $x=a$에서 최댓값 M을 가질 때, $a+M$의 값은? (단, $1<x<16$) [4점]

① 6   ② 7   ③ 8

④ 9   ⑤ 10

→ 222 2021년 9월 교육청 14번 (고2)

$0\le x\le 5$에서 함수

$$f(x)=\log_3(x^2-6x+k) \ (k>9)$$

의 최댓값과 최솟값의 합이 $2+\log_3 4$가 되도록 하는 상수 k의 값은? [4점]

① 11   ② 12   ③ 13

④ 14   ⑤ 15

223 2009학년도 수능(홀) 가/나형 7번

두 지수함수 $f(x)=a^{bx-1}$, $g(x)=a^{1-bx}$이 다음 조건을 만족시킨다.

⟨가⟩ 함수 $y=f(x)$의 그래프와 함수 $y=g(x)$의 그래프는 직선 $x=2$에 대하여 대칭이다.

⟨나⟩ $f(4)+g(4)=\dfrac{5}{2}$

두 상수 a, b의 합 $a+b$의 값은? (단, $0<a<1$) [3점]

① 1
② $\dfrac{9}{8}$
③ $\dfrac{5}{4}$
④ $\dfrac{11}{8}$
⑤ $\dfrac{3}{2}$

→ **224** 2022년 10월 교육청 10번

$a>1$인 실수 a에 대하여 두 곡선

$$y=-\log_2(-x),\ y=\log_2(x+2a)$$

가 만나는 두 점을 A, B라 하자. 선분 AB의 중점이 직선 $4x+3y+5=0$ 위에 있을 때, 선분 AB의 길이는? [4점]

① $\dfrac{3}{2}$
② $\dfrac{7}{4}$
③ 2
④ $\dfrac{9}{4}$
⑤ $\dfrac{5}{2}$

225 2010학년도 6월 평가원 나형 9번

함수 $f(x)$는 모든 실수 x에 대하여 $f(x+2)=f(x)$를 만족시키고,

$$f(x)=\left|x-\dfrac{1}{2}\right|+1\ \left(-\dfrac{1}{2}\leq x<\dfrac{3}{2}\right)$$

이다. 자연수 n에 대하여 지수함수 $y=2^{\frac{x}{n}}$의 그래프와 함수 $y=f(x)$의 그래프의 교점의 개수가 5가 되도록 하는 모든 n의 값의 합은? [4점]

① 7
② 9
③ 11
④ 13
⑤ 15

→ **226** 2013년 10월 교육청 A형 29번

함수 $f(x)$가 다음 조건을 만족시킨다.

⟨가⟩ $0\leq x<4$일 때, $f(x)=\begin{cases}3^x & (0\leq x<2)\\ 3^{-(x-4)} & (2\leq x<4)\end{cases}$ 이다.

⟨나⟩ 모든 실수 x에 대하여 $f(x+4)=f(x)$이다.

$0\leq x\leq 40$에서 방정식 $f(x)-5=0$의 모든 실근의 합을 구하시오. [4점]

❯ 정답과 해설 57쪽

227 2021년 3월 교육청 13번

함수

$$f(x)=\begin{cases} 2^x & (x<3) \\ \left(\dfrac{1}{4}\right)^{x+a}-\left(\dfrac{1}{4}\right)^{3+a}+8 & (x\geq3) \end{cases}$$

에 대하여 곡선 $y=f(x)$ 위의 점 중에서 y좌표가 정수인 점의 개수가 23일 때, 정수 a의 값은? [4점]

① -7 ② -6 ③ -5

④ -4 ⑤ -3

→ 228 2023학년도 수능(홀) 21번

자연수 n에 대하여 함수 $f(x)$를

$$f(x)=\begin{cases} |3^{x+2}-n| & (x<0) \\ |\log_2(x+4)-n| & (x\geq0) \end{cases}$$

이라 하자. 실수 t에 대하여 x에 대한 방정식 $f(x)=t$의 서로 다른 실근의 개수를 $g(t)$라 할 때, 함수 $g(t)$의 최댓값이 4가 되도록 하는 모든 자연수 n의 값의 합을 구하시오. [4점]

유형 13 지수함수와 로그함수의 그래프의 교점의 활용 (2)

229 2008학년도 수능(홀) 가형 16번

직선 $y=2-x$가 두 로그함수 $y=\log_2 x$, $y=\log_3 x$의 그래프와 만나는 점을 각각 (x_1, y_1), (x_2, y_2)라 할 때, **보기**에서 옳은 것을 모두 고른 것은? [4점]

┌─ 보기 ────────────────────────┐
ㄱ. $x_1 > y_2$

ㄴ. $x_2 - x_1 = y_1 - y_2$

ㄷ. $x_1 y_1 > x_2 y_2$
└──────────────────────────────┘

① ㄱ   ② ㄷ   ③ ㄱ, ㄴ

④ ㄴ, ㄷ   ⑤ ㄱ, ㄴ, ㄷ

→ 230 2012년 7월 교육청 나형 15번

두 곡선 $y=2^x$, $y=\log_3 x$와 직선 $y=-x+5$가 만나는 점을 각각 A(a_1, a_2), B(b_1, b_2)라 할 때, 옳은 것만을 **보기**에서 있는 대로 고른 것은? [4점]

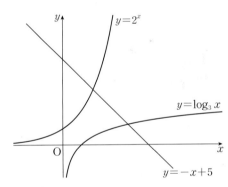

┌─ 보기 ────────────────────────┐
ㄱ. $a_1 > b_2$

ㄴ. $a_1 + a_2 = b_1 + b_2$

ㄷ. $\dfrac{a_1}{a_2} < \dfrac{b_2}{b_1}$
└──────────────────────────────┘

① ㄱ   ② ㄷ   ③ ㄱ, ㄴ

④ ㄴ, ㄷ   ⑤ ㄱ, ㄴ, ㄷ

231 2021학년도 수능(홀) 나형 18번

$\dfrac{1}{4}<a<1$인 실수 a에 대하여 직선 $y=1$이 두 곡선 $y=\log_a x$, $y=\log_{4a} x$와 만나는 점을 각각 A, B라 하고, 직선 $y=-1$이 두 곡선 $y=\log_a x$, $y=\log_{4a} x$와 만나는 점을 각각 C, D라 하자. **보기**에서 옳은 것만을 있는 대로 고른 것은? [4점]

┌─ **보기** ─────────────────────────┐

ㄱ. 선분 AB를 $1:4$로 외분하는 점의 좌표는 $(0, 1)$이다.

ㄴ. 사각형 ABCD가 직사각형이면 $a=\dfrac{1}{2}$이다.

ㄷ. $\overline{AB}<\overline{CD}$이면 $\dfrac{1}{2}<a<1$이다.

└───────────────────────────────┘

① ㄱ   ② ㄷ   ③ ㄱ, ㄴ

④ ㄴ, ㄷ   ⑤ ㄱ, ㄴ, ㄷ

→ 232 2023년 6월 교육청 16번 (고2)

0이 아닌 실수 t에 대하여 두 곡선 $y=\log_2 x$, $y=\log_4 x$와 직선 $y=t$가 만나는 점을 각각 P, Q라 하자. 삼각형 OPQ의 넓이를 $S(t)$라 할 때, **보기**에서 옳은 것만을 있는 대로 고른 것은? (단, O는 원점이다.) [4점]

┌─ **보기** ─────────────────────────┐

ㄱ. $S(1)=1$

ㄴ. $S(2)=64\times S(-2)$

ㄷ. $t>0$일 때, t의 값이 증가하면 $\dfrac{S(t)}{S(-t)}$의 값도 증가한다.

└───────────────────────────────┘

① ㄱ   ② ㄴ   ③ ㄱ, ㄴ

④ ㄴ, ㄷ   ⑤ ㄱ, ㄴ, ㄷ

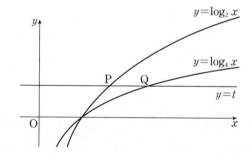

233 2023학년도 9월 평가원 21번

그림과 같이 곡선 $y=2^x$ 위에 두 점 P$(a, 2^a)$, Q$(b, 2^b)$이 있다. 직선 PQ의 기울기를 m이라 할 때, 점 P를 지나며 기울기가 $-m$인 직선이 x축, y축과 만나는 점을 각각 A, B라 하고, 점 Q를 지나며 기울기가 $-m$인 직선이 x축과 만나는 점을 C라 하자.

$$\overline{AB}=4\overline{PB}, \quad \overline{CQ}=3\overline{AB}$$

일 때, $90 \times (a+b)$의 값을 구하시오. (단, $0<a<b$) [4점]

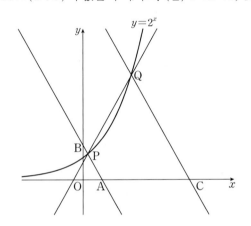

234 2023학년도 6월 평가원 13번

두 곡선 $y=16^x$, $y=2^x$과 한 점 A$(64, 2^{64})$이 있다. 점 A를 지나며 x축과 평행한 직선이 곡선 $y=16^x$과 만나는 점을 P$_1$이라 하고, 점 P$_1$을 지나며 y축과 평행한 직선이 곡선 $y=2^x$과 만나는 점을 Q$_1$이라 하자. 점 Q$_1$을 지나며 x축과 평행한 직선이 곡선 $y=16^x$과 만나는 점을 P$_2$라 하고, 점 P$_2$를 지나며 y축과 평행한 직선이 곡선 $y=2^x$과 만나는 점을 Q$_2$라 하자. 이와 같은 과정을 계속하여 n번째 얻은 두 점을 각각 P$_n$, Q$_n$이라 하고 점 Q$_n$의 x좌표를 x_n이라 할 때, $x_n < \dfrac{1}{k}$을 만족시키는 n의 최솟값이 6이 되도록 하는 자연수 k의 개수는?

[4점]

① 48   ② 51   ③ 54

④ 57   ⑤ 60

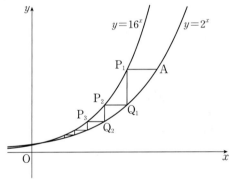

곡선 $y=\left(\dfrac{1}{5}\right)^{x-3}$ 과 직선 $y=x$가 만나는 점의 x좌표를 k라 하자. 실수 전체의 집합에서 정의된 함수 $f(x)$가 다음 조건을 만족시킨다.

$x>k$인 모든 실수 x에 대하여

$f(x)=\left(\dfrac{1}{5}\right)^{x-3}$ 이고 $f(f(x))=3x$이다.

$f\left(\dfrac{1}{k^3\times 5^{3k}}\right)$의 값을 구하시오. [4점]

두 자연수 a, b에 대하여 함수

$$f(x)=\begin{cases}2^{x+a}+b & (x\le -8)\\ -3^{x-3}+8 & (x>-8)\end{cases}$$

이 다음 조건을 만족시킬 때, $a+b$의 값은? [4점]

집합 $\{f(x)\,|\,x\le k\}$의 원소 중 정수인 것의 개수가 2가 되도록 하는 모든 실수 k의 값의 범위는 $3\le k<4$이다.

---

① 11 ② 13 ③ 15
④ 17 ⑤ 19

237

양수 a에 대하여 $x \geq -1$에서 정의된 함수 $f(x)$는

$$f(x) = \begin{cases} -x^2 + 6x & (-1 \leq x < 6) \\ a\log_4(x-5) & (x \geq 6) \end{cases}$$

이다. $t \geq 0$인 실수 t에 대하여 $t-1 \leq x \leq t+1$에서의 $f(x)$의 최댓값을 $g(t)$라 하자. $t \geq 0$에서 함수 $g(t)$의 최솟값이 5가 되도록 하는 양수 a의 최솟값을 구하시오. [4점]

238

두 곡선 $y = 2^x$과 $y = -2x^2 + 2$가 만나는 두 점을 (x_1, y_1), (x_2, y_2)라 하자. $x_1 < x_2$일 때, **보기**에서 옳은 것만을 있는 대로 고른 것은? [4점]

┌─ 보기 ─────────────────────────────┐

ㄱ. $x_2 > \dfrac{1}{2}$

ㄴ. $y_2 - y_1 < x_2 - x_1$

ㄷ. $\dfrac{\sqrt{2}}{2} < y_1 y_2 < 1$

└─────────────────────────────────────┘

① ㄱ   ② ㄱ, ㄴ   ③ ㄱ, ㄷ

④ ㄴ, ㄷ   ⑤ ㄱ, ㄴ, ㄷ

지수함수와
로그함수의 활용

실전 개념 1 지수방정식   **> 유형 01, 02, 09, 10, 13**

(1) **밑을 같게 할 수 있는 경우:** 주어진 방정식을 $a^{f(x)}=a^{g(x)}$ 꼴로 변형한 후
$$a^{f(x)}=a^{g(x)} \Longleftrightarrow f(x)=g(x)$$
임을 이용하여 방정식 $f(x)=g(x)$를 푼다. (단, $a>0$, $a \neq 1$)

(2) **지수가 같은 경우:** $\{h(x)\}^{f(x)}=\{g(x)\}^{f(x)}$ 꼴이면 $h(x)=g(x)$ 또는 $f(x)=0$을 푼다.
                                                       (단, $h(x)>0$, $g(x)>0$)

(3) **a^x 꼴이 반복되는 경우:** $a^x=t \; (t>0)$로 치환하여 t에 대한 방정식을 푼다. 이때 $a^x>0$이 므로 $t>0$임에 주의한다.

실전 개념 2 지수부등식   **> 유형 03, 04, 09, 11 ~ 13**

(1) **밑을 같게 할 수 있는 경우:** 주어진 부등식을 $a^{f(x)}>a^{g(x)}$ 꼴로 변형한 후
    ① $a>1$일 때, 부등식 $f(x)>g(x)$를 푼다.
    ② $0<a<1$일 때, 부등식 $f(x)<g(x)$를 푼다.

(2) **a^x 꼴이 반복되는 경우:** $a^x=t \; (t>0)$로 치환하여 t에 대한 부등식을 푼다. 이때 $a^x>0$이 므로 $t>0$임에 주의한다.

실전 개념 3 로그방정식   **> 유형 05, 06, 09, 10, 13**

(1) **$\log_a f(x)=b$ 꼴인 경우:** $\log_a f(x)=b \Longleftrightarrow f(x)=a^b$임을 이용하여 푼다.
                                                       (단, $a>0$, $a \neq 1$)

(2) **밑을 같게 할 수 있는 경우:** 주어진 방정식을 $\log_a f(x)=\log_a g(x)$ 꼴로 변형한 후
$$\log_a f(x)=\log_a g(x) \Longleftrightarrow f(x)=g(x)$$
임을 이용하여 방정식 $f(x)=g(x)$를 푼다. (단, $a>0$, $a \neq 1$, $f(x)>0$, $g(x)>0$)

(3) **진수가 같은 경우:** $\log_{h(x)} f(x)=\log_{g(x)} f(x)$ 꼴이면 $h(x)=g(x)$ 또는 $f(x)=1$을 푼다.
                                (단, $f(x)>0$, $h(x)>0$, $h(x) \neq 1$, $g(x)>0$, $g(x) \neq 1$)

(4) **$\log_a x$ 꼴이 반복되는 경우:** $\log_a x=t$로 치환하여 t에 대한 방정식을 푼다.

(5) **지수에 로그가 있는 경우:** 양변에 로그를 취하여 푼다.

> 참고   로그방정식을 풀 때는 구한 해가 (밑)>0, (밑)$\neq 1$, (진수)>0의 조건을 모두 만족시키는지 확인한다.

실전 개념 4 로그부등식   **> 유형 07 ~ 09, 11 ~ 13**

(1) **밑을 같게 할 수 있는 경우:** 주어진 부등식을 $\log_a f(x)>\log_a g(x)$ 꼴로 변형한 후
    ① $a>1$일 때, 부등식 $f(x)>g(x)>0$을 푼다.
    ② $0<a<1$일 때, 부등식 $0<f(x)<g(x)$를 푼다.

(2) **$\log_a x$ 꼴이 반복되는 경우:** $\log_a x=t$로 치환하여 t에 대한 부등식을 푼다.

(3) **지수에 로그가 있는 경우:** 양변에 로그를 취하여 푼다. 이때 로그의 밑이 $0<$(밑)<1이면 부등호의 방향이 바뀜에 주의한다.

> 참고   로그부등식을 풀 때는 구한 해가 (밑)>0, (밑)$\neq 1$, (진수)>0의 조건을 모두 만족시키는지 확인한다.

239 2017학년도 9월 평가원 가형 2번

방정식 $3^{x+1}=27$을 만족시키는 실수 x의 값은? [2점]

① 1   ② 2   ③ 3

④ 4   ⑤ 5

240 2017년 7월 교육청 가형 22번

방정식 $\left(\dfrac{1}{5}\right)^{5-x}=25$를 만족시키는 실수 x의 값을 구하시오.

[3점]

241 2017학년도 수능(홀) 가형 23번

부등식 $\left(\dfrac{1}{2}\right)^{x-5} \geq 4$를 만족시키는 모든 자연수 x의 값의 합을 구하시오. [3점]

242 2022년 6월 교육청 23번 (고2)

방정식 $\log_5(x+1)=2$의 해를 구하시오. [3점]

243 2023년 6월 교육청 23번 (고2)

방정식 $\log_{\frac{1}{2}}(x+3)=-4$의 해를 구하시오. [3점]

244 2018년 3월 교육청 가형 22번

부등식 $\log_2(x-2)<2$를 만족시키는 모든 자연수 x의 값의 합을 구하시오. [3점]

04

유형 01 지수방정식 (1): 밑을 같게 할 수 있는 경우

245 2021년 6월 교육청 11번 (고2)

방정식 $2^{x-6}=\left(\dfrac{1}{4}\right)^{x^2}$ 의 모든 해의 합은? [3점]

① $-\dfrac{9}{2}$ 　② $-\dfrac{7}{2}$ 　③ $-\dfrac{5}{2}$

④ $-\dfrac{3}{2}$ 　⑤ $-\dfrac{1}{2}$

→ 246 2024학년도 수능(홀) 16번

방정식 $3^{x-8}=\left(\dfrac{1}{27}\right)^{x}$ 을 만족시키는 실수 x의 값을 구하시오.

[3점]

247 2013년 3월 교육청 B형 5번

4의 세제곱근 중 실수인 것을 a라 할 때, 방정식 $\left(\dfrac{1}{2}\right)^{x+1}=a$ 의 해는? [3점]

① $-\dfrac{5}{3}$ 　② $-\dfrac{4}{3}$ 　③ -1

④ $-\dfrac{2}{3}$ 　⑤ $-\dfrac{1}{3}$

→ 248 2013년 6월 교육청 A형 24번 (고2)

x에 대한 방정식 $2^{x+3}-2^{x}=n$이 정수인 해를 갖도록 하는 모든 두 자리 자연수 n의 값의 합을 구하시오. [3점]

249 2023년 9월 교육청 25번 (고2)

방정식 $9^x - 10 \times 3^{x+1} + 81 = 0$의 서로 다른 두 실근을 α, β라 할 때, $\alpha^2 + \beta^2$의 값을 구하시오. [3점]

250 2011년 4월 교육청 나형 15번

방정식 $2^x - 6 + 2^{3-x} = 0$의 두 근을 α, β라 할 때, $\alpha + 2\beta$의 값은? (단, $\alpha < \beta$) [3점]

① 5   ② 7   ③ 9
④ 11   ⑤ 13

251 2008학년도 9월 평가원 나형 21번

x에 관한 방정식 $a^{2x} - a^x = 2 \, (a > 0, \, a \neq 1)$의 해가 $\frac{1}{7}$이 되도록 하는 상수 a의 값을 구하시오. [3점]

252 2023년 6월 교육청 26번 (고2)

등식
$$(3^a + 3^{-a})^2 = 2(3^a + 3^{-a}) + 8$$
을 만족시키는 실수 a에 대하여 $27^a + 27^{-a}$의 값을 구하시오.
[4점]

253 2014년 6월 교육청 A형 26번 (고2)

x에 대한 방정식 $9^x - 4 \times 3^{x+1} + k = 0$의 두 근의 합이 3일 때, 상수 k의 값을 구하시오. [4점]

254 2012년 9월 교육청 A형 17번 (고2)

방정식 $3^{2x} - k \times 3^{x+1} + 3k + 15 = 0$의 두 실근의 비가 1 : 2일 때, 실수 k의 값은? [4점]

① 4   ② 6   ③ 8
④ 10   ⑤ 12

유형 03 지수부등식 [1]: 밑을 같게 할 수 있는 경우

255 2024학년도 6월 평가원 16번

부등식 $2^{x-6} \leq \left(\dfrac{1}{4}\right)^x$을 만족시키는 모든 자연수 x의 값의 합을 구하시오. [3점]

→ 256 2019학년도 6월 평가원 가형 7번

부등식 $\dfrac{27}{9^x} \geq 3^{x-9}$을 만족시키는 모든 자연수 x의 개수는?

[3점]

① 1
② 2
③ 3
④ 4
⑤ 5

257 2013년 4월 교육청 A형 7번

부등식 $\left(\dfrac{1}{3}\right)^{x^2+1} > \left(\dfrac{1}{9}\right)^{x+2}$의 해가 $\alpha < x < \beta$일 때, $\beta - \alpha$의 값은? [3점]

① 4
② 5
③ 6
④ 7
⑤ 8

→ 258 2023년 6월 교육청 13번 (고2)

부등식

$$(2^x - 8)\left(\dfrac{1}{3^x} - 9\right) \geq 0$$

을 만족시키는 정수 x의 개수는? [3점]

① 6
② 7
③ 8
④ 9
⑤ 10

259 2020년 6월 교육청 12번 (고2)

부등식 $4^x - 10 \times 2^x + 16 \le 0$을 만족시키는 모든 자연수 x의 값의 합은? [3점]

① 3   ② 4   ③ 5

④ 6   ⑤ 7

260 2014년 3월 교육청 A형 11번

함수 $f(x) = x^2 - x - 4$에 대하여 부등식

$$4^{f(x)} - 2^{1+f(x)} < 8$$

을 만족시키는 정수 x의 개수는? [3점]

① 1   ② 2   ③ 3

④ 4   ⑤ 5

261 2014년 4월 교육청 A형 26번

x에 대한 부등식

$$(3^{x+2} - 1)(3^{x-p} - 1) \le 0$$

을 만족시키는 정수 x의 개수가 20일 때, 자연수 p의 값을 구하시오. [4점]

262 2020년 9월 교육청 28번 (고2)

x에 대한 부등식

$$\left(\frac{1}{4}\right)^x - (3n+16) \times \left(\frac{1}{2}\right)^x + 48n \le 0$$

을 만족시키는 정수 x의 개수가 2가 되도록 하는 모든 자연수 n의 개수를 구하시오. [4점]

유형 05 로그방정식 [1]: 밑을 같게 할 수 있는 경우

263 2023학년도 수능(홀) 16번

방정식
$$\log_2 (3x+2) = 2 + \log_2 (x-2)$$
를 만족시키는 실수 x의 값을 구하시오. [3점]

264 2010년 11월 교육청 나형 15번 (고2)

방정식 $|\log_2 x - 1| = |\log_2 x - 2|$의 해는? [4점]

① $2\sqrt{2}$ ② 4 ③ 8

④ $6\sqrt{2}$ ⑤ $8\sqrt{2}$

265 2023년 10월 교육청 16번

방정식
$$\log_2 (x-2) = 1 + \log_4 (x+6)$$
을 만족시키는 실수 x의 값을 구하시오. [3점]

266 2023학년도 9월 평가원 16번

방정식 $\log_3 (x-4) = \log_9 (x+2)$를 만족시키는 실수 x의 값을 구하시오. [3점]

267 2021년 6월 교육청 14번 (고2)

$x > 0$에서 정의된 함수
$$f(x) = \begin{cases} 0 & (0 < x \leq 1) \\ \log_3 x & (x > 1) \end{cases}$$
에 대하여 $f(t) + f\left(\dfrac{1}{t}\right) = 2$를 만족시키는 모든 양수 t의 값의 합은? [4점]

① $\dfrac{76}{9}$ ② $\dfrac{79}{9}$ ③ $\dfrac{82}{9}$

④ $\dfrac{85}{9}$ ⑤ $\dfrac{88}{9}$

268 2008년 4월 교육청 가형 6번

방정식 $\log_{10} (y+5) = \log_{10} x + \log_{10} (y+1)$을 만족하는 두 정수 x, y의 순서쌍 (x, y)의 개수는? [3점]

① 1 ② 2 ③ 3

④ 4 ⑤ 5

269 2019년 6월 교육청 나형 26번 (고2)

방정식

$$\left(\log_2 \frac{x}{2}\right)(\log_2 4x) = 4$$

의 서로 다른 두 실근 α, β에 대하여 $64\alpha\beta$의 값을 구하시오.

[4점]

→ **270** 2014학년도 9월 평가원 A형 25번

방정식 $(\log_3 x)^2 - 6\log_3 \sqrt{x} + 2 = 0$의 서로 다른 두 실근을 α, β라 할 때, $\alpha\beta$의 값을 구하시오. [3점]

271 2023년 11월 교육청 25번 (고2)

방정식 $\log_2 x - 3 = \log_x 16$을 만족시키는 모든 실수 x의 값의 곱을 구하시오. [3점]

→ **272** 2025학년도 9월 평가원 8번

$a > 2$인 상수 a에 대하여 두 수 $\log_2 a$, $\log_a 8$의 합과 곱이 각각 4, k일 때, $a+k$의 값은? [3점]

① 11   ② 12   ③ 13

④ 14   ⑤ 15

273 2014학년도 6월 평가원 A형 27번

방정식 $x^{\log_2 x} = 8x^2$의 두 실근을 α, β라 할 때, $\alpha\beta$의 값을 구하시오. [4점]

→ **274** 2012년 9월 교육청 A형 23번 (고2)

방정식 $x^{\log x} = \left(\dfrac{x}{10}\right)^4$의 실근을 구하시오. [3점]

유형 07 로그부등식 (1): 밑을 같게 할 수 있는 경우

275 2022년 4월 교육청 5번

부등식 $\log_2 x \leq 4 - \log_2 (x-6)$을 만족시키는 모든 정수 x의 값의 합은? [3점]

① 15   ② 19   ③ 23

④ 27   ⑤ 31

→ **276** 2021년 9월 교육청 27번 (고2)

부등식

$$\log|x-1| + \log(x+2) \leq 1$$

을 만족시키는 모든 정수 x의 값의 합을 구하시오. [4점]

277 2010년 3월 교육청 가형 4번

부등식 $a^{x-1} < a^{2x+1}$의 해가 $x < -2$일 때, 부등식

$$\log_a (x-2) < \log_a (4-x)$$

의 해는? (단, 상수 a는 1이 아닌 양수이다.) [3점]

① $2 < x < 3$ ② $3 < x < 4$ ③ $2 < x < 4$

④ $x < 3$ ⑤ $x > 3$

→ **278** 2016학년도 수능(홀) A형 11번

x에 대한 부등식

$$\log_5 (x-1) \leq \log_5 \left(\frac{1}{2}x + k\right)$$

를 만족시키는 모든 정수 x의 개수가 3일 때, 자연수 k의 값은? [3점]

① 1   ② 2   ③ 3

④ 4   ⑤ 5

279 2013년 11월 교육청 A형 9번 (고2)

부등식 $(\log_2 x)^2 - \log_2 x^6 + 8 \le 0$을 만족시키는 자연수 x의 개수는? [3점]

① 11   ② 13   ③ 15
④ 17   ⑤ 19

→ **280** 2011학년도 9월 평가원 나형 5번

부등식 $(1 + \log_3 x)(a - \log_3 x) > 0$의 해가 $\dfrac{1}{3} < x < 9$일 때, 상수 a의 값은? [3점]

① 1   ② 2   ③ 3
④ 4   ⑤ 5

281 2009년 7월 교육청 나형 22번

x, y에 대한 연립방정식 $\begin{cases} 2^x - 3^{y-1} = 5 \\ 2^{x+1} - 3^y = -17 \end{cases}$을 만족하는 해를 $x = a$, $y = b$라 하자. a, b의 곱 ab의 값을 구하시오. [3점]

→ **282** 2010년 6월 교육청 가형 9번 (고2)

x, y에 대한 연립방정식 $\begin{cases} 2^{x+3} - 3^{y-1} = k \\ 2^{x-1} + 3^{y+2} = 2 \end{cases}$가 근을 갖기 위한 정수 k의 최댓값은? [3점]

① 25   ② 27   ③ 29
④ 31   ⑤ 33

283 2014년 9월 교육청 A형 27번 (고2)

연립부등식

$$\begin{cases} 3^{5(1-x)} \le \left(\dfrac{1}{3}\right)^{x-1} \\ (\log_2 x)^2 - 4\log_2 x + 3 < 0 \end{cases}$$

을 만족시키는 모든 자연수 x의 값의 곱을 구하시오. [4점]

→ **284** 2013년 4월 교육청 A형 26번

두 실수 x, y에 대한 연립방정식

$$\begin{cases} 2^x - 2 \times 4^{-y} = 7 \\ \log_2 (x-2) - \log_2 y = 1 \end{cases}$$

의 해를 $x = \alpha$, $y = \beta$라 할 때, $10\alpha\beta$의 값을 구하시오. [4점]

> 정답과 해설 73쪽

285 2011년 4월 교육청 나형 28번

연립방정식 $\begin{cases} \log_2 x + \log_3 y = 5 \\ \log_3 x \times \log_2 y = 6 \end{cases}$ 의 해를 $x=\alpha$, $y=\beta$ 라 할 때, $\beta-\alpha$의 최댓값을 구하시오. [4점]

→ 286 2016학년도 사관학교 A형 10번

연립방정식

$$\begin{cases} \log_x y = \log_3 8 \\ 4(\log_2 x)(\log_3 y) = 3 \end{cases}$$

의 해를 $x=\alpha$, $y=\beta$라 할 때, $\alpha\beta$의 값은? (단, $\alpha>1$이다.)

[3점]

① 4   ② $2\sqrt{5}$ ③ $2\sqrt{6}$

④ $2\sqrt{7}$ ⑤ $4\sqrt{2}$

287 2019년 4월 교육청 가형 12번

정수 전체의 집합의 두 부분집합

$$A = \{x \mid \log_2(x+1) \le k\}$$
$$B = \{x \mid \log_2(x-2) - \log_{\frac{1}{2}}(x+1) \ge 2\}$$

에 대하여 $n(A \cap B)=5$를 만족시키는 자연수 k의 값은?

[3점]

① 3   ② 4   ③ 5

④ 6   ⑤ 7

→ 288 2017년 4월 교육청 가형 17번

두 집합

$$A = \{x \mid x^2 - 5x + 4 \le 0\},$$
$$B = \{x \mid (\log_2 x)^2 - 2k\log_2 x + k^2 - 1 \le 0\}$$

에 대하여 $A \cap B \ne \varnothing$을 만족시키는 정수 k의 개수는? [4점]

① 5   ② 6   ③ 7

④ 8   ⑤ 9

289 2013년 9월 교육청 A형 8번 (고2)

방정식 $3^{2x}-2\times3^{x+1}-3k=0$이 서로 다른 두 실근을 갖도록 하는 상수 k의 값의 범위는? [3점]

① $-6<k<-3$ ② $-5<k<-2$

③ $-4<k<-1$ ④ $-3<k<0$

⑤ $-2<k<1$

→ 290 2012년 3월 교육청 나형 7번

방정식 $5^{2x}-5^{x+1}+k=0$이 서로 다른 두 개의 양의 실근을 갖도록 하는 정수 k의 개수는? [3점]

① 1   ② 2   ③ 3

④ 4   ⑤ 5

291 2019년 10월 교육청 가형 6번

x에 대한 방정식
$$4^x-k\times2^{x+1}+16=0$$
이 오직 하나의 실근 a를 가질 때, $k+a$의 값은?

(단, k는 상수이다.) [3점]

① 3   ② 4   ③ 5

④ 6   ⑤ 7

→ 292 2012년 11월 교육청 A형 25번 (고2)

방정식 $3^{2x}-k\times3^x+4=0$이 서로 다른 두 실근을 갖도록 하는 자연수 k의 최솟값을 구하시오. [3점]

293 2011년 10월 교육청 나형 26번

x에 대한 방정식
$$(\log x+\log 2)(\log x+\log 4)=-(\log k)^2$$
이 서로 다른 두 실근을 갖도록 하는 양수 k의 값의 범위가 $\alpha<k<\beta$일 때, $10(\alpha^2+\beta^2)$의 값을 구하시오. [4점]

→ 294 2013학년도 6월 평가원 나형 29번

방정식
$$4^x+4^{-x}+a(2^x-2^{-x})+7=0$$
이 실근을 갖기 위한 양수 a의 최솟값을 m이라 할 때, m^2의 값을 구하시오. [4점]

> 정답과 해설 76쪽

295 2012년 9월 교육청 B형 9번 (고2)

이차부등식 $x^2-2(3^a+1)x+10(3^a+1)\geq0$이 모든 실수 x에 대하여 성립하도록 하는 실수 a의 최댓값은? [3점]

① 1　　　　② 2　　　　③ 3
④ 4　　　　⑤ 5

→ 296 2021년 3월 교육청 17번

모든 실수 x에 대하여 이차부등식

$$3x^2-2(\log_2 n)x+\log_2 n>0$$

이 성립하도록 하는 자연수 n의 개수를 구하시오. [3점]

297 2005년 7월 교육청 나형 15번

임의의 실수 x에 대하여 부등식 $2^{x+1}-2^{\frac{x+4}{2}}+a\geq0$이 성립하도록 하는 실수 a의 최솟값은? [4점]

① 1　　　　② 2　　　　③ 3
④ 4　　　　⑤ 5

→ 298 2012년 11월 교육청 A형 26번 (고2)

x에 대한 부등식

$$\left(\log_2 \frac{x}{a}\right)\left(\log_2 \frac{x^2}{a}\right)+2\geq0$$

이 모든 양의 실수 x에 대하여 성립할 때, 양의 실수 a의 최댓값을 M, 최솟값을 m이라 하자. 이때, $M+16m$의 값을 구하시오. [4점]

299 2016학년도 6월 평가원 A형 28번

일차함수 $y=f(x)$의 그래프가 그림과 같고 $f(-5)=0$이다.
부등식

$$2^{f(x)}\leq 8$$

의 해가 $x\leq -4$일 때, $f(0)$의 값을 구하시오. [4점]

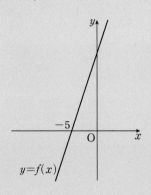

→ **300** 2019년 6월 교육청 가형 27번 (고2)

함수 $f(x)=\begin{cases} -3x+6 & (x<3) \\ 3x-12 & (x\geq 3) \end{cases}$ 의 그래프가 그림과 같다.

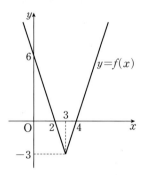

부등식 $2^{f(x)}\leq 4^x$을 만족시키는 x의 최댓값과 최솟값을 각각

M, m이라 할 때, $M+m=\dfrac{q}{p}$이다. $p+q$의 값을 구하시오.

(단, p와 q는 서로소인 자연수이다.) [4점]

301 2019학년도 수능(홀) 가형 14번

이차함수 $y=f(x)$의 그래프와 일차함수 $y=g(x)$의 그래프가 그림과 같을 때, 부등식

$$\left(\frac{1}{2}\right)^{f(x)g(x)} \geq \left(\frac{1}{8}\right)^{g(x)}$$

을 만족시키는 모든 자연수 x의 값의 합은? [4점]

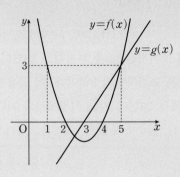

① 7 　　　　 ② 9 　　　　 ③ 11
④ 13 　　　　 ⑤ 15

→ **302** 2020학년도 6월 평가원 가형 24번

이차함수 $y=f(x)$의 그래프와 직선 $y=x-1$이 그림과 같을 때, 부등식

$$\log_3 f(x) + \log_{\frac{1}{3}}(x-1) \leq 0$$

을 만족시키는 모든 자연수 x의 값의 합을 구하시오.

(단, $f(0)=f(7)=0$, $f(4)=3$) [3점]

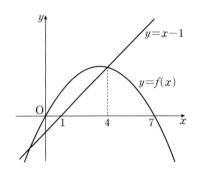

303 2021년 6월 교육청 12번 (고2)

주어진 채널을 통해 신뢰성 있게 전달할 수 있는 최대 정보량을 채널용량이라 한다. 채널용량을 C, 대역폭을 W, 신호전력을 S, 잡음전력을 N이라 하면 다음과 같은 관계식이 성립한다고 한다.

$$C = W \log_2 \left(1 + \frac{S}{N}\right)$$

대역폭이 15, 신호전력이 186, 잡음전력이 a인 채널용량이 75일 때, 상수 a의 값은?
(단, 채널용량의 단위는 bps, 대역폭의 단위는 Hz, 신호전력과 잡음전력의 단위는 모두 Watt이다.) [3점]

① 3   ② 4   ③ 5
④ 6   ⑤ 7

→ **304** 2016학년도 수능(홀) A형 16번

어느 금융상품에 초기자산 W_0을 투자하고 t년이 지난 시점에서의 기대자산 W가 다음과 같이 주어진다고 한다.

$$W = \frac{W_0}{2} 10^{at} (1 + 10^{at})$$

(단, $W_0 > 0$, $t \geq 0$이고, a는 상수이다.)

이 금융상품에 초기자산 w_0을 투자하고 15년이 지난 시점에서의 기대자산은 초기자산의 3배이다. 이 금융상품에 초기자산 w_0을 투자하고 30년이 지난 시점에서의 기대자산이 초기자산의 k배일 때, 실수 k의 값은? (단, $w_0 > 0$) [4점]

① 9   ② 10   ③ 11
④ 12   ⑤ 13

305 2012학년도 9월 평가원 가/나형 7번

특정 환경의 어느 웹사이트에서 한 메뉴 안에 선택할 수 있는 항목이 n개 있는 경우, 항목을 1개 선택하는 데 걸리는 시간 T(초)가 다음 식을 만족시킨다.

$$T = 2 + \frac{1}{3} \log_2 (n+1)$$

메뉴가 여러 개인 경우, 모든 메뉴에서 항목을 1개씩 선택하는 데 걸리는 전체 시간은 각 메뉴에서 항목을 1개씩 선택하는 데 걸리는 시간을 모두 더하여 구한다. 예를 들어, 메뉴가 3개이고 각 메뉴 안에 항목이 4개씩 있는 경우, 모든 메뉴에서 항목을 1개씩 선택하는 데 걸리는 전체 시간은 $3\left(2 + \frac{1}{3} \log_2 5\right)$초이다. 메뉴가 10개이고 각 메뉴 안에 항목이 n개씩 있을 때, 모든 메뉴에서 항목을 1개씩 선택하는 데 걸리는 전체 시간이 30초 이하가 되도록 하는 n의 최댓값은?

[3점]

① 7   ② 8   ③ 9
④ 10   ⑤ 11

→ **306** 2012학년도 6월 평가원 가/나형 12번

두 원소 A, B가 들어있는 기체 K가 기체확산장치를 통과하면 A, B의 농도가 변한다. 기체확산장치를 통과하기 전 기체 K에 들어있는 A, B의 농도를 각각 a_0, b_0이라 하고, 기체확산장치를 n번 통과한 기체에 들어있는 A, B의 농도를 각각 a_n, b_n이라 하자. $c_0 = \dfrac{a_0}{b_0}$, $c_n = \dfrac{a_n}{b_n}$이라 하면 다음 관계식이 성립한다고 한다.

$$c_n = 1.004 \times c_{n-1}$$

$c_0 = \dfrac{1}{99}$일 때, 기체 K가 기체확산장치를 n번 통과하면 $c_n \geq \dfrac{1}{9}$이 된다. 자연수 n의 최솟값은?

(단, $\log 1.1 = 0.0414$, $\log 1.004 = 0.0017$로 계산한다.) [3점]

① 593   ② 613   ③ 633
④ 653   ⑤ 673

307 2021년 6월 교육청 19번 (고2)

부등식

$$(\sqrt{2}-1)^m \geq (3-2\sqrt{2})^{5-n}$$

을 만족시키는 자연수 m, n의 모든 순서쌍 (m, n)의 개수는? [4점]

① 17   ② 18   ③ 19

④ 20   ⑤ 21

308 2011년 6월 교육청 가/나형 28번 (고2)

모든 실수 x에 대하여 부등식 $5^{2x} \geq k \times 5^x - 2k - 5$가 항상 성립하도록 하는 실수 k의 값의 범위는 $\alpha \leq k \leq \beta$이다. $|\alpha\beta|$의 값을 구하시오. [4점]

309 2025학년도 6월 평가원 14번

다음 조건을 만족시키는 모든 자연수 k의 값의 합은? [4점]

$\log_2 \sqrt{-n^2+10n+75} - \log_4 (75-kn)$의 값이 양수가 되도록 하는 자연수 n의 개수가 12이다.

① 6   ② 7   ③ 8

④ 9   ⑤ 10

310 2022년 3월 교육청 21번

상수 k에 대하여 다음 조건을 만족시키는 좌표평면의 점 $A(a, b)$가 오직 하나 존재한다.

㈎ 점 A는 곡선 $y=\log_2 (x+2)+k$ 위의 점이다.
㈏ 점 A를 직선 $y=x$에 대하여 대칭이동한 점은 곡선 $y=4^{x+k}+2$ 위에 있다.

$a \times b$의 값을 구하시오. (단, $a \neq b$) [4점]

04

05

삼각함수

개념 카드

실전 개념 1 　부채꼴의 호의 길이와 넓이　　　　　　　　　　　　　　> 유형 02

반지름의 길이가 r, 중심각의 크기가 θ (라디안)인 부채꼴의 호의 길이를 l, 넓이를 S라 하면

$$l=r\theta,\ S=\frac{1}{2}r^2\theta=\frac{1}{2}rl$$

실전 개념 2 　삼각함수　　　　　　　　　　　　　　　　　　> 유형 03 ~ 06

(1) **삼각함수의 정의**: 좌표평면에서 각 θ를 나타내는 동경과 원점 O를 중심으로 하고 반지름의 길이가 r인 원의 교점을 $P(x, y)$라 하면

$$\sin\theta=\frac{y}{r},\ \cos\theta=\frac{x}{r},\ \tan\theta=\frac{y}{x}\ (x\neq 0)$$

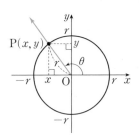

(2) **삼각함수 사이의 관계**

① $\tan\theta=\dfrac{\sin\theta}{\cos\theta}$ 　　　　　　　② $\sin^2\theta+\cos^2\theta=1$

실전 개념 3 　삼각함수의 그래프　　　　　　　　　　　　　> 유형 07 ~ 14

(1) **함수 $y=\sin x$, $y=\cos x$의 그래프**

① 정의역은 실수 전체의 집합이고, 치역은 $\{y\,|-1\le y\le 1\}$이다.

② 함수 $y=\sin x$의 그래프는 원점에 대하여 대칭이고, 함수 $y=\cos x$의 그래프는 y축에 대하여 대칭이다.

③ 주기가 2π인 주기함수이다.

(2) **함수 $y=\tan x$의 그래프**

① 정의역은 $x\neq n\pi+\dfrac{\pi}{2}$ (n은 정수)인 실수 전체의 집합이고, 치역은 실수 전체의 집합이다.

② 그래프는 원점에 대하여 대칭이고, 그래프의 점근선은 직선 $x=n\pi+\dfrac{\pi}{2}$ (n은 정수)이다.

③ 주기가 π인 주기함수이다.

(3) **여러 가지 각에 대한 삼각함수의 성질** (복부호 동순)

① $\sin(2n\pi\pm x)=\pm\sin x,\ \cos(2n\pi\pm x)=\cos x,\ \tan(2n\pi\pm x)=\pm\tan x$

② $\sin(-x)=-\sin x,\ \cos(-x)=\cos x,\ \tan(-x)=-\tan x$

③ $\sin(\pi\pm x)=\mp\sin x,\ \cos(\pi\pm x)=-\cos x,\ \tan(\pi\pm x)=\pm\tan x$

④ $\sin\left(\dfrac{\pi}{2}\pm x\right)=\cos x,\ \cos\left(\dfrac{\pi}{2}\pm x\right)=\mp\sin x,\ \tan\left(\dfrac{\pi}{2}\pm x\right)=\mp\dfrac{1}{\tan x}$

실전 개념 4 　삼각방정식과 삼각부등식　　　　　　　　　　> 유형 11 ~ 14

(1) **삼각방정식**: 방정식 $\sin x=k$ (또는 $\cos x=k$ 또는 $\tan x=k$)의 해는 함수 $y=\sin x$ (또는 $y=\cos x$ 또는 $y=\tan x$)의 그래프와 직선 $y=k$의 교점의 x좌표이다.

(2) **삼각부등식**: 부등식 $\sin x>k$ (또는 $\cos x>k$ 또는 $\tan x>k$)의 해는 함수 $y=\sin x$ (또는 $y=\cos x$ 또는 $y=\tan x$)의 그래프가 직선 $y=k$보다 위쪽에 있는 x의 값의 범위이다.

311 2018년 4월 교육청 가형 2번

반지름의 길이가 4, 중심각의 크기가 $\dfrac{\pi}{4}$인 부채꼴의 호의 길이는? [2점]

① $\dfrac{\pi}{4}$ ② $\dfrac{\pi}{2}$ ③ $\dfrac{3}{4}\pi$

④ π ⑤ $\dfrac{5}{4}\pi$

312 2023년 9월 교육청 23번 (고2)

호의 길이가 2π이고 넓이가 6π인 부채꼴의 반지름의 길이를 구하시오. [3점]

313 2024학년도 9월 평가원 3번

$\dfrac{3}{2}\pi < \theta < 2\pi$인 θ에 대하여 $\cos\theta = \dfrac{\sqrt{6}}{3}$일 때, $\tan\theta$의 값은? [3점]

① $-\sqrt{2}$ ② $-\dfrac{\sqrt{2}}{2}$ ③ 0

④ $\dfrac{\sqrt{2}}{2}$ ⑤ $\sqrt{2}$

314 2019년 6월 교육청 나형 24번 (고2)

$\sin\theta - \cos\theta = \dfrac{1}{2}$일 때, $8\sin\theta\cos\theta$의 값을 구하시오. [3점]

315 2024학년도 6월 평가원 6번

$\cos\theta < 0$이고 $\sin(-\theta) = \dfrac{1}{7}\cos\theta$일 때, $\sin\theta$의 값은? [3점]

① $-\dfrac{3\sqrt{2}}{10}$ ② $-\dfrac{\sqrt{2}}{10}$ ③ 0

④ $\dfrac{\sqrt{2}}{10}$ ⑤ $\dfrac{3\sqrt{2}}{10}$

316 2023학년도 9월 평가원 3번

$\sin(\pi-\theta) = \dfrac{5}{13}$이고 $\cos\theta < 0$일 때, $\tan\theta$의 값은? [3점]

① $-\dfrac{12}{13}$ ② $-\dfrac{5}{12}$ ③ 0

④ $\dfrac{5}{12}$ ⑤ $\dfrac{12}{13}$

❯ 정답과 해설 82쪽

317 2021년 10월 교육청 3번

함수 $y=\tan\left(\pi x+\dfrac{\pi}{2}\right)$의 주기는? [3점]

① $\dfrac{1}{2}$ ② $\dfrac{\pi}{4}$ ③ 1

④ $\dfrac{3}{2}$ ⑤ $\dfrac{\pi}{2}$

318 2021학년도 수능(홀) 나형 4번

함수 $f(x)=4\cos x+3$의 최댓값은? [3점]

① 6 ② 7 ③ 8

④ 9 ⑤ 10

319 2023년 6월 교육청 4번 (고2)

$-\dfrac{\pi}{2}<x<\dfrac{\pi}{2}$일 때, 방정식 $2\sin x-1=0$의 해는? [3점]

① $-\dfrac{\pi}{3}$ ② $-\dfrac{\pi}{6}$ ③ 0

④ $\dfrac{\pi}{6}$ ⑤ $\dfrac{\pi}{3}$

320 2019년 6월 교육청 가형 5번 (고2)

$0\le x\le 2\pi$일 때, 방정식

$$2\cos x-1=0$$

의 모든 해의 합은? [3점]

① π ② $\dfrac{3}{2}\pi$ ③ 2π

④ $\dfrac{5}{2}\pi$ ⑤ 3π

321 2017년 4월 교육청 가형 9번

$0\le x<2\pi$일 때, 방정식

$$|\sin 2x|=\dfrac{1}{2}$$

의 모든 실근의 개수는? [3점]

① 2 ② 4 ③ 6

④ 8 ⑤ 10

322 2018년 4월 교육청 가형 9번

$0\le x<2\pi$에서 부등식 $2\sin x+1<0$의 해가 $\alpha<x<\beta$일 때, $\cos(\beta-\alpha)$의 값은? [3점]

① $-\dfrac{\sqrt{3}}{2}$ ② $-\dfrac{1}{2}$ ③ 0

④ $\dfrac{1}{2}$ ⑤ $\dfrac{\sqrt{3}}{2}$

유형 01 두 동경의 위치 관계

323 2021년 9월 교육청 13번 (고2)

반지름의 길이가 2이고 중심각의 크기가 θ인 부채꼴이 있다. θ가 다음 조건을 만족시킬 때, 이 부채꼴의 넓이는? [3점]

> (가) $0 < \theta < \dfrac{\pi}{2}$
>
> (나) 각의 크기 θ를 나타내는 동경과 각의 크기 8θ를 나타내는 동경이 일치한다.

① $\dfrac{3}{7}\pi$ ② $\dfrac{\pi}{2}$ ③ $\dfrac{4}{7}\pi$

④ $\dfrac{9}{14}\pi$ ⑤ $\dfrac{5}{7}\pi$

→ 324 2019년 11월 교육청 가형 8번 (고2)

좌표평면 위의 점 P에 대하여 동경 OP가 나타내는 각의 크기 중 하나를 $\theta \left(\dfrac{\pi}{2} < \theta < \pi \right)$라 하자. 각의 크기 6θ를 나타내는 동경이 동경 OP와 일치할 때, θ의 값은? (단, O는 원점이고, x축의 양의 방향을 시초선으로 한다.) [3점]

① $\dfrac{3}{5}\pi$ ② $\dfrac{2}{3}\pi$ ③ $\dfrac{11}{15}\pi$

④ $\dfrac{4}{5}\pi$ ⑤ $\dfrac{13}{15}\pi$

유형 02 부채꼴의 호의 길이와 넓이

325 2022년 11월 교육청 25번 (고2)

선분 AB를 지름으로 하는 반원의 호 AB 위에 점 C가 있다. 선분 AB의 중점을 O라 할 때, 호 AC의 길이가 π이고 부채꼴 OBC의 넓이가 15π이다. 선분 OA의 길이를 구하시오. (단, 점 C는 점 A도 아니고 점 B도 아니다.) [3점]

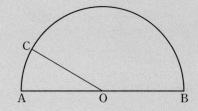

→ 326 2017년 3월 교육청 가형 25번

그림과 같이 길이가 12인 선분 AB를 지름으로 하는 반원이 있다. 반원 위에서 호 BC의 길이가 4π인 점 C를 잡고 점 C에서 선분 AB에 내린 수선의 발을 H라 하자. $\overline{CH}^2$의 값을 구하시오. [3점]

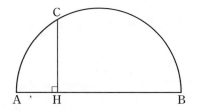

327 2019년 6월 교육청 가형 17번 (고2)

그림과 같이 반지름의 길이가 4이고 중심각의 크기가 $\frac{\pi}{6}$인 부채꼴 OAB가 있다. 선분 OA 위의 점 P에 대하여 선분 PA를 지름으로 하고 선분 OB에 접하는 반원을 C라 할 때, 부채꼴 OAB의 넓이를 S_1, 반원 C의 넓이를 S_2라 하자. $S_1 - S_2$의 값은? [4점]

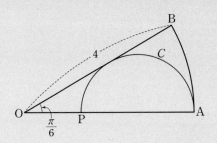

① $\frac{\pi}{9}$ ② $\frac{2}{9}\pi$ ③ $\frac{\pi}{3}$

④ $\frac{4}{9}\pi$ ⑤ $\frac{5}{9}\pi$

→ **328** 2019년 9월 교육청 나형 20번 (고2)

그림과 같이 길이가 2인 선분 AB를 지름으로 하고 중심이 O인 반원이 있다. 호 AB 위에 점 P를 $\cos(\angle \text{BAP}) = \frac{4}{5}$가 되도록 잡는다. 부채꼴 OBP에 내접하는 원의 반지름의 길이가 r_1, 호 AP를 이등분하는 점과 선분 AP의 중점을 지름의 양 끝점으로 하는 원의 반지름의 길이가 r_2일 때, $r_1 r_2$의 값은? [4점]

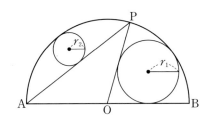

① $\frac{3}{40}$ ② $\frac{1}{10}$ ③ $\frac{1}{8}$

④ $\frac{3}{20}$ ⑤ $\frac{7}{40}$

329 2022년 7월 교육청 6번

$0<\theta<\dfrac{\pi}{2}$인 θ에 대하여 $\sin\theta=\dfrac{4}{5}$일 때,

$\sin\left(\dfrac{\pi}{2}-\theta\right)-\cos(\pi+\theta)$의 값은? [3점]

① $\dfrac{9}{10}$ ② 1 ③ $\dfrac{11}{10}$

④ $\dfrac{6}{5}$ ⑤ $\dfrac{13}{10}$

→ 330 2020년 9월 교육청 25번 (고2)

$\dfrac{\pi}{2}<\theta<\pi$인 θ에 대하여 $\tan\theta=-\dfrac{4}{3}$일 때,

$5\sin(\pi+\theta)+10\cos\left(\dfrac{\pi}{2}-\theta\right)$의 값을 구하시오. [3점]

331 2023년 7월 교육청 3번

$\sin\left(\dfrac{\pi}{2}+\theta\right)=\dfrac{3}{5}$이고 $\sin\theta\cos\theta<0$일 때, $\sin\theta+2\cos\theta$의 값은? [3점]

① $-\dfrac{2}{5}$ ② $-\dfrac{1}{5}$ ③ 0

④ $\dfrac{1}{5}$ ⑤ $\dfrac{2}{5}$

→ 332 2023학년도 수능(홀) 5번

$\tan\theta<0$이고 $\cos\left(\dfrac{\pi}{2}+\theta\right)=\dfrac{\sqrt{5}}{5}$일 때, $\cos\theta$의 값은? [3점]

① $-\dfrac{2\sqrt{5}}{5}$ ② $-\dfrac{\sqrt{5}}{5}$ ③ 0

④ $\dfrac{\sqrt{5}}{5}$ ⑤ $\dfrac{2\sqrt{5}}{5}$

333 2021년 9월 교육청 6번 (고2)

$0<\theta<\dfrac{\pi}{2}$인 θ에 대하여 $\cos\theta\times\tan\theta=\dfrac{3}{5}$이 성립할 때,

$\cos\theta$의 값은? [3점]

① $\dfrac{1}{2}$ ② $\dfrac{3}{5}$ ③ $\dfrac{7}{10}$

④ $\dfrac{4}{5}$ ⑤ $\dfrac{9}{10}$

→ 334 2022년 10월 교육청 5번

$\dfrac{\pi}{2}<\theta<\pi$인 θ에 대하여 $\sin\theta=2\cos(\pi-\theta)$일 때,

$\cos\theta\tan\theta$의 값은? [3점]

① $-\dfrac{2\sqrt{5}}{5}$ ② $-\dfrac{\sqrt{5}}{5}$ ③ $\dfrac{1}{5}$

④ $\dfrac{\sqrt{5}}{5}$ ⑤ $\dfrac{2\sqrt{5}}{5}$

유형 05 삼각함수 사이의 관계 (2)

335 2021년 7월 교육청 6번

$\cos(-\theta)+\sin(\pi+\theta)=\dfrac{3}{5}$일 때, $\sin\theta\cos\theta$의 값은? [3점]

① $\dfrac{1}{5}$ ② $\dfrac{6}{25}$ ③ $\dfrac{7}{25}$

④ $\dfrac{8}{25}$ ⑤ $\dfrac{9}{25}$

→ 336 2020년 7월 교육청 나형 11번

$\sin\theta+\cos\theta=\dfrac{1}{2}$일 때, $\dfrac{1+\tan\theta}{\sin\theta}$의 값은? [3점]

① $-\dfrac{7}{3}$ ② $-\dfrac{4}{3}$ ③ $-\dfrac{1}{3}$

④ $\dfrac{2}{3}$ ⑤ $\dfrac{5}{3}$

337 2023년 10월 교육청 5번

$\pi<\theta<\dfrac{3}{2}\pi$인 θ에 대하여

$$\dfrac{1}{1-\cos\theta}+\dfrac{1}{1+\cos\theta}=18$$

일 때, $\sin\theta$의 값은? [3점]

① $-\dfrac{2}{3}$ ② $-\dfrac{1}{3}$ ③ 0

④ $\dfrac{1}{3}$ ⑤ $\dfrac{2}{3}$

→ 338 2022학년도 9월 평가원 6번

$\dfrac{\pi}{2}<\theta<\pi$인 θ에 대하여 $\dfrac{\sin\theta}{1-\sin\theta}-\dfrac{\sin\theta}{1+\sin\theta}=4$일 때, $\cos\theta$의 값은? [3점]

① $-\dfrac{\sqrt{3}}{3}$ ② $-\dfrac{1}{3}$ ③ 0

④ $\dfrac{1}{3}$ ⑤ $\dfrac{\sqrt{3}}{3}$

339 2021년 11월 교육청 10번 (고2)

좌표평면 위의 점 $P(4, -3)$에 대하여 동경 OP가 나타내는 각의 크기를 θ라 할 때, $\sin\left(\dfrac{\pi}{2}+\theta\right)-\sin\theta$의 값은? (단, O는 원점이고, x축의 양의 방향을 시초선으로 한다.) [3점]

① -1
② $-\dfrac{2}{5}$
③ $\dfrac{1}{5}$
④ $\dfrac{4}{5}$
⑤ $\dfrac{7}{5}$

→ **340** 2019년 11월 교육청 나형 15번 (고2)

그림과 같이 좌표평면에서 직선 $y=2$가 두 원 $x^2+y^2=5$, $x^2+y^2=9$와 제2사분면에서 만나는 점을 각각 A, B라 하자. 점 $C(3, 0)$에 대하여 $\angle COA=\alpha$, $\angle COB=\beta$라 할 때, $\sin\alpha \times \cos\beta$의 값은? $\left(\text{단, O는 원점이고, } \dfrac{\pi}{2}<\alpha<\beta<\pi\right)$ [4점]

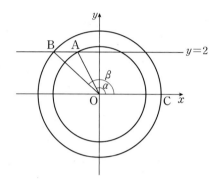

① $\dfrac{1}{3}$
② $\dfrac{1}{12}$
③ $-\dfrac{1}{6}$
④ $-\dfrac{5}{12}$
⑤ $-\dfrac{2}{3}$

341 2020년 3월 교육청 가형 26번

좌표평면에서 제1사분면에 점 P가 있다. 점 P를 직선 $y=x$에 대하여 대칭이동한 점을 Q라 하고, 점 Q를 원점에 대하여 대칭이동한 점을 R라 할 때, 세 동경 OP, OQ, OR가 나타내는 각을 각각 α, β, γ라 하자. $\sin\alpha=\dfrac{1}{3}$일 때, $9(\sin^2\beta+\tan^2\gamma)$의 값을 구하시오.

(단, O는 원점이고, 시초선은 x축의 양의 방향이다.) [4점]

→ **342** 2022년 11월 교육청 13번 (고2)

좌표평면 위에 두 점 $P(a, b)$, $Q(a^2, -2b^2)$ $(a>0, b>0)$이 있다. 두 동경 OP, OQ가 나타내는 각의 크기를 각각 θ_1, θ_2라 하자. $\tan\theta_1+\tan\theta_2=0$일 때, $\sin\theta_1$의 값은? (단, O는 원점이고, x축의 양의 방향을 시초선으로 한다.) [3점]

① $\dfrac{2}{5}$
② $\dfrac{\sqrt{5}}{5}$
③ $\dfrac{\sqrt{6}}{5}$
④ $\dfrac{\sqrt{7}}{5}$
⑤ $\dfrac{2\sqrt{2}}{5}$

343 2009년 6월 교육청 나형 8번 (고2)

그림과 같이 한 원이 y축과 직선 $y=ax$에 동시에 접한다. 각각의 접점 A, B와 원 위의 한 점 P에 대하여 ∠APB의 크기가 $\dfrac{\pi}{3}$일 때, a의 값은? (단, $a>0$) [3점]

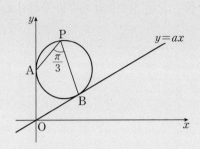

① $\dfrac{\sqrt{3}}{3}$　　② $\dfrac{1}{2}$　　③ 1

④ $\dfrac{\sqrt{3}}{2}$　　⑤ $\sqrt{3}$

→ 344 2019년 6월 교육청 가형 18번 (고2)

좌표평면 위의 두 점 A$(-1,\ 0)$, B$(1,\ 0)$에 대하여 선분 AB를 지름으로 하는 원 C가 있다. $a>1$인 실수 a에 대하여 함수 $y=\log_a x$의 그래프와 원 C가 만나는 두 점 중에서 B가 아닌 점을 P라 하자. $\overline{\text{AP}}=\sqrt{3}$일 때, $a^{\sqrt{3}}$의 값은? [4점]

① 3　　② 4　　③ 5

④ 6　　⑤ 7

345 2022년 6월 교육청 15번 (고2)

좌표평면 위의 원점 O에서 x축의 양의 방향으로 시초선을 잡을 때, 원점 O와 점 P$(5,\ a)$를 지나는 동경 OP가 나타내는 각의 크기를 θ, 선분 OP의 길이를 r라 하자. $\sin\theta+2\cos\theta=1$일 때, $a+r$의 값은? (단, a는 상수이다.) [4점]

① $\dfrac{5}{2}$　　② 3　　③ $\dfrac{7}{2}$

④ 4　　⑤ $\dfrac{9}{2}$

→ 346 2023년 6월 교육청 17번 (고2)

좌표평면에서 곡선 $y=\sqrt{x}\ (x>0)$ 위의 점 P에 대하여 동경 OP가 나타내는 각의 크기를 θ라 하자. $\cos^2\theta-2\sin^2\theta=-1$일 때, 선분 OP의 길이는? (단, O는 원점이고, x축의 양의 방향을 시초선으로 한다.) [4점]

① $\dfrac{1}{2}$　　② $\dfrac{\sqrt{2}}{2}$　　③ $\dfrac{\sqrt{3}}{2}$

④ 1　　⑤ $\dfrac{\sqrt{5}}{2}$

347 2017년 3월 교육청 가형 6번

함수 $y=a\sin\dfrac{\pi}{2b}x$의 최댓값은 2이고 주기는 2이다. 두 양수 a, b의 합 $a+b$의 값은? [3점]

① 2   ② $\dfrac{17}{8}$ ③ $\dfrac{9}{4}$

④ $\dfrac{19}{8}$ ⑤ $\dfrac{5}{2}$

→ 348 2019년 6월 교육청 나형 29번 (고2)

함수 $y=k\sin\left(2x+\dfrac{\pi}{3}\right)+k^2-6$의 그래프가 제1사분면을 지나지 않도록 하는 모든 정수 k의 개수를 구하시오. [4점]

349 2023년 6월 교육청 10번 (고2)

세 상수 a, b, c에 대하여 함수 $y=a\sin bx+c$의 그래프가 그림과 같을 때, $a\times b\times c$의 값은? (단, $a>0$, $b>0$) [3점]

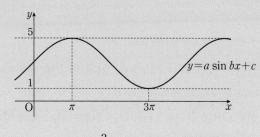

① 1   ② $\dfrac{3}{2}$ ③ 2

④ $\dfrac{5}{2}$ ⑤ 3

→ 350 2020년 6월 교육청 10번 (고2)

세 상수 a, b, c에 대하여 함수 $y=a\sin bx+c$의 그래프가 그림과 같을 때, $a+b+c$의 값은? (단, $a>0$, $b>0$) [3점]

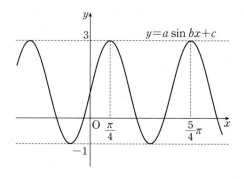

① 4   ② 5   ③ 6

④ 7   ⑤ 8

351 2022년 7월 교육청 10번

곡선 $y=\sin\dfrac{\pi}{2}x\,(0\le x\le5)$가 직선 $y=k\,(0<k<1)$과 만나는 서로 다른 세 점을 y축에서 가까운 순서대로 A, B, C라 하자. 세 점 A, B, C의 x좌표의 합이 $\dfrac{25}{4}$일 때, 선분 AB의 길이는? [4점]

① $\dfrac{5}{4}$ ② $\dfrac{11}{8}$ ③ $\dfrac{3}{2}$

④ $\dfrac{13}{8}$ ⑤ $\dfrac{7}{4}$

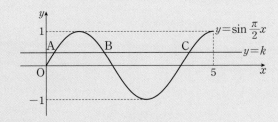

352 2022년 10월 교육청 12번

양수 a에 대하여 함수

$$f(x)=\left|4\sin\left(ax-\dfrac{\pi}{3}\right)+2\right|\left(0\le x<\dfrac{4\pi}{a}\right)$$

의 그래프가 직선 $y=2$와 만나는 서로 다른 점의 개수는 n이다. 이 n개의 점의 x좌표의 합이 39일 때, $n\times a$의 값은? [4점]

① $\dfrac{\pi}{2}$ ② π ③ $\dfrac{3\pi}{2}$

④ 2π ⑤ $\dfrac{5\pi}{2}$

353 2023학년도 6월 평가원 7번

$0\le x\le\pi$에서 정의된 함수 $f(x)=-\sin 2x$가 $x=a$에서 최댓값을 갖고 $x=b$에서 최솟값을 갖는다. 곡선 $y=f(x)$ 위의 두 점 $(a,f(a))$, $(b,f(b))$를 지나는 직선의 기울기는? [3점]

① $\dfrac{1}{\pi}$ ② $\dfrac{2}{\pi}$ ③ $\dfrac{3}{\pi}$

④ $\dfrac{4}{\pi}$ ⑤ $\dfrac{5}{\pi}$

354 2022년 11월 교육청 28번 (고2)

자연수 n에 대하여 $0\le x\le n$에서 함수 $y=2\sin\left\{\dfrac{\pi}{6}(x+1)\right\}$의 최댓값을 $f(n)$, 최솟값을 $g(n)$이라 할 때, 부등식 $2<f(n)-g(n)<4$를 만족시키는 모든 n의 값의 합을 구하시오. [4점]

그림과 같이 두 양수 a, b에 대하여 함수

$$f(x) = a \sin bx \left(0 \le x \le \frac{\pi}{b} \right)$$

의 그래프가 직선 $y=a$와 만나는 점을 A, x축과 만나는 점 중에서 원점이 아닌 점을 B라 하자. $\angle OAB = \frac{\pi}{2}$인 삼각형 OAB의 넓이가 4일 때, $a+b$의 값은? (단, O는 원점이다.)

[4점]

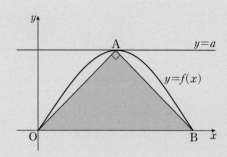

① $1 + \dfrac{\pi}{6}$ ② $2 + \dfrac{\pi}{6}$ ③ $2 + \dfrac{\pi}{4}$

④ $3 + \dfrac{\pi}{4}$ ⑤ $3 + \dfrac{\pi}{3}$

자연수 n에 대하여 $-\dfrac{\pi}{2n} < x < \dfrac{\pi}{2n}$에서 정의된 함수 $f(x) = 3 \sin 2nx$가 있다. 원점 O를 지나고 기울기가 양수인 직선과 함수 $y=f(x)$의 그래프가 서로 다른 세 점 O, A, B에서 만날 때, 점 $\mathrm{C}\left(\dfrac{\pi}{2n},\ 0 \right)$에 대하여 넓이가 $\dfrac{\pi}{12}$인 삼각형 ABC가 존재하도록 하는 n의 최댓값은? [4점]

① 12   ② 14   ③ 16

④ 18   ⑤ 20

357 2022학년도 9월 평가원 10번

두 양수 a, b에 대하여 곡선 $y = a\sin b\pi x \left(0 \le x \le \dfrac{3}{b}\right)$이 직선 $y = a$와 만나는 서로 다른 두 점을 A, B라 하자. 삼각형 OAB의 넓이가 5이고 직선 OA의 기울기와 직선 OB의 기울기의 곱이 $\dfrac{5}{4}$일 때, $a + b$의 값은? (단, O는 원점이다.) [4점]

① 1   ② 2   ③ 3

④ 4   ⑤ 5

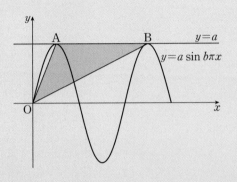

358 2023년 10월 교육청 11번

그림과 같이 두 상수 a, b에 대하여 함수

$$f(x) = a\sin\frac{\pi x}{b} + 1 \left(0 \le x \le \frac{5}{2}b\right)$$

의 그래프와 직선 $y = 5$가 만나는 점을 x좌표가 작은 것부터 차례로 A, B, C라 하자. $\overline{\mathrm{BC}} = \overline{\mathrm{AB}} + 6$이고 삼각형 AOB의 넓이가 $\dfrac{15}{2}$일 때, $a^2 + b^2$의 값은?

(단, $a > 4$, $b > 0$이고, O는 원점이다.) [4점]

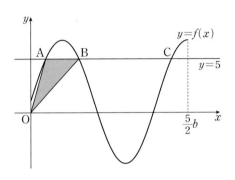

① 68   ② 70   ③ 72

④ 74   ⑤ 76

359 2021년 11월 교육청 11번 (고2)

두 상수 a, b에 대하여 함수 $f(x)=4\cos\dfrac{\pi}{a}x+b$의 주기가 4
이고 최솟값이 -1일 때, $a+b$의 값은? (단, $a>0$) [3점]

① 5   ② 7   ③ 9

④ 11   ⑤ 13

→ **360** 2020년 7월 교육청 가형 5번

두 양수 a, b에 대하여 함수 $f(x)=a\cos bx+3$이 있다. 함
수 $f(x)$는 주기가 4π이고 최솟값이 -1일 때, $a+b$의 값은?
[3점]

① $\dfrac{9}{2}$ ② $\dfrac{11}{2}$ ③ $\dfrac{13}{2}$

④ $\dfrac{15}{2}$ ⑤ $\dfrac{17}{2}$

361 2022년 6월 교육청 10번 (고2)

세 상수 a, b, c에 대하여 함수 $y=a\cos bx+c$의 그래프가
그림과 같을 때, $a\times b\times c$의 값은? (단, $a>0$, $b>0$) [3점]

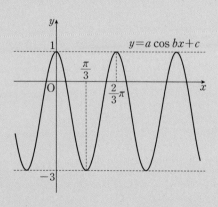

① -10 ② -8 ③ -6

④ -4 ⑤ -2

→ **362** 2019년 4월 교육청 가형 10번

두 상수 a, b에 대하여 함수 $f(x)=a\cos bx$의 그래프가 그
림과 같다. 함수 $g(x)=b\sin x+a$의 최댓값은? (단, $b>0$)
[3점]

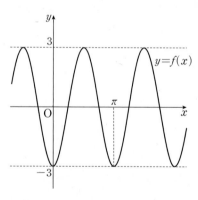

① -2 ② -1 ③ 0

④ 1   ⑤ 2

❯ 정답과 해설 95쪽

363 2024년 5월 교육청 8번

두 양수 a, b에 대하여 함수 $f(x) = a\cos bx$의 주기가 6π이고 $\pi \le x \le 4\pi$에서 함수 $f(x)$의 최댓값이 1일 때, $a+b$의 값은? [3점]

① $\dfrac{5}{3}$ 　　　② $\dfrac{11}{6}$ 　　　③ 2

④ $\dfrac{13}{6}$ 　　　⑤ $\dfrac{7}{3}$

→ 364 2025학년도 수능(홀) 10번

$0 \le x \le 2\pi$에서 정의된 함수 $f(x) = a\cos bx + 3$이 $x = \dfrac{\pi}{3}$에서 최댓값 13을 갖도록 하는 두 자연수 a, b의 순서쌍 (a, b)에 대하여 $a+b$의 최솟값은? [4점]

① 12 　　　② 14 　　　③ 16

④ 18 　　　⑤ 20

365 2010년 6월 교육청 (고2) 가/나형 20번

두 함수 $y = 4\sin 3x$, $y = 3\cos 2x$의 그래프가 x축과 만나는 점을 각각 $A(a, 0)$, $B(b, 0)$ $\left(단, 0 < a < \dfrac{\pi}{2} < b < \pi\right)$라 하자. $y = 4\sin 3x$의 그래프 위의 임의의 점 P에 대하여 △ABP의 넓이의 최댓값은? [3점]

① $\dfrac{\pi}{3}$ 　　　② $\dfrac{\pi}{2}$ 　　　③ $\dfrac{2\pi}{3}$

④ $\dfrac{5\pi}{6}$ 　　　⑤ π

→ 366 2008년 6월 교육청 가/나형 29번 (고2)

그림과 같이 $y = a\cos bx$의 그래프의 일부분과 x축에 평행한 직선 l이 만나는 점의 x좌표가 1, 5이다. 직선 l, $x=1$, $x=5$와 x축으로 둘러싸인 도형의 넓이가 20일 때, a의 값을 구하시오. [4점]

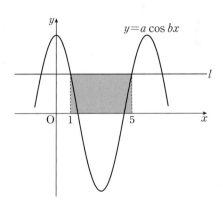

그림과 같이 양의 상수 a에 대하여 곡선

$y=2\cos ax\left(0\leq x\leq\dfrac{2\pi}{a}\right)$와 직선 $y=1$이 만나는 두 점을 각

각 A, B라 하자. $\overline{AB}=\dfrac{8}{3}$일 때, a의 값은? [3점]

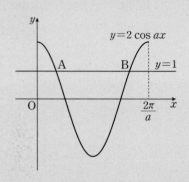

① $\dfrac{\pi}{3}$ ② $\dfrac{5\pi}{12}$ ③ $\dfrac{\pi}{2}$

④ $\dfrac{7\pi}{12}$ ⑤ $\dfrac{2\pi}{3}$

$0\leq x\leq 12$에서 정의된 두 함수

$$f(x)=\cos\frac{\pi x}{6},\ g(x)=-3\cos\frac{\pi x}{6}-1$$

이 있다. 곡선 $y=f(x)$와 직선 $y=k$가 만나는 두 점의 x좌표를 α_1, α_2라 할 때, $|\alpha_1-\alpha_2|=8$이다. 곡선 $y=g(x)$와 직선 $y=k$가 만나는 두 점의 x좌표를 β_1, β_2라 할 때, $|\beta_1-\beta_2|$의 값은? (단, k는 $-1<k<1$인 상수이다.) [4점]

① 3 ② $\dfrac{7}{2}$ ③ 4

④ $\dfrac{9}{2}$ ⑤ 5

369 2023년 6월 교육청 15번 (고2)

$-\dfrac{3}{2}\pi \le x \le \dfrac{3}{2}\pi$에서 정의된 함수

$$f(x)=a\cos\dfrac{3}{2}x+a \ (a>0)$$

이 있다. 함수 $y=f(x)$의 그래프가 y축과 만나는 점을 A, 직선 $y=\dfrac{a}{2}$와 만나는 두 점을 각각 B, C라 하자. 삼각형 ABC가 정삼각형일 때, a의 값은? [4점]

① $\dfrac{\sqrt{3}}{3}\pi$ ② $\dfrac{5\sqrt{3}}{12}\pi$ ③ $\dfrac{\sqrt{3}}{2}\pi$

④ $\dfrac{7\sqrt{3}}{12}\pi$ ⑤ $\dfrac{2\sqrt{3}}{3}\pi$

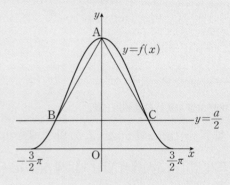

→ 370 2023년 4월 교육청 13번

그림과 같이 $0 \le x \le 2\pi$에서 정의된 두 함수 $f(x)=k\sin x$, $g(x)=\cos x$에 대하여 곡선 $y=f(x)$와 곡선 $y=g(x)$가 만나는 서로 다른 두 점을 A, B라 하자. 선분 AB를 3 : 1로 외분하는 점을 C라 할 때, 점 C는 곡선 $y=f(x)$ 위에 있다. 점 C를 지나고 y축에 평행한 직선이 곡선 $y=g(x)$와 만나는 점을 D라 할 때, 삼각형 BCD의 넓이는? (단, k는 양수이고, 점 B의 x좌표는 점 A의 x좌표보다 크다.) [4점]

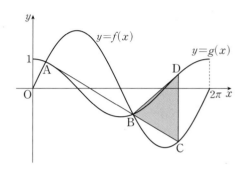

① $\dfrac{\sqrt{15}}{8}\pi$ ② $\dfrac{9\sqrt{5}}{40}\pi$ ③ $\dfrac{\sqrt{5}}{4}\pi$

④ $\dfrac{3\sqrt{10}}{16}\pi$ ⑤ $\dfrac{3\sqrt{5}}{10}\pi$

371 2023년 6월 교육청 24번 (고2)

두 함수 $y=\cos\dfrac{2}{3}x$와 $y=\tan\dfrac{3}{a}x$의 주기가 같을 때, 양수 a의 값을 구하시오. [3점]

→ **372** 2019년 6월 교육청 25번 (고2)

상수 k에 대하여 함수 $f(x)=2\sqrt{3}\tan x+k$의 그래프가 점 $\left(\dfrac{\pi}{6},\,7\right)$을 지날 때, $f\left(\dfrac{\pi}{3}\right)$의 값을 구하시오. [3점]

373 2023년 4월 교육청 8번

그림과 같이 함수 $y=a\tan b\pi x$의 그래프가 두 점 $(2,\,3)$, $(8,\,3)$을 지날 때, $a^2\times b$의 값은? (단, a, b는 양수이다.) [3점]

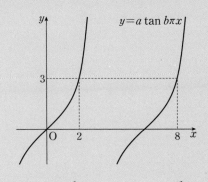

① $\dfrac{1}{6}$ ② $\dfrac{1}{3}$ ③ $\dfrac{1}{2}$

④ $\dfrac{2}{3}$ ⑤ $\dfrac{5}{6}$

→ **374** 2016년 11월 교육청 가형 10번 (고2)

그림은 두 함수 $y=\tan x$와 $y=a\sin bx$의 그래프이다. 두 함수의 그래프가 점 $\left(\dfrac{\pi}{3},\,c\right)$에서 만날 때, 세 상수 a, b, c의 곱 abc의 값은? (단, $a>0$, $b>0$) [3점]

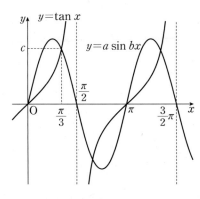

① 2   ② $2\sqrt{3}$ ③ 4

④ $4\sqrt{3}$ ⑤ 8

❯ 정답과 해설 98쪽

375 2023학년도 수능(홀) 9번

함수

$$f(x) = a - \sqrt{3}\tan 2x$$

가 $-\dfrac{\pi}{6} \le x \le b$에서 최댓값 7, 최솟값 3을 가질 때, $a \times b$의 값은? (단, a, b는 상수이다.) [4점]

① $\dfrac{\pi}{2}$ ② $\dfrac{5\pi}{12}$ ③ $\dfrac{\pi}{3}$

④ $\dfrac{\pi}{4}$ ⑤ $\dfrac{\pi}{6}$

→ 376 2022학년도 수능(홀) 11번

양수 a에 대하여 집합 $\left\{ x \,\middle|\, -\dfrac{a}{2} < x \le a,\ x \ne \dfrac{a}{2} \right\}$에서 정의된 함수

$$f(x) = \tan \dfrac{\pi x}{a}$$

가 있다. 그림과 같이 함수 $y = f(x)$의 그래프 위의 세 점 O, A, B를 지나는 직선이 있다. 점 A를 지나고 x축에 평행한 직선이 함수 $y = f(x)$의 그래프와 만나는 점 중 A가 아닌 점을 C라 하자. 삼각형 ABC가 정삼각형일 때, 삼각형 ABC의 넓이는? (단, O는 원점이다.) [4점]

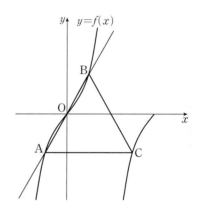

① $\dfrac{3\sqrt{3}}{2}$ ② $\dfrac{17\sqrt{3}}{12}$ ③ $\dfrac{4\sqrt{3}}{3}$

④ $\dfrac{5\sqrt{3}}{4}$ ⑤ $\dfrac{7\sqrt{3}}{6}$

377 2023년 7월 교육청 10번

$0 \le x < 2\pi$일 때, 곡선 $y = |4\sin 3x + 2|$와 직선 $y = 2$가 만나는 서로 다른 점의 개수는? [4점]

① 3   ② 6   ③ 9

④ 12   ⑤ 15

➜ **378** 2016년 4월 교육청 가형 26번

x에 대한 방정식 $\left| \cos x + \dfrac{1}{4} \right| = k$가 서로 다른 3개의 실근을 갖도록 하는 실수 k의 값을 α라 할 때, 40α의 값을 구하시오.

(단, $0 \le x < 2\pi$) [4점]

379 2020년 6월 교육청 15번 (고2)

$0 \le x \le 2$에서 함수 $y = \tan \pi x$의 그래프와 직선 $y = -\dfrac{10}{3}x + n$이 서로 다른 세 점에서 만나도록 하는 자연수 n의 최댓값은? [4점]

① 2   ② 3   ③ 4

④ 5   ⑤ 6

➜ **380** 2019년 6월 교육청 나형 18번 (고2)

직선 $y = -\dfrac{1}{5\pi}x + 1$과 함수 $y = \sin x$의 그래프의 교점의 개수는? [4점]

① 7   ② 8   ③ 9

④ 10   ⑤ 11

381 2020년 3월 교육청 나형 7번

$0 \le x < 2\pi$일 때, 두 곡선 $y = \cos\left(x - \frac{\pi}{2}\right)$와 $y = \sin 4x$가 만나는 점의 개수는? [3점]

① 2   ② 4   ③ 6

④ 8   ⑤ 10

➡ **382** 2021년 10월 교육청 11번

$0 \le x \le 2\pi$에서 정의된 함수 $f(x)$는

$$f(x) = \begin{cases} \sin x & \left(0 \le x \le \frac{k}{6}\pi\right) \\ 2\sin\left(\frac{k}{6}\pi\right) - \sin x & \left(\frac{k}{6}\pi < x \le 2\pi\right) \end{cases}$$

이다. 곡선 $y = f(x)$와 직선 $y = \sin\left(\frac{k}{6}\pi\right)$의 교점의 개수를 a_k라 할 때, $a_1 + a_2 + a_3 + a_4 + a_5$의 값은? [4점]

① 6   ② 7   ③ 8

④ 9   ⑤ 10

383 2020년 4월 교육청 가형 26번

$0 \le x \le 2\pi$에서 정의된 함수 $y = a\sin 3x + b$의 그래프가 두 직선 $y = 9$, $y = 2$와 만나는 점의 개수가 각각 3, 7이 되도록 하는 두 양수 a, b에 대하여 $a \times b$의 값을 구하시오. [4점]

➡ **384** 2024학년도 6월 평가원 19번

두 자연수 a, b에 대하여 함수

$$f(x) = a\sin bx + 8 - a$$

가 다음 조건을 만족시킬 때, $a + b$의 값을 구하시오. [3점]

㉮ 모든 실수 x에 대하여 $f(x) \ge 0$이다.
㉯ $0 \le x < 2\pi$일 때, x에 대한 방정식 $f(x) = 0$의 서로 다른 실근의 개수는 4이다.

385 2020년 6월 교육청 17번 (고2)

상수 $k \, (0 < k < 1)$에 대하여 $0 \le x < 2\pi$일 때, 방정식 $\sin x = k$의 두 근을 α, $\beta \, (\alpha < \beta)$라 하자. $\sin \dfrac{\beta - \alpha}{2} = \dfrac{5}{7}$일 때, k의 값은? [4점]

① $\dfrac{2\sqrt{6}}{7}$ ② $\dfrac{\sqrt{26}}{7}$ ③ $\dfrac{2\sqrt{7}}{7}$

④ $\dfrac{\sqrt{30}}{7}$ ⑤ $\dfrac{4\sqrt{2}}{7}$

→ **386** 2022년 4월 교육청 11번

자연수 k에 대하여 $0 \le x < 2\pi$일 때, x에 대한 방정식 $\sin kx = \dfrac{1}{3}$의 서로 다른 실근의 개수가 8이다. $0 \le x < 2\pi$일 때, x에 대한 방정식 $\sin kx = \dfrac{1}{3}$의 모든 해의 합은? [4점]

① 5π ② 6π ③ 7π

④ 8π ⑤ 9π

387 2021학년도 수능(홀) 나형 16번

$0 \le x < 4\pi$일 때, 방정식
$$4\sin^2 x - 4\cos\left(\dfrac{\pi}{2} + x\right) - 3 = 0$$
의 모든 해의 합은? [4점]

① 5π ② 6π ③ 7π

④ 8π ⑤ 9π

→ **388** 2020학년도 수능(홀) 가형 7번

$0 < x < 2\pi$일 때, 방정식 $4\cos^2 x - 1 = 0$과 부등식 $\sin x \cos x < 0$을 동시에 만족시키는 모든 x의 값의 합은? [3점]

① 2π ② $\dfrac{7}{3}\pi$ ③ $\dfrac{8}{3}\pi$

④ 3π ⑤ $\dfrac{10}{3}\pi$

389 2020년 11월 교육청 27번 (고2)

이차방정식 $x^2-k=0$이 서로 다른 두 실근 $6\cos\theta$, $5\tan\theta$
를 가질 때, 상수 k의 값을 구하시오. [4점]

390 2022학년도 수능(홀) 7번

$\pi<\theta<\dfrac{3}{2}\pi$인 θ에 대하여 $\tan\theta-\dfrac{6}{\tan\theta}=1$일 때,
$\sin\theta+\cos\theta$의 값은? [3점]

① $-\dfrac{2\sqrt{10}}{5}$ ② $-\dfrac{\sqrt{10}}{5}$ ③ 0

④ $\dfrac{\sqrt{10}}{5}$ ⑤ $\dfrac{2\sqrt{10}}{5}$

유형 12 삼각방정식 (2)

391 2022년 11월 교육청 16번 (고2)

$3\sin^2\left(\theta+\dfrac{2}{3}\pi\right)=8\sin\left(\theta+\dfrac{\pi}{6}\right)$일 때, $\cos\left(\theta-\dfrac{\pi}{3}\right)$의 값
은? [4점]

① $\dfrac{1}{6}$ ② $\dfrac{1}{5}$ ③ $\dfrac{1}{4}$

④ $\dfrac{1}{3}$ ⑤ $\dfrac{1}{2}$

392 2020년 10월 교육청 가형 11번

$0\le x<2\pi$일 때, 방정식
$$\sin x=\sqrt{3}(1+\cos x)$$
의 모든 해의 합은? [3점]

① $\dfrac{\pi}{3}$ ② $\dfrac{2}{3}\pi$ ③ π

④ $\dfrac{4}{3}\pi$ ⑤ $\dfrac{5}{3}\pi$

393 2021년 6월 교육청 13번 (고2)

$0 \leq x < 2\pi$일 때, 부등식 $3\sin x - 2 > 0$의 해가 $\alpha < x < \beta$이다. $\cos(\alpha + \beta)$의 값은? [3점]

① -1 ② $-\dfrac{1}{2}$ ③ 0

④ $\dfrac{1}{2}$ ⑤ 1

→ **394** 2024학년도 9월 평가원 9번

$0 \leq x \leq 2\pi$일 때, 부등식

$$\cos x \leq \sin \frac{\pi}{7}$$

를 만족시키는 모든 x의 값의 범위는 $\alpha \leq x \leq \beta$이다. $\beta - \alpha$의 값은? [4점]

① $\dfrac{8}{7}\pi$ ② $\dfrac{17}{14}\pi$ ③ $\dfrac{9}{7}\pi$

④ $\dfrac{19}{14}\pi$ ⑤ $\dfrac{10}{7}\pi$

395 2020년 4월 교육청 가형 9번

$0 < x \leq 2\pi$일 때, 방정식 $\sin^2 x = \cos^2 x + \cos x$와 부등식 $\sin x > \cos x$를 동시에 만족시키는 모든 x의 값의 합은? [3점]

① $\dfrac{4}{3}\pi$ ② $\dfrac{5}{3}\pi$ ③ 2π

④ $\dfrac{7}{3}\pi$ ⑤ $\dfrac{8}{3}\pi$

→ **396** 2024학년도 수능(홀) 19번

함수 $f(x) = \sin \dfrac{\pi}{4}x$라 할 때, $0 < x < 16$에서 부등식

$$f(2+x)f(2-x) < \frac{1}{4}$$

을 만족시키는 모든 자연수 x의 값의 합을 구하시오. [3점]

> 정답과 해설 105쪽

397 2021학년도 6월 평가원 가형 14번

$0 \le \theta < 2\pi$일 때, x에 대한 이차방정식

$$x^2 - (2\sin\theta)x - 3\cos^2\theta - 5\sin\theta + 5 = 0$$

이 실근을 갖도록 하는 θ의 최솟값과 최댓값을 각각 α, β라 하자. $4\beta - 2\alpha$의 값은? [4점]

① 3π ② 4π ③ 5π

④ 6π ⑤ 7π

→ **398** 2019학년도 수능(홀) 가형 11번

$0 \le \theta < 2\pi$일 때, x에 대한 이차방정식

$$6x^2 + (4\cos\theta)x + \sin\theta = 0$$

이 실근을 갖지 않도록 하는 모든 θ의 값의 범위는 $\alpha < \theta < \beta$이다. $3\alpha + \beta$의 값은? [3점]

① $\dfrac{5}{6}\pi$ ② π ③ $\dfrac{7}{6}\pi$

④ $\dfrac{4}{3}\pi$ ⑤ $\dfrac{3}{2}\pi$

399 2021년 11월 교육청 26번 (고2)

$0 \le x < 2\pi$에서 x에 대한 부등식

$$(2a+6)\cos x - a\sin^2 x + a + 12 < 0$$

의 해가 존재하도록 하는 자연수 a의 최솟값을 구하시오. [4점]

→ **400** 2020년 9월 교육청 12번 (고2)

$0 \le x < 2\pi$일 때, x에 대한 부등식

$$\sin^2 x - 4\sin x - 5k + 5 \ge 0$$

이 항상 성립하도록 하는 실수 k의 최댓값은? [3점]

① $\dfrac{2}{5}$ ② $\dfrac{1}{2}$ ③ $\dfrac{3}{5}$

④ $\dfrac{7}{10}$ ⑤ $\dfrac{4}{5}$

401 2019년 6월 교육청 나형 27번 (고2)

두 함수 $f(x)=\log_3 x+2$, $g(x)=3\tan\left(x+\dfrac{\pi}{6}\right)$가 있다.

$0\le x\le\dfrac{\pi}{6}$에서 정의된 합성함수 $(f\circ g)(x)$의 최댓값과 최솟

값을 각각 M, m이라 할 때, $M+m$의 값을 구하시오. [4점]

→ **402** 2019학년도 9월 평가원 가형 14번

실수 k에 대하여 함수

$$f(x)=\cos^2\left(x-\frac{3}{4}\pi\right)-\cos\left(x-\frac{\pi}{4}\right)+k$$

의 최댓값은 3, 최솟값은 m이다. $k+m$의 값은? [4점]

① 2   ② $\dfrac{9}{4}$ ③ $\dfrac{5}{2}$

④ $\dfrac{11}{4}$ ⑤ 3

403 2024년 3월 교육청 20번

두 함수 $f(x)=2x^2+2x-1$, $g(x)=\cos\dfrac{\pi}{3}x$에 대하여

$0\le x<12$에서 방정식

$$f(g(x))=g(x)$$

를 만족시키는 모든 실수 x의 값의 합을 구하시오. [4점]

404 2023년 4월 교육청 11번

$0\le x\le 2\pi$일 때, 방정식 $2\sin^2 x-3\cos x=k$의 서로 다른 실근의 개수가 3이다. 이 세 실근 중 가장 큰 실근을 α라 할 때, $k\times\alpha$의 값은? (단, k는 상수이다.) [4점]

① $\dfrac{7}{2}\pi$　　　　② 4π　　　　③ $\dfrac{9}{2}\pi$

④ 5π　　　　⑤ $\dfrac{11}{2}\pi$

405 2020년 6월 교육청 19번 (고2)

그림과 같이 두 점 A$(-1, 0)$, B$(1, 0)$과 원 $x^2+y^2=1$이 있다. 원 위의 점 P에 대하여 $\angle PAB=\theta \left(0<\theta<\dfrac{\pi}{2}\right)$라 할 때, 반직선 PB 위에 $\overline{PQ}=3$인 점 Q를 정한다. 점 Q의 x좌표가 최대가 될 때, $\sin^2\theta$의 값은? [4점]

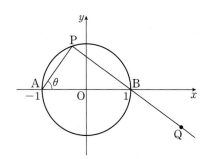

① $\dfrac{7}{16}$ ② $\dfrac{1}{2}$ ③ $\dfrac{9}{16}$

④ $\dfrac{5}{8}$ ⑤ $\dfrac{11}{16}$

406 2023년 3월 교육청 13번

두 함수
$$f(x)=x^2+ax+b,\ g(x)=\sin x$$
가 다음 조건을 만족시킬 때, $f(2)$의 값은?
(단, a, b는 상수이고, $0\le a\le 2$이다.) [4점]

(가) $\{g(a\pi)\}^2=1$
(나) $0\le x\le 2\pi$일 때, 방정식 $f(g(x))=0$의 모든 해의 합은 $\dfrac{5}{2}\pi$이다.

① 3 ② $\dfrac{7}{2}$ ③ 4

④ $\dfrac{9}{2}$ ⑤ 5

407 2023년 9월 교육청 27번 (고2)

$n \geq 4$인 자연수 n에 대하여 집합 $\{x \mid 0 \leq x \leq 4\}$에서 정의된 함수

$$f(x) = \frac{n}{2} \cos \pi x + 1$$

이 있다. 방정식 $|f(x)| = 3$의 서로 다른 모든 실근의 합을 $g(n)$이라 할 때, $\sum_{n=4}^{10} g(n)$의 값을 구하시오. [4점]

408 2022년 9월 교육청 18번 (고2)

집합 $\{x \mid -\pi \leq x \leq \pi\}$에서 정의된 함수

$$f(x) = \left| \sin 2x + \frac{2}{3} \right|$$

가 있다. 양수 k에 대하여 함수 $y = f(x)$의 그래프가 두 직선 $y = 3k$, $y = k$와 만나는 서로 다른 점의 개수를 각각 m, n이라 할 때, $|m - n| = 3$을 만족시킨다. $-\pi \leq x \leq \pi$일 때, x에 대한 방정식 $f(x) = k$의 모든 실근의 합은? [4점]

① $\frac{3}{2}\pi$ ② 2π ③ $\frac{5}{2}\pi$

④ 3π ⑤ $\frac{7}{2}\pi$

06

삼각함수의 활용

**개념
카드**

실전 개념 1 **사인법칙**

> 유형 01, 03, 05, 06

삼각형 ABC의 외접원의 반지름의 길이를 R라 하면

(1) **사인법칙:** $\dfrac{a}{\sin A}=\dfrac{b}{\sin B}=\dfrac{c}{\sin C}=2R$

(2) **사인법칙의 변형**

　① $\sin A=\dfrac{a}{2R}$, $\sin B=\dfrac{b}{2R}$, $\sin C=\dfrac{c}{2R}$

　② $a=2R\sin A$, $b=2R\sin B$, $c=2R\sin C$

　③ $a:b:c=\sin A:\sin B:\sin C$

실전 개념 2 **코사인법칙**

> 유형 02, 03, 05, 06

삼각형 ABC에서

(1) **코사인법칙:** $a^2=b^2+c^2-2bc\cos A$

　　　　　　　　$b^2=c^2+a^2-2ca\cos B$

　　　　　　　　$c^2=a^2+b^2-2ab\cos C$

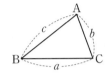

(2) **코사인법칙의 변형**

　$\cos A=\dfrac{b^2+c^2-a^2}{2bc}$, $\cos B=\dfrac{c^2+a^2-b^2}{2ca}$, $\cos C=\dfrac{a^2+b^2-c^2}{2ab}$

실전 개념 3 **삼각형의 넓이**

> 유형 04, 05

삼각형 ABC의 넓이를 S라 하면

(1) $S=\dfrac{1}{2}bc\sin A=\dfrac{1}{2}ca\sin B=\dfrac{1}{2}ab\sin C$

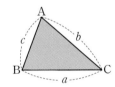

(2) 외접원의 반지름의 길이가 R일 때

　　$S=\dfrac{abc}{4R}=2R^2\sin A\sin B\sin C$

(3) 세 변의 길이가 a, b, c인 삼각형 ABC의 넓이 S는

　　$S=\sqrt{s(s-a)(s-b)(s-c)}$ $\left(\text{단, } s=\dfrac{a+b+c}{2}\right)$

실전 개념 4 **사각형의 넓이**

> 유형 05

(1) **평행사변형의 넓이**

　평행사변형 ABCD에서 이웃하는 두 변의 길이가 a, b이고 그 끼인
　각의 크기가 θ일 때, 평행사변형의 넓이를 S라 하면
　　$S=ab\sin\theta$

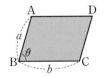

(2) **사각형의 넓이**

　사각형 ABCD의 두 대각선의 길이가 p, q이고 두 대각선이 이루는
　각의 크기가 θ일 때, 사각형의 넓이를 S라 하면
　　$S=\dfrac{1}{2}pq\sin\theta$

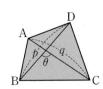

유형 01 사인법칙

409 2021학년도 6월 평가원 가형 23번 / 나형 5번

반지름의 길이가 15인 원에 내접하는 삼각형 ABC에서 $\sin B = \dfrac{7}{10}$일 때, 선분 AC의 길이를 구하시오. [3점]

→ **410** 2019년 9월 교육청 나형 12번 (고2)

선분 BC의 길이가 5이고, $\angle BAC = \dfrac{\pi}{6}$인 삼각형 ABC의 외접원의 반지름의 길이는? [3점]

① 3 ② $\dfrac{7}{2}$ ③ 4

④ $\dfrac{9}{2}$ ⑤ 5

411 2023년 6월 교육청 11번 (고2)

반지름의 길이가 4인 원에 내접하는 삼각형 ABC가 있다. 이 삼각형의 둘레의 길이가 12일 때, $\sin A + \sin B + \sin (A+B)$의 값은? [3점]

① $\dfrac{3}{2}$ ② $\dfrac{8}{5}$ ③ $\dfrac{17}{10}$

④ $\dfrac{9}{5}$ ⑤ $\dfrac{19}{10}$

→ **412** 2020년 4월 교육청 나형 13번

그림과 같이 반지름의 길이가 4인 원에 내접하고 변 AC의 길이가 5인 삼각형 ABC가 있다. $\angle ABC = \theta$라 할 때, $\sin \theta$의 값은? (단, $0 < \theta < \pi$) [3점]

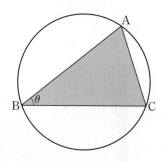

① $\dfrac{1}{4}$ ② $\dfrac{3}{8}$ ③ $\dfrac{1}{2}$

④ $\dfrac{5}{8}$ ⑤ $\dfrac{3}{4}$

❯ 정답과 해설 113쪽

413 2021학년도 9월 평가원 나형 9번

$\overline{AB}=8$이고 $\angle A=45°$, $\angle B=15°$인 삼각형 ABC에서 선분 BC의 길이는? [3점]

① $2\sqrt{6}$ 　② $\dfrac{7\sqrt{6}}{3}$ 　③ $\dfrac{8\sqrt{6}}{3}$

④ $3\sqrt{6}$ 　⑤ $\dfrac{10\sqrt{6}}{3}$

→ **414** 2013년 3월 교육청 B형 8번 (고2)

삼각형 ABC에서 $\angle A=105°$, $\angle B=30°$이고 $\overline{AB}=12$일 때, $\overline{AC}^2$의 값은? [3점]

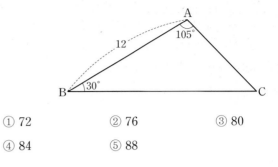

① 72 　② 76 　③ 80

④ 84 　⑤ 88

415 2011년 3월 교육청 25번 (고2)

그림과 같이 한 원에 내접하는 두 삼각형 ABC, ABD에서 $\overline{AB}=16\sqrt{2}$, $\angle ABD=45°$, $\angle BCA=30°$일 때, 선분 AD의 길이를 구하시오. [3점]

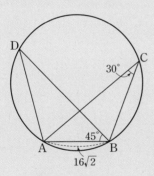

→ **416** 2004년 6월 교육청 가/나형 28번 (고2)

두 원 C_1, C_2가 그림과 같이 두 점 A, B에서 만난다. 선분 AB의 길이는 12이고, 그에 대한 원주각의 크기는 각각 60°, 30°이다. 두 원 C_1, C_2의 반지름의 길이를 각각 R_1, R_2라고 할 때, $R_1^2+R_2^2$의 값을 구하시오. [4점]

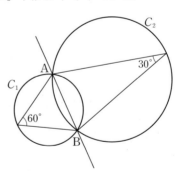

그림과 같이 $\overline{AB}=\overline{AC}$인 이등변삼각형 ABC에서 선분 AC 를 5 : 3으로 내분하는 점을 D라 하자.

$2\sin(\angle ABD)=5\sin(\angle DBC)$일 때, $\dfrac{\sin C}{\sin A}$의 값은?

[4점]

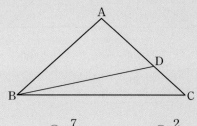

① $\dfrac{3}{5}$ ② $\dfrac{7}{11}$ ③ $\dfrac{2}{3}$

④ $\dfrac{9}{13}$ ⑤ $\dfrac{5}{7}$

$\angle A > \dfrac{\pi}{2}$인 삼각형 ABC의 꼭짓점 A에서 선분 BC에 내린 수선의 발을 H라 하자.

$$\overline{AB}:\overline{AC}=\sqrt{2}:1,\ \overline{AH}=2$$

이고, 삼각형 ABC의 외접원의 넓이가 50π일 때, 선분 BH의 길이는? [4점]

① 6   ② $\dfrac{25}{4}$ ③ $\dfrac{13}{2}$

④ $\dfrac{27}{4}$ ⑤ 7

419 2009년 3월 교육청 19번 (고2)

그림과 같이 $\overline{AB}=10$, $\overline{BC}=6$, $\overline{CA}=8$인 삼각형 ABC와 그 삼각형의 내부에 $\overline{AP}=6$인 점 P가 있다. 점 P에서 변 AB와 변 AC에 내린 수선의 발을 각각 Q, R라 할 때, 선분 QR의 길이는? [4점]

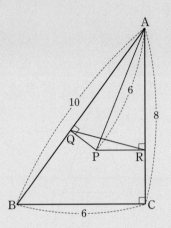

① $\dfrac{14}{5}$　　② 3　　③ $\dfrac{16}{5}$

④ $\dfrac{17}{5}$　　⑤ $\dfrac{18}{5}$

→ 420 2020년 10월 교육청 가형 17번

그림과 같이 $\angle ABC = \dfrac{\pi}{2}$인 삼각형 ABC에 내접하고 반지름의 길이가 3인 원의 중심을 O라 하자. 직선 AO가 선분 BC와 만나는 점을 D라 할 때, $\overline{DB}=4$이다. 삼각형 ADC의 외접원의 넓이는? [4점]

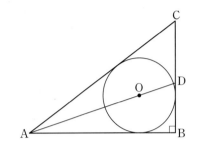

① $\dfrac{125}{2}\pi$　　② 63π　　③ $\dfrac{127}{2}\pi$

④ 64π　　⑤ $\dfrac{129}{2}\pi$

421 2022년 9월 교육청 9번 (고2)

$\overline{AB}=3$, $\overline{BC}=6$인 삼각형 ABC가 있다. $\angle ABC=\theta$에 대하여 $\sin\theta=\dfrac{2\sqrt{14}}{9}$일 때, 선분 AC의 길이는? $\left($ 단, $0<\theta<\dfrac{\pi}{2}\right)$

[3점]

① 4   ② $\dfrac{13}{3}$ ③ $\dfrac{14}{3}$

④ 5   ⑤ $\dfrac{16}{3}$

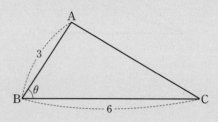

→ 422 2021학년도 9월 평가원 가형 12번 / 나형 25번

$\overline{AB}=6$, $\overline{AC}=10$인 삼각형 ABC가 있다. 선분 AC 위에 점 D를 $\overline{AB}=\overline{AD}$가 되도록 잡는다. $\overline{BD}=\sqrt{15}$일 때, 선분 BC의 길이는? [3점]

① $\sqrt{37}$ ② $\sqrt{38}$ ③ $\sqrt{39}$

④ $2\sqrt{10}$ ⑤ $\sqrt{41}$

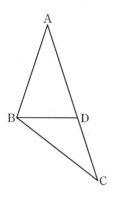

423 2022학년도 경찰대학 14번

삼각형 ABC에서 $\angle A=\dfrac{2\pi}{3}$이고 $\overline{AB}=6$이다. $\overline{AC}$와 $\overline{BC}$의 합이 24일 때, $\cos B$의 값은? [4점]

① $\dfrac{19}{28}$ ② $\dfrac{5}{7}$ ③ $\dfrac{21}{28}$

④ $\dfrac{11}{14}$ ⑤ $\dfrac{23}{28}$

→ 424 2021년 6월 교육청 18번 (고2)

반지름의 길이가 $\dfrac{4\sqrt{3}}{3}$인 원이 삼각형 ABC에 내접하고 있다. 원이 선분 BC와 만나는 점을 D라 하고 $\overline{BD}=12$, $\overline{DC}=4$일 때, 삼각형 ABC의 둘레의 길이는? [4점]

① $\dfrac{71}{2}$ ② 36   ③ $\dfrac{73}{2}$

④ 37   ⑤ $\dfrac{75}{2}$

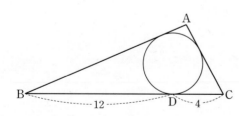

→ 정답과 해설 115쪽

425 2019년 9월 교육청 나형 27번 (고2)

그림과 같이 $\overline{AB}=3$, $\overline{BC}=6$인 직사각형 ABCD에서 선분 BC를 1 : 5로 내분하는 점을 E라 하자. $\angle EAC=\theta$라 할 때, $50\sin\theta\cos\theta$의 값을 구하시오. [4점]

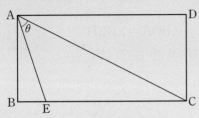

→ 426 2020년 7월 교육청 나형 15번

그림과 같이 평면 위에 한 변의 길이가 3인 정사각형 ABCD와 한 변의 길이가 4인 정사각형 CEFG가 있다.

$\angle DCG=\theta$ $(0<\theta<\pi)$라 할 때, $\sin\theta=\dfrac{\sqrt{11}}{6}$이다.

$\overline{DG}\times\overline{BE}$의 값은? [4점]

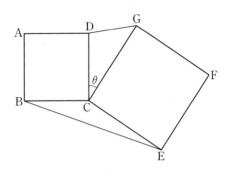

① 15   ② 17   ③ 19

④ 21   ⑤ 23

427 2014년 3월 교육청 B형 19번 (고2)

그림과 같이 $A>90°$인 삼각형 ABC의 세 꼭짓점 A, B, C에서 세 직선 BC, CA, AB에 내린 수선의 발을 각각 D, E, F라 하자. $\overline{AD}:\overline{BE}:\overline{CF}=2:3:4$일 때, 삼각형 ABC에서 $\cos C$의 값은? [4점]

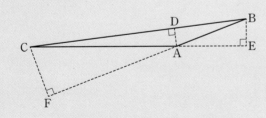

① $\dfrac{5}{6}$ ② $\dfrac{41}{48}$ ③ $\dfrac{7}{8}$

④ $\dfrac{43}{48}$ ⑤ $\dfrac{11}{12}$

→ 428 2003년 4월 교육청 30번

삼각형의 세 꼭짓점에서 각각의 대변 또는 그 연장선에 내린 수선의 길이의 비가 2 : 3 : 4이다. 이 삼각형의 내각 중 최대의 각을 θ라 할 때, $|\cos\theta|=\dfrac{q}{p}$이다. $p+q$의 값을 구하시오. (단, p와 q는 서로소인 자연수이다.) [3점]

그림과 같이 $\overline{AB}=3$, $\overline{BC}=2$, $\overline{AC}>3$이고

$\cos(\angle BAC)=\dfrac{7}{8}$인 삼각형 ABC가 있다. 선분 AC의 중점

을 M, 삼각형 ABC의 외접원이 직선 BM과 만나는 점 중 B

가 아닌 점을 D라 할 때, 선분 MD의 길이는? [4점]

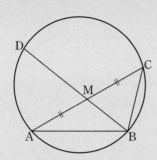

① $\dfrac{3\sqrt{10}}{5}$ ② $\dfrac{7\sqrt{10}}{10}$ ③ $\dfrac{4\sqrt{10}}{5}$

④ $\dfrac{9\sqrt{10}}{10}$ ⑤ $\sqrt{10}$

그림과 같이 $\overline{AB}=4$, $\overline{AC}=5$이고 $\cos(\angle BAC)=\dfrac{1}{8}$인 삼

각형 ABC가 있다. 선분 AC 위의 점 D와 선분 BC 위의 점

E에 대하여

$$\angle BAC = \angle BDA = \angle BED$$

일 때, 선분 DE의 길이는? [4점]

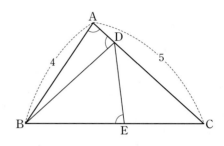

① $\dfrac{7}{3}$ ② $\dfrac{5}{2}$ ③ $\dfrac{8}{3}$

④ $\dfrac{17}{6}$ ⑤ 3

> 정답과 해설 118쪽

431 2021년 10월 교육청 21번

$\overline{AB}=6$, $\overline{AC}=8$인 예각삼각형 ABC에서 ∠A의 이등분선과 삼각형 ABC의 외접원이 만나는 점을 D, 점 D에서 선분 AC에 내린 수선의 발을 E라 하자. 선분 AE의 길이를 k라 할 때, $12k$의 값을 구하시오. [4점]

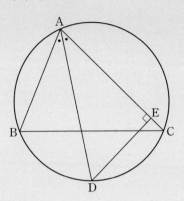

→ **432** 2020년 9월 교육청 27번 (고2)

그림과 같이 반지름의 길이가 2이고 중심각의 크기가 $\dfrac{3}{2}\pi$인 부채꼴 OBA가 있다. 호 BA 위에 점 P를 ∠BAP$=\dfrac{\pi}{6}$가 되도록 잡고, 점 B에서 선분 AP에 내린 수선의 발을 H라 할 때, $\overline{OH}^2$의 값은 $m+n\sqrt{3}$이다. m^2+n^2의 값을 구하시오.

(단, m, n은 유리수이다.) [4점]

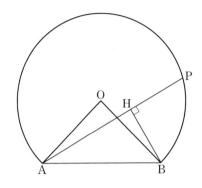

433 2020년 9월 교육청 10번 (고2)

삼각형 ABC에서

$$\frac{2}{\sin A} = \frac{3}{\sin B} = \frac{4}{\sin C}$$

일 때, $\cos C$의 값은? [3점]

① $-\frac{1}{2}$ ② $-\frac{1}{4}$ ③ 0

④ $\frac{1}{4}$ ⑤ $\frac{1}{2}$

→ **434** 2021년 4월 교육청 20번

$\overline{AB} : \overline{BC} : \overline{CA} = 1 : 2 : \sqrt{2}$인 삼각형 ABC가 있다. 삼각형 ABC의 외접원의 넓이가 28π일 때, 선분 CA의 길이를 구하시오. [4점]

435 2014년 3월 교육청 A형 27번 (고2)

그림과 같이 원에 내접하는 사각형 ABCD가 $\overline{AB} = 10$, $\overline{AD} = 2$, $\cos(\angle BCD) = \frac{3}{5}$을 만족시킨다. 이 원의 넓이가 $a\pi$일 때, a의 값을 구하시오. [4점]

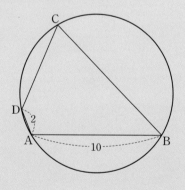

→ **436** 2021년 7월 교육청 20번

그림과 같이 선분 AB를 지름으로 하는 원 위의 점 C에 대하여

$$\overline{BC} = 12\sqrt{2}, \cos(\angle CAB) = \frac{1}{3}$$

이다. 선분 AB를 $5 : 4$로 내분하는 점을 D라 할 때, 삼각형 CAD의 외접원의 넓이는 S이다. $\frac{S}{\pi}$의 값을 구하시오. [4점]

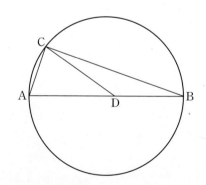

437 2021학년도 수능 가형 10번 / 나형 28번

$\angle A = \dfrac{\pi}{3}$이고 $\overline{AB} : \overline{AC} = 3 : 1$인 삼각형 ABC가 있다. 삼각형 ABC의 외접원의 반지름의 길이가 7일 때, 선분 AC의 길이는? [3점]

① $2\sqrt{5}$ ② $\sqrt{21}$ ③ $\sqrt{22}$

④ $\sqrt{23}$ ⑤ $2\sqrt{6}$

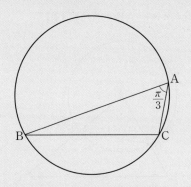

→ **438** 2022년 9월 교육청 14번 (고2)

그림과 같이 중심이 O이고 반지름의 길이가 6인 부채꼴 OAB가 있다. $\overline{AB} = 8\sqrt{2}$이고 부채꼴 OAB의 호 AB 위의 한 점 P에 대하여 $\angle BPA > 90°$, $\overline{AP} : \overline{BP} = 3 : 1$일 때, 선분 BP의 길이는? [4점]

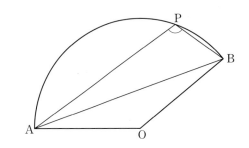

① $\dfrac{2\sqrt{6}}{3}$ ② $\dfrac{5\sqrt{6}}{6}$ ③ $\sqrt{6}$

④ $\dfrac{7\sqrt{6}}{6}$ ⑤ $\dfrac{4\sqrt{6}}{3}$

그림과 같이 원 C에 내접하고 $\overline{AB}=3$, $\angle BAC=\dfrac{\pi}{3}$인 삼각형 ABC가 있다. 원 C의 넓이가 $\dfrac{49}{3}\pi$일 때, 원 C 위의 점 P에 대하여 삼각형 PAC의 넓이의 최댓값은?

(단, 점 P는 점 A도 아니고 점 C도 아니다.) [4점]

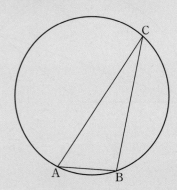

① $\dfrac{32}{3}\sqrt{3}$ ② $\dfrac{34}{3}\sqrt{3}$ ③ $12\sqrt{3}$

④ $\dfrac{38}{3}\sqrt{3}$ ⑤ $\dfrac{40}{3}\sqrt{3}$

그림과 같이 삼각형 ABC에서 선분 AB 위에 $\overline{AD} : \overline{DB}=3 : 2$인 점 D를 잡고, 점 A를 중심으로 하고 점 D를 지나는 원을 O, 원 O와 선분 AC가 만나는 점을 E라 하자. $\sin A : \sin C=8 : 5$이고, 삼각형 ADE와 삼각형 ABC의 넓이의 비가 $9 : 35$이다. 삼각형 ABC의 외접원의 반지름의 길이가 7일 때, 원 O 위의 점 P에 대하여 삼각형 PBC의 넓이의 최댓값은? (단, $\overline{AB}<\overline{AC}$) [4점]

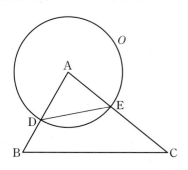

① $18+15\sqrt{3}$ ② $24+20\sqrt{3}$ ③ $30+25\sqrt{3}$

④ $36+30\sqrt{3}$ ⑤ $42+35\sqrt{3}$

441 2020년 10월 교육청 나형 19번

정삼각형 ABC가 반지름의 길이가 r인 원에 내접하고 있다. 선분 AC와 선분 BD가 만나고 $\overline{BD}=\sqrt{2}$가 되도록 원 위에서 점 D를 잡는다. $\angle DBC=\theta$라 할 때, $\sin \theta=\dfrac{\sqrt{3}}{3}$이다. 반지름의 길이 r의 값은? [4점]

① $\dfrac{6-\sqrt{6}}{5}$ ② $\dfrac{6-\sqrt{5}}{5}$ ③ $\dfrac{4}{5}$

④ $\dfrac{6-\sqrt{3}}{5}$ ⑤ $\dfrac{6-\sqrt{2}}{5}$

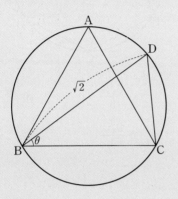

→ **442** 2023년 9월 교육청 28번 (고2)

그림과 같이 $\overline{AB}=2$, $\cos(\angle BAC)=\dfrac{\sqrt{3}}{6}$인 삼각형 ABC가 있다. 선분 AC 위의 한 점 D에 대하여 직선 BD가 삼각형 ABC의 외접원과 만나는 점 중 B가 아닌 점을 E라 하자. $\overline{DE}=5$, $\overline{CD}+\overline{CE}=5\sqrt{3}$일 때, 삼각형 ABC의 외접원의 넓이는 $\dfrac{q}{p}\pi$이다. $p+q$의 값을 구하시오.

(단, p와 q는 서로소인 자연수이다.) [4점]

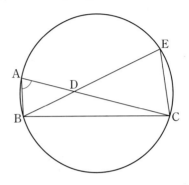

443 2021년 6월 교육청 15번 (고2)

그림과 같이 $\overline{AB}=3$, $\overline{AC}=1$이고 $\angle BAC=\dfrac{\pi}{3}$인 삼각형 ABC가 있다. $\angle BAC$의 이등분선이 선분 BC와 만나는 점을 P라 할 때, 삼각형 APC의 외접원의 넓이는? [4점]

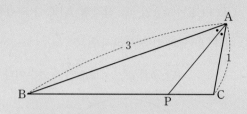

① $\dfrac{\pi}{4}$
② $\dfrac{5}{16}\pi$
③ $\dfrac{3}{8}\pi$
④ $\dfrac{7}{16}\pi$
⑤ $\dfrac{\pi}{2}$

→ 444 2023학년도 수능(홀) 11번

그림과 같이 사각형 ABCD가 한 원에 내접하고
$\overline{AB}=5$, $\overline{AC}=3\sqrt{5}$, $\overline{AD}=7$, $\angle BAC=\angle CAD$
일 때, 이 원의 반지름의 길이는? [4점]

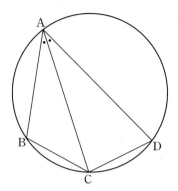

① $\dfrac{5\sqrt{2}}{2}$
② $\dfrac{8\sqrt{5}}{5}$
③ $\dfrac{5\sqrt{5}}{3}$
④ $\dfrac{8\sqrt{2}}{3}$
⑤ $\dfrac{9\sqrt{3}}{4}$

445 2020년 3월 교육청 나형 19번

길이가 각각 10, a, b인 세 선분 AB, BC, CA를 각 변으로 하는 예각삼각형 ABC가 있다. 삼각형 ABC의 세 꼭짓점을 지나는 원의 반지름의 길이가 $3\sqrt{5}$이고

$\dfrac{a^2+b^2-ab\cos C}{ab}=\dfrac{4}{3}$일 때, ab의 값은? [4점]

① 140 ② 150 ③ 160

④ 170 ⑤ 180

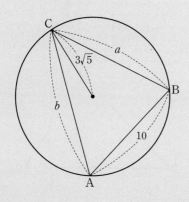

→ **446** 2023년 7월 교육청 13번

그림과 같이 평행사변형 ABCD가 있다. 점 A에서 선분 BD에 내린 수선의 발을 E라 하고, 직선 CE가 선분 AB와 만나는 점을 F라 하자. $\cos(\angle AFC)=\dfrac{\sqrt{10}}{10}$, $\overline{EC}=10$이고 삼각형 CDE의 외접원의 반지름의 길이가 $5\sqrt{2}$일 때, 삼각형 AFE의 넓이는? [4점]

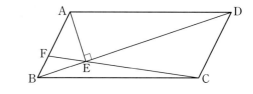

① $\dfrac{20}{3}$ ② 7 ③ $\dfrac{22}{3}$

④ $\dfrac{23}{3}$ ⑤ 8

447 2020년 7월 교육청 가형 7번

$\overline{AB}=2$, $\overline{AC}=\sqrt{7}$인 예각삼각형 ABC의 넓이가 $\sqrt{6}$이다.

$\angle A = \theta$일 때, $\sin\left(\dfrac{\pi}{2}+\theta\right)$의 값은? [3점]

① $\dfrac{\sqrt{3}}{7}$　　② $\dfrac{2}{7}$　　③ $\dfrac{\sqrt{5}}{7}$

④ $\dfrac{\sqrt{6}}{7}$　　⑤ $\dfrac{\sqrt{7}}{7}$

→ **448** 2023년 9월 교육청 10번 (고2)

$\overline{AB}=6$, $\overline{BC}=7$인 삼각형 ABC가 있다. 삼각형 ABC의 넓이가 15일 때, $\cos(\angle ABC)$의 값은?

$\left(\text{단, } 0 < \angle ABC < \dfrac{\pi}{2}\right)$ [3점]

① $\dfrac{\sqrt{21}}{7}$　　② $\dfrac{2\sqrt{6}}{7}$　　③ $\dfrac{3\sqrt{3}}{7}$

④ $\dfrac{\sqrt{30}}{7}$　　⑤ $\dfrac{\sqrt{33}}{7}$

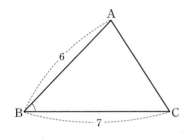

449 2019년 11월 교육청 가형 10번 (고2)

그림과 같이 중심각의 크기가 $\dfrac{\pi}{3}$인 부채꼴 OAB의 호의 길이가 π일 때, 삼각형 OAB의 넓이는? [3점]

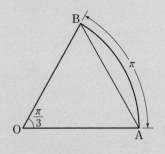

① $2\sqrt{3}$　　② $\dfrac{9\sqrt{3}}{4}$　　③ $\dfrac{5\sqrt{3}}{2}$

④ $\dfrac{11\sqrt{3}}{4}$　　⑤ $3\sqrt{3}$

→ **450** 2020년 4월 교육청 가형 10번

그림과 같이 중심각의 크기가 $\dfrac{\pi}{3}$인 부채꼴 OAB에서 선분 OA를 3 : 1로 내분하는 점을 P, 선분 OB를 1 : 2로 내분하는 점을 Q라 하자. 삼각형 OPQ의 넓이가 $4\sqrt{3}$일 때, 호 AB의 길이는? [3점]

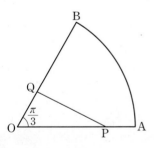

① $\dfrac{5}{3}\pi$　　② 2π　　③ $\dfrac{7}{3}\pi$

④ $\dfrac{8}{3}\pi$　　⑤ 3π

451 2021년 9월 교육청 19번 (고2)

중심이 O이고 길이가 10인 선분 AB를 지름으로 하는 반원의 호 위에 점 P가 있다. 그림과 같이 선분 PB의 연장선 위에 $\overline{PA}=\overline{PC}$인 점 C를 잡고, 선분 PO의 연장선 위에 $\overline{PA}=\overline{PD}$인 점 D를 잡는다. $\angle PAB=\theta$에 대하여 $4\sin\theta=3\cos\theta$일 때, 삼각형 ADC의 넓이는? [4점]

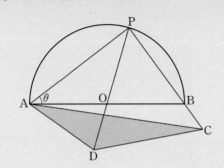

① $\dfrac{63}{5}$　　② $\dfrac{127}{10}$　　③ $\dfrac{64}{5}$

④ $\dfrac{129}{10}$　　⑤ 13

→ 452 2020년 11월 교육청 14번 (고2)

그림과 같이 반지름의 길이가 4, 호의 길이가 π인 부채꼴 OAB가 있다. 부채꼴 OAB의 넓이를 S, 선분 OB 위의 점 P에 대하여 삼각형 OAP의 넓이를 T라 하자. $\dfrac{S}{T}=\pi$일 때, 선분 OP의 길이는? (단, 점 P는 점 O가 아니다.) [4점]

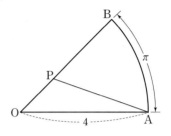

① $\dfrac{\sqrt{2}}{2}$　　② $\dfrac{3}{4}\sqrt{2}$　　③ $\sqrt{2}$

④ $\dfrac{5}{4}\sqrt{2}$　　⑤ $\dfrac{3}{2}\sqrt{2}$

453 2022년 6월 교육청 16번 (고2)

그림과 같이 반지름의 길이가 2이고 중심각의 크기가 $\frac{\pi}{2}$인 부채꼴 OAB가 있다. 호 AB 위에 점 C를 $\overline{AC}=1$이 되도록 잡는다. 선분 OC 위의 점 O가 아닌 점 D에 대하여 삼각형 BOD의 넓이가 $\frac{7}{6}$일 때, 선분 OD의 길이는? [4점]

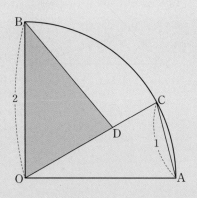

① $\frac{5}{4}$ ② $\frac{31}{24}$ ③ $\frac{4}{3}$

④ $\frac{11}{8}$ ⑤ $\frac{17}{12}$

→ **454** 2023학년도 경찰대학 1번

넓이가 $5\sqrt{2}$인 예각삼각형 ABC에 대하여 $\overline{AB}=3$, $\overline{AC}=5$일 때, 삼각형 ABC의 외접원의 반지름의 길이는? [3점]

① $\frac{3\sqrt{3}}{2}$ ② $\frac{7\sqrt{3}}{4}$ ③ $2\sqrt{3}$

④ $\frac{9\sqrt{3}}{4}$ ⑤ $\frac{5\sqrt{3}}{2}$

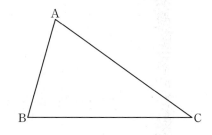

455 2022년 9월 교육청 20번 (고2)

그림과 같이 양수 a에 대하여 $\overline{AB}=4$, $\overline{BC}=a$, $\overline{CA}=8$인 삼각형 ABC가 있다. ∠BAC의 이등분선이 선분 BC와 만나는 점을 P라 하자. $a(\sin B+\sin C)=6\sqrt{3}$일 때, 선분 AP의 길이는? (단, ∠BAC$>90°$) [4점]

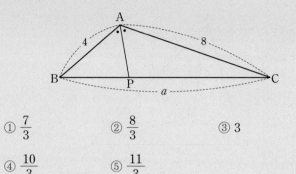

① $\dfrac{7}{3}$　　　② $\dfrac{8}{3}$　　　③ 3

④ $\dfrac{10}{3}$　　　⑤ $\dfrac{11}{3}$

➔ 456 2020년 9월 교육청 16번 (고2)

그림과 같이 한 변의 길이가 1인 정삼각형 ABC에서 선분 AB의 연장선과 선분 AC의 연장선 위에 $\overline{AD}=\overline{CE}$가 되도록 두 점 D, E를 잡는다. $\overline{DE}=\sqrt{13}$일 때, 삼각형 BDE의 넓이는? [4점]

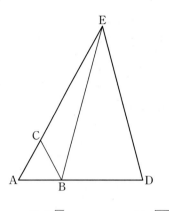

① $\sqrt{6}$　　　② $2\sqrt{2}$　　　③ $\sqrt{10}$

④ $2\sqrt{3}$　　　⑤ $\sqrt{14}$

457 2020년 3월 교육청 가형 19번

그림과 같이 중심이 O이고 반지름의 길이가 $\sqrt{10}$인 원에 내접하는 예각삼각형 ABC에 대하여 두 삼각형 OAB, OCA의 넓이를 각각 S_1, S_2라 하자. $3S_1 = 4S_2$이고 $\overline{BC} = 2\sqrt{5}$일 때, 선분 AB의 길이는? [4점]

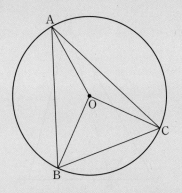

① $2\sqrt{7}$ ② $\sqrt{30}$ ③ $4\sqrt{2}$

④ $\sqrt{34}$ ⑤ 6

➜ **458** 2023년 3월 교육청 11번

그림과 같이 $\angle BAC = 60°$, $\overline{AB} = 2\sqrt{2}$, $\overline{BC} = 2\sqrt{3}$인 삼각형 ABC가 있다. 삼각형 ABC의 내부의 점 P에 대하여 $\angle PBC = 30°$, $\angle PCB = 15°$일 때, 삼각형 APC의 넓이는?

[4점]

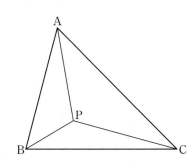

① $\dfrac{3+\sqrt{3}}{4}$ ② $\dfrac{3+2\sqrt{3}}{4}$ ③ $\dfrac{3+\sqrt{3}}{2}$

④ $\dfrac{3+2\sqrt{3}}{2}$ ⑤ $2+\sqrt{3}$

459 2024학년도 수능(홀) 13번

그림과 같이

$$\overline{AB}=3,\ \overline{BC}=\sqrt{13},\ \overline{AD}\times\overline{CD}=9,\ \angle BAC=\frac{\pi}{3}$$

인 사각형 ABCD가 있다. 삼각형 ABC의 넓이를 S_1, 삼각형 ACD의 넓이를 S_2라 하고, 삼각형 ACD의 외접원의 반지름의 길이를 R이라 하자. $S_2=\dfrac{5}{6}S_1$일 때, $\dfrac{R}{\sin(\angle ADC)}$의 값은? [4점]

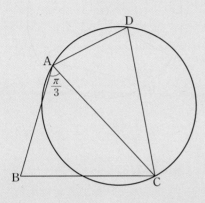

① $\dfrac{54}{25}$ ② $\dfrac{117}{50}$ ③ $\dfrac{63}{25}$

④ $\dfrac{27}{10}$ ⑤ $\dfrac{72}{25}$

→ **460** 2012년 3월 교육청 30번 (고2)

그림과 같이 $\overline{AB}=6$, $\overline{BC}=4$, $\overline{CA}=5$인 삼각형 ABC의 내부의 한 점 P에서 세 변 BC, CA, AB에 내린 수선의 발을 각각 D, E, F라 한다. $\overline{PD}=\sqrt{7}$, $\overline{PE}=\dfrac{\sqrt{7}}{2}$일 때, 삼각형 EFP의 넓이는 $\dfrac{q}{p}\sqrt{7}$이다. $p+q$의 값을 구하시오.

(단, p, q는 서로소인 자연수이다.) [4점]

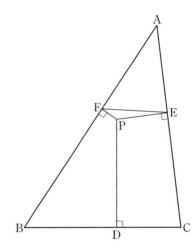

반지름의 길이가 3인 원의 둘레를 6등분하는 점 중에서 연속된 세 개의 점을 각각 A, B, C라 하자. 점 B를 포함하지 않는 호 AC 위의 점 P에 대하여 $\overline{AP}+\overline{CP}=8$이다. 사각형 ABCP의 넓이는? [4점]

① $\dfrac{13\sqrt{3}}{3}$ ② $\dfrac{16\sqrt{3}}{3}$ ③ $\dfrac{19\sqrt{3}}{3}$

④ $\dfrac{22\sqrt{3}}{3}$ ⑤ $\dfrac{25\sqrt{3}}{3}$

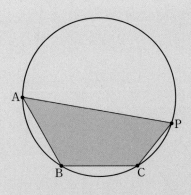

그림과 같이 반지름의 길이가 4이고 중심이 O인 원 위의 세 점 A, B, C에 대하여

$$\angle ABC=120°, \ \overline{AB}+\overline{BC}=2\sqrt{15}$$

일 때, 사각형 OABC의 넓이는? [4점]

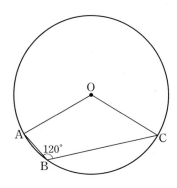

① $5\sqrt{3}$ ② $\dfrac{11\sqrt{3}}{2}$ ③ $6\sqrt{3}$

④ $\dfrac{13\sqrt{3}}{2}$ ⑤ $7\sqrt{3}$

유형 **06** 빈칸 추론

463 2024학년도 9월 평가원 20번

그림과 같이

$$\overline{AB}=2,\ \overline{AD}=1,\ \angle DAB=\frac{2}{3}\pi,\ \angle BCD=\frac{3}{4}\pi$$

인 사각형 ABCD가 있다. 삼각형 BCD의 외접원의 반지름의 길이를 R_1, 삼각형 ABD의 외접원의 반지름의 길이를 R_2 라 하자.

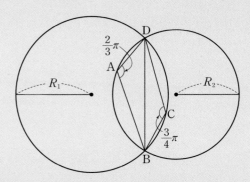

다음은 $R_1 \times R_2$의 값을 구하는 과정이다.

삼각형 BCD에서 사인법칙에 의하여

$$R_1=\frac{\sqrt{2}}{2}\times\overline{BD}$$

이고, 삼각형 ABD에서 사인법칙에 의하여

$$R_2=\boxed{\text{(가)}}\times\overline{BD}$$

이다. 삼각형 ABD에서 코사인법칙에 의하여

$$\overline{BD}^{\,2}=2^2+1^2-(\boxed{\text{(나)}})$$

이므로

$$R_1\times R_2=\boxed{\text{(다)}}$$

이다.

위의 (가), (나), (다)에 알맞은 수를 각각 p, q, r이라 할 때, $9\times(p\times q\times r)^2$의 값을 구하시오. [4점]

그림과 같이 원에 내접하는 사각형 ABCD에 대하여

$$\overline{AB}=\overline{BC}=2,\ \overline{AD}=3,\ \angle BAD=\frac{\pi}{3}$$

이다. 두 직선 AD, BC의 교점을 E라 하자.

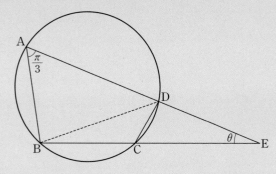

다음은 $\angle AEB=\theta$일 때, $\sin\theta$의 값을 구하는 과정이다.

삼각형 ABD와 삼각형 BCD에서 코사인법칙을 이용하면

$$\overline{CD}=\boxed{(가)}$$

이다. 삼각형 EAB와 삼각형 ECD에서

$$\angle AEB는 공통, \angle EAB=\angle ECD$$

이므로 삼각형 EAB와 삼각형 ECD는 닮음이다.

이를 이용하면

$$\overline{ED}=\boxed{(나)}$$

이다. 삼각형 ECD에서 사인법칙을 이용하면

$$\sin\theta=\boxed{(다)}$$

이다.

위의 (가), (나), (다)에 알맞은 수를 각각 p, q, r라 할 때, $(p+q)\times r$의 값은? [4점]

① $\dfrac{\sqrt{3}}{2}$　　　② $\dfrac{4\sqrt{3}}{7}$　　　③ $\dfrac{9\sqrt{3}}{14}$

④ $\dfrac{5\sqrt{3}}{7}$　　　⑤ $\dfrac{11\sqrt{3}}{14}$

465 2022년 10월 교육청 13번

그림과 같이 $\overline{AB}=2$, $\overline{BC}=3\sqrt{3}$, $\overline{CA}=\sqrt{13}$인 삼각형 ABC 가 있다. 선분 BC 위에 점 B가 아닌 점 D를 $\overline{AD}=2$가 되도 록 잡고, 선분 AC 위에 양 끝점 A, C가 아닌 점 E를 사각형 ABDE가 원에 내접하도록 잡는다.

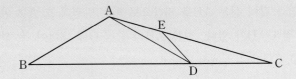

다음은 선분 DE의 길이를 구하는 과정이다.

삼각형 ABC에서 코사인법칙에 의하여

$$\cos(\angle ABC) = \boxed{(가)}$$

이다. 삼각형 ABD에서 $\sin(\angle ABD) = \sqrt{1 - (\boxed{(가)})^2}$

이므로 사인법칙에 의하여 삼각형 ABD의 외접원의 반지름의 길이는 $\boxed{(나)}$ 이다.

삼각형 ADC에서 사인법칙에 의하여

$$\frac{\overline{CD}}{\sin(\angle CAD)} = \frac{\overline{AD}}{\sin(\angle ACD)}$$

이므로 $\sin(\angle CAD) = \dfrac{\overline{CD}}{\overline{AD}} \times \sin(\angle ACD)$이다.

삼각형 ADE에서 사인법칙에 의하여

$$\overline{DE} = \boxed{(다)}$$

이다.

위의 ㈎, ㈏, ㈐에 알맞은 수를 각각 p, q, r라 할 때, $p \times q \times r$의 값은? [4점]

① $\dfrac{6\sqrt{13}}{13}$　　② $\dfrac{7\sqrt{13}}{13}$　　③ $\dfrac{8\sqrt{13}}{13}$

④ $\dfrac{9\sqrt{13}}{13}$　　⑤ $\dfrac{10\sqrt{13}}{13}$

466 2022학년도 수능 예시문항 21번

그림과 같이 한 평면 위에 있는 두 삼각형 ABC, ACD의 외심을 각각 O, O′이라 하고 $\angle ABC = \alpha$, $\angle ADC = \beta$라 할 때,

$$\frac{\sin \beta}{\sin \alpha} = \frac{3}{2}, \cos(\alpha+\beta) = \frac{1}{3}, \overline{OO'} = 1$$

이 성립한다. 삼각형 ABC의 외접원의 넓이가 $\frac{q}{p}\pi$일 때, $p+q$의 값을 구하시오. (단, p와 q는 서로소인 자연수이다.)

[4점]

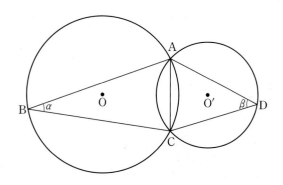

467 2023학년도 9월 평가원 13번

그림과 같이 선분 AB를 지름으로 하는 반원의 호 AB 위에 두 점 C, D가 있다. 선분 AB의 중점 O에 대하여 두 선분 AD, CO가 점 E에서 만나고,

$$\overline{CE} = 4, \overline{ED} = 3\sqrt{2}, \angle CEA = \frac{3}{4}\pi$$

이다. $\overline{AC} \times \overline{CD}$의 값은? [4점]

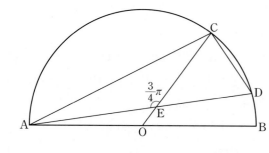

① $6\sqrt{10}$　　　② $10\sqrt{5}$　　　③ $16\sqrt{2}$

④ $12\sqrt{5}$　　　⑤ $20\sqrt{2}$

468 2024년 5월 교육청 21번

그림과 같이 중심이 O, 반지름의 길이가 6이고 중심각의 크기가 $\dfrac{\pi}{2}$인 부채꼴 OAB가 있다. 호 AB 위에 점 C를 $\overline{AC}=4\sqrt{2}$가 되도록 잡는다. 호 AC 위의 한 점 D에 대하여 점 D를 지나고 선분 OA에 평행한 직선과 점 C를 지나고 선분 AC에 수직인 직선이 만나는 점을 E라 하자. 삼각형 CED의 외접원의 반지름의 길이가 $3\sqrt{2}$일 때, $\overline{AD}=p+q\sqrt{7}$을 만족시키는 두 유리수 p, q에 대하여 $9\times|p\times q|$의 값을 구하시오.

(단, 점 D는 점 A도 아니고 점 C도 아니다.) [4점]

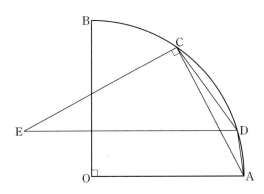

469 2023년 10월 교육청 21번

그림과 같이 선분 BC를 지름으로 하는 원에 삼각형 ABC와 ADE가 모두 내접한다. 두 선분 AD와 BC가 점 F에서 만나고

$$\overline{BC}=\overline{DE}=4,\quad \overline{BF}=\overline{CE},\quad \sin(\angle CAE)=\dfrac{1}{4}$$

이다. $\overline{AF}=k$일 때, k^2의 값을 구하시오. [4점]

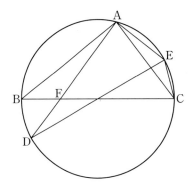

$\overline{\text{DA}} = 2\overline{\text{AB}}$, $\angle \text{DAB} = \dfrac{2}{3}\pi$이고 반지름의 길이가 1인 원에 내접하는 사각형 ABCD가 있다. 두 대각선 AC, BD의 교점을 E라 할 때, 점 E는 선분 BD를 3 : 4로 내분한다. 사각형 ABCD의 넓이가 $\dfrac{q}{p}\sqrt{3}$일 때, $p+q$의 값을 구하시오.

(단, p와 q는 서로소인 자연수이다.) [4점]

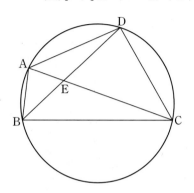

좌표평면 위의 두 점 O(0, 0), A(2, 0)과 y좌표가 양수인 서로 다른 두 점 P, Q가 다음 조건을 만족시킨다.

> (가) $\overline{\text{AP}} = \overline{\text{AQ}} = 2\sqrt{15}$이고 $\overline{\text{OP}} > \overline{\text{OQ}}$이다.
>
> (나) $\cos(\angle \text{OPA}) = \cos(\angle \text{OQA}) = \dfrac{\sqrt{15}}{4}$

사각형 OAPQ의 넓이가 $\dfrac{q}{p}\sqrt{15}$일 때, $p \times q$의 값을 구하시오. (단, p와 q는 서로소인 자연수이다.) [4점]

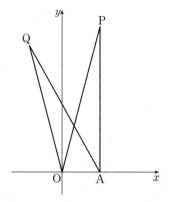

> 정답과 해설 134쪽

472 2020년 3월 교육청 나형 29번

그림과 같이 예각삼각형 ABC가 한 원에 내접하고 있다. $\overline{AB}=6$이고, $\angle ABC=\alpha$라 할 때 $\cos\alpha=\dfrac{3}{4}$이다. 점 A를 지나지 않는 호 BC 위의 점 D에 대하여 $\overline{CD}=4$이다. 두 삼각형 ABD, CBD의 넓이를 각각 S_1, S_2라 할 때, $S_1 : S_2 = 9 : 5$이다. 삼각형 ADC의 넓이를 S라 할 때, S^2의 값을 구하시오. [4점]

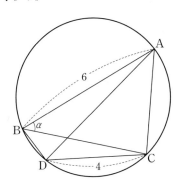

473 2024학년도 6월 평가원 13번

그림과 같이
$$\overline{BC}=3,\ \overline{CD}=2,\ \cos(\angle BCD)=-\frac{1}{3},\ \angle DAB>\frac{\pi}{2}$$
인 사각형 ABCD에서 두 삼각형 ABC와 ACD는 모두 예각삼각형이다. 선분 AC를 $1:2$로 내분하는 점 E에 대하여 선분 AE를 지름으로 하는 원이 두 선분 AB, AD와 만나는 점 중 A가 아닌 점을 각각 P_1, P_2라 하고, 선분 CE를 지름으로 하는 원이 두 선분 BC, CD와 만나는 점 중 C가 아닌 점을 각각 Q_1, Q_2라 하자. $\overline{P_1P_2} : \overline{Q_1Q_2} = 3 : 5\sqrt{2}$이고 삼각형 ABD의 넓이가 2일 때, $\overline{AB}+\overline{AD}$의 값은? (단, $\overline{AB}>\overline{AD}$) [4점]

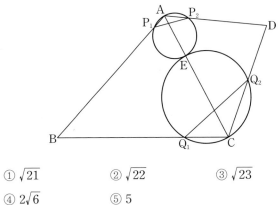

① $\sqrt{21}$　　　② $\sqrt{22}$　　　③ $\sqrt{23}$

④ $2\sqrt{6}$　　　⑤ 5

07

등차수열

실전 개념 1 수열

(1) **수열:** 어떤 일정한 규칙에 따라 차례로 나열된 수의 열
(2) **항:** 수열을 이루고 있는 각 수
　　이때 각 항을 앞에서부터 차례로 첫째항, 둘째항, 셋째항, ⋯ 또는 제1항, 제2항, 제3항,
　　⋯이라 한다.
(3) **수열의 일반항:** 일반적으로 수열을 a_1, a_2, a_3, ⋯, a_n, ⋯과 같이 나타내고, 제n항 a_n을 수
　　열의 일반항이라 한다. 일반항이 a_n인 수열을 간단히 $\{a_n\}$으로 나타낸다.

실전 개념 2 등차수열　　　　　　　　　　　　　　　　　　　　> 유형 01 ~ 11

(1) **등차수열:** 첫째항부터 차례로 일정한 수를 더하여 만든 수열
(2) **공차:** 등차수열에서 더하는 일정한 수
(3) **등차수열의 일반항:** 첫째항이 a, 공차가 d인 등차수열의 일반항 a_n은
　　　$a_n = a + (n-1)d \ (n=1, 2, 3, \cdots)$
(4) **등차중항:** 세 수 a, b, c가 이 순서대로 등차수열을 이룰 때, b를 a와 c의 등차중항이라 한다.
　　이때 $b-a=c-b$이므로
　　　$2b = a+c,\ b = \dfrac{a+c}{2}$

실전 개념 3 등차수열의 합　　　　　　　　　　　　　　　　　> 유형 07 ~ 12

등차수열의 첫째항부터 제n항까지의 합을 S_n이라 하면
(1) 첫째항이 a, 제n항이 l일 때, $S_n = \dfrac{n(a+l)}{2}$
(2) 첫째항이 a, 공차가 d일 때, $S_n = \dfrac{n\{2a+(n-1)d\}}{2}$

실전 개념 4 수열의 합과 일반항 사이의 관계　　　　　　　　　　> 유형 10

수열 $\{a_n\}$의 첫째항부터 제n항까지의 합을 S_n이라 하면
　　　$a_1 = S_1,\ a_n = S_n - S_{n-1} \ (n \geq 2)$

474 2016학년도 수능(홀) A형 22번

등차수열 $\{a_n\}$에 대하여 $a_8 - a_4 = 28$일 때, 수열 $\{a_n\}$의 공차를 구하시오. [3점]

475 2013학년도 9월 평가원 나형 3번

등차수열 $\{a_n\}$에 대하여 $a_1 = 1$, $a_4 = 7$일 때, $a_2 + a_3$의 값은? [2점]

① 5   ② 6   ③ 7
④ 8   ⑤ 9

476 2017년 4월 교육청 나형 23번

등차수열 $\{a_n\}$에 대하여 $a_2 = 8$, $a_6 = 16$일 때, a_4의 값을 구하시오. [3점]

477 2022학년도 수능(홀) 3번

등차수열 $\{a_n\}$에 대하여
$$a_2 = 6, \ a_4 + a_6 = 36$$
일 때, a_{10}의 값은? [3점]

① 30   ② 32   ③ 34
④ 36   ⑤ 38

478 2018학년도 9월 평가원 나형 25번

첫째항과 공차가 같은 등차수열 $\{a_n\}$이
$$a_2 + a_4 = 24$$
를 만족시킬 때, a_5의 값을 구하시오. [3점]

479 2023년 9월 교육청 4번 (고2)

네 수 a, 4, b, 10이 이 순서대로 등차수열을 이룰 때, $a + 2b$의 값은? [3점]

① 11   ② 13   ③ 15
④ 17   ⑤ 19

480 2020년 9월 교육청 23번 (고2)

네 수 x, 7, y, 13이 이 순서대로 등차수열을 이룰 때, $x+2y$ 의 값을 구하시오. [3점]

481 2007년 7월 교육청 나형 4번

등차수열 $\{a_n\}$, $\{b_n\}$의 공차가 각각 -2, 3일 때, 등차수열 $\{3a_n+5b_n\}$의 공차는? [3점]

① 4　　　　　② 6　　　　　③ 8

④ 9　　　　　⑤ 15

482 2017년 4월 교육청 나형 5번

첫째항이 3이고 공차가 2인 등차수열 $\{a_n\}$의 첫째항부터 제 10항까지의 합은? [3점]

① 80　　　　　② 90　　　　　③ 100

④ 110　　　　　⑤ 120

483 2014학년도 수능 예시문항 A / B형 23번

첫째항이 -6이고 공차가 2인 등차수열의 첫째항부터 제n항 까지의 합이 30일 때, n의 값을 구하시오. [3점]

484 2015년 3월 교육청 A형 23번

수열 $\{a_n\}$의 첫째항부터 제n항까지의 합 S_n이 $S_n=n^2$일 때, a_{50}의 값을 구하시오. [3점]

485 2021년 10월 교육청 4번

공차가 d인 등차수열 $\{a_n\}$의 첫째항부터 제n항까지의 합이 n^2-5n일 때, a_1+d의 값은? [3점]

① -4　　　　　② -2　　　　　③ 0

④ 2　　　　　⑤ 4

STEP

유형 01 등차수열의 일반항 (1)

486 2013학년도 수능(홀) 나형 23번

등차수열 $\{a_n\}$에 대하여

$$a_2=16, \ a_5=10$$

일 때, $a_k=0$을 만족시키는 k의 값을 구하시오. [3점]

→ **487** 2007년 10월 교육청 가/나형 11번

첫째항이 3이고 공차가 d인 등차수열 $\{a_n\}$에 대하여 $a_n=3d$를 만족시키는 n이 존재하도록 하는 모든 자연수 d의 값의 합은? [3점]

① 3   ② 4   ③ 5
④ 6   ⑤ 7

---

488 2020학년도 9월 평가원 나형 7번

등차수열 $\{a_n\}$에 대하여

$$a_1=a_3+8, \ 2a_4-3a_6=3$$

일 때, $a_k<0$을 만족시키는 자연수 k의 최솟값은? [3점]

① 8   ② 10   ③ 12
④ 14   ⑤ 16

→ **489** 2015년 3월 교육청 B형 9번

등차수열 $\{a_n\}$에 대하여

$$a_3=26, \ a_9=8$$

일 때, 첫째항부터 제n항까지의 합이 최대가 되도록 하는 자연수 n의 값은? [3점]

① 11   ② 12   ③ 13
④ 14   ⑤ 15

유형 02 등차수열의 일반항 [2]

490 2020년 10월 교육청 나형 5번

등차수열 $\{a_n\}$에 대하여

$$a_1+a_2+a_3=15, \; a_3+a_4+a_5=39$$

일 때, 수열 $\{a_n\}$의 공차는? [3점]

① 1   ② 2   ③ 3

④ 4   ⑤ 5

491 2014년 4월 교육청 B형 23번

등차수열 $\{a_n\}$이

$$a_1+a_2+a_3=21, \; a_7+a_8+a_9=75$$

를 만족시킬 때, $a_{10}+a_{11}+a_{12}$의 값을 구하시오. [3점]

492 2017년 3월 교육청 가형 24번 (고2)

첫째항이 2인 등차수열 $\{a_n\}$에 대하여 수열 $\{3a_{n+1}-a_n\}$은 공차가 6인 등차수열이다. a_{10}의 값을 구하시오. [3점]

493 2023년 11월 교육청 27번 (고2)

공차가 d인 등차수열 $\{a_n\}$이 다음 조건을 만족시키도록 하는 모든 자연수 d의 값의 합을 구하시오. [4점]

> (가) $a_8=2a_5+10$
>
> (나) 모든 자연수 n에 대하여 $a_n \times a_{n+1} \geq 0$이다.

494 2024학년도 6월 평가원 12번

$a_2=-4$이고 공차가 0이 아닌 등차수열 $\{a_n\}$에 대하여 수열 $\{b_n\}$을 $b_n=a_n+a_{n+1}$ $(n \geq 1)$이라 하고, 두 집합 A, B를

$$A=\{a_1, a_2, a_3, a_4, a_5\}, \; B=\{b_1, b_2, b_3, b_4, b_5\}$$

라 하자. $n(A \cap B)=3$이 되도록 하는 모든 수열 $\{a_n\}$에 대하여 a_{20}의 값의 합은? [4점]

① 30   ② 34   ③ 38

④ 42   ⑤ 46

495 2005년 7월 교육청 나형 23번

두 수열 $\{a_n\}$, $\{b_n\}$이 다음과 같이 정의되어 있다.

$$a_n=2n+1, \; b_n=3n+3 \; (n=1, 2, 3, \cdots)$$

두 수열 $\{a_n\}$, $\{b_n\}$에서 공통인 항을 작은 것부터 순서대로 나열한 수열을 $\{c_n\}$이라 한다. 이때, c_{30}의 값을 구하시오.

[4점]

496 2012학년도 6월 평가원 나형 6번

공차가 6인 등차수열 $\{a_n\}$에 대하여

$$|a_2-3|=|a_3-3|$$

일 때, a_5의 값은? [3점]

① 15   ② 18   ③ 21

④ 24   ⑤ 27

→ **497** 2013년 4월 교육청 B형 23번

공차가 2인 등차수열 $\{a_n\}$이

$$|a_3-1|=|a_6-3|$$

을 만족시킨다. 이때, $a_n>92$를 만족시키는 자연수 n의 최솟값을 구하시오. [3점]

498 2019학년도 9월 평가원 나형 13번

등차수열 $\{a_n\}$에 대하여

$$a_1=-15, \ |a_3|-a_4=0$$

일 때, a_7의 값은? [3점]

① 21   ② 23   ③ 25

④ 27   ⑤ 29

→ **499** 2017학년도 수능(홀) 나형 15번

공차가 양수인 등차수열 $\{a_n\}$이 다음 조건을 만족시킬 때, a_2의 값은? [4점]

(가) $a_6+a_8=0$
(나) $|a_6|=|a_7|+3$

① -15 ② -13 ③ -11

④ -9 ⑤ -7

> 정답과 해설 140쪽

500 2020학년도 6월 평가원 나형 13번

자연수 n에 대하여 x에 대한 이차방정식

$$x^2-nx+4(n-4)=0$$

이 서로 다른 두 실근 α, β $(\alpha<\beta)$를 갖고, 세 수 1, α, β가 이 순서대로 등차수열을 이룰 때, n의 값은? [3점]

① 5   ② 8   ③ 11
④ 14   ⑤ 17

501 2016학년도 사관학교 A형 22번

x에 대한 이차방정식 $x^2-kx+72=0$의 두 근 α, β에 대하여 α, β, $\alpha+\beta$가 이 순서대로 등차수열을 이룰 때, 양수 k의 값을 구하시오. [3점]

502 2016년 4월 교육청 나형 26번

세 실수 a, b, c가 이 순서대로 등차수열을 이루고 다음 조건을 만족시킬 때, abc의 값을 구하시오. [4점]

(가) $\dfrac{2^a\times2^c}{2^b}=32$

(나) $a+c+ca=26$

503 2009년 4월 교육청 나형 10번

등차수열 $\{a_n\}$의 공차와 각 항이 0이 아닌 실수일 때, 방정식 $a_{n+2}x^2+2a_{n+1}x+a_n=0$의 한 근을 b_n이라 하면 등차수열 $\left\{\dfrac{b_n}{b_n+1}\right\}$의 공차는? (단, $b_n\neq-1$) [4점]

① $-\dfrac{1}{2}$ ② $-\dfrac{1}{4}$ ③ $\dfrac{1}{8}$
④ $\dfrac{1}{4}$ ⑤ $\dfrac{1}{2}$

504 2013년 7월 교육청 A형 26번

0이 아닌 세 실수 α, β, γ가 이 순서대로 등차수열을 이룬다. $x^{\frac{1}{\alpha}}=y^{-\frac{1}{\beta}}=z^{\frac{2}{\gamma}}$일 때, $16xz^2+9y^2$의 최솟값을 구하시오. (단, x, y, z는 1이 아닌 양수이다.) [4점]

505 2017년 6월 교육청 나형 29번 (고2)

함수 $f(x)=\dfrac{1}{x}$에 대하여 두 실수 a, b는 다음 조건을 만족시킨다.

(가) $ab>0$

(나) $f(a)$, $f(2)$, $f(b)$는 이 순서대로 등차수열을 이룬다.

$a+25b$의 최솟값을 구하시오. [4점]

506 2010년 4월 교육청 가/나형 25번

그림과 같이 ∠B=90°이고 선분 BC의 길이가 $6\sqrt{5}$인 직각삼각형 ABC의 꼭짓점 B에서 빗변 AC에 내린 수선의 발을 D라 하자. 세 선분 AD, CD, AB의 길이가 이 순서대로 등차수열을 이룰 때, 선분 AC의 길이를 구하시오. [4점]

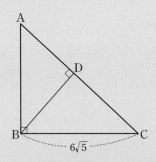

→ **507** 2007년 5월 교육청 나형 21번

삼차방정식 $x^3+3x^2-6x-k=0$의 세 근이 등차수열을 이룰 때, 상수 k의 값을 구하시오. [4점]

508 2014년 4월 교육청 A형 20번

그림과 같이 함수 $y=|x^2-9|$의 그래프가 직선 $y=k$와 서로 다른 네 점에서 만날 때, 네 점의 x좌표를 각각 a_1, a_2, a_3, a_4라 하자. 네 수 a_1, a_2, a_3, a_4가 이 순서대로 등차수열을 이룰 때, 상수 k의 값은? (단, $a_1<a_2<a_3<a_4$) [4점]

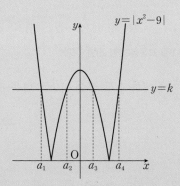

① $\dfrac{34}{5}$ ② 7 ③ $\dfrac{36}{5}$

④ $\dfrac{37}{5}$ ⑤ $\dfrac{38}{5}$

→ **509** 2015년 7월 교육청 A형 13번

두 함수 $f(x)=x^2$과 $g(x)=-(x-3)^2+k$ $(k>0)$에 대하여 직선 $y=k$와 함수 $y=f(x)$의 그래프가 만나는 두 점을 A, B라 하고, 함수 $y=g(x)$의 꼭짓점을 C라 하자. 세 점 A, B, C의 x좌표가 이 순서대로 등차수열을 이룰 때, 상수 k의 값은? (단, A는 제2사분면 위의 점이다.) [3점]

① 1 ② $\dfrac{5}{4}$ ③ $\dfrac{3}{2}$

④ $\dfrac{7}{4}$ ⑤ 2

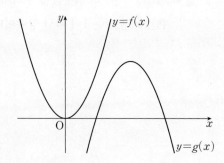

유형 07 등차수열의 합 (1)

510 2011학년도 6월 평가원 나형 6번

1과 2 사이에 n개의 수를 넣어 만든 등차수열

$$1, \ a_1, \ a_2, \ \cdots, \ a_n, \ 2$$

의 합이 24일 때, n의 값은? [3점]

① 11 ② 12 ③ 13

④ 14 ⑤ 15

→ 511 2013년 11월 교육청 A형 28번 (고2)

첫째항이 1인 등차수열 $\{a_n\}$이 다음 조건을 만족시킨다.

(가) $a_2 + a_6 + a_{10} = 8$

(나) $a_1 + a_2 + a_3 + \cdots + a_n = 25$

이때, n의 값을 구하시오. [4점]

512 2024년 7월 교육청 11번

공차가 $d \ (0 < d < 1)$인 등차수열 $\{a_n\}$이 다음 조건을 만족시킨다.

(가) a_5는 자연수이다.

(나) 수열 $\{a_n\}$의 첫째항부터 제n항까지의 합을 S_n이라 할 때, $S_8 = \dfrac{68}{3}$이다.

a_{16}의 값은? [4점]

① $\dfrac{19}{3}$ ② $\dfrac{77}{12}$ ③ $\dfrac{13}{2}$

④ $\dfrac{79}{12}$ ⑤ $\dfrac{20}{3}$

→ 513 2015년 3월 교육청 가형 28번 (고2)

등차수열 $\{a_n\}$에서

$$a_{11} + a_{21} = 82, \ a_{11} - a_{21} = 6$$

일 때, 집합 $A = \{a_n \,|\, a_n$은 자연수$\}$의 모든 원소의 합을 구하시오. [4점]

514 2009년 4월 교육청 나형 21번

등차수열 $\{a_n\}$에서 $a_3=40$, $a_8=30$일 때,
$|a_2+a_4+\cdots+a_{2n}|$이 최소가 되는 자연수 n의 값을 구하시오. [3점]

→ **515** 2007년 4월 교육청 나형 22번

등차수열 $\{a_n\}$에서 $a_3=-2$, $a_9=46$일 때,
$|a_1|+|a_2|+|a_3|+\cdots+|a_{10}|$의 값을 구하시오. [3점]

516 2023년 4월 교육청 20번

등차수열 $\{a_n\}$의 첫째항부터 제n항까지의 합을 S_n이라 하자. S_n이 다음 조건을 만족시킬 때, a_{13}의 값을 구하시오. [4점]

(가) S_n은 $n=7$, $n=8$에서 최솟값을 갖는다.

(나) $|S_m|=|S_{2m}|=162$인 자연수 m $(m>8)$이 존재한다.

→ **517** 2019년 4월 교육청 나형 14번

공차가 양수인 등차수열 $\{a_n\}$의 첫째항부터 제n항까지의 합을 S_n이라 하자. $S_9=|S_3|=27$일 때, a_{10}의 값은? [4점]

① 23　　　　② 24　　　　③ 25
④ 26　　　　⑤ 27

유형 09 등차수열의 합 (3)

518 2007년 3월 교육청 가/나형 22번

n개의 항으로 이루어진 등차수열 a_1, a_2, a_3, $\cdots$, a_n이 다음 조건을 만족한다.

> (개) 처음 4개 항의 합은 26이다.
> (내) 마지막 4개 항의 합은 134이다.
> (대) $a_1+a_2+a_3+\cdots+a_n=260$

이때 n의 값을 구하시오. [4점]

519 2020년 3월 교육청 나형 17번

등차수열 $\{a_n\}$의 첫째항부터 제n항까지의 합을 S_n이라 하자. $a_3=42$일 때, 다음 조건을 만족시키는 4 이상의 자연수 k의 값은? [4점]

> (개) $a_{k-3}+a_{k-1}=-24$
> (내) $S_k=k^2$

① 13   ② 14   ③ 15
④ 16   ⑤ 17

유형 10 등차수열의 합과 일반항 사이의 관계

520 2023년 10월 교육청 7번

등차수열 $\{a_n\}$의 첫째항부터 제n항까지의 합을 S_n이라 할 때,
$$S_7-S_4=0,\ S_6=30$$
이다. a_2의 값은? [3점]

① 6   ② 8   ③ 10
④ 12   ⑤ 14

521 2018년 7월 교육청 나형 25번

등차수열 $\{a_n\}$의 첫째항부터 제n항까지의 합을 S_n이라 하자.
$$a_2=7,\ S_7-S_5=50$$
일 때, a_{11}의 값을 구하시오. [3점]

522 2022학년도 6월 평가원 7번

첫째항이 2인 등차수열 $\{a_n\}$의 첫째항부터 제n항까지의 합을 S_n이라 하자.

$$a_6 = 2(S_3 - S_2)$$

일 때, S_{10}의 값은? [3점]

① 100
② 110
③ 120
④ 130
⑤ 140

➡ **523** 2014학년도 수능(홀) A형 6번

첫째항이 6이고 공차가 d인 등차수열 $\{a_n\}$의 첫째항부터 제n항까지의 합을 S_n이라 할 때,

$$\frac{a_8 - a_6}{S_8 - S_6} = 2$$

가 성립한다. d의 값은? [3점]

① -1
② -2
③ -3
④ -4
⑤ -5

524 2021학년도 6월 평가원 가/나형 26번

공차가 2인 등차수열 $\{a_n\}$의 첫째항부터 제n항까지의 합을 S_n이라 하자. $S_k = -16$, $S_{k+2} = -12$를 만족시키는 자연수 k에 대하여 a_{2k}의 값을 구하시오. [4점]

➡ **525** 2022년 9월 교육청 15번 (고2)

첫째항이 양수이고 공차가 2인 등차수열 $\{a_n\}$의 첫째항부터 제n항까지의 합을 S_n이라 하자. $a_k = 31$, $S_{k+10} = 640$을 만족시키는 자연수 k에 대하여 S_k의 값은? [4점]

① 200
② 205
③ 210
④ 215
⑤ 220

526 2018년 10월 교육청 나형 5번

수열 $\{a_n\}$의 첫째항부터 제n항까지의 합 S_n이 $S_n=2n^2+n$
일 때, $a_3+a_4+a_5$의 값은? [3점]

① 30　　　　② 35　　　　③ 40

④ 45　　　　⑤ 50

→ **527** 2011년 4월 교육청 가/나형 7번

수열 $\{a_n\}$에 대하여 첫째항부터 제n항까지의 합 S_n이
$S_n=n^2+3n+1$일 때, a_1+a_6의 값은? [3점]

① 17　　　　② 18　　　　③ 19

④ 20　　　　⑤ 21

528 2020년 3월 교육청 가형 5번

수열 $\{a_n\}$의 첫째항부터 제n항까지의 합을 S_n이라 할 때,
$S_n=2n^2-3n$이다. $a_n>100$을 만족시키는 자연수 n의 최솟
값은? [3점]

① 25　　　　② 27　　　　③ 29

④ 31　　　　⑤ 33

→ **529** 2016년 7월 교육청 나형 13번

이차함수 $f(x)=-\dfrac{1}{2}x^2+3x$에 대하여 수열 $\{a_n\}$의 첫째항

부터 제n항까지의 합을 S_n이라 할 때, $S_n=2f(n)$이다. a_6의

값은? [3점]

① -9　　　　② -7　　　　③ -5

④ -3　　　　⑤ -1

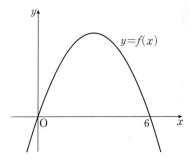

530 2014년 3월 교육청 B형 28번

첫째항이 a이고 공차가 -4인 등차수열 $\{a_n\}$의 첫째항부터 제n항까지의 합을 S_n이라 하자. 모든 자연수 n에 대하여 $S_n < 200$일 때, 자연수 a의 최댓값을 구하시오. [4점]

→ 531 2010년 7월 교육청 나형 6번

첫째항과 공차가 같은 등차수열 $\{a_n\}$의 첫째항부터 제n항까지의 합을 S_n이라 할 때, $S_n = ka_n$을 만족하는 k가 두 자리 자연수가 되게 하는 n의 최댓값은? (단, $a_1 \neq 0$) [3점]

① 191   ② 193   ③ 195
④ 197   ⑤ 199

532 2019년 7월 교육청 나형 29번

첫째항이 0이 아닌 등차수열 $\{a_n\}$의 첫째항부터 제n항까지의 합 S_n에 대하여 $S_9 = S_{18}$이다. 집합 T_n을
$$T_n = \{S_k \mid k = 1, 2, 3, \cdots, n\}$$
이라 하자. 집합 T_n의 원소의 개수가 13이 되도록 하는 모든 자연수 n의 값의 합을 구하시오. [4점]

→ 533 2015년 9월 교육청 나형 14번 (고2)

이차함수 $f(x)$가 모든 실수 x에 대하여
$$f(4+x) = f(4-x)$$
를 만족시킨다. 모든 자연수 n에 대하여 $f(n)$이 공차가 3인 등차수열 $\{a_n\}$의 첫째항부터 제n항까지의 합과 같을 때, $|f(k)| > |f(k+1)|$이 성립하도록 하는 k의 최댓값은? [4점]

① 3   ② 5   ③ 7
④ 9   ⑤ 11

❯ 정답과 해설 148쪽

534 2007년 3월 교육청 나형 21번

그림과 같이 두 직선 $y=x$, $y=a(x-1)$ $(a>1)$의 교점에서 오른쪽 방향으로 y축에 평행한 14개의 선분을 같은 간격으로 그었다.

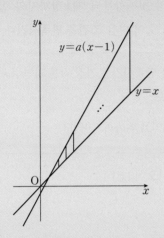

이들 중 가장 짧은 선분의 길이는 3이고, 가장 긴 선분의 길이는 42일 때, 14개의 선분의 길이의 합을 구하시오.

(단, 각 선분의 양 끝점은 두 직선 위에 있다.) [3점]

→ **535** 2006년 3월 교육청 나형 30번

그림과 같이 $\overline{AC}=15$, $\overline{BC}=20$이고, $\angle C=90°$인 직각삼각형 ABC가 있다. 변 AB를 25등분하는 점 P_1, P_2, $\cdots$, P_{24}를 지나 변 AB에 수직인 직선을 그어 변 AC 또는 변 CB와 만나는 점을 각각 Q_1, Q_2, $\cdots$, Q_{24}라 하자. $\overline{P_1Q_1}+\overline{P_2Q_2}+\overline{P_3Q_3}+\cdots+\overline{P_{24}Q_{24}}$의 값을 구하시오. [4점]

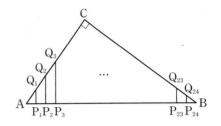

536 2010학년도 9월 평가원 가/나형 14번

두 수열 $\{a_n\}$, $\{b_n\}$이 모든 자연수 k에 대하여

$$b_{2k-1}=\left(\frac{1}{2}\right)^{a_1+a_3+\cdots+a_{2k-1}}$$

$$b_{2k}=2^{a_2+a_4+\cdots+a_{2k}}$$

을 만족시킨다. $\{a_n\}$은 등차수열이고,

$$b_1\times b_2\times b_3\times\cdots\times b_{10}=8$$

일 때, $\{a_n\}$의 공차는? [4점]

① $\dfrac{1}{15}$ 　　② $\dfrac{2}{15}$ 　　③ $\dfrac{1}{5}$

④ $\dfrac{4}{15}$ 　　⑤ $\dfrac{1}{3}$

537 2017년 9월 교육청 가형 28번 (고2)

등차수열 $\{a_n\}$의 첫째항부터 제 n항까지의 합을 S_n이라 할 때, 수열 $\{a_n\}$과 S_n이 다음 조건을 만족시킨다.

> (가) $S_k>S_{k+1}$을 만족시키는 가장 작은 자연수 k에 대하여
> 　　$S_k=102$이다.
> (나) $a_8=-\dfrac{5}{4}a_5$이고 $a_5a_6a_7<0$이다.

a_2의 값을 구하시오. [4점]

538 2022년 3월 교육청 13번

첫째항이 양수인 등차수열 $\{a_n\}$의 첫째항부터 제n항까지의 합을 S_n이라 하자.

$$|S_3| = |S_6| = |S_{11}| - 3$$

을 만족시키는 모든 수열 $\{a_n\}$의 첫째항의 합은? [4점]

① $\dfrac{31}{5}$ ② $\dfrac{33}{5}$ ③ 7

④ $\dfrac{37}{5}$ ⑤ $\dfrac{39}{5}$

539 2013년 3월 교육청 A형 30번

첫째항이 60인 등차수열 $\{a_n\}$에 대하여 수열 $\{T_n\}$을

$$T_n = |a_1 + a_2 + a_3 + \cdots + a_n|$$

이라 하자. 수열 $\{T_n\}$이 다음 조건을 만족시킨다.

(가) $T_{19} < T_{20}$	(나) $T_{20} = T_{21}$

$T_n > T_{n+1}$을 만족시키는 n의 최솟값과 최댓값의 합을 구하시오. [4점]

08

등비수열

실전 개념 1 등비수열   > 유형 01 ~ 03, 06, 07

(1) **등비수열**: 첫째항부터 차례로 일정한 수를 곱하여 만든 수열

(2) **공비**: 등비수열에서 곱하는 일정한 수

(3) **등비수열의 일반항**: 첫째항이 a, 공비가 r $(r \neq 0)$인 등비수열의 일반항 a_n은

$$a_n = ar^{n-1} \ (n=1, 2, 3, \cdots)$$

(4) **등비중항**: 0이 아닌 세 수 a, b, c가 이 순서대로 등비수열을 이룰 때, b를 a와 c의 등비중

항이라 한다. 이때 $\dfrac{b}{a} = \dfrac{c}{b}$이므로

$$b^2 = ac$$

실전 개념 2 등비수열의 합   > 유형 04, 05

첫째항이 a, 공비가 r인 등비수열의 첫째항부터 제n항까지의 합을 S_n이라 하면

(1) $r \neq 1$일 때, $S_n = \dfrac{a(1-r^n)}{1-r} = \dfrac{a(r^n-1)}{r-1}$

(2) $r = 1$일 때, $S_n = na$

540 2021학년도 수능(홀) 나형 2번

첫째항이 $\frac{1}{8}$인 등비수열 $\{a_n\}$에 대하여 $\frac{a_3}{a_2}=2$일 때, a_5의 값은? [2점]

① $\frac{1}{4}$ ② $\frac{1}{2}$ ③ 1

④ 2   ⑤ 4

543 2022년 7월 교육청 2번

등비수열 $\{a_n\}$에 대하여 $a_2=\frac{1}{2}$, $a_3=1$일 때, a_5의 값은?

[2점]

① 2   ② 4   ③ 6

④ 8   ⑤ 10

541 2023년 4월 교육청 2번

모든 항이 양수인 등비수열 $\{a_n\}$에 대하여 $a_1=3$, $\frac{a_5}{a_3}=4$일 때, a_4의 값은? [2점]

① 15   ② 18   ③ 21

④ 24   ⑤ 27

544 2022학년도 6월 평가원 18번

모든 항이 양수인 등비수열 $\{a_n\}$에 대하여

$$a_2=36,\ a_7=\frac{1}{3}a_5$$

일 때, a_6의 값을 구하시오. [3점]

542 2017학년도 9월 평가원 나형 6번

첫째항이 1이고 공비가 양수인 등비수열 $\{a_n\}$에 대하여

$$\frac{a_7}{a_5}=4$$

일 때, a_4의 값은? [3점]

① 6   ② 8   ③ 10

④ 12   ⑤ 14

545 2022년 11월 교육청 23번 (고2)

등비수열 $\{a_n\}$에 대하여 $a_2=2$, $a_6=9$일 때, $a_3\times a_5$의 값을 구하시오. [3점]

546 2022학년도 9월 평가원 3번

등비수열 $\{a_n\}$에 대하여

$$a_1=2, \ a_2 a_4=36$$

일 때, $\dfrac{a_7}{a_3}$의 값은? [3점]

① 1   ② $\sqrt{3}$ ③ 3

④ $3\sqrt{3}$ ⑤ 9

547 2017학년도 수능(홀) 나형 5번

세 수 $\dfrac{9}{4}$, a, 4가 이 순서대로 등비수열을 이룰 때, 양수 a의 값은? [3점]

① $\dfrac{8}{3}$ ② 3   ③ $\dfrac{10}{3}$

④ $\dfrac{11}{3}$ ⑤ 4

548 2005년 7월 교육청 가/나형 18번

세 수 1, x, 5는 이 순서대로 등차수열을 이루고, 세 수 1, y, 5는 이 순서대로 등비수열을 이룰 때, x^2+y^2의 값을 구하시오. [2점]

549 2021년 9월 교육청 4번 (고2)

모든 항이 양수인 등비수열 $\{a_n\}$에 대하여 $a_4 \times a_6 = 64$일 때, a_5의 값은? [3점]

① 6   ② 7   ③ 8

④ 9   ⑤ 10

550 2007년 10월 교육청 나형 4번

첫째항이 a, 공비가 2인 등비수열의 첫째항부터 제6항까지의 합이 21일 때, a의 값은? [3점]

① 1   ② $\dfrac{1}{2}$ ③ $\dfrac{1}{3}$

④ $\dfrac{1}{4}$ ⑤ $\dfrac{1}{5}$

551 2006학년도 9월 평가원 나형 4번

수열 $\{a_n\}$에서 $a_n=2^n+(-1)^n$일 때, $a_1+a_2+a_3+\cdots+a_9$의 값은? [3점]

① $2^{10}-3$ ② $2^{10}-1$ ③ 2^{10}

④ $2^{10}+1$ ⑤ $2^{10}+3$

552 2024학년도 9월 평가원 5번

모든 항이 양수인 등비수열 $\{a_n\}$에 대하여

$$\frac{a_3 a_8}{a_6} = 12, \quad a_5 + a_7 = 36$$

일 때, a_{11}의 값은? [3점]

① 72   ② 78   ③ 84

④ 90   ⑤ 96

→ **553** 2023년 7월 교육청 6번

모든 항이 양수인 등비수열 $\{a_n\}$에 대하여

$$a_3{}^2 = a_6, \quad a_2 - a_1 = 2$$

일 때, a_5의 값은? [3점]

① 20   ② 24   ③ 28

④ 32   ⑤ 36

554 2018학년도 6월 평가원 나형 26번

첫째항이 3인 등비수열 $\{a_n\}$에 대하여

$$\frac{a_3}{a_2} - \frac{a_6}{a_4} = \frac{1}{4}$$

일 때, $a_5 = \dfrac{q}{p}$이다. $p+q$의 값을 구하시오.

(단, p와 q는 서로소인 자연수이다.) [4점]

→ **555** 2020학년도 수능(홀) 나형 23번

모든 항이 양수인 등비수열 $\{a_n\}$에 대하여

$$\frac{a_{16}}{a_{14}} + \frac{a_8}{a_7} = 12$$

일 때, $\dfrac{a_3}{a_1} + \dfrac{a_6}{a_3}$의 값을 구하시오. [3점]

556 2023학년도 수능(홀) 3번

공비가 양수인 등비수열 $\{a_n\}$이

$$a_2 + a_4 = 30, \quad a_4 + a_6 = \frac{15}{2}$$

를 만족시킬 때, a_1의 값은? [3점]

① 48   ② 56   ③ 64

④ 72   ⑤ 80

→ **557** 2014학년도 6월 평가원 B형 4번

공비가 양수인 등비수열 $\{a_n\}$이

$$a_1 + a_2 = 12, \quad \frac{a_3 + a_7}{a_1 + a_5} = 4$$

를 만족시킬 때, a_4의 값은? [3점]

① 24   ② 28   ③ 32

④ 36   ⑤ 40

558 2021년 4월 교육청 19번

첫째항이 $\frac{1}{4}$이고 공비가 양수인 등비수열 $\{a_n\}$에 대하여

$$a_3 + a_5 = \frac{1}{a_3} + \frac{1}{a_5}$$

일 때, a_{10}의 값을 구하시오. [3점]

559 2008년 3월 교육청 가/나형 9번

등비수열 $\{a_n\}$에서 첫째항부터 제5항까지의 합이 $\frac{31}{2}$이고 곱이 32일 때, $\frac{1}{a_1} + \frac{1}{a_2} + \frac{1}{a_3} + \frac{1}{a_4} + \frac{1}{a_5}$의 값은? [3점]

① $\frac{31}{4}$ ② $\frac{31}{8}$ ③ $\frac{31}{12}$

④ $\frac{8}{31}$ ⑤ $\frac{4}{31}$

560 2019년 7월 교육청 나형 17번

공차가 자연수인 등차수열 $\{a_n\}$과 공비가 자연수인 등비수열 $\{b_n\}$이 $a_6 = b_6 = 9$이고, 다음 조건을 만족시킨다.

(가) $a_7 = b_7$
(나) $94 < a_{11} < 109$

$a_7 + b_8$의 값은? [4점]

① 96 ② 99 ③ 102

④ 105 ⑤ 108

561 2010년 3월 교육청 가/나형 20번

등차수열 $\{a_n\}$과 등비수열 $\{b_n\}$은 다음 조건을 만족시킨다.

(가) $a_1 = 2$, $b_1 = 2$
(나) $a_2 = b_2$, $a_4 = b_4$

$a_5 + b_5$의 값을 구하시오.

(단, 수열 $\{b_n\}$의 공비는 1이 아니다.) [3점]

562 2019년 4월 교육청 나형 27번

세 실수 3, a, b가 이 순서대로 등비수열을 이루고 $\log_a 3b + \log_3 b = 5$를 만족시킨다. $a+b$의 값을 구하시오.

[4점]

→ **563** 2009학년도 수능(홀) 나형 5번

네 수 1, a, b, c는 이 순서대로 공비가 r인 등비수열을 이루고 $\log_8 c = \log_a b$를 만족시킨다. 공비 r의 값은? (단, $r > 1$)

[3점]

① 2
② $\dfrac{5}{2}$
③ 3
④ $\dfrac{7}{2}$
⑤ 4

564 2012학년도 수능(홀) 가/나형 25번

세 수 a, $a+b$, $2a-b$는 이 순서대로 등차수열을 이루고, 세 수 1, $a-1$, $3b+1$은 이 순서대로 공비가 양수인 등비수열을 이룬다. a^2+b^2의 값을 구하시오. [3점]

→ **565** 2014년 10월 교육청 A/B형 23번

a, 10, 17, b는 이 순서대로 등차수열을 이루고 a, x, y, b는 이 순서대로 등비수열을 이루고 있다. xy의 값을 구하시오.

[3점]

566 2019년 9월 교육청 가형 14번 (고2)

첫째항과 공차가 모두 0이 아닌 등차수열 $\{a_n\}$에 대하여 세 항 a_2, a_5, a_{14}가 이 순서대로 등비수열을 이룰 때, $\dfrac{a_{23}}{a_3}$의 값은? [4점]

① 6
② 7
③ 8
④ 9
⑤ 10

→ **567** 2016학년도 6월 평가원 A형 16번

공차가 6인 등차수열 $\{a_n\}$에 대하여 세 항 a_2, a_k, a_8은 이 순서대로 등차수열을 이루고, 세 항 a_1, a_2, a_k는 이 순서대로 등비수열을 이룬다. $k+a_1$의 값은? [4점]

① 7
② 8
③ 9
④ 10
⑤ 11

❯ 정답과 해설 155쪽

568 2010학년도 수능(홀) 나형 24번

두 자연수 a와 b에 대하여 세 수 a^n, $2^4 \times 3^6$, b^n이 이 순서대로 등비수열을 이룰 때, ab의 최솟값을 구하시오.

(단, n은 자연수이다.) [4점]

569 2008학년도 9월 평가원 나형 23번

이차방정식 $x^2 - kx + 125 = 0$의 두 근 α, β $(\alpha < \beta)$에 대하여 α, $\beta - \alpha$, β가 이 순서로 등비수열을 이룰 때, 양수 k의 값을 구하시오. [4점]

570 2006년 3월 교육청 나형 27번

세 양수 a, b, c는 이 순서대로 등비수열을 이루고, 다음 두 조건을 만족한다.

(가) $a + b + c = \dfrac{7}{2}$

(나) $abc = 1$

$a^2 + b^2 + c^2$의 값은? [3점]

① $\dfrac{13}{4}$ ② $\dfrac{15}{4}$ ③ $\dfrac{17}{4}$

④ $\dfrac{19}{4}$ ⑤ $\dfrac{21}{4}$

571 2010년 4월 교육청 나형 29번

서로 다른 세 자연수 a, b, c가 다음 세 조건을 모두 만족시킬 때, $a + b + c$의 값은? [4점]

(가) a, b, c는 이 순서대로 등비수열을 이룬다.

(나) $b - a = n^2$ (단, n은 자연수이다.)

(다) $\log_6 a + \log_6 b + \log_6 c = 3$

① 26   ② 28   ③ 30

④ 32   ⑤ 34

572 2019년 9월 교육청 나형 14번 (고2)

등비수열 $\{a_n\}$에 대하여

$$a_1 a_9 = 16$$

일 때, $a_3 a_7 + a_4 a_6$의 값은? [4점]

① 16   ② 20   ③ 24

④ 28   ⑤ 32

→ **573** 2014년 3월 교육청 A형 6번

첫째항이 a이고 공비가 $\dfrac{1}{2}$인 등비수열 $\{a_n\}$에 대하여 세 수 a_3, 2, a_7이 이 순서대로 등비수열을 이룰 때, 양수 a의 값은?

[3점]

① 16   ② 20   ③ 24

④ 28   ⑤ 32

574 2016년 10월 교육청 나형 27번

등차수열 $\{a_n\}$과 공비가 1보다 작은 등비수열 $\{b_n\}$이

$$a_1 + a_8 = 8,\ b_2 b_7 = 12,\ a_4 = b_4,\ a_5 = b_5$$

를 모두 만족시킬 때, a_1의 값을 구하시오. [4점]

→ **575** 2019년 11월 교육청 가형 27번 (고2)

$\dfrac{1}{4}$과 16 사이에 n개의 수를 넣어 만든 공비가 양수 r인 등비수열

$$\dfrac{1}{4},\ a_1,\ a_2,\ a_3,\ \cdots,\ a_n,\ 16$$

의 모든 항의 곱이 1024일 때, r^9의 값을 구하시오. [4점]

유형 04 등비수열의 합 (1)

576 2005년 10월 교육청 나형 6번

첫째항이 1, 공비가 3인 등비수열 $\{a_n\}$에서 첫째항부터 제n항까지의 합을 S_n이라 하자. 수열 $\{S_n+p\}$가 등비수열을 이루도록 하는 상수 p의 값은? [3점]

① 1   ② $\frac{1}{2}$ ③ $\frac{1}{3}$

④ $\frac{1}{4}$ ⑤ $\frac{1}{5}$

---

577 2020년 3월 교육청 나형 10번

그림은 16개의 칸 중 3개의 칸에 다음 규칙을 만족시키도록 수를 써 넣은 것이다.

> (가) 가로로 인접한 두 칸에서 오른쪽 칸의 수는 왼쪽 칸의 수의 2배이다.
>
> (나) 세로로 인접한 두 칸에서 아래쪽 칸의 수는 위쪽 칸의 수의 2배이다.

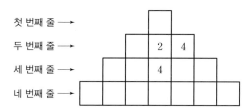

첫 번째 줄 ⟶
두 번째 줄 ⟶
세 번째 줄 ⟶
네 번째 줄 ⟶

이 규칙을 만족시키도록 나머지 칸에 수를 써 넣을 때, 네 번째 줄에 있는 모든 수의 합은? [3점]

① 119   ② 127   ③ 135

④ 143   ⑤ 151

---

578 2020년 10월 교육청 나형 25번

함수 $f(x)=(1+x^4+x^8+x^{12})(1+x+x^2+x^3)$일 때,
$\dfrac{f(2)}{\{f(1)-1\}\{f(1)+1\}}$의 값을 구하시오. [3점]

---

579 2013년 4월 교육청 A형 14번

모든 항이 양수인 등비수열 $\{a_n\}$에 대하여 $a_1a_2=a_{10}$, $a_1+a_9=20$일 때, $(a_1+a_3+a_5+a_7+a_9)(a_1-a_3+a_5-a_7+a_9)$의 값은? [4점]

① 494   ② 496   ③ 498

④ 500   ⑤ 502

580 2024학년도 수능(홀) 6번

등비수열 $\{a_n\}$의 첫째항부터 제n항까지의 합을 S_n이라 하자.

$$S_4 - S_2 = 3a_4, \ a_5 = \frac{3}{4}$$

일 때, $a_1 + a_2$의 값은? [3점]

① 27　　　　　② 24　　　　　③ 21

④ 18　　　　　⑤ 15

582 2021학년도 6월 평가원 나형 25번

등비수열 $\{a_n\}$의 첫째항부터 제n항까지의 합을 S_n이라 하자.

$$a_1 = 1, \ \frac{S_6}{S_3} = 2a_4 - 7$$

일 때, a_7의 값을 구하시오. [3점]

→ **581** 2019학년도 9월 평가원 나형 26번

모든 항이 양수인 등비수열 $\{a_n\}$의 첫째항부터 제n항까지의 합을 S_n이라 하자.

$$S_4 - S_3 = 2, \ S_6 - S_5 = 50$$

일 때, a_5의 값을 구하시오. [4점]

→ **583** 2023년 9월 교육청 11번 (고2)

첫째항이 3이고 공비가 1보다 큰 등비수열 $\{a_n\}$의 첫째항부터 제n항까지의 합을 S_n이라 하자.

$$\frac{S_4}{S_2} = \frac{6a_3}{a_5}$$

일 때, a_7의 값은? [3점]

① 24　　　　　② 27　　　　　③ 30

④ 33　　　　　⑤ 36

584 2019학년도 수능(홀) 나형 24번

첫째항이 7인 등비수열 $\{a_n\}$의 첫째항부터 제n항까지의 합을 S_n이라 하자.

$$\frac{S_9-S_5}{S_6-S_2}=3$$

일 때, a_7의 값을 구하시오. [3점]

➔ **585** 2017년 3월 가형 18번 (고2)

첫째항이 2인 등비수열 $\{a_n\}$의 첫째항부터 제n항까지의 합 S_n이 다음 조건을 만족시킬 때, a_4의 값은? [4점]

(가) $S_{12}-S_2=4S_{10}$

(나) $S_{12}<S_{10}$

① -24 ② -16 ③ -8

④ 16 ⑤ 24

586 2021년 11월 교육청 14번 (고2)

모든 항이 양수인 등비수열 $\{a_n\}$의 첫째항부터 제n항까지의 합을 S_n이라 하자.

$$a_1=3,\ \frac{S_6}{S_5-S_2}=\frac{a_2}{2}$$

일 때, a_4의 값은? [4점]

① 6 ② 9 ③ 12

④ 15 ⑤ 18

➔ **587** 2021학년도 9월 평가원 가형 27번

등비수열 $\{a_n\}$의 첫째항부터 제n항까지의 합을 S_n이라 하자. 모든 자연수 n에 대하여

$$S_{n+3}-S_n=13\times 3^{n-1}$$

일 때, a_4의 값을 구하시오. [4점]

588 2015년 3월 교육청 A형 13번

양의 실수 x에 대하여 $f(x)$가 다음과 같다.

$$f(x) = \log x$$

세 실수 $f(3)$, $f(3^t + 3)$, $f(12)$가 이 순서대로 등차수열을 이룰 때, 실수 t의 값은? [3점]

① $\dfrac{1}{4}$ ② $\dfrac{1}{2}$ ③ $\dfrac{3}{4}$

④ 1 ⑤ $\dfrac{5}{4}$

→ **589** 2017년 9월 교육청 가형 14번 (고2)

1보다 큰 세 자연수 a, b, c에 대하여 세 수

$$\log a, \ \log b, \ \log c$$

가 이 순서대로 공차가 자연수인 등차수열을 이룬다.

$\log abc = 15$일 때, $\log \dfrac{ac^2}{b}$의 최댓값은? [4점]

① 11 ② 12 ③ 13

④ 14 ⑤ 15

> 정답과 해설 160쪽

유형 07 등비수열의 그래프에의 활용

590 2013년 4월 교육청 A형 12번 / B형 7번

그림과 같이 두 함수 $y=3\sqrt{x}$, $y=\sqrt{x}$의 그래프와 직선 $x=k$
가 만나는 점을 각각 A, B라 하고, 직선 $x=k$가 x축과 만나
는 점을 C라 하자. $\overline{BC}$, $\overline{OC}$, $\overline{AC}$가 이 순서대로 등비수열을
이룰 때, 양수 k의 값은? (단, O는 원점이다.) [3점]

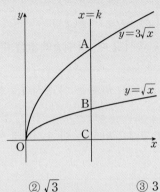

① 1   ② $\sqrt{3}$ ③ 3

④ $3\sqrt{3}$ ⑤ 9

591 2015년 7월 교육청 B형 13번

$x>0$에서 정의된 함수 $f(x)=\dfrac{p}{x}$ $(p>1)$의 그래프는 그림과
같다. 세 수 $f(a)$, $f(\sqrt{3})$, $f(a+2)$가 이 순서대로 등비수열
을 이룰 때, 양수 a의 값은? [3점]

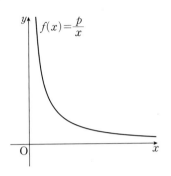

① 1   ② $\dfrac{9}{8}$ ③ $\dfrac{5}{4}$

④ $\dfrac{11}{8}$ ⑤ $\dfrac{3}{2}$

592 2021년 9월 교육청 28번 (고2)

수열 $\{a_n\}$의 첫째항부터 제n항까지의 합을 S_n이라 할 때, 수열 $\{a_n\}$이 모든 자연수 n에 대하여 다음 조건을 만족시킨다.

(가) $S_{2n-1}=1$

(나) 수열 $\{a_n a_{n+1}\}$은 등비수열이다.

$S_{10}=33$일 때, S_{18}의 값을 구하시오. [4점]

593 2016년 3월 교육청 가형 28번 (고2)

두 함수 $f(x)=k(x-1)$, $g(x)=2x^2-3x+1$에 대하여 함수

$$h(x)=\begin{cases} f(x) & (f(x)\geq g(x)) \\ g(x) & (f(x)<g(x)) \end{cases}$$

가 다음 조건을 만족시킬 때, 상수 k의 값을 구하시오. [4점]

(가) 세 수 $h(2)$, $h(3)$, $h(4)$는 이 순서대로 등차수열을 이룬다.

(나) 세 수 $h(3)$, $h(4)$, $h(5)$는 이 순서대로 등비수열을 이룬다.

---

594 2021년 7월 교육청 21번

공차가 d이고 모든 항이 자연수인 등차수열 $\{a_n\}$이 다음 조건을 만족시킨다.

㉮ $a_1 \le d$

㉯ 어떤 자연수 $k\,(k \ge 3)$에 대하여 세 항 a_2, a_k, a_{3k-1}이 이 순서대로 등비수열을 이룬다.

$90 \le a_{16} \le 100$일 때, a_{20}의 값을 구하시오. [4점]

595 2016년 6월 교육청 나형 30번 (고2)

두 실수 a, b에 대하여 다음 조건을 만족시키는 모든 실수 a의 값의 합을 k라 하자. $48k$의 값을 구하시오. [4점]

㉮ $ab < 0$

㉯ 세 수 a, b, ab를 적절히 배열하여 등비수열을 만들 수 있다.

㉰ 세 수 a, b, ab를 적절히 배열하여 등차수열을 만들 수 있다.

09

수열의 합

실전 개념 1 **∑의 정의** 〉유형 02, 07 ~ 11

수열 $\{a_n\}$의 첫째항부터 제n항까지의 합 $a_1+a_2+a_3+\cdots+a_n$을 기호 $\sum$를 사용하여 다음과 같이 나타낸다.

$$a_1+a_2+a_3+\cdots+a_n=\sum_{k=1}^{n}a_k$$

실전 개념 2 **∑의 성질** 〉유형 01, 03, 04, 08 ~ 10

두 수열 $\{a_n\}$, $\{b_n\}$과 상수 c에 대하여

(1) $\displaystyle\sum_{k=1}^{n}(a_k+b_k)=\sum_{k=1}^{n}a_k+\sum_{k=1}^{n}b_k$ 　　　　　(2) $\displaystyle\sum_{k=1}^{n}(a_k-b_k)=\sum_{k=1}^{n}a_k-\sum_{k=1}^{n}b_k$

(3) $\displaystyle\sum_{k=1}^{n}ca_k=c\sum_{k=1}^{n}a_k$ 　　　　　(4) $\displaystyle\sum_{k=1}^{n}c=cn$

실전 개념 3 **자연수의 거듭제곱의 합** 〉유형 03, 07, 10

(1) $\displaystyle\sum_{k=1}^{n}k=1+2+3+\cdots+n=\frac{n(n+1)}{2}$

(2) $\displaystyle\sum_{k=1}^{n}k^2=1^2+2^2+3^2+\cdots+n^2=\frac{n(n+1)(2n+1)}{6}$

(3) $\displaystyle\sum_{k=1}^{n}k^3=1^3+2^3+3^3+\cdots+n^3=\left\{\frac{n(n+1)}{2}\right\}^2=\left(\sum_{k=1}^{n}k\right)^2=(1+2+3+\cdots+n)^2$

실전 개념 4 **여러 가지 수열의 합** 〉유형 05, 06, 08, 10, 11

(1) $\displaystyle\sum_{k=1}^{n}\frac{1}{k(k+1)}=\sum_{k=1}^{n}\left(\frac{1}{k}-\frac{1}{k+1}\right)$

(2) $\displaystyle\sum_{k=1}^{n}\frac{1}{(k+a)(k+b)}=\frac{1}{b-a}\sum_{k=1}^{n}\left(\frac{1}{k+a}-\frac{1}{k+b}\right)$ (단, $a\neq b$)

(3) $\displaystyle\sum_{k=1}^{n}\frac{1}{\sqrt{k}+\sqrt{k+1}}=\sum_{k=1}^{n}(\sqrt{k+1}-\sqrt{k})$

참고 $\dfrac{1}{AB}=\dfrac{1}{B-A}\left(\dfrac{1}{A}-\dfrac{1}{B}\right)$ (단, $A\neq B$)

596 2017년 7월 교육청 나형 4번

두 수열 $\{a_n\}$, $\{b_n\}$에 대하여

$$\sum_{k=1}^{10} a_k = 2, \quad \sum_{k=1}^{10} b_k = 3$$

일 때, $\sum_{k=1}^{10} (2a_k + b_k)$의 값은? [3점]

① 4   ② 5   ③ 6
④ 7   ⑤ 8

597 2024학년도 6월 평가원 3번

수열 $\{a_n\}$에 대하여 $\sum_{k=1}^{10} (2a_k + 3) = 60$일 때, $\sum_{k=1}^{10} a_k$의 값은?

[3점]

① 10   ② 15   ③ 20
④ 25   ⑤ 30

598 2008학년도 9월 평가원 나형 18번

$\sum_{k=1}^{10} (k+2)(k-2)$의 값을 구하시오. [3점]

599 2012년 9월 교육청 B형 22번 (고2)

$\sum_{k=1}^{10} 2k(k+1)$의 값을 구하시오. [3점]

600 2006년 3월 교육청 나형 2번

$\sum_{k=1}^{10} (k+1)^2 - 2\sum_{k=1}^{10} (k+2) + \sum_{k=1}^{10} 3$의 값은? [2점]

① 365   ② 370   ③ 375
④ 380   ⑤ 385

601 2008년 11월 교육청 나형 15번 (고2)

$\sum_{k=1}^{10} \dfrac{k^3}{k^2-k+1} + \sum_{k=2}^{10} \dfrac{1}{k^2-k+1}$의 값은? [3점]

① 62   ② 64   ③ 66
④ 68   ⑤ 70

602 2005년 3월 교육청 가/나형 18번

$\displaystyle\sum_{k=1}^{5}(2^k+5k+1)$의 값을 구하시오. [3점]

605 2016년 9월 교육청 나형 13번 (고2)

다항식 $(x+3)^n$을 $x+1$로 나눈 나머지를 R_n이라 할 때, $\displaystyle\sum_{n=1}^{5}R_n$의 값은? [3점]

① 46   ② 50   ③ 54

④ 58   ⑤ 62

603 2012학년도 수능(홀) 나형 11번

첫째항이 -5이고 공차가 2인 등차수열 $\{a_n\}$에 대하여 $\displaystyle\sum_{k=11}^{20}a_k$의 값은? [3점]

① 260   ② 255   ③ 250

④ 245   ⑤ 240

606 2016년 9월 교육청 나형 7번 (고2)

$\displaystyle\sum_{k=1}^{7}\frac{1}{(k+1)(k+2)}$의 값은? [3점]

① $\dfrac{1}{6}$ ② $\dfrac{2}{9}$ ③ $\dfrac{5}{18}$

④ $\dfrac{1}{3}$ ⑤ $\dfrac{7}{18}$

604 2020학년도 6월 평가원 나형 24번

공비가 양수인 등비수열 $\{a_n\}$에 대하여

$$a_1=2,\ \frac{a_5}{a_3}=9$$

일 때, $\displaystyle\sum_{k=1}^{4}a_k$의 값을 구하시오. [3점]

607 2015학년도 6월 평가원 A형 10번

$\displaystyle\sum_{k=1}^{n}\frac{4}{k(k+1)}=\frac{15}{4}$일 때, n의 값은? [3점]

① 11   ② 12   ③ 13

④ 14   ⑤ 15

608 2023학년도 수능(홀) 18번

두 수열 $\{a_n\}$, $\{b_n\}$에 대하여

$$\sum_{k=1}^{5}(3a_k+5)=55,\ \sum_{k=1}^{5}(a_k+b_k)=32$$

일 때, $\sum_{k=1}^{5}b_k$의 값을 구하시오. [3점]

→ **609** 2024학년도 수능(홀) 18번

두 수열 $\{a_n\}$, $\{b_n\}$에 대하여

$$\sum_{k=1}^{10}a_k=\sum_{k=1}^{10}(2b_k-1),\ \sum_{k=1}^{10}(3a_k+b_k)=33$$

일 때, $\sum_{k=1}^{10}b_k$의 값을 구하시오. [3점]

610 2021년 9월 교육청 25번 (고2)

두 수열 $\{a_n\}$, $\{b_n\}$에 대하여

$$\sum_{n=1}^{10}a_n^2=10,\ \sum_{n=1}^{10}a_n(2b_n-3a_n)=16$$

일 때, $\sum_{n=1}^{10}a_n(6a_n+7b_n)$의 값을 구하시오. [3점]

→ **611** 2023년 9월 교육청 7번 (고2)

수열 $\{a_n\}$에 대하여

$$\sum_{k=1}^{5}(2a_k-1)^2=61,\ \sum_{k=1}^{5}a_k(a_k-4)=11$$

일 때, $\sum_{k=1}^{5}a_k^2$의 값은? [3점]

① 12   ② 13   ③ 14

④ 15   ⑤ 16

612 2023학년도 9월 평가원 18번

수열 $\{a_n\}$에 대하여 $\sum\limits_{k=1}^{5} a_k = 10$일 때,

$$\sum_{k=1}^{5} ca_k = 65 + \sum_{k=1}^{5} c$$

를 만족시키는 상수 c의 값을 구하시오. [3점]

613 2018학년도 9월 평가원 나형 11번

두 수열 $\{a_n\}$, $\{b_n\}$이 모든 자연수 n에 대하여 $a_n + b_n = 10$을 만족시킨다. $\sum\limits_{k=1}^{10} (a_k + 2b_k) = 160$일 때, $\sum\limits_{k=1}^{10} b_k$의 값은? [3점]

① 60   ② 70   ③ 80

④ 90   ⑤ 100

614 2024년 3월 교육청 18번

수열 $\{a_n\}$에 대하여

$$\sum_{k=1}^{10} a_k + \sum_{k=1}^{9} a_k = 137, \ \sum_{k=1}^{10} a_k - \sum_{k=1}^{9} 2a_k = 101$$

일 때, a_{10}의 값을 구하시오. [3점]

615 2022학년도 수능(홀) 18번

수열 $\{a_n\}$에 대하여

$$\sum_{k=1}^{10} a_k - \sum_{k=1}^{7} \frac{a_k}{2} = 56, \ \sum_{k=1}^{10} 2a_k - \sum_{k=1}^{8} a_k = 100$$

일 때, a_8의 값을 구하시오. [3점]

616 2021학년도 수능(홀) 나형 12번

수열 $\{a_n\}$은 $a_1=1$이고, 모든 자연수 n에 대하여

$$\sum_{k=1}^{n}(a_k-a_{k+1})=-n^2+n$$

을 만족시킨다. a_{11}의 값은? [3점]

① 88 ② 91 ③ 94

④ 97 ⑤ 100

→ **617** 2014학년도 6월 평가원 A형 26번 / B형 8번

수열 $\{a_n\}$은 $a_1=15$이고,

$$\sum_{k=1}^{n}(a_{k+1}-a_k)=2n+1 \ (n\geq1)$$

을 만족시킨다. a_{10}의 값을 구하시오. [4점]

618 2022년 11월 교육청 12번 (고2)

수열 $\{a_n\}$에 대하여 $a_1=1$, $a_{10}=4$이고 $\sum_{k=1}^{9}(a_k+a_{k+1})=25$일 때, $\sum_{k=1}^{10}a_k$의 값은? [3점]

① 11 ② 12 ③ 13

④ 14 ⑤ 15

→ **619** 2019년 11월 교육청 가형 14번 (고2)

수열 $\{a_n\}$이 모든 자연수 n에 대하여

$$\sum_{k=1}^{n}a_{2k-1}=3n^2-n, \quad \sum_{k=1}^{2n}a_k=6n^2+n$$

을 만족시킬 때, $\sum_{k=1}^{24}(-1)^k a_k$의 값은? [4점]

① 18 ② 24 ③ 30

④ 36 ⑤ 42

유형 **03** 다항식 꼴의 수열의 합

620 2023년 3월 교육청 18번

n이 자연수일 때, x에 대한 이차방정식

$$x^2 - 5nx + 4n^2 = 0$$

의 두 근을 α_n, β_n이라 하자. $\sum_{n=1}^{7}(1-\alpha_n)(1-\beta_n)$의 값을 구하시오. [3점]

621 2013학년도 6월 평가원 나형 16번

이차방정식 $x^2 - 2x - 1 = 0$의 두 근을 α, β라 할 때,

$\sum_{k=1}^{10}(k-\alpha)(k-\beta)$의 값은? [4점]

① 255   ② 265   ③ 275

④ 285   ⑤ 295

622 2020학년도 수능(홀) 나형 25번

자연수 n에 대하여 다항식 $2x^2 - 3x + 1$을 $x - n$으로 나누었을 때의 나머지를 a_n이라 할 때, $\sum_{n=1}^{7}(a_n - n^2 + n)$의 값을 구하시오. [3점]

623 2019년 9월 교육청 나형 11번 (고2)

자연수 n에 대하여 직선 $y = -2x + n^2 + 1$의 x절편을 x_n이라 할 때, $\sum_{n=1}^{8}x_n$의 값은? [3점]

① 104   ② 105   ③ 106

④ 107   ⑤ 108

60

624 2017년 7월 교육청 나형 16번

수열 $\{a_n\}$의 각 항이

$$a_1=1$$
$$a_2=1+3$$
$$a_3=1+3+5$$
$$\vdots$$
$$a_n=1+3+5+\cdots+(2n-1)$$
$$\vdots$$

일 때, $\log_4\left(2^{a_1}\times 2^{a_2}\times 2^{a_3}\times\cdots\times 2^{a_{12}}\right)$의 값은? [4점]

① 315 ② 320 ③ 325
④ 330 ⑤ 335

→ **625** 2014년 7월 교육청 A형 17번

$a>1$인 실수 a에 대하여 $a^{\log_5 16}$이 2^n $(n=1,\ 2,\ 3,\ \cdots)$이 되도록 하는 a를 작은 수부터 크기순으로 나열할 때, k번째 수를 a_k라 하자. $\displaystyle\sum_{k=1}^{40}\log_5 a_k$의 값은? [4점]

① 185 ② 190 ③ 195
④ 200 ⑤ 205

626 2012년 3월 교육청 나형 15번

n이 자연수일 때, x에 대한 방정식

$$\sum_{k=0}^{n}(x-k)^2=\sum_{k=1}^{n}(x+k)^2$$

의 0이 아닌 해를 $x=a_n$이라 하자. a_{10}의 값은? [3점]

① 180 ② 200 ③ 220
④ 240 ⑤ 260

→ **627** 2016년 3월 교육청 나형 19번

수열 $\{a_n\}$은 $a_1+a_2=8$이고,

$$\sum_{k=2}^{n}a_k-\sum_{k=1}^{n-1}a_k=2n^2+2\ (n\geq 2)$$

를 만족시킨다. $\displaystyle\sum_{k=1}^{10}a_k$의 값은? [4점]

① 756 ② 766 ③ 776
④ 786 ⑤ 796

❯정답과 해설 167쪽

628 2025학년도 9월 평가원 12번

수열 $\{a_n\}$은 등차수열이고, 수열 $\{b_n\}$은 모든 자연수 n에 대하여

$$b_n = \sum_{k=1}^{n} (-1)^{k+1} a_k$$

를 만족시킨다. $b_2 = -2$, $b_3 + b_7 = 0$일 때, 수열 $\{b_n\}$의 첫째항부터 제9항까지의 합은? [4점]

① -22 ② -20 ③ -18
④ -16 ⑤ -14

629 2014학년도 사관학교 A형 29번

첫째항이 20이고 공차가 -3인 등차수열 $\{a_n\}$에 대하여 수열 $\{b_n\}$을

$$b_n = a_1 - a_2 + a_3 - a_4 + \cdots + (-1)^{n+1} a_n$$
$$(n=1, 2, 3, \cdots)$$

이라 하자. $\sum_{k=1}^{20} b_k$의 값을 구하시오. [4점]

630 2016년 7월 교육청 나형 26번

첫째항이 3인 등차수열 $\{a_n\}$에 대하여 $\sum_{n=1}^{10} (a_{5n} - a_n) = 440$일 때, $\sum_{n=1}^{10} a_n$의 값을 구하시오. [4점]

631 2017년 3월 교육청 나형 21번 (고2)

첫째항이 1인 등차수열 $\{a_n\}$에 대하여 수열 $\{b_n\}$을

$$b_n = a_1 + 2a_2 + 3a_3 + \cdots + na_n \ (n \geq 1)$$

이라 하자. $b_{10} = 715$일 때, $\sum_{n=1}^{10} \dfrac{b_n}{n(n+1)}$의 값은? [4점]

① 30 ② 35 ③ 40
④ 45 ⑤ 50

632 2019학년도 6월 평가원 나형 15번

등비수열 $\{a_n\}$에 대하여

$$a_3 = 4(a_2 - a_1), \quad \sum_{k=1}^{6} a_k = 15$$

일 때, $a_1 + a_3 + a_5$의 값은? [4점]

① 3   ② 4   ③ 5

④ 6   ⑤ 7

➜ **633** 2020년 9월 교육청 11번 (고2)

첫째항이 $\dfrac{1}{5}$이고 공비가 양수인 등비수열 $\{a_n\}$에 대하여

$a_4 = 4a_2$일 때, $\displaystyle\sum_{k=1}^{n} a_k = \dfrac{3}{13} \sum_{k=1}^{n} a_k{}^2$을 만족시키는 자연수 n의 값은? [3점]

① 5   ② 6   ③ 7

④ 8   ⑤ 9

634 2022년 4월 교육청 8번

공비가 $\sqrt{3}$인 등비수열 $\{a_n\}$과 공비가 $-\sqrt{3}$인 등비수열 $\{b_n\}$에 대하여

$$a_1 = b_1, \quad \sum_{n=1}^{8} a_n + \sum_{n=1}^{8} b_n = 160$$

일 때, $a_3 + b_3$의 값은? [3점]

① 9   ② 12   ③ 15

④ 18   ⑤ 21

➜ **635** 2019년 3월 교육청 나형 16번

첫째항이 양수이고 공비가 -2인 등비수열 $\{a_n\}$에 대하여

$$\sum_{k=1}^{9} (|a_k| + a_k) = 66$$

일 때, a_1의 값은? [4점]

① $\dfrac{3}{31}$ ② $\dfrac{5}{31}$ ③ $\dfrac{7}{31}$

④ $\dfrac{9}{31}$ ⑤ $\dfrac{11}{31}$

636 2019년 9월 교육청 가형 26번 (고2)

첫째항과 공비가 모두 자연수인 등비수열 $\{a_n\}$에 대하여

$5 \leq a_2 \leq 6$, $42 \leq a_4 \leq 96$일 때, $\sum_{n=1}^{5} a_n$의 값을 구하시오. [4점]

637 2020학년도 6월 평가원 나형 28번

첫째항이 2이고 공비가 정수인 등비수열 $\{a_n\}$과 자연수 m이 다음 조건을 만족시킬 때, a_m의 값을 구하시오. [4점]

(가) $4 < a_2 + a_3 \leq 12$

(나) $\sum_{k=1}^{m} a_k = 122$

638 2015년 3월 교육청 B형 27번

모든 항이 양의 실수인 등비수열 $\{a_n\}$의 첫째항부터 제n항까지의 합을 S_n이라 하자. $S_3 = 7a_3$일 때, $\sum_{n=1}^{8} \dfrac{S_n}{a_n}$의 값을 구하시오. [4점]

639 2022년 11월 교육청 15번 (고2)

모든 항이 실수인 등비수열 $\{a_n\}$에 대하여

$$\sum_{k=1}^{20} a_k + \sum_{k=1}^{10} a_{2k} = 0$$

이 성립한다. $a_3 + a_4 = 3$일 때, a_1의 값은? [4점]

① 12   ② 16   ③ 20

④ 24   ⑤ 28

640 2022학년도 9월 평가원 7번

수열 $\{a_n\}$은 $a_1 = -4$이고, 모든 자연수 n에 대하여

$$\sum_{k=1}^{n} \frac{a_{k+1} - a_k}{a_k a_{k+1}} = \frac{1}{n}$$

을 만족시킨다. a_{13}의 값은? [3점]

① -9 ② -7 ③ -5

④ -3 ⑤ -1

→ 641 2013학년도 6월 평가원 가/나형 11번

첫째항이 2이고, 각 항이 양수인 수열 $\{a_n\}$의 첫째항부터 제n항까지의 합을 S_n이라 하자. $\sum_{k=1}^{10} \frac{a_{k+1}}{S_k S_{k+1}} = \frac{1}{3}$일 때, S_{11}의 값은? [3점]

① 6   ② 7   ③ 8

④ 9   ⑤ 10

642 2020년 7월 교육청 가형 8번

수열 $\{a_n\}$의 일반항이 $a_n = 2n + 1$일 때, $\sum_{n=1}^{12} \frac{1}{a_n a_{n+1}}$의 값은? [3점]

① $\frac{1}{9}$ ② $\frac{4}{27}$ ③ $\frac{5}{27}$

④ $\frac{2}{9}$ ⑤ $\frac{7}{27}$

→ 643 2023학년도 9월 평가원 7번

수열 $\{a_n\}$의 첫째항부터 제n항까지의 합을 S_n이라 하자. $S_n = \frac{1}{n(n+1)}$일 때, $\sum_{k=1}^{10} (S_k - a_k)$의 값은? [3점]

① $\frac{1}{2}$ ② $\frac{3}{5}$ ③ $\frac{7}{10}$

④ $\frac{4}{5}$ ⑤ $\frac{9}{10}$

❯ 정답과 해설 172쪽

644 2019년 7월 교육청 나형 14번

공차가 0이 아닌 등차수열 $\{a_n\}$에 대하여 $a_9=2a_3$일 때, $\sum_{n=1}^{24} \frac{(a_{n+1}-a_n)^2}{a_n a_{n+1}}$의 값은? [4점]

① $\frac{3}{14}$　　② $\frac{2}{7}$　　③ $\frac{5}{14}$

④ $\frac{3}{7}$　　⑤ $\frac{1}{2}$

645 2022년 9월 교육청 10번 (고2)

첫째항이 1이고 공차가 3인 등차수열 $\{a_n\}$에 대하여 $\sum_{k=1}^{10} \frac{1}{a_k a_{k+1}}$의 값은? [3점]

① $\frac{10}{31}$　　② $\frac{11}{31}$　　③ $\frac{12}{31}$

④ $\frac{13}{31}$　　⑤ $\frac{14}{31}$

646 2018년 7월 교육청 나형 12번

n이 자연수일 때, x에 대한 다항식 $x^3+(1-n)x^2+n$을 $x-n$으로 나눈 나머지를 a_n이라 하자. $\sum_{n=1}^{10} \frac{1}{a_n}$의 값은? [3점]

① $\frac{7}{8}$　　② $\frac{8}{9}$　　③ $\frac{9}{10}$

④ $\frac{10}{11}$　　⑤ $\frac{11}{12}$

647 2020년 11월 교육청 15번 (고2)

자연수 n에 대하여 수열 $\{a_n\}$의 일반항이 $a_n = {}^{n+1}\!\sqrt{{}^{n+2}\!\sqrt{4}}$일 때, $\sum_{k=1}^{10} \log_2 a_k$의 값은? [4점]

① $\frac{1}{6}$　　② $\frac{1}{3}$　　③ $\frac{1}{2}$

④ $\frac{2}{3}$　　⑤ $\frac{5}{6}$

648 2017학년도 9월 평가원 나형 14번

첫째항이 4이고 공차가 1인 등차수열 $\{a_n\}$에 대하여

$$\sum_{k=1}^{12} \frac{1}{\sqrt{a_{k+1}} + \sqrt{a_k}}$$

의 값은? [4점]

① 1   ② 2   ③ 3

④ 4   ⑤ 5

649 2023학년도 수능(홀) 7번

모든 항이 양수이고 첫째항과 공차가 같은 등차수열 $\{a_n\}$이

$$\sum_{k=1}^{15} \frac{1}{\sqrt{a_k} + \sqrt{a_{k+1}}} = 2$$

를 만족시킬 때, a_4의 값은? [3점]

① 6   ② 7   ③ 8

④ 9   ⑤ 10

650 2017년 9월 교육청 나형 11번 (고2)

수열 $\{a_n\}$의 일반항은 $a_n = \log\left(1 + \dfrac{1}{n}\right)$이다. $\displaystyle\sum_{n=1}^{99} a_n$의 값은?

[3점]

① 1   ② 2   ③ 3

④ 4   ⑤ 5

651 2010년 9월 교육청 가형 8번 (고2)

수열 $\{a_n\}$에 대하여 $a_n = \log(n+1) - \log n$이다.

$\displaystyle\sum_{k=50}^{m} a_k = \log \dfrac{49}{25}$일 때, m의 값은? [3점]

① 91   ② 93   ③ 95

④ 97   ⑤ 99

유형 07 새롭게 정의된 수열의 합

652 2010학년도 6월 평가원 가/나형 8번

수열 $\{a_n\}$에서 $a_n = (-1)^{\frac{n(n+1)}{2}}$일 때, $\sum\limits_{n=1}^{2010} na_n$의 값은? [4점]

① -2011 ② -2010 ③ 0
④ 2010 ⑤ 2011

→ 653 2012년 4월 교육청 나형 28번

수열 $\{a_n\}$에서 $a_n = \sin\dfrac{n\pi}{4}$일 때, $\sum\limits_{n=1}^{32} na_n^2$의 값을 구하시오.

[4점]

654 2022학년도 6월 평가원 13번

실수 전체의 집합에서 정의된 함수 $f(x)$가 $0 < x \le 1$에서

$$f(x) = \begin{cases} 3 & (0 < x < 1) \\ 1 & (x = 1) \end{cases}$$

이고, 모든 실수 x에 대하여 $f(x+1) = f(x)$를 만족시킨다.

$\sum\limits_{k=1}^{20} \dfrac{k \times f(\sqrt{k})}{3}$의 값은? [4점]

① 150 ② 160 ③ 170
④ 180 ⑤ 190

→ 655 2015년 3월 교육청 가/나형 29번 (고2)

수열 $\{a_n\}$을 다음과 같이 정의하자.

> 집합 $A_n = \{x \mid (x-n)(x-2n+1) \le 0\}$에 대하여
> $25 \in A_n$이면 $a_n = 1$이고, $25 \notin A_n$이면 $a_n = -1$이다.

$\sum\limits_{k=1}^{m} a_k = -20$을 만족시키는 자연수 m의 값을 구하시오. [4점]

656 2022년 9월 교육청 6번 (고2)

등차수열 $\{a_n\}$에 대하여 $\sum\limits_{k=1}^{5} a_k = 30$일 때, $a_2 + a_4$의 값은?

[3점]

① 12　　　　② 14　　　　③ 16

④ 18　　　　⑤ 20

→ 657 2018학년도 6월 평가원 나형 15번

공차가 양수인 등차수열 $\{a_n\}$에 대하여 이차방정식

$x^2 - 14x + 24 = 0$의 두 근이 a_3, a_8이다. $\sum\limits_{n=3}^{8} a_n$의 값은? [4점]

① 40　　　　② 42　　　　③ 44

④ 46　　　　⑤ 48

658 2020년 11월 교육청 17번 (고2)

$a_3 = 1$인 등차수열 $\{a_n\}$이 $\sum\limits_{k=1}^{20} a_{2k} - \sum\limits_{k=1}^{12} a_{2k+8} = 48$을 만족시킬 때, a_{39}의 값은? [4점]

① 11　　　　② 12　　　　③ 13

④ 14　　　　⑤ 15

→ 659 2018년 4월 교육청 나형 28번

등차수열 $\{a_n\}$이 다음 조건을 만족시킨다.

(가) $a_1 + a_2 + a_3 = 159$

(나) $a_{m-2} + a_{m-1} + a_m = 96$인 자연수 m에 대하여

$$\sum_{k=1}^{m} a_k = 425 \ (\text{단, } m > 3)$$

a_{11}의 값을 구하시오. [4점]

660 2022학년도 수능 예시문항 20번

공차가 정수인 등차수열 $\{a_n\}$에 대하여

$$a_3+a_5=0, \sum_{k=1}^{6}(|a_k|+a_k)=30$$

일 때, a_9의 값을 구하시오. [4점]

→ **661** 2024년 3월 교육청 11번

공차가 음의 정수인 등차수열 $\{a_n\}$에 대하여

$$a_6=-2, \sum_{k=1}^{8}|a_k|=\sum_{k=1}^{8}a_k+42$$

일 때, $\sum_{k=1}^{8}a_k$의 값은? [4점]

① 40   ② 44   ③ 48

④ 52   ⑤ 56

662 2008년 3월 교육청 가/나형 20번

두 등차수열 $\{a_n\}$, $\{b_n\}$에 대하여

$$a_1+b_1=45, \sum_{k=1}^{10}a_k+\sum_{k=1}^{10}b_k=500$$

일 때, $a_{10}+b_{10}$의 값을 구하시오. [3점]

→ **663** 2024년 5월 교육청 11번

공차가 정수인 두 등차수열 $\{a_n\}$, $\{b_n\}$과 자연수 $m\,(m\geq3)$이 다음 조건을 만족시킨다.

(가) $|a_1-b_1|=5$

(나) $a_m=b_m$, $a_{m+1}<b_{m+1}$

$\sum_{k=1}^{m}a_k=9$일 때, $\sum_{k=1}^{m}b_k$의 값은? [4점]

① -6 ② -5 ③ -4

④ -3 ⑤ -2

664 2016년 6월 교육청 가형 29번 (고2)

모든 항이 양수인 등차수열 $\{a_n\}$은

$$a_{26}=30,\ \sum_{n=1}^{13}\{(a_{2n})^2-(a_{2n-1})^2\}=260$$

을 만족시킨다. a_{11}의 값을 구하시오. [4점]

---

665 2021년 11월 교육청 27번 (고2)

공차가 2인 등차수열 $\{a_n\}$과 자연수 m이

$$\sum_{k=1}^{m} a_{k+1}=240,\ \sum_{k=1}^{m}(a_k+m)=360$$

을 만족시킬 때, a_m의 값을 구하시오. [4점]

---

666 2020년 10월 교육청 나형 14번

공차가 양수인 등차수열 $\{a_n\}$에 대하여 $a_5=5$이고

$\sum_{k=3}^{7}|2a_k-10|=20$이다. a_6의 값은? [4점]

① 6 ② $\dfrac{20}{3}$ ③ $\dfrac{22}{3}$

④ 8 ⑤ $\dfrac{26}{3}$

---

667 2024학년도 수능(홀) 11번

공차가 0이 아닌 등차수열 $\{a_n\}$에 대하여

$$|a_6|=a_8,\ \sum_{k=1}^{5}\frac{1}{a_k a_{k+1}}=\frac{5}{96}$$

일 때, $\sum_{k=1}^{15} a_k$의 값은? [4점]

① 60 ② 65 ③ 70

④ 75 ⑤ 80

668 2023년 3월 교육청 10번

공차가 양수인 등차수열 $\{a_n\}$이 다음 조건을 만족시킬 때, a_{10}의 값은? [4점]

> (가) $|a_4| + |a_6| = 8$
>
> (나) $\sum_{k=1}^{9} a_k = 27$

① 21 ② 23 ③ 25
④ 27 ⑤ 29

→ **669** 2023년 7월 교육청 12번

모든 항이 정수이고 공차가 5인 등차수열 $\{a_n\}$과 자연수 m이 다음 조건을 만족시킨다.

> (가) $\sum_{k=1}^{2m+1} a_k < 0$
>
> (나) $|a_m| + |a_{m+1}| + |a_{m+2}| < 13$

$24 < a_{21} < 29$일 때, m의 값은? [4점]

① 10 ② 12 ③ 14
④ 16 ⑤ 18

670 2020학년도 수능(홀) 나형 15번

첫째항이 50이고 공차가 -4인 등차수열의 첫째항부터 제n항까지의 합을 S_n이라 할 때, $\sum_{k=m}^{m+4} S_k$의 값이 최대가 되도록 하는 자연수 m의 값은? [4점]

① 8 ② 9 ③ 10
④ 11 ⑤ 12

→ **671** 2019년 10월 교육청 나형 17번

수열 $\{a_n\}$의 첫째항부터 제n항까지의 합 S_n이 다음 조건을 만족시킨다.

> (가) S_n은 n에 대한 이차식이다.
>
> (나) $S_{10} = S_{50} = 10$
>
> (다) S_n은 $n=30$에서 최댓값 410을 갖는다.

50보다 작은 자연수 m에 대하여 $S_m > S_{50}$을 만족시키는 m의 최솟값을 p, 최댓값을 q라 할 때, $\sum_{k=p}^{q} a_k$의 값은? [4점]

① 39 ② 40 ③ 41
④ 42 ⑤ 43

672 2014년 10월 교육청 B형 26번

수열 $\{a_n\}$은 첫째항이 양수이고 공비가 1보다 큰 등비수열이다. $a_3 a_5 = a_1$일 때, $\displaystyle\sum_{k=1}^{n} \frac{1}{a_k} = \sum_{k=1}^{n} a_k$를 만족시키는 자연수 n의 값을 구하시오. [4점]

→ 673 2020년 4월 교육청 가형 17번

모든 항이 양수인 등비수열 $\{a_n\}$이 다음 조건을 만족시킬 때, a_3의 값은? [4점]

> (가) $\displaystyle\sum_{k=1}^{4} a_k = 45$
>
> (나) $\displaystyle\sum_{k=1}^{6} \frac{a_2 \times a_5}{a_k} = 189$

① 12   ② 15   ③ 18
④ 21   ⑤ 24

674 2016년 3월 교육청 나형 23번

수열 $\{a_n\}$이 $\displaystyle\sum_{k=1}^{n} a_k = 2n - 1$을 만족시킬 때, a_{10}의 값을 구하시오. [3점]

→ 675 2022년 11월 교육청 26번 (고2)

수열 $\{a_n\}$의 첫째항부터 제n항까지의 합을 S_n이라 하자. 모든 자연수 n에 대하여 $S_n = \dfrac{n}{2n+1}$일 때, $\displaystyle\sum_{k=1}^{6} \frac{1}{a_k}$의 값을 구하시오. [4점]

676 2015학년도 6월 평가원 B형 13번

수열 $\{a_n\}$에 대하여

$$\sum_{k=1}^{n} a_k = n^2 - n \ (n \geq 1)$$

일 때, $\sum_{k=1}^{10} k a_{4k+1}$의 값은? [3점]

① 2960 ② 3000 ③ 3040

④ 3080 ⑤ 3120

→ **677** 2011학년도 수능(홀) 나형 30번

수열 $\{a_n\}$이 모든 자연수 n에 대하여

$$\sum_{k=1}^{n} a_k = \log \frac{(n+1)(n+2)}{2}$$

를 만족시킨다. $\sum_{k=1}^{20} a_{2k} = p$라 할 때, 10^p의 값을 구하시오.

[4점]

678 2024학년도 6월 평가원 9번

수열 $\{a_n\}$이 모든 자연수 n에 대하여

$$\sum_{k=1}^{n} \frac{1}{(2k-1)a_k} = n^2 + 2n$$

을 만족시킬 때, $\sum_{n=1}^{10} a_n$의 값은? [4점]

① $\frac{10}{21}$ ② $\frac{4}{7}$ ③ $\frac{2}{3}$

④ $\frac{16}{21}$ ⑤ $\frac{6}{7}$

→ **679** 2025학년도 수능(홀) 12번

$a_1 = 2$인 수열 $\{a_n\}$과 $b_1 = 2$인 등차수열 $\{b_n\}$이 모든 자연수 n에 대하여

$$\sum_{k=1}^{n} \frac{a_k}{b_{k+1}} = \frac{1}{2} n^2$$

을 만족시킬 때, $\sum_{k=1}^{5} a_k$의 값은? [4점]

① 120 ② 125 ③ 130

④ 135 ⑤ 140

등차수열 $\{a_n\}$이 $\sum_{k=1}^{n} a_{2k-1}=3n^2+n$을 만족시킬 때, a_8의 값은? [4점]

① 16   ② 19   ③ 22

④ 25   ⑤ 28

두 수열 $\{a_n\}$, $\{b_n\}$이 모든 자연수 n에 대하여 다음 조건을 만족시킨다. a_{10}의 값을 구하시오. [4점]

(가) $\sum_{k=1}^{n} b_k=n^2+n$

(나) $\sum_{k=1}^{n} a_k b_k-5\sum_{k=1}^{n} b_k=\dfrac{n^2(n+1)^2}{2}$

함수 $y=f(x)$는 $f(3)=f(15)$를 만족하고, 그 그래프는 그림과 같다. 모든 자연수 n에 대하여 $f(n)=\sum_{k=1}^{n} a_k$인 수열 $\{a_n\}$이 있다. m이 15보다 작은 자연수일 때,

$$a_m+a_{m+1}+\cdots+a_{15}<0$$

을 만족시키는 m의 최솟값을 구하시오. [4점]

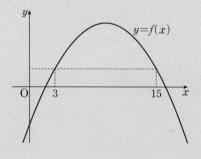

수열 $\{a_n\}$이 모든 자연수 n에 대하여

$$\sum_{k=1}^{n} (a_{2k-1}+a_{2k})=2n^2-n$$

을 만족시킨다. $a_{10}+a_{11}=20$일 때, a_9+a_{12}의 값을 구하시오.

[3점]

유형 11 수열의 합의 활용

684 2017년 3월 교육청 가형 7번

좌표평면에서 자연수 n에 대하여 두 곡선 $y=\log_2 x$, $y=\log_2 (2^n-x)$가 만나는 점의 x좌표를 a_n이라 할 때, $\sum\limits_{n=1}^{5} a_n$의 값은? [3점]

① 31   ② 32   ③ 33

④ 34   ⑤ 35

→ **685** 2021년 9월 교육청 17번 (고2)

자연수 n에 대하여 $0\le x\le 2^{n+1}$에서 함수 $y=2\sin\left(\dfrac{\pi}{2^n}x\right)$의 그래프가 직선 $y=\dfrac{1}{n}$과 만나는 모든 점의 x좌표의 합을 x_n이라 하자. $\sum\limits_{n=1}^{6} x_n$의 값은? [4점]

① 122   ② 126   ③ 130

④ 134   ⑤ 138

686 2021년 9월 교육청 10번 (고2)

자연수 n에 대하여 곡선 $y=x^2$과 직선 $y=\sqrt{n}x$가 만나는 서로 다른 두 점 사이의 거리를 $f(n)$이라 하자. $\displaystyle\sum_{n=1}^{10}\dfrac{1}{\{f(n)\}^2}$의 값은? [3점]

① $\dfrac{9}{11}$ ② $\dfrac{19}{22}$ ③ $\dfrac{10}{11}$

④ $\dfrac{21}{22}$ ⑤ 1

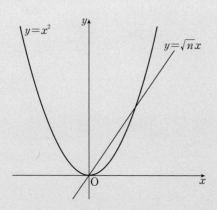

→ 687 2023년 9월 교육청 15번 (고2)

자연수 n에 대하여 원 $x^2+y^2=n$이 직선 $y=\sqrt{3}x$와 제1사분면에서 만나는 점의 x좌표를 x_n이라 하자. $\displaystyle\sum_{k=1}^{80}\dfrac{1}{x_k+x_{k+1}}$의 값은? [4점]

① 8 ② 10 ③ 12

④ 14 ⑤ 16

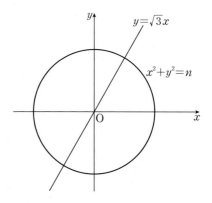

688 2020년 7월 교육청 나형 27번

자연수 n에 대하여 $0 \le x < 2^{n+1}$일 때, 부등식

$$\cos\left(\frac{\pi}{2^n}x\right) \le -\frac{1}{2}$$

을 만족시키는 서로 다른 모든 자연수 x의 개수를 a_n이라 하자. $\sum\limits_{n=1}^{7} a_n$의 값을 구하시오. [4점]

689 2023학년도 6월 평가원 12번

공차가 3인 등차수열 $\{a_n\}$이 다음 조건을 만족시킬 때, a_{10}의 값은? [4점]

> (가) $a_5 \times a_7 < 0$
>
> (나) $\sum\limits_{k=1}^{6} |a_{k+6}| = 6 + \sum\limits_{k=1}^{6} |a_{2k}|$

① $\dfrac{21}{2}$ ② 11 ③ $\dfrac{23}{2}$

④ 12 ⑤ $\dfrac{25}{2}$

690 2019학년도 수능(홀) 나형 29번

첫째항이 자연수이고 공차가 음의 정수인 등차수열 $\{a_n\}$과 첫째항이 자연수이고 공비가 음의 정수인 등비수열 $\{b_n\}$이 다음 조건을 만족시킬 때, a_7+b_7의 값을 구하시오. [4점]

(가) $\displaystyle\sum_{n=1}^{5}(a_n+b_n)=27$

(나) $\displaystyle\sum_{n=1}^{5}(a_n+|b_n|)=67$

(다) $\displaystyle\sum_{n=1}^{5}(|a_n|+|b_n|)=81$

691 2015년 3월 교육청 A형 30번

집합 $U=\{x\,|\,x$는 30 이하의 자연수$\}$의 부분집합 $A=\{a_1,\ a_2,\ a_3,\ \cdots,\ a_{15}\}$가 다음 조건을 만족시킨다.

(가) 집합 A의 임의의 두 원소 $a_i,\ a_j\,(i\neq j)$에 대하여
$$a_i+a_j\neq 31$$

(나) $\displaystyle\sum_{i=1}^{15}a_i=264$

$\dfrac{1}{31}\displaystyle\sum_{i=1}^{15}a_i^{\,2}$의 값을 구하시오. [4점]

> 정답과 해설 186쪽

692 2021년 9월 교육청 21번 (고2)

첫째항이 b (b는 자연수)이고 공차가 -4인 등차수열 $\{a_n\}$이 있다. 모든 자연수 n에 대하여 $\left| \sum_{k=1}^{n} a_k \right| \geq 14$를 만족시키는 모든 b의 값을 작은 수부터 크기순으로 나열할 때, m번째 수를 b_m이라 하자. $\sum_{m=1}^{10} b_m$의 값은? [4점]

① 345 ② 350 ③ 355
④ 360 ⑤ 365

693 2024학년도 9월 평가원 21번

모든 항이 자연수인 등차수열 $\{a_n\}$의 첫째항부터 제n항까지의 합을 S_n이라 하자. a_7이 13의 배수이고 $\sum_{k=1}^{7} S_k = 644$일 때, a_2의 값을 구하시오. [4점]

10

수열의 귀납적 정의

실전 개념 1 **수열의 귀납적 정의**

일반적으로 수열 $\{a_n\}$을
(i) 첫째항 a_1의 값   (ii) 두 항 a_n, a_{n+1} 사이의 관계식 ($n=1, 2, 3, \cdots$)
과 같이 수열을 처음 몇 개의 항과 이웃하는 여러 항 사이의 관계식으로 정의하는 것을 수열의 귀납적 정의라 한다.

실전 개념 2 **등차수열과 등비수열의 귀납적 정의** > 유형 01, 02, 07, 09, 10

(1) **등차수열의 귀납적 정의:** 수열 $\{a_n\}$에서 $n=1, 2, 3, \cdots$일 때
  ① 첫째항이 a, 공차가 d인 등차수열
    → $a_1=a$, $a_{n+1}=a_n+d$
  ② 공차가 d인 등차수열
    → $a_{n+1}-a_n=d$ 또는 $a_{n+1}=a_n+d$
  ③ 등차수열
    → $a_{n+2}-a_{n+1}=a_{n+1}-a_n$ 또는 $2a_{n+1}=a_n+a_{n+2}$

(2) **등비수열의 귀납적 정의:** 수열 $\{a_n\}$에서 $n=1, 2, 3, \cdots$일 때
  ① 첫째항이 a, 공비가 r ($r \neq 0$)인 등비수열
    → $a_1=a$, $a_{n+1}=ra_n$
  ② 공비가 r인 등비수열
    → $a_{n+1} \div a_n=r$ 또는 $a_{n+1}=ra_n$
  ③ 등비수열
    → $a_{n+2} \div a_{n+1}=a_{n+1} \div a_n$ 또는 $a_{n+1}^2=a_n a_{n+2}$

실전 개념 3 **여러 가지 수열의 귀납적 정의** > 유형 03 ~ 11

(1) $a_{n+1}=a_n+f(n)$ 꼴
  n에 1, 2, 3, $\cdots$, $n-1$을 차례로 대입한 후 변끼리 더한다.
  → $a_n=a_1+f(1)+f(2)+\cdots+f(n-1)=a_1+\sum\limits_{k=1}^{n-1}f(k)$

(2) $a_{n+1}=a_n f(n)$ 꼴
  n에 1, 2, 3, $\cdots$, $n-1$을 차례로 대입한 후 변끼리 곱한다.
  → $a_n=a_1 f(1)f(2)\cdots f(n-1)$

실전 개념 4 **수학적 귀납법** > 유형 12

자연수 n에 대한 명제 $p(n)$이 모든 자연수 n에 대하여 성립함을 증명하려면 다음 두 가지를 보이면 된다.
(i) $n=1$일 때, 명제 $p(n)$이 성립한다.
(ii) $n=k$일 때, 명제 $p(n)$이 성립한다고 가정하면 $n=k+1$일 때도 명제 $p(n)$이 성립한다.
이와 같은 방법으로 자연수에 대한 어떤 명제가 참임을 증명하는 방법을 수학적 귀납법이라 한다.

유형 01 등차수열의 귀납적 정의

694 2008년 5월 교육청 나형 27번

수열 $\{a_n\}$에서 $a_1=2$이고, 모든 자연수 n에 대하여
$a_{n+1}=a_n+3$일 때, $\sum\limits_{k=1}^{10}\dfrac{1}{a_k a_{k+1}}$의 값은? [3점]

① $\dfrac{7}{64}$ ② $\dfrac{1}{8}$ ③ $\dfrac{9}{64}$

④ $\dfrac{5}{32}$ ⑤ $\dfrac{11}{64}$

→ **695** 2017학년도 11월 교육청 나형 28번 (고2)

모든 항이 양수인 수열 $\{a_n\}$이 다음 조건을 만족시킬 때, a_{10}의 값을 구하시오. [4점]

(가) $a_1=2$
(나) 모든 자연수 n에 대하여 이차방정식
　　$x^2-2\sqrt{a_n}\,x+a_{n+1}-3=0$이 중근을 갖는다.

696 2011학년도 수능 나형 26번

수열 $\{a_n\}$이 모든 자연수 n에 대하여
　　$2a_{n+1}=a_n+a_{n+2}$
를 만족시킨다. $a_2=-1$, $a_3=2$일 때, 수열 $\{a_n\}$의 첫째항부터 제10항까지의 합은? [3점]

① 95   ② 90   ③ 85
④ 80   ⑤ 75

→ **697** 2023년 9월 교육청 17번 (고2)

모든 항이 양수이고 다음 조건을 만족시키는 모든 수열 $\{a_n\}$에 대하여 a_4+a_6의 최솟값은? [4점]

(가) 모든 자연수 n에 대하여 $2a_{n+1}=a_n+a_{n+2}$이다.
(나) $a_3\times a_{22}=a_7\times a_8+10$

① 5   ② 6   ③ 7
④ 8   ⑤ 9

698 2012년 3월 교육청 가/나형 26번

수열 $\{a_n\}$은 $a_1=1$, $a_2=1$이고 모든 자연수 n에 대하여 다음 조건을 만족시킨다.

(가) $a_{2n+2}-a_{2n}=1$

(나) $a_{2n+1}-a_{2n-1}=0$

$a_{100}+a_{101}$의 값을 구하시오. [3점]

→ 699 2016학년도 사관학교 A형 6번

첫째항이 1이고, 둘째항이 p인 수열 $\{a_n\}$이
$a_{n+2}=a_n+2\,(n\geq1)$를 만족시킨다. $\sum_{k=1}^{10}a_k=70$일 때, 상수 p
의 값은? [3점]

① 5　　　　　　② 6　　　　　　③ 7

④ 8　　　　　　⑤ 9

700 2014년 11월 교육청 B형 16번

수열 $\{a_n\}$은 다음 조건을 만족시킨다.

(가) 네 항 a_1, a_2, a_3, a_4는 이 순서대로 공비가 -2인 등비수열을 이룬다.

(나) 모든 자연수 n에 대하여 $a_{n+4}=a_n+2$이다.

$\sum_{n=1}^{20}a_n=130$일 때, a_1의 값은? [4점]

① -6　　　　② -5　　　　③ -4

④ -3　　　　⑤ -2

→ 701 2022년 10월 교육청 8번

첫째항이 20인 수열 $\{a_n\}$이 모든 자연수 n에 대하여
$$a_{n+1}=|a_n|-2$$
를 만족시킬 때, $\sum_{n=1}^{30}a_n$의 값은? [3점]

① 88　　　　　② 90　　　　　③ 92

④ 94　　　　　⑤ 96

702 2017년 3월 교육청 나형 4번

수열 $\{a_n\}$이 모든 자연수 n에 대하여

$$a_{n+1}=3a_n$$

을 만족시킨다. $a_2=2$일 때, a_4의 값은? [3점]

① 6   ② 9   ③ 12

④ 15   ⑤ 18

→ **703** 2014학년도 수능 A형 24번

수열 $\{a_n\}$이 다음 조건을 만족시킨다.

> (가) $a_1=a_2+3$
>
> (나) $a_{n+1}=-2a_n$ ($n \geq 1$)

a_9의 값을 구하시오. [3점]

704 2022년 9월 교육청 12번 (고2)

모든 항이 양수인 수열 $\{a_n\}$이 모든 자연수 n에 대하여

$$\log_2 \frac{a_{n+1}}{a_n}=\frac{1}{2}$$

을 만족시킨다. 수열 $\{a_n\}$의 첫째항부터 제n항까지의 합을 S_n이라 할 때, $\dfrac{S_{12}}{S_6}$의 값은? [3점]

① $\dfrac{17}{2}$ ② 9   ③ $\dfrac{19}{2}$

④ 10   ⑤ $\dfrac{21}{2}$

→ **705** 2014학년도 9월 평가원 A형 8번

모든 항이 양수인 수열 $\{a_n\}$이 $a_1=2$이고,

$$\log_2 a_{n+1}=1+\log_2 a_n \ (n \geq 1)$$

을 만족시킨다. $a_1 \times a_2 \times a_3 \times \cdots \times a_8=2^k$일 때 상수 k의 값은? [3점]

① 36   ② 40   ③ 44

④ 48   ⑤ 52

706 2019년 7월 교육청 나형 26번

첫째항이 2이고 모든 항이 양수인 수열 $\{a_n\}$이 있다. x에 대한 이차방정식

$$a_n x^2 - a_{n+1} x + a_n = 0$$

이 모든 자연수 n에 대하여 중근을 가질 때, $\sum\limits_{k=1}^{8} a_k$의 값을 구하시오. [4점]

➔ **707** 2011년 3월 교육청 나형 18번

두 수열 $\{a_n\}$, $\{b_n\}$은 첫째항이 모두 1이고

$$a_{n+1} = 3a_n, \ b_{n+1} = (n+1)b_n \ (n=1, 2, 3, \cdots)$$

을 만족시킨다. 수열 $\{c_n\}$을

$$c_n = \begin{cases} a_n & (a_n < b_n) \\ b_n & (a_n \ge b_n) \end{cases}$$

이라 할 때, $\sum\limits_{n=1}^{50} 2c_n$의 값은? [4점]

① $3^{50} - 20$ ② $3^{50} - 19$ ③ $3^{50} - 15$

④ $3^{50} - 11$ ⑤ $3^{50} - 7$

708 2023학년도 사관학교 19번

수열 $\{a_n\}$은 $a_1 = 1$이고, 모든 자연수 n에 대하여

$$a_{2n} = 2a_n, \ a_{2n+1} = 3a_n$$

을 만족시킨다. $a_7 + a_k = 73$인 자연수 k의 값을 구하시오.

[3점]

➔ **709** 2007년 4월 교육청 가/나형 24번

수열 $\{a_n\}$이

$$\begin{cases} a_1 = 1, \ a_2 = 3, \ a_3 = 5, \ a_4 = 7 \\ a_{k+4} = 2a_k \ (k=1, 2, 3, \cdots) \end{cases}$$

으로 정의될 때, $\sum\limits_{k=1}^{20} a_k$의 값을 구하시오. [4점]

710 2020년 9월 교육청 7번 (고2)

수열 $\{a_n\}$이 모든 자연수 n에 대하여

$$a_{n+1}=2a_n+1$$

을 만족시킨다. $a_4=31$일 때, a_2의 값은? [3점]

① 7   ② 8   ③ 9

④ 10   ⑤ 11

→ **711** 2019학년도 9월 평가원 나형 11번

수열 $\{a_n\}$이 모든 자연수 n에 대하여

$$a_n a_{n+1}=2n$$

이고 $a_3=1$일 때, a_2+a_5의 값은? [3점]

① $\dfrac{13}{3}$ ② $\dfrac{16}{3}$ ③ $\dfrac{19}{3}$

④ $\dfrac{22}{3}$ ⑤ $\dfrac{25}{3}$

712 2012학년도 수능 나형 5번

수열 $\{a_n\}$이 $a_1=1$이고, 모든 자연수 n에 대하여

$$a_{n+1}=\dfrac{2n}{n+1}a_n$$

을 만족시킬 때, a_4의 값은? [3점]

① $\dfrac{3}{2}$ ② 2   ③ $\dfrac{5}{2}$

④ 3   ⑤ $\dfrac{7}{2}$

→ **713** 2017년 11월 교육청 나형 12번 (고2)

수열 $\{a_n\}$이 모든 자연수 n에 대하여 $a_{n+1}=\dfrac{n+4}{2n-1}a_n$을 만족시킨다. $a_1=1$일 때, a_5의 값은? [3점]

① 16   ② 18   ③ 20

④ 22   ⑤ 24

> 정답과 해설 192쪽

714 2018년 4월 교육청 나형 11번

수열 $\{a_n\}$이 $a_1=1$이고 모든 자연수 n에 대하여

$$a_{n+1}=\frac{a_n+1}{3a_n-2}$$

을 만족시킬 때, a_4의 값은? [3점]

① 1   ② 3   ③ 5
④ 7   ⑤ 9

→ 715 2017년 3월 교육청 나형 9번

수열 $\{a_n\}$이 모든 자연수 n에 대하여

$$a_1=1, \quad a_{n+1}=\frac{k}{a_n+2}$$

를 만족시킬 때, $a_3=\dfrac{3}{2}$이 되도록 하는 상수 k의 값은? [3점]

① 4   ② 5   ③ 6
④ 7   ⑤ 8

---

716 2012년 3월 교육청 나형 9번

수열 $\{a_n\}$이 모든 자연수 n에 대하여

$$a_{n+1}-a_n=2^{n-5}+n$$

을 만족시킬 때, $a_{10}-a_7$의 값은? [3점]

① 40   ② 44   ③ 48
④ 52   ⑤ 56

→ 717 2019년 9월 교육청 가형 9번

수열 $\{a_n\}$에 대하여

$$a_1=6, \quad a_{n+1}=a_n+3^n \ (n=1, 2, 3, \cdots)$$

일 때, a_4의 값은? [3점]

① 39   ② 42   ③ 45
④ 48   ⑤ 51

---

718 2020학년도 6월 평가원 나형 9번

수열 $\{a_n\}$은 $a_1=1$이고, 모든 자연수 n에 대하여

$$a_{n+1}+(-1)^n \times a_n=2^n$$

을 만족시킨다. a_5의 값은? [3점]

① 1   ② 3   ③ 5
④ 7   ⑤ 9

→ 719 2014학년도 예비시행 A형 짝/홀 18번

수열 $\{a_n\}$이 $a_1=0$이고

$$a_{n+1}=(-1)^n a_n+\sin\left(\frac{n\pi}{2}\right) \ (n\geq 1)$$

을 만족시킬 때, a_{50}의 값은? [4점]

① -50 ② -25 ③ 0
④ 25   ⑤ 50

720 2018년 7월 교육청 나형 13번

수열 $\{a_n\}$은 $a_1=2$, $a_2=3$이고, 모든 자연수 n에 대하여

$$a_{n+2}-a_{n+1}+2a_n=5$$

를 만족시킨다. a_6의 값은? [3점]

① -1 ② 0 ③ 1

④ 2 ⑤ 3

→ 721 2019년 3월 교육청 나형 25번

첫째항이 4인 수열 $\{a_n\}$이 모든 자연수 n에 대하여

$$a_{n+2}=a_{n+1}+a_n$$

을 만족시킨다. $a_4=34$일 때, a_2의 값을 구하시오. [3점]

722 2021학년도 9월 평가원 가형 10번

수열 $\{a_n\}$은 $a_1=12$이고, 모든 자연수 n에 대하여

$$a_{n+1}+a_n=(-1)^{n+1}\times n$$

을 만족시킨다. $a_k>a_1$인 자연수 k의 최솟값은? [3점]

① 2 ② 4 ③ 6

④ 8 ⑤ 10

→ 723 2021년 10월 교육청 9번

수열 $\{a_n\}$이 모든 자연수 n에 대하여

$$a_n+a_{n+1}=2n$$

을 만족시킬 때, a_1+a_{22}의 값은? [4점]

① 18 ② 19 ③ 20

④ 21 ⑤ 22

724 2020년 3월 교육청 가형 9번

수열 $\{a_n\}$은 $a_1=7$이고, 모든 자연수 n에 대하여

$$a_{n+1}=\begin{cases} \dfrac{a_n+3}{2} & (a_n\text{이 소수인 경우}) \\ a_n+n & (a_n\text{이 소수가 아닌 경우}) \end{cases}$$

를 만족시킨다. a_8의 값은? [3점]

① 11   ② 13   ③ 15

④ 17   ⑤ 19

→ 725 2022년 3월 교육청 20번

수열 $\{a_n\}$은 $1<a_1<2$이고, 모든 자연수 n에 대하여

$$a_{n+1}=\begin{cases} -2a_n & (a_n<0) \\ a_n-2 & (a_n\geq0) \end{cases}$$

을 만족시킨다. $a_7=-1$일 때, $40\times a_1$의 값을 구하시오. [4점]

유형 **04** 여러 가지 수열의 귀납적 정의 [2]

726 2020년 7월 교육청 가형 11번

수열 $\{a_n\}$이 $a_1=1$이고 모든 자연수 n에 대하여

$$a_{n+1}=\begin{cases} 2^{a_n} & (a_n\leq1) \\ \log_{a_n}\sqrt{2} & (a_n>1) \end{cases}$$

을 만족시킬 때, $a_{12}\times a_{13}$의 값은? [3점]

① $\dfrac{1}{2}$ ② 1   ③ $\sqrt{2}$

④ 2   ⑤ $2\sqrt{2}$

→ 727 2017학년도 6월 평가원 나형 20번

첫째항이 a인 수열 $\{a_n\}$은 모든 자연수 n에 대하여

$$a_{n+1}=\begin{cases} a_n+(-1)^n\times2 & (n\text{이 3의 배수가 아닌 경우}) \\ a_n+1 & (n\text{이 3의 배수인 경우}) \end{cases}$$

를 만족시킨다. $a_{15}=43$일 때, a의 값은? [4점]

① 35   ② 36   ③ 37

④ 38   ⑤ 39

728 2022학년도 수능 5번

첫째항이 1인 수열 $\{a_n\}$이 모든 자연수 n에 대하여

$$a_{n+1}=\begin{cases} 2a_n & (a_n<7) \\ a_n-7 & (a_n\geq 7) \end{cases}$$

일 때, $\displaystyle\sum_{k=1}^{8} a_k$의 값은? [3점]

① 30 ② 32 ③ 34
④ 36 ⑤ 38

→ **729** 2022년 11월 교육청 14번

첫째항이 1인 수열 $\{a_n\}$이 모든 자연수 n에 대하여

$$a_{n+1}=\begin{cases} a_n-4 & (a_n\geq 0) \\ a_n^{\,2} & (a_n<0) \end{cases}$$

일 때, $\displaystyle\sum_{k=1}^{22} a_k$의 값은? [4점]

① 50 ② 54 ③ 58
④ 62 ⑤ 66

730 2021학년도 6월 평가원 가형 24번

수열 $\{a_n\}$은 $a_1=9$, $a_2=3$이고, 모든 자연수 n에 대하여

$$a_{n+2}=a_{n+1}-a_n$$

을 만족시킨다. $|a_k|=3$을 만족시키는 100 이하의 자연수 k의 개수를 구하시오. [3점]

→ **731** 2015년 4월 교육청 B형 26번

수열 $\{a_n\}$이 $a_1=3$이고,

$$a_{n+1}=\begin{cases} \dfrac{a_n}{2} & (a_n\text{은 짝수}) \\[2mm] \dfrac{a_n+93}{2} & (a_n\text{은 홀수}) \end{cases}$$

가 성립한다. $a_k=3$을 만족시키는 50 이하의 모든 자연수 k의 값의 합을 구하시오. [4점]

732 2014학년도 6월 평가원 A형 28번

수열 $\{a_n\}$은 $a_1=7$이고, 다음 조건을 만족시킨다.

> (가) $a_{n+2}=a_n-4$ $(n=1, 2, 3, 4)$
> (나) 모든 자연수 n에 대하여 $a_{n+6}=a_n$이다.

$\sum\limits_{k=1}^{50} a_k=258$일 때, a_2의 값을 구하시오. [4점]

→ 733 2021년 10월 교육청 19번

수열 $\{a_n\}$이 다음 조건을 만족시킨다.

> (가) $a_{n+2}=\begin{cases} a_n-3 \ (n=1, 3) \\ a_n+3 \ (n=2, 4) \end{cases}$
> (나) 모든 자연수 n에 대하여 $a_n=a_{n+6}$이 성립한다.

$\sum\limits_{k=1}^{32} a_k=112$일 때, a_1+a_2의 값을 구하시오. [3점]

734 2015년 4월 교육청 A형 28번

수열 $\{a_n\}$은 다음 조건을 만족시킨다.

> (가) $a_1=1$, $a_2=2$
> (나) a_n은 a_{n-2}와 a_{n-1}의 합을 4로 나눈 나머지 $(n\geq 3)$

$\sum\limits_{k=1}^{m} a_k=166$일 때, m의 값을 구하시오. [4점]

→ 735 2022년 9월 교육청 13번 (고2)

첫째항이 $\dfrac{1}{2}$인 수열 $\{a_n\}$이 모든 자연수 n에 대하여

$$a_{n+1}=-\frac{1}{a_n-1}$$

을 만족시킨다. 수열 $\{a_n\}$의 첫째항부터 제n항까지의 합을 S_n이라 할 때, $S_m=11$을 만족시키는 자연수 m의 값은? [3점]

① 20   ② 21   ③ 22

④ 23   ⑤ 24

736 2018년 3월 교육청 나형 26번

첫째항이 6인 수열 $\{a_n\}$이 모든 자연수 n에 대하여

$$a_{n+1} = \begin{cases} 2-a_n & (a_n \geq 0) \\ a_n + p & (a_n < 0) \end{cases}$$

을 만족시킨다. $a_4 = 0$이 되도록 하는 모든 실수 p의 값의 합을 구하시오. [4점]

→ 737 2024학년도 9월 평가원 12번

첫째항이 자연수인 수열 $\{a_n\}$이 모든 자연수 n에 대하여

$$a_{n+1} = \begin{cases} a_n + 1 & (a_n\text{이 홀수인 경우}) \\ \dfrac{1}{2}a_n & (a_n\text{이 짝수인 경우}) \end{cases}$$

를 만족시킬 때, $a_2 + a_4 = 40$이 되도록 하는 모든 a_1의 값의 합은? [4점]

① 172   ② 175   ③ 178

④ 181   ⑤ 184

738 2021년 9월 교육청 12번 (고2)

수열 $\{a_n\}$이 모든 자연수 n에 대하여

$$a_{n+1} = \begin{cases} \log_2 a_n & (n\text{이 홀수인 경우}) \\ 2^{a_n+1} & (n\text{이 짝수인 경우}) \end{cases}$$

를 만족시킨다. $a_8 = 5$일 때, $a_6 + a_7$의 값은? [3점]

① 36   ② 38   ③ 40

④ 42   ⑤ 44

→ 739 2019년 10월 교육청 나형 29번

첫째항이 짝수인 수열 $\{a_n\}$은 모든 자연수 n에 대하여

$$a_{n+1} = \begin{cases} a_n + 3 & (a_n\text{이 홀수인 경우}) \\ \dfrac{a_n}{2} & (a_n\text{이 짝수인 경우}) \end{cases}$$

를 만족시킨다. $a_5 = 5$일 때, 수열 $\{a_n\}$의 첫째항이 될 수 있는 모든 수의 합을 구하시오. [4점]

740 2022학년도 수능 예시문항 15번

다음 조건을 만족시키는 모든 수열 $\{a_n\}$에 대하여 $\sum_{k=1}^{100} a_k$의 최댓값과 최솟값을 각각 M, m이라 할 때, $M-m$의 값은?

[4점]

> (가) $a_5=5$
> (나) 모든 자연수 n에 대하여
> $$a_{n+1}=\begin{cases} a_n-6 & (a_n \geq 0) \\ -2a_n+3 & (a_n < 0) \end{cases}$$
> 이다.

① 64   ② 68   ③ 72

④ 76   ⑤ 80

→ **741** 2024년 3월 교육청 15번

수열 $\{a_n\}$이 모든 자연수 n에 대하여

$$a_{n+1}=\begin{cases} a_n & (a_n > n) \\ 3n-2-a_n & (a_n \leq n) \end{cases}$$

을 만족시킬 때, $a_5=5$가 되도록 하는 모든 a_1의 값의 곱은?

[4점]

① 20   ② 30   ③ 40

④ 50   ⑤ 60

742 2007년 10월 교육청 나형 30번

수열 $\{a_n\}$에 대하여

$$a_1=3,\ a_n=3+\sum_{k=1}^{n-1}a_k\ (n=2,\ 3,\ 4,\ \cdots)$$

가 성립할 때, a_6의 값을 구하시오. [3점]

→ **743** 2013년 6월 교육청 B형 20번 (고2)

자연수로 이루어진 수열 $\{a_n\}$이 다음 조건을 만족시킬 때, a_1의 최댓값은? [4점]

⑺ $a_{10} \le 5120$

⑻ n이 2 이상의 자연수일 때, $a_n=8+\sum_{k=1}^{n-1}a_k$이다.

① 9 ② 10 ③ 11

④ 12 ⑤ 13

744 2020년 3월 교육청 나형 15번

수열 $\{a_n\}$이 모든 자연수 n에 대하여

$$a_{n+1}=\sum_{k=1}^{n}ka_k$$

를 만족시킨다. $a_1=2$일 때, $a_2+\dfrac{a_{51}}{a_{50}}$의 값은? [4점]

① 47 ② 49 ③ 51

④ 53 ⑤ 55

→ **745** 2008년 11월 교육청 나형 29번 (고2)

수열 $\{a_n\}$이 $a_1=1$이고, $a_1+a_2+a_3+\cdots+a_n=\dfrac{1}{3}a_na_{n+1}$을 만족할 때, a_{30}의 값을 구하시오. [4점]

746 2021년 3월 교육청 19번

수열 $\{a_n\}$의 첫째항부터 제n항까지의 합을 S_n이라 하자. $a_1=2$, $a_2=4$이고 2 이상의 모든 자연수 n에 대하여

$$a_{n+1}S_n=a_nS_{n+1}$$

이 성립할 때, S_5의 값을 구하시오. [3점]

→ **747** 2024학년도 사관학교 13번

수열 $\{a_n\}$이 $a_1=-3$, $a_{20}=1$이고, 3 이상의 모든 자연수 n에 대하여

$$\sum_{k=1}^{n} a_k = a_{n-1}$$

을 만족시킨다. $\sum_{n=1}^{50} a_n$의 값은? [4점]

① 2   ② 1   ③ 0

④ -1 ⑤ -2

748 2024년 5월 교육청 9번

수열 $\{a_n\}$의 첫째항부터 제n항까지의 합을 S_n이라 하자. 모든 자연수 n에 대하여

$$a_{n+1}=1-4\times S_n$$

이고 $a_4=4$일 때, $a_1\times a_6$의 값은? [4점]

① 5   ② 10   ③ 15

④ 20   ⑤ 25

→ **749** 2023년 11월 교육청 15번 (고2)

수열 $\{a_n\}$의 첫째항부터 제n항까지의 합을 S_n이라 할 때, 두 수열 $\{a_n\}$, $\{S_n\}$과 상수 k가 다음 조건을 만족시킨다.

> 모든 자연수 n에 대하여 $a_n+S_n=k$이다.

$S_6=189$일 때, k의 값은? [4점]

① 192   ② 196   ③ 200

④ 204   ⑤ 208

10

750 2021학년도 사관학교 나형 13번

수열 $\{a_n\}$은 $a_1=\dfrac{3}{2}$이고, 모든 자연수 n에 대하여

$$a_{2n-1}+a_{2n}=2a_n$$

을 만족시킨다. $\displaystyle\sum_{n=1}^{16} a_n$의 값은? [3점]

① 22   ② 24   ③ 26

④ 28   ⑤ 30

→ 751 2020학년도 수능 나형 21번

수열 $\{a_n\}$이 모든 자연수 n에 대하여 다음 조건을 만족시킨다.

(가) $a_{2n}=a_n-1$

(나) $a_{2n+1}=2a_n+1$

$a_{20}=1$일 때, $\displaystyle\sum_{n=1}^{63} a_n$의 값은? [4점]

① 704   ② 712   ③ 720

④ 728   ⑤ 736

752 2021학년도 6월 평가원 나형 14번

수열 $\{a_n\}$은 $a_1=1$이고, 모든 자연수 n에 대하여

$$\begin{cases} a_{3n-1}=2a_n+1 \\ a_{3n}=-a_n+2 \\ a_{3n+1}=a_n+1 \end{cases}$$

을 만족시킨다. $a_{11}+a_{12}+a_{13}$의 값은? [4점]

① 6   ② 7   ③ 8

④ 9   ⑤ 10

→ 753 2022년 4월 교육청 12번

수열 $\{a_n\}$이 다음 조건을 만족시킨다.

(가) $1\le n\le 4$인 모든 자연수 n에 대하여 $a_n+a_{n+4}=15$이다.

(나) $n\ge 5$인 모든 자연수 n에 대하여 $a_{n+1}-a_n=n$이다.

$\displaystyle\sum_{n=1}^{4} a_n=6$일 때, a_5의 값은? [4점]

① 1   ② 3   ③ 5

④ 7   ⑤ 9

유형 09 수열의 귀납적 정의의 그래프에의 활용 [1]

754 2010학년도 수능 가/나형 22번

자연수 n에 대하여 점 A_n이 x축 위의 점일 때, 점 A_{n+1}을 다음 규칙에 따라 정한다.

(가) 점 A_1의 좌표는 $(2, 0)$이다.

(나) (1) 점 A_n을 지나고 y축에 평행한 직선이 곡선

$y=\dfrac{1}{x}$ $(x>0)$과 만나는 점을 P_n이라 한다.

(2) 점 P_n을 직선 $y=x$에 대하여 대칭이동한 점을 Q_n이라 한다.

(3) 점 Q_n을 지나고 y축에 평행한 직선이 x축과 만나는 점을 R_n이라 한다.

(4) 점 R_n을 x축의 방향으로 1만큼 평행이동한 점을 A_{n+1}이라 한다.

점 A_n의 x좌표를 x_n이라 하자. $x_5=\dfrac{q}{p}$일 때, $p+q$의 값을 구하시오. (단, p, q는 서로소인 자연수이다.) [3점]

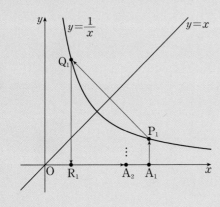

755 2014년 10월 교육청 A형 15번

자연수 n에 대하여 곡선 $y=ax^2$ $(a>0)$ 위의 점 P_n을 다음 규칙에 따라 정한다.

(가) 점 P_1의 좌표는 (x_1, ax_1^2)이다.

(나) 점 P_{n+1}은 점 $P_n(x_n, ax_n^2)$을 지나는 직선

$y=-ax_n x+2ax_n^2$과 곡선 $y=ax^2$이 만나는 점 중에서 점 P_n이 아닌 점이다.

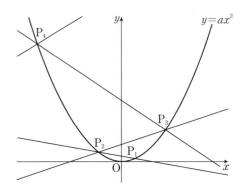

점 P_n의 x좌표로 이루어진 수열 $\{x_n\}$에서 $x_1=\dfrac{1}{2}$일 때, x_{10}의 값은? [4점]

① -1024 ② -512 ③ -256

④ 512 ⑤ 1024

756

상수 $k\,(k>1)$에 대하여 다음 조건을 만족시키는 수열 $\{a_n\}$
이 있다.

모든 자연수 n에 대하여 $a_n<a_{n+1}$이고 곡선 $y=2^x$ 위의 두
점 $\mathrm{P}_n(a_n,\ 2^{a_n})$, $\mathrm{P}_{n+1}(a_{n+1},\ 2^{a_{n+1}})$을 지나는 직선의 기울기
는 $k\times2^{a_n}$이다.

점 P_n을 지나고 x축에 평행한 직선
과 점 P_{n+1}을 지나고 y축에 평행한
직선이 만나는 점을 Q_n이라 하고 삼
각형 $\mathrm{P}_n\mathrm{Q}_n\mathrm{P}_{n+1}$의 넓이를 A_n이라
하자. 다음은 $a_1=1$, $\dfrac{A_3}{A_1}=16$일 때,
A_n을 구하는 과정이다.

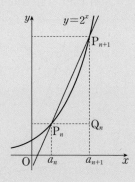

두 점 P_n, P_{n+1}을 지나는 직선의 기울기가 $k\times2^{a_n}$이므로
$$2^{a_{n+1}-a_n}=k(a_{n+1}-a_n)+1$$
이다. 즉, 모든 자연수 n에 대하여 $a_{n+1}-a_n$은 방정식
$2^x=kx+1$의 해이다.

$k>1$이므로 방정식 $2^x=kx+1$은 오직 하나의 양의 실근 d
를 갖는다. 따라서 모든 자연수 n에 대하여
$a_{n+1}-a_n=d$이고, 수열 $\{a_n\}$은 공차가 d인 등차수열이다.
점 Q_n의 좌표가 $(a_{n+1},\ 2^{a_n})$이므로
$$A_n=\frac{1}{2}(a_{n+1}-a_n)(2^{a_{n+1}}-2^{a_n})$$
이다. $\dfrac{A_3}{A_1}=16$이므로 d의 값은 $\boxed{(\text{가})}$이고 수열 $\{a_n\}$의 일
반항은
$$a_n=\boxed{(\text{나})}$$
이다. 따라서 모든 자연수 n에 대하여 $A_n=\boxed{(\text{다})}$이다.

위의 (가)에 알맞은 수를 p, (나)와 (다)에 알맞은 식을 각각 $f(n)$,
$g(n)$이라 할 때, $p+\dfrac{g(4)}{f(2)}$의 값은? [4점]

① 118   ② 121   ③ 124

④ 127   ⑤ 130

757 2021학년도 9월 평가원 가/나형 16번

모든 자연수 n에 대하여 다음 조건을 만족시키는 x축 위의 점 P_n과 곡선 $y=\sqrt{3x}$ 위의 점 Q_n이 있다.

- 선분 OP_n과 선분 P_nQ_n이 서로 수직이다.
- 선분 OQ_n과 선분 Q_nP_{n+1}이 서로 수직이다.

다음은 점 P_1의 좌표가 $(1,\,0)$일 때, 삼각형 $OP_{n+1}Q_n$의 넓이 A_n을 구하는 과정이다. (단, O는 원점이다.)

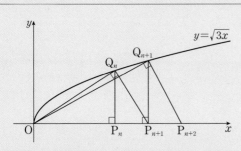

모든 자연수 n에 대하여 점 P_n의 좌표를 $(a_n,\,0)$이라 하자.

$\overline{OP_{n+1}}=\overline{OP_n}+\overline{P_nP_{n+1}}$이므로

$\quad a_{n+1}=a_n+\overline{P_nP_{n+1}}$

이다. 삼각형 OP_nQ_n과 삼각형 $Q_nP_nP_{n+1}$이 닮음이므로

$\quad \overline{OP_n}:\overline{P_nQ_n}=\overline{P_nQ_n}:\overline{P_nP_{n+1}}$

이고, 점 Q_n의 좌표는 $(a_n,\,\sqrt{3a_n})$이므로

$\quad \overline{P_nP_{n+1}}=\boxed{\text{(가)}}$

이다. 따라서 삼각형 $OP_{n+1}Q_n$의 넓이 A_n은

$\quad A_n=\dfrac{1}{2}\times(\boxed{\text{(나)}})\times\sqrt{9n-6}$

이다.

위의 (가)에 알맞은 수를 p, (나)에 알맞은 식을 $f(n)$이라 할 때, $p+f(8)$의 값은? [4점]

① 20   ② 22   ③ 24

④ 26   ⑤ 28

758 2022년 7월 교육청 12번

첫째항이 2인 수열 $\{a_n\}$의 첫째항부터 제n항까지의 합을 S_n
이라 하자. 다음은 모든 자연수 n에 대하여

$$\sum_{k=1}^{n} \frac{3S_k}{k+2} = S_n$$

이 성립할 때, a_{10}의 값을 구하는 과정이다.

$n \geq 2$인 모든 자연수 n에 대하여

$$a_n = S_n - S_{n-1}$$

$$= \sum_{k=1}^{n} \frac{3S_k}{k+2} - \sum_{k=1}^{n-1} \frac{3S_k}{k+2} = \frac{3S_n}{n+2}$$

이므로 $3S_n = (n+2) \times a_n \ (n \geq 2)$

이다.

$S_1 = a_1$에서 $3S_1 = 3a_1$이므로

$$3S_n = (n+2) \times a_n \ (n \geq 1)$$

이다.

$$3a_n = 3(S_n - S_{n-1})$$

$$= (n+2) \times a_n - (\boxed{(가)}) \times a_{n-1} \ (n \geq 2)$$

$$\frac{a_n}{a_{n-1}} = \boxed{(나)} \ (n \geq 2)$$

따라서

$$a_{10} = a_1 \times \frac{a_2}{a_1} \times \frac{a_3}{a_2} \times \frac{a_4}{a_3} \times \cdots \times \frac{a_9}{a_8} \times \frac{a_{10}}{a_9}$$

$$= \boxed{(다)}$$

위의 (가), (나)에 알맞은 식을 각각 $f(n)$, $g(n)$이라 하고, (다)에

알맞은 수를 p라 할 때, $\dfrac{f(p)}{g(p)}$의 값은? [4점]

① 109   ② 112   ③ 115

④ 118   ⑤ 121

759 2021년 7월 교육청 13번

첫째항이 1인 수열 $\{a_n\}$의 첫째항부터 제n항까지의 합을 S_n이라 하자. 다음은 모든 자연수 n에 대하여

$$(n+1)S_{n+1}=\log_2(n+2)+\sum_{k=1}^{n}S_k \quad \cdots\cdots (*)$$

가 성립할 때, $\sum_{k=1}^{n}ka_k$를 구하는 과정이다.

주어진 식 $(*)$에 의하여

$$nS_n=\log_2(n+1)+\sum_{k=1}^{n-1}S_k \ (n\geq2) \quad \cdots\cdots ㉠$$

이다. $(*)$에서 ㉠을 빼서 정리하면

$$(n+1)S_{n+1}-nS_n$$

$$=\log_2(n+2)-\log_2(n+1)+\sum_{k=1}^{n}S_k-\sum_{k=1}^{n-1}S_k \ (n\geq2)$$

이므로

$$(\boxed{(가)})\times a_{n+1}=\log_2\frac{n+2}{n+1} \ (n\geq2)$$

이다.

$a_1=1=\log_2 2$이고,

$2S_2=\log_2 3+S_1=\log_2 3+a_1$이므로

모든 자연수 n에 대하여

$$na_n=\boxed{(나)}$$

이다. 따라서

$$\sum_{k=1}^{n}ka_k=\boxed{(다)}$$

이다.

위의 (가), (나), (다)에 알맞은 식을 각각 $f(n)$, $g(n)$, $h(n)$이라 할 때, $f(8)-g(8)+h(8)$의 값은? [4점]

① 12   ② 13   ③ 14

④ 15   ⑤ 16

760 2021년 9월 교육청 16번 (고2)

수열 $\{a_n\}$을 $a_n = \sum_{k=1}^{n} \dfrac{1}{k}$ 이라 할 때, 다음은 모든 자연수 n에 대하여 등식

$$a_1 + 2a_2 + 3a_3 + \cdots + na_n = \frac{n(n+1)}{4}(2a_{n+1}-1)$$

$$\cdots\cdots (\bigstar)$$

이 성립함을 수학적 귀납법으로 증명한 것이다.

(i) $n=1$일 때,

$$(\text{좌변}) = a_1, \quad (\text{우변}) = a_2 - \boxed{\text{(가)}} = 1 = a_1$$

이므로 ($\bigstar$)이 성립한다.

(ii) $n=m$일 때, ($\bigstar$)이 성립한다고 가정하면

$$a_1 + 2a_2 + 3a_3 + \cdots + ma_m$$

$$= \frac{m(m+1)}{4}(2a_{m+1}-1)$$

이다.

$n=m+1$일 때, ($\bigstar$)이 성립함을 보이자.

$$a_1 + 2a_2 + 3a_3 + \cdots + ma_m + (m+1)a_{m+1}$$

$$= \frac{m(m+1)}{4}(2a_{m+1}-1) + (m+1)a_{m+1}$$

$$= (m+1)a_{m+1}\left(\boxed{\text{(나)}} + 1\right) - \frac{m(m+1)}{4}$$

$$= \frac{(m+1)(m+2)}{2}\left(a_{m+2} - \boxed{\text{(다)}}\right) - \frac{m(m+1)}{4}$$

$$= \frac{(m+1)(m+2)}{4}(2a_{m+2}-1)$$

따라서 $n=m+1$일 때도 ($\bigstar$)이 성립한다.

(i), (ii)에 의하여 모든 자연수 n에 대하여

$$a_1 + 2a_2 + 3a_3 + \cdots + na_n = \frac{n(n+1)}{4}(2a_{n+1}-1)$$

이 성립한다.

위의 (가)에 알맞은 수를 p, (나), (다)에 알맞은 식을 각각 $f(m)$, $g(m)$이라 할 때, $p + \dfrac{f(5)}{g(3)}$의 값은? [4점]

① 9   ② 10   ③ 11

④ 12   ⑤ 13

761 2017년 6월 교육청 나형 17번

다음은 $n \geq 2$인 모든 자연수 n에 대하여 부등식

$$\left(1 + \frac{1}{2} + \frac{1}{3} + \cdots + \frac{1}{n}\right)(1 + 2 + 3 + \cdots + n) > n^2$$

$$\cdots\cdots (*)$$

이 성립함을 수학적 귀납법을 이용하여 증명하는 과정이다.

주어진 식 $(*)$의 양변을 $\dfrac{n(n+1)}{2}$로 나누면

$$1 + \frac{1}{2} + \frac{1}{3} + \cdots + \frac{1}{n} > \frac{2n}{n+1} \qquad \cdots\cdots ㉠$$

이다. $n \geq 2$인 자연수 n에 대하여

(i) $n = 2$일 때,

(좌변)$=$ ⑦ , (우변)$=\dfrac{4}{3}$이므로 ㉠이 성립한다.

(ii) $n = k$ $(k \geq 2)$일 때, ㉠이 성립한다고 가정하면

$$1 + \frac{1}{2} + \frac{1}{3} + \cdots + \frac{1}{k} > \frac{2k}{k+1} \qquad \cdots\cdots ㉡$$

이다. ㉡의 양변에 $\dfrac{1}{k+1}$을 더하면

$$1 + \frac{1}{2} + \frac{1}{3} + \cdots + \frac{1}{k} + \frac{1}{k+1} > \frac{2k+1}{k+1}$$

이 성립한다. 한편,

$$\frac{2k+1}{k+1} - ⑭ = \frac{k}{(k+1)(k+2)} > 0$$

이므로

$$1 + \frac{1}{2} + \frac{1}{3} + \cdots + \frac{1}{k} + \frac{1}{k+1} > ⑭$$

이다. 따라서 $n = k+1$일 때도 ㉠이 성립한다.

(i), (ii)에 의하여 $n \geq 2$인 모든 자연수 n에 대하여 ㉠이 성립하므로 $(*)$도 성립한다.

위의 ㉮에 알맞은 수를 p, ㉯에 알맞은 식을 $f(k)$라 할 때, $8p \times f(10)$의 값은? [4점]

① 14   ② 16   ③ 18

④ 20   ⑤ 22

762 2022학년도 수능 21번

수열 $\{a_n\}$이 다음 조건을 만족시킨다.

(가) $|a_1|=2$

(나) 모든 자연수 n에 대하여 $|a_{n+1}|=2|a_n|$이다.

(다) $\displaystyle\sum_{n=1}^{10} a_n=-14$

$a_1+a_3+a_5+a_7+a_9$의 값을 구하시오. [4점]

763 2021학년도 9월 평가원 나형 21번

수열 $\{a_n\}$은 모든 자연수 n에 대하여

$$a_{n+2}=\begin{cases} 2a_n+a_{n+1} & (a_n\leq a_{n+1}) \\ a_n+a_{n+1} & (a_n>a_{n+1}) \end{cases}$$

을 만족시킨다. $a_3=2$, $a_6=19$가 되도록 하는 모든 a_1의 값의 합은? [4점]

① $-\dfrac{1}{2}$ ② $-\dfrac{1}{4}$ ③ 0

④ $\dfrac{1}{4}$ ⑤ $\dfrac{1}{2}$

764 2024학년도 수능 15번

첫째항이 자연수인 수열 $\{a_n\}$이 모든 자연수 n에 대하여

$$a_{n+1} = \begin{cases} 2^{a_n} & (a_n\text{이 홀수인 경우}) \\ \dfrac{1}{2}a_n & (a_n\text{이 짝수인 경우}) \end{cases}$$

를 만족시킬 때, $a_6 + a_7 = 3$이 되도록 하는 모든 a_1의 값의 합은? [4점]

① 139　　　　② 146　　　　③ 153

④ 160　　　　⑤ 167

---

765 2021학년도 수능 가/나형 21번

수열 $\{a_n\}$은 $0 < a_1 < 1$이고, 모든 자연수 n에 대하여 다음 조건을 만족시킨다.

(가) $a_{2n} = a_2 \times a_n + 1$
(나) $a_{2n+1} = a_2 \times a_n - 2$

$a_8 - a_{15} = 63$일 때, $\dfrac{a_8}{a_1}$의 값은? [4점]

① 91　　　　② 92　　　　③ 93

④ 94　　　　⑤ 95

모든 항이 자연수이고 다음 조건을 만족시키는 모든 수열 $\{a_n\}$에 대하여 a_9의 최댓값과 최솟값을 각각 M, m이라 할 때, $M+m$의 값은? [4점]

(가) $a_7 = 40$

(나) 모든 자연수 n에 대하여

$$a_{n+2} = \begin{cases} a_{n+1} + a_n & (a_{n+1}\text{이 3의 배수가 아닌 경우}) \\ \dfrac{1}{3}a_{n+1} & (a_{n+1}\text{이 3의 배수인 경우}) \end{cases}$$

이다.

---

① 216   ② 218   ③ 220

④ 222   ⑤ 224

자연수 k에 대하여 다음 조건을 만족시키는 수열 $\{a_n\}$이 있다.

$a_1 = 0$이고, 모든 자연수 n에 대하여

$$a_{n+1} = \begin{cases} a_n + \dfrac{1}{k+1} & (a_n \le 0) \\ a_n - \dfrac{1}{k} & (a_n > 0) \end{cases}$$

이다.

$a_{22} = 0$이 되도록 하는 모든 k의 값의 합은? [4점]

① 12   ② 14   ③ 16

④ 18   ⑤ 20

768 2025학년도 수능(홀) 22번

모든 항이 정수이고 다음 조건을 만족시키는 모든 수열 $\{a_n\}$ 에 대하여 $|a_1|$ 의 값의 합을 구하시오. [4점]

(가) 모든 자연수 n에 대하여

$$a_{n+1}=\begin{cases} a_n-3 & (\,|a_n|\text{이 홀수인 경우}) \\ \dfrac{1}{2}a_n & (a_n=0 \text{ 또는 } |a_n|\text{이 짝수인 경우}) \end{cases}$$

이다.

(나) $|a_m|=|a_{m+2}|$ 인 자연수 m의 최솟값은 3이다.

---

769 2023학년도 9월 평가원 15번

수열 $\{a_n\}$이 다음 조건을 만족시킨다.

(가) 모든 자연수 k에 대하여 $a_{4k}=r^k$이다.
　　　　　　　　　 (단, r는 $0<|r|<1$인 상수이다.)

(나) $a_1<0$이고, 모든 자연수 n에 대하여

$$a_{n+1}=\begin{cases} a_n+3 & (\,|a_n|<5) \\ -\dfrac{1}{2}a_n & (\,|a_n|\geq5) \end{cases}$$

이다.

$|a_m|\geq5$를 만족시키는 100 이하의 자연수 m의 개수를 p라 할 때, $p+a_1$의 값은? [4점]

① 8　　　　　　② 10　　　　　　③ 12

④ 14　　　　　　⑤ 16

MEMO

빠른 독해를 위한
바른 선택

빠바 시리즈
400
만부 돌파!

교재구성
미리 보기

시리즈 구성

- 기초세우기
- 구문독해
- 유형독해
- 수능실전

1 최신 수능 경향 반영
최신 수능 경향에 맞춘 독해 지문 교체와
수능 기출 문장 중심으로 구성 된 구문 훈련

2 실전 대비 기능 강화
실제 사용에 기반한 사례별 구문 학습과 최신 수능 경향을 반영한
수능 독해 Mini Test로 수능 유형 훈련

3 서술형 주관식 문제
내신 및 수능 출제 경향에 맞춘 서술형 및 주관식 문제 재정비

수능기출
75

펴 낸 날	2025년 1월 5일(초판 1쇄)
펴 낸 이	주민홍
펴 낸 곳	(주)NE능률
지 은 이	백인대장 수학연구소
개 발 책 임	차은실
개 발	김은빛, 김화은, 정푸름
디자인책임	오영숙
디 자 인	안훈정, 기지영, 오솔길
제 작 책 임	한성일
등 록 번 호	제1-68호
I S B N	979-11-253-4950-1

대 표 전 화	02 2014 7114
홈 페 이 지	www.neungyule.com
주 소	서울시 마포구 월드컵북로 396(상암동) 누리꿈스퀘어 비즈니스타워 10층

거인의 어깨가 필요할 때

만약 내가 멀리 보았다면, 그것은 거인들의 어깨 위에 서 있었기 때문입니다.
If I have seen farther, it is by standing on the shoulders of giants.

오래전부터 인용되어 온 이 경구는, 성취는 혼자서 이룬 것이 아니라
많은 앞선 노력을 바탕으로 한 결과물이라는 의미를 담고 있습니다.
과학적으로 큰 성취를 이룬 뉴턴(Newton, I.: 1642~1727)도
과학적 공로에 관해 언쟁을 벌이며 경쟁자에게 보낸 편지에
이 문장을 인용하여 자신보다 앞서 과학적 발견을 이룬 과학자들의
도움을 많이 받았음을 고백하였다고 합니다.

수학은 어렵고, 잘하기까지 오랜 시간이 걸립니다.
그렇기에 수학을 공부할 때도 거인의 어깨가 필요합니다.

<각 GAK>은 여러분이 오를 수 있는 거인의 어깨가 되어
여러분의 수학 공부 여정을 함께 하겠습니다.
<각 GAK>의 어깨 위에서 여러분이 원하는
수학적 성취를 이루길 진심으로 기원합니다.

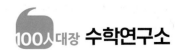

빠른 정답

01 지수

001 ③ 002 ④ 003 ③ 004 ① 005 ② 006 ⑤ 007 ①
008 ④ 009 ② 010 ② 011 12 012 ② 013 11 014 17
015 ④ 016 2 017 ⑤ 018 ⑤ 019 ② 020 ① 021 11
022 11 023 ③ 024 ① 025 ③ 026 ③ 027 ② 028 ④
029 ④ 030 9 031 ① 032 ④ 033 ③ 034 125 035 ③
036 ② 037 ② 038 17 039 98 040 ⑤ 041 ④ 042 ⑤
043 ④ 044 ④ 045 124 046 ③ 047 33 048 16 049 ④
050 64 051 ② 052 28 053 72 054 ① 055 100 056 ③
057 24 058 3 059 ③ 060 ②

02 로그

061 6 062 ④ 063 5 064 ② 065 ④ 066 ② 067 5
068 ⑤ 069 ① 070 ④ 071 ⑤ 072 49 073 ③ 074 58
075 ② 076 ③ 077 9 078 8 079 ① 080 ① 081 ⑤
082 25 083 ① 084 ② 085 ③ 086 ⑤ 087 64 088 ①
089 ④ 090 ④ 091 15 092 ③ 093 80 094 42 095 16
096 20 097 ④ 098 ③ 099 ④ 100 973 101 ① 102 ③
103 ① 104 20 105 75 106 ④ 107 36 108 ② 109 ②
110 ⑤ 111 ③ 112 ⑤ 113 ① 114 ① 115 180 116 13
117 ① 118 ⑤ 119 56 120 45 121 ② 122 ⑤ 123 ③
124 ② 125 30 126 25 127 426 128 ②

03 지수함수와 로그함수

129 ③ 130 ⑤ 131 ② 132 ③ 133 25 134 32 135 ②
136 24 137 5 138 ④ 139 ① 140 ① 141 ② 142 60
143 ② 144 ① 145 ② 146 ② 147 ④ 148 31 149 13
150 ⑤ 151 ③ 152 ① 153 ② 154 ④ 155 ⑤ 156 64
157 ③ 158 ① 159 ② 160 ② 161 ④ 162 6 163 ④
164 ② 165 ① 166 ④ 167 ② 168 ③ 169 ③ 170 ②
171 16 172 ③ 173 ⑤ 174 ⑤ 175 ⑤ 176 ⑤ 177 ③
178 ④ 179 ⑤ 180 11 181 ② 182 ④ 183 ⑤ 184 ②
185 ⑤ 186 ④ 187 ② 188 ⑤ 189 ② 190 ⑤ 191 ①
192 ② 193 75 194 ③ 195 ② 196 ③ 197 ② 198 ③
199 8 200 16 201 ④ 202 ③ 203 ② 204 ③ 205 ①
206 ① 207 ② 208 ④ 209 ① 210 ⑤ 211 ④ 212 ③
213 ② 214 ⑤ 215 49 216 ① 217 13 218 192 219 128
220 ④ 221 ① 222 ② 223 ① 224 ⑤ 225 ② 226 400
227 ③ 228 33 229 ③ 230 ① 231 ③ 232 ⑤ 233 220
234 ① 235 36 236 ② 237 10 238 ⑤

04 지수함수와 로그함수의 활용

239 ② 240 7 241 6 242 24 243 13 244 12 245 ⑤
246 2 247 ① 248 98 249 10 250 ① 251 128 252 52
253 27 254 ① 255 3 256 ④ 257 ① 258 ① 259 ④
260 ④ 261 17 262 12 263 10 264 ① 265 10 266 7
267 ③ 268 ③ 269 32 270 27 271 8 272 ① 273 4
274 100 275 ① 276 4 277 ② 278 ① 279 ② 280 ④
281 20 282 ④ 283 12 284 15 285 23 286 ③ 287 ①
288 ① 289 ④ 290 ② 291 ④ 292 5 293 25 294 36
295 ② 296 6 297 ② 298 17 299 15 300 71 301 ④
302 15 303 ④ 304 ② 305 ① 306 ② 307 ④ 308 25
309 ④ 310 12

05 삼각함수

311 ④ 312 6 313 ② 314 3 315 ④ 316 ② 317 ③
318 ② 319 ④ 320 ③ 321 ① 322 ② 323 ③ 324 ④
325 6 326 27 327 ④ 328 ① 329 ④ 330 4 331 ⑤
332 ⑤ 333 ④ 334 ⑤ 335 ④ 336 ② 337 ② 338 ①
339 ⑤ 340 ⑤ 341 80 342 ② 343 ① 344 ② 345 ①
346 ③ 347 ⑤ 348 5 349 ③ 350 ② 351 ③ 352 ④
353 ④ 354 13 355 ③ 356 ④ 357 ③ 358 ① 359 ①
360 ① 361 ③ 362 ② 363 ⑤ 364 ③ 365 ④ 366 10
367 ③ 368 ③ 369 ⑤ 370 ③ 371 9 372 11 373 ③
374 ④ 375 ③ 376 ③ 377 ③ 378 30 379 ⑤ 380 ⑤
381 ④ 382 ④ 383 14 384 8 385 ① 386 ③ 387 ④
388 ② 389 20 390 ① 391 ④ 392 ⑤ 393 ① 394 ③
395 ① 396 32 397 ① 398 ④ 399 7 400 ① 401 6
402 ③ 403 36 404 ② 405 ④ 406 ④ 407 74 408 ②

06 삼각함수의 활용

409 21 410 ⑤ 411 ① 412 ④ 413 ③ 414 ① 415 32
416 192 417 ③ 418 ① 419 ⑤ 420 ① 421 ④ 422 ⑤
423 ④ 424 ② 425 25 426 ① 427 ④ 428 35 429 ③
430 ③ 431 84 432 20 433 ② 434 7 435 50 436 27
437 ② 438 ⑤ 439 ① 440 ④ 441 ① 442 191 443 ④
444 ① 445 ② 446 ① 447 ⑤ 448 ② 449 ② 450 ④
451 ③ 452 ③ 453 ③ 454 ① 455 ② 456 ④ 457 ③
458 ③ 459 ① 460 103 461 ② 462 ⑤ 463 98 464 ④
465 ① 466 26 467 ⑤ 468 64 469 6 470 13 471 22
472 63 473 ①

07 등차수열

474 7 475 ④ 476 12 477 ⑤ 478 20 479 ③ 480 24
481 ④ 482 ⑤ 483 10 484 99 485 ② 486 10 487 ②
488 ② 489 ① 490 ④ 491 102 492 29 493 18 494 ⑤
495 183 496 ② 497 50 498 ① 499 ① 500 ③ 501 18
502 80 503 ① 504 24 505 36 506 18 507 8 508 ③
509 ① 510 ④ 511 10 512 ⑤ 513 442 514 22 515 240
516 30 517 ① 518 13 519 ③ 520 ② 521 43 522 ②
523 ① 524 7 525 ⑤ 526 ④ 527 ③ 528 ② 529 ③
530 37 531 ④ 532 273 533 ③ 534 315 535 150 536 ③
537 26 538 ① 539 61

08 등비수열

540 ④ 541 ④ 542 ② 543 ② 544 4 545 18 546 ⑤
547 ② 548 14 549 ③ 550 ③ 551 ① 552 ⑤ 553 ④
554 19 555 36 556 ① 557 ③ 558 16 559 ② 560 ⑤
561 10 562 36 563 ⑤ 564 10 565 72 566 ④ 567 ②
568 108 569 25 570 ⑤ 571 ① 572 ⑤ 573 ⑤ 574 18
575 64 576 ② 577 ② 578 257 579 ② 580 ④ 581 10
582 64 583 ① 584 63 585 ② 586 ① 587 9 588 ④
589 ④ 590 ③ 591 ① 592 513 593 8 594 117 595 84

09 수열의 합

596 ④ 597 ② 598 345 599 880 600 ⑤ 601 ② 602 142
603 ⑤ 604 80 605 ⑤ 606 ⑤ 607 ⑤ 608 22 609 9
610 221 611 ④ 612 13 613 ① 614 113 615 12 616 ②
617 34 618 ⑤ 619 ④ 620 427 621 ② 622 91 623 ③
624 ③ 625 ⑤ 626 ③ 627 ③ 628 ② 629 230 630 120
631 ② 632 ③ 633 ② 634 ② 635 ① 636 242 637 162
638 502 639 ④ 640 ④ 641 ① 642 ② 643 ⑤ 644 ①
645 ① 646 ④ 647 ⑤ 648 ② 649 ④ 650 ② 651 ④
652 ① 653 256 654 ⑤ 655 46 656 ① 657 ② 658 ①
659 26 660 25 661 ② 662 55 663 ① 664 24 665 29
666 ② 667 ① 668 ② 669 ③ 670 ④ 671 ① 672 13
673 ① 674 2 675 358 676 ④ 677 21 678 ① 679 ①
680 ④ 681 105 682 5 683 18 684 ① 685 ② 686 ③
687 ⑤ 688 169 689 ③ 690 117 691 184 692 ④ 693 19

10 수열의 귀납적 정의

694 ④ 695 29 696 ① 697 ④ 698 51 699 ① 700 ⑤
701 ② 702 ⑤ 703 256 704 ② 705 ① 706 510 707 ③
708 64 709 496 710 ① 711 ② 712 ② 713 ① 714 ④
715 ③ 716 ④ 717 ③ 718 ④ 719 ④ 720 ① 721 15
722 ④ 723 ⑤ 724 ④ 725 70 726 ① 727 ⑤ 728 ①
729 ③ 730 33 731 235 732 11 733 7 734 123 735 ③
736 8 737 ① 738 ① 739 142 740 ④ 741 ④ 742 96
743 ④ 744 ④ 745 45 746 162 747 ④ 748 ① 749 ①
750 ② 751 ④ 752 ③ 753 ③ 754 21 755 ③ 756 ⑤
757 ⑤ 758 ① 759 ① 760 ⑤ 761 ⑤ 762 678 763 ②
764 ③ 765 ② 766 ⑤ 767 ② 768 64 769 ③

01 지수

A 기본 다지고,

001 답 ③

$$(3^2)^{\frac{1}{2}}+(3^{-2})^{\frac{1}{2}}=3+3^{-1}=3+\frac{1}{3}=\frac{10}{3}$$

002 답 ④

$$9^{\frac{3}{2}}\times 27^{-\frac{2}{3}}=(3^2)^{\frac{3}{2}}\times(3^3)^{-\frac{2}{3}}=3^3\times 3^{-2}=3$$

003 답 ③

$$\sqrt[3]{8}\div 2^{-2}=\sqrt[3]{2^3}\div 2^{-2}=2\div 2^{-2}=2^3=8$$

004 답 ①

$$\sqrt[4]{81}\times\sqrt{\sqrt{16}}=\sqrt[4]{3^4}\times\sqrt[4]{2^4}=3\times 2=6$$

005 답 ②

$$\left(2^{\sqrt{3}}\times 4\right)^{\sqrt{3}-2}=\left(2^{\sqrt{3}}\times 2^2\right)^{\sqrt{3}-2}=\left(2^{\sqrt{3}+2}\right)^{\sqrt{3}-2}=2^{(\sqrt{3}+2)(\sqrt{3}-2)}=2^{-1}=\frac{1}{2}$$

006 답 ⑤

$$\left(\frac{4}{2^{\sqrt{2}}}\right)^{2+\sqrt{2}}=\left(\frac{2^2}{2^{\sqrt{2}}}\right)^{2+\sqrt{2}}=(2^{2-\sqrt{2}})^{2+\sqrt{2}}=2^{(2-\sqrt{2})(2+\sqrt{2})}=2^2=4$$

007 답 ①

$$\sqrt[3]{24}\times 3^{\frac{2}{3}}=\sqrt[3]{2^3\times 3}\times 3^{\frac{2}{3}}=2\times 3^{\frac{1}{3}}\times 3^{\frac{2}{3}}=2\times 3=6$$

008 답 ④

$$2^{\frac{2}{3}}\times 5^{-\frac{1}{3}}\times 10^{\frac{4}{3}}=2^{\frac{2}{3}}\times 5^{-\frac{1}{3}}\times(2\times 5)^{\frac{4}{3}}$$
$$=2^{\frac{2}{3}}\times 5^{-\frac{1}{3}}\times 2^{\frac{4}{3}}\times 5^{\frac{4}{3}}$$
$$=2^2\times 5=20$$

009 답 ②

$$\sqrt[5]{3^2}=\sqrt{9^k}\text{에서 }\sqrt[5]{3^2}=\sqrt{3^{2k}}$$

$$3^{\frac{2}{5}}=3^k \quad \therefore k=\frac{2}{5}$$

010 답 ②

$$5^x=\sqrt{3}\text{에서 }5^{2x}=3 \quad \therefore 5^{-2x}=\frac{1}{3}$$

$$\therefore 5^{2x}+5^{-2x}=3+\frac{1}{3}=\frac{10}{3}$$

011 답 12

$$4^a=\frac{4}{9}\text{에서 }2^{2a}=\left(\frac{2}{3}\right)^2$$

이때 2^a은 양수이므로

$$2^a=\frac{2}{3} \quad \therefore 2^{-a}=\frac{3}{2}$$

$$\therefore 2^{3-a}=2^3\times 2^{-a}=8\times\frac{3}{2}=12$$

012 답 ②

$$\left(\sqrt{2\sqrt[3]{4}}\right)^3=\left(\sqrt{2\times\sqrt[3]{2^2}}\right)^3=\left(\sqrt{2\times 2^{\frac{2}{3}}}\right)^3$$
$$=\left(\sqrt{2^{\frac{5}{3}}}\right)^3=\left(2^{\frac{5}{6}}\right)^3$$
$$=2^{\frac{5}{2}}=\sqrt{2^5}=\sqrt{32}$$

이때 $5=\sqrt{25}<\sqrt{32}<\sqrt{36}=6$이므로 $\left(\sqrt{2\sqrt[3]{4}}\right)^3$보다 큰 자연수 중 가장 작은 것은 6이다.

B 유형 & 유사로 익히면…

013 답 11

해결 각 잡기

$$\sqrt[m]{a\sqrt[n]{a}}=\sqrt[m]{a}\times\sqrt[mn]{a}=a^{\frac{1}{m}+\frac{1}{mn}}$$

STEP 1 $$\sqrt[4]{a\sqrt[3]{a\sqrt{a}}}=\sqrt[4]{a}\times\sqrt[12]{a}\times\sqrt[24]{a}$$
$$=a^{\frac{1}{4}}\times a^{\frac{1}{12}}\times a^{\frac{1}{24}}$$
$$=a^{\frac{1}{4}+\frac{1}{12}+\frac{1}{24}}=a^{\frac{3}{8}}$$

STEP 2 따라서 $m=8$, $n=3$이므로
$$m+n=8+3=11$$

014 답 17

해결 각 잡기

✔ $$\sqrt[m]{\sqrt[n]{a^l}}=\sqrt[mn]{a^l}=a^{\frac{l}{mn}}$$

✔ $$\left(\frac{1}{a}\right)^{-p}=(a^{-1})^{-p}=a^p$$

$\dfrac{\sqrt{a^3}}{\sqrt[3]{a^4}}=\dfrac{a^{\frac{3}{2}}}{a^{\frac{2}{3}}}=a^{\frac{3}{2}-\frac{2}{3}}=a^{\frac{5}{6}}$, $\sqrt{\left(\dfrac{1}{a}\right)^{-4}}=\sqrt{a^4}=a^2$이므로

$\left\{\dfrac{\sqrt{a^3}}{\sqrt[3]{a^4}}\times\sqrt{\left(\dfrac{1}{a}\right)^{-4}}\right\}^6=\left(a^{\frac{5}{6}}\times a^2\right)^6=\left(a^{\frac{17}{6}}\right)^6=a^{17}$

$\therefore k=17$

015 답 ④

이차방정식의 근과 계수의 관계
이차방정식 $ax^2+bx+c=0$의 두 근을 α, β라 하면
$$\alpha+\beta=-\dfrac{b}{a}, \ \alpha\beta=\dfrac{c}{a}$$

STEP 1 x에 대한 이차방정식 $x^2-\sqrt[3]{81}x+a=0$의 두 근이 $\sqrt[3]{3}$과 b
이므로 이차방정식의 근과 계수의 관계에 의하여
$\sqrt[3]{3}+b=\sqrt[3]{81}$, $\sqrt[3]{3}b=a$

STEP 2 $\sqrt[3]{3}+b=\sqrt[3]{81}$에서
$b=\sqrt[3]{81}-\sqrt[3]{3}=3^{\frac{4}{3}}-3^{\frac{1}{3}}=3\times3^{\frac{1}{3}}-3^{\frac{1}{3}}=2\times3^{\frac{1}{3}}$
$\sqrt[3]{3}b=a$에서
$a=\sqrt[3]{3}b=3^{\frac{1}{3}}\times\left(2\times3^{\frac{1}{3}}\right)=2\times3^{\frac{2}{3}}$
$\therefore ab=\left(2\times3^{\frac{2}{3}}\right)\times\left(2\times3^{\frac{1}{3}}\right)=4\times3=12$

다른 풀이 **STEP 2**
$\sqrt[3]{3}+b=\sqrt[3]{81}$에서
$b=\sqrt[3]{81}-\sqrt[3]{3}=\sqrt[3]{3^4}-\sqrt[3]{3}=3\sqrt[3]{3}-\sqrt[3]{3}=2\sqrt[3]{3}$
$a=\sqrt[3]{3}b=\sqrt[3]{3}\times2\sqrt[3]{3}=2\sqrt[3]{3^2}$
$\therefore ab=2\sqrt[3]{3^2}\times2\sqrt[3]{3}=4\sqrt[3]{3^3}=4\times3=12$

016 답 2

STEP 1 한 변의 길이가 $f(n)$인 정사각형의 넓이가 $\sqrt[n]{64}$이므로
$f(n)=\sqrt{\sqrt[n]{64}}=\sqrt{\sqrt[n]{2^6}}=2^{\frac{6}{2n}}=2^{\frac{3}{n}}$

STEP 2 $\therefore f(4)\times f(12)=2^{\frac{3}{4}}\times2^{\frac{3}{12}}=2^{\frac{3}{4}}\times2^{\frac{1}{4}}=2$

017 답 ⑤

실수 a의 n제곱근 중 실수인 것

n $\diagdown$ a	$a>0$	$a=0$	$a<0$
n이 홀수	$\sqrt[n]{a}$	0	$\sqrt[n]{a}$
n이 짝수	$\sqrt[n]{a}$, $-\sqrt[n]{a}$	0	없다.

STEP 1 $a=\pm\sqrt[4]{16}=\pm\sqrt[4]{2^4}=\pm2$
$b=\sqrt[3]{-27}=\sqrt[3]{(-3)^3}=-3$

STEP 2 따라서 $a-b=2-(-3)=5$ 또는 $a-b=-2-(-3)=1$
이므로 $a-b$의 최댓값은 5이다.

018 답 ⑤

STEP 1 $a=\sqrt[3]{k}$

STEP 2 a의 네제곱근 중 양수인 것이 $\sqrt[3]{4}$이므로
$\sqrt[4]{a}=\sqrt[3]{4}$ $\therefore a=(\sqrt[3]{4})^4=\sqrt[3]{256}$
$\therefore k=256$

019 답 ②

♥ 방정식 $x^n=8$의 실근은 n이 홀수인지 짝수인지에 따라 달라지
   므로 경우를 나누어 푼다.
♥ 자연수 n에 대하여 n이 홀수인지 짝수인지에 관계없이 $2n$은 짝
   수이다.

STEP 1 $(x^n-8)(x^{2n}-8)=0$에서
$x^n=8$ 또는 $x^{2n}=8$

STEP 2 (i) n이 짝수일 때
$x=\pm\sqrt[n]{8}$ 또는 $x=\pm\sqrt[2n]{8}$
이때 모든 실근의 곱이 양수이므로 조건을 만족시키지 않는다.

(ii) n이 홀수일 때
$\overbrace{}^{\text{2n은 짝수}}$
$x=\sqrt[n]{8}$ 또는 $x=\pm\sqrt[2n]{8}$
이때 모든 실근의 곱은
$\sqrt[n]{8}\times\sqrt[2n]{8}\times(-\sqrt[2n]{8})=2^{\frac{3}{n}}\times2^{\frac{3}{2n}}\times(-2^{\frac{3}{2n}})=-2^{\frac{6}{n}}$
즉, $-2^{\frac{6}{n}}=-4$이므로 $2^{\frac{6}{n}}=2^2$
$\dfrac{6}{n}=2$ $\therefore n=3$

(i), (ii)에 의하여
$n=3$

020 답 ①

STEP 1 조건 ㈎에서 $\sqrt[3]{a}>0$이므로
$\sqrt[3]{a}=\sqrt[m]{b}$ $\therefore a=(\sqrt[m]{b})^3=b^{\frac{3}{m}}$ ······ ㉠
조건 ㈏에서 $\sqrt{b}>0$이므로
$\sqrt{b}=\sqrt[n]{c}$ $\therefore c=(\sqrt{b})^n=b^{\frac{n}{2}}$ ······ ㉡
조건 ㈐에서 $a>0$, $c>0$이므로
$c=\sqrt[4]{a^{12}}$ $\therefore c=a^3$ ······ ㉢
㉢에 ㉠, ㉡을 대입하면
$b^{\frac{n}{2}}=\left(b^{\frac{3}{m}}\right)^3$, $b^{\frac{n}{2}}=b^{\frac{9}{m}}$
$\dfrac{n}{2}=\dfrac{9}{m}$ $\therefore mn=18$

STEP 2 따라서 조건을 만족시키는 1이 아닌 두 자연수 m, n의 순서쌍 (m, n)은

$(2, 9)$, $(3, 6)$, $(6, 3)$, $(9, 2)$

의 4개이다.

021 답 11

해결 각 잡기

실수 a의 n제곱근 중 실수인 것의 개수

$x^n = a$에서 실근 x의 개수는

(1) n이 홀수일 때, 1개

(2) n이 짝수일 때, $\begin{cases} a < 0$이면 0개 \\ $a = 0$이면 1개 \\ $a > 0$이면 2개 \end{cases}$

STEP 1 $x^a = b$에서 x는 b의 a제곱근이다.

즉, 집합 C는 b의 a제곱근을 원소로 갖는다.

STEP 2 이때 $a = 5$ 또는 $a = 6$이므로

(ⅰ) $a = 5$일 때

b의 5제곱근 중 실수인 것은 b의 값에 관계없이 항상 $\sqrt[5]{b}$의 1개
(홀수)
이다.

따라서 실수 x는 $\sqrt[5]{-3}$, $\sqrt[5]{-2}$, $\sqrt[5]{2}$, $\sqrt[5]{3}$, $\sqrt[5]{4}$의 5개이다.

(ⅱ) $a = 6$일 때

ⓐ $b < 0$, 즉 $b = -3$, -2일 때

b의 6제곱근 중 실수인 것은 존재하지 않는다.
(음수)(짝수)

ⓑ $b > 0$, 즉 $b = 2$, 3, 4일 때

b의 6제곱근 중 실수인 것은 $\pm\sqrt[6]{b}$의 2개이다.
(양수)(짝수)
따라서 실수 x는 $\pm\sqrt[6]{2}$, $\pm\sqrt[6]{3}$, $\pm\sqrt[6]{4}$의 6개이다.

STEP 3 (ⅰ), (ⅱ)에서 모든 실수 x의 값의 개수는

$5 + 6 = 11$

이므로 $n(C) = 11$

022 답 11

STEP 1 집합 X의 원소 중 양수의 개수를 p, 음수의 개수를 q라 하자.

(ⅰ) $x < 0$, 즉 $x = -5$, -4, -3, -2, -1일 때

x의 실수인 네제곱근은 존재하지 않는다.
(음수)(짝수)

(ⅱ) $x = 0$일 때

x의 실수인 네제곱근은 0의 1개이다.
(0)

(ⅲ) $x > 0$, 즉 $x = 1$, 2, 3, 4, 5일 때

x의 실수인 네제곱근은 $\pm\sqrt[4]{x}$의 2개이다.
(양수)(짝수)

(ⅰ), (ⅱ), (ⅲ)에서 $0 \notin X$이면 $n(A) = 2p$이므로 $n(A) = 9$를 만족시키지 않는다.
(짝수)(홀수)

$\therefore 0 \in X$

즉, $n(A) = 2p + 1 = 9$이므로

$2p = 8$ $\quad \therefore p = 4$

또, x의 실수인 세제곱근은 x의 값에 관계없이 항상 $\sqrt[3]{x}$의 1개이므로
(홀수)

$n(B) = p + q + 1 = 4 + q + 1 = 7$ $\quad \therefore q = 2$

따라서 집합 X는 0, 양수 4개, 음수 2개를 원소로 갖는다.

STEP 2 따라서 집합 X의 모든 원소의 합은

$X = \{-2, -1, 0, 2, 3, 4, 5\}$일 때 최대이고 그 값은

$-2 + (-1) + 0 + 2 + 3 + 4 + 5 = 11$

023 답 ③

STEP 1 (ⅰ) n이 홀수일 때

$(n-5)$의 n제곱근 중 실수인 것은 $\sqrt[n]{n-5}$의 1개이므로

$f(3) = f(5) = f(7) = f(9) = 1$

STEP 2 (ⅱ) n이 짝수일 때

ⓐ $n - 5 < 0$, 즉 $n = 2$, 4이면

$(n-5)$의 n제곱근 중 실수인 것은 없으므로

$f(2) = f(4) = 0$

ⓑ $n - 5 > 0$, 즉 $n = 6$, 8, 10이면

$(n-5)$의 n제곱근 중 실수인 것은 $\pm\sqrt[n]{n-5}$의 2개이므로

$f(6) = f(8) = f(10) = 2$

STEP 3 (ⅰ), (ⅱ)에 의하여

$\sum_{n=2}^{10} f(n) = 1 \times 4 + 2 \times 3 = 4 + 6 = 10$

024 답 ①

STEP 1 (ⅰ) n이 홀수일 때

$n^2 - 16n + 48$의 n제곱근 중 실수인 것은 $\sqrt[n]{n^2 - 16n + 48}$의 1개이므로

$f(3) = f(5) = f(7) = f(9) = 1$

STEP 2 (ⅱ) n이 짝수일 때
$\overline{(n-4)(n-12)}$
ⓐ $n^2 - 16n + 48 < 0$, 즉 $4 < n < 12$이면

$n^2 - 16n + 48$의 n제곱근 중 실수인 것은 없으므로

$f(6) = f(8) = f(10) = 0$

ⓑ $n^2 - 16n + 48 = 0$, 즉 $n = 4$ 또는 $n = 12$이면

$n^2 - 16n + 48$의 n제곱근 중 실수인 것은 0의 1개이므로

$f(4) = 1$

ⓒ $n^2 - 16n + 48 > 0$, 즉 $n < 4$ 또는 $n > 12$이면

$n^2 - 16n + 48$의 n제곱근 중 실수인 것은 $\pm\sqrt[n]{n^2 - 16n + 48}$의 2개이므로

$f(2) = 2$

STEP 3 (ⅰ), (ⅱ)에 의하여

$\sum_{n=2}^{10} f(n) = 1 \times 4 + 1 + 2 = 7$

025 답 ③

STEP 1 (i) n이 홀수일 때

$n^2-15n+50$의 n제곱근 중 실수인 것은 $\sqrt[n]{n^2-15n+50}$의 1개
이므로

$$f(5)=f(7)=f(9)=f(11)=1$$

STEP 2 (ii) n이 짝수일 때 $\overset{(n-5)(n-10)}{\overbrace{}}$

ⓐ $n^2-15n+50<0$, 즉 $5<n<10$이면

$n^2-15n+50$의 n제곱근 중 실수인 것은 없으므로

$$f(6)=f(8)=0$$

ⓑ $n^2-15n+50=0$, 즉 $n=5$ 또는 $n=10$이면

$n^2-15n+50$의 n제곱근 중 실수인 것은 0의 1개이므로

$$f(10)=1$$

ⓒ $n^2-15n+50>0$, 즉 $n<5$ 또는 $n>10$이면

$n^2-15n+50$의 n제곱근 중 실수인 것은 $\pm\sqrt[n]{n^2-15n+50}$
의 2개이므로

$$f(4)=f(12)=2$$

STEP 3 (i), (ii)에 의하여 $f(9)=f(10)=f(11)=1$이므로
$f(n)=f(n+1)$을 만족시키는 n의 값은 9, 10이다.
따라서 모든 n의 값의 합은

$$9+10=19$$

026 답 ③

STEP 1 모든 자연수 n에 대하여 $n(n-4)$의 세제곱근 중 실수인 것
은 $\sqrt[3]{n(n-4)}$의 1개이므로

$$f(n)=1$$

STEP 2 $f(n)>g(n)$, 즉 $1>g(n)$을 만족시키려면 $g(n)=0$이어
야 한다.
즉, $n(n-4)$의 네제곱근 중 실수인 것의 개수가 0이어야 하므로
$n(n-4)<0$ ∴ $0<n<4$
따라서 조건을 만족시키는 자연수 n의 값은 1, 2, 3이므로 그 합은

$$1+2+3=6$$

027 답 ②

STEP 1 (i) n이 홀수일 때

$2^{n-3}-8$의 n제곱근 중 실수인 것은 $\sqrt[n]{2^{n-3}-8}$의 1개이므로

$$f(3)=f(5)=f(7)=\cdots=1$$

STEP 2 (ii) n이 짝수일 때 $\overset{2^{n-3}<2^3,\ n-3<3\quad\therefore n<6}{\overbrace{}}$

ⓐ $2^{n-3}-8<0$, 즉 $2\le n<6$이면

$2^{n-3}-8$의 n제곱근 중 실수인 것은 없으므로

$$f(2)=f(4)=0$$

ⓑ $2^{n-3}-8=0$, 즉 $n=6$이면

$2^{n-3}-8$의 n제곱근 중 실수인 것은 0의 1개이므로

$$f(6)=1$$

ⓒ $2^{n-3}-8>0$, 즉 $n>6$이면

$2^{n-3}-8$의 n제곱근 중 실수인 것은 $\pm\sqrt[n]{2^{n-3}-8}$의 2개이므
로

$$f(8)=f(10)=f(12)=\cdots=2$$

STEP 3 (i), (ii)에 의하여

$$\sum_{n=2}^{6}f(n)=0+1+0+1+1=3,$$

$$\sum_{n=7}^{m}f(n)=\underbrace{1+2}_{3}+\underbrace{1+2}_{3}+\underbrace{1+2}_{3}+\cdots+f(m)$$

이므로 $\sum\limits_{n=2}^{m}f(n)=15$에서

$$\sum_{n=7}^{m}f(n)=\sum_{n=2}^{m}f(n)-\sum_{n=2}^{6}f(n)$$

$$=15-3$$

$$=12=3\times4$$

$$=(1+2)+(1+2)+(1+2)+(1+2)$$

$$=\{f(7)+f(8)\}+\{f(9)+f(10)\}+\{f(11)+f(12)\}$$

$$\qquad\qquad\qquad\qquad+\{f(13)+f(14)\}$$

$$=\sum_{n=7}^{14}f(n)$$

∴ $m=14$

028 답 ④

STEP 1 (i) n이 홀수일 때, n의 n제곱근 중 실수인 것은 $\sqrt[n]{n}$의 1개
이므로

$$f(n)=1$$

(ii) n이 짝수일 때, n의 n제곱근 중 실수인 것은 $\pm\sqrt[n]{n}$의 2개이므로

$$f(n)=2$$

STEP 2 (i), (ii)에 의하여

$$\sum_{n=2}^{m}f(n)=33=3\times11$$

$$=\underbrace{(2+1)+(2+1)+\cdots+(2+1)}_{11개}$$

$$=\{f(2)+f(3)\}+\{f(4)+f(5)\}$$

$$\qquad\qquad\qquad+\cdots+\{f(22)+f(23)\}$$

$$=\sum_{n=2}^{23}f(n)$$

∴ $m=23$

029 답 ④

해결 각 잡기

♥ ab의 값이 필요하므로 $2^a=3$에서 $(2^a)^b=3^b$임을 이용한다.

♥ 3^b의 값이 주어져 있으므로 2^{ab}의 값을 구할 수 있다.

$2^a=3$에서 $(2^a)^b=3^b$

$2^{ab}=3^b=\sqrt{2}=2^{\frac{1}{2}}$

∴ $ab=\dfrac{1}{2}$

로그의 정의에 의하여

$2^a=3$에서 $a=\log_2 3$

$3^b=\sqrt{2}$에서 $b=\log_3 \sqrt{2}$

$\therefore ab=\log_2 3 \times \log_3 \sqrt{2}=\log_2 3 \times \dfrac{1}{2}\log_3 2=\dfrac{1}{2}$

주어진 두 식의 양변에 밑이 3인 로그를 취하면

$a\log_3 2=1 \qquad \therefore a=\dfrac{1}{\log_3 2}$

$b=\log_3 \sqrt{2}=\dfrac{1}{2}\log_3 2$

$\therefore ab=\dfrac{1}{\log_3 2} \times \dfrac{1}{2}\log_3 2=\dfrac{1}{2}$

030 답 9

STEP 1 $3^{a-1}=2$의 양변에 3을 곱하면

$3^a=6$

STEP 2 $6^{2b}=5$에서 $(3^a)^{2b}=5 \qquad \therefore 3^{2ab}=5$

$\therefore 5^{\frac{1}{ab}}=3^2=9$

로그의 정의에 의하여

$3^a=6$에서 $a=\log_3 6$

$6^{2b}=5$에서 $2b=\log_6 5 \qquad \therefore b=\dfrac{1}{2}\log_6 5$

$ab=\log_3 6 \times \dfrac{1}{2}\log_6 5=\dfrac{1}{2}\log_3 5$이므로

$\dfrac{1}{ab}=\dfrac{2}{\log_3 5}=2\log_5 3=\log_5 9$

$\therefore 5^{\frac{1}{ab}}=5^{\log_5 9}=9$

031 답 ①

$a^x=k$, $b^y=k$ $(a>0,\ b>0,\ xy\neq 0)$이면 $a=k^{\frac{1}{x}}$, $b=k^{\frac{1}{y}}$이므로
$ab=k^{\frac{1}{x}+\frac{1}{y}}$

STEP 1 $75^x=\dfrac{1}{5}$, 즉 $75^x=5^{-1}$에서 $75=5^{-\frac{1}{x}}$

$\therefore \dfrac{1}{75}=5^{\frac{1}{x}} \qquad\qquad \cdots\cdots\ \bigcirc$

$3^y=25$, 즉 $3^y=5^2$에서 $3=5^{\frac{2}{y}} \qquad \cdots\cdots\ \bigcirc$

STEP 2 $\bigcirc \times \bigcirc$을 하면

$\dfrac{1}{25}=5^{\frac{1}{x}+\frac{2}{y}}$, $5^{-2}=5^{\frac{1}{x}+\frac{2}{y}}$

$\therefore \dfrac{1}{x}+\dfrac{2}{y}=-2$

로그의 정의에 의하여

$75^x=\dfrac{1}{5}$에서 $x=\log_{75}\dfrac{1}{5}=-\log_{75}5$

$3^y=25$에서 $y=\log_3 25=2\log_3 5$

$\therefore \dfrac{1}{x}+\dfrac{2}{y}=-\dfrac{1}{\log_{75}5}+\dfrac{2}{2\log_3 5}$

$\qquad\qquad =-\log_5 75+\log_5 3$

$\qquad\qquad =\log_5 \dfrac{3}{75}=\log_5 \dfrac{1}{25}$

$\qquad\qquad =\log_5 5^{-2}=-2$

032 답 ④

STEP 1 $15^x=8$, 즉 $15^x=2^3$에서 $15=2^{\frac{3}{x}} \qquad \cdots\cdots\ \bigcirc$

$a^y=2$에서 $a=2^{\frac{1}{y}} \qquad\qquad\qquad \cdots\cdots\ \bigcirc$

STEP 2 $\bigcirc \times \bigcirc$을 하면

$15a=2^{\frac{3}{x}+\frac{1}{y}}$, $15a=2^2 \left(\because \dfrac{3}{x}+\dfrac{1}{y}=2\right)$

$\therefore a=\dfrac{4}{15}$

로그의 정의에 의하여

$15^x=8$에서 $x=\log_{15}8=3\log_{15}2$

$a^y=2$에서 $y=\log_a 2 \qquad\qquad a\neq 1$

$\therefore \dfrac{3}{x}+\dfrac{1}{y}=\dfrac{1}{\log_{15}2}+\dfrac{1}{\log_a 2}$

$\qquad\qquad =\log_2 15+\log_2 a$

$\qquad\qquad =\log_2 15a$

즉, $\log_2 15a=2$이므로

$15a=2^2=4 \qquad \therefore a=\dfrac{4}{15}$

033 답 ③

$a^x=b^y$ $(a>0,\ b>0,\ xy\neq 0)$일 때, $a^x=b^y=k$로 놓으면
$a=k^{\frac{1}{x}}$, $b=k^{\frac{1}{y}}$

STEP 1 $2^a=3^b=k$ $(k>1)$로 놓으면

$2=k^{\frac{1}{a}} \quad \cdots\cdots\ \bigcirc$, $3=k^{\frac{1}{b}} \quad \cdots\cdots\ \bigcirc$

STEP 2 $(a-2)(b-2)=4$에서

$ab-2(a+b)+4=4$, $ab=2(a+b)$

$\dfrac{a+b}{ab}=\dfrac{1}{2} \qquad \therefore \dfrac{1}{a}+\dfrac{1}{b}=\dfrac{1}{2} \quad \cdots\cdots\ \bigcirc$

STEP 3 $\bigcirc \times \bigcirc$을 하면

$6=k^{\frac{1}{a}+\frac{1}{b}}$, $6=k^{\frac{1}{2}}$ $(\because \bigcirc) \qquad \therefore k=6^2=36$

$\therefore 4^a \times 3^{-b}=(2^a)^2 \times (3^b)^{-1}=k^2 \times k^{-1}=k=36$

다른 풀이

$2^a=3^b=k\ (k>1)$로 놓으면 로그의 정의에 의하여

$a=\log_2 k,\ b=\log_3 k$ ...... ㉣

$(a-2)(b-2)=4$에서

$ab-2(a+b)+4=4,\ ab=2(a+b)$

$\dfrac{a+b}{ab}=\dfrac{1}{2},\ \dfrac{1}{a}+\dfrac{1}{b}=\dfrac{1}{2}$

$\dfrac{1}{\log_2 k}+\dfrac{1}{\log_3 k}=\dfrac{1}{2}$ ($\because$ ㉣)

$\log_k 2+\log_k 3=\dfrac{1}{2},\ \log_k 6=\dfrac{1}{2}$

$k^{\frac{1}{2}}=6$ $\therefore k=36$

034 답 125

해결 각 잡기

♥ $\dfrac{a+b}{ab}=\dfrac{1}{a}+\dfrac{1}{b}$이므로 $4^{\frac{1}{a}},\ 4^{\frac{1}{b}}$의 값이 필요하다.

♥ 주어진 두 식을 변끼리 곱하여 정리하면 $5^a=4$임을 알 수 있다.

STEP 1 주어진 두 식을 변끼리 곱하면

$5^{2a+b}\times 5^{a-b}=64,\ 5^{3a}=4^3$

$5^a=4$ $\therefore 5=4^{\frac{1}{a}}$ ...... ㉠

STEP 2 ㉠을 $5^{a-b}=2$, 즉 $5^a\times 5^{-b}=2$에 대입하면

$4\times 5^{-b}=2,\ 5^b=2,\ (5^b)^2=2^2$

$25^b=4$ $\therefore 25=4^{\frac{1}{b}}$

STEP 3 $\therefore 4^{\frac{a+b}{ab}}=4^{\frac{1}{a}+\frac{1}{b}}=4^{\frac{1}{a}}\times 4^{\frac{1}{b}}=5\times 25=125$

다른 풀이 1

$5^{2a+b}=32=2^5=(5^{a-b})^5=5^{5a-5b}$

즉, $2a+b=5a-5b$이므로

$a=2b$

따라서 $5^{a-b}=5^{2b-b}=5^b=2$이므로

$5=2^{\frac{1}{b}}$

$\therefore 4^{\frac{a+b}{ab}}=4^{\frac{3b}{2b^2}}=2^{\frac{3}{b}}=\left(2^{\frac{1}{b}}\right)^3=5^3=125$

다른 풀이 2

로그의 정의에 의하여

$5^{2a+b}=32$에서 $2a+b=\log_5 32$ ...... ㉡

$5^{a-b}=2$에서 $a-b=\log_5 2$ ...... ㉢

㉡, ㉢을 연립하여 풀면

$a=2\log_5 2,\ b=\log_5 2$

$\therefore \dfrac{a+b}{ab}=\dfrac{2\log_5 2+\log_5 2}{2\log_5 2\times \log_5 2}$

$=\dfrac{3\log_5 2}{2(\log_5 2)^2}=\dfrac{3}{2\log_5 2}$

$=\dfrac{3}{2}\log_2 5=\log_4 125$

$\therefore 4^{\frac{a+b}{ab}}=125$

035 답 ③

해결 각 잡기

$a^x=7,\ b^{2y}=7,\ c^{3z}=7$에서 $7^{\frac{6}{x}},\ 7^{\frac{3}{y}},\ 7^{\frac{2}{z}}$의 값을 각각 구한다.

STEP 1 $a^x=7$에서 $a=7^{\frac{1}{x}}$ $\therefore a^6=7^{\frac{6}{x}}$ ...... ㉠

$b^{2y}=7$에서 $b^2=7^{\frac{1}{y}}$ $\therefore b^6=7^{\frac{3}{y}}$ ...... ㉡

$c^{3z}=7$에서 $c^3=7^{\frac{1}{z}}$ $\therefore c^6=7^{\frac{2}{z}}$ ...... ㉢

STEP 2 ㉠×㉡×㉢을 하면

$a^6 b^6 c^6=7^{\frac{6}{x}+\frac{3}{y}+\frac{2}{z}}$ $\therefore (abc)^6=7^{\frac{6}{x}+\frac{3}{y}+\frac{2}{z}}$

이때 $abc=49=7^2$이므로

$(7^2)^6=7^{\frac{6}{x}+\frac{3}{y}+\frac{2}{z}},\ 7^{12}=7^{\frac{6}{x}+\frac{3}{y}+\frac{2}{z}}$

$\therefore \dfrac{6}{x}+\dfrac{3}{y}+\dfrac{2}{z}=12$

다른 풀이 1

$a^x=7,\ b^{2y}=7,\ c^{3z}=7$에서

$a^{6yz}=7^{6yz},\ b^{6xz}=7^{3xz},\ c^{6xy}=7^{2xy}$

위의 세 식을 변끼리 곱하면

$(abc)^{6xyz}=7^{6yz+3xz+2xy}$

이때 $abc=49=7^2$이므로

$7^{12xyz}=7^{6yz+3xz+2xy}$

$\therefore 12xyz=6yz+3xz+2xy$

양변을 xyz로 나누면

$\dfrac{6}{x}+\dfrac{3}{y}+\dfrac{2}{z}=12$

다른 풀이 2

로그의 정의에 의하여

$a^x=7$에서 $x=\log_a 7$ $\therefore \dfrac{6}{x}=6\log_7 a$

$b^{2y}=7$에서 $2y=\log_b 7$ $\therefore \dfrac{3}{y}=6\log_7 b$

$c^{3z}=7$에서 $3z=\log_c 7$ $\therefore \dfrac{2}{z}=6\log_7 c$

$\therefore \dfrac{6}{x}+\dfrac{3}{y}+\dfrac{2}{z}=6(\log_7 a+\log_7 b+\log_7 c)$

$=6\log_7 abc=6\log_7 49$

$=6\times 2=12$

036 답 ②

해결 각 잡기

$80^x=2,\ \left(\dfrac{1}{10}\right)^y=4,\ a^z=8$에서 $2^{\frac{1}{x}},\ 2^{\frac{2}{y}},\ 2^{\frac{1}{z}}$의 값을 구한다.

STEP 1 $80^x=2$에서 $80=2^{\frac{1}{x}}$ ...... ㉠

$\left(\dfrac{1}{10}\right)^y=4$에서 $\dfrac{1}{10}=2^{\frac{2}{y}}$ ...... ㉡

$a^z=8$에서 $a=2^{\frac{3}{z}}$ $\quad\therefore a^{\frac{1}{3}}=2^{\frac{1}{z}}$ $\quad\cdots\cdots$ ㉢

STEP 2 ㉠$\times$㉡$\div$㉢을 하면

$8\div a^{\frac{1}{3}}=2^{\frac{1}{x}+\frac{2}{y}-\frac{1}{z}}$

이때 $\dfrac{1}{x}+\dfrac{2}{y}-\dfrac{1}{z}=1$이므로

$8\div a^{\frac{1}{3}}=2$, $a^{\frac{1}{3}}=4$ $\quad\therefore a=4^3=64$

| 다른 풀이 |

로그의 정의에 의하여

$80^x=2$에서 $x=\log_{80}2$

$\therefore \dfrac{1}{x}=\log_2 80$

$\left(\dfrac{1}{10}\right)^y=4$에서 $y=\log_{\frac{1}{10}}4$

$\therefore \dfrac{2}{y}=2\log_4\dfrac{1}{10}=\log_2\dfrac{1}{10}$

$a^z=8$에서 $z=\log_a 8$

$\therefore \dfrac{1}{z}=\log_8 a=\log_2 a^{\frac{1}{3}}$

$\therefore \dfrac{1}{x}+\dfrac{2}{y}-\dfrac{1}{z}=\log_2 80+\log_2\dfrac{1}{10}-\log_2 a^{\frac{1}{3}}$

$\qquad\qquad\qquad =\log_2\left(80\times\dfrac{1}{10}\times a^{-\frac{1}{3}}\right)$

$\qquad\qquad\qquad =\log_2 8a^{-\frac{1}{3}}$

즉, $\log_2 8a^{-\frac{1}{3}}=1$이므로

$8a^{-\frac{1}{3}}=2$ $\quad\therefore a^{\frac{1}{3}}=4$

$\therefore a=4^3=64$

037 답 ②

❤ $a>0$일 때
(1) $(a^x+a^{-x})^2=a^{2x}+a^{-2x}+2$
(2) $(a^x-a^{-x})^2=a^{2x}+a^{-2x}-2$
(3) $(a^x+a^{-x})^3=a^{3x}+a^{-3x}+3(a^x+a^{-x})$
(4) $(a^x-a^{-x})^3=a^{3x}-a^{-3x}-3(a^x-a^{-x})$
→ 곱셈 공식을 이용하여 주어진 식을 대입하기 쉬운 꼴로 변형한 후 식의 값을 구한다.

❤ 주어진 식의 좌변의 분모, 분자에 각각 2^a을 곱하여 식을 정리한다.

STEP 1 주어진 식의 좌변의 분모, 분자에 각각 2^a을 곱하면

$\dfrac{2^{2a}+1}{2^{2a}-1}=-2$, $2^{2a}+1=-2\times 2^{2a}+2$

$3\times 2^{2a}=1$ $\quad\therefore 2^{2a}=\dfrac{1}{3}$

STEP 2 즉, $4^a=\dfrac{1}{3}$이므로 $4^{-a}=3$

$\therefore 4^a+4^{-a}=\dfrac{1}{3}+3=\dfrac{10}{3}$

038 답 17

STEP 1 $2^{-a}+2^{-b}=\dfrac{1}{2^a}+\dfrac{1}{2^b}$

$\qquad\qquad\quad =\dfrac{2^a+2^b}{2^a\times 2^b}$

$\qquad\qquad\quad =\dfrac{2}{2^{a+b}}\ (\because 2^a+2^b=2)$

STEP 2 즉, $\dfrac{2}{2^{a+b}}=\dfrac{9}{4}$이므로

$9\times 2^{a+b}=8$ $\quad\therefore 2^{a+b}=\dfrac{8}{9}$

STEP 3 따라서 $p=9$, $q=8$이므로

$p+q=9+8=17$

039 답 98

$a^2+b^2=(a+b)^2-2ab$

$a^{\frac{1}{2}}+a^{-\frac{1}{2}}=10$이므로

$a+a^{-1}=\left(a^{\frac{1}{2}}+a^{-\frac{1}{2}}\right)^2-2=10^2-2=98$

040 답 ⑤

$a^2+b^2=(a-b)^2+2ab$

$2^a+2^b=\left(2^{\frac{a}{2}}-2^{\frac{b}{2}}\right)^2+2\times 2^{\frac{a}{2}}\times 2^{\frac{b}{2}}$

$\qquad\quad =\left(2^{\frac{a}{2}}-2^{\frac{b}{2}}\right)^2+2^{\frac{a+b}{2}+1}$

$\qquad\quad =3^2+2^{\frac{2}{2}+1}\left(\because 2^{\frac{a}{2}}-2^{\frac{b}{2}}=3,\ a+b=2\right)$

$\qquad\quad =9+4=13$

041 답 ④

$3^{2x}-3^{x+1}=-1$의 양변에 3^{-x}을 곱하면 3^x+3^{-x}의 값을 구할 수 있다.

STEP 1 $3^{2x}-3^{x+1}=-1$의 양변에 3^{-x}을 곱하면

$3^x-3=-3^{-x}$ $\quad\therefore 3^x+3^{-x}=3$

STEP 2 $3^{2x}+3^{-2x}=(3^x+3^{-x})^2-2=3^2-2=7$,

$3^{4x}+3^{-4x}=(3^{2x}+3^{-2x})^2-2=7^2-2=47$

이므로

$\dfrac{3^{4x}+3^{-4x}+1}{3^{2x}+3^{-2x}+1}=\dfrac{47+1}{7+1}=6$

042 답 ⑤

$a^3+b^3=(a+b)^3-3ab(a+b)$

$8^x+8^{-y}=2^{3x}+2^{-3y}$
$=(2^x+2^{-y})^3-3\times2^x\times2^{-y}\times(2^x+2^{-y})$
$=(2^x+2^{-y})^3-3\times2^{x-y}\times(2^x+2^{-y})$
$=5^3-3\times2^2\times5\ (\because 2^x+2^{-y}=5,\ x-y=2)$
$=125-60=65$

043 답 ④

❷ $A=a^{\frac{m}{n}}$ (a는 소수, m과 n은 정수, $mn\neq0$)이 자연수이기 위해서는 n이 m의 약수임을 이용한다.

❷ $\left(\dfrac{1}{256}\right)^{\frac{1}{n}}$을 $2^{(유리수)}$ 꼴로 정리한 후, 이것이 자연수가 되려면 유리수인 지수가 0 또는 자연수이어야 함을 이용한다.

STEP 1 $\left(\dfrac{1}{256}\right)^{\frac{1}{n}}=(2^{-8})^{\frac{1}{n}}=2^{-\frac{8}{n}}$

STEP 2 $2^{-\frac{8}{n}}$이 자연수가 되려면 $-\dfrac{8}{n}$이 자연수이어야 하므로 n은 $-(8의\ 양의\ 약수)$ 꼴이어야 한다.
_{└── 0이 될 수 없다.}

$\therefore n=-1,\ -2,\ -4,\ -8$

따라서 집합 A의 원소 중 자연수인 것의 개수는 4이다.
_{└── $2^8, 2^4, 2^2, 2$}

044 답 ④

STEP 1 $\left(\dfrac{1}{81}\right)^{\frac{1}{n}}=(3^{-4})^{\frac{1}{n}}=3^{-\frac{4}{n}}$

STEP 2 $3^{-\frac{4}{n}}$이 자연수가 되려면 $-\dfrac{4}{n}$가 자연수이어야 하므로 n은 $-(4의\ 양의\ 약수)$ 꼴이어야 한다.
_{└── 0이 될 수 없다.}

$\therefore n=-1,\ -2,\ -4$

STEP 3 각 n의 값에 대하여 $\left(\dfrac{1}{81}\right)^{\frac{1}{n}}$, 즉 $3^{-\frac{4}{n}}$의 값을 구하면

(i) $n=-1$일 때, $3^{-\frac{4}{n}}=3^4=81$

(ii) $n=-2$일 때, $3^{-\frac{4}{n}}=3^2=9$

(iii) $n=-4$일 때, $3^{-\frac{4}{n}}=3^1=3$

따라서 구하는 모든 자연수의 합은
$81+9+3=93$

045 답 124

주어진 두 식을 $3^{(유리수)}$ 꼴로 정리한다.

STEP 1 $(\sqrt{3^n})^{\frac{1}{2}}=\left(3^{\frac{n}{2}}\right)^{\frac{1}{2}}=3^{\frac{n}{4}}$, $\sqrt[n]{3^{100}}=3^{\frac{100}{n}}$

STEP 2 (i) 2 이상의 자연수 n에 대하여 $3^{\frac{n}{4}}$이 자연수가 되려면 $\dfrac{n}{4}$이 자연수이어야 하므로 n은 4의 양의 배수이어야 한다.

(ii) $3^{\frac{100}{n}}$이 자연수가 되려면 $\dfrac{100}{n}$이 자연수이어야 하므로 n은 100의 양의 약수이어야 한다.

(i), (ii)에 의하여 n은 4의 양의 배수이고 $100=4\times5^2$의 양의 약수이므로 n의 값은

$4,\ 4\times5=20,\ 4\times5^2=100$

따라서 구하는 합은
$4+20+100=124$

046 답 ③

$n=2^p\times5^q$ (p, q는 유리수) 꼴로 정리한다.

STEP 1 $\left(\dfrac{\sqrt[6]{5}}{\sqrt[4]{2}}\right)^m=\dfrac{(\sqrt[6]{5})^m}{(\sqrt[4]{2})^m}=\dfrac{5^{\frac{m}{6}}}{2^{\frac{m}{4}}}=2^{-\frac{m}{4}}\times5^{\frac{m}{6}}$이므로

$\left(\dfrac{\sqrt[6]{5}}{\sqrt[4]{2}}\right)^m\times n=100$에서

$2^{-\frac{m}{4}}\times5^{\frac{m}{6}}\times n=2^2\times5^2$

$\therefore n=2^{2+\frac{m}{4}}\times5^{2-\frac{m}{6}}$

STEP 2 이때 자연수 m에 대하여 n이 자연수이려면 $\dfrac{m}{4}$, $\dfrac{m}{6}$은 자연수이고 $2-\dfrac{m}{6}\geq0$이어야 하므로 m은 4와 6의 양의 공배수이고
_{└── m이 자연수이므로 $2+\dfrac{m}{4}>0$}
$m\leq12$이어야 한다.

즉, $m=12$이므로
_{따라서 $2-\dfrac{m}{6}\geq0$인 경우만 생각하면 된다.}

$n=2^{2+\frac{12}{4}}\times5^{2-\frac{12}{6}}=2^5=32$

$\therefore m+n=12+32=44$

다른 풀이 **STEP 2**

$5^{\frac{m}{6}-2}\times n=2^{2+\frac{m}{4}}$ ······ ㉠

이때 $m>0$이므로

$\dfrac{m}{6}-2>-2$, $2+\dfrac{m}{4}>2$

또, ㉠에서 n은 자연수이고 2와 5는 서로소이므로

$\dfrac{m}{6}-2=-1$ 또는 $\dfrac{m}{6}-2=0$

(i) $\dfrac{m}{6}-2=-1$, 즉 $m=6$일 때

$2+\dfrac{m}{4}=2+\dfrac{6}{4}=\dfrac{7}{2}$이므로 조건을 만족시키지 않는다.

(ii) $\dfrac{m}{6}-2=0$, 즉 $m=12$일 때

㉠에서 $n=2^{2+\frac{12}{4}}=2^5=32$

(i), (ii)에 의하여 $m=12$, $n=32$

$\therefore m+n=12+32=44$

047 답 33

$\sqrt[3]{4^n}$을 $2^{(유리수)}$ 꼴로 정리한 후, 이것이 정수가 되려면 유리수인 지수가 0 또는 자연수이어야 함을 이용한다.

STEP 1 $\sqrt[3]{4^n}=4^{\frac{n}{3}}=2^{\frac{2n}{3}}$

STEP 2 자연수 n에 대하여 $2^{\frac{2n}{3}}$이 정수가 되려면 $\frac{2n}{3}$이 자연수이어야 하므로 n은 3의 양의 배수이어야 한다.

이때 n은 100 이하의 자연수이고 이 중 3의 양의 배수는 33개이므로 구하는 자연수 n의 개수는 33이다.

048 답 16

어떤 자연수를 k로 놓고, k의 n제곱근 중에서 양수인 것은 $\sqrt[n]{k}$임을 이용한다.

STEP 1 $\left(\sqrt[3]{3^5}\right)^{\frac{1}{2}}=\left(3^{\frac{5}{3}}\right)^{\frac{1}{2}}=3^{\frac{5}{6}}$

STEP 2 $3^{\frac{5}{6}}$이 어떤 자연수 k의 n제곱근이라 하면 $3^{\frac{5}{6}}$은 양수이므로

$3^{\frac{5}{6}}=\sqrt[n]{k}$, $3^{\frac{5}{6}}=k^{\frac{1}{n}}$

$\therefore k=3^{\frac{5n}{6}}$

STEP 3 이때 k는 자연수이므로 $3^{\frac{5n}{6}}$은 자연수이어야 한다.

자연수 n에 대하여 $3^{\frac{5n}{6}}$이 자연수이려면 $\frac{5n}{6}$이 자연수이어야 하므로 n은 6의 양의 배수이어야 한다.

이때 n은 $2\le n\le 100$인 자연수이고 이 중 6의 양의 배수는 16개이므로 구하는 n의 개수는 16이다.

다른 풀이

$\left(\sqrt[3]{3^5}\right)^{\frac{1}{2}}=\left(3^{\frac{5}{3}}\right)^{\frac{1}{2}}=3^{\frac{5}{6}}$에서

$3^{\frac{5}{6}}=(3^5)^{\frac{1}{6}}=(3^{10})^{\frac{1}{12}}=(3^{15})^{\frac{1}{18}}=\cdots=(3^{80})^{\frac{1}{96}}$

이므로 $\left(\sqrt[3]{3^5}\right)^{\frac{1}{2}}$은 3^5의 6제곱근, 3^{10}의 12제곱근, 3^{15}의 18제곱근, $\cdots$, 3^{80}의 96제곱근 중 양수인 것과 같다.

따라서 자연수 n은 6, 12, 18, $\cdots$, 96의 16개이다.

049 답 ③

❷ $f(4)$, $f(27)$의 값을 각각 구하면 된다.
❷ $f(4)$는 $a=4$일 때, 즉 $\left(\sqrt[n]{a}\right)^3=\left(\sqrt[n]{4}\right)^3$의 값이 자연수가 되도록 하는 n의 최댓값이다.
❷ $f(27)$은 $a=27$일 때, 즉 $\left(\sqrt[n]{a}\right)^3=\left(\sqrt[n]{27}\right)^3$의 값이 자연수가 되도록 하는 n의 최댓값이다.

STEP 1 $\left(\sqrt[n]{a}\right)^3=a^{\frac{3}{n}}$

STEP 2 $a=4$일 때, $a^{\frac{3}{n}}=4^{\frac{3}{n}}=2^{\frac{6}{n}}$

$2^{\frac{6}{n}}$이 자연수가 되려면 $\frac{6}{n}$이 자연수이어야 하므로 n은 6의 양의 약수이어야 한다.

이때 n은 2 이상의 자연수이고 이 중 6의 양의 약수는 2, 3, 6이므로

$f(4)=6$

STEP 3 $a=27$일 때, $a^{\frac{3}{n}}=27^{\frac{3}{n}}=3^{\frac{9}{n}}$

$3^{\frac{9}{n}}$이 자연수가 되려면 $\frac{9}{n}$가 자연수이어야 하므로 n은 9의 양의 약수이어야 한다.

이때 n은 2 이상의 자연수이고 2 이상의 자연수 중 9의 양의 약수는 3, 9이므로

$f(27)=9$

STEP 4 $\therefore f(4)+f(27)=6+9=15$

050 답 64

$n^{\frac{4}{k}}$이 자연수일 때, n이 (자연수)^2, (자연수)^3, (자연수)^4, $\cdots$ 꼴이면 k는 4의 양의 약수뿐만 아니라 다른 수도 될 수 있으므로 경우를 나누어 생각한다.

STEP 1 2 이상의 자연수 m에 대하여 $n=m^p$ (p는 자연수)라 하자.

$n^{\frac{4}{k}}$, 즉 $m^{\frac{4p}{k}}$이 자연수가 되려면 $\frac{4p}{k}$가 자연수이어야 하므로 k는 $4p$의 양의 약수이어야 한다.

즉, $f(n)$의 값은 $4p$의 양의 약수의 개수와 같다.

따라서 $f(n)=8$인 n의 최솟값은 $4p$의 양의 약수의 개수가 8인 p의 최솟값을 이용하여 구한다.

STEP 2 (i) $p=1$일 때

$4p=4=2^2$의 양의 약수의 개수는

$2+1=3$ $\qquad \therefore f(n)=3$

> 자연수 n이 $n=a^x b^y$ (a, b는 서로 다른 소수, x, y는 자연수)으로 소인수분해될 때, n의 양의 약수의 개수는 $(x+1)(y+1)$

(ii) $p=2$일 때

$4p=8=2^3$의 양의 약수의 개수는

$3+1=4$ $\qquad \therefore f(n)=4$

(iii) $p=3$일 때

$4p=12=2^2\times 3$의 양의 약수의 개수는

$(2+1)\times(1+1)=6$ $\qquad \therefore f(n)=6$

(iv) $p=4$일 때

$4p=16=2^4$의 양의 약수의 개수는

$4+1=5$ $\qquad \therefore f(n)=5$

(v) $p=5$일 때

$4p=20=2^2\times 5$의 양의 약수의 개수는

$(2+1)\times(1+1)=6$ $\qquad \therefore f(n)=6$

(ⅵ) $p=6$일 때

$4p=24=2^3 \times 3$의 양의 약수의 개수는

$(3+1) \times (1+1)=8$ ∴ $f(n)=8$

(ⅰ)~(ⅵ)에 의하여 $f(n)=8$을 만족시키는 $n=m^p$의 최솟값은

$p=6$, $m=2$일 때이므로

$2^6=64$

051 답 ④

해결 각 잡기

$\sqrt[3]{n^m}=n^{\frac{m}{3}}$이 자연수가 되는 조건은 n 또는 m 중 하나가 상수일 때 구할 수 있다. —— $1, 2, 3, \cdots, 8$

→ n이 될 수 있는 값의 개수보다 m이 될 수 있는 값의 개수가 적으므로 m의 값을 기준으로 나누어 생각한다. —— $1, 2, 3$

STEP 1 $\sqrt[3]{n^m}=n^{\frac{m}{3}}$

STEP 2 (ⅰ) $m=1$일 때

$n^{\frac{1}{3}}$이 자연수가 되려면 n은 (자연수)^3 꼴이어야 하므로

$n=1, 8$

(ⅱ) $m=2$일 때

$n^{\frac{2}{3}}$이 자연수가 되려면 n은 (자연수)^3 꼴이어야 하므로

$n=1, 8$

(ⅲ) $m=3$일 때

$n^{\frac{3}{3}}=n$은 항상 자연수이므로

$n=1, 2, 3, \cdots, 8$

(ⅰ), (ⅱ), (ⅲ)에 의하여 순서쌍 (m, n)의 개수는

$2+2+8=12$

052 답 28

해결 각 잡기

a^p에서 a가 1이 아닌 자연수이고 p가 음의 정수이면 a^p은 자연수가 아닌 유리수이다.

STEP 1 $\sqrt[4]{n^m}=n^{\frac{m}{4}}$

STEP 2 (ⅰ) $m=-2$ 또는 $m=2$일 때

$n^{-\frac{1}{2}}$ 또는 $n^{\frac{1}{2}}$이 유리수가 되려면 n은 (자연수)^2 꼴이어야 하므로

$n=1, 4, 9, 16$

(ⅱ) $m=-1$ 또는 $m=1$일 때

$n^{-\frac{1}{4}}$ 또는 $n^{\frac{1}{4}}$이 유리수가 되려면 n은 (자연수)^4 꼴이어야 하므로

$n=1, 16$

(ⅲ) $m=0$일 때

$n^0=1$은 항상 자연수이므로

$n=1, 2, 3, \cdots, 16$

(ⅰ), (ⅱ), (ⅲ)에 의하여 순서쌍 (m, n)의 개수는

$2 \times 4 + 2 \times 2 + 16 = 8 + 4 + 16 = 28$

053 답 72

STEP 1 $m=2^p \times 3^q \times n$ (p와 q는 음이 아닌 정수이고, n은 6과 서로소인 자연수)이라 하면

$\sqrt{2m}=2^{\frac{p+1}{2}} \times 3^{\frac{q}{2}} \times n^{\frac{1}{2}}$, $\sqrt[3]{3m}=2^{\frac{p}{3}} \times 3^{\frac{q+1}{3}} \times n^{\frac{1}{3}}$

STEP 2 두 수 $\sqrt{2m}$, $\sqrt[3]{3m}$이 모두 자연수가 되려면 p는 홀수이면서 3의 배수이어야 하고, q는 짝수이면서 3으로 나누었을 때의 나머지가 2인 수이어야 하며, n은 (자연수)^6 꼴이어야 한다. —— $3, 9, 15, \cdots$ / $2, 8, 14, \cdots$

이를 만족시키는 p의 최솟값은 3, q의 최솟값은 2, n의 최솟값은 —— $1^6, 2^6, 3^6, \cdots$

$1^6=1$이므로 자연수 m의 최솟값은

$2^3 \times 3^2 \times 1^6 = 72$

다른 풀이

$\sqrt{2m}$이 자연수가 되려면 m은 $2a^2$ (a는 자연수) 꼴이어야 하고, $\sqrt[3]{3m}$이 자연수가 되려면 m은 $3^2 b^3$ (b는 자연수) 꼴이어야 한다.

(ⅰ) $b=1$일 때, $2a^2=3^2$을 만족시키는 자연수 a는 존재하지 않는다.

(ⅱ) $b=2$일 때

$2a^2=3^2 \times 2^3$ ∴ $a=6$

(ⅰ), (ⅱ)에 의하여 자연수 m의 최솟값은 $a=6$, $b=2$일 때이므로

$m=2 \times 6^2 = 3^2 \times 2^3 = 72$

054 답 ①

STEP 1 $\sqrt{\dfrac{2^a \times 5^b}{2}}=2^{\frac{a-1}{2}} \times 5^{\frac{b}{2}}$, $\sqrt[3]{\dfrac{3^b}{2^{a+1}}}=\dfrac{3^{\frac{b}{3}}}{2^{\frac{a+1}{3}}}$

STEP 2 $\sqrt{\dfrac{2^a \times 5^b}{2}}$이 자연수, $\sqrt[3]{\dfrac{3^b}{2^{a+1}}}$이 유리수이려면 a는 홀수이면서 3으로 나누었을 때의 나머지가 2인 수이어야 하고, b는 짝수이면서 3의 배수이어야 한다. —— $5, 11, 17, \cdots$

이를 만족시키는 a의 최솟값은 5, b의 최솟값은 6이므로 $a+b$의 최솟값은 —— $6, 12, 18, \cdots$

$5+6=11$

055 답 100

해결 각 잡기

❤ 주어진 식에서 각 문자가 나타내는 것이 무엇인지 파악한 후 조건에 따라 값을 대입한다.

❤ 주어진 정의에 따라 R_A, R_B를 각각 Q, p에 대한 식으로 나타낸다.

STEP 1 필름 A를 투과하는 빛의 세기는

$R_A=Q \times 10^{-p}$

필름 B를 투과하는 빛의 세기는
$$R_B = Q \times 10^{-p-2}$$
STEP 2 $\therefore \dfrac{R_A}{R_B} = \dfrac{Q \times 10^{-p}}{Q \times 10^{-p-2}} = 10^2 = 100$

056 답 ③

A지역과 B지역 각각에서 주어진 식에 알맞은 값을 대입하여 식을 세우고, k의 값이 서로 같음을 이용한다.

STEP 1 A지역에서 $H_1 = 12$, $H_2 = 36$, $V_1 = 2$, $V_2 = 8$이므로
$$8 = 2 \times \left(\frac{36}{12}\right)^{\frac{2}{2-k}}$$
$$\therefore 4 = 3^{\frac{2}{2-k}} \qquad \cdots\cdots \ \text{㉠}$$
B지역에서 $H_1 = 10$, $H_2 = 90$, $V_1 = a$, $V_2 = b$이므로
$$b = a \times \left(\frac{90}{10}\right)^{\frac{2}{2-k}}$$
$$\therefore \frac{b}{a} = 9^{\frac{2}{2-k}} \qquad \cdots\cdots \ \text{㉡}$$

STEP 2 ㉠의 양변을 제곱하면
$$16 = 9^{\frac{2}{2-k}}$$
이것을 ㉡에 대입하면
$$\frac{b}{a} = 16$$

본문 20쪽 ~ 21쪽

C 수능 완성!

057 답 24

❤ 조건 ㈎에서 n이 홀수일 때와 짝수일 때로 나누어 생각해 본다.
→ n이 홀수일 때, $x^n = 64$의 실근은 1개이다.
　n이 짝수일 때, $x^n = 64$의 실근은 2개이다.
❤ 이차함수 $f(x)$의 최솟값이 $\pm(\text{소수})^{(\text{유리수})}$ 꼴이라고 예상해 볼 수 있고, 이것이 음의 정수가 되는 조건을 생각해 본다.

STEP 1 $(x^n - 64)f(x) = 0$에서
$x^n = 64$ 또는 $f(x) = 0$
자연수 n에 대하여 방정식 $x^n = 64$의 서로 다른 실근은 1개 또는 2개이고 중근을 가질 수 없고, 이차방정식 $f(x) = 0$의 서로 다른 실근은 0개 또는 1개 (중근) 또는 2개이다.

따라서 조건 ㈎에서 방정식 $(x^n - 64)f(x) = 0$은 서로 다른 두 실근을 갖고, 각각의 실근은 중근이므로 방정식 $x^n = 64$의 서로 다른 실근은 2개, 이차방정식 $f(x) = 0$의 서로 다른 실근은 2개이고, 두 방정식의 실근은 서로 같다.

STEP 2 이때 방정식 $x^n = 64$의 서로 다른 실근이 2개이므로 n은 짝수이고 그 근은 $x = \pm\sqrt[n]{64}$이다.
$$\therefore x = 2^{\frac{6}{n}} \ \text{또는} \ x = -2^{\frac{6}{n}} \qquad \cdots\cdots \ \text{㉠}$$

STEP 3 또, 최고차항의 계수가 1인 이차방정식 $f(x) = 0$의 두 근이 ㉠과 같으므로
$$f(x) = \left(x - 2^{\frac{6}{n}}\right)\left(x + 2^{\frac{6}{n}}\right) = x^2 - 2^{\frac{12}{n}}$$
따라서 $f(x)$는 $x = 0$일 때 최솟값 $-2^{\frac{12}{n}}$을 갖는다.

STEP 4 조건 ㈏에서 함수 $f(x)$의 최솟값은 음의 정수이므로 $-2^{\frac{12}{n}}$이 음의 정수이어야 한다.
즉, $\dfrac{12}{n}$가 자연수이어야 하므로 n은 12의 양의 약수이어야 한다.
따라서 자연수 n은 짝수이면서 12의 양의 약수이어야 하므로 조건을 만족시키는 자연수 n의 값은 2, 4, 6, 12이고 그 합은
$$2 + 4 + 6 + 12 = 24$$

058 답 3

❤ **실수 a의 n제곱근 중 실수인 것의 개수**
(1) n이 홀수일 때, 1개
(2) n이 짝수일 때, $\begin{cases} a < 0이면 \ 0개 \\ a = 0이면 \ 1개 \\ a > 0이면 \ 2개 \end{cases}$

❤ 이차함수 $y = n^2 - 17n + 19k$의 그래프의 축의 방정식을 구할 수 있으므로 축에 대한 대칭성을 이용하여 그래프를 그려 본다.

STEP 1 n이 홀수일 때, $n^2 - 17n + 19k$의 n제곱근 중 실수인 것은 $\sqrt[n]{n^2 - 17n + 19k}$의 1개이므로
$$f(3) = f(5) = f(7) = \cdots = f(19) = 1$$
$$\therefore f(3) + f(5) + f(7) + \cdots + f(19) = 9$$
이때 $\displaystyle\sum_{n=2}^{19} f(n) = f(2) + f(3) + f(4) + \cdots + f(19) = 19$이므로
$$f(2) + f(4) + f(6) + \cdots + f(18) = 19 - 9 = 10$$

STEP 2 $g(n) = n^2 - 17n + 19k$
$$= \left(n - \frac{17}{2}\right)^2 + 19k - \frac{289}{4}$$
라 하자.
이차함수 $y = g(n)$의 그래프는 직선 $n = \dfrac{17}{2} = 8.5$에 대하여 대칭이므로
$$\underbrace{g(2) = g(15), \ g(3) = g(14), \ g(4) = g(13), \ \cdots, \ g(8) = g(9)}_{g(n) = g(17-n), \ g(짝수) = g(홀수)}$$

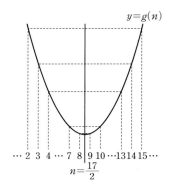

$y=g(n)$

$\cdots$ 2 3 4   7 8 9 10   13 14 15 $\cdots$

$n=\dfrac{17}{2}$

STEP 3 n이 짝수일 때, $g(n)=n^2-17n+19k$의 n제곱근 중 실수인 것은 0개 또는 2개이므로

$f(n)=0$ 또는 $f(n)=2$
$\quad\ \ g(n)<0 \qquad g(n)>0$

따라서 $f(2)+f(4)+f(6)+\cdots+f(18)=10$을 만족시키려면 $f(2)$, $f(4)$, $f(6)$, $\cdots$, $f(18)$의 9개의 값 중 2가 5개, 0이 4개이어야 한다.

즉, $g(2)$, $g(4)$, $g(6)$, $\cdots$, $g(18)$의 9개의 값 중 양수인 것이 5개, 음수인 것이 4개이어야 한다.

즉, 위의 그림에서 $g(4)>0$, $g(5)<0$이어야 하므로
$\quad$ $g(2)>0, g(4)>0, g(14)>0, g(16)>0, g(18)>0,$
$\qquad\quad g(6)<0, g(8)<0, g(10)<0, g(12)<0$

$g(4)=-52+19k>0$에서

$19k>52$ $\quad$ ∴ $k>\dfrac{52}{19}=2.\times\times\times$ $\qquad$ …… ㉠

$g(5)=-60+19k<0$에서

$19k<60$ $\quad$ ∴ $k<\dfrac{60}{19}=3.\times\times\times$ $\qquad$ …… ㉡

㉠, ㉡에서 $2.\times\times\times<k<3.\times\times\times$이므로 자연수 k의 값은 3이다.

참고

$g(n)=0$이라 하면 $19k=n(17-n)$
이때 n은 짝수이고 k는 자연수이므로
$\qquad 19k\neq n(17-n)$
즉, 이를 만족시키는 n, k는 존재하지 않으므로
$\qquad g(n)\neq 0$ $\quad$ ∴ $f(n)\neq 1$

059 답 ③

해결 각 잡기

$m^{\frac{12}{n}}$이 정수일 때, m이 (자연수)^2, (자연수)^3, (자연수)^4, $\cdots$ 꼴이면 n은 12의 양의 약수뿐만 아니라 다른 수도 될 수 있으므로 경우를 나누어 생각한다.

STEP 1 자연수 m $(m\geq 2)$에 대하여 m^{12}의 n제곱근은
(i) n이 홀수일 때, $\sqrt[n]{m^{12}}$
(ii) n이 짝수일 때, $\pm\sqrt[n]{m^{12}}$
따라서 m^{12}의 n제곱근 중에서 정수가 존재하려면 $\sqrt[n]{m^{12}}$, 즉 $m^{\frac{12}{n}}$이 정수이어야 한다.

STEP 2 $2\leq a\leq m$을 만족시키는 자연수 a에 대하여 $m=a^p$ (p는 자연수)이라 하자.

$m^{\frac{12}{n}}$, 즉 $a^{\frac{12p}{n}}$의 값이 정수가 되려면 $\dfrac{12p}{n}$가 자연수이어야 하므로 2 이상의 자연수 n은 $12p$의 양의 약수이어야 한다.

즉, $f(m)$의 값은 n의 개수이므로
$f(m)=(12p$의 양의 약수의 개수$)-1$

STEP 3 $2\leq m\leq 9$에서

(i) $p=1$, 즉 $m=2, 3, 5, 6, 7$일 때
$12p=12=2^2\times 3$의 양의 약수의 개수는
$(2+1)\times(1+1)=6$ $\quad$ ∴ $f(m)=6-1=5$

(ii) $p=2$, 즉 $m=4, 9$일 때
$12p=24=2^3\times 3$의 양의 약수의 개수는
$(3+1)\times(1+1)=8$ $\quad$ ∴ $f(m)=8-1=7$

(iii) $p=3$, 즉 $m=8$인 경우
$12p=36=2^2\times 3^2$의 양의 약수의 개수는
$(2+1)\times(2+1)=9$ $\quad$ ∴ $f(m)=9-1=8$

STEP 4 (i), (ii), (iii)에 의하여

$\displaystyle\sum_{m=2}^{9}f(m)=5\times 5+7\times 2+8\times 1=25+14+8=47$

060 답 ②

해결 각 잡기

● $\sqrt{3}^{f(n)}$은 양수이고 4는 짝수이므로 $\sqrt{3}^{f(n)}$의 네제곱근 중 실수인 것은 2개이다.
● 축에 대한 대칭성을 이용하여 이차함수 $y=f(x)$의 그래프를 그려 보면 조건을 만족시키는 자연수 n의 개수가 2가 되는 경우는 한 가지뿐임을 알 수 있다.

STEP 1 $\sqrt{3}^{f(n)}$의 네제곱근 중 실수인 것은
$\pm\sqrt[4]{\sqrt{3}^{f(n)}}$

STEP 2 두 수를 곱하면 -9이므로

$\sqrt[4]{\sqrt{3}^{f(n)}}\times\left(-\sqrt[4]{\sqrt{3}^{f(n)}}\right)=-9$

$-\sqrt{\sqrt{3}^{f(n)}}=-9$ $\quad$ ∴ $3^{\frac{1}{4}f(n)}=3^2$

즉, $\dfrac{1}{4}f(n)=2$이므로

$f(n)=8$ $\qquad$ …… ㉠

STEP 3 함수 $f(x)=-(x-2)^2+k$의 그래프는 오른쪽 그림과 같이 직선 $x=2$에 대하여 대칭이므로 ㉠을 만족시키는 자연수 n의 개수가 2이기 위해서는 함수 $y=f(x)$의 그래프와 직선 $y=8$이 x좌표가 1, 3인 점에서 각각 만나야 한다.

즉, $f(1)=8$이므로

$f(1)=-1+k=8$

∴ $k=9$

02 로그

본문 24쪽 ~ 25쪽

A 기본 다지고,

061 답 6

$a = 8^2 = 2^6$

$\therefore \log_2 a = \log_2 2^6 = 6$

062 답 ④

$a = \sqrt[3]{81} = (9^2)^{\frac{1}{3}} = 9^{\frac{2}{3}}$

$\therefore \log_9 a = \log_9 9^{\frac{2}{3}} = \frac{2}{3}$

063 답 5

$\log_2 96 + \log_{\frac{1}{4}} 9 = \log_2 96 + \log_{2^{-2}} 3^2$

$= \log_2 96 - \log_2 3$

$= \log_2 \frac{96}{3}$

$= \log_2 32$

$= \log_2 2^5 = 5$

064 답 ②

$\log_5 (6 - \sqrt{11}) + \log_5 (6 + \sqrt{11}) = \log_5 (6 - \sqrt{11})(6 + \sqrt{11})$

$= \log_5 25$

$= \log_5 5^2 = 2$

065 답 ④

$\left(\frac{1}{\log_8 2}\right)^3 + \log_2 16^2 = \left(\frac{1}{\log_{2^3} 2}\right)^3 + \log_2 (2^4)^2$

$= \left(\frac{3}{\log_2 2}\right)^3 + \log_2 2^8$

$= 27 + 8 = 35$

다른 풀이

$\left(\frac{1}{\log_8 2}\right)^3 + \log_2 16^2 = (\log_2 8)^3 + \log_2 (2^4)^2$

$= 3^3 + \log_2 2^8$

$= 27 + 8 = 35$

066 답 ②

$\dfrac{1}{\log_4 18} + \dfrac{2}{\log_9 18} = \log_{18} 4 + 2\log_{18} 9$

$= \log_{18} 2^2 + \log_{18} 9^2$

$= \log_{18} (2 \times 9)^2$

$= \log_{18} 18^2 = 2$

067 답 5

$\dfrac{\log_5 72}{\log_5 2} - 4\log_2 \dfrac{\sqrt{6}}{2} = \log_2 72 - \log_2 \left(\dfrac{\sqrt{6}}{2}\right)^4$

$= \log_2 72 - \log_2 \dfrac{36}{16}$

$= \log_2 \left(72 \times \dfrac{16}{36}\right)$

$= \log_2 32$

$= \log_2 2^5 = 5$

068 답 ⑤

$\log_5 3 \times (\log_3 \sqrt{5} - \log_{\frac{1}{9}} 125) = \log_5 3 \times (\log_3 5^{\frac{1}{2}} - \log_{3^{-2}} 5^3)$

$= \log_5 3 \times \left(\dfrac{1}{2}\log_3 5 + \dfrac{3}{2}\log_3 5\right)$

$= \log_5 3 \times 2\log_3 5$

$= 2$

069 답 ①

$(\sqrt{2})^{1 + \log_2 3} = (\sqrt{2})^{\log_2 2 + \log_2 3} = (\sqrt{2})^{\log_2 6}$

$= \left(2^{\frac{1}{2}}\right)^{\log_2 6} = 2^{\frac{1}{2}\log_2 6}$

$= 2^{\log_2 \sqrt{6}} = \sqrt{6}$

070 답 ④

$\log_2 a = \log_8 b$에서

$\log_2 a = \dfrac{1}{3}\log_2 b$

즉, $\dfrac{\log_2 b}{\log_2 a} = 3$이므로

$\log_a b = 3$

다른 풀이

$\log_2 a = \log_8 b$에서

$\log_2 a = \dfrac{1}{3}\log_2 b$, $3\log_2 a = \log_2 b$

$\log_2 a^3 = \log_2 b$ $\therefore b = a^3$

$\therefore \log_a b = \log_a a^3 = 3$

071 답 ⑤

$$\log_2 3 \times \log_a 4 = \frac{\log 3}{\log 2} \times \frac{2\log 2}{\log a}$$
$$= 2 \times \frac{\log 3}{\log a} = 2\log_a 3$$

즉, $2\log_a 3 = \frac{1}{2}$이므로

$$\log_a 3 = \frac{1}{4}$$

$$\therefore \log_3 a = 4$$

다른 풀이

$$\log_2 3 \times \log_a 4 = \frac{1}{\log_3 2} \times \frac{2\log_3 2}{\log_3 a} = \frac{2}{\log_3 a}$$

즉, $\frac{2}{\log_3 a} = \frac{1}{2}$이므로 $\log_3 a = 4$

072 답 49

$$ab = \log_5 2 \times \log_2 7$$
$$= \frac{\log 2}{\log 5} \times \frac{\log 7}{\log 2}$$
$$= \frac{\log 7}{\log 5} = \log_5 7$$

$$\therefore 25^{ab} = 5^{2ab} = 5^{2\log_5 7} = 5^{\log_5 49} = 49$$

본문 26쪽 ~ 37쪽

B 유형 & 유사로 익히면…

073 답 ③

해결 각 잡기

로그의 정의
$$a^x = N \iff x = \log_a N \ (a>0, \ a\neq 1, \ N>0)$$

$\log_2 \dfrac{a}{4} = b$에서 $2^b = \dfrac{a}{4}$

$$\therefore \frac{2^b}{a} = \frac{1}{4}$$

074 답 58

해결 각 잡기

로그의 정의를 이용하여 조건 (나), (다)에서 b, c를 a에 대한 식으로 나타내어 $k=a+b+c$를 a에 대한 식으로 정리한다.

STEP 1 조건 (나)에서 $b-a=2^3$

$$\therefore b = a+8$$

조건 (다)에서 $c-b=2^2$

$$\therefore c = b+4 = (a+8)+4 = a+12$$

$$\therefore k = a+b+c = a+(a+8)+(a+12) = 3a+20$$

STEP 2 조건 (가)에서 $1 \leq a \leq 5$이므로

$$23 \leq 3a+20 \leq 35$$

$$\therefore 23 \leq k \leq 35$$

따라서 k의 최댓값과 최솟값의 합은

$$35+23 = 58$$

075 답 ②

해결 각 잡기

로그의 정의에 의하여 조건 (가)에서 $\log_b 3 = 0$을 만족시키는 b가 존재하지 않는다는 것을 파악한다.

STEP 1 조건 (가)에서 $(\log_2 a)(\log_b 3) = 0$이므로

$\log_2 a = 0$ 또는 $\log_b 3 = 0$

이때 $\log_b 3 = 0$을 만족시키는 b는 존재하지 않는다.
　로그의 정의에 의하여 $\log_b 3 = 0$이면 $b^0 \neq 3$이므로 모순이다.

따라서 $\log_2 a = 0$이므로

$$a = 1$$

STEP 2 $a=1$을 조건 (나)의 등식에 대입하면

$$\log_b 3 = 2 \qquad \therefore b^2 = 3$$

$$\therefore a^2+b^2 = 1^2+3 = 4$$

다른 풀이

$\log_2 a$와 $\log_b 3$을 두 근으로 하고 최고차항의 계수가 1인 이차방정식은

$$x^2 - (\log_2 a + \log_b 3)x + (\log_2 a)(\log_b 3) = 0$$

$$x^2 - 2x = 0, \ x(x-2) = 0$$

$$\therefore x=0 \ \text{또는} \ x=2$$

즉, $\log_2 a = 0$, $\log_b 3 = 2$ 또는 $\log_2 a = 2$, $\log_b 3 = 0$

그런데 $\log_b 3 = 0$을 만족시키는 b는 존재하지 않으므로

$$\log_2 a = 0, \ \log_b 3 = 2$$

따라서 $a=1$, $b^2=3$이므로

$$a^2+b^2 = 1^2+3 = 4$$

076 답 ③

STEP 1 $\log_2\left(m^2 + \dfrac{1}{4}\right) = -1$에서

$$2^{-1} = m^2 + \frac{1}{4}, \ \frac{1}{2} = m^2 + \frac{1}{4}$$

$$\therefore m^2 = \frac{1}{4}$$

이때 $m>0$이므로

$$m=\frac{1}{2}$$

STEP 2 $m=\frac{1}{2}$ 을 $\log_2 m=5+3\log_2 n$에 대입하면

$$\log_2 \frac{1}{2}=5+3\log_2 n, \quad -1=5+3\log_2 n$$

$$\log_2 n=-2, \quad 2^{-2}=n$$

$$\therefore n=\frac{1}{4}$$

$$\therefore m+n=\frac{1}{2}+\frac{1}{4}=\frac{3}{4}$$

077 답 9

해결 각 잡기

로그가 정의되기 위한 조건

$\log_a N$이 정의되려면

(ⅰ) 밑의 조건: $a>0$, $a\neq 1$

(ⅱ) 진수의 조건: $N>0$

STEP 1 밑의 조건에서 $x>0$, $x\neq 1$ ······ ㉠

진수의 조건에서 $-x^2+4x+5>0$이므로

$$x^2-4x-5<0, \quad (x+1)(x-5)<0$$

$$\therefore -1<x<5 \qquad \cdots\cdots \text{㉡}$$

STEP 2 ㉠, ㉡을 동시에 만족시키는 x의 값의 범위는

$0<x<1$ 또는 $1<x<5$

따라서 정수 x는 2, 3, 4이므로 구하는 합은

$$2+3+4=9$$

078 답 8

STEP 1 밑의 조건에서 $a+3>0$, $a+3\neq 1$이므로

$$a>-3, \quad a\neq -2 \qquad \cdots\cdots \text{㉠}$$

진수의 조건에서 $-a^2+3a+28>0$이므로

$$a^2-3a-28<0, \quad (a+4)(a-7)<0$$

$$\therefore -4<a<7 \qquad \cdots\cdots \text{㉡}$$

STEP 2 ㉠, ㉡을 동시에 만족시키는 a의 값의 범위는

$-3<a<-2$ 또는 $-2<a<7$

따라서 정수 a는 -1, 0, 1, $\cdots$, 6의 8개이다.

└─ $7-(-2)-1=8$과
같이 구할 수도 있다.

079 답 ①

해결 각 잡기

$f(x)=ax^2+bx+c$ $(a>0)$일 때,

모든 실수 x에 대하여 이차부등식 $f(x)>0$이 성립한다.

$\iff$ 이차방정식 $f(x)=0$의 판별식 D에 대하여 $D<0$이다.

STEP 1 밑의 조건에서 $a>0$, $a\neq 1$ ······ ㉠

진수의 조건에서 모든 실수 x에 대하여 $x^2+2ax+5a>0$이어야 하므로 이차방정식 $x^2+2ax+5a=0$의 판별식을 D라 하면

$$\frac{D}{4}=a^2-5a<0, \quad a(a-5)<0$$

$$0<a<5 \qquad \cdots\cdots \text{㉡}$$

STEP 2 ㉠, ㉡을 동시에 만족시키는 a의 값의 범위는

$0<a<1$ 또는 $1<a<5$

따라서 정수 a는 2, 3, 4이므로 구하는 합은

$$2+3+4=9$$

080 답 ①

ㄱ. 밑이 $a^2-a+2=\left(a-\frac{1}{2}\right)^2+\frac{7}{4}>1$이므로 모든 실수 a에 대하여 밑의 조건을 만족시킨다.

진수가 $a^2+1>0$이므로 모든 실수 a에 대하여 진수의 조건을 만족시킨다.

ㄴ. [반례] $a=0$일 때, 밑이 $2|a|+1=1$이므로 $\log_{2|a|+1}(a^2+1)$은 정의되지 않는다.

ㄷ. [반례] $a=1$일 때, 진수가 $a^2-2a+1=(a-1)^2=0$이므로 $\log_{a^2+2}(a^2-2a+1)$은 정의되지 않는다.

따라서 a의 값에 관계없이 로그가 정의될 수 있는 것은 ㄱ뿐이다.

081 답 ⑤

해결 각 잡기

❤ **로그의 기본 성질**

$a>0$, $a\neq 1$, $x>0$, $y>0$일 때

(1) $\log_a a=1$, $\log_a 1=0$

(2) $\log_a xy=\log_a x+\log_a y$

(3) $\log_a \dfrac{x}{y}=\log_a x-\log_a y$

(4) $\log_a x^n=n\log_a x$ (단, n은 실수)

❤ **이차방정식의 근과 계수의 관계**

이차방정식 $ax^2+bx+c=0$의 두 근을 α, β라 하면

$$\alpha+\beta=-\frac{b}{a}, \quad \alpha\beta=\frac{c}{a}$$

STEP 1 이차방정식 $x^2-18x+6=0$의 두 근이 α, β이므로 이차방정식의 근과 계수의 관계에 의하여

$$\alpha+\beta=18, \quad \alpha\beta=6$$

STEP 2 $\therefore \log_2(\alpha+\beta)-2\log_2 \alpha\beta=\log_2 18-2\log_2 6$

$$=\log_2 18-\log_2 6^2$$

$$=\log_2 \frac{18}{36}$$

$$=\log_2 \frac{1}{2}=-1$$

082 답 25

STEP 1 이차방정식 $x^2-8x+1=0$의 두 근이 α, β이므로 이차방정식의 근과 계수의 관계에 의하여

$\alpha\beta=1$

STEP 2 $\therefore \log_2\left(\alpha+\dfrac{4}{\beta}\right)+\log_2\left(\beta+\dfrac{4}{\alpha}\right)=\log_2\left(\alpha+\dfrac{4}{\beta}\right)\left(\beta+\dfrac{4}{\alpha}\right)$

$\qquad\qquad\qquad\qquad\qquad\qquad =\log_2\left(\alpha\beta+\dfrac{16}{\alpha\beta}+8\right)$

$\qquad\qquad\qquad\qquad\qquad\qquad =\log_2(1+16+8)$

$\qquad\qquad\qquad\qquad\qquad\qquad =\log_2 25$

따라서 $k=\log_2 25$이므로

$2^k=25$

083 답 ①

해결 각 잡기

두 점을 지나는 직선의 기울기
두 점 (x_1, y_1), (x_2, y_2)를 지나는 직선의 기울기는
$\dfrac{y_2-y_1}{x_2-x_1}$ (단, $x_1\neq y_1$)

두 점 $(1, \log_2 5)$, $(2, \log_2 10)$을 지나는 직선의 기울기는

$\dfrac{\log_2 10-\log_2 5}{2-1}=\log_2\dfrac{10}{5}=\log_2 2=1$

084 답 ②

해결 각 잡기

한 직선 위에 있는 서로 다른 세 점 중 어느 두 점을 연결한 직선의 기울기는 모두 같다.

STEP 1 원점과 점 $(2, \log_4 2)$를 지나는 직선의 기울기는

$\dfrac{\log_4 2-0}{2-0}=\dfrac{\dfrac{1}{2}}{2}=\dfrac{1}{4}$

또, 원점과 점 $(4, \log_2 a)$를 지나는 직선의 기울기는

$\dfrac{\log_2 a-0}{4-0}=\dfrac{\log_2 a}{4}$

STEP 2 이때 두 점 $(2, \log_4 2)$, $(4, \log_2 a)$를 지나는 직선이 원점을 지나므로 세 점은 한 직선 위에 있다.

즉, $\dfrac{\log_2 a}{4}=\dfrac{1}{4}$이므로

$\log_2 a=1 \qquad \therefore a=2$

다른 풀이 1
두 점 (x_1, y_1), (x_2, y_2)를 지나는 직선의 방정식은
$y-y_1=\dfrac{y_2-y_1}{x_2-x_1}(x-x_1)$ (단, $x_1\neq x_2$)

두 점 $(2, \log_4 2)$, $(4, \log_2 a)$를 지나는 직선의 방정식은

$y-\log_4 2=\dfrac{\log_2 a-\log_4 2}{4-2}(x-2)$

이 직선이 원점을 지나므로

$-\log_4 2=\dfrac{\log_2 a-\log_4 2}{4-2}\times(-2)$

$-\log_4 2=-\log_2 a+\log_4 2$

$\log_2 a=1 \qquad \therefore a=2$

다른 풀이 2
세 점 $(0, 0)$, $(2, \log_4 2)$, $(4, \log_2 a)$의 간격이 일정하므로 등차중항에 의하여

$2\times\log_4 2=\log_2 a \qquad \therefore a=2$

> 세 수 a, b, c가 이 순서대로 등차수열을 이룰 때,
> $2b=a+c$

085 답 ③

해결 각 잡기

♥ 주어진 등식에서 로그의 밑을 같게 하고, 진수의 식을 비교하여 a와 b 사이의 관계식을 구한다.
♥ $a>0$, $a\neq 1$, $b>0$, $m\neq 0$일 때
$\log_{a^m} b^n=\dfrac{n}{m}\log_a b$

STEP 1 $\log_{\sqrt{3}} a=4\log_{(\sqrt{3})^4} a=\log_9 a^4$이므로

$\log_9 a^4=\log_9 ab$

$\therefore a^4=ab$

STEP 2 이때 $a>1$이므로

$b=a^3$

$\therefore \log_a b=\log_a a^3=3$

086 답 ⑤

STEP 1 $\log_a\dfrac{a^3}{b^2}=2$에서

$\dfrac{a^3}{b^2}=a^2 \qquad \therefore a=b^2 \ (\because a>1)$

STEP 2 $\therefore \log_a b+3\log_b a=\log_{b^2} b+3\log_b b^2$

$\qquad\qquad\qquad\qquad\qquad =\dfrac{1}{2}+6=\dfrac{13}{2}$

다른 풀이

$\log_a\dfrac{a^3}{b^2}=\log_a a^3-\log_a b^2=3-2\log_a b=2$에서

$2\log_a b=1 \qquad \therefore \log_a b=\dfrac{1}{2}$

이때 $\log_b a=\dfrac{1}{\log_a b}=2$이므로

$\log_a b+3\log_b a=\dfrac{1}{2}+3\times 2=\dfrac{13}{2}$

087 답 64

해결 각 잡기

a, b, c, d를 모두 k에 대한 식으로 나타내고, 주어진 등식에 대입하여 k의 값을 구한다.

양수 k의 네제곱근 중 실수인 것은 $\sqrt[4]{k}$, $-\sqrt[4]{k}$이므로

$a=\sqrt[4]{k}$, $b=-\sqrt[4]{k}$ $(\because a>b)$ ...... ㉠

k의 세제곱근 중 실수인 것은 $\sqrt[3]{k}$이므로

$c=\sqrt[3]{k}$ ...... ㉡

$-k$의 세제곱근 중 실수인 것은 $\sqrt[3]{-k}=-\sqrt[3]{k}$이므로

$d=-\sqrt[3]{k}$ ...... ㉢

STEP 2 $\log_2 \dfrac{c}{a}=\log_2 \dfrac{b}{d}+1$에서

$\log_2 \dfrac{c}{a}-\log_2 \dfrac{b}{d}=1$

$\log_2 \dfrac{cd}{ab}=1$ $\therefore \dfrac{cd}{ab}=2$ ...... ㉣

STEP 3 ㉠, ㉡, ㉢을 ㉣에 대입하면

$\dfrac{cd}{ab}=\dfrac{\sqrt[3]{k}\times(-\sqrt[3]{k})}{\sqrt[4]{k}\times(-\sqrt[4]{k})}=\dfrac{-k^{\frac{1}{3}}\times k^{\frac{1}{3}}}{-k^{\frac{1}{4}}\times k^{\frac{1}{4}}}=\dfrac{k^{\frac{2}{3}}}{k^{\frac{1}{2}}}=k^{\frac{1}{6}}$

따라서 $k^{\frac{1}{6}}=2$이므로

$k=2^6=64$

088 답 ①

STEP 1 조건 ㈎에서 $\sqrt[3]{a}$는 ab의 네제곱근이므로

$(\sqrt[3]{a})^4=a^{\frac{4}{3}}=ab$

$\therefore b=a^{\frac{1}{3}}$

STEP 2 조건 ㈏에서

$\log_a bc+\log_b ac=\log_a a^{\frac{1}{3}}c+\log_{a^{\frac{1}{3}}} ac$

$=\log_a a^{\frac{1}{3}}+\log_a c+3\log_a ac$

$=\dfrac{1}{3}\log_a a+\log_a c+3(\log_a a+\log_a c)$

$=\dfrac{1}{3}+\log_a c+3(1+\log_a c)$

$=\dfrac{10}{3}+4\log_a c$

즉, $\dfrac{10}{3}+4\log_a c=4$이므로

$\log_a c=\dfrac{1}{6}$ $\therefore c=a^{\frac{1}{6}}$

STEP 3 $a=\left(\dfrac{b}{c}\right)^k=\left(\dfrac{a^{\frac{1}{3}}}{a^{\frac{1}{6}}}\right)^k=a^{\frac{k}{6}}$이므로

$1=\dfrac{k}{6}$ $\therefore k=6$

089 답 ④

해결 각 잡기

$a>0$, $a\neq1$, $b>0$, $c>0$, $c\neq1$일 때

$\log_a b=\dfrac{\log_c b}{\log_c a}$, $a^{\log_c b}=b^{\log_c a}$

$\dfrac{1}{a}-\dfrac{1}{b}=\dfrac{b-a}{ab}=\dfrac{\log_2 5}{\log_3 5}=\dfrac{\log_5 3}{\log_5 2}=\log_2 3$

090 답 ④

$\dfrac{1}{3a}+\dfrac{1}{2b}=\dfrac{3a+2b}{6ab}=\dfrac{\log_3 32}{6\log_9 2}$

$=\dfrac{\log_3 2^5}{6\log_{3^2} 2}=\dfrac{5\log_3 2}{3\log_3 2}=\dfrac{5}{3}$

091 답 15

해결 각 잡기

♥ 주어진 등식에서 양변의 로그의 밑을 같게 하여 등식을 간단히 정리한다.

♥ $a>0$, $a\neq1$, $b>0$, $c>0$, $c\neq1$일 때

$\log_a b=\dfrac{\log_c b}{\log_c a}$

STEP 1 $\log_{27} a=\log_3 \sqrt{b}$에서

$\log_{3^3} a=\log_3 b^{\frac{1}{2}}$, $\dfrac{1}{3}\log_3 a=\dfrac{1}{2}\log_3 b$

$\therefore \dfrac{\log_3 a}{\log_3 b}=\dfrac{3}{2}$, 즉 $\log_b a=\dfrac{3}{2}$

STEP 2 $\therefore 20\log_b \sqrt{a}=20\log_b a^{\frac{1}{2}}=10\log_b a$

$=10\times\dfrac{3}{2}=15$

다른 풀이 1

$\log_{27} a=\dfrac{1}{3}\log_3 a=\log_3 a^{\frac{1}{3}}$, $\log_3 \sqrt{b}=\log_3 b^{\frac{1}{2}}$

이때 $\log_{27} a=\log_3 \sqrt{b}$이므로

$\log_3 a^{\frac{1}{3}}=\log_3 b^{\frac{1}{2}}$

$a^{\frac{1}{3}}=b^{\frac{1}{2}}$ $\therefore a=b^{\frac{3}{2}}$

$\therefore 20\log_b \sqrt{a}=20\log_b a^{\frac{1}{2}}=20\log_b (b^{\frac{3}{2}})^{\frac{1}{2}}$

$=20\log_b b^{\frac{3}{4}}=20\times\dfrac{3}{4}=15$

다른 풀이 2

$\log_{27} a=\log_3 \sqrt{b}$에서

$\dfrac{\log_b a}{\log_b 27}=\dfrac{\log_b \sqrt{b}}{\log_b 3}$, $\dfrac{\log_b a}{3\log_b 3}=\dfrac{\dfrac{1}{2}}{\log_b 3}$

$\therefore \log_b a=\dfrac{3}{2}$

$\therefore 20\log_b \sqrt{a}=10\log_b a=10\times\dfrac{3}{2}=15$

092 답 ③

STEP 1 원점과 점 $(2, \log_4 a)$를 지나는 직선의 기울기는

$\dfrac{\log_4 a-0}{2-0}=\dfrac{\log_4 a}{2}$

원점과 점 $(3, \log_2 b)$를 지나는 직선의 기울기는

$\dfrac{\log_2 b-0}{3-0}=\dfrac{\log_2 b}{3}$

STEP 2 이때 두 점 $(2, \log_4 a)$, $(3, \log_2 b)$를 지나는 직선이 원점을 지나므로 세 점은 한 직선 위에 있다.

즉, $\dfrac{\log_4 a}{2} = \dfrac{\log_2 b}{3}$이므로

$\dfrac{1}{4}\log_2 a = \dfrac{1}{3}\log_2 b$

$\log_2 a = \dfrac{4}{3}\log_2 b$

$\therefore \dfrac{\log_2 b}{\log_2 a} = \dfrac{3}{4}$, 즉 $\log_a b = \dfrac{3}{4}$

093 답 80

STEP 1 조건 (가)에서 $\log_2(\log_4 a) = 1$이므로

$\log_\bullet \blacksquare = \blacktriangle \Longleftrightarrow \bullet^{\blacktriangle} = \blacksquare$

$\log_4 a = 2^1 = 2$ ∴ $a = 4^2 = 16$

STEP 2 조건 (나)에서

$\log_a 5 \times \log_5 b = \dfrac{\log 5}{\log a} \times \dfrac{\log b}{\log 5} = \dfrac{\log b}{\log a} = \log_a b$

이므로

$\log_a b = \dfrac{3}{2}$

따라서 $a^{\frac{3}{2}} = b$이므로

$b = 16^{\frac{3}{2}} = (4^2)^{\frac{3}{2}} = 4^3 = 64$

$\therefore a + b = 16 + 64 = 80$

094 답 42

STEP 1 $\log_{16} a = \dfrac{1}{\log_b 4}$에서

$\log_{16} a = \log_4 b$, $\log_{16} a = \log_{16} b^2$

$\therefore a = b^2$ ······ ㉠

STEP 2 ㉠을 $\log_6 ab = 3$에 대입하면

$\log_6 b^3 = 3$

이때 $b^3 = 6^3$이므로 $b = 6$

$b = 6$을 ㉠에 대입하면

$a = 6^2 = 36$

$\therefore a + b = 36 + 6 = 42$

095 답 16

해결 각 잡기

$\dfrac{\log_a b}{2a} = \dfrac{3}{4}$, $\dfrac{18\log_b a}{b} = \dfrac{3}{4}$에서 $\log_a b \times \log_b a = 1$임을 이용한다.

STEP 1 $\dfrac{\log_a b}{2a} = \dfrac{3}{4}$, $\dfrac{18\log_b a}{b} = \dfrac{3}{4}$

위의 두 식을 변끼리 곱하면

$\dfrac{\log_a b}{2a} \times \dfrac{18\log_b a}{b} = \dfrac{9}{16}$

$\dfrac{\log_a b \times \log_b a}{ab} = \dfrac{1}{16}$

STEP 2 이때 $\log_a b \times \log_b a = 1$이므로

$\dfrac{1}{ab} = \dfrac{1}{16}$

$\therefore ab = 16$

다른 풀이

$\dfrac{\log_a b}{2a} = \dfrac{3}{4}$에서 $\log_a b = \dfrac{3a}{2}$

$\dfrac{18\log_b a}{b} = \dfrac{3}{4}$에서 $\log_b a = \dfrac{b}{24}$

이때 $\log_a b = \dfrac{1}{\log_b a}$이므로

$\dfrac{3a}{2} = \dfrac{24}{b}$

$\therefore ab = 16$

096 답 20

해결 각 잡기

$\dfrac{3a}{\log_a b} = \dfrac{b}{2\log_b a} = \dfrac{3a+b}{3} = k$로 놓은 후, 식을 간단하게 정리한다.

STEP 1 $\dfrac{3a}{\log_a b} = \dfrac{b}{2\log_b a} = \dfrac{3a+b}{3} = k$ $(k > 0)$로 놓으면

$3a = k\log_a b$, $b = 2k\log_b a$, $3a + b = 3k$

즉, $k\log_a b + 2k\log_b a = 3k$이므로

$\log_a b + 2\log_b a = 3$ ······ ㉠

STEP 2 $\log_a b = t$ $(t > 1)$로 놓으면

$\log_b a = \dfrac{1}{t}$

㉠에서

$t + \dfrac{2}{t} = 3$, $t^2 - 3t + 2 = 0$

$(t-1)(t-2) = 0$

$\therefore t = 2$ $(\because t > 1)$

$\therefore 10\log_a b = 10t = 10 \times 2 = 20$

다른 풀이

$1 < a < b$이므로 $\log_a b = t$ $(t > 1)$로 놓으면

$\dfrac{3a}{t} = \dfrac{bt}{2} = \dfrac{3a+b}{3}$

$\dfrac{3a}{t} = \dfrac{bt}{2}$에서 $6a = bt^2$ $\therefore a = \dfrac{bt^2}{6}$ ······ ㉠

$\dfrac{bt}{2} = \dfrac{3a+b}{3}$에서 $6a + 2b = 3bt$ ······ ㉡

㉠을 ㉡에 대입하면

$bt^2 + 2b = 3bt$, $t^2 - 3t + 2 = 0$

$(t-1)(t-2) = 0$

$\therefore t = 2$ $(\because t > 1)$

$\therefore 10\log_a b = 10t = 10 \times 2 = 20$

097 답 ④

수직선 위의 선분의 내분점
수직선 위의 두 점 $A(a)$, $B(b)$에 대하여 선분 AB를 $m : n$으로 내분하는 점을 C라 하면
$$C\left(\frac{mb+na}{m+n}\right)$$

선분 PQ를 $m : (1-m)$으로 내분하는 점의 좌표가 1이므로
$$\frac{m \times \log_5 12 + (1-m) \times \log_5 3}{m+(1-m)} = 1$$
$$m\log_5 12 + (1-m)\log_5 3 = 1$$
$$m(\log_5 12 - \log_5 3) = 1 - \log_5 3$$
$$\underbrace{}_{\log_5 5}$$
$$m\log_5 \frac{12}{3} = \log_5 \frac{5}{3}$$
$$m\log_5 4 = \log_5 \frac{5}{3}, \ \log_5 4^m = \log_5 \frac{5}{3}$$
$$\therefore 4^m = \frac{5}{3}$$

098 답 ③

기울기가 m인 직선과 기울기가 m'인 직선이 서로 수직이면
$$mm' = -1$$

STEP 1 두 점 $(0, 0)$, $(\log_2 9, k)$를 지나는 직선의 기울기는
$$\frac{k-0}{\log_2 9 - 0} = \frac{k}{2\log_2 3}$$
직선 $(\log_4 3)x + (\log_9 8)y - 2 = 0$, 즉 $y = -\frac{\log_4 3}{\log_9 8}x + \frac{2}{\log_9 8}$의 기울기는
$$-\frac{\log_4 3}{\log_9 8} = -\frac{\log_{2^2} 3}{\log_{3^2} 2^3} = -\frac{\frac{1}{2}\log_2 3}{\frac{3}{2}\log_3 2} = -\frac{\log_2 3}{3\log_3 2}$$

STEP 2 이때 두 직선이 서로 수직이므로
$$\frac{k}{2\log_2 3} \times \left(-\frac{\log_2 3}{3\log_3 2}\right) = -1 \qquad \therefore k = 6\log_3 2$$
$$\therefore 3^k = 3^{6\log_3 2} = 3^{\log_3 2^6} = 2^6 = 64$$

099 답 ④

STEP 1 $\dfrac{\log_c b}{\log_a b} = \dfrac{\log_b a}{\log_b c} = \log_c a = \dfrac{1}{2}$이므로
$$c^{\frac{1}{2}} = a \qquad \therefore c = a^2$$
$\dfrac{\log_b c}{\log_a c} = \dfrac{\log_c a}{\log_c b} = \log_b a = \dfrac{1}{3}$이므로
$$b^{\frac{1}{3}} = a \qquad \therefore b = a^3$$

STEP 2 $1 < b < 10$, 즉 $1 < a^3 < 10$에서
$$a = 2$$

따라서 $b = 2^3 = 8$, $c = 2^2 = 4$이므로
$$a + 2b + 3c = 2 + 16 + 12 = 30$$

100 답 973

STEP 1 $\log_a b = \dfrac{3}{2}$에서 $b = a^{\frac{3}{2}}$ ...... ㉠

$\log_c d = \dfrac{3}{4}$에서 $d = c^{\frac{3}{4}}$ ...... ㉡

STEP 2 a, b, c, d는 모두 자연수이므로 ㉠에서 a는 제곱수이어야 하고 ㉡에서 c는 네제곱수이어야 한다.
즉, 가능한 $a\,(a>1)$의 값은 4, 9, $\cdots$, 81, 100, 121, $\cdots$이고,
가능한 $c\,(c>1)$의 값은 16, 81, 256, 625, $\cdots$이다.
이때 $a-c=19$를 만족시키는 a와 c의 값은
$$a = 100, \ c = 81$$

STEP 3 따라서
$$b = a^{\frac{3}{2}} = 100^{\frac{3}{2}} = (10^2)^{\frac{3}{2}} = 10^3 = 1000,$$
$$d = c^{\frac{3}{4}} = 81^{\frac{3}{4}} = (3^4)^{\frac{3}{4}} = 3^3 = 27$$
이므로
$$b - d = 1000 - 27 = 973$$

다른 풀이 **STEP 2** + **STEP 3**

a, b, c, d는 모두 자연수이므로 1이 아닌 두 자연수 m, n에 대하여 $a = m^2$, $b = m^3$, $c = n^4$, $d = n^3$으로 나타낼 수 있다.
$$a - c = m^2 - n^4 = (m-n^2)(m+n^2) = 19$$
이때 19는 소수이므로
$$m - n^2 = 1, \ m + n^2 = 19$$
위의 두 식을 연립하여 풀면
$$m = 10, \ n^2 = 9 \qquad \therefore n = 3$$
따라서 $b = m^3 = 10^3 = 1000$, $d = n^3 = 3^3 = 27$이므로
$$b - d = 1000 - 27 = 973$$

101 답 ①

조건 ㈎에서 양변에 상용로그를 취하여 $\log a$, $\log b$ 사이의 관계식을 구한 후 조건 ㈏와 함께 곱셈 공식의 변형을 이용한다.

STEP 1 조건 ㈎에서 $ab = 10^2$이므로 양변에 상용로그를 취하면
$$\log ab = \log 10^2$$
$$\therefore \log a + \log b = 2$$

STEP 2 $(\log b - \log a)^2 = (\log a + \log b)^2 - 4\log a \times \log b$
$$= 2^2 - 4 \times (-3) = 16$$
이때 $b > a$에서 $\log b - \log a > 0$이므로
$$\log b - \log a = 4$$
$$\therefore \log \frac{b}{a} = \log b - \log a = 4$$

다른 풀이 STEP 2

조건 (내)에서 $\log a \times \log b = -3$

이때 $\log a$, $\log b$를 두 근으로 하는 t에 대한 이차방정식은

$t^2 - 2t - 3 = 0$, $(t+1)(t-3) = 0$

$\therefore t = -1$ 또는 $t = 3$

이때 $a < b$이므로 $\log a = -1$, $\log b = 3$

$\therefore \log \dfrac{b}{a} = \log b - \log a = 3 - (-1) = 4$

---

102 답 ③

해결 각 잡기

$\log_2 a = \dfrac{1}{\log_a 2}$, $\log_2 b = \dfrac{1}{\log_b 2}$임을 이용하여 $\log_2 a$, $\log_2 b$에 대한 식을 $\log_a 2$, $\log_b 2$에 대한 식으로 변형한 후, 곱셈 공식의 변형을 이용한다.

STEP 1 $\log_2 a + \log_2 b = -1$에서

$\dfrac{1}{\log_a 2} + \dfrac{1}{\log_b 2} = -1$, 즉 $\dfrac{\log_a 2 + \log_b 2}{\log_a 2 \times \log_b 2} = -1$

이때 $\log_a 2 + \log_b 2 = 2$이므로

$\log_a 2 \times \log_b 2 = -2$

STEP 2 $\therefore (\log_a 2)^2 + (\log_b 2)^2$

$= (\log_a 2 + \log_b 2)^2 - 2\log_a 2 \times \log_b 2$

$= 2^2 - 2 \times (-2) = 8$

---

103 답 ①

해결 각 잡기

$\log_a b = \dfrac{\log_b c}{2} = \dfrac{\log_c a}{4} = k$로 놓고, $\log_a b \times \log_b c \times \log_c a = 1$임을 이용하여 k의 값을 구한다.

STEP 1 $\log_a b = \dfrac{\log_b c}{2} = \dfrac{\log_c a}{4} = k \ (k > 0)$로 놓으면

$\log_a b = k$, $\log_b c = 2k$, $\log_c a = 4k$

STEP 2 $\log_a b \times \log_b c \times \log_c a = \dfrac{\log b}{\log a} \times \dfrac{\log c}{\log b} \times \dfrac{\log a}{\log c} = 1$

이므로

$k \times 2k \times 4k = 1$, $k^3 = \dfrac{1}{8}$

$\therefore k = \dfrac{1}{2}$

$\therefore \log_a b + \log_b c + \log_c a = k + 2k + 4k = 7k$

$= 7 \times \dfrac{1}{2} = \dfrac{7}{2}$

다른 풀이 STEP 2

$b = a^k$, $c = b^{2k}$, $a = c^{4k}$이므로

$c = b^{2k} = (a^k)^{2k} = a^{2k^2}$

$\therefore a = c^{4k} = (a^{2k^2})^{4k} = a^{8k^3}$

이때 $a > 1$이므로

$8k^3 = 1$, $k^3 = \dfrac{1}{8}$ $\therefore k = \dfrac{1}{2}$

$\therefore \log_a b + \log_b c + \log_c a = \log_a a^k + \log_b b^{2k} + \log_c c^{4k}$

$= k + 2k + 4k = 7k$

$= 7 \times \dfrac{1}{2} = \dfrac{7}{2}$

---

104 답 20

STEP 1 $\log_a b = \dfrac{\log_b c}{2} = \dfrac{\log_c a}{3} = k$에서

$\log_a b = k$, $\log_b c = 2k$, $\log_c a = 3k$

STEP 2 $\log_a b \times \log_b c \times \log_c a = \dfrac{\log b}{\log a} \times \dfrac{\log c}{\log b} \times \dfrac{\log a}{\log c} = 1$

이므로

$k \times 2k \times 3k = 1$ $\therefore k^3 = \dfrac{1}{6}$

$\therefore 120k^3 = 120 \times \dfrac{1}{6} = 20$

다른 풀이 STEP 2

$b = a^k$, $c = b^{2k}$, $a = c^{3k}$이므로

$c = b^{2k} = (a^k)^{2k} = a^{2k^2}$

$\therefore a = c^{3k} = (a^{2k^2})^{3k} = a^{6k^3}$

이때 $a > 1$이므로

$6k^3 = 1$ $\therefore k^3 = \dfrac{1}{6}$

$\therefore 120k^3 = 120 \times \dfrac{1}{6} = 20$

---

105 답 75

해결 각 잡기

조건 (가)에서 $3^a = 5^b = k^c = t$로 놓고, a, b, c를 t에 대한 식으로 나타낸 후 조건 (내)의 식에 대입하여 k의 값을 구한다.

STEP 1 조건 (가)에서 $3^a = 5^b = k^c = t \ (t > 1)$로 놓으면

$b > 0$이므로 $5^b > 1$ $\therefore k \neq 1$

$a = \log_3 t$, $b = \log_5 t$, $c = \log_k t$ $\quad \cdots\cdots$ ㉠

STEP 2 조건 (내)에서

$\log c = \log (2ab) - \log (2a+b)$

$\log c = \log \dfrac{2ab}{2a+b}$

즉, $c = \dfrac{2ab}{2a+b}$이므로

$\dfrac{1}{c} = \dfrac{1}{2a} + \dfrac{1}{b}$ $\quad \cdots\cdots$ ㉡

STEP 3 ㉡에 ㉠을 대입하면

$\dfrac{1}{\log_k t} = \dfrac{1}{2\log_3 t} + \dfrac{1}{\log_5 t}$

$\log_t k = \log_t \sqrt{3} + \log_t 5 = \log_t 5\sqrt{3}$

따라서 $k = 5\sqrt{3}$이므로

$k^2 = 75$

다른 풀이 **STEP 1** + **STEP 3**

조건 ㈎에서 $3^a = k^c$, $5^b = k^c$이므로

$3 = k^{\frac{c}{a}}$, $5 = k^{\frac{c}{b}}$ ...... ㉢

㉢에서 양변에 c를 곱하면

$\dfrac{c}{2a} + \dfrac{c}{b} = 1$

$\therefore k^1 = k^{\frac{c}{2a} + \frac{c}{b}} = k^{\frac{c}{2a}} \times k^{\frac{c}{b}}$

$\qquad = (k^{\frac{c}{a}})^{\frac{1}{2}} \times k^{\frac{c}{b}} = 3^{\frac{1}{2}} \times 5 \ (\because ㉢)$

$\qquad = 5\sqrt{3}$

$\therefore k^2 = 75$

106 답 ④

STEP 1 조건 ㈎에서 $\sqrt[3]{a} = \sqrt{b} = \sqrt[4]{c} = d \ (d > 0)$로 놓으면

$a = d^3$, $b = d^2$, $c = d^4$ ...... ㉠

STEP 2 조건 ㈏에 ㉠을 대입하면

$\log_8 a + \log_4 b + \log_2 c = \log_8 d^3 + \log_4 d^2 + \log_2 d^4$

$\qquad = \log_{2^3} d^3 + \log_{2^2} d^2 + \log_2 d^4$

$\qquad = \log_2 d + \log_2 d + 4\log_2 d$

$\qquad = 6\log_2 d = 2$

$\therefore \log_2 d = \dfrac{1}{3}$ ...... ㉡

STEP 3 $\therefore \log_2 abc = \log_2 (d^3 \times d^2 \times d^4)$

$\qquad = \log_2 d^9$

$\qquad = 9\log_2 d \ (\because ㉡)$

$\qquad = 9 \times \dfrac{1}{3} = 3$

다른 풀이

조건 ㈎에서

$a^{\frac{1}{3}} = b^{\frac{1}{2}} = c^{\frac{1}{4}}$

각 변에 밑이 2인 로그를 취하면

$\dfrac{1}{3}\log_2 a = \dfrac{1}{2}\log_2 b = \dfrac{1}{4}\log_2 c$

이때 $\dfrac{1}{3}\log_2 a = \dfrac{1}{2}\log_2 b = \dfrac{1}{4}\log_2 c = k$로 놓으면

$\log_2 a = 3k$, $\log_2 b = 2k$, $\log_2 c = 4k$ ...... ㉡

조건 ㈏에서

$\dfrac{1}{3}\log_2 a + \dfrac{1}{2}\log_2 b + \log_2 c = 2$

$k + k + 4k = 2 \ (\because ㉡)$

$\therefore k = \dfrac{1}{3}$

$\therefore \log_2 abc = \log_2 a + \log_2 b + \log_2 c$

$\qquad = 3k + 2k + 4k = 9k$

$\qquad = 9 \times \dfrac{1}{3} = 3$

107 답 36

STEP 1 $\log_8 a^{\frac{1}{y}} + \log_8 b^{\frac{1}{x}} = \log_{2^3} a^{\frac{1}{y}} + \log_{2^3} b^{\frac{1}{x}}$

$\qquad\qquad = \dfrac{1}{3y}\log_2 a + \dfrac{1}{3x}\log_2 b$

$\qquad\qquad = \dfrac{x}{3y} + \dfrac{y}{3x}$

$\qquad\qquad = \dfrac{x^2 + y^2}{3xy}$ ...... ㉠

STEP 2 이때 $x^2 - 4xy + y^2 = 0$이므로

$x^2 + y^2 = 4xy$ ...... ㉡

STEP 3 ㉠에 ㉡을 대입하면

$\dfrac{x^2 + y^2}{3xy} = \dfrac{4xy}{3xy} = \dfrac{4}{3}$

따라서 $k = \dfrac{4}{3}$이므로

$27k = 27 \times \dfrac{4}{3} = 36$

다른 풀이 **STEP 1** + **STEP 3**

$x = \log_2 a$, $y = \log_2 b$에서

$a = 2^x$, $b = 2^y$

$\therefore \log_8 a^{\frac{1}{y}} + \log_8 b^{\frac{1}{x}} = \log_8 2^{\frac{x}{y}} + \log_8 2^{\frac{y}{x}} = \log_8 2^{\frac{x}{y} + \frac{y}{x}}$

$\qquad\qquad = \log_{2^3} 2^{\frac{x^2+y^2}{xy}} = \dfrac{x^2+y^2}{3xy}$

$\qquad\qquad = \dfrac{4xy}{3xy} = \dfrac{4}{3} \ (\because \ \text{STEP 2})$

108 답 ②

해결 각 잡기

$2^a = 3^b = c$를 이용하여 $\log_6 c$를 a, b에 대한 식으로 나타낸 후, $a^2 + b^2 + 2ab = (a+b)^2$임을 이용하여 그 값을 구한다.

STEP 1 $2^a = 3^b = c$에서

$a = \log_2 c$, $b = \log_3 c$

즉, $\log_c 2 = \dfrac{1}{a}$, $\log_c 3 = \dfrac{1}{b}$이므로

$\log_6 c = \dfrac{1}{\log_c 6} = \dfrac{1}{\log_c 2 + \log_c 3}$

$\qquad = \dfrac{1}{\dfrac{1}{a} + \dfrac{1}{b}} = \dfrac{1}{\dfrac{a+b}{ab}} = \dfrac{ab}{a+b}$ ...... ㉠

STEP 2 또, $a^2 + b^2 = 2ab(a+b-1)$에서

$a^2 + b^2 = 2ab(a+b) - 2ab$

$a^2 + b^2 + 2ab = 2ab(a+b)$

$\therefore (a+b)^2 = 2ab(a+b)$

위 식의 양변을 $2\underline{(a+b)^2}$으로 나누면

$\qquad\qquad\qquad\quad {\scriptsize a > 0, \ b > 0$이므로 $a+b > 0}$

$\dfrac{1}{2} = \dfrac{ab}{a+b}$ ...... ㉡

㉠, ㉡에서

$\log_6 c = \dfrac{1}{2}$

109 답 ②

해결 각 잡기

로그의 값을 문자로 나타낼 때는 다음과 같은 순서로 한다.
(i) 로그의 밑의 변환을 이용하여 구하는 식을 변형한다.
(ii) 진수를 소인수분해하여 주어진 로그의 진수를 곱의 꼴로 나타낸다.
(iii) 로그의 합 또는 차의 꼴로 나타낸 후 주어진 문자를 대입한다.

STEP 1 $\log_2 5 = \dfrac{1}{\log_5 2} = a$이므로

$\log_5 2 = \dfrac{1}{a}$

STEP 2 $\therefore \log_5 12 = \log_5 (2^2 \times 3) = \log_5 2^2 + \log_5 3$

$\qquad = 2\log_5 2 + \log_5 3 = 2 \times \dfrac{1}{a} + b = \dfrac{2}{a} + b$

110 답 ⑤

$\log_5 18 = \dfrac{\log 18}{\log 5} = \dfrac{\log(2 \times 3^2)}{\log \dfrac{10}{2}}$

$\qquad = \dfrac{\log 2 + 2\log 3}{\log 10 - \log 2} = \dfrac{a + 2b}{1 - a}$

111 답 ③

STEP 1 $2^a = c$, $2^b = d$에서

$a = \log_2 c$, $b = \log_2 d$

STEP 2 ㄱ. $c^b = c^{\log_2 d} = d^{\log_2 c} = d^a$

ㄴ. $a + b = \log_2 c + \log_2 d = \log_2 cd$

ㄷ. $\dfrac{a}{b} = \dfrac{\log_2 c}{\log_2 d} = \log_d c$

따라서 옳은 것은 ㄱ, ㄴ이다.

112 답 ⑤

STEP 1 $f(\log_3 6) = \dfrac{\log_3 6 + 1}{2\log_3 6 - 1} = \dfrac{\log_3 6 + \log_3 3}{\log_3 6^2 - \log_3 3}$

$\qquad = \dfrac{\log_3 18}{\log_3 12}$

STEP 2 이때 $\log 2 = a$, $\log 3 = b$이므로

$\dfrac{\log_3 18}{\log_3 12} = \dfrac{\dfrac{\log 18}{\log 3}}{\dfrac{\log 12}{\log 3}} = \dfrac{\log 18}{\log 12} = \dfrac{\log(2 \times 3^2)}{\log(2^2 \times 3)}$

$\qquad = \dfrac{\log 2 + 2\log 3}{2\log 2 + \log 3} = \dfrac{a + 2b}{2a + b}$

$\therefore f(\log_3 6) = \dfrac{a + 2b}{2a + b}$

다른 풀이

$\log 2 = a$, $\log 3 = b$이므로

$\log_3 6 = \dfrac{\log 6}{\log 3} = \dfrac{\log(2 \times 3)}{\log 3} = \dfrac{\log 2 + \log 3}{\log 3} = \dfrac{a + b}{b}$

$\therefore f(\log_3 6) = f\left(\dfrac{a + b}{b}\right) = \dfrac{\dfrac{a + b}{b} + 1}{2 \times \dfrac{a + b}{b} - 1}$

$\qquad = \dfrac{\dfrac{a + 2b}{b}}{\dfrac{2a + b}{b}} = \dfrac{a + 2b}{2a + b}$

113 답 ①

해결 각 잡기

♥ $\log_a b\ (a > 0,\ a \neq 1,\ b > 0)$가 자연수이기 위해서는
$\log_a b = k$ (k는 자연수)로 놓고, 로그의 정의를 이용하여 $b = a^k$으로 나타내어 a, b에 대한 조건을 구한다.

♥ $5\log_n 2 = k$ (k는 자연수)로 놓고, 로그의 정의를 이용하여 n을 2의 거듭제곱 꼴로 나타내어 n의 값을 구한다.

STEP 1 $5\log_n 2 = k$ (k는 자연수)로 놓으면

$\log_n 2 = \dfrac{k}{5}$

$n^{\frac{k}{5}} = 2 \qquad \therefore n = 2^{\frac{5}{k}}$

STEP 2 $n \geq 2$이므로

$2^{\frac{5}{k}} \geq 2$, $\dfrac{5}{k} \geq 1$

$\therefore k \leq 5$

STEP 3 이때 $2^{\frac{5}{k}}$이 2 이상의 자연수이어야 하므로

$k = 1$ 또는 $k = 5$ ⎯ k가 5의 양의 약수이어야 한다.

(i) $k = 1$일 때, $n = 2^5 = 32$

(ii) $k = 5$일 때, $n = 2$

(i), (ii)에 의하여 모든 n의 값의 합은

$32 + 2 = 34$

114 답 ①

STEP 1 $\log_n 4 \times \log_2 9 = \dfrac{\log 2^2}{\log n} \times \dfrac{\log 3^2}{\log 2}$

$\qquad = \dfrac{4\log 3}{\log n} = 4\log_n 3$

STEP 2 $4\log_n 3 = k$ (k는 자연수)로 놓으면

$\log_n 3 = \dfrac{k}{4}$

$n^{\frac{k}{4}} = 3 \qquad \therefore n = 3^{\frac{4}{k}}$

STEP 3 n이 2 이상의 자연수이므로 $\dfrac{4}{k}$의 값이 자연수이어야 한다.

$\therefore k = 1$ 또는 $k = 2$ 또는 $k = 4$ ⎯ k가 4의 양의 약수이어야 한다.

(ⅰ) $k=1$일 때, $n=3^4=81$

(ⅱ) $k=2$일 때, $n=3^2=9$

(ⅲ) $k=4$일 때, $n=3$

(ⅰ), (ⅱ), (ⅲ)에 의하여 모든 n의 값의 합은

$81+9+3=93$

115 답 180

STEP 1 $\log_2 \dfrac{n}{6}=k$ (k는 자연수)로 놓으면

$2^k=\dfrac{n}{6}$　　$\therefore n=6 \times 2^k$

STEP 2 $n \leq 100$이므로 $6 \times 2^k \leq 100$

$\therefore 2^k \leq \dfrac{100}{6}=16.\times\times\times$

$\therefore k=1$ 또는 $k=2$ 또는 $k=3$ 또는 $k=4$

STEP 3 (ⅰ) $k=1$일 때, $n=6 \times 2^1=12$

(ⅱ) $k=2$일 때, $n=6 \times 2^2=24$

(ⅲ) $k=3$일 때, $n=6 \times 2^3=48$

(ⅳ) $k=4$일 때, $n=6 \times 2^4=96$

(ⅰ)~(ⅳ)에 의하여 모든 n의 값의 합은

$12+24+48+96=180$

116 답 13

STEP 1 $\log_4 2n^2-\dfrac{1}{2}\log_2 \sqrt{n}=\log_4 2n^2-\log_4 \sqrt{n}$

$\qquad\qquad\qquad\qquad\qquad =\log_4 \dfrac{2n^2}{\sqrt{n}}=\log_4 2n^{\frac{3}{2}}$

STEP 2 $\log_4 2n^{\frac{3}{2}}=k$ (k는 자연수)로 놓으면

$2n^{\frac{3}{2}}=4^k$

$4n^3=4^{2k}$, $n^3=4^{2k-1}$

$\therefore n=4^{\frac{2k-1}{3}}$

STEP 3 $n=4^{\frac{2k-1}{3}}$에서 n이 자연수이므로 $2k-1$은 3의 양의 배수이

어야 한다.　　└ $k \leq 40$이므로 $2k-1 \leq 79$

즉, $2k-1=3,\ 9,\ 15,\ \cdots,\ 75$이므로

$k=2,\ 5,\ 8,\ \cdots,\ 38$ ($\because k \leq 40$)

따라서 조건을 만족시키는 <u>자연수 n의 개수</u>는 자연수 k의 개수와

└ $n=4,\ 4^3,\ 4^5,\ \cdots,\ 4^{25}$

같으므로 13이다.

117 답 ①

$2^{\frac{1}{n}}=a$, $2^{\frac{1}{n+1}}=b$에서 $\log_2 a=\dfrac{1}{n}$, $\log_2 b=\dfrac{1}{n+1}$임을 이용하여

$\log_2 ab$, $(\log_2 a)(\log_2 b)$를 n에 대한 식으로 정리한다.

STEP 1 $2^{\frac{1}{n}}=a$, $2^{\frac{1}{n+1}}=b$이므로

$\log_2 a=\dfrac{1}{n}$, $\log_2 b=\dfrac{1}{n+1}$

$\therefore \log_2 ab=\log_2 a+\log_2 b=\dfrac{1}{n}+\dfrac{1}{n+1}$,

$\qquad (\log_2 a)(\log_2 b)=\dfrac{1}{n} \times \dfrac{1}{n+1}$

STEP 2 $\therefore \left\{\dfrac{3^{\log_2 ab}}{3^{(\log_2 a)(\log_2 b)}}\right\}^5=\left(\dfrac{3^{\frac{1}{n}+\frac{1}{n+1}}}{3^{\frac{1}{n} \times \frac{1}{n+1}}}\right)^5$

$\qquad\qquad\qquad\qquad =\left\{3^{\frac{1}{n}+\frac{1}{n+1}-\frac{1}{n(n+1)}}\right\}^5$

$\qquad\qquad\qquad\qquad =3^{\frac{10}{n+1}}$

$\qquad\qquad\qquad\quad$ └ $\dfrac{1}{n}+\dfrac{1}{n+1}-\left(\dfrac{1}{n}-\dfrac{1}{n+1}\right)=\dfrac{2}{n+1}$

STEP 3 $3^{\frac{10}{n+1}}$의 값이 자연수이어야 하므로 $n+1$은 10의 양의 약수

이어야 한다.

즉, $n+1=2,\ 5,\ 10$이므로

$n=1,\ 4,\ 9$

따라서 구하는 합은

$1+4+9=14$

118 답 ⑤

$-4\log_a b=54\log_b c=\log_c a=k$로 놓은 후,

$\log_a b \times \log_b c \times \log_c a=1$임을 이용하여 k의 값을 구한다.

STEP 1 $-4\log_a b=54\log_b c=\log_c a=k$ (k는 상수)로 놓으면

$k^3=-4\log_a b \times 54\log_b c \times \log_c a$

$\quad =-\dfrac{4\log b}{\log a} \times \dfrac{54\log c}{\log b} \times \dfrac{\log a}{\log c}$

$\quad =-216$

$\therefore k=-6$

STEP 2 $\log_a b=-\dfrac{k}{4}=\dfrac{3}{2}$에서

$a^{\frac{3}{2}}=b$

$\log_c a=k=-6$에서

$c^{-6}=a$　　$\therefore c=a^{-\frac{1}{6}}$

$\therefore b \times c=a^{\frac{3}{2}} \times a^{-\frac{1}{6}}=a^{\frac{4}{3}}$

STEP 3 1이 아닌 자연수 a에 대하여 $a^{\frac{4}{3}}$의 값이 자연수이어야 하므

로 자연수 n ($n>1$)에 대하여 $a=n^3$이어야 한다.

$a^{\frac{4}{3}}=(n^3)^{\frac{4}{3}}=n^4 \leq 300$이므로

$n=2$ 또는 $n=3$ 또는 $n=4$

(ⅰ) $n=2$일 때, $a=2^3=8$

(ⅱ) $n=3$일 때, $a=3^3=27$

(ⅲ) $n=4$일 때, $a=4^3=64$

(ⅰ), (ⅱ), (ⅲ)에 의하여 모든 자연수 a의 값의 합은

$8+27+64=99$

119 답 56

집합 B의 모든 원소가 자연수이므로 a, b, c는 모두 2의 거듭제곱 꼴임을 이용한다.

STEP 1 집합 B의 원소는 모두 자연수이므로 a, b, c는 자연수 k에 대하여 2^k 꼴이어야 한다.

이때 $a+b=24$이므로

$a=8$, $b=16$ 또는 $a=16$, $b=8$

$\therefore \log_2 a=3$, $\log_2 b=4$ 또는 $\log_2 a=4$, $\log_2 b=3$

$\therefore A=\{8, 16, c\}$, $B=\{3, 4, \log_2 c\}$

STEP 2 이때 집합 B의 모든 원소의 합이 12이므로

$3+4+\log_2 c=12$

$\log_2 c=5$

$\therefore c=2^5=32$

따라서 집합 A의 모든 원소의 합은

$a+b+c=8+16+32=56$

120 답 45

두 집합 A, B의 원소를 차례로 나열하고, 집합 C는 두 집합 A, B에 모두 속하면서 자연수인 것들의 집합임을 이용한다.

STEP 1 집합 A의 원소 중 자연수인 것은 다음과 같다.

a	1	4	9	16	25	36	49	64	$\cdots$
$\sqrt{a}$	1	2	3	4	5	6	7	8	$\cdots$

$\log_{\sqrt{3}} b=2\log_3 b$이므로 집합 B의 원소 중 자연수인 것은 다음과 같다.

b	3	9	27	81	$\cdots$
$\log_{\sqrt{3}} b$	2	4	6	8	$\cdots$

이때 집합 C의 원소는 집합 $A\cap B$의 자연수인 원소이므로 집합 C의 원소로 가능한 것들은 2, 4, 6, 8, $\cdots$이다.

STEP 2 $n(C)=3$이어야 하므로 $C=\{2, 4, 6\}$이어야 한다.

즉, $\{2, 4, 6\}\subset A$이고 $\{2, 4, 6\}\subset B$이어야 한다.

$\{2, 4, 6\}\subset A$에서

$k\geq 36$ $\cdots\cdots$ ㉠

$\{2, 4, 6\}\subset B$에서

$k\geq 27$ $\cdots\cdots$ ㉡

㉠, ㉡을 동시에 만족시키는 k의 값의 범위는

$k\geq 36$

이때 $k\geq 81$이면 $\{2, 4, 6, 8\}\subset C$이므로

$k<81$

따라서 $36\leq k<81$이므로 자연수 k의 개수는

$81-36=45$

121 답 ②

$\log\sqrt{419}=\dfrac{1}{2}\log(4.19\times 10^2)$이므로 $\log 4.19$의 값을 상용로그표에서 구한다. 즉, 4.1의 가로줄과 9의 세로줄이 만나는 곳의 수 0.6222를 찾으면 된다.

STEP 1 $\log\sqrt{419}=\dfrac{1}{2}\log 419$

$=\dfrac{1}{2}\log(4.19\times 10^2)$

$=\dfrac{1}{2}(\log 4.19+\log 10^2)$

$=\dfrac{1}{2}(\log 4.19+2)$

STEP 2 상용로그표에서 $\log 4.19=0.6222$이므로

$\dfrac{1}{2}(\log 4.19+2)=\dfrac{1}{2}(0.6222+2)$

$=\dfrac{1}{2}\times 2.6222=1.3111$

122 답 ⑤

STEP 1 $\log(3.14\times 10^{-2})=\log 3.14+\log 10^{-2}$

$=\log 3.14-2$

STEP 2 상용로그표에서 $\log 3.14=0.4696$이므로

$\log 3.14-2=0.4969-2=-1.5031$

123 답 ③

♥ 주어진 식에서 각 문자가 나타내는 것이 무엇인지 파악한 후 조건에 따라 값을 대입한다.

♥ P_A, P_B에 대한 식을 정리한 뒤, 로그의 성질과 $E_B=100E_A$를 이용하여 P_A-P_B의 값을 구한다.

STEP 1 두 원본 사진 A, B를 압축했을 때 최대 신호 대 잡음비는 각각 P_A, P_B이고, 평균제곱오차는 각각 E_A, E_B이므로

$P_A=20\log 255-10\log E_A$ $\cdots\cdots$ ㉠

$P_B=20\log 255-10\log E_B$ $\cdots\cdots$ ㉡

STEP 2 ㉠-㉡을 하면

$P_A-P_B=-10\log E_A+10\log E_B$

$=10\log\dfrac{E_B}{E_A}$

$=10\log\dfrac{100E_A}{E_A}$ ($\because E_B=100E_A$)

$=10\log 100$

$=10\log 10^2=20$

124 답 ②

STEP 1 두 지역 A, B의 헤이즈계수가 각각 H_A, H_B이고, 여과지 이동거리가 각각 L_A, L_B이고, 빛전달률이 각각 S_A, S_B이므로

$$H_A = \frac{k}{L_A} \log \frac{1}{S_A}, \quad H_B = \frac{k}{L_B} \log \frac{1}{S_B}$$

STEP 2 $L_A = 2L_B$이므로

$$\frac{H_A}{H_B} = \frac{\dfrac{k}{L_A} \log \dfrac{1}{S_A}}{\dfrac{k}{L_B} \log \dfrac{1}{S_B}} = \frac{\dfrac{k}{2L_B} \log \dfrac{1}{S_A}}{\dfrac{k}{L_B} \log \dfrac{1}{S_B}} = \frac{\log S_A}{2 \log S_B} \quad \cdots\cdots \ \text{㉠}$$

이때 $\sqrt{3} H_A = 2 H_B$이므로

$$\frac{H_A}{H_B} = \frac{2}{\sqrt{3}} \quad \cdots\cdots \ \text{㉡}$$

㉠, ㉡에서 $\dfrac{\log S_A}{2 \log S_B} = \dfrac{2}{\sqrt{3}}$

$$\therefore \frac{\log S_A}{\log S_B} = \frac{4}{\sqrt{3}} = \frac{4\sqrt{3}}{3} \quad \cdots\cdots \ \text{㉢}$$

STEP 3 ㉢에서 $\log_{S_B} S_A = \dfrac{4\sqrt{3}}{3}$이므로

$$S_A = (S_B)^{\frac{4\sqrt{3}}{3}}$$

$$\therefore p = \frac{4\sqrt{3}}{3}$$

본문 38쪽 ~ 39쪽

C 수능 완성!

125 답 30

해결 각 잡기

♥ $\log_2(-x^2 + ax + 4)$의 값이 자연수가 되려면 진수 $-x^2 + ax + 4$가 2^n (n은 자연수) 꼴이어야 한다.

♥ 두 함수 $y = -x^2 + ax + 4$와 $y = 2^n$ (n은 자연수)의 그래프의 교점이 6개인 경우를 찾고, 이를 이용하여 a의 값의 범위를 구한다.

STEP 1 $f(x) = -x^2 + ax + 4$라 하면 진수의 조건에서

$$f(x) = -x^2 + ax + 4 = -\left(x - \frac{a}{2}\right)^2 + \frac{a^2}{4} + 4 > 0$$

이때 a는 자연수이고, $f(x) > 0$이므로 함수 $y = f(x)$의 그래프는 오른쪽 그림과 같다.

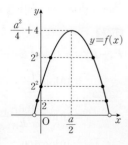

STEP 2 $\log_2 f(x)$의 값이 자연수가 되도록 하는 실수 x의 개수가 6이므로 함수 $y = f(x)$의 그래프는 직선 $y = 2$, $y = 2^2$, $y = 2^3$과 각각 2개의 점에서 만나고 직선 $y = 2^n$ ($n \geq 4$)과는 만나지 않아야 한다.

STEP 3 즉, $2^3 < \dfrac{a^2}{4} + 4 < 2^4$이어야 하므로

$$4 < \frac{a^2}{4} < 12 \qquad \therefore \ 16 < a^2 < 48$$

따라서 자연수 a는 5, 6이므로 구하는 곱은

$$5 \times 6 = 30$$

126 답 25

해결 각 잡기

♥ $k = n$일 때, 주어진 집합의 원소가 되고, 이 원소가 항상 존재하는 것을 알 수 있다. 따라서 $f(n) = 1$이 되려면 주어진 집합에 n이 아닌 원소가 존재하지 않아야 한다.

♥ n이 짝수일 때, n이 50 이하의 홀수일 때, n이 50 이상의 홀수일 때의 경우로 나누어 주어진 집합에 n이 아닌 원소가 존재하는지 조사해 본다.

STEP 1 S가 100 이하의 자연수 전체의 집합이고 $n \in S$, $k \in S$이므로 n, k는 100 이하의 자연수이다.

또, $\log_2 n - \log_2 k = \log_2 \dfrac{n}{k}$이 정수이므로

$\log_2 \dfrac{n}{k} = m$ (m은 정수)이라 하면

$$\frac{n}{k} = 2^m \qquad \cdots\cdots \ \text{㉠}$$

STEP 2 이때 $n \in S$이므로 $k = n$이면 ㉠에서

$$\frac{n}{k} = 1 = 2^0 \qquad \therefore \ m = 0$$

따라서 $n \in S$인 모든 자연수 n에 대하여 적어도 한 개의 원소 n이 존재하므로 $f(n) = 1$이 되려면 주어진 집합에 n이 아닌 원소가 존재하지 않아야 한다.

즉, ㉠을 만족시키는 0이 아닌 정수 m이 존재하지 않아야 한다.

STEP 3 $f(n) = 1$을 만족시키는 n의 값은

(i) n이 짝수일 때

$n = 2k$가 되도록 하는 k가 존재한다.

$k = \dfrac{n}{2}$이면 $\dfrac{n}{k} = 2^1 \qquad \therefore \ m = 1$

㉠을 만족시키는 0이 아닌 정수 m이 존재하므로

$$f(n) \geq 2$$

(ii) n이 50 이하의 홀수일 때

$n < 50$, 즉 $2n < 100$이므로

$k = 2n$이면 $\dfrac{n}{k} = \dfrac{1}{2} = 2^{-1} \qquad \therefore \ m = -1$

㉠을 만족시키는 0이 아닌 정수 m이 존재하므로

$$f(n) \geq 2$$

(iii) n이 50 이상의 홀수일 때

$n > 50$인 경우, ㉠을 만족시키는 n이 아닌 100 이하의 자연수 k가 존재하지 않으므로

$$f(n) = 1$$

STEP 4 (i), (ii), (iii)에 의하여 $f(n)=1$을 만족시키는 자연수 n은 50 이상의 홀수이므로 자연수 n은 51, 53, 55, $\cdots$, 99의 25개이다.

> **# 참고**
>
> (ii) $n=2a-1$ $(1\le a\le 25)$이라 하자.
>
> $k=2a-1$이면 $\dfrac{n}{k}=1=2^0$ $\therefore m=0$
>
> $k=2(2a-1)$이면 $\dfrac{n}{k}=\dfrac{1}{2}=2^{-1}$ $\therefore m=-1$
> $\underset{2\le 2(2a-1)\le 98}{}$
>
> (iii) $n=2a-1$ $(26\le a\le 50)$이라 하자.
>
> $k=2a-1$이면 $\dfrac{n}{k}=1=2^0$ $\therefore m=0$
>
> $k=2(2a-1)$이면 $\dfrac{n}{k}=\dfrac{1}{2}=2^{-1}$이지만
>
> $102\le 2(2a-1)\le 1980$이므로 100 이하의 자연수 k는 존재하지 않는다.

127 답 426

해결 각 잡기

$4\log_{64}\left(\dfrac{3}{4n+16}\right)=k$ (k는 정수)로 놓고, 조건을 만족시키는 1000 이하의 모든 자연수 n의 값을 구한다.

STEP 1 $4\log_{64}\left(\dfrac{3}{4n+16}\right)=k$ (k는 정수)로 놓으면

$4\log_{64}\left(\dfrac{3}{4n+16}\right)=4\log_{2^6}\left(\dfrac{3}{4n+16}\right)=\dfrac{2}{3}\log_2\left(\dfrac{3}{4n+16}\right)$

이므로

$\dfrac{2}{3}\log_2\left(\dfrac{3}{4n+16}\right)=k$, $\log_2\left(\dfrac{3}{4n+16}\right)=\dfrac{3}{2}k$

$\dfrac{3}{4n+16}=2^{\frac{3}{2}k}=(2^3)^{\frac{k}{2}}=8^{\frac{k}{2}}$ $\cdots\cdots$ ㉠

STEP 2 이때 자연수 n에 대하여 $0<\dfrac{3}{4n+16}<1$이므로
$\underset{n\ge 1\text{이므로 }4n+16\ge 20}{}$

$0<8^{\frac{k}{2}}<1$, 즉 $k<0$이어야 한다.

또, $\dfrac{3}{4n+16}$의 값이 유리수이므로 $8^{\frac{k}{2}}$의 값도 유리수이어야 한다.

따라서 자연수 m에 대하여 $k=-2m$이라 하면 ㉠에서
$\underset{\#}{}$

$\dfrac{3}{4n+16}=8^{-m}$, $\dfrac{4n+16}{3}=8^m$

$\therefore 4n+16=3\times 8^m$

STEP 3 (i) $m=1$일 때

$4n+16=3\times 8=24$에서 $4n=8$

$\therefore n=2$

(ii) $m=2$일 때

$4n+16=3\times 8^2=192$에서 $4n=176$

$\therefore n=44$

(iii) $m=3$일 때

$4n+16=3\times 8^3=1536$에서 $4n=1520$

$\therefore n=380$

(iv) $m\ge 4$일 때, $n>1000$

(i)~(iv)에 의하여 조건을 만족시키는 모든 자연수 n의 값의 합은

$2+44+380=426$

> **# 참고**
>
> $k=-(2m-1)=-2m+1$이라 하면 ㉠에서
>
> $8^{\frac{k}{2}}=8^{\frac{-2m+1}{2}}=\dfrac{2\sqrt{2}}{8^m}$
>
> 이므로 $8^{\frac{k}{2}}$의 값이 무리수이다.
>
> $\therefore k=-2m$

128 답 ②

해결 각 잡기

❂ 두 점 $(a, \log_2 a)$, $(b, \log_2 b)$를 지나는 직선의 방정식과 두 점 $(a, \log_4 a)$, $(b, \log_4 b)$를 지나는 직선의 방정식을 이용하여 각 직선의 y절편을 구한다.

❂ 두 직선의 y절편이 같음을 이용하여 a, b 사이의 관계식을 구한다.

❂ $f(1)=40$임을 이용하여 $f(2)$의 값을 구한다.

STEP 1 두 점 $(a, \log_2 a)$, $(b, \log_2 b)$를 지나는 직선의 방정식은

$y=\dfrac{\log_2 b-\log_2 a}{b-a}(x-a)+\log_2 a$

$\therefore y=\dfrac{\log_2 b-\log_2 a}{b-a}x-\dfrac{a(\log_2 b-\log_2 a)}{b-a}+\log_2 a$

이 직선의 y절편은

$-\dfrac{a(\log_2 b-\log_2 a)}{b-a}+\log_2 a$

$=\dfrac{-a(\log_2 b-\log_2 a)+(b-a)\log_2 a}{b-a}$

$=\dfrac{b\log_2 a-a\log_2 b}{b-a}$ $\cdots\cdots$ ㉠

STEP 2 두 점 $(a, \log_4 a)$, $(b, \log_4 b)$를 지나는 직선의 방정식은

$y=\dfrac{\log_4 b-\log_4 a}{b-a}(x-a)+\log_4 a$

$\therefore y=\dfrac{\log_2 b-\log_2 a}{2(b-a)}x-\dfrac{a(\log_2 b-\log_2 a)}{2(b-a)}+\dfrac{1}{2}\log_2 a$

이 직선의 y절편은

$-\dfrac{a(\log_2 b-\log_2 a)}{2(b-a)}+\dfrac{1}{2}\log_2 a$

$=\dfrac{-a(\log_2 b-\log_2 a)+(b-a)\log_2 a}{2(b-a)}$

$=\dfrac{1}{2}\times\dfrac{b\log_2 a-a\log_2 b}{b-a}$ $\cdots\cdots$ ㉡

STEP 3 ㉠, ㉡이 같으므로

$\dfrac{b\log_2 a-a\log_2 b}{b-a}=\dfrac{1}{2}\times\dfrac{b\log_2 a-a\log_2 b}{b-a}$

$b\log_2 a-a\log_2 b=0$, $\log_2 a^b=\log_2 b^a$

$\therefore a^b=b^a$ $\cdots\cdots$ ㉢

02

STEP 4 $f(x)=a^{bx}+b^{ax}$에서 $f(1)=a^b+b^a=40$이므로
$a^b=b^a=20$ (∵ ⓒ)
∴ $f(2)=a^{2b}+b^{2a}=(a^b)^2+(b^a)^2=20^2+20^2=800$

다른 풀이 STEP 1 + STEP 2 + STEP 3

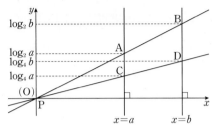

위의 그림과 같이 A(a, $\log_2 a$), B(b, $\log_2 b$), C(a, $\log_4 a$),
D(b, $\log_4 b$)라 하자.
이때 직선 AB와 직선 CD의 y절편이 같으므로 이 두 직선이 y축
과 만나는 점을 P라 하면 두 삼각형 APC, BPD는 서로 닮음이고
닮음비는 $\overline{AC}:\overline{BD}=a:b$이다. 즉,
$(\log_2 a-\log_4 a):(\log_2 b-\log_4 b)=a:b$
$\log_4 a:\log_4 b=a:b$, $b\log_4 a=a\log_4 b$
$\log_4 a^b=\log_4 b^a$ ∴ $a^b=b^a$

03 지수함수와 로그함수

본문 42쪽 ~ 43쪽

A 기본 다지고,

129 답 ③

함수 $y=2^x$의 그래프를 y축의 방향으로 m만큼 평행이동한 그래프
의 식은
$y=2^x+m$
이 그래프가 점 $(-1, 2)$를 지나므로
$2=2^{-1}+m$
∴ $m=2-\dfrac{1}{2}=\dfrac{3}{2}$

130 답 ⑤

함수 $y=a+\log_2 x$의 그래프가 점 $(4, 7)$을 지나므로
$7=a+\log_2 4$
∴ $a=7-2=5$

131 답 ②

곡선 $y=\log_2 x$와 직선 $x=16$이 만나는 점 P의 y좌표는
$y=\log_2 16=4$ ∴ P$(16, 4)$
곡선 $y=\log_4 x$와 직선 $x=16$이 만나는 점 Q의 y좌표는
$y=\log_4 16=2$ ∴ Q$(16, 2)$
따라서 두 점 P, Q 사이의 거리는
$\overline{PQ}=4-2=2$

132 답 ③

곡선 $y=2^x+5$의 점근선의 방정식은
$y=5$
직선 $y=5$와 곡선 $y=\log_3 x+3$의 교점의 x좌표는
$5=\log_3 x+3$, $\log_3 x=2$
∴ $x=3^2=9$

133 답 25

곡선 $y=\log_2 (x+5)$의 점근선은 직선 $x=-5$이므로
$k=-5$ ∴ $k^2=25$
└─ $x+5=0$에서 $x=-5$

134 답 32

함수 $f(x)=2^x$은 x의 값이 증가하면 $f(x)$의 값도 증가하므로
$-1 \leq x \leq 3$에서 $x=3$일 때 최대이고 최댓값은
$a=f(3)=2^3=8$
함수 $g(x)=\left(\dfrac{1}{2}\right)^{2x}$은 x의 값이 증가하면 $g(x)$의 값은 감소하므로
$-1 \leq x \leq 3$에서 $x=-1$일 때 최대이고 최댓값은
$b=g(-1)=\left(\dfrac{1}{2}\right)^{-2}=4$
$\therefore ab=8 \times 4=32$

135 답 ②

함수 $f(x)=1+\left(\dfrac{1}{3}\right)^{x-1}$은 x의 값이 증가하면 $f(x)$의 값은 감소
하므로 $1 \leq x \leq 3$에서 $x=1$일 때 최대이고 최댓값은
$f(1)=1+\left(\dfrac{1}{3}\right)^{1-1}=1+1=2$

136 답 24

함수 $y=6\log_3(x+2)$는 x의 값이 증가하면 y의 값도 증가하므로
$1 \leq x \leq 25$에서
$x=25$일 때 최대이고 최댓값은
$M=6\log_3(25+2)=6\log_3 27=6 \times 3=18$
$x=1$일 때 최소이고 최솟값은
$m=6\log_3(1+2)=6\log_3 3=6$
$\therefore M+m=18+6=24$

137 답 5

함수 $y=\log_2(x+1)+2$는 x의 값이 증가하면 y의 값도 증가하므
로 $1 \leq x \leq 7$에서 $x=7$일 때 최대이고 최댓값은
$\log_2(7+1)+2=\log_2 8+2=3+2=5$

138 답 ④

곡선 $y=a^x$이 점 $(3, 2)$를 지나므로
$2=a^3$ $\therefore a=\sqrt[3]{2}$ └── 점 $(2, 3)$을 직선 $y=x$에 대하여 대칭이동한 점

다른 풀이

곡선 $y=a^x$을 직선 $y=x$에 대하여 대칭이동한 곡선의 방정식은
$y=\log_a x$ └── 지수함수 $y=a^x$와 로그함수 $y=\log_a x$는 서로 역함수 관계이다.
이 곡선이 점 $(2, 3)$을 지나므로
$3=\log_a 2$
$a^3=2$ $\therefore a=\sqrt[3]{2}$

139 답 ①

함수 $f(x)=3^{x-2}+a$의 역함수의 그래프가 점 $(a+5, a+2)$를 지나
므로 함수 $f(x)=3^{x-2}+a$의 그래프는 점 $(a+2, a+5)$를 지난다.
즉, $a+5=3^a+a$이므로
$3^a=5$

다른 풀이

$y=3^{x-2}+a$라 하면
$y-a=3^{x-2}$, $x-2=\log_3(y-a)$
$\therefore x=\log_3(y-a)+2$
x와 y를 서로 바꾸면
$y=\log_3(x-a)+2$ ← $y=3^{x-2}+a$의 역함수
이 그래프가 점 $(a+5, a+2)$를 지나므로
$a+2=\log_3 5+2$ $\therefore a=\log_3 5$
$\therefore 3^a=5$

140 답 ①

함수 $y=\log_3(2x+1)$의 역함수의 그래프가 점 $(4, a)$를 지나므로
함수 $y=\log_3(2x+1)$의 그래프는 점 $(a, 4)$를 지난다.
즉, $4=\log_3(2a+1)$이므로
$3^4=2a+1$, $2a=80$
$\therefore a=40$

다른 풀이

$y=\log_3(2x+1)$에서
$3^y=2x+1$ $\therefore x=\dfrac{1}{2}(3^y-1)$
x와 y를 서로 바꾸면
$y=\dfrac{1}{2}(3^x-1)$ ← $y=\log_3(2x+1)$의 역함수
이 그래프가 점 $(4, a)$를 지나므로
$a=\dfrac{1}{2}(3^4-1)=\dfrac{1}{2} \times 80=40$

본문 44쪽 ~ 72쪽

B 유형 & 유사로 익히면…

141 답 ②

해결 각 잡기

● 지수함수 $y=\pm\Box^{ax+b}+\triangle$의 그래프의 점근선은 직선 $y=\triangle$이다.
● 주어진 그래프에서 점근선이 직선 $y=3$임을 이용하여 b의 값을 구하고, 함수의 그래프가 점 $(0, 5)$를 지나는 것을 이용하여 a의 값을 구한다.

STEP 1 함수 $y=2^{x+a}+b$의 그래프의 점근선이 직선 $y=3$이므로

$b=3$

STEP 2 함수 $y=2^{x+a}+3$의 그래프가 점 $(0,5)$를 지나므로

$5=2^a+3$, $2^a=2$ $\quad\therefore a=1$

$\therefore a+b=1+3=4$

142 답 60

STEP 1 함수 $f(x)=2^{x+p}+q$의 그래프의 점근선이 직선 $y=-4$이므로

$q=-4$

STEP 2 $f(x)=2^{x+p}-4$에서 $f(0)=0$이므로

$2^p-4=0$, $2^p=2^2$ $\quad\therefore p=2$

따라서 $f(x)=2^{x+2}-4$이므로

$f(4)=2^6-4=64-4=60$

143 답 ②

해결 각 잡기

◈ 함수 $y=a^x$의 그래프를 x축의 방향으로 m만큼, y축의 방향으로 n만큼 평행이동한 그래프의 식은

$\quad y=a^{x-m}+n$

◈ 평행이동한 그래프가 점 $(7,5)$를 지나는 것과 점근선의 방정식을 이용하여 m, n의 값을 구한다.

STEP 1 함수 $y=3^x$의 그래프를 x축의 방향으로 m만큼, y축의 방향으로 n만큼 평행이동한 그래프의 식은

$y=3^{x-m}+n$

STEP 2 이 그래프의 점근선의 방정식이 $y=2$이므로

$n=2$

함수 $y=3^{x-m}+2$의 그래프가 점 $(7,5)$를 지나므로

$5=3^{7-m}+2$, $3^{7-m}=3$

$7-m=1$ $\quad\therefore m=6$

$\therefore m+n=6+2=8$

144 답 ①

해결 각 잡기

◈ 함수 $y=a^x$의 그래프를 y축에 대하여 대칭이동한 그래프의 식은

$\quad y=a^{-x}$

◈ 함수 $y=a^{-x}$의 그래프를 평행이동한 그래프의 식을 구한 후, 이 그래프가 점 $(1,4)$를 지나는 것을 이용하여 a의 값을 구한다.

STEP 1 함수 $y=a^x$의 그래프를 y축에 대하여 대칭이동한 그래프의 식은

$y=a^{-x}$

이 그래프를 x축의 방향으로 3만큼, y축의 방향으로 2만큼 평행이동한 그래프의 식은

$y=a^{-(x-3)}+2=a^{-x+3}+2$

STEP 2 이 그래프가 점 $(1,4)$를 지나므로

$4=a^{-1+3}+2$, $a^2=2$

$\therefore a=\sqrt{2}\ (\because a>0)$

145 답 ②

해결 각 잡기

$f(x)=\left(\dfrac{1}{2}\right)^{x-a}+1$에서 $0<(밑)<1$이므로 $x=1$일 때 최대, $x=3$일 때 최소이다.

STEP 1 함수 $f(x)=\left(\dfrac{1}{2}\right)^{x-a}+1$은 x의 값이 증가하면 $f(x)$의 값은 감소하므로 $1\le x\le3$에서 $x=1$일 때 최대이고 최댓값은

$f(1)=\left(\dfrac{1}{2}\right)^{1-a}+1$

즉, $\left(\dfrac{1}{2}\right)^{1-a}+1=5$이므로

$\left(\dfrac{1}{2}\right)^{1-a}=4$, $2^{a-1}=2^2$ $\quad\therefore a=3$

$\therefore f(x)=\left(\dfrac{1}{2}\right)^{x-3}+1$

STEP 2 따라서 함수 $f(x)$는 $1\le x\le3$에서 $x=3$일 때 최소이고 최솟값은

$f(3)=\left(\dfrac{1}{2}\right)^{3-3}+1=1+1=2$

146 답 ②

해결 각 잡기

$0<(밑)<1$, $(밑)=1$, $(밑)>1$인 경우에 따라 $f(x)$가 최대일 때의 x의 값이 달라지므로 세 가지 경우로 나누어 a의 값을 구한다.

STEP 1 (i) $0<\dfrac{3}{a}<1$, 즉 $a>3$일 때

x의 값이 증가하면 $f(x)$의 값은 감소하므로 $-1\le x\le2$에서 $x=-1$일 때 최대이고 최댓값은

$f(-1)=\left(\dfrac{3}{a}\right)^{-1}=\dfrac{a}{3}$

즉, $\dfrac{a}{3}=4$이므로 $a=12$

(ii) $\dfrac{3}{a}=1$, 즉 $a=3$일 때

$f(x)=1$이므로 함수 $f(x)$의 최댓값이 4가 아니다.

(iii) $\dfrac{3}{a}>1$, 즉 $0<a<3$일 때

x의 값이 증가하면 $f(x)$의 값도 증가하므로 $-1\le x\le2$에서

$x=2$일 때 최대이고 최댓값은

$$f(2)=\left(\frac{3}{a}\right)^2=\frac{9}{a^2}$$

즉, $\frac{9}{a^2}=4$이므로 $a^2=\frac{9}{4}$

$$\therefore a=\frac{3}{2}\ (\because 0<a<3)$$

STEP 2 (i), (ii), (iii)에 의하여 모든 양수 a는 $\frac{3}{2}$, 12이므로 구하는 곱은

$$\frac{3}{2}\times 12=18$$

147 답 ④

해결 각 잡기

주어진 함수의 그래프의 개형을 그린 후, 제2사분면을 지나지 않는 조건을 찾는다.

STEP 1 $f(x)=-2^{4-3x}+k=-2^{-3\left(x-\frac{4}{3}\right)}+k=-\left(\frac{1}{8}\right)^{x-\frac{4}{3}}+k$

함수 $y=f(x)$의 그래프는 함수 $y=\left(\frac{1}{8}\right)^x$의 그래프를 x축에 대하여 대칭이동한 후 x축의 방향으로 $\frac{4}{3}$만큼, y축의 방향으로 k만큼 평행이동한 것이므로 그래프의 개형은 오른쪽 그림과 같다.

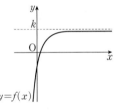

STEP 2 함수 $y=f(x)$의 그래프가 제2사분면을 지나지 않으려면 $f(0)\le 0$이어야 하므로

$$-2^4+k\le 0$$
$$\therefore k\le 16$$

따라서 자연수 k의 최댓값은 16이다.

148 답 31

해결 각 잡기

함수 $y=|f(x)|$의 그래프
(i) $y=f(x)$의 그래프를 그린다.
(ii) $y\ge 0$인 부분은 그대로 둔다.
(iii) $y<0$인 부분을 x축에 대하여 대칭이동한다.

STEP 1 함수 $f(x)=\left(\frac{1}{2}\right)^{x-5}-64$의 그래프는 함수 $y=\left(\frac{1}{2}\right)^x$의 그래프를 x축의 방향으로 5만큼, y축의 방향으로 -64만큼 평행이동한 것이고 $f(0)=-32$, $f(-1)=0$이므로 오른쪽 그림과 같다.

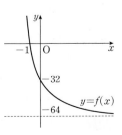

STEP 2 따라서 $y=|f(x)|$, 즉 $y=\left|\left(\frac{1}{2}\right)^{x-5}-64\right|$의 그래프는 오른쪽 그림과 같으므로 이 그래프와 직선 $y=k$가 제1사분면에서 만나려면 $32<k<64$이어야 한다.

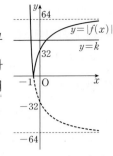

따라서 구하는 자연수 k의 개수는

$$64-32-1=31\ \#$$

> **# 참고**
>
> 자연수 $m, n\ (m<n)$에 대하여 다음을 만족시키는 자연수 x는
> (1) $m<x<n$ → $(n-m-1)$개
> (2) $m\le x<n,\ m<x\le n$ → $(n-m)$개
> (3) $m\le x\le n$ → $(n-m+1)$개

149 답 13

해결 각 잡기

✓ 로그함수 $y=\log_k \square+\triangle$의 그래프의 점근선은 직선 $\square=0$이다.
✓ 그래프의 점근선이 직선 $x=5$임을 이용하여 a의 값을 구하고, $f(11)=9$임을 이용하여 b의 값을 구한다.

STEP 1 함수 $f(x)=\log_6 (x-a)+b$의 그래프의 점근선이 직선 $x=5$이므로 $a=5$ └─ 직선 $x=a$

STEP 2 $f(x)=\log_6 (x-5)+b$에서 $f(11)=9$이므로

$$\log_6 (11-5)+b=9$$
$$\log_6 6+b=9,\ 1+b=9 \qquad \therefore b=8$$
$$\therefore a+b=5+8=13$$

150 답 ⑤

STEP 1 선분 AB를 $2:1$로 내분하는 점의 좌표는

$$\left(\frac{2(m+3)+m}{2+1},\ \frac{2(m-3)+(m+3)}{2+1}\right),\ \text{즉 } (m+2,\ m-1)$$

STEP 2 이 점이 곡선 $y=\log_4 (x+8)+m-3$ 위에 있으므로

$$m-1=\log_4 (m+10)+m-3$$
$$\log_4 (m+10)=2,\ 4^2=m+10$$
$$\therefore m=6$$

151 답 ③

STEP 1 함수 $y=2^x+2$의 그래프를 x축의 방향으로 m만큼 평행이동한 그래프의 식은

$$y=2^{x-m}+2 \qquad \cdots\cdots \text{㉠}$$

함수 $y=\log_2 8x$의 그래프를 x축의 방향으로 2만큼 평행이동한 그래프의 식은

$y=\log_2 8(x-2)$ $\quad\cdots\cdots$ ㉡

STEP 2 ㉡의 그래프를 직선 $y=x$에 대하여 대칭이동한 그래프는

$x=\log_2 8(y-2)$

$2^x=8(y-2)$, $\dfrac{2^x}{8}=y-2$

$2^{x-3}=y-2$ $\quad\therefore y=2^{x-3}+2$

이 그래프가 ㉠의 그래프와 일치하므로

$m=3$

152 답 ①

STEP 1 함수 $y=\log_3 x$의 그래프를 x축의 방향으로 2만큼, y축의 방향으로 5만큼 평행이동한 그래프의 식은

$y=\log_3 (x-2)+5$

STEP 2 이 그래프가 점 $(5,\,a)$를 지나므로

$a=\log_3 (5-2)+5$, $a=\log_3 3+5$

$\therefore a=1+5=6$

153 답 ②

STEP 1 (i) $0<a<1$일 때

x의 값이 증가하면 $f(x)$의 값은 감소하므로 $0\le x\le 5$에서 $x=5$일 때 최소이고 최솟값은

$f(5)=\log_a (15+1)=\log_a 16+2$

즉, $\log_a 16+2=\dfrac{2}{3}$이므로

$\log_a 16=-\dfrac{4}{3}$, $a^{-\frac{4}{3}}=16$

$\therefore a=16^{-\frac{3}{4}}=(2^4)^{-\frac{3}{4}}=2^{-3}=\dfrac{1}{8}$

(ii) $a>1$일 때

x의 값이 증가하면 $f(x)$의 값도 증가하므로 $0\le x\le 5$에서 $x=0$일 때 최소이고 최솟값은

$f(0)=\log_a 1+2=2$

즉, 주어진 조건을 만족시키지 않는다.

STEP 2 (i), (ii)에 의하여

$a=\dfrac{1}{8}$

154 답 ④

STEP 1 함수 $f(x)=2\log_{\frac{1}{2}} (x+k)$는 x의 값이 증가하면 $f(x)$의 값은 감소하므로 $0\le x\le 12$에서 $x=0$일 때 최대이고 최댓값은

$f(0)=2\log_{\frac{1}{2}} k$

즉, $2\log_{\frac{1}{2}} k=-4$이므로

$\log_{\frac{1}{2}} k=-2$ $\quad\therefore k=\left(\dfrac{1}{2}\right)^{-2}=4$

STEP 2 따라서 함수 $f(x)=2\log_{\frac{1}{2}} (x+4)$는 $0\le x\le 12$에서 $x=12$일 때 최소이고 최솟값은

$m=f(12)=2\log_{\frac{1}{2}} (12+4)=2\log_{\frac{1}{2}} 16$

$\quad=2\log_{2^{-1}} 2^4=(-2)\times 4=-8$

$\therefore k+m=4+(-8)=-4$

155 답 ⑤

STEP 1 함수 $y=2+\log_2 x$의 그래프를 x축의 방향으로 -8만큼, y축의 방향으로 k만큼 평행이동한 그래프의 식은

$y=\log_2 (x+8)+k+2$

이때 $f(x)=\log_2 (x+8)+k+2$라 하면 함수 $y=f(x)$의 그래프는 함수 $y=\log_2 x$의 그래프를 x축의 방향으로 -8만큼, y축의 방향으로 $k+2$만큼 평행이동한 것이므로 그래프의 개형은 오른쪽 그림과 같다.

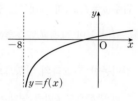

STEP 2 함수 $y=f(x)$의 그래프가 제4사분면을 지나지 않으려면 $f(0)\ge 0$이어야 하므로

$\log_2 8+k+2\ge 0$

$3+k+2\ge 0$ $\quad\therefore k\ge -5$

따라서 실수 k의 최솟값은 -5이다.

156 답 64

STEP 1 함수 $y=\log_a (x-1)-4$의 그래프는 a의 값에 관계없이 항상 점 $(2,\,-4)$를 지나므로 이 그래프가 직사각형 ABCD와 만나려면 x의 값이 증가할 때 y의 값도 증가해야 한다.

$\therefore a>1$

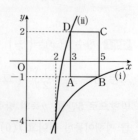

STEP 2 (i) a의 값은 함수 $y=\log_a (x-1)-4$의 그래프가 점

B$(5, -1)$을 지날 때 최대이므로

$-1 = \log_a (5-1) - 4$

$3 = \log_a 4$, $a^3 = 4$ $\therefore a = 4^{\frac{1}{3}} = 2^{\frac{2}{3}}$

$\therefore M = 2^{\frac{2}{3}}$

(ii) a의 값은 함수 $y = \log_a (x-1) - 4$의 그래프가 점 D$(3, 2)$를 지날 때 최소이므로

$2 = \log_a (3-1) - 4$

$6 = \log_a 2$, $a^6 = 2$ $\therefore a = 2^{\frac{1}{6}}$

$\therefore N = 2^{\frac{1}{6}}$

$\therefore \left(\dfrac{M}{N}\right)^{12} = \left(\dfrac{2^{\frac{2}{3}}}{2^{\frac{1}{6}}}\right)^{12} = \left(2^{\frac{1}{2}}\right)^{12} = 2^6 = 64$

157 답 ③

❤ 곡선 $y = f(x)$ 위의 점의 x좌표 (또는 y좌표)가 a로 주어지면 $x = a$ (또는 $y = a$)를 $y = f(x)$에 대입하면 이 점의 y좌표 (또는 x좌표)를 구할 수 있다.

❤ 함수 $y = \log_2 (x-a)$의 그래프의 점근선은 직선 $x = a$이다.

❤ 직선 $x = a$가 두 곡선 $y = \log_2 \dfrac{x}{4}$, $y = \log_{\frac{1}{2}} x$와 만나는 점의 y좌표를 각각 구하고 $\overline{AB} = 4$임을 이용한다.

STEP 1 함수 $y = \log_2 (x-a)$의 그래프의 점근선은 직선 $x = a$이므로

A$\left(a, \log_2 \dfrac{a}{4}\right)$, B$(a, \log_{\frac{1}{2}} a)$

STEP 2 이때 $\overline{AB} = 4$이므로

$\left| \log_2 \dfrac{a}{4} - \log_{\frac{1}{2}} a \right| = 4$

$|(\log_2 a - 2) - (-\log_2 a)| = 4$

$|2\log_2 a - 2| = 4$

$2\log_2 a - 2 = -4$ 또는 $2\log_2 a - 2 = 4$

$\log_2 a = -1$ 또는 $\log_2 a = 3$

$\therefore a = 2^{-1} = \dfrac{1}{2}$ 또는 $a = 2^3 = 8$

그런데 $a > 2$이므로

$a = 8$

158 답 ①

❤ y축과 평행한 직선의 방정식을 $x = k$로 놓는다.

❤ 함수 $y = 2^x$의 그래프는 x축보다 위쪽에 있고 함수 $y = -4^{x-2}$의 그래프는 x축보다 아래쪽에 있으므로 점 A의 y의 좌표는 양수이고 점 B의 y좌표는 음수이다.

STEP 1 y축과 평행한 한 직선의 방정식을 $x = k$라 하면

A$(k, 2^k)$, B$(k, -4^{k-2})$

STEP 2 P$(k, 0)$이라 하면 $\overline{OA} = \overline{OB}$이므로 $\overline{PA} = \overline{PB}$

즉, $2^k = 4^{k-2}$이므로

$2^k = 2^{2k-4}$, $k = 2k-4$

$\therefore k = 4$

$\therefore$ A$(4, 16)$, B$(4, -16)$

따라서 $\overline{AB} = 16 - (-16) = 32$이므로 삼각형 AOB의 넓이는

$\dfrac{1}{2} \times \overline{AB} \times \overline{OP} = \dfrac{1}{2} \times 32 \times 4 = 64$

159 답 ②

두 직선 OA, AB가 서로 수직이므로 두 직선의 기울기를 각각 구한 후 두 기울기의 곱이 -1임을 이용한다.

STEP 1 A$(t, \sqrt{3})$이라 하면 직선 OA의 기울기는 $\dfrac{\sqrt{3}}{t}$, 직선 AB의 기울기는 $\dfrac{\sqrt{3}}{t-4}$

STEP 2 직선 OA와 직선 AB가 서로 수직이므로

$\dfrac{\sqrt{3}}{t} \times \dfrac{\sqrt{3}}{t-4} = -1$

$\dfrac{3}{t(t-4)} = -1$, $t^2 - 4t + 3 = 0$

$(t-1)(t-3) = 0$ $\therefore t = 1$ 또는 $t = 3$

$\therefore$ A$(1, \sqrt{3})$ 또는 A$(3, \sqrt{3})$

STEP 3 (i) 점 A$(1, \sqrt{3})$이 함수 $y = a^x$의 그래프 위의 점일 때

$a = \sqrt{3}$

(ii) A$(3, \sqrt{3})$이 함수 $y = a^x$의 그래프 위의 점일 때

$\sqrt{3} = a^3$ $\therefore a = 3^{\frac{1}{6}}$ $(\because a > 1)$

(i), (ii)에 의하여 a의 값은 $\sqrt{3} = 3^{\frac{1}{2}}$, $3^{\frac{1}{6}}$이므로 구하는 곱은

$3^{\frac{1}{2}} \times 3^{\frac{1}{6}} = 3^{\frac{2}{3}}$

다른 풀이 1

$y = a^x$에 $y = \sqrt{3}$을 대입하면

$\sqrt{3} = a^x$ $\therefore x = \log_a \sqrt{3}$

즉, A$(\log_a \sqrt{3}, \sqrt{3})$이므로 직선 OA의 기울기는 $\dfrac{\sqrt{3}}{\log_a \sqrt{3}}$, 직선 AB의 기울기는 $\dfrac{\sqrt{3}}{\log_a \sqrt{3} - 4}$이다.

이때 직선 OA와 직선 AB가 서로 수직이므로

$\dfrac{\sqrt{3}}{\log_a \sqrt{3}} \times \dfrac{\sqrt{3}}{\log_a \sqrt{3} - 4} = -1$

$\dfrac{3}{(\log_a \sqrt{3})^2 - 4\log_a \sqrt{3}} = -1$, $(\log_a \sqrt{3})^2 - 4\log_a \sqrt{3} + 3 = 0$

$(\log_a \sqrt{3}-1)(\log_a \sqrt{3}-3)=0$

$\log_a \sqrt{3}=1$ 또는 $\log_a \sqrt{3}=3$

$a=\sqrt{3}$ 또는 $a^3=\sqrt{3}$

$\therefore a=3^{\frac{1}{2}}$ 또는 $a=3^{\frac{1}{6}}$

따라서 모든 a의 값의 곱은

$3^{\frac{1}{2}} \times 3^{\frac{1}{6}}=3^{\frac{2}{3}}$

다른 풀이 2 STEP 1 + STEP 2

오른쪽 그림과 같이 점 A에서 선분
OB(x축)에 내린 수선의 발을 H,
$\overline{OH}=x$라 하면 $\overline{BH}=4-x$

삼각형 AOB에서

$(\sqrt{3})^2=x(4-x)$ #

$x^2-4x+3=0,\ (x-1)(x-3)=0$

$\therefore x=1$ 또는 $x=3$

$\therefore A(1,\ \sqrt{3})$ 또는 $A(3,\ \sqrt{3})$

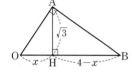

 # 참고

$\angle A=90°$인 직각삼각형 ABC에서
$\overline{AH}\perp\overline{BC}$일 때,

$\overline{AB}^2=\overline{BH}\times\overline{BC},\ \overline{AC}^2=\overline{CH}\times\overline{CB},$
$\overline{AB}\times\overline{AC}=\overline{AH}\times\overline{BC}$

160 답 ②

해결 각 잡기

❤ 두 점 A, B의 좌표를 각각 구하고 $\overline{AB}=2$임을 이용하여 k에 대한 이차방정식을 세운다.

❤ $0<k<8$임에 유의하여 모든 실수 k의 값의 곱을 구한다.

❤ **이차방정식의 근과 계수의 관계**
이차방정식 $ax^2+bx+c=0$의 두 근을 α, β라 하면
$$\alpha+\beta=-\frac{b}{a},\ \alpha\beta=\frac{c}{a}$$

STEP 1 $A(k,\ \log_2 k)$, $B(k,\ -\log_2(8-k))$이고 $\overline{AB}=2$이므로

$|\log_2 k-\{-\log_2(8-k)\}|=2$

$|\log_2 k+\log_2(8-k)|=2$

$|\log_2 k(8-k)|=2$

$\log_2 k(8-k)=-2$ 또는 $\log_2 k(8-k)=2$

$k(8-k)=2^{-2}=\frac{1}{4}$ 또는 $k(8-k)=2^2=4$

$\therefore 4k^2-32k+1=0$ 또는 $k^2-8k+4=0$

STEP 2 (i) $4k^2-32k+1=0$일 때

$k=\dfrac{16\pm\sqrt{16^2-4\times1}}{4}=\dfrac{8\pm3\sqrt{7}}{2}=\dfrac{8\pm7.\times\times\times}{2}$

즉, $k=0.\times\times\times$ 또는 $k=7.\times\times\times$이므로 실수 k의 값의 곱은 이
차방정식의 근과 계수의 관계에 의하여 $\dfrac{1}{4}$이다.
$\underset{\smash{0<k<8을\ 만족시킨다.}}{}$

(ii) $k^2-8k+4=0$일 때

$k=4\pm\sqrt{4^2-1\times4}=4\pm2\sqrt{3}=4\pm3.\times\times\times$

즉, $k=0.\times\times\times$ 또는 $k=7.\times\times\times$이므로 실수 k의 값의 곱은 이
$\underset{\smash{0<k<8을\ 만족시킨다.}}{}$
차방정식의 근과 계수의 관계에 의하여 4이다.

(i), (ii)에 의하여 모든 실수 k의 값의 곱은

$\dfrac{1}{4}\times4=1$

161 답 ④

STEP 1 곡선 $y=\log_2 x$가 x축과 만나는 점 A의 x좌표는 1이므로
$A(1,\ 0)$

직선 $x=4$가 곡선 $y=\log_2 x$와 만나는 점 B의 y좌표는

$y=\log_2 4=\log_2 2^2=2$ $\therefore B(4,\ 2)$

직선 $x=4$가 곡선 $y=\log_a x$와 만나는 점 C의 y좌표는

$y=\log_a 4$ $\therefore C(4,\ \log_a 4)$

STEP 2 이때 삼각형 ABC의 넓이가 $\dfrac{9}{2}$이므로

$\dfrac{1}{2}\times(2-\log_a 4)\times(4-1)=\dfrac{9}{2}$

$\dfrac{3}{2}(2-\log_a 4)=\dfrac{9}{2},\ 2-\log_a 4=3$

$\log_a 4=-1,\ a^{-1}=4$

$\therefore a=4^{-1}=\dfrac{1}{4}$

162 답 6

해결 각 잡기

세 점 $A(x_1,\ y_1)$, $B(x_2,\ y_2)$, $C(x_3,\ y_3)$에 대하여 삼각형 ABC의
무게중심의 좌표는
$$\left(\frac{x_1+x_2+x_3}{3},\ \frac{y_1+y_2+y_3}{3}\right)$$

STEP 1 $A(1,\ 0)$, $B(k,\ \log_2 k)$, $C(k,\ \log_{\frac{1}{2}} k)$이므로 삼각형
ACB의 무게중심의 좌표는

$\left(\dfrac{1+k+k}{3},\ \dfrac{0+\log_2 k+\log_{\frac{1}{2}} k}{3}\right)$, 즉 $\left(\dfrac{2k+1}{3},\ 0\right)$
$\overset{\smash{=-\log_2 k}}{}$

$\dfrac{2k+1}{3}=3$이므로

$2k+1=9,\ 2k=8$

$\therefore k=4$

STEP 2 따라서 $B(4,\ 2)$, $C(4,\ -2)$이므로

$\triangle ACB=\dfrac{1}{2}\times\{2-(-2)\}\times(4-1)$

$=\dfrac{1}{2}\times4\times3=6$

163 답 ④

STEP 1 직선 $y=-2$와 함수 $y=\dfrac{1}{2}\log_a(x-1)-2$의 그래프가 만나는 점 A의 x좌표는

$-2=\dfrac{1}{2}\log_a(x-1)-2$

$\log_a(x-1)=0,\ x-1=1$ ∴ $x=2$

∴ A$(2,\,-2)$

STEP 2 직선 $x=10$이 함수 $y=\dfrac{1}{2}\log_a(x-1)-2$의 그래프와 만나는 점 B의 y좌표는

$y=\dfrac{1}{2}\log_a 9-2=\log_a 3-2$ ∴ B$(10,\ \log_a 3-2)$

직선 $x=10$이 함수 $y=\log_{\frac{1}{a}}(x-2)+1$의 그래프와 만나는 점 C의 y좌표는

$y=\log_{\frac{1}{a}}8+1=-\log_a 8+1$

∴ C$(10,\ -\log_a 8+1)$

STEP 3 이때 삼각형 ACB의 넓이는

$\dfrac{1}{2}\times\{(\log_a 3-2)-(-\log_a 8+1)\}\times(10-2)$

$=\dfrac{1}{2}\times(\log_a 3+\log_a 8-3)\times 8$

$=4(\log_a 24-3)$

즉, $4(\log_a 24-3)=28$이므로

$\log_a 24-3=7,\ \log_a 24=10$

∴ $a^{10}=24$

164 답 ②

STEP 1 곡선 $f(x)=\log_2(x-p)$의 점근선은 직선 $x=p$이므로

A$(p,\ 2^p+1)$, B$(p,\ 0)$

곡선 $g(x)=2^x+1$의 점근선 $y=1$이 곡선 $y=\log_2(x-p)$와 만나는 점 C의 x좌표는

$1=\log_2(x-p)$

$x-p=2$ ∴ $x=p+2$

∴ C$(p+2,\ 1)$

STEP 2 이때 삼각형 ABC의 넓이가 6이므로

$\dfrac{1}{2}\times(2^p+1)\times\{(p+2)-p\}=6$

$2^p+1=6,\ 2^p=5$ ∴ $p=\log_2 5$

165 답 ①

STEP 1 곡선 $y=\log_a x$와 직선 $y=1$이 만나는 점 A_1의 x좌표는

$1=\log_a x$ ∴ $x=a$ ∴ $A_1(a,\ 1)$

곡선 $y=\log_b x$와 직선 $y=1$이 만나는 점 B_1의 x좌표는

$1=\log_b x$ ∴ $x=b$ ∴ $B_1(b,\ 1)$

STEP 2 곡선 $y=\log_a x$와 직선 $y=2$가 만나는 점 A_2의 x좌표는

$2=\log_a x$ ∴ $x=a^2$ ∴ $A_2(a^2,\ 2)$

곡선 $y=\log_b x$와 직선 $y=2$가 만나는 점 B_2의 x좌표는

$2=\log_b x$ ∴ $x=b^2$ ∴ $B_2(b^2,\ 2)$

STEP 3 선분 A_1B_1의 중점의 좌표가 $(2,\ 1)$이므로

$\dfrac{a+b}{2}=2$ ∴ $a+b=4$ …… ㉠

또, $\overline{A_1B_1}=1$이므로

$b-a=1\ (∵\ a<b)$ …… ㉡

$1<a<b$에서 $a^2<b^2$이므로

$\overline{A_2B_2}=b^2-a^2=(b-a)(b+a)$

$=1\times 4\ (∵\ ㉠,\ ㉡)$

$=4$

다른 풀이

선분 A_1B_1의 중점의 x좌표가 2이고 $\overline{A_1B_1}=1$이므로

$A_1\left(2-\dfrac{1}{2},\ 1\right)$, $B_1\left(2+\dfrac{1}{2},\ 1\right)$, 즉 $A_1\left(\dfrac{3}{2},\ 1\right)$, $B_1\left(\dfrac{5}{2},\ 1\right)$

곡선 $y=\log_a x$가 점 $A_1\left(\dfrac{3}{2},\ 1\right)$을 지나므로

$1=\log_a \dfrac{3}{2}$ ∴ $a=\dfrac{3}{2}$

곡선 $y=\log_b x$가 점 $B_1\left(\dfrac{5}{2},\ 1\right)$을 지나므로

$1=\log_b \dfrac{5}{2}$ ∴ $b=\dfrac{5}{2}$

직선 $y=2$가 곡선 $y=\log_{\frac{3}{2}} x$와 만나는 점의 x좌표는

$2=\log_{\frac{3}{2}} x$ ∴ $x=\left(\dfrac{3}{2}\right)^2=\dfrac{9}{4}$ ∴ $A_2\left(\dfrac{9}{4},\ 2\right)$

직선 $y=2$가 곡선 $y=\log_{\frac{5}{2}} x$와 만나는 점의 x좌표는

$2=\log_{\frac{5}{2}} x$ ∴ $x=\left(\dfrac{5}{2}\right)^2=\dfrac{25}{4}$ ∴ $B_2\left(\dfrac{25}{4},\ 2\right)$

∴ $\overline{A_2B_2}=\dfrac{25}{4}-\dfrac{9}{4}=4$

166 답 ④

STEP 1 곡선 $y=\log_2(x-p)+q$가 점 $(4,\ 2)$를 지나므로

$2=\log_2(4-p)+q,\ 2-q=\log_2(4-p)$

$2^{2-q}=4-p$ ∴ $2^{-q}=1-\dfrac{p}{4}$ …… ㉠

점 A는 곡선 $y=\log_2 x$가 x축과 만나는 점이므로

A$(1,\ 0)$

곡선 $y=\log_2(x-p)+q$가 x축과 만나는 점 B의 x좌표는

$0=\log_2(x-p)+q,\ \log_2(x-p)=-q$ ← 직선 $y=0$

$2^{-q}=x-p$

∴ $x=2^{-q}+p=1-\dfrac{p}{4}+p\ (∵\ ㉠)$

$=\dfrac{3}{4}p+1$

∴ B$\left(\dfrac{3}{4}p+1,\ 0\right)$

$3=\log_2 x$ ∴ $x=2^3=8$ ∴ C(8, 3)

곡선 $y=\log_2(x-p)+q$가 직선 $y=3$과 만나는 점 D의 x좌표는

$3=\log_2(x-p)+q$, $3-q=\log_2(x-p)$

$2^{3-q}=x-p$

∴ $x=2^{3-q}+p=8\times2^{-q}+p=8\times\left(1-\dfrac{p}{4}\right)+p$ (∵ ㉠)

$\qquad =8-2p+p=8-p$

∴ D($8-p$, 3)

STEP 3 $\overline{CD}-\overline{BA}=\{8-(8-p)\}-\left\{\left(\dfrac{3}{4}p+1\right)-1\right\}$

$\qquad\qquad\qquad =p-\dfrac{3}{4}p=\dfrac{p}{4}$

즉, $\dfrac{p}{4}=\dfrac{3}{4}$이므로 $p=3$

$p=3$을 ㉠에 대입하면

$2^{-q}=1-\dfrac{3}{4}=\dfrac{1}{4}=2^{-2}$

$-q=-2$ ∴ $q=2$

∴ $p+q=3+2=5$

167 답 ③

해결 각 잡기

삼각형의 중선의 성질
$\overline{AD}$가 삼각형 ABC의 중선일 때,

$\triangle ABD=\triangle ADC=\dfrac{1}{2}\triangle ABC$

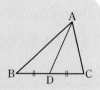

STEP 1 $y=\log_4 x$에 $y=1$을 대입하면

$1=\log_4 x$ ∴ $x=4$ ∴ A(4, 1)

이때 x축이 삼각형 OAB의 넓이를 이등분하므로 선분 AB의 중점은 x축 위에 있다.

즉, 점 B의 y좌표를 a라 하면 선분 AB의 중점의 y좌표는 0이므로

$\dfrac{1+a}{2}=0$ ∴ $a=-1$

STEP 2 $y=-\log_4(x+1)$에 $y=-1$을 대입하면

$-1=-\log_4(x+1)$, $1=\log_4(x+1)$

$x+1=4$ ∴ $x=3$

따라서 B(3, -1)이므로

$\overline{OB}=\sqrt{3^2+(-1)^2}=\sqrt{10}$

168 답 ③

해결 각 잡기

직선 $x=k$가 x축과 만나는 점을 E라 하면 삼각형 ACB와 삼각형 BCD는 모두 $\overline{BC}$를 밑변으로 하므로

$\overline{AB}:\overline{BE}=\triangle ACB:\triangle BCD=3:2$

STEP 1 직선 $x=k$가 x축과 만나는 점을 E라 하면 삼각형 ACB와 삼각형 BCD의 넓이의 비가 $3:2$이므로

$\overline{AB}:\overline{BE}=3:2$ $\llcorner\left(\dfrac{1}{2}\times\overline{CB}\times\overline{AB}\right):\left(\dfrac{1}{2}\times\overline{CB}\times\overline{BE}\right)=3:2$

∴ $\overline{AE}:\overline{BE}=5:2$

STEP 2 이때 $\overline{AE}=\log_2 k$, $\overline{BE}=\log_a k$이므로

$\log_2 k:\log_a k=5:2$

$2\log_2 k=5\log_a k$, $\log_{2^{\frac{1}{2}}}k=\log_{a^{\frac{1}{5}}}k$

$2^{\frac{1}{2}}=a^{\frac{1}{5}}$ ∴ $a=2^{\frac{5}{2}}=4\sqrt{2}$

169 답 ③

STEP 1 점 A의 x좌표를 $a\,(a>0)$, 점 C의 x좌표를 $b\,(b<0)$라 하면 네 점 A, B, C, D의 좌표는

A(a, $1-2^{-a}$), B(a, 2^a), C(b, 2^b), D(b, $1-2^{-b}$)

이때 두 점 A, C의 y좌표가 서로 같으므로

$1-2^{-a}=2^b$ ……㉠

$\overline{AB}=2^a-(1-2^{-a})$, $\overline{CD}=2^b-(1-2^{-b})$이므로 $\overline{AB}=2\overline{CD}$에서

$2^a-(1-2^{-a})=2\{2^b-(1-2^{-b})\}$

∴ $2^a+2^{-a}-1=2(2^b+2^{-b}-1)$ ……㉡

STEP 2 ㉠을 ㉡에 대입하면

$2^a+2^{-a}-1=2\left(1-2^{-a}+\dfrac{1}{1-2^{-a}}-1\right)$

$2^a+2^{-a}-1=2\left(-2^{-a}+\dfrac{2^a}{2^a-1}\right)$ $\llcorner=-2^{-a}+\dfrac{1\times2^a}{(1-2^{-a})\times2^a}$ $=-2^{-a}+\dfrac{2^a}{2^a-1}$

위의 식의 양변에 2^a을 곱하면

$2^{2a}+1-2^a=2\left(-1+\dfrac{2^{2a}}{2^a-1}\right)$

$2^{2a}+1-2^a=2\times\dfrac{2^{2a}+1-2^a}{2^a-1}$, $1=\dfrac{2}{2^a-1}$

∴ $2^a=3$, 즉 $a=\log_2 3$

이것을 ㉠에 대입하면

$2^b=1-2^{-a}=1-\dfrac{1}{3}=\dfrac{2}{3}$

∴ $b=\log_2\dfrac{2}{3}$

STEP 3 따라서 네 점 A, B, C, D의 좌표는

A$\left(\log_2 3, \dfrac{2}{3}\right)$, B($\log_2 3$, 3), C$\left(\log_2\dfrac{2}{3}, \dfrac{2}{3}\right)$, D$\left(\log_2\dfrac{2}{3}, -\dfrac{1}{2}\right)$

이므로

$\overline{AB}=3-\dfrac{2}{3}=\dfrac{7}{3}$, $\overline{CD}=\dfrac{2}{3}-\left(-\dfrac{1}{2}\right)=\dfrac{7}{6}$,

$\overline{AC}=\log_2 3-\log_2\dfrac{2}{3}=\log_2\dfrac{9}{2}$

따라서 사다리꼴 ABCD의 넓이는

$\dfrac{1}{2}\times(\overline{AB}+\overline{CD})\times\overline{AC}=\dfrac{1}{2}\times\left(\dfrac{7}{3}+\dfrac{7}{6}\right)\times\log_2\dfrac{9}{2}$

$\qquad\qquad =\dfrac{7}{4}\log_2\dfrac{9}{2}=\dfrac{7}{4}(2\log_2 3-1)$

$\qquad\qquad =\dfrac{7}{2}\log_2 3-\dfrac{7}{4}$

170 답 ②

○ $|f(x)| = \begin{cases} -f(x) & (f(x)<0) \\ f(x) & (f(x)\geq 0) \end{cases}$

○ 두 점 A, B의 좌표를 구한 후, $\overline{AB}=1$임을 이용하여 t의 값을 구한다.

STEP 1 $y=|2^x-1| = \begin{cases} -(2^x-1) & (x<0) \\ 2^x-1 & (x\geq 0) \end{cases}$

이므로 점 A의 x좌표는 $2^x-1=t$에서 $x=\log_2(1+t)$

점 B의 x좌표는 $-(2^x-1)=t$에서 $x=\log_2(1-t)$

이때 $\overline{AB}=1$이므로

$\log_2(1+t)-\log_2(1-t)=1$

$\log_2 \dfrac{1+t}{1-t}=1$, $\dfrac{1+t}{1-t}=2$

$1+t=2-2t$, $3t=1$

$\therefore t=\dfrac{1}{3}$

$\therefore A\left(\log_2 \dfrac{4}{3}, \dfrac{1}{3}\right)$

STEP 2 점 C의 x좌표는 $\log_2 \dfrac{4}{3}$이고, $x\geq 0$에서 함수

$y=-a|2^x-1|=-a(2^x-1)$이므로 점 C의 y좌표는

$-a\left(2^{\log_2 \frac{4}{3}}-1\right)=-a\left(\dfrac{4}{3}-1\right)=-\dfrac{a}{3}$

이때 $\overline{AC}=1$이므로

$\dfrac{1}{3}-\left(-\dfrac{a}{3}\right)=1$, $\dfrac{a}{3}=\dfrac{2}{3}$

$\therefore a=2$

$\therefore a+t=2+\dfrac{1}{3}=\dfrac{7}{3}$

171 답 16

$\overline{AC}:\overline{CB}=1:5$이고 점 C의 x좌표가 0이므로 점 A의 x좌표를 $-a\,(a>0)$, 점 B의 x좌표를 $5a$로 놓을 수 있다.

STEP 1 $\overline{AC}:\overline{CB}=1:5$이므로 점 A의 x좌표를 $-a\,(a>0)$라 하면 점 B의 x좌표는 $5a$이다.

이때 $f(-a)=g(5a)$이므로

$\left(\dfrac{1}{2}\right)^{-a-1}=4^{5a-1}$

$2^{a+1}=2^{10a-2}$, $a+1=10a-2$

$9a=3$ $\therefore a=\dfrac{1}{3}$

STEP 2 즉, 점 B의 x좌표는 $\dfrac{5}{3}$이므로

$k=g\left(\dfrac{5}{3}\right)=4^{\frac{5}{3}-1}=4^{\frac{2}{3}}$

$\therefore k^3=\left(4^{\frac{2}{3}}\right)^3=4^2=16$

STEP 2

즉, 점 A의 x좌표는 $-\dfrac{1}{3}$이므로

$k=f\left(-\dfrac{1}{3}\right)=\left(\dfrac{1}{2}\right)^{-\frac{1}{3}-1}=2^{\frac{4}{3}}$

$\therefore k^3=2^4=16$

직선 $y=k$가 함수 $y=\left(\dfrac{1}{2}\right)^{x-1}$의 그래프와 만나는 점의 x좌표는

$k=\left(\dfrac{1}{2}\right)^{x-1}$, $x-1=\log_{\frac{1}{2}} k$

$\therefore x=-\log_2 k+1$

$\therefore A(-\log_2 k+1, k)$

직선 $y=k$가 함수 $y=4^{x-1}$의 그래프와 만나는 점의 x좌표는

$k=4^{x-1}$, $x-1=\log_4 k$

$\therefore x=\dfrac{1}{2}\log_2 k+1$

$\therefore B\left(\dfrac{1}{2}\log_2 k+1, k\right)$

이때 $\overline{AC}:\overline{CB}=1:5$이므로

$(\log_2 k-1):\left(\dfrac{1}{2}\log_2 k+1\right)=1:5$

$5\log_2 k-5=\dfrac{1}{2}\log_2 k+1$

$\dfrac{9}{2}\log_2 k=6$, $\log_2 k=\dfrac{4}{3}$

$\therefore k=2^{\frac{4}{3}}$

$\therefore k^3=2^4=16$

172 답 ③

STEP 1 $B(0, 2^a)$이므로

$\overline{OB}=2^a$

$\overline{OB}=3\times\overline{OH}$에서

$2^a=3\times\overline{OH}$ $\therefore \overline{OH}=\dfrac{2^a}{3}$

STEP 2 점 A의 y좌표는 $\dfrac{2^a}{3}$이므로 점 A의 x좌표는

└ 점 A는 곡선 $y=2^{-x+a}$ 위의 점이다.

$\dfrac{2^a}{3}=2^{-x+a}$, $\dfrac{1}{3}=2^{-x}$

$2^x=3$ $\therefore x=\log_2 3$

$\therefore A\left(\log_2 3, \dfrac{2^a}{3}\right)$

또, 점 A는 곡선 $y=2^x-1$ 위의 점이므로

$\dfrac{2^a}{3}=2^{\log_2 3}-1$

$\dfrac{2^a}{3}=3-1$, $2^a=6$

$\therefore a=\log_2 6$

다른 풀이 STEP 2

점 A의 x좌표를 k $(k>0)$라 하면

$2^k-1=2^{-k+a}=\dfrac{2^a}{3}$

$\underline{2^k-1=2^{-k+a}}$에서 $2^{2k}-2^k=2^a$ ...... ㉠
　　└ 양변에 2^k을 곱한다.

$2^k-1=\dfrac{2^a}{3}$에서 $2^a=3(2^k-1)$ ...... ㉡

㉠, ㉡에서

$2^{2k}-2^k=3(2^k-1)$

$2^{2k}-4\times 2^k+3=0$, $(2^k-1)(2^k-3)=0$

$\therefore 2^k=3$ $(\because \underline{k>0})$
　　　　　　　└ $2^k>1$

$2^k=3$을 ㉡에 대입하면

$2^a=3(3-1)=6$ $\therefore a=\log_2 6$

173 답 ⑤

해결 각 잡기

두 점 A_m, B_m의 좌표를 이용하여 $\overline{A_mB_m}$을 m에 대한 식으로 나타낸 후, $\overline{A_mB_m}$이 자연수가 되도록 하는 조건을 찾는다.

STEP 1 함수 $y=3^x$의 그래프와 직선 $y=m$이 만나는 점 A_m의 x좌표는

$m=3^x$ $\therefore x=\log_3 m$

$\therefore A_m(\log_3 m, m)$

함수 $y=\log_2 x$의 그래프와 직선 $y=m$이 만나는 점 B_m의 x좌표는

$m=\log_2 x$ $\therefore x=2^m$

$\therefore B_m(2^m, m)$

$\therefore \overline{A_mB_m}=2^m-\log_3 m$ ...... ㉠

STEP 2 m과 2^m이 자연수이므로 $\overline{A_mB_m}$이 자연수이려면 $\log_3 m$은 음이 아닌 정수이어야 한다.
　　　　　　　└ $m\geq 1$이므로 $\log_3 m\geq 0$

즉, $m=3^k$ (k는 음이 아닌 정수) 꼴이어야 하므로 ㉠에서

$m=3^0$일 때, $a_1=2^1-\log_3 1=2-0=2$

$m=3^1$일 때, $a_2=2^3-\log_3 3=8-1=7$

$m=3^2=9$일 때, $a_3=2^9-\log_3 9=512-2=510$

174 답 ③

해결 각 잡기

$\dfrac{f(t)}{g(t)}$를 t에 대한 식으로 나타낸 후, $\dfrac{f(t)}{g(t)}=n$ (n은 자연수)으로 놓으면 t를 n에 대한 식으로 나타낼 수 있다.

STEP 1 곡선 $y=2^x$과 직선 $y=t$가 만나는 점 A의 x좌표는

$t=2^x$ $\therefore x=\log_2 t$

$\therefore A(\log_2 t, t)$

곡선 $y=2^x$과 직선 $y=2t$가 만나는 점 B의 x좌표는

$2t=2^x$ $\therefore x=\log_2 2t$

$\therefore B(\log_2 2t, 2t)$

이때 사각형 ABRP의 넓이 $f(t)$는

$f(t)=\dfrac{1}{2}\times(\log_2 t+\log_2 2t)\times(2t-t)=\dfrac{t}{2}\log_2 2t^2$

또, 사각형 AQSB의 넓이 $g(t)$는

$g(t)=\dfrac{1}{2}\times(t+2t)\times(\log_2 2t-\log_2 t)=\dfrac{3}{2}t$

$\therefore \dfrac{f(t)}{g(t)}=\dfrac{1}{3}\log_2 2t^2$

STEP 2 $\dfrac{1}{3}\log_2 2t^2=n$ (n은 자연수)이라 하면

$\log_2 2t^2=3n$, $2t^2=2^{3n}$, $t^2=2^{3n-1}$

$\therefore t=2^{\frac{3n-1}{2}}$

이때 $1<t<100$, 즉 $1<2^{\frac{3n-1}{2}}<100$을 만족시키는 자연수 n의 값은 1, 2, 3, 4이므로 t의 값은

$2, 2^{\frac{5}{2}}, 2^4, 2^{\frac{11}{2}}$

따라서 구하는 모든 t의 값의 곱은

$2\times 2^{\frac{5}{2}}\times 2^4\times 2^{\frac{11}{2}}=2^{13}$

175 답 ⑤

해결 각 잡기

곡선 $y=f(x)$와 직선 $y=ax+b$의 교점이 주어지면 그 교점의 좌표를 $(\alpha, f(\alpha))$ 또는 $(\alpha, a\alpha+b)$로 놓고 푼다.

STEP 1 점 $(p, -p)$는 곡선 $y=a^x$ 위의 점이므로

$a^p=-p$ ...... ㉠

또, 점 $(q, -q)$는 곡선 $y=a^{2x}$ 위의 점이므로

$a^{2q}=-q$ ...... ㉡

STEP 2 ㉠×㉡을 하면

$a^{p+2q}=pq$

$\therefore p+2q=\log_a pq=-8$

176 답 ⑤

해결 각 잡기

$0<a<b<1$일 때, 곡선 $y=\log_a x$는 곡선 $y=\log_b x$보다

(1) $0<x<1$에서 아래쪽에 있다.

(2) $x>1$에서 위쪽에 있다.

ㄱ. $p=\dfrac{1}{2}$이면 곡선 $y=\log_a x$가 점 $\left(\dfrac{1}{2}, \dfrac{1}{2}\right)$을 지나므로

$\dfrac{1}{2}=\log_a \dfrac{1}{2}$, $a^{\frac{1}{2}}=\dfrac{1}{2}$ $\therefore a=\dfrac{1}{4}$

ㄴ. $0<a<\dfrac{1}{2}$이므로 $0<a<2a<1$

따라서 두 함수 $y=\log_a x$, $y=\log_{2a} x$의 그래프는 오른쪽 그림과 같으므로

$p<q$

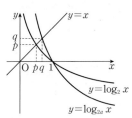

ㄷ. 점 (p, p)는 함수 $y=\log_a x$의 그래프 위의 점이므로

$p=\log_a p$ $\therefore a^p=p$

점 (q, q)는 함수 $y=\log_{2a} x$의 그래프 위의 점이므로

$q=\log_{2a} q$, $(2a)^q=q$, $2^q a^q=q$ $\therefore a^q=\dfrac{q}{2^q}$

$\therefore a^{p+q}=a^p \times a^q=p \times \dfrac{q}{2^q}=\dfrac{pq}{2^q}$

따라서 ㄱ, ㄴ, ㄷ 모두 옳다.

---

177 답 ③

STEP 1 점 A의 x좌표를 $a\,(a>0)$, 점 B의 x좌표를 b라 하면 선분 AB의 중점의 x좌표가 0이므로

$\dfrac{a+b}{2}=0$ $\therefore b=-a$

$\therefore$ A$(a, 3^a)$, B$(-a, 3^a-6)$

STEP 2 선분 AB의 중점의 y좌표가 2이므로

$\dfrac{3^a+(3^a-6)}{2}=2$

$2\times 3^a-6=4$, $2\times 3^a=10$

$\therefore 3^a=5$

따라서 구하는 점 A의 y좌표는 5이다.

---

178 답 ④

해결 각 잡기

B$(t, \log_2 t)$로 놓은 후, 선분 AB의 중점 M이 곡선 $y=f(x)$ 위의 점임을 이용하여 t의 값을 구한다.

STEP 1 곡선 $y=\log_2 x$를 x축에 대하여 대칭이동한 곡선의 방정식은

$y=-\log_2 x$

이 곡선을 x축의 방향으로 2만큼 평행이동한 곡선의 방정식은

$y=-\log_2 (x-2)$

$\therefore f(x)=-\log_2 (x-2)$

STEP 2 B$(t, \log_2 t)$라 하면

M$\left(\dfrac{t+1}{2}, \dfrac{\log_2 t}{2}\right)$

점 M이 곡선 $y=f(x)$ 위의 점이므로

$\dfrac{\log_2 t}{2}=-\log_2 \left(\dfrac{t+1}{2}-2\right)$

$\log_2 t=-2\log_2 \dfrac{t-3}{2}$, $\log_2 t=\log_2 \left(\dfrac{2}{t-3}\right)^2$

$t=\left(\dfrac{2}{t-3}\right)^2$, $t(t-3)^2=4$

$t^3-6t^2+9t-4=0$, $(t-1)^2(t-4)=0$

$\therefore t=1$ 또는 $t=4$

이때 $t>1$이므로 $t=4$

따라서 구하는 점 B의 x좌표는 4이다.

---

179 답 ⑤

해결 각 잡기

P$(t, 4^t)$으로 놓고, 선분 OP를 $1:3$으로 내분하는 점 Q가 곡선 $y=2^x$ 위의 점임을 이용하여 t의 값을 구한다.

STEP 1 P$(t, 4^t)$이라 하면 선분 OP를 $1:3$으로 내분하는 점의 좌표는

$\left(\dfrac{t}{1+3}, \dfrac{4^t}{1+3}\right)$, 즉 $\left(\dfrac{t}{4}, 2^{2t-2}\right)$

STEP 2 점 $\left(\dfrac{t}{4}, 2^{2t-2}\right)$이 함수 $g(x)=2^x$의 그래프 위의 점이므로

$2^{2t-2}=2^{\frac{t}{4}}$, $2t-2=\dfrac{t}{4}$

$8t-8=t$, $7t=8$

$\therefore t=\dfrac{8}{7}$

따라서 점 P의 x좌표는 $\dfrac{8}{7}$이다.

---

180 답 11

해결 각 잡기

조건 ㈎, ㈏에 의하여 두 점 A, B의 x좌표의 비와 y좌표의 비가 모두 $1:2$이다.

STEP 1 두 점 A, B에서 x축에 내린 수선의 발을 각각 A′, B′이라 하면

$\overline{OA'}:\overline{OB'}=\overline{AA'}:\overline{BB'}=\overline{OA}:\overline{OB}=1:2$

STEP 2 점 A의 x좌표를 $a\left(a>\dfrac{3}{5}\right)$라 하면 점 B의 x좌표는 $2a$이 므로 $\log_3 (5a-3)$에서 $5a-3>0$, 즉 $a>\dfrac{3}{5}$

A$(a, \log_3 (5a-3))$, B$(2a, \log_3 (10a-3))$

점 B의 y좌표가 점 A의 y좌표의 2배이므로

$\log_3 (10a-3)=2\log_3 (5a-3)$

$\log_3 (10a-3)=\log_3 (5a-3)^2$

$10a-3=(5a-3)^2$, $25a^2-40a+12=0$

$(5a-2)(5a-6)=0$ $\therefore a=\dfrac{6}{5}\left(\because a>\dfrac{3}{5}\right)$

$\therefore$ A$\left(\dfrac{6}{5}, 1\right)$

세 점 O, A, B가 한 직선 위에 있으므로 직선 AB의 기울기는 직선 OA의 기울기와 같다.

∴ (직선 AB의 기울기)=(직선 OA의 기울기)=$\dfrac{\frac{1}{6}}{\frac{5}{6}}$=$\dfrac{5}{6}$

따라서 $p=6$, $q=5$이므로

$p+q=6+5=11$

181 답 ⑤

해결 각 잡기

직선 $y=-x+p$의 기울기가 -1이므로 $\overline{BD}=\overline{CD}$이다.

STEP 1 $C(a,\ 2^a)\ (a>0)$이라 하면 $\angle BCD=\angle CBD=45°$이므로
$\overline{BD}=\overline{CD}=a$

삼각형 BDC의 넓이가 8이므로

$\dfrac{1}{2}a^2=8$, $a^2=16$ ∴ $a=4\ (∵ a>0)$

∴ $C(4,\ 16)$

STEP 2 점 $C(4,\ 16)$이 직선 $y=-x+p$ 위의 점이므로

$16=-4+p$ ∴ $p=20$

따라서 $A(20,\ 0)$이므로

$\triangle OAC=\dfrac{1}{2}\times 20\times 16=160$

182 답 ④

해결 각 잡기

직선 $y=x$의 기울기가 1이고 $\overline{AB}=6\sqrt{2}$이므로 두 점 A, B의 x좌표의 차와 y좌표의 차가 모두 6임을 알 수 있다.

STEP 1 두 점 A, B가 직선 $y=x$ 위의 점이므로 $A(p,\ p)$,
$B(q,\ q)\ (p<q)$라 하면
$\overline{AB}=\sqrt{(q-p)^2+(q-p)^2}=\sqrt{2(q-p)^2}=\sqrt{2}(q-p)$
즉, $\sqrt{2}(q-p)=6\sqrt{2}$이므로
$q-p=6$ ······ ㉠

사각형 ACDB의 넓이가 30이므로

$\dfrac{1}{2}\times(p+q)\times(q-p)=30$

$\dfrac{1}{2}\times(p+q)\times 6=30\ (∵ ㉠)$

∴ $p+q=10$ ······ ㉡

㉠, ㉡을 연립하여 풀면

$p=2$, $q=8$

∴ $A(2,\ 2)$, $B(8,\ 8)$

STEP 2 두 점 A, B가 곡선 $y=2^{ax+b}$ 위의 점이므로

$2^{2a+b}=2$에서 $2a+b=1$ ······ ㉢

$2^{8a+b}=8$에서 $2^{8a+b}=2^3$ ∴ $8a+b=3$ ······ ㉣

㉢, ㉣을 연립하여 풀면

$a=\dfrac{1}{3}$, $b=\dfrac{1}{3}$

∴ $a+b=\dfrac{1}{3}+\dfrac{1}{3}=\dfrac{2}{3}$

183 답 ⑤

해결 각 잡기

기울기가 -1인 직선 BC에 대하여
(1) $\angle BCP=\angle CBP=45°$
(2) $\overline{BP}:\overline{CP}:\overline{BC}=1:1:\sqrt{2}$

STEP 1 $A(k,\ 2^{k-1}+1)$이고 $\overline{AB}=8$이므로
$B(k,\ 2^{k-1}-7)$
직선 BC의 기울기가 -1이고 $\overline{BC}=2\sqrt{2}$이므로 두 점 B, C의 x좌표의 차와 y좌표의 차는 모두 2이다.
∴ $C(k-2,\ 2^{k-1}-5)$

STEP 2 점 C는 곡선 $y=2^{x-1}+1$ 위의 점이므로

$2^{k-1}-5=2^{k-3}+1$

$4\times 2^{k-3}-2^{k-3}=6$, $3\times 2^{k-3}=6$

$2^{k-3}=2$, $k-3=1$

∴ $k=4$

∴ $A(4,\ 9)$, $B(4,\ 1)$, $C(2,\ 3)$

이때 점 B가 곡선 $y=\log_2(x-a)$ 위의 점이므로

$1=\log_2(4-a)$, $4-a=2$

∴ $a=2$

$y=\log_2(x-2)$에 $y=0$을 대입하면

$0=\log_2(x-2)$, $x-2=1$

∴ $x=3$

∴ $D(3,\ 0)$

STEP 3 직선 $x=k$가 x축과 만나는 점을 E라 하면 $\overline{BE}=\overline{DE}=1$이므로

$\angle DBE=45°$

∴ $\overline{BD}=\sqrt{2}$, $\overline{BC}\perp\overline{BD}$

∴ $\square ACDB=\triangle ACB+\triangle CDB$

$=\dfrac{1}{2}\times 8\times(4-2)+\dfrac{1}{2}\times\underset{\overline{BD}}{\sqrt{2}}\times\underset{\overline{BC}}{2\sqrt{2}}$

$=8+2=10$

다른 풀이 **STEP 3**

직선 $x=k$가 x축과 만나는 점을 E라 하고, 점 C에서 x축에 내린 수선의 발을 F라 하면

$\square ACDB=\square ACFE-(\triangle CFD+\triangle BDE)$

$=\dfrac{1}{2}\times(3+9)\times(4-2)$

$-\left\{\dfrac{1}{2}\times(3-2)\times 3+\dfrac{1}{2}\times(4-3)\times 1\right\}$

$=12-2=10$

184 답 ③

해결 각 잡기

◯ 두 식 $y=2^{x-3}+1$, $y=2^{x-1}-2$를 연립하여 풀어 점 A의 x좌표, y좌표를 구한다.

◯ 선분 BC의 길이가 주어져 있으므로 삼각형 ABC의 넓이를 구하기 위해서는 점 A와 직선 $y=-x+k$ 사이의 거리가 필요하다.

◯ 점 (x_1, y_1)과 직선 $ax+by+c=0$ 사이의 거리는

$$\frac{|ax_1+by_1+c|}{\sqrt{a^2+b^2}}$$

STEP 1 점 A의 x좌표는 $2^{x-3}+1=2^{x-1}-2$

$2^{x-3}-4\times2^{x-3}=-3$

$-3\times2^{x-3}=-3$, $2^{x-3}=1$

$x-3=0$ ∴ $x=3$

∴ $A(3, 2)$

STEP 2 $B(a, 2^{a-3}+1)$이라 하면 직선 BC의 기울기가 -1이고 $\overline{BC}=\sqrt{2}$이므로 두 점 B, C의 x좌표의 차와 y좌표의 차는 모두 1이다.

∴ $C(a-1, 2^{a-3}+2)$

점 C는 곡선 $y=2^{x-1}-2$ 위의 점이므로

$2^{a-3}+2=2^{a-2}-2$

$2^{a-3}-2\times2^{a-3}=-4$, $2^{a-3}=2^2$

$a-3=2$ ∴ $a=5$

∴ $B(5, 5)$

STEP 3 점 B는 직선 $y=-x+k$ 위의 점이므로

$5=-5+k$ ∴ $k=10$

따라서 점 $A(3, 2)$와 직선 $y=-x+10$, 즉 $x+y-10=0$ 사이의 거리는

$$\frac{|3+2-10|}{\sqrt{1^2+1^2}}=\frac{5}{\sqrt{2}}$$

∴ $\triangle ABC=\frac{1}{2}\times\sqrt{2}\times\frac{5}{\sqrt{2}}=\frac{5}{2}$

185 답 ⑤

STEP 1 직선 l의 방정식을 $y=\dfrac{x}{2}+k$ (기울기: $\frac{1}{2}$) (k는 상수)라 하고,

$A\left(a, \dfrac{a}{2}+k\right)$, $B\left(b, \dfrac{b}{2}+k\right)$ ($a<b$)라 하자.

$\overline{AB}=2\sqrt{5}$이므로

$$\sqrt{(b-a)^2+\left(\frac{b}{2}-\frac{a}{2}\right)^2}=2\sqrt{5}$$

$$\sqrt{\frac{5}{4}(b-a)^2}=2\sqrt{5}, \quad \frac{\sqrt{5}}{2}(b-a)=2\sqrt{5}$$

$b-a=4$ ∴ $b=a+4$ ······ ㉠

∴ $B\left(a+4, \dfrac{a}{2}+k+2\right)$

STEP 2 점 $A\left(a, \dfrac{a}{2}+k\right)$가 곡선 $y=\log_2 2x$ 위의 점이므로

$$\frac{a}{2}+k=\log_2 2a \qquad\qquad ······ ㉡$$

또, 점 $B\left(a+4, \dfrac{a}{2}+k+2\right)$가 곡선 $y=\log_2 4x$ 위의 점이므로

$$\frac{a}{2}+k+2=\log_2(4a+16) \qquad ······ ㉢$$

㉡을 ㉢에 대입하면

$\log_2 2a+2=\log_2(4a+16)$

$\log_2 2a+\log_2 4=\log_2(4a+16)$

$\log_2 8a=\log_2(4a+16)$

$8a=4a+16$, $4a=16$

∴ $a=4$

STEP 3 $a=4$를 ㉠에 대입하면

$b=4+4=8$

$a=4$를 ㉡에 대입하면

$2+k=\log_2 8$ ∴ $k=3-2=1$

∴ $A(4, 3)$, $B(8, 5)$

∴ $\triangle ACB=\dfrac{1}{2}\times3\times(8-4)=\dfrac{1}{2}\times3\times4=6$

다른 풀이 1 **STEP 1**

$A\left(a, \dfrac{a}{2}+k\right)$라 하면 직선 AB의 기울기가 $\dfrac{1}{2}$이므로 오른쪽 그림에서 $\overline{AP}=2t$, $\overline{BP}=t$ ($t>0$)라 하자.

$\overline{AB}=2\sqrt{5}$이므로

$\sqrt{(2t)^2+t^2}=2\sqrt{5}$, $5t^2=20$

$t^2=4$ ∴ $t=2$

∴ $\overline{AP}=4$, $\overline{BP}=2$

∴ $B\left(a+4, \dfrac{a}{2}+k+2\right)$

다른 풀이 2

$A(a, \log_2 2a)$, $B(b, \log_2 4b)$ ($a<b$)라 하자.

직선 AB의 기울기가 $\dfrac{1}{2}$이므로

$$\frac{\log_2 4b-\log_2 2a}{b-a}=\frac{1}{2}$$

$\log_2 4b-\log_2 2a=\dfrac{1}{2}(b-a)$ ······ ㉣

$$\therefore \overline{AB}=\sqrt{(b-a)^2+(\log_2 4b-\log_2 2a)^2}$$

$$=\sqrt{(b-a)^2+\frac{1}{4}(b-a)^2}\,(∵ ㉣)$$

$$=\frac{\sqrt{5}}{2}(b-a)$$

즉, $\dfrac{\sqrt{5}}{2}(b-a)=2\sqrt{5}$이므로 $b-a=4$ ······ ㉤

㉤을 ㉣에 대입하면

$\log_2 4b-\log_2 2a=\dfrac{1}{2}\times4$

$\log_2 \dfrac{2b}{a}=2$, $\dfrac{2b}{a}=2^2=4$ ∴ $b=2a$ ······ ㉥

㉤, ㉥을 연립하여 풀면

$a=4$, $b=8$ $\therefore$ A(4, 3), B(8, 5)

$\therefore \triangle ACB = \dfrac{1}{2} \times 3 \times (8-4) = \dfrac{1}{2} \times 3 \times 4 = 6$

186   답 ④

STEP 1 P(p, $2p+k$), Q(q, $2q+k$) ($p<q<0$)라 하자.

$\overline{PQ}=\sqrt{5}$이므로

$\sqrt{(q-p)^2 + (2q-2p)^2} = \sqrt{5}$

$\sqrt{5(q-p)^2} = \sqrt{5}$, $\sqrt{5}(q-p) = \sqrt{5}$

$q-p=1$ $\therefore q=p+1$

$\therefore$ Q($p+1$, $2p+k+2$)

STEP 2 점 P(p, $2p+k$)가 함수 $y=\left(\dfrac{2}{3}\right)^{x+3}+1$의 그래프 위의 점

이므로

$2p+k = \left(\dfrac{2}{3}\right)^{p+3} + 1$ ······ ㉠

점 Q($p+1$, $2p+k+2$)가 함수 $y=\left(\dfrac{2}{3}\right)^{x+1}+\dfrac{8}{3}$의 그래프 위의 점

이므로

$2p+k+2 = \left(\dfrac{2}{3}\right)^{p+2} + \dfrac{8}{3}$ ······ ㉡

㉠을 ㉡에 대입하면

$\left\{\left(\dfrac{2}{3}\right)^{p+3}+1\right\}+2 = \left(\dfrac{2}{3}\right)^{p+2}+\dfrac{8}{3}$

$\dfrac{2}{3} \times \left(\dfrac{2}{3}\right)^{p+2} - \left(\dfrac{2}{3}\right)^{p+2} = -\dfrac{1}{3}$

$-\dfrac{1}{3} \times \left(\dfrac{2}{3}\right)^{p+2} = -\dfrac{1}{3}$, $\left(\dfrac{2}{3}\right)^{p+2} = 1$

$p+2=0$ $\therefore p=-2$

$p=-2$를 ㉠에 대입하면

$-4+k = \dfrac{2}{3}+1$ $\therefore k=\dfrac{17}{3}$

다른 풀이 **STEP 1**

P(p, $2p+k$)라 하면 직선 PQ의 기울기가 2이므로
오른쪽 그림에서 $\overline{PR}=a$, $\overline{QR}=2a$ ($a>0$)라 하자. 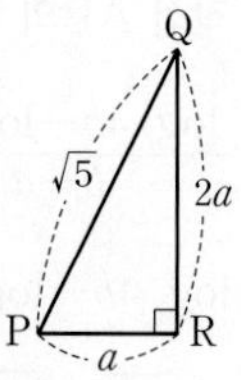
$\overline{PQ}=\sqrt{5}$이므로

$\sqrt{a^2+(2a)^2} = \sqrt{5}$, $5a^2=5$

$a^2=1$ $\therefore a=1$

$\therefore \overline{PR}=1$, $\overline{QR}=2$

$\therefore$ Q($p+1$, $2p+k+2$)

187   답 ②

해결 각 잡기

두 곡선 $y=f(x)$, $y=g(x)$가 만나는 점의 x좌표는 방정식
$f(x)=g(x)$를 만족시키는 x의 값과 같다.

STEP 1 A(0, $\dfrac{1}{3}$), B(0, -1)이므로

$\overline{AB} = \dfrac{1}{3}-(-1) = \dfrac{4}{3}$

STEP 2 점 C의 x좌표는

$\dfrac{2^x}{3} = 2^x-2$, $\dfrac{2}{3} \times 2^x = 2$

$2^x=3$ $\therefore x=\log_2 3$

$\therefore \triangle ABC = \dfrac{1}{2} \times \dfrac{4}{3} \times \log_2 3 = \dfrac{2}{3}\log_2 3$

188   답 ⑤

STEP 1 A(0, 2), B(0, $\dfrac{13}{2}$)이므로

$\overline{AB} = \dfrac{13}{2}-2 = \dfrac{9}{2}$

STEP 2 점 C의 x좌표는

$2^x+1 = -2^{x-1}+7$, $2^x+1 = -\dfrac{1}{2} \times 2^x+7$

$\dfrac{3}{2} \times 2^x = 6$, $2^x=4$ $\therefore x=2$

$\therefore \triangle ACB = \dfrac{1}{2} \times \dfrac{9}{2} \times 2 = \dfrac{9}{2}$

189   답 ②

STEP 1 $y=\log_2(x+4)$에 $y=0$을 대입하면

$0=\log_2(x+4)$, $x+4=1$ $\therefore x=-3$

$\therefore$ A(-3, 0)

$y=\log_2 x+1$에 $y=0$을 대입하면

$0=\log_2 x+1$, $\log_2 x=-1$ $\therefore x=\dfrac{1}{2}$

$\therefore$ B($\dfrac{1}{2}$, 0)

A(-3, 0), B($\dfrac{1}{2}$, 0)이므로

$\overline{AB} = \dfrac{1}{2}-(-3) = \dfrac{7}{2}$

STEP 2 점 C의 x좌표는

$\log_2(x+4) = \log_2 x+1$

$\log_2(x+4) = \log_2 2x$, $x+4=2x$

$\therefore x=4$

$x=4$를 $y=\log_2(x+4)$에 대입하면

$y=\log_2 8=3$ $\therefore$ C(4, 3)

$\therefore \triangle ABC = \dfrac{1}{2} \times \dfrac{7}{2} \times 3 = \dfrac{21}{4}$

190   답 ⑤

해결 각 잡기

$\log_3 |2x| = \begin{cases} \log_3(-2x) & (x<0) \\ \log_3 2x & (x>0) \end{cases}$

STEP 1 $y=\log_3|2x|=\begin{cases}\log_3(-2x) & (x<0)\\ \log_3 2x & (x>0)\end{cases}$

이므로 점 A의 x좌표는

$\log_3(-2x)=\log_3(x+3)$

$-2x=x+3,\ 3x=-3 \quad \therefore x=-1$

$\therefore \mathrm{A}(-1,\ \log_3 2)$

또, 점 B의 x좌표는

$\log_3 2x=\log_3(x+3)$

$2x=x+3 \quad \therefore x=3$

$\therefore \mathrm{B}(3,\ \log_3 6)$

STEP 2 직선 AB의 기울기는

$\dfrac{\log_3 6-\log_3 2}{3-(-1)}=\dfrac{\log_3 \frac{6}{2}}{4}=\dfrac{1}{4}$

즉, 직선 AB와 수직인 직선의 기울기는 -4이므로 점 A를 지나고 직선 AB와 수직인 직선의 방정식은 ⎿ 기울기가 0이 아닌 수직인 두 직선의 기울기의 곱은 -1이다.

$y-\log_3 2=-4(x+1)$

$\therefore y=-4x-4+\log_3 2$

$\mathrm{C}(0,\ -4+\log_3 2)$이므로

$\overline{\mathrm{AB}}=\sqrt{\{3-(-1)\}^2+(\log_3 6-\log_3 2)^2}=\sqrt{16+1}=\sqrt{17},$

$\overline{\mathrm{AC}}=\sqrt{\{0-(-1)\}^2+\{(-4+\log_3 2)-\log_3 2\}^2}=\sqrt{1+16}=\sqrt{17}$

STEP 3 따라서 직각삼각형 ABC의 넓이는

$\dfrac{1}{2}\times\sqrt{17}\times\sqrt{17}=\dfrac{17}{2}$

[다른 풀이] **STEP 2**

오른쪽 그림과 같이 점 A를 지나고 x축에 평행한 직선이 y축과 만나는 점을 E, 점 B를 지나고 y축에 평행한 직선이 직선 AE와 만나는 점을 D라 하자.

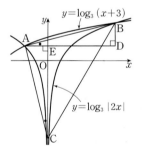

삼각형 ACE와 삼각형 BAD에 대하여

$\overline{\mathrm{AE}}=\overline{\mathrm{BD}}=1,\ \angle\mathrm{ACE}=\angle\mathrm{BAD}$

이므로

$\triangle\mathrm{ACE}\equiv\triangle\mathrm{BAD}$

$\therefore \overline{\mathrm{AC}}=\overline{\mathrm{AB}}=\sqrt{\{3-(-1)\}^2+(\log_3 6-\log_3 2)^2}=\sqrt{17}$

191 [답] ①

STEP 1 점 P의 x좌표는

$2^x+1=2^{x+1},\ 2^x+1=2\times 2^x$

$2^x=1 \quad \therefore x=0$

$x=0$을 $f(x)=2^x+1$에 대입하면

$f(0)=1+1=2 \quad \therefore \mathrm{P}(0,\ 2)$

STEP 2 $\mathrm{A}(a,\ 2^a+1),\ \mathrm{B}(b,\ 2^{b+1})\ (a\neq b)$이고 점 P는 선분 AB의 중점이므로

$\dfrac{a+b}{2}=0$에서 $b=-a$ ...... ㉠

$\dfrac{2^a+1+2^{b+1}}{2}=2$에서 $2^a+2^{b+1}-3=0$ ...... ㉡

㉠을 ㉡에 대입하면

$2^a+2^{-a+1}-3=0$

양변에 2^a을 곱하면

$2^{2a}-3\times 2^a+2=0,\ (2^a-1)(2^a-2)=0$

$2^a=1$ 또는 $2^a=2$

$\therefore a=0$ 또는 $a=1$

㉠에서 $a=0,\ b=0$ 또는 $a=1,\ b=-1$

$\therefore a=1,\ b=-1\ (\because a\neq b)$

즉, $\mathrm{A}(1,\ 3),\ \mathrm{B}(-1,\ 1)$이므로

$\overline{\mathrm{AB}}=\sqrt{\{1-(-1)\}^2+(3-1)^2}=\sqrt{4+4}=\sqrt{8}=2\sqrt{2}$

192 [답] ②

해결 각 잡기

$\log_n x=-\log_n(x+3)+1$을 만족시키는 x의 값이 두 곡선의 교점의 x좌표임을 이용하는 방법과 두 곡선을 좌표평면에 그려 로그부등식을 세워서 해결하는 방법이 있다.

STEP 1 두 곡선이 만나는 점의 x좌표는

$\log_n x=-\log_n(x+3)+1$

$\log_n x+\log_n(x+3)=1,\ \log_n x(x+3)=1$

$\therefore x(x+3)=n$

STEP 2 $f(x)=x(x+3)$이라 하면 함수 $y=f(x)$의 그래프와 직선 $y=n$이 만나는 점의 x좌표가 1보다 크고 2보다 작아야 하므로

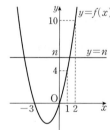

$f(1)<n<f(2) \quad \therefore 4<n<10$

따라서 자연수 n은 5, 6, 7, 8, 9이므로 구하는 합은

$5+6+7+8+9=35$

[다른 풀이]

$f(x)=\log_n x,$

$g(x)=-\log_n(x+3)+1$이라 하면 $n\geq 2$이므로 두 함수 $y=f(x),$ $y=g(x)$의 그래프의 개형은 오른쪽 그림과 같고, $f(1)<g(1),\ f(2)>g(2)$ 이어야 한다.

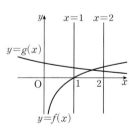

$f(1)<g(1)$에서

$0<-\log_n 4+1,\ \log_n 4<1 \quad \therefore n>4$ ...... ㉠

$f(2)>g(2)$에서

$\log_n 2>-\log_n 5+1,\ \log_n 10>1 \quad \therefore n<10$ ...... ㉡

㉠, ㉡에서 $4<n<10$

따라서 자연수 n은 5, 6, 7, 8, 9이므로 구하는 합은

$5+6+7+8+9=35$

193 답 75

해결 각 잡기

○ 로그함수 $y=\log_a x\ (a>0,\ a\neq 1)$의 그래프가 점 $(m,\ n)$을 지나면 $n=\log_a m$이다.

○ 함수 $y=|\log_a x|$에 대하여 함숫값이 서로 같은 두 개의 x의 값의 관계를 파악하면 미지수의 개수를 줄일 수 있다.

STEP 1 $y=|\log_a x|=\begin{cases} -\log_a x & (0<x<1) \\ \log_a x & (x\geq 1) \end{cases}$

$0<x_1<1$, $x_2>1$일 때, $x=x_1$에서의 y의 값과 $x=x_2$에서의 y의

값이 같으려면 $x_1=\dfrac{1}{x_2}$이어야 하므로

$\underline{-\log_a x_1=\log_a x_2\text{에서 }\log_a \dfrac{1}{x_1}=\log_a x_2 \quad \therefore \dfrac{1}{x_1}=x_2}$

$A\left(\dfrac{1}{t},\ \log_a t\right),\ B(t,\ \log_a t)\ (t>1)$

로 놓을 수 있다.

이때 점 B의 x좌표는 점 A의 x좌표의 2배이므로

$t=\dfrac{2}{t},\ t^2=2 \quad \underline{\overline{CA}=\overline{AB}}$

$\therefore t=\sqrt{2}\ (\because t>1)$

$\therefore A\left(\dfrac{1}{\sqrt{2}},\ \log_a \sqrt{2}\right),\ B(\sqrt{2},\ \log_a \sqrt{2})$

STEP 2 또, 점 A의 x좌표와 y좌표는 서로 같으므로

$\dfrac{1}{\sqrt{2}}=\log_a \sqrt{2},\ a^{\frac{1}{\sqrt{2}}}=\sqrt{2} \quad \underline{\overline{OC}=\overline{CA}}$

$\therefore a=(\sqrt{2})^{\sqrt{2}}=2^{\frac{\sqrt{2}}{2}}$

STEP 3 $\therefore y=|\log_a x|=|\log_{2^{\frac{\sqrt{2}}{2}}} x|=\sqrt{2}|\log_2 x|$

곡선 $y=\sqrt{2}|\log_2 x|$와 직선 $y=2\sqrt{2}$가 만나는 두 점의 x좌표를 각

각 $\dfrac{1}{s}$, $s\ (s>1)$라 하면 $\sqrt{2}\log_2 s=2\sqrt{2}$에서

$\log_2 s=2 \quad \therefore s=4,\ \dfrac{1}{s}=\dfrac{1}{4}$

따라서 $d=s-\dfrac{1}{s}=4-\dfrac{1}{4}=\dfrac{15}{4}$이므로

$20d=20\times \dfrac{15}{4}=75$

다른 풀이 1 **STEP 1** + **STEP 2**

$A(k,\ k),\ B(2k,\ k)\ (k<1)$라 하자.

이때 점 $A(k,\ k)$는 $y=-\log_a x$의 그래프 위의 점이므로

$k=-\log_a k \quad \cdots\cdots \text{㉠}$

또, 점 $B(2k,\ k)$는 $y=\log_a x$의 그래프 위의 점이므로

$k=\log_a 2k \quad \cdots\cdots \text{㉡}$

㉠을 ㉡에 대입하면

$-\log_a k=\log_a 2k,\ \log_a 2k^2=0$

$2k^2=1 \quad \therefore k=\dfrac{\sqrt{2}}{2}\ (\because k>0)$

$k=\dfrac{\sqrt{2}}{2}$를 ㉡에 대입하면

$\dfrac{\sqrt{2}}{2}=\log_a \sqrt{2},\ a^{\frac{\sqrt{2}}{2}}=\sqrt{2}$

$\therefore a=(\sqrt{2})^{\sqrt{2}}=2^{\frac{\sqrt{2}}{2}}$

다른 풀이 2 **STEP 1** + **STEP 2**

점 A의 y좌표는 k이므로 $y=-\log_a x$에 $y=k$를 대입하면

$k=-\log_a x,\ -k=\log_a x \quad \therefore x=a^{-k} \quad \therefore A(a^{-k},\ k)$

점 B의 y좌표는 k이므로 $y=\log_a x$에 $y=k$를 대입하면

$k=\log_a x \quad \therefore x=a^k \quad \therefore B(a^k,\ k)$

이때 점 B의 x좌표는 점 A의 x좌표의 2배이므로

$a^k=2a^{-k},\ a^{2k}=2$

$\therefore a^{-k}=2^{-\frac{1}{2}} \quad \cdots\cdots \text{㉢}$

또, 점 A의 x좌표와 y좌표는 서로 같으므로

$a^{-k}=k \quad \cdots\cdots \text{㉣}$

㉢, ㉣에서

$k=2^{-\frac{1}{2}}$

이것을 ㉣에 대입하면

$a^{-2^{-\frac{1}{2}}}=2^{-\frac{1}{2}},\ a^{-\frac{1}{\sqrt{2}}}=2^{-\frac{1}{2}}$

$\therefore a=2^{\frac{\sqrt{2}}{2}}$

194 답 ③

STEP 1 $y=|\log_2 x|=\begin{cases} -\log_2 x & (0<x<1) \\ \log_2 x & (x\geq 1) \end{cases}$

곡선 $y=|\log_2 (-x+k)|=|\log_2 \{-(x-k)\}|$의 그래프는 곡선 $y=|\log_2 x|$의 그래프를 y축에 대하여 대칭이동한 후 x축의 방향으로 k만큼 평행이동한 것과 같다.

STEP 2 즉, 두 점 $P(x_1,\ -\log_2 x_1)$, $R(x_3,\ \log_2 x_3)$의 y좌표는 서로 같으므로

$-\log_2 x_1=\log_2 x_3$

$\log_2 \dfrac{1}{x_1}=\log_2 x_3,\ \dfrac{1}{x_1}=x_3 \quad \therefore x_1=\dfrac{1}{x_3}$

STEP 3 이때 $x_3-x_1=2\sqrt{3}$이므로

$x_3-\dfrac{1}{x_3}=2\sqrt{3}$

$\therefore x_1+x_3=x_3+\dfrac{1}{x_3}=\sqrt{\left(x_3-\dfrac{1}{x_3}\right)^2+4}=\sqrt{12+4}=4$

다른 풀이 **STEP 2** + **STEP 3**

즉, 두 곡선 $y=|\log_2 (-x+k)|$, $y=|\log_2 x|$는 직선 $x=\dfrac{k}{2}$에 대하여 대칭이므로

$x_2=\dfrac{k}{2}$

이때 $x_3-x_1=2\sqrt{3}$이므로

$x_1=\dfrac{k}{2}-\sqrt{3},\ x_3=\dfrac{k}{2}+\sqrt{3} \quad \cdots\cdots \text{㉠}$

$y=|\log_2 (-x+k)|=\begin{cases} \log_2 (-x+k) & (x<k-1) \\ -\log_2 (-x+k) & (x\geq k-1) \end{cases}$

따라서 점 P는 두 곡선 $y=-\log_2 x,\ y=\log_2 (-x+k)$의 교점이므로

$$-\log_2\left(\frac{k}{2}-\sqrt{3}\right)=\log_2\left(\frac{k}{2}+\sqrt{3}\right)$$

$$\log_2\left(\frac{k}{2}+\sqrt{3}\right)+\log_2\left(\frac{k}{2}-\sqrt{3}\right)=0$$

$$\log_2\left(\frac{k^2}{4}-3\right)=0,\ \frac{k^2}{4}-3=1 \qquad \therefore k=4\ (\because k>0)$$

$k=4$를 ㉠에 대입하면

$$x_1=2-\sqrt{3},\ x_3=2+\sqrt{3}$$

$$\therefore x_1+x_3=(2-\sqrt{3})+(2+\sqrt{3})=4$$

195 답 ②

해결 각 잡기

- 선분 AB의 중점이 x축 위에 있으면 두 점 A, B의 y좌표의 합은 0이다.
- 선분 AB를 $1:2$로 외분하는 점이 y축 위에 있으면 두 점 A, B의 x좌표의 비는 $1:2$이다.

STEP 1 $B(t,\ \log_2 t)\ (t>0)$라 하면 선분 AB의 중점이 x축 위에 있으므로 점 A의 y좌표는 $-\log_2 t$이다.

$y=\log_2 x$에 $y=-\log_2 t$를 대입하면

$$-\log_2 t=\log_2 x,\ \log_2 xt=0$$

$$xt=1 \qquad \therefore x=\frac{1}{t}$$

$$\therefore A\left(\frac{1}{t},\ -\log_2 t\right)$$

STEP 2 선분 AB를 $1:2$로 외분하는 점이 y축 위에 있으므로 오른쪽 그림에서 점 A의 x좌표와 점 B의 x좌표의 비는 $1:2$이다.

즉, $t=\frac{2}{t}$에서 $t^2=2$

$$\therefore t=\sqrt{2}\ (\because t>0)$$

$$\therefore A\left(\frac{\sqrt{2}}{2},\ -\frac{1}{2}\right),\ B\left(\sqrt{2},\ \frac{1}{2}\right)$$

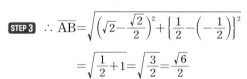

STEP 3 $\therefore \overline{AB}=\sqrt{\left(\sqrt{2}-\frac{\sqrt{2}}{2}\right)^2+\left\{\frac{1}{2}-\left(-\frac{1}{2}\right)\right\}^2}$

$$=\sqrt{\frac{1}{2}+1}=\sqrt{\frac{3}{2}}=\frac{\sqrt{6}}{2}$$

다른 풀이 **STEP 1** + **STEP 2**

$A(a,\ \log_2 a),\ B(b,\ \log_2 b)\ (a>0,\ b>0)$라 하면 선분 AB의 중점 $\left(\frac{a+b}{2},\ \frac{\log_2 a+\log_2 b}{2}\right)$가 x축 위에 있으므로

$$\frac{\log_2 a+\log_2 b}{2}=0,\ \log_2 ab=0$$

$$\therefore ab=1 \quad \cdots\cdots ㉠$$

선분 AB를 $1:2$로 외분하는 점의 좌표는

$\left(\frac{b-2a}{1-2},\ \frac{\log_2 b-2\log_2 a}{1-2}\right)$, 즉 $(2a-b,\ 2\log_2 a-\log_2 b)$

이 점이 y축 위에 있으므로 $2a-b=0$

$$\therefore b=2a \quad \cdots\cdots ㉡$$

㉠, ㉡을 연립하여 풀면

$$a=\frac{\sqrt{2}}{2},\ b=\sqrt{2}$$

$$\therefore A\left(\frac{\sqrt{2}}{2},\ -\frac{1}{2}\right),\ B\left(\sqrt{2},\ \frac{1}{2}\right)$$

196 답 ③

해결 각 잡기

선분 PQ가 원 C의 지름이므로 선분 PQ의 중점이 원 C의 중심 $\left(\frac{5}{4},\ 0\right)$이다.

STEP 1 선분 PQ는 원 C의 지름이므로 선분 PQ의 중점은 원 C의 중심 $\left(\frac{5}{4},\ 0\right)$이다.

즉, 선분 PQ의 중점의 y좌표가 0이므로 $P(t,\ \log_a t)$ $\left(t>\frac{5}{4}\right)$라 하면 점 Q의 y좌표는 $-\log_a t$이다.

그러므로 $y=\log_a x$에 $y=-\log_a t$를 대입하면

$$-\log_a t=\log_a x,\ \log_a \frac{1}{t}=\log_a x \qquad \therefore x=\frac{1}{t}$$

$$\therefore Q\left(\frac{1}{t},\ -\log_a t\right)$$

또, 선분 PQ의 중점의 x좌표가 $\frac{5}{4}$이므로

$$\frac{t+\frac{1}{t}}{2}=\frac{5}{4}$$

$$t+\frac{1}{t}=\frac{5}{2},\ 2t^2-5t+2=0$$

$$(2t-1)(t-2)=0 \qquad \therefore t=2\ \left(\because t>\frac{5}{4}\right)$$

$$\therefore P(2,\ \log_a 2)$$

STEP 2 원 C의 반지름의 길이가 $\frac{\sqrt{13}}{4}$이므로

$$\sqrt{\left(2-\frac{5}{4}\right)^2+(\log_a 2)^2}=\frac{\sqrt{13}}{4}$$

└─ 원 C의 중점과 점 P 사이의 거리

$$(\log_a 2)^2=\frac{1}{4},\ \log_a 2=\frac{1}{2}$$

$$a^{\frac{1}{2}}=2 \qquad \therefore a=4$$

다른 풀이 **STEP 1**

$P(t,\ \log_a t),\ Q(s,\ \log_a s)$라 하면 선분 PQ의 중점은 원의 중심 $\left(\frac{5}{4},\ 0\right)$이므로

$$\frac{t+s}{2}=\frac{5}{4} \qquad \therefore t+s=\frac{5}{2} \quad \cdots\cdots ㉠$$

$$\frac{\log_a t+\log_a s}{2}=0,\ \log_a ts=0$$

$$\therefore ts=1 \quad \cdots\cdots ㉡$$

㉠, ㉡을 연립하여 풀면

$$t=2,\ s=\frac{1}{2} \qquad \therefore P(2,\ \log_a 2)$$

197 답 ②

- 로그함수 $y=\log_a x$ $(a>0,\ a\neq 1)$의 그래프를 x축의 방향으로 m만큼, y축의 방향으로 n만큼 평행이동하면
$$y=\log_a(x-m)+n$$
- 함수 $y=g(x)$의 그래프는 함수 $y=f(x)$의 그래프를 평행이동한 것임을 이용하여 주어진 도형과 같은 넓이인 사각형을 찾아 그 넓이를 구한다.

STEP 1 $g(x)=\log_2 3x=\log_2 x+\log_2 3=f(x)+\log_2 3$

이므로 함수 $y=g(x)$의 그래프는 함수 $y=f(x)$의 그래프를 y축의 방향으로 $\log_2 3$만큼 평행이동한 것이다.

STEP 2 A$(1, 0)$, B$(3, \log_2 3)$,
C$(3, \log_2 9)$, D$(1, \log_2 3)$
이므로 점 B에서 x축에 내린 수선의
발을 E라 하면 오른쪽 그림에서 색
칠한 두 부분의 넓이는 서로 같다.
따라서 구하는 넓이는 직사각형
AEBD의 넓이와 같으므로
$2\times\log_2 3=2\log_2 3$

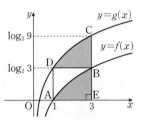

198 답 ③

함수의 그래프의 평행이동을 이용하여 선분 AC의 길이를 구한 후, 정삼각형의 높이를 이용하여 두 점 A, B의 x좌표의 차를 구한다.

STEP 1 $y=\log_2 4x=\log_2 x+2$이므로 함수 $y=\log_2 4x$의 그래프는 함수 $y=\log_2 x$의 그래프를 x축의 방향으로 2만큼 평행이동한 것이다.

이때 선분 AC가 y축에 평행하므로
$$\overline{AC}=2$$
점 B에서 선분 AC에 내린 수선의 발을 H라 하면
$$\overline{CH}=2\times\frac{1}{2}=1$$
$$\overline{BH}=\frac{\sqrt{3}}{2}\times 2=\sqrt{3}\ \leftarrow \text{정삼각형 ABC의 높이}$$
$$\therefore \text{C}(p+\sqrt{3},\ q-1),\ \text{즉 C}(p+\sqrt{3},\ \log_2 4p-1)$$
└ 점 B(p, q)가 $y=\log_2 4x$의 그래프 위의 점이므로
$\qquad q=\log_2 4p$

STEP 2 점 C가 함수 $y=\log_2 x$의 그래프 위의 점이므로
$$\log_2 4p-1=\log_2(p+\sqrt{3})$$
$\qquad$└ $\log_2 2$
$$\log_2 2p=\log_2(p+\sqrt{3})$$
$$2p=p+\sqrt{3}$$
$$\therefore p=\sqrt{3}$$
따라서 $q=\log_2 4\sqrt{3}$이므로
$$p^2\times 2^q=(\sqrt{3})^2\times 2^{\log_2 4\sqrt{3}}=3\times 4\sqrt{3}=12\sqrt{3}$$

199 답 8

- 곡선 $y=f(x)$와 직선 $y=x+1$이 만나는 점 A의 좌표는 곡선 $y=f(x)$를 평행이동하기 전의 곡선과 직선 $y=x+1$이 만나는 점의 좌표를 이용한다.
- 기울기가 m인 직선 l에 대하여 직선 l 위의 점 P를 x축의 방향으로 a만큼, y축의 방향으로 b만큼 평행이동한 점을 Q라 할 때, $\dfrac{b}{a}=m$이면 점 Q도 직선 l 위의 점이다.

STEP 1 곡선 $y=2^x$을 y축에 대하여 대칭이동한 곡선의 방정식은
$$y=2^{-x} \qquad \cdots\cdots \ \text{㉠}$$
곡선 ㉠을 x축의 방향으로 $\dfrac{1}{4}$만큼, y축의 방향으로 $\dfrac{1}{4}$만큼 평행이동한 곡선의 방정식은
$$f(x)=2^{-\left(x-\frac{1}{4}\right)}+\frac{1}{4} \qquad \cdots\cdots \ \text{㉡}$$
$\qquad$└ $f(x)$를 구하지 않아도 문제를 해결할 수 있다.

STEP 2 곡선 ㉠과 직선 $y=x+1$이 만나는 점의 좌표는
$(0, 1)$
이때 직선 $y=x+1$의 기울기가 1이므로 점 $(0, 1)$을 x축의 방향으로 $\dfrac{1}{4}$만큼, y축의 방향으로 $\dfrac{1}{4}$만큼 평행이동한 점 $\left(\dfrac{1}{4},\ \dfrac{5}{4}\right)$는 직선 $y=x+1$ 위의 점이고,
곡선 ㉡과 직선 $y=x+1$이 만나는 점이다.
$$\therefore \text{A}\left(\frac{1}{4},\ \frac{5}{4}\right)$$

STEP 3 따라서 $k=\sqrt{\left(\dfrac{1}{4}\right)^2+\left(\dfrac{5}{4}-1\right)^2}=\sqrt{\dfrac{1}{16}+\dfrac{1}{16}}=\dfrac{1}{\sqrt{8}}$이므로
$$\frac{1}{k^2}=8$$

기울기가 1인 직선 위의 점을 x축의 방향으로 a만큼, y축의 방향으로 b만큼 평행이동할 때, $\dfrac{b}{a}=1$이면 평행이동한 점도 그 직선 위에 있다.

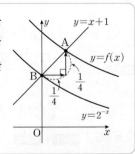

200 답 16

곡선 $y=\log_6(x-1)-4$는 곡선 $y=\log_6(x+1)$을 평행이동한 것임을 이용하여 주어진 도형과 같은 넓이인 사각형을 찾아 그 넓이를 구한다.

STEP 1 곡선 $y=\log_6(x-1)-4=\log_6\{(x-2)+1\}-4$는 곡선 $y=\log_6(x+1)$을 x축의 방향으로 2만큼, y축의 방향으로 -4만

큼 평행이동한 것이다.

또, 직선 $y=-2x+8$은 직선 $y=-2x$를 y축의 방향으로 8만큼 평행이동한 것이다.

STEP 2 곡선 $y=\log_6 (x+1)$과 직선 $y=-2x$가 만나는 점의 좌표는 $(0,\ 0)$

직선 $y=-2x$의 기울기가 -2이므로 점 $(0,\ 0)$을 x축의 방향으로 2만큼, y축의 방향으로 -4만큼 평행이동한 점 $(2,\ -4)$는 직선 $y=-2x$ 위의 점이고, #

곡선 $y=\log_6 (x-1)-4$와 직선 $y=-2x$가 만나는 점이다.

이 점을 A라 하면

A$(2,\ -4)$

STEP 3 직선 $y=-2x+8$과 x축이 만나는 점을 B라 하면

B$(4,\ 0)$

점 A를 지나고 x축에 평행한 직선이 직선 $y=-2x+8$과 만나는 점을 C라 하면 오른쪽 그림에서 색칠한 두 부분의 넓이는 서로 같다.

따라서 구하는 넓이는 평행사변형 OACB의 넓이와 같으므로

$4\times4=16$

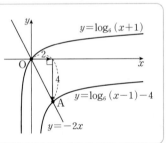

참고

기울기가 -2인 직선 위의 점을 x축의 방향으로 a만큼, y축의 방향으로 b만큼 평행이동할 때, $\dfrac{b}{a}=-2$이면 평행이동한 점도 그 직선 위에 있다.

201 답 ④

해결 각 잡기

함수 $y=f(x)$의 역함수 $y=f^{-1}(x)$ 구하기
(i) $y=f(x)$를 $x=(y$에 대한 식) 꼴로 정리한다.
(ii) x와 y를 서로 바꾼다.

STEP 1 함수 $y=\log_3 x$의 그래프를 x축의 방향으로 a만큼, y축의 방향으로 2만큼 평행이동한 그래프의 식은

$y=\log_3 (x-a)+2$

$\therefore f(x)=\log_3 (x-a)+2$

STEP 2 $y=\log_3 (x-a)+2$에서 $y-2=\log_3 (x-a)$

$3^{y-2}=x-a$

$\therefore x=3^{y-2}+a$

x와 y를 서로 바꾸면

$y=3^{x-2}+a$

$\therefore f^{-1}(x)=3^{x-2}+a$

$\therefore a=4$

202 답 ③

해결 각 잡기

✪ **역함수의 그래프의 성질**
(1) 함수 $y=f(x)$의 그래프와 그 역함수 $y=f^{-1}(x)$의 그래프는 직선 $y=x$에 대하여 대칭이다.
(2) 함수 $y=f(x)$가 x의 값이 증가하면 y의 값도 증가할 때, 함수 $y=f(x)$의 그래프와 그 역함수 $y=f^{-1}(x)$의 그래프의 교점은 항상 직선 $y=x$ 위에 있다.
✪ 직선 $y=x$ 위의 점의 x좌표와 y좌표는 서로 같다.

STEP 1 지수함수 $f(x)=a^{x-m}$의 그래프와 그 역함수의 그래프가 두 점에서 만나므로

$a>1$ #

즉, 함수 $f(x)=a^{x-m}$은 x의 값이 증가하면 y의 값도 증가하므로 함수 $f(x)=a^{x-m}$과 그 역함수의 그래프의 교점은 함수 $f(x)=a^{x-m}$의 그래프와 직선 $y=x$의 교점과 같다.

STEP 2 두 교점은 직선 $y=x$ 위의 점이고 두 교점의 x좌표가 1과 3이므로 두 교점의 좌표는 $(1,\ 1),\ (3,\ 3)$이다.

점 $(1,\ 1)$이 함수 $f(x)=a^{x-m}$의 그래프 위의 점이므로

$1=a^{1-m},\ 1-m=0 \quad \therefore m=1$

$\therefore f(x)=a^{x-1}$

또, 점 $(3,\ 3)$이 함수 $f(x)=a^{x-1}$의 그래프 위의 점이므로

$3=a^{3-1},\ a^2=3 \quad \therefore a=\sqrt{3}\ (\because a>1)$

$\therefore a+m=1+\sqrt{3}$

참고

함수 $f(x)=a^{x-m}$은 지수함수이므로 $0<a<1$이면 다음 그림과 같이 함수 $f(x)=a^{x-m}$의 그래프와 그 역함수의 그래프는 한 점 또는 세 점에서 만난다.

(i) $a=\dfrac{1}{2},\ m=2$인 경우

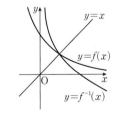

(ii) $a=\dfrac{1}{32},\ m=0$인 경우

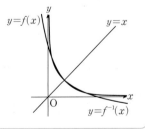

203 답 ②

STEP 1 $y=\log_2 (x+a)+b$라 하면

$y-b=\log_2 (x+a),\ 2^{y-b}=x+a$

$\therefore x=2^{y-b}-a$

x와 y를 서로 바꾸면

$y=2^{x-b}-a$

$\therefore g(x)=2^{x-b}-a$

STEP 2 곡선 $y=g(x)$의 점근선은 직선 $y=1$이므로

$-a=1$ $\therefore a=-1$

$\therefore g(x)=2^{x-b}+1$

곡선 $y=g(x)$가 점 $(3,\ 2)$를 지나므로

$2=2^{3-b}+1,\ 2^{3-b}=1$

$3-b=0$ $\therefore b=3$

$\therefore a+b=-1+3=2$

다른 풀이

곡선 $y=g(x)$의 점근선이 직선 $y=1$이므로 곡선 $y=f(x)$의 점근선은 직선 $y=1$을 직선 $y=x$에 대하여 대칭이동한 직선 $x=1$이다.

곡선 $f(x)=\log_2{(x+a)}+b$의 점근선은 직선 $x=-a$이므로

$a=-1$

$\therefore f(x)=\log_2{(x-1)}+b$

곡선 $y=g(x)$가 점 $(3,\ 2)$를 지나므로 곡선 $y=f(x)$는 점 $(2,\ 3)$을 지난다.

즉, $3=\log_2{(2-1)}+b$이므로

$b=3$

$\therefore a+b=-1+3=2$

204 답 ③

STEP 1 $y=3^{x-1}+k$라 하면

$y-k=3^{x-1},\ x-1=\log_3{(y-k)}$

$\therefore x=\log_3{(y-k)}+1$

x와 y를 서로 바꾸면

$y=\log_3{(x-k)}+1$

이 그래프를 x축의 방향으로 k^2만큼 평행이동한 그래프의 식은

$g(x)=\log_3{(x-k^2-k)}+1$

STEP 2 두 곡선 $y=f(x),\ y=g(x)$의 점근선은 각각 직선 $y=k$, $x=k^2+k$이므로 두 점근선의 교점의 좌표는

$(k^2+k,\ k)$

이 점이 직선 $y=\dfrac{1}{3}x$ 위에 있으므로

$k=\dfrac{1}{3}(k^2+k),\ 3k=k^2+k$

$k^2-2k=0,\ k(k-2)=0$

$\therefore k=2\ (\because k>0)$

다른 풀이 **STEP 1**

함수 $f(x)$의 그래프의 점근선이 직선 $y=k$이므로 역함수 $f^{-1}(x)$의 그래프의 점근선은 직선 $y=k$를 직선 $y=x$에 대하여 대칭이동한 직선 $x=k$이다.

따라서 함수 $g(x)$의 그래프의 점근선의 방정식은 직선 $x=k$를 x축의 방향으로 k^2만큼 평행이동한 직선 $x=k^2+k$이다.

205 답 ①

STEP 1 함수 $y=3^x-a$의 역함수의 그래프가 두 점 $(3,\ \log_3 b)$, $(2b,\ \log_3 12)$를 지나므로 함수 $y=3^x-a$의 그래프는 두 점 $(\log_3 b,\ 3)$, $(\log_3 12,\ 2b)$를 지난다.

STEP 2 $3=3^{\log_3 b}-a$에서 $b-a=3$ ...... ㉠

$2b=3^{\log_3 12}-a$에서 $2b+a=12$ ...... ㉡

㉠, ㉡을 연립하여 풀면

$a=2,\ b=5$

$\therefore a+b=2+5=7$

다른 풀이

$y=3^x-a$에서 $y+a=3^x$

$\therefore x=\log_3{(y+a)}$

x와 y를 서로 바꾸면

$y=\log_3{(x+a)}$

이 그래프가 두 점 $(3,\ \log_3 b)$, $(2b,\ \log_3 12)$를 지나므로

$\log_3 b=\log_3{(3+a)}$에서 $b=3+a$ ...... ㉢

$\log_3 12=\log_3{(2b+a)}$에서 $12=2b+a$ ...... ㉣

㉢, ㉣을 연립하여 풀면

$a=2,\ b=5$

$\therefore a+b=2+5=7$

206 답 ①

STEP 1 함수 $g(x)=2^{x-2}$의 그래프는 함수 $f(x)=2^x$의 그래프를 x축의 방향으로 2만큼 평행이동한 것이다.

오른쪽 그림에서 색칠한 두 부분의 넓이는 서로 같으므로 두 곡선 $y=f(x)$, $y=g(x)$와 두 직선 $y=a,\ y=b$로 둘러싸인 부분의 넓이는 직사각형 ABCD의 넓이와 같다.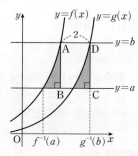

즉, $(b-a)\times 2=6$이므로

$b-a=3$ ...... ㉠

STEP 2 조건 (나)에서 $f^{-1}(a)=p,\ g^{-1}(b)=q\ (p,\ q$는 실수)라 하면

$f(p)=a,\ g(q)=b$이므로

$2^p=a,\ 2^{q-2}=b$

$\therefore p=\log_2 a,\ q=\log_2 b+2$

이때 $g^{-1}(b)-f^{-1}(a)=\log_2 6$에서 $q-p=\log_2 6$이므로

$\log_2 b+2-\log_2 a=\log_2 6$

$\log_2 \dfrac{4b}{a}=\log_2 6,\ \dfrac{4b}{a}=6$

$\therefore 3a=2b$ ...... ㉡

STEP 3 ㉠, ㉡을 연립하여 풀면 $a=6$, $b=9$

$\therefore a+b=6+9=15$

다른 풀이 **STEP 2**

두 함수 $f(x)$, $g(x)$의 역함수는 각각

$f^{-1}(x)=\log_2 x$, $g^{-1}(x)=\log_2 x+2$

이므로 $g^{-1}(b)-f^{-1}(a)=\log_2 6$에서

$\log_2 b+2-\log_2 a=\log_2 6$

$\log_2 \dfrac{4b}{a}=\log_2 6$, $\dfrac{4b}{a}=6$

$\therefore 3a=2b$ ······ ㉡

207 답 ②

STEP 1 두 함수 $y=a^x-1$과 $y=\log_a (x+1)$은 서로 역함수이므로 두 함수의 그래프는 직선 $y=x$에 대하여 대칭이다.

함수 $y=a^x-1 \ (a>1)$은 x의 값이 증가하면 y의 값도 증가하므로 함수 $y=a^x-1$과 그 역함수의 그래프의 교점은 함수 $y=a^x-1$의 그래프와 직선 $y=x$의 교점과 같다.

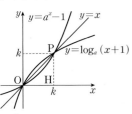

$P(k, k)$라 하면 삼각형 OHP의 넓이가 2이므로

$\dfrac{1}{2}\times k\times k=2$, $k^2=4$

$\therefore k=2 \ (\because k>0)$ $\quad \therefore P(2, 2)$

STEP 2 점 $P(2, 2)$가 곡선 $y=a^x-1$ 위의 점이므로

$2=a^2-1$, $a^2=3$

$\therefore a=\sqrt{3} \ (\because a>1)$

208 답 ①

해결 각 잡기

○ 두 사각형이 합동이므로 점 P의 x좌표와 점 Q의 x좌표의 비는 1 : 2이다.

○ 함수 $y=a^x$은 x의 값이 증가하면 y의 값도 증가하므로 함수 $y=a^x$과 그 역함수 $y=\log_a x$의 그래프의 두 교점 P, Q는 직선 $y=x$ 위의 점이다.

STEP 1 두 함수 $y=a^x$과 $y=\log_a x$는 서로 역함수이므로 두 함수의 그래프는 직선 $y=x$에 대하여 대칭이다.

함수 $y=a^x$은 x의 값이 증가하면 y의 값도 증가하므로 함수 $y=a^x$

역함수 관계인 두 함수의 그래프의 교점이 2개이므로 $a>1$

와 그 역함수의 그래프의 교점은 함수 $y=a^x$의 그래프와 직선 $y=x$의 교점과 같다.

즉, 점 P의 x좌표와 y좌표는 서로 같고 점 Q의 x좌표와 y좌표는 서로 같으므로 두 사각형 OAPB와 PCQD는 정사각형이다.

또, 두 정사각형 OAPB와 PCQD는 합동이므로 $\overline{OA}=\overline{PC}=k$라 하면

$P(k, k)$, $Q(2k, 2k)$

STEP 2 점 $P(k, k)$가 함수 $y=a^x$의 그래프 위의 점이므로

$k=a^k$ ······ ㉠

점 $Q(2k, 2k)$가 함수 $y=a^x$의 그래프 위의 점이므로

$2k=a^{2k}$ ······ ㉡

㉡÷㉠을 하면

$a^k=2$ ······ ㉢

㉢을 ㉠에 대입하면

$k=2$

$k=2$를 ㉢에 대입하면

$a^2=2$

$\therefore a=\sqrt{2} \ (\because a>1)$

209 답 ①

해결 각 잡기

○ 함수 $y=2^x-1$의 역함수가 함수 $y=\log_2 (x+1)$이다.

○ 두 곡선이 직선 l에 대하여 대칭이고 두 직선 l과 m이 서로 수직일 때, 두 곡선과 직선 m이 만나는 두 점도 직선 l에 대하여 대칭이다.

STEP 1 두 함수 $y=2^x-1$과 $y=\log_2 (x+1)$은 서로 역함수이므로 두 함수의 그래프는 직선 $y=x$에 대하여 대칭이다. #

또, 직선 $y=x$와 직선 AB의 기울기는 각각 1, -1이므로 두 직선은 서로 수직으로 만난다.

STEP 2 즉, 점 B는 점 $A(2, 3)$과 직선 $y=x$에 대하여 대칭이므로 $B(3, 2)$

따라서 $C(2, 0)$, $D(3, 0)$이므로

$\square ACDB=\dfrac{1}{2}\times(3+2)\times(3-2)=\dfrac{5}{2}$

\# 참고

$y=2^x-1$에서 $y+1=2^x$

$\therefore x=\log_2 (y+1)$

x와 y를 서로 바꾸면

$y=\log_2 (x+1)$

210 답 ⑤

해결 각 잡기

○ 점 D의 x좌표가 주어져 있으므로 이를 이용하여 각 점의 좌표를 차례대로 구해 본다.

○ 두 점 A, D가 직선 $y=x$에 대하여 대칭이고 두 점 B, C가 직선 $y=x$에 대하여 대칭이므로 사각형 ABCD는 등변사다리꼴이다.

STEP 1 점 $D(1, a)$가 함수 $g(x)=2^x$의 그래프 위의 점이므로

$a=2$

$\therefore D(1, 2), B(b, 2)$

점 $B(b, 2)$가 함수 $f(x)=\log_2 x$의 그래프 위의 점이므로

$2=\log_2 b$ $\therefore b=4$

$\therefore B(4, 2)$

두 함수 $f(x)=\log_2 x$와 $g(x)=2^x$은 서로 역함수이므로 두 함수의 그래프는 직선 $y=x$에 대하여 대칭이다.

또, 두 직선 l, m은 직선 $y=x$와 각각 서로 수직으로 만나므로 점 A는 점 D와 직선 $y=x$에 대하여 대칭이고 점 C는 점 B와 직선 $y=x$에 대하여 대칭이다.

따라서 사각형 ABCD는 등변사다리꼴이고

$A(2, 1), C(2, 4)$

STEP 2 오른쪽 그림에서

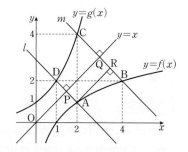

$\overline{AB}=\sqrt{(4-2)^2+(2-1)^2}$

$\quad =\sqrt{5}$

$\overline{AD}=\sqrt{(1-2)^2+(2-1)^2}$

$\quad =\sqrt{2}$

$\overline{BC}=\sqrt{(2-4)^2+(4-2)^2}$

$\quad =2\sqrt{2}$

STEP 3 점 A에서 직선 m에 내린 수선의 발을 R라 하면

$\overline{BR}=\frac{1}{2}(\overline{BC}-\overline{AD})$

$\quad =\frac{1}{2}(2\sqrt{2}-\sqrt{2})=\frac{\sqrt{2}}{2}$

이므로 직각삼각형 ABR에서

$\overline{AR}=\sqrt{(\sqrt{5})^2-\left(\frac{\sqrt{2}}{2}\right)^2}=\sqrt{\frac{9}{2}}=\frac{3\sqrt{2}}{2}$

STEP 4 $\therefore \square ABCD=\frac{1}{2}\times(\sqrt{2}+2\sqrt{2})\times\frac{3\sqrt{2}}{2}=\frac{9}{2}$

[다른 풀이 1] **STEP 3**

직선 l은 기울기가 -1이고 점 $A(2, 1)$을 지나므로 이 직선의 방정식은

$y=-(x-2)+1$ $\therefore y=-x+3$

직선 l: $y=-x+3$, 즉 $x+y-3=0$과 점 $B(4, 2)$ 사이의 거리는

$\frac{|4+2-3|}{\sqrt{1^2+1^2}}=\frac{3\sqrt{2}}{2}$

[다른 풀이 2] **STEP 2** + **STEP 3** + **STEP 4**

두 점 A, C의 x좌표는 서로 같고, 두 점 B, D의 y좌표는 서로 같으므로

$\overline{AC}\perp\overline{BD}$

$\overline{AC}=4-1=3, \overline{BD}=4-1=3$

이므로

$\square ABCD=\frac{1}{2}\times\overline{AC}\times\overline{BD}\times\sin\frac{\pi}{2}$

$\quad =\frac{1}{2}\times3\times3=\frac{9}{2}$

---

211 답 ④

두 함수 $y=\log_{\sqrt{2}}(x-a)$와 $y=(\sqrt{2})^x+a$는 서로 역함수 관계이고 직선 AB의 기울기는 -1이므로 두 점 A, B는 직선 $y=x$에 대하여 대칭이다.

STEP 1 두 곡선 $y=\log_{\sqrt{2}}(x-a)$와 $y=(\sqrt{2})^x+a$는 서로 역함수이므로 두 곡선은 직선 $y=x$에 대하여 대칭이다.

또, 직선 $y=x$와 직선 AB의 기울기는 각각 1, -1이므로 두 직선은 서로 수직으로 만난다.

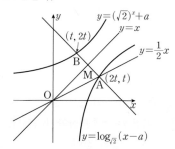

즉, 두 점 A, B는 직선 $y=x$에 대하여 대칭이므로 $A(2t, t)$ $(t>0)$라 하면

$B(t, 2t)$

STEP 2 $\therefore \overline{AB}=\sqrt{(2t-t)^2+(t-2t)^2}=\sqrt{2}t$ $(\because t>0)$

선분 AB의 중점을 M이라 하면

$M\left(\frac{3}{2}t, \frac{3}{2}t\right)$ $\therefore \overline{MO}=\frac{3\sqrt{2}}{2}t$

삼각형 OAB는 $\overline{OA}=\overline{OB}$인 이등변삼각형이고 삼각형 OAB의 넓이는 6이므로

$\frac{1}{2}\times\sqrt{2}t\times\frac{3\sqrt{2}}{2}t=6$

$\frac{3}{2}t^2=6, t^2=4$ $\therefore t=2$ $(\because t>0)$

STEP 3 $\therefore A(4, 2), B(2, 4)$

따라서 점 $B(2, 4)$가 곡선 $y=(\sqrt{2})^x+a$ 위의 점이므로

$4=(\sqrt{2})^2+a$ $\therefore a=2$

[다른 풀이] **STEP 2**

삼각형 OAB의 넓이는 6이므로

$\frac{1}{2}\begin{vmatrix} 0 & 2t & t & 0 \\ 0 & t & 2t & 0 \end{vmatrix}=6$

$\frac{1}{2}|4t^2-t^2|=6, 3t^2=12$

$t^2=4$ $\therefore t=2$ $(\because t>0)$

 # 참고

삼각형의 넓이 공식 (사선 공식)

세 점 $A(x_1, y_1)$, $B(x_2, y_2)$, $C(x_3, y_3)$을 꼭짓점으로 하는 삼각형 ABC의 넓이는

$\frac{1}{2}\begin{vmatrix} x_1 & x_2 & x_3 & x_1 \\ y_1 & y_2 & y_3 & y_1 \end{vmatrix}$

$=\frac{1}{2}|(x_1y_2+x_2y_3+x_3y_1)-(x_2y_1+x_3y_2+x_1y_3)|$

212 답 ③

❖ 두 함수 $y=2^x$과 $y=\log_2 x$는 서로 역함수 관계이고 직선 $y=-x+a$의 기울기는 -1이므로 두 점 A, B는 직선 $y=x$에 대하여 대칭이다.

❖ 직선 $y=-x+a$와 y축이 만나는 점을 D라 하면 두 점 C, D는 직선 $y=x$에 대하여 대칭이므로
$$\overline{AD}=\overline{BC}$$

STEP 1 두 곡선 $y=2^x$과 $y=\log_2 x$는 서로 역함수이므로 두 곡선은 직선 $y=x$에 대하여 대칭이다.

또, 직선 $y=x$와 직선 $y=-x+a$의 기울기는 각각 1, -1이므로 두 직선은 서로 수직으로 만난다.

즉, 두 점 A, B는 직선 $y=x$에 대하여 대칭이다.

STEP 2 C$(a, 0)$이고 직선 $y=-x+a$가 y축과 만나는 점을 D$(0, a)$라 하면
$$\overline{BC}=\overline{AD}$$

조건 ㈎에서 $\overline{AB}:\overline{BC}=3:1$이므로
$$\overline{DC}:\overline{BC}=5:1$$

즉, $\triangle OCD=5\times\triangle OBC$이므로
$$\frac{1}{2}a^2=5\times40, \ a^2=400$$
$$\therefore a=20 \ (\because a>0)$$

따라서 점 A(p, q)는 직선 $y=-x+a$, 즉 $y=-x+20$ 위의 점이므로
$$q=-p+20 \qquad \therefore p+q=20$$

이때 A(p, q)이므로
B(q, p)

조건 ㈎에서 점 B는 선분 AC를 $3:1$로 내분하는 점이므로
$$q=\frac{3a+p}{3+1}$$에서
$$4q=3a+p \qquad \cdots\cdots \ \ominus$$

$$p=\frac{q}{3+1}$$에서
$$q=4p \qquad \cdots\cdots \ \bigcirc$$

$\bigcirc$을 $\ominus$에 대입하면
$$4\times4p=3a+p, \ 15p=3a$$
$$\therefore a=5p$$

조건 ㈏에서 삼각형 OBC의 넓이가 40이므로
$$\frac{1}{2}ap=40$$

$a=5p$를 대입하면
$$\frac{5}{2}p^2=40, \ p^2=16$$
$$\therefore p=4 \ (\because p>0)$$

따라서 $q=4\times4=16$이므로
$$p+q=4+16=20$$

213 답 ②

❖ 사각형 ABDC는 등변사다리꼴이므로
$$\overline{AC}\,/\!/\,\overline{BD}, \ \overline{AB}=\overline{CD}$$

❖ 서로 닮은 평면도형 A_1, A_2의 닮음비가 $a:b$ $(a>0, b>0)$이면 두 도형 A_1, A_2의 넓이의 비는 $a^2:b^2$이다.

❖ 두 함수 $y=2^x$과 $y=\log_2 x$는 서로 역함수 관계이므로 $\overline{OA}=\overline{OC}$이면 두 직선 $y=mx$와 $y=nx$는 직선 $y=x$에 대하여 대칭이다.

STEP 1 두 삼각형 OAC와 OBD에서 $\overline{AC}\,/\!/\,\overline{BD}$이므로 두 삼각형은 서로 닮음이고, 두 삼각형의 넓이의 비가 $1:4$이므로 닮음비는 $1:2$이다.

즉, $\overline{OA}:\overline{OB}=1:2$이므로 A$(a, ma)$ $(a>0)$라 하면 B$(2a, 2ma)$

또, $\overline{OA}:\overline{AB}=\overline{OC}:\overline{CD}$이고 $\overline{AB}=\overline{CD}$이므로 $\overline{OA}=\overline{OC}$

STEP 2 점 A(a, ma)가 함수 $y=\log_2 x$의 그래프 위의 점이므로
$$ma=\log_2 a \qquad \cdots\cdots \ \ominus$$
점 B$(2a, 2ma)$가 함수 $y=\log_2 x$의 그래프 위의 점이므로
$$2ma=\log_2 2a \qquad \cdots\cdots \ \bigcirc$$

$\ominus\times2-\bigcirc$을 하면
$$0=2\log_2 a-\log_2 2a, \ \log_2 a^2-\log_2 2a=0$$
$$\log_2 \frac{a^2}{2a}=0, \ \frac{a^2}{2a}=1, \ a^2-2a=0$$
$$a(a-2)=0 \qquad \therefore a=2 \ (\because a>0)$$

$a=2$를 $\ominus$에 대입하면
$$2m=1 \qquad \therefore m=\frac{1}{2}$$
$$\therefore A(2, 1), \ B(4, 2)$$

STEP 3 두 함수 $y=\log_2 x$와 $y=2^x$은 서로 역함수이므로 두 함수의 그래프는 직선 $y=x$에 대하여 대칭이다.

이때 $\overline{OA}=\overline{OC}$이므로 두 직선 $y=mx$, 즉 $y=\frac{1}{2}x$와 $y=nx$는 직선 $y=x$에 대하여 대칭이다.

직선 $y=\frac{1}{2}x$를 직선 $y=x$에 대하여 대칭이동한 직선의 방정식은
$$x=\frac{1}{2}y \qquad \therefore y=2x \qquad \therefore n=2$$
$$\therefore m+n=\frac{1}{2}+2=\frac{5}{2}$$

두 함수 $y=\log_2 x$와 $y=2^x$은 서로 역함수이므로 두 함수의 그래프는 직선 $y=x$에 대하여 대칭이다.

이때 $\overline{OA}=\overline{OC}$에서 두 점 A, C는 직선 $y=x$에 대하여 대칭이므로
C$(1, 2)$

점 C$(1, 2)$는 직선 $y=nx$ 위의 점이므로
$$n=2$$
$$\therefore m+n=\frac{1}{2}+2=\frac{5}{2}$$

214 답 ⑤

해결 각 잡기

중심이 직선 $y=x$ 위에 있는 원은 직선 $y=x$에 대하여 대칭이고,
서로 역함수 관계인 두 함수 $y=2^x$, $y=\log_2 x$의 그래프는 직선
$y=x$에 대하여 서로 대칭이다.
→ 중심이 직선 $y=x$ 위에 있는 원과 곡선 $y=2^x$의 두 교점 A_n, B_n
을 직선 $y=x$에 대하여 대칭이동하면 이 원과 곡선 $y=\log_2 x$의
교점과 각각 일치한다.

STEP 1
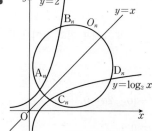

위의 그림과 같이 곡선 $y=2^x$ 위의 두 점 A_n, B_n 중 x좌표가 작은
점을 A_n, 큰 점을 B_n이라 하고, 중심이 직선 $y=x$ 위에 있고 두 점
A_n, B_n을 지나는 원을 O_n이라 하자.
또, 원 O_n이 곡선 $y=\log_2 x$와 만나는 두 점 중 x좌표가 작은 점을
C_n, 큰 점을 D_n이라 하자.
이때 원 O_n은 직선 $y=x$에 대하여 대칭이고 서로 역함수 관계인
두 함수 $y=2^x$과 $y=\log_2 x$의 그래프도 직선 $y=x$에 대하여 서로
대칭이므로 두 점 A_n, C_n은 직선 $y=x$에 대하여 서로 대칭이고 두
점 B_n, D_n은 직선 $y=x$에 대하여 서로 대칭이다.

STEP 2 오른쪽 그림과 같이 점 A_n을 지나고 x축과
평행한 직선과 점 B_n을 지나고 y축과 평행한 직선
이 만나는 점을 P_n이라 하자.
조건 ⑴에서 직선 A_nB_n의 기울기가 3이므로
$$\overline{A_nP_n}=k, \ \overline{B_nP_n}=3k \ (k>0)$$
라 하면 $\overline{A_nB_n}^2=\overline{A_nP_n}^2+\overline{B_nP_n}^2$에서
$$(n\times\sqrt{10})^2=k^2+(3k)^2 \ (\because 조건 ⑴)$$
$$10n^2=10k^2 \qquad \therefore k=n \ \leftarrow k>0, \ n은 \ 자연수$$
$$\therefore \overline{A_nP_n}=n, \ \overline{B_nP_n}=3n$$
즉, 점 A_n의 좌표를 $A_n(a_n, 2^{a_n})$이라 하면 점 B_n의 좌표는
$$B_n(a_n+n, 2^{a_n}+3n)$$
두 점 B_n, D_n은 직선 $y=x$에 대하여 서로 대칭이므로 점 D_n의 좌
표는
$$D_n(2^{a_n}+3n, a_n+n)$$

또, 점 $B_n(a_n+n, 2^{a_n}+3n)$은 곡선 $y=2^x$ 위의 점이므로
$$2^{a_n}+3n=2^{a_n+n}, \ 2^{a_n}(2^n-1)=3n$$
$$\therefore 2^{a_n}=\frac{3n}{2^n-1}$$

STEP 3 이때 원 O_n과 곡선 $y=\log_2 x$가 만나는 두 점 C_n, D_n 중 x
좌표가 큰 점이 D_n이므로
$$x_n=2^{a_n}+3n=\frac{3n}{2^n-1}+3n$$
$$=3n\left(\frac{1}{2^n-1}+1\right)=\frac{3n\times 2^n}{2^n-1}$$
$$\therefore x_1+x_2+x_3=6+8+\frac{72}{7}=\frac{170}{7}$$

215 답 49

해결 각 잡기

○ 두 함수 $y=a^x$와 $y=\log_a x$는 서로 역함수 관계이고 직선
$y=-x+5$의 기울기는 -1이므로 두 점 A, B는 직선 $y=x$에
대하여 대칭이다.
○ 곡선 $y=\log_a(x-1)-1$의 그래프는 곡선 $y=\log_a x$의 그래프
를 x축의 방향으로 1만큼, y축의 방향으로 -1만큼 평행이동한
것이고 직선 $y=-x+5$의 기울기가 -1이므로 점 B를 x축의
방향으로 1만큼, y축의 방향으로 -1만큼 평행이동한 점이 점 C
이다.

STEP 1 곡선 $y=\log_a(x-1)-1$은 곡선 $y=\log_a x$를 x축의 방향
으로 1만큼, y축의 방향으로 -1만큼 평행이동한 것이다.
직선 $y=-x+5$의 기울기가 -1이므로 점 B를 x축의 방향으로 1
만큼, y축의 방향으로 -1만큼 평행이동한 점은 점 C이다.
즉, $\overline{BC}=\sqrt{1^2+1^2}=\sqrt{2}$이고 $\overline{AB}:\overline{BC}=2:1$이므로
$$\overline{AB}=2\sqrt{2}$$

STEP 2 두 함수 $y=a^x$과 $y=\log_a x$는 서로 역함수이므로 두 함수의
그래프는 직선 $y=x$에 대하여 대칭이다.
또, 직선 $y=x$와 직선 $y=-x+5$의 기울기는 각각 1, -1이므로
두 직선은 서로 수직으로 만난다.
즉, 점 B는 점 A와 직선 $y=x$에 대하여 대칭이므로
$$A\left(t, 5-t\right) \left(t<\frac{5}{2}\right)라 하면$$
$$B(5-t, t) \qquad \underline{\quad t<5-t에서 t<\frac{5}{2}}$$
그런데 $\overline{AB}=2\sqrt{2}$이므로
$$\sqrt{(5-2t)^2+(2t-5)^2}=2\sqrt{2}$$
$$\sqrt{2}\,|5-2t|=2\sqrt{2}, \ |5-2t|=2$$
$$5-2t=2 \ (\because 5-2t>0)$$
$$\therefore t=\frac{3}{2} \qquad \therefore A\left(\frac{3}{2}, \frac{7}{2}\right)$$

STEP 3 따라서 점 $A\left(\frac{3}{2}, \frac{7}{2}\right)$이 곡선 $y=a^x$ 위의 점이므로
$$\frac{7}{2}=a^{\frac{3}{2}}, \ a^3=\frac{49}{4} \qquad \therefore 4a^3=49$$

216 답 ①

해결 각 잡기

함수 $y=\log_2 x$의 역함수를 이용하여 점 B를 직선 $y=x$에 대하여 대칭이동한 점을 구한다. 또, 그 점과 점 C의 관계를 파악한다.

STEP 1 $y=\log_2 x$에서 $x=4$일 때
$y=\log_2 4=2$ $\therefore$ B$(4,2)$

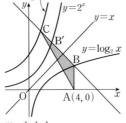

STEP 2 함수 $y=\log_2 x$의 역함수는 함수 $y=2^x$이므로 두 함수의 그래프는 직선 $y=x$에 대하여 대칭이다.

또, 직선 $y=x$와 직선 BC의 기울기는 각각 1, -1이므로 두 직선은 서로 수직으로 만난다.

즉, 곡선 $y=2^x$과 직선 BC가 만나는 점을 B'이라 하면 점 B'은 점 B와 직선 $y=x$에 대하여 대칭이므로
B'$(2,4)$

STEP 3 곡선 $y=2^{x+1}+1$은 곡선 $y=2^x$을 x축의 방향으로 -1만큼, y축의 방향으로 1만큼 평행이동한 것이다.

직선 BC의 기울기가 -1이므로 점 B'$(2,4)$를 x축의 방향으로 -1만큼, y축의 방향으로 1만큼 평행이동한 점 $(1,5)$가 점 C이다.

$\therefore \triangle$ABC$=\dfrac{1}{2}\times2\times(4-1)=\dfrac{1}{2}\times2\times3=3$

217 답 13

해결 각 잡기

● 두 곡선 $y=f(x)$, $y=g(x)$가 직선 l에 대하여 대칭일 때, 두 곡선 $y=f(x)$, $y=g(x)$를 y축의 방향으로 a만큼 평행이동한 곡선은 직선 l을 y축의 방향으로 a만큼 평행이동한 직선에 대하여 대칭이다.

● 기울기가 -1인 직선 BC에 대하여
(1) $\angle$BCD$=\angle$CBD$=45^\circ$
(2) $\overline{\text{BD}}:\overline{\text{CD}}:\overline{\text{BC}}=1:1:\sqrt{2}$

STEP 1 두 곡선 $y=a^x+2$, $y=\log_a x+2$를 각각 y축의 방향으로 -2만큼 평행이동한 두 곡선 $y=a^x$, $y=\log_a x$는 서로 역함수이므로 직선 $y=x$에 대하여 대칭이다.

따라서 두 곡선 $y=a^x$, $y=\log_a x$를 각각 다시 y축의 방향으로 2만큼 평행이동한 두 곡선 $y=a^x+2$, $y=\log_a x+2$는 직선 $y=x$를 y축의 방향으로 2만큼 평행이동한 직선 $y=x+2$에 대하여 대칭이다.

STEP 2 직선 $y=x+2$와 직선 AB의 기울기는 각각 1, -1이므로 두 직선은 서로 수직으로 만난다.

즉, 두 점 A, B는 직선 $y=x+2$에 대하여 대칭이므로 선분 AB를 지름으로 하는 원의 중심은 직선 $y=x+2$ 위에 있다.

이 원의 중심을 C라 하면 점 C의 y좌표가 $\dfrac{19}{2}$이므로

$y=\dfrac{19}{2}$를 $y=x+2$에 대입하면

$\dfrac{19}{2}=x+2$ $\therefore x=\dfrac{15}{2}$

$\therefore$ C$\left(\dfrac{15}{2},\dfrac{19}{2}\right)$

STEP 3 선분 AB를 지름으로 하는 원의 넓이가 $\dfrac{121}{2}\pi$이므로 이 원의 반지름의 길이는
$\overline{\text{BC}}=\dfrac{11\sqrt{2}}{2}$

직선 BC의 기울기가 -1이므로
$\overline{\text{BD}}=\overline{\text{CD}}=t$라 하면 직각삼각형 BCD에서

$t^2+t^2=\dfrac{121}{2}$

$t^2=\dfrac{121}{4}$ $\therefore t=\dfrac{11}{2}\ (\because t>0)$

따라서 점 B$\left(\dfrac{15}{2}+\dfrac{11}{2},\dfrac{19}{2}-\dfrac{11}{2}\right)$, 즉 B$(13,4)$가 곡선 $y=\log_a x+2$ 위의 점이므로

$4=\log_a 13+2$, $\log_a 13=2$

$\therefore a^2=13$

218 답 192

해결 각 잡기

두 곡선 $y=f(x)$, $y=g(x)$가 직선 l에 대하여 대칭일 때, 두 곡선 $y=f(x)$, $y=g(x)$를 x축의 방향으로 1만큼 평행이동한 곡선은 직선 l을 x축의 방향으로 1만큼 평행이동한 직선에 대하여 대칭이다.

STEP 1 두 곡선 $y=a^{x-1}$, $y=\log_a(x-1)$을 각각 x축의 방향으로 -1만큼 평행이동한 두 곡선 $y=a^x$, $y=\log_a x$는 서로 역함수이므로 직선 $y=x$에 대하여 대칭이다.

따라서 두 곡선 $y=a^x$, $y=\log_a x$를 다시 각각 x축의 방향으로 1만큼 평행이동한 두 곡선 $y=a^{x-1}$, $y=\log_a(x-1)$은 직선 $y=x$를 x축의 방향으로 1만큼 평행이동한 직선 $y=x-1$에 대하여 대칭이다.

STEP 2 직선 $y=x-1$과 직선 $y=-x+4$의 기울기는 각각 1, -1이므로 두 직선은 서로 수직으로 만난다.

즉, 두 점 A, B는 직선 $y=x-1$에 대하여 대칭이므로 선분 AB의 중점은 두 직선 $y=x-1$과 $y=-x+4$의 교점과 같다.

이때 선분 AB의 중점을 D라 하면

$x-1=-x+4$에서

$2x=5$ $\therefore x=\dfrac{5}{2}$

$x=\dfrac{5}{2}$를 $y=x-1$에 대입하면

$y=\dfrac{5}{2}-1=\dfrac{3}{2}$

$\therefore$ D$\left(\dfrac{5}{2},\dfrac{3}{2}\right)$

STEP 3 $\overline{AB}=2\sqrt{2}$이므로

$\overline{BD}=\dfrac{1}{2}\times 2\sqrt{2}=\sqrt{2}$

직선 BD의 기울기가 -1이므로 $\overline{BE}=\overline{DE}=t$라 하면 직각삼각형 BDE에서

$t^2+t^2=2$, $t^2=1$

$\therefore t=1$ $(\because t>0)$

따라서 점 $B\left(\dfrac{5}{2}+1,\ \dfrac{3}{2}-1\right)$, 즉 $B\left(\dfrac{7}{2},\ \dfrac{1}{2}\right)$이 곡선

$y=\log_a(x-1)$ 위의 점이므로

$\dfrac{1}{2}=\log_a\left(\dfrac{7}{2}-1\right)$

$\dfrac{1}{2}=\log_a\dfrac{5}{2}$, $a^{\frac{1}{2}}=\dfrac{5}{2}$

$\therefore a=\dfrac{25}{4}$

즉, $y=a^{x-1}=\left(\dfrac{25}{4}\right)^{x-1}$이므로

$C\left(0,\ \dfrac{4}{25}\right)$

STEP 4 점 $C\left(0,\ \dfrac{4}{25}\right)$와 직선 $y=-x+4$, 즉 $x+y-4=0$ 사이의

거리는

$\dfrac{\left|\dfrac{4}{25}-4\right|}{\sqrt{1^2+1^2}}=\dfrac{48\sqrt{2}}{25}$

이므로

$S=\dfrac{1}{2}\times 2\sqrt{2}\times\dfrac{48\sqrt{2}}{25}=\dfrac{96}{25}$

$\therefore 50\times S=50\times\dfrac{96}{25}=192$

219   답 128

해결 각 잡기

❤ 함수 $y=a^{f(x)}$은
(1) $a>1$이면 $f(x)$가 최대일 때 최댓값, $f(x)$가 최소일 때 최솟값을 갖는다.
(2) $0<a<1$이면 $f(x)$가 최대일 때 최솟값, $f(x)$가 최소일 때 최댓값을 갖는다.

❤ 함수 $h(x)=\left(\dfrac{1}{2}\right)^{g(x)-a}$은 $g(x)-a$가 최소일 때 최댓값을 갖고, $g(x)-a$가 최대일 때 최솟값을 갖는다.

STEP 1 함수 $g(x)=(x-1)(x-3)=x^2-4x+3=(x-2)^2-1$은

$0\le x\le 5$에서

$x=2$일 때 최소이고 최솟값은

$g(2)=-1$

$x=5$일 때 최대이고 최댓값은

$g(5)=4\times 2=8$

$\therefore -1\le g(x)\le 8$

STEP 2 함수 $h(x)=f(g(x))=\left(\dfrac{1}{2}\right)^{g(x)-a}$은 x의 값이 증가하면 $h(x)$의 값은 감소하므로 $-1\le g(x)\le 8$에서 $g(x)=8$일 때 최소 <u>이고 최솟값은 $\dfrac{1}{4}$이다.</u>
　　　└ $x=2$일 때

즉, $f(8)=\left(\dfrac{1}{2}\right)^{8-a}=\dfrac{1}{4}$이므로 $8-a=2$　$\therefore a=6$

$\therefore h(x)=\left(\dfrac{1}{2}\right)^{g(x)-6}$

따라서 $g(x)=-1$일 때 최대이므로 최댓값은

$M=f(-1)=\left(\dfrac{1}{2}\right)^{-1-6}=2^7=128$

220   답 ④

해결 각 잡기

함수 $(g\circ f)(x)=g(f(x))=a^{x^2-6x+3}$은
(i) $0<a<1$이면 x^2-6x+3이 최소일 때 최댓값을 갖는다.
(ii) $a>1$이면 x^2-6x+3이 최대일 때 최댓값을 갖는다.

STEP 1 함수 $f(x)=x^2-6x+3=(x-3)^2-6$은 $1\le x\le 4$에서

$x=3$일 때 최소이고 최솟값은

$f(3)=-6$

$x=1$일 때 최대이고 최댓값은

$f(1)=1-6+3=-2$

$\therefore -6\le f(x)\le -2$

STEP 2 $(g\circ f)(x)=g(f(x))=a^{f(x)}$

(i) $0<a<1$일 때

함수 $y=a^{f(x)}$은 x의 값이 증가하면 y의 값은 감소한다.

$-6\le f(x)\le -2$에서

$f(x)=-6$일 때 최대이고 최댓값은 27이므로

$a^{-6}=27$　$\therefore a=27^{-\frac{1}{6}}=3^{-\frac{1}{2}}$

$f(x)=-2$일 때 최소이므로 최솟값은

$m=a^{-2}=\left(3^{-\frac{1}{2}}\right)^{-2}=3$

(ii) $a>1$일 때

함수 $y=a^{f(x)}$은 x의 값이 증가하면 y의 값도 증가한다.

$-6\le f(x)\le -2$에서

$f(x)=-2$일 때 최대이고 최댓값은 27이므로

$a^{-2}=27$　$\therefore a=27^{-\frac{1}{2}}=3^{-\frac{3}{2}}$

이때 $3^{-\frac{3}{2}}=\dfrac{1}{3\sqrt{3}}<1$이므로 조건을 만족시키지 않는다.

(i), (ii)에 의하여 $m=3$

221   답 ①

해결 각 잡기

$\log_a x$ 꼴이 반복되는 함수의 최대·최소는 함수의 식에서 $\log_a x$를 한 문자로 생각하고 정리하여 구한다.

STEP 1 삼각형 ABC에서 $\angle A = 90°$이므로

$$S(x) = \frac{1}{2} \times \overline{AB} \times \overline{AC}$$

$$= \frac{1}{2} \times 2\log_2 x \times \log_4 \frac{16}{x} \quad \underset{\underline{}}{} = \log_4 16 - \log_4 x = 2 - \frac{1}{2}\log_2 x$$

$$= \log_2 x \times \left(2 - \frac{1}{2}\log_2 x\right)$$

$$= -\frac{1}{2}(\log_2 x)^2 + 2\log_2 x$$

$$= -\frac{1}{2}(\log_2 x - 2)^2 + 2$$

STEP 2 따라서 $S(x)$는 $\log_2 x = 2$, 즉 $x = 4 = a$일 때 최대이고 최댓값은

$M = 2$

$\therefore a + M = 4 + 2 = 6$

222 답 ②

해결 각 잡기

❤ 함수 $y = \log_a f(x)$는
(1) $a > 1$이면 $f(x)$가 최대일 때 최댓값, $f(x)$가 최소일 때 최솟값을 갖는다.
(2) $0 < a < 1$이면 $f(x)$가 최대일 때 최솟값, $f(x)$가 최소일 때 최댓값을 갖는다.

❤ $0 \le x \le 5$에서 함수 $f(x) = \log_3 (x^2 - 6x + k)$는 $x^2 - 6x + k$가 최대일 때 최댓값을 갖고, $x^2 - 6x + k$가 최소일 때 최솟값을 갖는다.

STEP 1 $g(x) = x^2 - 6x + k = (x-3)^2 + k - 9$라 하자.

함수 $g(x)$는 $0 \le x \le 5$에서

$x = 0$일 때 최대이고 최댓값은

$g(0) = k$

$x = 3$일 때 최소이고 최솟값은

$g(3) = k - 9$

$\therefore k - 9 \le g(x) \le k$

STEP 2 함수 $f(x) = \log_3 (x^2 - 6x + k) = \log_3 g(x)$는 x의 값이 증가하면 $f(x)$의 값도 증가하므로 $k-9 \le g(x) \le k$에서

$g(x) = k$일 때 최대이고 최댓값은

$\log_3 k$

$g(x) = k - 9$일 때 최소이고 최솟값은

$\log_3 (k-9)$

STEP 3 이때 최댓값과 최솟값의 합이 $2 + \log_3 4$이므로

$\log_3 k + \log_3 (k-9) = 2 + \log_3 4$ $\quad \underset{\underline{}}{} = \log_3 9$

$\log_3 k(k-9) = \log_3 36$

$k(k-9) = 36$

$k^2 - 9k - 36 = 0$

$(k+3)(k-12) = 0$

$\therefore k = 12 \ (\because k > 9)$

223 답 ①

해결 각 잡기

두 함수 $y = f(x)$, $y = g(x)$의 그래프가 직선 $x = t$에 대하여 대칭이면
(1) 모든 실수 x에 대하여 $f(2t-x) = g(x)$가 성립한다.
(2) $f(t) = g(t)$

STEP 1 조건 ㈎에 의하여 $f(2) = g(2)$이므로

$a^{2b-1} = a^{1-2b}$

$2b - 1 = 1 - 2b, \ 4b = 2$ $\quad \therefore b = \frac{1}{2}$

STEP 2 $f(x) = a^{\frac{x}{2}-1}$, $g(x) = a^{1-\frac{x}{2}}$이고 조건 ㈏에서

$f(4) + g(4) = \frac{5}{2}$이므로

$a + a^{-1} = \frac{5}{2}$

$2a^2 - 5a + 2 = 0, \ (a-2)(2a-1) = 0$

$\therefore a = \frac{1}{2} \ (\because 0 < a < 1)$

$\therefore a + b = \frac{1}{2} + \frac{1}{2} = 1$

다른 풀이 **STEP 1**

조건 ㈎에 의하여 모든 실수 x에 대하여 $f(4-x) = g(x)$가 성립하므로

$a^{b(4-x)-1} = a^{1-bx}$

$b(4-x) - 1 = 1 - bx$

$4b - bx - 1 = 1 - bx$

$4b = 2$ $\quad \therefore b = \frac{1}{2}$

224 답 ⑤

해결 각 잡기

두 곡선 $y = f(x)$, $y = g(x)$가 점 (a, b)에 대하여 대칭이면 두 곡선의 교점 A, B에 대하여 선분 AB의 중점은 점 (a, b)와 같다.

STEP 1 두 곡선

$y = -\log_2 (-x), \ y = \log_2 (x+2a)$ ...... ㉠

를 각각 x축의 방향으로 a만큼 평행이동한 곡선의 방정식은

$y = -\log_2 (-x+a), \ y = \log_2 (x+a)$ ...... ㉡

이때 두 곡선 ㉡은 원점 $(0, 0)$에 대하여 대칭이고 두 곡선 ㉠은 두 곡선 ㉡을 각각 x축의 방향으로 $-a$만큼 평행이동한 것이므로 원점 $(0, 0)$을 x축의 방향으로 $-a$만큼 평행이동한 점 $(-a, 0)$에 대하여 대칭이다.

따라서 두 곡선 ㉠이 점 $(-a, 0)$에 대하여 대칭이므로 선분 AB의 중점은 점 $(-a, 0)$과 같다.

STEP 2 점 $(-a, 0)$은 직선 $4x + 3y + 5 = 0$ 위에 있으므로

$-4a + 5 = 0, \ 4a = 5$ $\quad \therefore a = \frac{5}{4}$

$a=\dfrac{5}{4}$를 ㉠에 대입하면

$$y=-\log_2(-x), \quad y=\log_2\left(x+\dfrac{5}{2}\right)$$

STEP 3 이 두 곡선의 교점의 x좌표는

$$-\log_2(-x)=\log_2\left(x+\dfrac{5}{2}\right)$$

$$\log_2\left(x+\dfrac{5}{2}\right)+\log_2(-x)=0, \quad \log_2\left(-x^2-\dfrac{5}{2}x\right)=0$$

$$-x^2-\dfrac{5}{2}x=1, \quad x^2+\dfrac{5}{2}x+1=0$$

$$2x^2+5x+2=0, \quad (x+2)(2x+1)=0$$

$$\therefore x=-2 \text{ 또는 } x=-\dfrac{1}{2}$$

따라서 두 점 A, B의 좌표는 $(-2, -1)$, $\left(-\dfrac{1}{2}, 1\right)$이므로

$$\overline{AB}=\sqrt{\left\{-\dfrac{1}{2}-(-2)\right\}^2+\{1-(-1)\}^2}=\dfrac{5}{2}$$

다른 풀이

$A(x_1, y_1)$, $B(x_2, y_2)$라 하면 선분 AB의 중점의 좌표는

$$\left(\dfrac{x_1+x_2}{2}, \dfrac{y_1+y_2}{2}\right)$$

주어진 두 곡선의 교점의 x좌표는

$$-\log_2(-x)=\log_2(x+2a)$$

$$\log_2(x+2a)+\log_2(-x)=0$$

$$\log_2(-x^2-2ax)=0, \quad -x^2-2ax=1$$

$$\therefore x^2+2ax+1=0 \qquad \cdots\cdots ㉢$$

이 이차방정식의 두 실근이 x_1, x_2이므로 이차방정식의 근과 계수의 관계에 의하여

$$x_1+x_2=-2a, \quad x_1x_2=1 \qquad \cdots\cdots ㉣$$

또, 두 점 $A(x_1, y_1)$, $B(x_2, y_2)$는 곡선 $y=-\log_2(-x)$ 위의 점이므로

$$y_1=-\log_2(-x_1), \quad y_2=-\log_2(-x_2)$$

$$\therefore y_1+y_2=-\log_2(-x_1)+\{-\log_2(-x_2)\}$$
$$=-\log_2 x_1x_2$$
$$=-\log_2 1 \ (\because ㉣)$$
$$=0$$

따라서 선분 AB의 중점 $\left(\dfrac{-2a}{2}, \dfrac{0}{2}\right)$, 즉 $(-a, 0)$은 직선 $4x+3y+5=0$ 위에 있으므로

$$-4a+5=0, \ 4a=5 \qquad \therefore a=\dfrac{5}{4}$$

$a=\dfrac{5}{4}$를 ㉢에 대입하면

$$x^2+\dfrac{5}{2}x+1=0, \ 2x^2+5x+2=0$$

$$(x+2)(2x+1)=0$$

$$\therefore x=-2 \text{ 또는 } x=-\dfrac{1}{2}$$

따라서 두 점 A, B의 좌표는 $(-2, -1)$, $\left(-\dfrac{1}{2}, 1\right)$이므로

$$\overline{AB}=\sqrt{\left\{-\dfrac{1}{2}-(-2)\right\}^2+\{1-(-1)\}^2}=\dfrac{5}{2}$$

225 📘답 ②

해결 각 잡기

○ 함수 $f(x)$가 모든 실수 x에 대하여 $f(x+2)=f(x)$를 만족시키면 함수 $f(x)$는 주기함수이다.

→ $\dfrac{3}{2}-\left(-\dfrac{1}{2}\right)=2$이므로 $-\dfrac{1}{2}\leq x<\dfrac{3}{2}$에서 $y=f(x)$의 그래프를 그리고 나머지 부분에 이 그래프를 반복하여 그려 나간다.

○ 함수 $y=2^{\frac{x}{n}}$의 그래프는 n의 값에 관계없이 항상 점 $(0, 1)$을 지나고, x의 값이 증가하면 y의 값도 증가한다.

STEP 1 $-\dfrac{1}{2}\leq x<\dfrac{3}{2}$에서 함수

$f(x)=\left|x-\dfrac{1}{2}\right|+1$의 그래프는 함수

$f(x)=|x|$의 그래프를 x축의 방향으로 $\dfrac{1}{2}$만큼, y축의 방향으로 1만큼 평행이동한 것이므로 오른쪽 그림과 같다.

또, 함수 $f(x)$는 모든 실수 x에 대하여 $f(x+2)=f(x)$를 만족시키므로 주기가 2인 주기함수이고 그 그래프는 다음 그림과 같다.

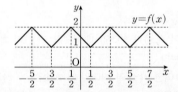

STEP 2 $g(x)=2^{\frac{x}{n}}$이라 하면 함수 $y=g(x)$의 그래프는 점 $(0, 1)$을 지나고 x의 값이 증가하면 y의 값도 증가하므로 다음 그림과 같다.

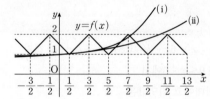

두 함수 $y=g(x)$, $y=f(x)$의 그래프의 교점의 개수가 5가 되려면 $g\left(\dfrac{7}{2}\right)<2$, $g\left(\dfrac{11}{2}\right)>2$이어야 한다.

(i) $g\left(\dfrac{7}{2}\right)<2$에서

$$2^{\frac{7}{2n}}<2, \ \dfrac{7}{2n}<1 \qquad \therefore n>\dfrac{7}{2}$$

(ii) $g\left(\dfrac{11}{2}\right)>2$에서

$$2^{\frac{11}{2n}}>2, \ \dfrac{11}{2n}>1 \qquad \therefore n<\dfrac{11}{2}$$

(i), (ii)에서 $\dfrac{7}{2}<n<\dfrac{11}{2}$이므로 자연수 n은 4, 5이고 구하는 합은 $4+5=9$

 # 참고

함수 $y=|x|=\begin{cases} x & (x\geq 0) \\ -x & (x<0) \end{cases}$의 그래프는 오른쪽 그림과 같다.

226 답 400

해결 각 잡기

- 함수 $f(x)$가 모든 실수 x에 대하여 $f(x+4)=f(x)$를 만족시키면 함수 $f(x)$는 주기함수이다.
  → $4-0=4$이므로 $0 \leq x < 4$에서 $y=f(x)$의 그래프를 그리고 나머지 부분에 이 그래프를 반복하여 그려 나간다.
- 방정식 $f(x)=5$의 실근은 함수 $y=f(x)$의 그래프와 직선 $y=5$의 교점의 x좌표와 같다.

STEP 1 조건 (가)에서 $0 \leq x < 4$일 때, 함수

$$f(x) = \begin{cases} 3^x & (0 \leq x < 2) \\ 3^{-(x-4)} & (2 \leq x < 4) \end{cases}$$

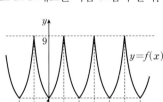

의 그래프는 오른쪽 그림과 같다.
조건 (나)에서 모든 실수 x에 대하여
$f(x+4)=f(x)$이므로 함수 $y=f(x)$는 주기가
4인 주기함수이고 그 그래프는 다음 그림과 같다.

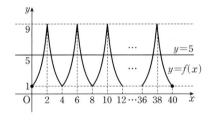

STEP 2 방정식 $f(x)-5=0$, 즉 $f(x)=5$의 실근은 함수 $y=f(x)$의 그래프와 직선 $y=5$의 교점의 x좌표와 같고, $0 \leq x \leq 40$에서 함수 $y=f(x)$의 그래프와 직선 $y=5$는 다음 그림과 같다.

$0 \leq x \leq 40$에서 함수 $y=f(x)$의 그래프와 직선 $y=5$의 교점의 x좌표를 작은 것부터 차례로 $x_1, x_2, x_3, \cdots, x_{20}$이라 하자.
x좌표가 x_1, x_2인 두 점은 직선 $x=2$에 대하여 대칭이므로

$$\frac{x_1+x_2}{2}=2 \qquad \therefore x_1+x_2=4$$

x좌표가 x_3, x_4인 두 점은 직선 $x=6$에 대하여 대칭이므로

$$\frac{x_3+x_4}{2}=6 \qquad \therefore x_3+x_4=12$$

x좌표가 x_5, x_6인 두 점은 직선 $x=10$에 대하여 대칭이므로

$$\frac{x_5+x_6}{2}=10 \qquad \therefore x_5+x_6=20$$

STEP 3 마찬가지 방법으로 하면 방정식 $f(x)-5=0$의 모든 실근의 합은

$(x_1+x_2)+(x_3+x_4)+(x_5+x_6)+\cdots+(x_{19}+x_{20})$
$=4+12+20+\cdots+76=4(1+3+5+\cdots+19)$
$=4 \times \dfrac{10(1+19)}{2}=400$

다른 풀이 **STEP 3**

$(x_1+x_2)+(x_3+x_4)+(x_5+x_6)+\cdots+(x_{19}+x_{20})$
$=4+12+20+\cdots+76$ ← 첫째항이 4, 공차가 8, 항수가 10인 등차수열의 합
$=\dfrac{10\{2\times4+(10-1)\times8\}}{2}=400$

 # 참고

함수 $y=f(x)$의 그래프와 직선 $y=5$의 교점은
$0 \leq x \leq 4$에서 2개,
$0 \leq x \leq 8$에서 4개,
$0 \leq x \leq 12$에서 6개,
$\vdots$
이므로 $0 \leq x \leq 40$에서 20개이다.

227 답 ③

해결 각 잡기

함수 $y=f(x)$의 그래프를 그린 후, 조건을 만족시키는 점을 하나씩 확인해 본다.

→ $-\left(\dfrac{1}{4}\right)^{3+a}+8$은 상수이므로 $f(x)$는 $x<3$일 때 x의 값이 증가하면 $f(x)$의 값도 증가하고, $x \geq 3$일 때 x의 값이 증가하면 $f(x)$의 값도 감소한다.

STEP 1 함수 $y=\left(\dfrac{1}{4}\right)^{x+a}-\left(\dfrac{1}{4}\right)^{3+a}+8$의 그래프는 함수 $y=\left(\dfrac{1}{4}\right)^x$

의 그래프를 x축의 방향으로 $-a$만큼, y축의 방향으로
$-\left(\dfrac{1}{4}\right)^{3+a}+8$만큼 평행이동한 것이고 $x=3$일 때의 함숫값은

$$f(3)=\left(\frac{1}{4}\right)^{3+a}-\left(\frac{1}{4}\right)^{3+a}+8=8$$

이므로 함수 $y=f(x)$의 그래프의 개형은 다음 그림과 같다.

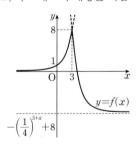

STEP 2 곡선 $y=f(x)$ 위의 점 중에서 y좌표가 8인 점의 개수는 1이고, y좌표가 각각 7, 6, 5, $\cdots$, 1인 점의 개수는 모두 2이다.
즉, $y>0$일 때, y좌표가 정수인 점의 개수는
$1+2\times7=15$
모든 y의 값에 대하여 y좌표가 정수인 점의 개수가 23이므로 $y \leq 0$일 때 y좌표가 정수인 점의 개수는
$23-15=8$
즉, $y \leq 0$일 때 y좌표가 될 수 있는 것은
$0, -1, -2, \cdots, -7$
이므로 함수 $y=\left(\dfrac{1}{4}\right)^{x+a}-\left(\dfrac{1}{4}\right)^{3+a}+8$의 그래프의 점근선의 방정식

$y=-\left(\dfrac{1}{4}\right)^{3+a}+8$에 대하여

$-8\le-\left(\dfrac{1}{4}\right)^{3+a}+8<-7$

$15<\left(\dfrac{1}{4}\right)^{3+a}\le16$

$15<4^{-3-a}\le16$

이때 a는 정수이므로 $-3-a$도 정수이고 $4^1=4$, $4^2=16$이므로

$-3-a=2$ $\therefore a=-5$

228 답 33

STEP 1 함수 $y=3^{x+2}-n$의 그래프는 함수 $y=3^x$의 그래프를 x축의 방향으로 -2만큼, y축의 방향으로 $-n$만큼 평행이동한 것이다.

즉, $x<0$일 때 함수 $y=|3^{x+2}-n|$의 그래프는 점 $(0,\,|9-n|)$을 지나고 점근선은 직선 $y=n$이므로 다음 그림과 같다.

(i) $1\le n<9$일 때

ⓐ $1\le n<5$일 때   ⓑ $5\le n<9$일 때

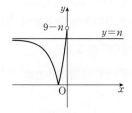   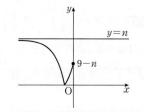

↑ 직선 $y=t$와의 최대 교점의 개수: 2

(ii) $n=9$일 때

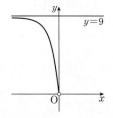

← 직선 $y=t$와의 최대 교점의 개수: 1

(iii) $n>9$일 때

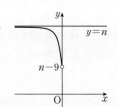

← 직선 $y=t$와의 최대 교점의 개수: 1

STEP 2 함수 $y=\log_2(x+4)-n$의 그래프는 함수 $y=\log_2 x$의 그래프를 x축의 방향으로 -4만큼, y축의 방향으로 $-n$만큼 평행이동한 것이다.

즉, $x\ge0$일 때 함수 $y=|\log_2(x+4)-n|$의 그래프는 점 $(0,\,|2-n|)$을 지나고 점근선은 직선 $x=-4$이므로 다음 그림과 같다.

(iv) $n=1$일 때

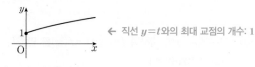

← 직선 $y=t$와의 최대 교점의 개수: 1

(v) $n=2$일 때

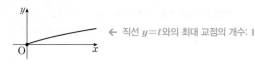

← 직선 $y=t$와의 최대 교점의 개수: 1

(vi) $n>2$일 때

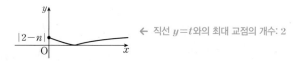

← 직선 $y=t$와의 최대 교점의 개수: 2

STEP 3 x에 대한 방정식 $f(x)=t$의 서로 다른 실근의 개수 $g(t)$는 함수 $y=f(x)$의 그래프와 직선 $y=t$가 만나는 점의 개수와 같으므로 $g(t)$의 최댓값이 4가 되려면 **STEP 1**에서 $1\le n<9$이고, **STEP 2**에서 $n>2$이어야 한다.

따라서 $2<n<9$이므로 자연수 n은 3, 4, 5, 6, 7, 8이고 그 합은

$3+4+5+6+7+8=33$

229 답 ⑤

STEP 1 직선 $y=2-x$와 두 함수 $y=\log_2 x$, $y=\log_3 x$의 그래프는 오른쪽 그림과 같으므로

$1<x_1<x_2<2$, $0<y_2<y_1<1$

STEP 2 ㄱ. $x_1>1$, $y_2<1$이므로 $x_1>y_2$

ㄴ. 두 점 $(x_1,\,y_1)$, $(x_2,\,y_2)$를 지나는 직선의 기울기가 -1이므로

$\dfrac{y_2-y_1}{x_2-x_1}=-1$, $y_2-y_1=-(x_2-x_1)$

$\therefore x_2-x_1=y_1-y_2$

ㄷ. 두 점 $(x_1,\,y_1)$, $(x_2,\,y_2)$가 직선 $y=2-x$ 위의 점이므로

$y_1=2-x_1$, $y_2=2-x_2$

$\therefore x_1y_1-x_2y_2=x_1(2-x_1)-x_2(2-x_2)$

$\qquad\qquad\quad=2x_1-x_1{}^2-2x_2+x_2{}^2$

$\qquad\qquad\quad=(x_2{}^2-x_1{}^2)-2(x_2-x_1)$

$\qquad\qquad\quad=(x_2-x_1)(x_2+x_1-2)$

이때 $x_2-x_1>0$이고, $1<x_1<2$, $1<x_2<2$에서

$2<x_1+x_2<4$이므로

$0<x_1+x_2-2<2$

즉, $x_1y_1 - x_2y_2 > 0$이므로

$x_1y_1 > x_2y_2$

따라서 ㄱ, ㄴ, ㄷ 모두 옳다.

다른 풀이

ㄴ. 두 점 (x_1, y_1), (x_2, y_2)가 직선 $y=2-x$ 위의 점이므로

$y_1=2-x_1$, $y_2=2-x_2$

$\therefore y_1-y_2=2-x_1-(2-x_2)=x_2-x_1$

ㄷ. 직선 $y=2-x$ 위의 임의의 점 $P(x, y)$에 대하여

$f(x)=xy=x(2-x)$

$=2x-x^2=-(x-1)^2+1$

이라 하면 $f(x)$는 $x>1$에서 x의 값이 증가하면 $f(x)$의 값은 감소한다.

즉, $1<x_1<x_2<2$이므로

$f(x_1)>f(x_2)$

$\therefore x_1y_1>x_2y_2$

230 답 ③

해결 각 잡기

a_1과 b_2의 대소 비교를 하려면 명확한 기준점이 필요하므로 함수 $y=2^x$ 또는 함수 $y=\log_3 x$의 역함수를 이용하여 직선 $y=x$에 대하여 대칭인 점을 찾는다.

ㄱ. 함수 $y=2^x$의 역함수는

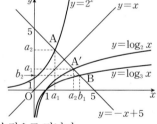

$y=\log_2 x$이므로 두 함수의 그래프는 직선 $y=x$에 대하여 대칭이다.

또, 직선 $y=x$와 직선 $y=-x+5$의 기울기는 각각

1, -1이므로 두 직선은 서로 수직으로 만난다.

곡선 $y=\log_2 x$와 직선 $y=-x+5$가 만나는 점을 A′이라 하면 점 A′은 점 $A(a_1, a_2)$와 직선 $y=x$에 대하여 대칭이므로 A′(a_2, a_1)

$x>1$에서 함수 $y=\log_2 x$의 그래프는 함수 $y=\log_3 x$의 그래프보다 위쪽에 있으므로 점 A′의 y좌표는 점 B의 y좌표보다 크다.

$\therefore a_1>b_2$

ㄴ. 두 점 $A(a_1, a_2)$, $B(b_1, b_2)$가 직선 $y=-x+5$ 위의 점이므로

$a_2=-a_1+5$ $\therefore a_1+a_2=5$

$b_2=-b_1+5$ $\therefore b_1+b_2=5$

$\therefore a_1+a_2=b_1+b_2$

ㄷ. 직선 OA′의 기울기는 $\dfrac{a_1}{a_2}$, 직선 OB의 기울기는 $\dfrac{b_2}{b_1}$이고, 위의 그림에서 직선 OA′의 기울기가 직선 OB의 기울기보다 크므로

$\dfrac{a_1}{a_2}>\dfrac{b_2}{b_1}$

따라서 옳은 것은 ㄱ, ㄴ이다.

231 답 ③

해결 각 잡기

네 점 A, B, C, D의 좌표를 구하고, 주어진 직선과 곡선을 좌표평면에 그린 후, 네 점 A, B, C, D의 위치를 표시한다.

STEP 1 $A(a, 1)$, $B(4a, 1)$, $C\left(\dfrac{1}{a}, -1\right)$, $D\left(\dfrac{1}{4a}, -1\right)$이고,

$\dfrac{1}{4}<a<1$, $1<4a<4$이므로 두 함수 $y=\log_a x$, $y=\log_{4a} x$의 그래프와 점 A, B, C, D는 다음 그림과 같다.

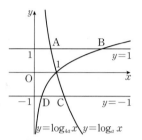

STEP 2 ㄱ. 선분 AB를 $1:4$로 외분하는 점의 좌표는

$\left(\dfrac{1\times 4a-4\times a}{1-4}, \dfrac{1\times 1-4\times 1}{1-4}\right)$, 즉 $(0, 1)$

ㄴ. 사각형 ABCD가 직사각형이면 두 점 A, D의 x좌표가 서로 같고, 두 점 B, C의 x좌표가 서로 같다.

즉, $a=\dfrac{1}{4a}$, $4a=\dfrac{1}{a}$이므로 $a^2=\dfrac{1}{4}$

$\therefore a=\dfrac{1}{2}\left(\because \dfrac{1}{4}<a<1\right)$

ㄷ. $\overline{AB}=4a-a=3a$, $\overline{CD}=\dfrac{1}{a}-\dfrac{1}{4a}=\dfrac{3}{4a}$

이므로 $\overline{AB}<\overline{CD}$이면

$3a<\dfrac{3}{4a}$, $a^2<\dfrac{1}{4}$

$\therefore \dfrac{1}{4}<a<\dfrac{1}{2}\left(\because \dfrac{1}{4}<a<1\right)$

따라서 옳은 것은 ㄱ, ㄴ이다.

232 답 ⑤

해결 각 잡기

t의 값이 양수일 때와 음수일 때로 나누어 $S(t)$를 구한다.

STEP 1 $P(2^t, t)$, $Q(4^t, t)$이므로

$t>0$일 때

$S(t)=\dfrac{1}{2}\times(4^t-2^t)\times t=\dfrac{t(4^t-2^t)}{2}$

$t<0$일 때

$S(t)=\dfrac{1}{2}\times(2^t-4^t)\times(-t)=\dfrac{t(4^t-2^t)}{2}$

따라서 0이 아닌 모든 실수 t에 대하여

$S(t)=\dfrac{t(4^t-2^t)}{2}$

STEP 2 ㄱ. $S(1)=\dfrac{1\times(4-2)}{2}=1$

ㄴ. $S(2)=\dfrac{2\times(4^2-2^2)}{2}=16-4=12$,

$S(-2)=\dfrac{(-2)\times(4^{-2}-2^{-2})}{2}=\dfrac{1}{4}-\dfrac{1}{16}=\dfrac{3}{16}$

이므로 $S(2)=64\times S(-2)$

ㄷ. $S(-t)=-\dfrac{t(4^{-t}-2^{-t})}{2}$이므로

$\dfrac{S(t)}{S(-t)}=\dfrac{4^t-2^t}{2^{-t}-4^{-t}}=\dfrac{2^t(2^t-1)}{4^{-t}(2^t-1)}=8^t$

즉, t의 값이 증가하면 $\dfrac{S(t)}{S(-t)}$의 값도 증가한다.

따라서 ㄱ, ㄴ, ㄷ 모두 옳다.

본문 73쪽 ~ 75쪽

C 수능 완성!

233 답 220

해결 각 잡기

두 점 P, Q에서 x축에 수선의 발을 내린 후, 닮음인 두 삼각형을 이용하여 a, b 사이의 관계식을 구한다.

STEP 1 오른쪽 그림과 같이 두 점 P, Q에서 x축에 내린 수선의 발을 각각 D, E라 하자.

$\overline{AB}=4\overline{PB}$에서 $\overline{PB}=k$라 하면

$\overline{AB}=4k$,

$\overline{AP}=\overline{AB}-\overline{PB}=4k-k=3k$

$\therefore \overline{CQ}=3\overline{AB}=3\times4k=12k$

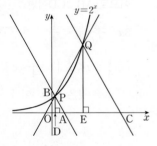

STEP 2 두 삼각형 PDA와 QEC가 서로 닮음이므로

$\overline{PD}:\overline{QE}=\overline{AP}:\overline{CQ}=3k:12k=1:4$

즉, $2^a:2^b=1:4$이므로

$2^b=4\times2^a=2^{a+2}$

$\therefore b=a+2$ $\cdots\cdots$ ㉠

STEP 3 이때 직선 AB의 기울기는

$-m=-\dfrac{2^b-2^a}{b-a}=-\dfrac{2^{a+2}-2^a}{(a+2)-a}$ $(\because$ ㉠)

$=-\dfrac{3\times2^a}{2}=-3\times2^{a-1}$

이므로 직선 AB의 방정식은

$y-2^a=-3\times2^{a-1}(x-a)$

$y=0$을 대입하면

$-2^a=-3\times2^{a-1}(x-a)$

$x-a=\dfrac{2}{3}$ $\therefore x=a+\dfrac{2}{3}$

$\therefore A\left(a+\dfrac{2}{3},\ 0\right)$

STEP 4 $\overline{BO}/\!/\overline{PD}$이므로

$\overline{AO}:\overline{DO}=\overline{AB}:\overline{PB}=4:1$

즉, $\left(a+\dfrac{2}{3}\right):a=4:1$이므로

$a+\dfrac{2}{3}=4a$ $\therefore a=\dfrac{2}{9}$

이를 ㉠에 대입하면

$b=\dfrac{2}{9}+2=\dfrac{20}{9}$

$\therefore 90\times(a+b)=90\times\left(\dfrac{2}{9}+\dfrac{20}{9}\right)$

$=90\times\dfrac{22}{9}=220$

다른 풀이 STEP 3 + STEP 4

오른쪽 그림과 같이 직선 PQ가 x축, y축과 만나는 점을 각각 F, G라 하자.

직선 PQ의 기울기가 m이고, 두 직선 AB, CQ의 기울기가 $-m$이므로

$\overline{FQ}=\overline{CQ}=12k$, $\overline{FP}=\overline{AP}=3k$,

$\overline{GP}=\overline{BP}=k$

$\therefore \overline{PQ}=\overline{FQ}-\overline{FP}=12k-3k=9k$, $\overline{GQ}=\overline{GP}+\overline{PQ}=k+9k=10k$

따라서 $\overline{PD}/\!/\overline{QE}$이므로

$\overline{OD}:\overline{OE}=\overline{GP}:\overline{GQ}=k:10k=1:10$

즉, $a:b=1:10$이므로

$b=10a$ $\cdots\cdots$ ㉡

㉠, ㉡을 연립하여 풀면

$a=\dfrac{2}{9}$, $b=\dfrac{20}{9}$

$\therefore 90\times(a+b)=90\times\left(\dfrac{2}{9}+\dfrac{20}{9}\right)$

$=90\times\dfrac{22}{9}=220$

234 답 ①

해결 각 잡기

x축과 평행한 직선 위의 두 점의 y좌표는 서로 같고, y축과 평행한 직선 위의 두 점의 x좌표는 서로 같음을 이용하여 x_1, x_2, x_3, $\cdots$의 값을 차례대로 구한다.

STEP 1 점 Q_n의 x좌표가 x_n이므로 점 P_n의 x좌표도 x_n이다.

점 $P_1(x_1,\ 2^{64})$이 곡선 $y=16^x$ 위의 점이므로

$2^{64}=16^{x_1}$, $2^{64}=2^{4x_1}$, $64=4x_1$ $\therefore x_1=16$

$x=16$을 $y=2^x$에 대입하면

$y=2^{16}$ $\therefore Q_1(16,\ 2^{16})$

점 $P_2(x_2, 2^{16})$이 곡선 $y=16^x$ 위의 점이므로

$2^{16}=16^{x_2}$, $2^{16}=2^{4x_2}$, $16=4x_2$ $\therefore x_2=4$

$x=4$를 $y=2^x$에 대입하면

$y=2^4$ $\therefore Q_2(4, 2^4)$

점 $P_3(x_3, 2^4)$이 곡선 $y=16^x$ 위의 점이므로

$2^4=16^{x_3}$, $2^4=2^{4x_3}$, $4=4x_3$ $\therefore x_3=1$

$\qquad\vdots$

마찬가지 방법으로 구하면

$x_4=\dfrac{1}{4}$, $x_5=\dfrac{1}{16}$, $x_6=\dfrac{1}{64}$, $\cdots$

STEP 2 $x_n<\dfrac{1}{k}$을 만족시키는 n의 최솟값이 6이므로

$\dfrac{1}{64}<\dfrac{1}{k}\le\dfrac{1}{16}$ $\therefore 16\le k<64$

따라서 자연수 k의 개수는

$64-16=48$

다른 풀이 **STEP 1**

점 $P_1(x_1, 2^{64})$이 곡선 $y=16^x$ 위의 점이므로

$2^{64}=16^{x_1}$, $2^{64}=2^{4x_1}$, $64=4x_1$ $\therefore x_1=16$

점 Q_n의 x좌표는 x_n, 점 P_{n+1}의 x좌표는 x_{n+1}이고, 두 점 Q_n, P_{n+1}의 y좌표가 같으므로

$2^{x_n}=16^{x_{n+1}}$, $2^{x_n}=2^{4x_{n+1}}$

$\therefore x_{n+1}=\dfrac{1}{4}x_n$

따라서 수열 $\{x_n\}$은 첫째항이 16, 공비가 $\dfrac{1}{4}$인 등비수열이므로

$x_n=16\times\left(\dfrac{1}{4}\right)^{n-1}=\left(\dfrac{1}{4}\right)^{n-3}$

 # 참고

$x_1>x_2>x_3>x_4>x_5>x_6>x_7>\cdots$이므로 $\dfrac{1}{k}>x_n$을 만족시키는

n의 최솟값이 6이 되려면 $x_5\ge\dfrac{1}{k}>x_6>x_7>\cdots$이어야 한다.

235 **답** 36

해결 각 잡기

○ 두 곡선 $y=f(x)$, $y=g(x)$가 만나는 점의 x좌표가 k이면
$$f(k)=g(k)$$

○ 곡선 $y=\left(\dfrac{1}{5}\right)^{x-3}$과 직선 $y=x$를 그린 후, k의 값의 범위를 파악한다.

STEP 1 곡선 $y=\left(\dfrac{1}{5}\right)^{x-3}$과 직선 $y=x$가 만나는 점의 x좌표가 k이므로

$\left(\dfrac{1}{5}\right)^{k-3}=k$

$\left(\dfrac{1}{5}\right)^k\times\left(\dfrac{1}{5}\right)^{-3}=k$, $\dfrac{1}{5^k}\times5^3=k$

$\therefore k\times5^k=5^3$

이것을 $f\left(\dfrac{1}{k^3\times5^{3k}}\right)$에 대입하면

$f\left(\dfrac{1}{k^3\times5^{3k}}\right)=f\left(\left(\dfrac{1}{k\times5^k}\right)^3\right)$

$\qquad\qquad\quad=f\left(\left(\dfrac{1}{5^3}\right)^3\right)$

$\qquad\qquad\quad=f\left(\left(\dfrac{1}{5}\right)^9\right)$ $\cdots\cdots$ ㉠

STEP 2 곡선 $y=\left(\dfrac{1}{5}\right)^{x-3}$은 두 점 $(2, 5)$, $(3, 1)$을 지나므로 $x>k$에서 곡선 $y=f(x)$와 직선 $y=x$는 다음 그림과 같다.

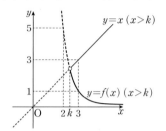

$\therefore 2<k<3$

STEP 3 $x>k$ $(2<k<3)$인 모든 실수 x에 대하여 $f(x)=\left(\dfrac{1}{5}\right)^{x-3}$이고 $f(f(x))=3x$이므로

$f\left(\left(\dfrac{1}{5}\right)^{x-3}\right)=3x$

즉, 위의 식에 $x=12$를 대입하면 ㉠의 값과 같으므로

$f\left(\left(\dfrac{1}{5}\right)^9\right)=3\times12=36$

236 **답** ②

해결 각 잡기

○ 함수 $y=f(x)$의 그래프를 $x\le-8$인 부분과 $x>-8$인 부분으로 나누어 그려 본다. $x=-8$에서 그래프가 이어지지 않을 수도 있다.

○ $k\ge4$일 때 집합 $\{f(x)\,|\,x\le k\}$의 정수인 원소의 개수는 3 이상, $k<3$일 때 집합 $\{f(x)\,|\,x\le k\}$의 정수인 원소의 개수는 1 이하임을 의미한다.

STEP 1 $g(x)=2^{x+a}+b$ $(x\le-8)$, $h(x)=-3^{x-3}+8$ $(x>-8)$이라 하자.

x의 값이 증가하면 $g(x)$의 값은 증가, $h(x)$의 값은 감소하고, 두 함수 $y=g(x)$, $y=h(x)$의 그래프의 점근선의 방정식이 각각 $y=b$, $y=8$이므로 함수 $y=f(x)$의 그래프의 개형은 다음 그림과 같다.

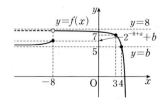

STEP 2 $f(3)=-3^0+8=7$, $f(4)=-3+8=5$

$f(t)=6$ $(t>-8)$이라 하면

$-3^{t-3}+8=6$, $3^{t-3}=2$

$\therefore t=\log_3 2+3$

STEP 3 $\log_3 2+3\leq k<4$일 때, 집합 $\{f(x)|x\leq k\}$의 원소 중 정수인 것이 2개이므로 그 정수는 6, 7이어야 한다.

한편, $3\leq k<\log_3 2+3$일 때도 집합 $\{f(x)|x\leq k\}$의 원소 중 정수인 것이 6, 7이어야 하므로 함수 $y=g(x)$의 그래프의 점근선은 직선 $y=5$이고 $6\leq g(-8)<7$이어야 한다.

$\therefore b=5$ $\therefore \overline{\overline{g(x)=2^{x+a}+5}}^{\#}$

또, $g(-8)=2^{-8+a}+5$이므로

$6\leq 2^{-8+a}+5<7$, $1\leq 2^{-8+a}<2$

$2^0\leq 2^{-8+a}<2^1$, $0\leq -8+a<1$

$\therefore 8\leq a<9$

이때 a는 자연수이므로 $a=8$

$\therefore a+b=8+5=13$

> **# 참고**
>
> $g(-8)=7$이면 집합 $\{f(x)|x\leq k\}$의 원소 중 정수인 것의 개수가 2가 되도록 하는 실수 k의 값의 범위가 $-8\leq k<4$가 된다.
> 따라서 $g(-8)$의 값의 범위를 $6\leq g(-8)<8$로 생각하지 않도록 주의한다.

237 답 10

○ 함수 $y=f(x)$의 그래프를 $-1\leq x<6$인 부분과 $x\geq 6$인 부분으로 나누어 그려 본다.

○ $t-1\leq x\leq t+1$의 구간의 길이가 t의 값에 관계없이 $t+1-(t-1)=2$이므로 $t=0$일 때부터 구간을 오른쪽으로 이동해 보면서 함수 $f(x)$의 최댓값을 확인해 본다.

STEP 1 $y=-x^2+6x=-(x-3)^2+9$이고 $f(6)=a\log_4 1=0$, $a>0$이므로 함수 $y=f(x)$의 그래프의 개형은 다음 그림과 같다.

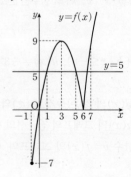

함수 $y=-x^2+6x$ $(-1\leq x<6)$의 그래프와 직선 $y=5$가 만나는 점의 x좌표는

$5=-x^2+6x$, $x^2-6x+5=0$

$(x-1)(x-5)=0$

$\therefore x=1$ 또는 $x=5$

STEP 2 (i) $t=0$, 즉 $-1\leq x\leq 1$일 때

함수 $f(x)$는 $x=1$일 때 최대이고 최댓값은 5이다.

$\therefore g(0)=5$

(ii) $0<t\leq 6$일 때

함수 $f(x)$의 최댓값은 5보다 크거나 같다.

$\therefore g(t)\geq 5$

(i), (ii)에 의하여 $0\leq t\leq 6$에서 $g(t)$의 최솟값은 5이다.

STEP 3 따라서 $t\geq 0$에서 $g(t)$의 최솟값이 5이려면 $t>6$일 때에도 $f(x)$의 최댓값이 5보다 크거나 같아야 하므로 $f(7)\geq 5$이어야 한다.

즉, $a\log_4 (7-5)\geq 5$이므로

$a\log_4 2\geq 5$, $\dfrac{a}{2}\geq 5$

$\therefore a\geq 10$

따라서 양수 a의 최솟값은 10이다.

238 답 ⑤

○ ㄱ에서 두 함수 $y=2^x$, $y=-2x^2+2$의 $x=\dfrac{1}{2}$에서의 함숫값을 비교해 본다.

○ ㄴ에서 구한 x_2, $\dfrac{1}{2}$의 대소 관계를 이용하여 두 점 $(-1, 0)$, $\left(\dfrac{1}{2}, \dfrac{3}{2}\right)$을 지나는 직선의 기울기와 두 곡선의 두 교점을 지나는 직선의 기울기를 비교해 본다.

○ ㄷ에서 $y_1y_2=2^{x_1}\times 2^{x_2}=2^{x_1+x_2}$이므로 x_1+x_2의 값의 범위를 알면 y_1y_2의 값의 범위를 구할 수 있다.

STEP 1 $f(x)=2^x$, $g(x)=-2x^2+2$라 하면 두 곡선 $f(x)=2^x$, $g(x)=-2x^2+2$와 두 곡선의 교점 (x_1, y_1), (x_2, y_2)는 다음 그림과 같다.

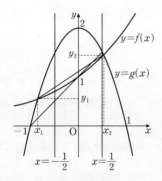

STEP 2 ㄱ. $0\leq x\leq x_2$에서 $f(x)\leq g(x)$

$x>x_2$에서 $f(x)>g(x)$

$f\left(\dfrac{1}{2}\right)=2^{\frac{1}{2}}=\sqrt{2}$, $g\left(\dfrac{1}{2}\right)=-2\times\left(\dfrac{1}{2}\right)^2+2=-\dfrac{1}{2}+2=\dfrac{3}{2}$

이므로 $f\left(\dfrac{1}{2}\right)<g\left(\dfrac{1}{2}\right)$

$\therefore x_2>\dfrac{1}{2}$

ㄴ. 두 점 (x_1, y_1), (x_2, y_2)를 지나는 직선의 기울기는 두 점 $(-1, 0)$, $\left(\dfrac{1}{2}, \dfrac{3}{2}\right)$을 지나는 직선의 기울기보다 작으므로

$$\dfrac{y_2-y_1}{x_2-x_1} < \dfrac{\dfrac{3}{2}-0}{\dfrac{1}{2}-(-1)} \qquad \therefore y_2-y_1 < x_2-x_1$$

ㄷ. $-1 < x_1 < -\dfrac{1}{2}$, $\dfrac{1}{2} < x_2 < 1$이므로

$$-\dfrac{1}{2} < x_1+x_2 < \dfrac{1}{2} \qquad \cdots\cdots \ \text{㉠}$$

그런데 곡선 $y=g(x)$는 y축에 대하여 대칭이므로

$$-x_1 > x_2 \qquad \therefore x_1+x_2 < 0 \qquad \cdots\cdots \ \text{㉡}$$

㉠, ㉡에서 $-\dfrac{1}{2} < x_1+x_2 < 0 \qquad \cdots\cdots \ \text{㉢}$

이때 $y_1 y_2 = 2^{x_1} \times 2^{x_2} = 2^{x_1+x_2}$이므로 ㉢에서

$$2^{-\frac{1}{2}} < 2^{x_1+x_2} < 2^0$$

$$\therefore \dfrac{\sqrt{2}}{2} < y_1 y_2 < 1$$

따라서 ㄱ, ㄴ, ㄷ 모두 옳다.

다른 풀이 1

ㄴ. 곡선 $y=2^x$ 위의 두 점 (x_1, y_1), (x_2, y_2)를 지나는 직선의 기울기는 $\dfrac{y_2-y_1}{x_2-x_1}$, 곡선 $y=2^x$ 위의 두 점 $(0, 1)$, $(1, 2)$를 지나는 직선의 기울기는 $\dfrac{2-1}{1-0}=1$이므로 오른쪽 그림에서

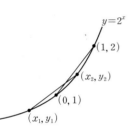

$$\dfrac{y_2-y_1}{x_2-x_1} < 1 \qquad \therefore y_2-y_1 < x_2-x_1$$

다른 풀이 2

ㄴ. $y_2 - y_1 = (-2x_2^2+2)-(-2x_1^2+2)$
$\qquad = -2(x_2^2 - x_1^2)$
$\qquad = -2(x_2+x_1)(x_2-x_1)$

이때 $y_2-y_1 > 0$, $x_2-x_1 > 0$이고 ㉢에서
$0 < -2(x_1+x_2) < 1$이므로

$$\therefore y_2-y_1 < x_2-x_1$$

04 지수함수와 로그함수의 활용

본문 78쪽

A 기본 다지고,

239 답 ②

$3^{x+1}=27$에서 $3^{x+1}=3^3$이므로

$x+1=3 \qquad \therefore x=2$

240 답 7

$\left(\dfrac{1}{5}\right)^{5-x}=25$에서 $5^{x-5}=5^2$이므로

$x-5=2 \qquad \therefore x=7$

241 답 6

$\left(\dfrac{1}{2}\right)^{x-5} \geq 4$에서 $2^{5-x} \geq 2^2$

밑 2가 1보다 크므로

$5-x \geq 2 \qquad \therefore x \leq 3$

따라서 자연수 x는 1, 2, 3이므로 구하는 합은

$1+2+3=6$

242 답 24

진수의 조건에서 $x+1>0$이므로 $x>-1$

$\log_5 (x+1)=2$에서 $x+1=5^2=25$

$\therefore x=24$ ← $x>-1$을 만족시킨다.

243 답 13

진수의 조건에서 $x+3>0$이므로 $x>-3$

$\log_{\frac{1}{2}} (x+3)=-4$에서 $x+3=\left(\dfrac{1}{2}\right)^{-4}=16$

$\therefore x=13$

244 답 12

진수의 조건에서 $x-2>0$이므로

$\therefore x>2 \qquad \cdots\cdots \ \text{㉠}$

$\log_2 (x-2)<2$에서 $\log_2 (x-2) < \log_2 2^2$

밑 2가 1보다 크므로

$x-2<2^2$

$\therefore x<6$ ······ ⓛ

㉠, ⓛ에 의하여 주어진 부등식의 해는 $2<x<6$

따라서 자연수 x는 3, 4, 5이므로 구하는 합은

$3+4+5=12$

본문 79쪽 ~ 93쪽

B 유형 & 유사로 익히면…

245 답 ⑤

해결 각 잡기

주어진 방정식을 $a^{f(x)}=a^{g(x)}$ $(a>0, a\neq1)$ 꼴로 변형한 후 $f(x)=g(x)$임을 이용한다.

STEP 1 $2^{x-6}=\left(\dfrac{1}{4}\right)^{x^2}$에서 $2^{x-6}=(2^{-2})^{x^2}$이므로

$2^{x-6}=2^{-2x^2}$

STEP 2 즉, $x-6=-2x^2$이므로

$2x^2+x-6=0$, $(x+2)(2x-3)=0$

$\therefore x=-2$ 또는 $x=\dfrac{3}{2}$

따라서 주어진 방정식의 모든 해의 합은

$-2+\dfrac{3}{2}=-\dfrac{1}{2}$

다른 풀이 **STEP 2**

$x-6=-2x^2$, 즉 $2x^2+x-6=0$에서 이차방정식의 근과 계수의 관계에 의하여 주어진 방정식의 모든 해의 합은 $-\dfrac{1}{2}$이다.

246 답 2

STEP 1 $3^{x-8}=\left(\dfrac{1}{27}\right)^x$에서 $3^{x-8}=(3^{-3})^x$이므로

$3^{x-8}=3^{-3x}$

STEP 2 즉, $x-8=-3x$이므로

$4x=8$ $\therefore x=2$

247 답 ①

STEP 1 4의 세제곱근 중 실수인 것은 $\sqrt[3]{4}$이므로

$a=\sqrt[3]{4}=2^{\frac{2}{3}}$

STEP 2 따라서 주어진 방정식은 $\left(\dfrac{1}{2}\right)^{x+1}=2^{\frac{2}{3}}$이므로

$2^{-x-1}=2^{\frac{2}{3}}$, $-x-1=\dfrac{2}{3}$

$\therefore x=-\dfrac{5}{3}$

다른 풀이

$\left(\dfrac{1}{2}\right)^{x+1}=a$의 양변을 세제곱하면

$\left(\dfrac{1}{2}\right)^{3x+3}=a^3=4$, $2^{-3x-3}=2^2$

즉, $-3x-3=2$이므로

$x=-\dfrac{5}{3}$

248 답 98

STEP 1 $2^{x+3}-2^x=n$에서

$8\times2^x-2^x=n$, $7\times2^x=n$

$\therefore 2^x=\dfrac{n}{7}$

STEP 2 주어진 방정식이 정수인 해를 가지려면

$\dfrac{n}{7}=2^k$ (k는 음이 아닌 정수) 꼴이어야 한다.

즉, $n=7\times2^k$이므로 두 자리 자연수 n은 <u>14, 28, 56</u>
　　　　　　　　　　　　　　　　└─ $k=1, 2, 3$일 때

따라서 구하는 합은

$14+28+56=98$

249 답 10

해결 각 잡기

a^x 꼴이 반복되는 경우 $a^x=t$ $(t>0)$로 치환하여 t에 대한 방정식을 푼다. 이때 $t>0$임에 주의한다.

STEP 1 $9^x-10\times3^{x+1}+81=0$에서 $(3^x)^2-30\times3^x+81=0$

$3^x=t$ $(t>0)$로 놓으면

$t^2-30t+81=0$, $(t-3)(t-27)=0$

$\therefore t=3$ 또는 $t=27$

STEP 2 즉, $3^x=3$ 또는 $3^x=27$이므로

$x=1$ 또는 $x=3$

따라서 $\alpha=1$, $\beta=3$ 또는 $\alpha=3$, $\beta=1$이므로

$\alpha^2+\beta^2=1^2+3^2=10$

250 답 ①

STEP 1 $2^x-6+2^{3-x}=0$의 양변에 2^x을 곱하면

$(2^x)^2-6\times2^x+8=0$

$2^x=t$ $(t>0)$로 놓으면

$t^2-6t+8=0$, $(t-2)(t-4)=0$

$\therefore t=2$ 또는 $t=4$

STEP 2 즉, $2^x=2$ 또는 $2^x=4$이므로

$x=1$ 또는 $x=2$

이때 $\alpha<\beta$이므로

$\alpha=1$, $\beta=2$

$\therefore \alpha+2\beta=1+2\times2=5$

251 답 128

STEP 1 $a^{2x}-a^x=2$에서 $(a^x)^2-a^x-2=0$

$a^x=t$ $(t>0)$로 놓으면

$t^2-t-2=0$, $(t+1)(t-2)=0$

$\therefore t=2$ $(\because t>0)$

STEP 2 즉, $a^x=2$이므로 주어진 방정식의 해가 $\dfrac{1}{7}$이 되려면

$a^{\frac{1}{7}}=2$ $\quad\therefore a=2^7=128$

252 답 52

❤ $3^a+3^{-a}=t$로 놓고 t에 대한 이차방정식을 푼다. 이때 산술평균과 기하평균의 관계에 의하여 $t\geq2$임에 유의한다.

❤ $27^a+27^{-a}=(3^a+3^{-a})^3-3(3^a+3^{-a})$

STEP 1 $3^a+3^{-a}=t$로 놓으면 산술평균과 기하평균의 관계에 의하여

$3^a+3^{-a}\geq2\sqrt{3^a\times3^{-a}}=2$ (단, 등호는 $3^a=3^{-a}$일 때 성립)

$\therefore t\geq2$ $\quad\cdots\cdots$ ㉠

주어진 등식에서 $t^2=2t+8$이므로

$t^2-2t-8=0$, $(t+2)(t-4)=0$

$\therefore t=4$ $(\because$ ㉠$)$

STEP 2 즉, $3^a+3^{-a}=4$이므로

$27^a+27^{-a}=(3^a+3^{-a})^3-3(3^a+3^{-a})$

$\qquad\qquad\qquad=4^3-3\times4=52$

 # 참고

산술평균과 기하평균의 관계

$a>0$, $b>0$일 때

$\dfrac{a+b}{2}\geq\sqrt{ab}$ (단, 등호는 $a=b$일 때 성립)

253 답 27

STEP 1 주어진 방정식의 두 근을 α, β라 하면

$\alpha+\beta=3$ $\quad\cdots\cdots$ ㉠

$9^x-4\times3^{x+1}+k=0$에서 $(3^x)^2-12\times3^x+k=0$

$3^x=t$ $(t>0)$로 놓으면

$t^2-12t+k=0$

STEP 2 위의 이차방정식의 두 근은 3^α, 3^β이므로 이차방정식의 근과 계수의 관계에 의하여

$k=3^\alpha\times3^\beta=3^{\alpha+\beta}$

$\quad=3^3$ $(\because$ ㉠$)$

$\quad=27$

254 답 ①

STEP 1 주어진 방정식의 두 실근의 비가 $1:2$이므로 두 근을 α, 2α $(\alpha\neq0)$라 하자.

$3^{2x}-k\times3^{x+1}+3k+15=0$에서 $(3^x)^2-3k\times3^x+3k+15=0$

$3^x=t$ $(t>0)$로 놓으면

$t^2-3kt+3k+15=0$

STEP 2 위의 이차방정식의 두 실근은 3^α, $3^{2\alpha}$이므로 이차방정식의 근과 계수의 관계에 의하여

$3^\alpha+3^{2\alpha}=3k$ $\quad\cdots\cdots$ ㉠

$3^\alpha\times3^{2\alpha}=3k+15$ $\quad\cdots\cdots$ ㉡

㉠을 ㉡에 대입하면

$3^{3\alpha}=3^\alpha+3^{2\alpha}+15$

STEP 3 $3^\alpha=s$ $(s>0)$로 놓으면 $s^3=s+s^2+15$

$s^3-s^2-s-15=0$, $(s-3)(s^2+2s+5)=0$

$\therefore s=3$ $(\because s^2+2s+5>0)$

㉠에서 $s+s^2=3k$이므로

$3k=3+3^2=12$

$\therefore k=4$

255 답 3

주어진 부등식을 $a^{f(x)}\leq a^{g(x)}$ 꼴로 변형한 후

(1) $a>1$일 때, $f(x)\leq g(x)$

(2) $0<a<1$일 때, $f(x)\geq g(x)$

임을 이용한다.

STEP 1 $2^{x-6}\leq\left(\dfrac{1}{4}\right)^x$에서 $2^{x-6}\leq2^{-2x}$

STEP 2 밑 2는 1보다 크므로

$x-6\leq-2x$, $3x\leq6$

$\therefore x\leq2$

따라서 자연수 x는 1, 2이므로 구하는 합은

$1+2=3$

256 답 ④

STEP 1 $\dfrac{27}{9^x}\geq3^{x-9}$에서 $\dfrac{3^3}{3^{2x}}\geq3^{x-9}$, 즉 $3^{3-2x}\geq3^{x-9}$

STEP 2 밑 3이 1보다 크므로

$3-2x \geq x-9$, $3x \leq 12$

$\therefore x \leq 4$

따라서 자연수 x는 1, 2, 3, 4의 4개이다.

257 답 ①

STEP 1 $\left(\dfrac{1}{3}\right)^{x^2+1} > \left(\dfrac{1}{9}\right)^{x+2}$에서 $\left(\dfrac{1}{3}\right)^{x^2+1} > \left(\dfrac{1}{3}\right)^{2x+4}$

STEP 2 밑 $\dfrac{1}{3}$이 0보다 크고 1보다 작으므로

$x^2+1 < 2x+4$, $x^2-2x-3 < 0$

$(x+1)(x-3) < 0$ $\quad \therefore -1 < x < 3$

따라서 $\alpha = -1$, $\beta = 3$이므로

$\beta - \alpha = 3-(-1) = 4$

258 답 ①

해결 각 잡기

$AB \geq 0 \iff A \geq 0, B \geq 0$ 또는 $A \leq 0, B \leq 0$

STEP 1 부등식 $(2^x-8)\left(\dfrac{1}{3^x}-9\right) \geq 0$을 만족시키는 경우는 다음과 같다.

(i) $2^x-8 \geq 0$, $\dfrac{1}{3^x}-9 \geq 0$일 때

$2^x-8 \geq 0$에서 $2^x \geq 2^3$이므로

$x \geq 3$ $\quad\quad$ ...... ㉠

$\dfrac{1}{3^x}-9 \geq 0$에서 $3^{-x} \geq 3^2$이므로

$-x \geq 2$ $\quad \therefore x \leq -2$ $\quad$ ...... ㉡

㉠, ㉡을 모두 만족시키는 정수 x는 존재하지 않는다.

STEP 2 (ii) $2^x-8 \leq 0$, $\dfrac{1}{3^x}-9 \leq 0$일 때

$2^x-8 \leq 0$에서 $2^x \leq 2^3$이므로

$x \leq 3$ $\quad\quad$ ...... ㉢

$\dfrac{1}{3^x}-9 \leq 0$에서 $3^{-x} \leq 3^2$이므로

$-x \leq 2$ $\quad \therefore x \geq -2$ $\quad$ ...... ㉣

㉢, ㉣의 공통부분은 $-2 \leq x \leq 3$

STEP 3 (i), (ii)에 의하여 주어진 부등식의 해는 $-2 \leq x \leq 3$이므로 정수 x는 -2, -1, 0, 1, 2, 3의 6개이다.

259 답 ④

해결 각 잡기

a^x 꼴이 반복되는 경우 $a^x = t$ $(t > 0)$로 치환하여 t에 대한 부등식을 푼다. 이때 $t > 0$임에 주의한다.

STEP 1 $4^x - 10 \times 2^x + 16 \leq 0$에서 $(2^x)^2 - 10 \times 2^x + 16 \leq 0$

$2^x = t$ $(t > 0)$로 놓으면

$t^2 - 10t + 16 \leq 0$, $(t-2)(t-8) \leq 0$

$\therefore 2 \leq t \leq 8$

STEP 2 즉, $2 \leq 2^x \leq 8$에서 $2^1 \leq 2^x \leq 2^3$이고, 밑 2가 1보다 크므로

$1 \leq x \leq 3$

따라서 자연수 x는 1, 2, 3이므로 구하는 합은

$1+2+3 = 6$

260 답 ④

STEP 1 $4^{f(x)} - 2^{1+f(x)} < 8$에서 $\{2^{f(x)}\}^2 - 2 \times 2^{f(x)} - 8 < 0$

$2^{f(x)} = t$ $(t > 0)$로 놓으면

$t^2 - 2t - 8 < 0$, $(t+2)(t-4) < 0$

$\therefore -2 < t < 4$

이때 $t > 0$이므로 $0 < t < 4$

STEP 2 즉, $0 < 2^{f(x)} < 4$에서 $0 < 2^{f(x)} < 2^2$이고, 밑 2가 1보다 크므로

$f(x) < 2$

이때 $f(x) = x^2 - x - 4$이므로

$x^2 - x - 4 < 2$, $x^2 - x - 6 < 0$

$(x+2)(x-3) < 0$

$\therefore -2 < x < 3$

따라서 정수 x는 -1, 0, 1, 2의 4개이다.

261 답 17

STEP 1 $(3^{x+2}-1)(3^{x-p}-1) \leq 0$에서 $(9 \times 3^x-1)\left(\dfrac{3^x}{3^p}-1\right) \leq 0$

$3^x = t$ $(t > 0)$로 놓으면

$(9t-1)\left(\dfrac{t}{3^p}-1\right) \leq 0$ $\quad$ ...... ㉠

STEP 2 이때 p가 자연수이므로 $3^p \geq \dfrac{1}{9}$

부등식 ㉠의 해는 $\dfrac{1}{9} \leq t \leq 3^p$이므로

$\dfrac{1}{9} \leq 3^x \leq 3^p$, $3^{-2} \leq 3^x \leq 3^p$

$\therefore -2 \leq x \leq p$

따라서 부등식을 만족시키는 정수 x의 개수가 20이 되려면

$p-(-2)+1 = 20$

$\therefore p = 17$

262 답 12

STEP 1 $\left(\dfrac{1}{4}\right)^x - (3n+16) \times \left(\dfrac{1}{2}\right)^x + 48n \leq 0$에서

$\left(\dfrac{1}{2}\right)^{2x} - (3n+16) \times \left(\dfrac{1}{2}\right)^x + 48n \leq 0$

$\left(\dfrac{1}{2}\right)^x=t\ (t>0)$로 놓으면

$t^2-(3n+16)t+48n\le0$

$(t-3n)(t-16)\le0$ $\cdots\cdots$ ㉠

STEP 2 (i) $3n\le16$일 때

부등식 ㉠의 해는 $3n\le t\le16$이므로

$3n\le\left(\dfrac{1}{2}\right)^x\le16,\ 3n\le2^{-x}\le2^4$

$\therefore 2^{-4}\le2^x\le\dfrac{1}{3n}$

이를 만족시키는 정수 x의 개수가 2가 되려면
└ $x=-4,\ -3$

$2^{-3}\le\dfrac{1}{3n}<2^{-2}$

$2^2<3n\le2^3$

$\therefore \dfrac{4}{3}<n\le\dfrac{8}{3}$

따라서 자연수 n은 2의 1개이다.

STEP 3 (ii) $3n>16$일 때

부등식 ㉠의 해는 $16\le t\le3n$이므로

$16\le\left(\dfrac{1}{2}\right)^x\le3n,\ 2^4\le2^{-x}\le3n$

$\therefore \dfrac{1}{3n}\le2^x\le2^{-4}$

이를 만족시키는 정수 x의 개수가 2가 되려면
└ $x=-5,\ -4$

$2^{-6}<\dfrac{1}{3n}\le2^{-5}$

$2^5\le3n<2^6$

$\therefore \dfrac{32}{3}\le n<\dfrac{64}{3}$

따라서 자연수 n은 11, 12, 13, $\cdots$, 21의 11개이다.

STEP 4 (i), (ii)에 의하여 모든 자연수 n의 개수는

$1+11=12$

263 답 10

해결 각 잡기

♥ 주어진 방정식을 $\log_a f(x)=\log_a g(x)$ 꼴로 변형한 후 $f(x)=g(x)$임을 이용한다.
(단, $a>0$, $a\ne1$, $f(x)>0$, $g(x)>0$)

♥ 로그방정식에서 구한 해가 (밑)>0, (밑)$\ne1$, (진수)>0을 모두 만족시키는지 반드시 확인한다.

STEP 1 진수의 조건에서 $3x+2>0$, $x-2>0$

$\therefore x>2$

STEP 2 $\log_2(3x+2)=2+\log_2(x-2)$에서

$\log_2(3x+2)=\log_2 2^2+\log_2(x-2)$

$\log_2(3x+2)=\log_2 4(x-2)$

$3x+2=4(x-2),\ 3x+2=4x-8$

$\therefore x=10$

264 답 ①

해결 각 잡기

$|A|=|B|\Longleftrightarrow A=B$ 또는 $A=-B$

STEP 1 진수의 조건에서 $x>0$

STEP 2 (i) $\log_2 x-1=\log_2 x-2$일 때, 해가 없다.

(ii) $\log_2 x-1=-\log_2 x+2$일 때

$2\log_2 x=3,\ \log_2 x=\dfrac{3}{2}$

$\therefore x=2^{\frac{3}{2}}=2\sqrt{2}$

STEP 3 (i), (ii)에 의하여 주어진 방정식의 해는 $2\sqrt{2}$이다.

다른 풀이 **STEP 2**

$|a-b|$는 수직선 위의 두 점 $A(a)$, $B(b)$ 사이의 거리와 같다.

즉, $|\log_2 x-1|=|\log_2 x-2|$이므로 $P(\log_2 x)$, $Q(1)$, $R(2)$라 하면 두 점 P, Q 사이의 거리와 두 점 P, R 사이의 거리가 서로 같다.

따라서 점 P는 선분 QR의 중점이므로

$\log_2 x=\dfrac{1+2}{2}=\dfrac{3}{2}$

$\therefore x=2^{\frac{3}{2}}=2\sqrt{2}$

265 답 10

STEP 1 진수의 조건에서 $x-2>0$, $x+6>0$

$\therefore x>2$ $\cdots\cdots$ ㉠

STEP 2 $\log_2(x-2)=1+\log_4(x+6)$에서

$\log_2(x-2)=\log_4 4+\log_4(x+6)$

$\log_4(x-2)^2=\log_4 4(x+6)$

$(x-2)^2=4(x+6)$

$x^2-4x+4=4x+24$

$x^2-8x-20=0$

$(x+2)(x-10)=0$

$\therefore x=10\ (\because ㉠)$

266 답 7

STEP 1 진수의 조건에서 $x-4>0$, $x+2>0$

$\therefore x>4$ $\cdots\cdots$ ㉠

STEP 2 $\log_3(x-4)=\log_9(x+2)$에서

$\log_9(x-4)^2=\log_9(x+2)$

$(x-4)^2=x+2$

$x^2-8x+16=x+2$

$x^2-9x+14=0$

$(x-2)(x-7)=0$

$\therefore x=7\ (\because ㉠)$

267 답 ③

♥ $0<t<1$, $t=1$, $t>1$의 세 개의 구간으로 나누어 방정식을 푼다.

♥ $0<t<1$일 때, $\frac{1}{t}>1$, $t>1$일 때, $0<\frac{1}{t}<1$이다.

STEP 1 (i) $0<t<1$일 때

$\frac{1}{t}>1$이므로 $f(t)+f\left(\frac{1}{t}\right)=0+\log_3\frac{1}{t}=2$에서

$\frac{1}{t}=9$ $\quad\therefore t=\frac{1}{9}$

(ii) $t=1$일 때, $f(t)+f\left(\frac{1}{t}\right)=0$이므로 조건을 만족시키지 않는다.

(iii) $t>1$일 때

$0<\frac{1}{t}<1$이므로 $f(t)+f\left(\frac{1}{t}\right)=\log_3 t+0=2$에서

$t=9$

STEP 2 (i), (ii), (iii)에 의하여 $f(t)+f\left(\frac{1}{t}\right)=2$를 만족시키는 모든 양수 t의 값의 합은

$\frac{1}{9}+9=\frac{82}{9}$

268 답 ③

(일차식)×(일차식)=(정수) 꼴로 변형한 후 두 일차식이 모두 정수임을 이용한다.

STEP 1 진수의 조건에서 $y+5>0$, $x>0$, $y+1>0$

$\therefore x>0$, $y>-1$ $\quad\quad$ ······ ㉠

STEP 2 $\log_{10}(y+5)=\log_{10}x+\log_{10}(y+1)$에서

$\log_{10}(y+5)=\log_{10}x(y+1)$

$y+5=x(y+1)$, $xy+x-y-5=0$

$\therefore \underline{(x-1)(y+1)=4}_{\#}$ $\quad\quad$ ······ ㉡

STEP 3 ㉡을 만족시키는 정수 x, y의 값은

$x-1=-1$, $y+1=-4$일 때, $x=0$, $y=-5$

$x-1=-2$, $y+1=-2$일 때, $x=-1$, $y=-3$

$x-1=-4$, $y+1=-1$일 때, $x=-3$, $y=-2$

$x-1=1$, $y+1=4$일 때, $x=2$, $y=3$

$x-1=2$, $y+1=2$일 때, $x=3$, $y=1$

$x-1=4$, $y+1=1$일 때, $x=5$, $y=0$

따라서 ㉠, ㉡을 만족시키는 정수 x, y의 순서쌍 (x,y)는

$(2,3)$, $(3,1)$, $(5,0)$의 3개이다.

 # 참고

㉠에서 $x-1>-1$, $y+1>0$이므로 ㉡을 만족시키는 x, y의 값을 구할 때, $x-1=1$, 2, 4인 경우만 생각해도 된다.

269 답 32

♥ $\log_a x=t$로 치환하여 t에 대한 방정식을 풀고, $\log_a x=t$를 만족시키는 x의 값을 구한다.

♥ 이차방정식의 근과 계수의 관계를 이용하여
$\log_2\alpha+\log_2\beta=\log_2\alpha\beta$의 값을 구한다.

STEP 1 $\left(\log_2\frac{x}{2}\right)(\log_2 4x)=4$에서

$(\log_2 x-1)(\log_2 x+2)=4$

$\log_2 x=t$로 놓으면

$(t-1)(t+2)=4$

$t^2+t-6=0$

STEP 2 이 이차방정식의 두 실근이 $\log_2\alpha$, $\log_2\beta$이므로 이차방정식의 근과 계수의 관계에 의하여

$\log_2\alpha+\log_2\beta=-1$

$\log_2\alpha\beta=-1$

$\therefore \alpha\beta=\frac{1}{2}$

$\therefore 64\alpha\beta=64\times\frac{1}{2}=32$

다른 풀이 **STEP 2**

$(t+3)(t-2)=0$

$\therefore t=-3$ 또는 $t=2$

즉, $\log_2 x=-3$ 또는 $\log_2 x=2$이므로

$x=\frac{1}{8}$ 또는 $x=4$

따라서 $\alpha=\frac{1}{8}$, $\beta=4$ 또는 $\alpha=4$, $\beta=\frac{1}{8}$이므로

$64\alpha\beta=64\times\frac{1}{8}\times4=32$

270 답 27

STEP 1 $(\log_3 x)^2-6\log_3\sqrt{x}+2=0$에서

$(\log_3 x)^2-3\log_3 x+2=0$

$\log_3 x=t$로 놓으면

$t^2-3t+2=0$

STEP 2 이 이차방정식의 두 실근이 $\log_3\alpha$, $\log_3\beta$이므로 이차방정식의 근과 계수의 관계에 의하여

$\log_3\alpha+\log_3\beta=3$

$\log_3\alpha\beta=3$

$\therefore \alpha\beta=27$

다른 풀이 **STEP 2**

$(t-1)(t-2)=0$

$\therefore t=1$ 또는 $t=2$

즉, $\log_3 x=1$ 또는 $\log_3 x=2$이므로

$x=3$ 또는 $x=9$

따라서 $\alpha=3$, $\beta=9$ 또는 $\alpha=9$, $\beta=3$이므로

$\alpha\beta=3\times9=27$

271 답 8

STEP 1 $\log_2 x-3=\log_x 16$에서

$\log_2 x-3=\dfrac{4}{\log_2 x}$

$(\log_2 x)^2-3\log_2 x-4=0$

$\log_2 x=t$로 놓으면

$t^2-3t-4=0$ $\quad$ …… ㉠

STEP 2 주어진 방정식의 두 근을 각각 α, β라 하면 이차방정식 ㉠의 두 근은 $\log_2\alpha$, $\log_2\beta$이므로 이차방정식의 근과 계수의 관계에 의하여

$\log_2\alpha+\log_2\beta=3$, $\log_2\alpha\beta=3$

$\therefore \alpha\beta=8$

따라서 주어진 방정식을 만족시키는 모든 실수 x의 값의 곱은 8이다.

다른 풀이 **STEP 2**

$(t+1)(t-4)=0$

$\therefore t=-1$ 또는 $t=4$

즉, $\log_2 x=-1$ 또는 $\log_2 x=4$이므로

$x=\dfrac{1}{2}$ 또는 $x=16$

따라서 주어진 방정식을 만족시키는 모든 실수 x의 값의 곱은

$\dfrac{1}{2}\times16=8$

272 답 ①

STEP 1 두 수 $\log_2 a$, $\log_a 8$의 합이 4이므로

$\log_2 a+\log_a 8=4$에서

$\log_2 a+\dfrac{3}{\log_2 a}=4$

$(\log_2 a)^2-4\log_2 a+3=0$

$\log_2 a=t$로 놓으면

$t^2-4t+3=0$, $(t-1)(t-3)=0$

$\therefore t=1$ 또는 $t=3$

이때 $a>2$에서 $t>1$이므로

$t=3$

즉, $\log_2 a=3$이므로

$a=8$

STEP 2 두 수 $\log_2 a$, $\log_a 8$의 곱이 k이므로

$k=\log_2 a\times\log_a 8$

$\quad=\log_2 a\times\dfrac{3}{\log_2 a}=3$

STEP 3 $\therefore a+k=8+3=11$

다른 풀이 **STEP 2**

두 수 $\log_2 8$, $\log_8 8$, 즉 3, 1의 곱이 k이므로

$k=3\times1=3$

273 답 4

해결 각 잡기

$\{f(x)\}^{\log_a x}=g(x)$와 같이 지수에 밑이 a인 로그가 포함되어 있는 경우 양변에 밑이 a인 로그를 취한다.

STEP 1 $x^{\log_2 x}=8x^2$의 양변에 밑이 2인 로그를 취하면

$\log_2 x^{\log_2 x}=\log_2 8x^2$

$(\log_2 x)^2=\log_2 8+\log_2 x^2$

$(\log_2 x)^2=3+2\log_2 x$

$(\log_2 x)^2-2\log_2 x-3=0$

STEP 2 $\log_2 x=t$로 놓으면

$t^2-2t-3=0$

이 이차방정식의 두 실근이 $\log_2\alpha$, $\log_2\beta$이므로 이차방정식의 근과 계수의 관계에 의하여

$\log_2\alpha+\log_2\beta=2$, $\log_2\alpha\beta=2$

$\therefore \alpha\beta=4$

다른 풀이 **STEP 2**

$\log_2 x=t$로 놓으면

$t^2-2t-3=0$, $(t+1)(t-3)=0$

$\therefore t=-1$ 또는 $t=3$

즉, $\log_2 x=-1$ 또는 $\log_2 x=3$이므로

$x=\dfrac{1}{2}$ 또는 $x=8$

따라서 $\alpha=\dfrac{1}{2}$, $\beta=8$ 또는 $\alpha=8$, $\beta=\dfrac{1}{2}$이므로

$\alpha\beta=\dfrac{1}{2}\times8=4$

274 답 100

STEP 1 $x^{\log x}=\left(\dfrac{x}{10}\right)^4$의 양변에 상용로그를 취하면

$\log x^{\log x}=\log\left(\dfrac{x}{10}\right)^4$

$(\log x)^2=4(\log x-1)$

$(\log x)^2=4\log x-4$

$(\log x)^2-4\log x+4=0$

STEP 2 $\log x=t$로 놓으면

$t^2-4t+4=0$, $(t-2)^2=0$

$\therefore t=2$

즉, $\log x=2$이므로

$x=100$

275　답 ①

STEP 1 진수의 조건에서 $x>0$, $x-6>0$

$\therefore x>6$　……㉠

$\log_2 x \le 4 - \log_2 (x-6)$에서

$\log_2 x + \log_2 (x-6) \le 4$

$\log_2 x(x-6) \le \log_2 16$

STEP 2 밑 2가 1보다 크므로

$x(x-6) \le 16$

$x^2 - 6x - 16 \le 0$, $(x+2)(x-8) \le 0$

$\therefore -2 \le x \le 8$　……㉡

㉠, ㉡에 의하여 주어진 부등식의 해는

$6<x \le 8$

따라서 정수 x는 7, 8이므로 구하는 합은

$7+8=15$

276　답 4

STEP 1 진수의 조건에서 $|x-1|>0$, $x+2>0$ （ $x \ne 1$ ）

$\therefore -2<x<1$ 또는 $x>1$

STEP 2 (i) $-2<x<1$일 때

$\log(-x+1) + \log(x+2) \le 1$에서

$\log(-x+1)(x+2) \le \log 10$

밑 10이 1보다 크므로

$(-x+1)(x+2) \le 10$, $-x^2 - x + 2 \le 10$

$x^2 + x + 8 \ge 0$

이때 $x^2 + x + 8 = \left(x+\dfrac{1}{2}\right)^2 + \dfrac{31}{4} > 0$이므로 $-2<x<1$인 모든

실수 x에 대하여 주어진 부등식이 항상 성립한다.

(ii) $x>1$일 때

$\log(x-1) + \log(x+2) \le 1$에서

$\log(x-1)(x+2) \le \log 10$

밑 10이 1보다 크므로

$(x-1)(x+2) \le 10$

$x^2 + x - 2 \le 10$, $x^2 + x - 12 \le 0$

$(x+4)(x-3) \le 0$

$\therefore -4 \le x \le 3$

그런데 $x>1$이므로

$1<x \le 3$

(i), (ii)에 의하여 x의 값의 범위는

$-2<x<1$ 또는 $1<x \le 3$

STEP 3 따라서 정수 x는 -1, 0, 2, 3이므로 구하는 합은

$-1+0+2+3=4$

다른 풀이 **STEP 2**

$\log|x-1| + \log(x+2) \le 1$에서 $\log|x-1|(x+2) \le 1$

밑 10이 1보다 크므로

$|x-1|(x+2) \le 10$

$f(x) = |x-1|(x+2) = \begin{cases} (x-1)(x+2) & (x>1) \\ -(x-1)(x+2) & (-2<x<1) \end{cases}$

라 하면 함수 $y=f(x)$의 그래프는 다음 그림과 같다.

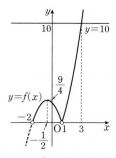

주어진 부등식의 해는 함수 $y=f(x)$의 그래프에서 직선 $y=10$보다 아래쪽에 있거나 만나는 부분의 x의 값의 범위이므로

$-2<x<1$ 또는 $1<x \le 3$

277　답 ②

STEP 1 $a^{x-1} < a^{2x+1}$에서

$a>1$일 때, $x-1<2x+1$　$\therefore x>-2$

$0<a<1$일 때, $x-1>2x+1$　$\therefore x<-2$

이때 부등식 $a^{x-1}<a^{2x+1}$의 해가 $x<-2$이므로

$0<a<1$

STEP 2 진수의 조건에서 $x-2>0$, $4-x>0$

$\therefore 2<x<4$　……㉠

STEP 3 $\log_a (x-2) < \log_a (4-x)$에서 $0<a<1$이므로

$x-2>4-x$, $2x>6$

$\therefore x>3$　……㉡

STEP 4 ㉠, ㉡에 의하여 주어진 부등식의 해는

$3<x<4$

278　답 ①

STEP 1 진수의 조건에서 $x-1>0$, $\frac{1}{2}x+k>0$

$\therefore x>1$, $x>-2k$

이때 k가 자연수이므로 $x>1$ $\quad$ …… ㉠

STEP 2 $\log_5(x-1)\leq\log_5\left(\frac{1}{2}x+k\right)$에서 밑 5가 1보다 크므로

$x-1\leq\frac{1}{2}x+k$, $\frac{1}{2}x\leq k+1$

$\therefore x\leq 2k+2$ $\quad$ …… ㉡
└─ $k\geq1$이므로 $2k+2\geq4$

STEP 3 ㉠, ㉡에 의하여 주어진 부등식의 해는 $1<x\leq2k+2$이고,

이를 만족시키는 모든 정수 x의 개수가 3이므로

$(2k+2)-1=3$, $2k=2$

$\therefore k=1$

279 답 ②

해결 각 잡기

$\log_a x=t$로 치환하여 t에 대한 부등식을 풀고, $\log_a x=t$를 만족시키는 x의 값을 구한다.

STEP 1 $(\log_2 x)^2-\log_2 x^6+8\leq0$에서

$(\log_2 x)^2-6\log_2 x+8\leq0$

$\log_2 x=t$로 놓으면

$t^2-6t+8\leq0$, $(t-2)(t-4)\leq0$

$\therefore 2\leq t\leq4$

STEP 2 즉, $2\leq\log_2 x\leq4$이므로

$\log_2 2^2\leq\log_2 x\leq\log_2 2^4$

밑 2가 1보다 크므로

$4\leq x\leq16$

따라서 자연수 x는 4, 5, 6, …, 16의 13개이다.

280 답 ②

해결 각 잡기

a의 값의 범위에 따라 부등식의 해가 달라지므로 $a<-1$, $a=-1$, $a>-1$인 경우로 나누어 생각한다.

STEP 1 $(1+\log_3 x)(a-\log_3 x)>0$에서

$(\log_3 x+1)(\log_3 x-a)<0$

$\log_3 x=t$로 놓으면

$(t+1)(t-a)<0$

STEP 2 (i) $a<-1$일 때

$a<t<-1$이므로 $a<\log_3 x<-1$

$\therefore 3^a<x<\frac{1}{3}$

그런데 주어진 부등식의 해가 $\frac{1}{3}<x<9$이므로 조건을 만족시키지 않는다.

(ii) $a=-1$일 때

$(t+1)^2<0$이므로 이를 만족시키는 t의 값이 존재하지 않는다.

(iii) $a>-1$일 때

$-1<t<a$이므로 $-1<\log_3 x<a$ $\quad$ $\therefore \frac{1}{3}<x<3^a$

이때 주어진 부등식의 해가 $\frac{1}{3}<x<9$이므로

$3^a=9=3^2$ $\quad$ $\therefore a=2$

(i), (ii), (iii)에 의하여

$a=2$

다른 풀이 **STEP 2**

주어진 부등식의 해가 $\frac{1}{3}<x<9$이므로 부등식 $(t+1)(t-a)<0$의 해는 $-1<t<2$이다.
└─ $\log_3\frac{1}{3}<\log_3 x<\log_3 9$

따라서 t에 대한 이차방정식 $(t+1)(t-a)=0$의 두 근이 -1, 2이므로 $a=2$

281 답 20

해결 각 잡기

❷ 두 방정식 (또는 부등식)을 풀어 공통으로 만족시키는 범위를 찾는다.

❷ 주어진 연립방정식을 $2^x=X$, $3^y=Y$로 치환하여 X, Y에 대한 연립일차방정식을 푼다.

STEP 1 $\begin{cases} 2^x-3^{y-1}=5 \\ 2^{x+1}-3^y=-17 \end{cases}$ 에서 $\begin{cases} 2^x-\dfrac{3^y}{3}=5 \\ 2\times2^x-3^y=-17 \end{cases}$

$2^x=X$, $3^y=Y$ $(X>0, Y>0)$로 놓으면 주어진 연립방정식은

$\begin{cases} X-\dfrac{1}{3}Y=5 & \cdots\cdots ㉠ \\ 2X-Y=-17 & \cdots\cdots ㉡ \end{cases}$

STEP 2 $3\times㉠-㉡$을 하면

$X=32$

$X=32$를 ㉡에 대입하면

$64-Y=-17$ $\quad$ $\therefore Y=81$

STEP 3 즉, $2^x=32=2^5$, $3^y=81=3^4$이므로

$x=5$, $y=4$

따라서 $a=5$, $b=4$이므로

$ab=5\times4=20$

282 답 ④

해결 각 잡기

$2^x=X$, $2^y=Y$로 치환하면 $X>0$, $Y>0$이므로 주어진 연립방정식이 실근을 가지려면 X, Y에 대한 연립방정식의 해가 모두 양수가 되어야 한다.

$$\begin{cases} 2^{x+3}-3^{y-1}=k \\ 2^{x-1}+3^{y+2}=2 \end{cases}$$ 에서 $$\begin{cases} 8\times 2^x-\dfrac{3^y}{3}=k \\ \dfrac{2^x}{2}+9\times 3^y=2 \end{cases}$$

$2^x=X$, $3^y=Y$ $(X>0,\ Y>0)$로 놓으면 주어진 연립방정식은

$$\begin{cases} 8X-\dfrac{1}{3}Y=k \\ \dfrac{1}{2}X+9Y=2 \end{cases}$$

STEP 2 주어진 연립방정식이 근을 가지려면 X, Y가 모두 양수가 되어야 한다. 즉, 두 직선 $8x-\dfrac{1}{3}y=k$, $\dfrac{1}{2}x+9y=2$의 교점이 제1 사분면 위에 있어야 한다.

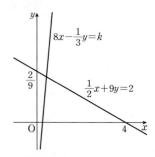

위의 그림과 같이 조건을 만족시키려면 직선 $8x-\dfrac{1}{3}y=k$의 x절편 이 4보다 작고, y절편이 $\dfrac{2}{9}$보다 작아야 하므로

$$\dfrac{k}{8}<4,\ -3k<\dfrac{2}{9}$$

$$k<32,\ k>-\dfrac{2}{27}$$

$$\therefore\ -\dfrac{2}{27}<k<32$$

따라서 정수 k의 최댓값은 31이다.

283 답 12

STEP 1 $3^{5(1-x)}\le\left(\dfrac{1}{3}\right)^{x^2-1}$에서 $3^{5-5x}\le 3^{1-x^2}$

밑 3이 1보다 크므로

$5-5x\le 1-x^2$

$x^2-5x+4\le 0$

$(x-1)(x-4)\le 0$

$\therefore\ 1\le x\le 4$ ······ ㉠

STEP 2 $(\log_2 x)^2-4\log_2 x+3<0$에서 $\log_2 x=t$로 놓으면

$t^2-4t+3<0,\ (t-1)(t-3)<0$

$\therefore\ 1<t<3$

즉, $1<\log_2 x<3$에서 $\underline{\log_2 2^1<\log_2 x<\log_2 2^3}$이므로

$2<x<8$ ······ ㉡ └ 밑 2가 1보다 크다.

STEP 3 ㉠, ㉡의 공통부분은

$2<x\le 4$

따라서 자연수 x는 3, 4이므로 구하는 곱은

$3\times 4=12$

284 답 15

STEP 1 $2^x-2\times 4^{-y}=7$에서

$2^x-2\times 2^{-2y}=7$

$\therefore\ 2^x-2^{1-2y}=7$ ······ ㉠

$\log_2(x-2)-\log_2 y=1$에서

$\log_2\dfrac{x-2}{y}=1,\ \dfrac{x-2}{y}=2$

$\therefore\ 2y=x-2$ ······ ㉡

㉡을 ㉠에 대입하면

$2^x-2^{1-(x-2)}=7$

$2^x-2^{3-x}=7$

위의 식의 양변에 2^x을 곱하면

$(2^x)^2-8=7\times 2^x$

$\therefore\ (2^x)^2-7\times 2^x-8=0$

STEP 2 진수의 조건에서

$x-2>0$, 즉 $x>2$

이므로 $2^x=t$ $(t>4)$로 놓으면

$t^2-7t-8=0$

$(t+1)(t-8)=0$

$\therefore\ t=8\ (\because\ t>4)$

STEP 3 즉, $2^x=8=2^3$이므로

$x=3$

$x=3$을 ㉡에 대입하면

$y=\dfrac{1}{2}$

따라서 $\alpha=3$, $\beta=\dfrac{1}{2}$이므로

$10\alpha\beta=10\times 3\times\dfrac{1}{2}=15$

285 답 23

해결 각 잡기

로그의 성질을 이용하여 주어진 연립방정식을 $\log_2 x$와 $\log_3 y$에 대한 식으로 정리한 후, $\log_2 x=X$, $\log_3 y=Y$로 놓고 X, Y에 대한 연립방정식을 푼다.

STEP 1 $\log_3 x\times\log_2 y=6$에서

$\log_3 x\times\log_2 y=\dfrac{\log_2 x}{\log_2 3}\times\dfrac{\log_3 y}{\log_3 2}$

$\qquad\qquad\qquad =\dfrac{\log_2 x}{\log_2 3}\times\log_3 y\times\log_2 3$

$\qquad\qquad\qquad =\log_2 x\times\log_3 y=6$

즉, 주어진 연립방정식은

$$\begin{cases} \log_2 x+\log_3 y=5 \\ \log_2 x\times\log_3 y=6 \end{cases}$$

STEP 2 $\log_2 x = X$, $\log_3 y = Y$로 놓으면 주어진 연립방정식은

$$\begin{cases} X+Y=5 & \cdots\cdots \text{㉠} \\ XY=6 & \cdots\cdots \text{㉡} \end{cases}$$

㉠에서 $Y=-X+5$이므로 이를 ㉡에 대입하면

$X(-X+5)=6$, $X^2-5X+6=0$

$(X-2)(X-3)=0$

$\therefore X=2$ 또는 $X=3$

따라서 X, Y에 대한 연립방정식의 해는

$$\begin{cases} X=2 \\ Y=3 \end{cases} \text{또는} \begin{cases} X=3 \\ Y=2 \end{cases}$$

STEP 3 즉, $\begin{cases} \log_2 x=2 \\ \log_3 y=3 \end{cases}$ 또는 $\begin{cases} \log_2 x=3 \\ \log_3 y=2 \end{cases}$ 이므로

$$\begin{cases} x=4 \\ y=27 \end{cases} \text{또는} \begin{cases} x=8 \\ y=9 \end{cases}$$

$\therefore \beta-\alpha=27-4=23$ 또는 $\beta-\alpha=9-8=1$

따라서 $\beta-\alpha$의 최댓값은 23이다.

286 답 ③

STEP 1 $\log_x y=\log_3 8$에서 $\dfrac{\log y}{\log x}=\dfrac{\log 8}{\log 3}=\dfrac{3\log 2}{\log 3}$

$4(\log_2 x)(\log_3 y)=3$에서 $4 \times \dfrac{\log x}{\log 2} \times \dfrac{\log y}{\log 3}=3$

STEP 2 $\log x=X$, $\log y=Y$로 놓고, $\log 2=a$, $\log 3=b$ (a, b는 상수)로 놓으면 주어진 연립방정식은

$$\begin{cases} \dfrac{Y}{X}=\dfrac{3a}{b} & \cdots\cdots \text{㉠} \\ \dfrac{4XY}{ab}=3 & \cdots\cdots \text{㉡} \end{cases}$$

㉠에서 $Y=\dfrac{3a}{b}X$를 ㉡에 대입하면

$\dfrac{4X}{ab} \times \dfrac{3a}{b}X=3$, $X^2=\dfrac{b^2}{4}$

$\therefore X=\pm\dfrac{b}{2}$, $Y=\pm\dfrac{3a}{2}$, 즉

$\log x=\pm\dfrac{1}{2}\log 3$, $\log y=\pm\dfrac{3}{2}\log 2$ (복부호 동순)

STEP 3 이때 $a>1$에서 $\log a>0$이므로

$\log \alpha=\dfrac{1}{2}\log 3=\log\sqrt{3}$, $\log \beta=\dfrac{3}{2}\log 2=\log 2\sqrt{2}$

즉, $\alpha=\sqrt{3}$, $\beta=2\sqrt{2}$이므로

$\alpha\beta=\sqrt{3}\times 2\sqrt{2}=2\sqrt{6}$

287 답 ①

해결 각 잡기

두 집합 A, B에 대하여 $A \cap B$를 구하여 원소의 개수가 5가 되도록 하는 k의 값을 구한다.

STEP 1 $\log_2(x+1)\leq k$에서 밑 2가 1보다 크므로

$x+1\leq 2^k$

$\therefore x\leq 2^k-1$

진수의 조건에서 $x+1>0$이므로

$x>-1$

$\therefore A=\{x|-1<x\leq 2^k-1\}$

STEP 2 $\log_2(x-2)-\log_{\frac{1}{2}}(x+1)\geq 2$에서

$\log_2(x-2)+\log_2(x+1)\geq 2$

$\log_2(x-2)(x+1)\geq \log_2 2^2$

밑 2가 1보다 크므로

$(x-2)(x+1)\geq 4$, $x^2-x-2\geq 4$

$x^2-x-6\geq 0$, $(x+2)(x-3)\geq 0$

$\therefore x\leq -2$ 또는 $x\geq 3$

진수의 조건에서 $x-2>0$, $x+1>0$이므로

$x>2$

$\therefore B=\{x|x\geq 3\}$

STEP 3 이때 $n(A\cap B)=5$를 만족시키려면 $3\leq x\leq 2^k-1$을 만족시키는 정수 x의 개수가 5이어야 하므로 오른쪽 그림에서

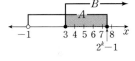

$7\leq 2^k-1<8$

$\therefore 8\leq 2^k<9$

이때 k는 자연수이므로

$k=3$

288 답 ①

STEP 1 $x^2-5x+4\leq 0$에서 $(x-1)(x-4)\leq 0$

$\therefore 1\leq x\leq 4$

$\therefore A=\{x|1\leq x\leq 4\}$

STEP 2 $(\log_2 x)^2-2k\log_2 x+k^2-1\leq 0$에서

$(\log_2 x-k+1)(\log_2 x-k-1)\leq 0$

$k-1\leq \log_2 x\leq k+1$

$\therefore 2^{k-1}\leq x\leq 2^{k+1}$

$\therefore B=\{x|2^{k-1}\leq x\leq 2^{k+1}\}$

STEP 3 이때 $A\cap B\neq\varnothing$을 만족시키려면 다음 그림과 같이 $2^{k+1}\geq 1$, $2^{k-1}\leq 4$이어야 한다.

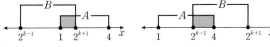

$2^{k+1}\geq 1=2^0$에서

$k+1\geq 0$ $\therefore k\geq -1$

$2^{k-1}\leq 4=2^2$에서

$k-1\leq 2$ $\therefore k\leq 3$

$\therefore -1\leq k\leq 3$

따라서 정수 k는 -1, 0, 1, 2, 3의 5개이다.

289 답 ④

해결 각 잡기

❤ 이차방정식의 근의 분리

계수가 실수인 이차방정식 $ax^2+bx+c=0\ (a>0)$의 판별식을 $D=b^2-4ac$라 하고, $f(x)=ax^2+bx+c$라 하면 두 상수 $p, q\ (p<q)$에 대하여

(1) 두 근이 모두 p보다 크다. $\Longleftrightarrow D\geq0, f(p)>0, -\dfrac{b}{2a}>p$

(2) 두 근이 모두 p보다 작다. $\Longleftrightarrow D\geq0, f(p)>0, -\dfrac{b}{2a}<p$

(3) 두 근 사이에 p가 있다. $\Longleftrightarrow f(p)<0$

(4) 두 근이 모두 p, q 사이에 있다.
$\Longleftrightarrow D\geq0, f(p)>0, f(q)>0, p<-\dfrac{b}{2a}<q$

❤ $3^x=t$로 놓으면 $t>0$이므로 t에 대한 이차방정식이 서로 다른 두 개의 양의 실근을 가져야 한다.

STEP 1 $3^{2x}-2\times3^{x+1}-3k=0$에서 $(3^x)^2-6\times3^x-3k=0$

$3^x=t\ (t>0)$로 놓으면

$t^2-6t-3k=0$ ······ ㉠

$t>0$이므로 주어진 방정식이 서로 다른 두 실근을 가지려면 이차방정식 ㉠이 서로 다른 두 양의 실근을 가져야 한다.

STEP 2 (i) 이차방정식 ㉠의 판별식을 D라 하면

$$\frac{D}{4}=(-3)^2-(-3k)>0$$

$9+3k>0$ ∴ $k>-3$

(ii) (두 근의 곱)$=-3k>0$

∴ $k<0$

(i), (ii)에 의하여 $-3<k<0$

290 답 ②

해결 각 잡기

$5^x=t$로 놓으면 $x>0$일 때, $t>1$이므로 t에 대한 이차방정식이 1보다 큰 서로 다른 두 실근을 가져야 한다.

STEP 1 $5^{2x}-5^{x+1}+k=0$에서 $(5^x)^2-5\times5^x+k=0$

$5^x=t\ (t>0)$로 놓으면

$t^2-5t+k=0$ ······ ㉠

$x>0$이면 $t>1$이므로 주어진 방정식이 서로 다른 두 양의 실근을 가지려면 이차방정식 ㉠은 1보다 큰 서로 다른 두 실근을 가져야 한다.

STEP 2 $f(t)=t^2-5t+k$라 하면 함수 $y=f(t)$의 그래프는 오른쪽 그림과 같아야 한다.

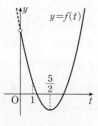

(i) 이차방정식 ㉠의 판별식을 D라 하면

$D=(-5)^2-4k>0$

$25-4k>0$ ∴ $k<\dfrac{25}{4}$

(ii) $f(1)>0$에서 $1-5+k>0$

∴ $k>4$

(iii) 함수 $y=f(t)$의 그래프의 축의 방정식은 $t=\dfrac{5}{2}$이고 $\dfrac{5}{2}>1$이다.

STEP 3 (i), (ii), (iii)에 의하여 $4<k<\dfrac{25}{4}$

따라서 정수 k는 5, 6의 2개이다.

291 답 ④

STEP 1 $4^x-k\times2^{x+1}+16=0$에서 $(2^x)^2-2k\times2^x+16=0$

$2^x=t\ (t>0)$로 놓으면

$t^2-2kt+16=0$ ······ ㉠

$t>0$이므로 주어진 방정식이 오직 하나의 실근을 가지려면 이차방정식 ㉠이 양수인 중근을 가져야 한다.

STEP 2 (i) 이차방정식 ㉠의 판별식을 D라 하면

$$\frac{D}{4}=(-k)^2-16=0$$

$k^2=16$ ∴ $k=\pm4$

(ii) (두 근의 합)$=2k>0$ ∴ $k>0$

(i), (ii)에 의하여 $k=4$

STEP 3 $k=4$를 ㉠에 대입하면

$t^2-8t+16=0, (t-4)^2=0$

∴ $t=4$

즉, $2^x=4=2^2$이므로 $x=2$ ∴ $\alpha=2$

∴ $k+\alpha=4+2=6$

292 답 5

STEP 1 $3^{2x}-k\times3^x+4=0$에서 $(3^x)^2-k\times3^x+4=0$

$3^x=t\ (t>0)$로 놓으면

$t^2-kt+4=0$ ······ ㉠

$t>0$이므로 주어진 방정식이 서로 다른 두 실근을 가지려면 이차방정식 ㉠이 서로 다른 두 양의 실근을 가져야 한다.

STEP 2 (i) 이차방정식 ㉠의 판별식을 D라 하면

$D=(-k)^2-4\times4>0$

$k^2-16>0, (k+4)(k-4)>0$

∴ $k<-4$ 또는 $k>4$

(ii) (두 근의 합)$=k>0$

STEP 3 (i), (ii)에 의하여 $k>4$

따라서 자연수 k의 최솟값은 5이다.

293 답 25

STEP 1 $(\log x+\log 2)(\log x+\log 4)=-(\log k)^2$에서

$(\log x)^2+(\log 2+\log 4)\log x+\log 2\times\log 4+(\log k)^2=0$

$(\log x)^2 + 3\log 2 \times \log x + 2(\log 2)^2 + (\log k)^2 = 0$

$\log x = t$로 놓으면

$t^2 + 3t\log 2 + 2(\log 2)^2 + (\log k)^2 = 0$ ······ ㉠

주어진 방정식이 서로 다른 두 실근을 가지려면 이차방정식 ㉠이 서로 다른 두 실근을 가져야 한다.

STEP 2 이차방정식 ㉠의 판별식을 D라 하면

$D = (3\log 2)^2 - 4\{2(\log 2)^2 + (\log k)^2\} > 0$

$4(\log k)^2 - 9(\log 2)^2 + 8(\log 2)^2 < 0$

$4(\log k)^2 - (\log 2)^2 < 0$

$(2\log k + \log 2)(2\log k - \log 2) < 0$

$\therefore -\dfrac{1}{2}\log 2 < \log k < \dfrac{1}{2}\log 2$

STEP 3 즉, $\log \dfrac{1}{\sqrt{2}} < \log k < \log \sqrt{2}$이므로

$\dfrac{\sqrt{2}}{2} < k < \sqrt{2}$

따라서 $\alpha = \dfrac{\sqrt{2}}{2}$, $\beta = \sqrt{2}$이므로

$10(\alpha^2 + \beta^2) = 10\left(\dfrac{1}{2} + 2\right) = 25$

다른 풀이 **STEP 1** + **STEP 2**

$(\log x + \log 2)(\log x + \log 4) = -(\log k)^2$에서 $\log x = t$로 놓으면

$(t + \log 2)(t + \log 4) = -(\log k)^2$

$f(t) = (t + \log 2)(t + \log 4)$라 하면

$t = \dfrac{-\log 2 - \log 4}{2} = \dfrac{-\log 2 - 2\log 2}{2} = -\dfrac{3}{2}\log 2$

일 때, 함수 $f(t)$는 최솟값을 갖는다.

주어진 방정식이 서로 다른 두 실근을 가지려면 $f(t)$의 최솟값이 $-(\log k)^2$보다 작아야 한다.

즉, $f\left(-\dfrac{3}{2}\log 2\right) = -\left(\dfrac{1}{2}\log 2\right)^2 < -(\log k)^2$이므로

$\dfrac{1}{4}(\log 2)^2 > (\log k)^2$

$4(\log k)^2 - (\log 2)^2 < 0$

$(2\log k + \log 2)(2\log k - \log 2) < 0$

$\therefore -\dfrac{1}{2}\log 2 < \log k < \dfrac{1}{2}\log 2$

 # 참고

함수 $f(t) = (t-a)(t-b)$의 최솟값은 $f\left(\dfrac{a+b}{2}\right)$이다.

294 답 36

해결 각 잡기

$2^x - 2^{-x} = t$로 놓고 t에 대한 이차방정식이 실근을 갖기 위한 조건을 찾는다.

STEP 1 $4^x + 4^{-x} = (2^x - 2^{-x})^2 + 2$이므로 주어진 방정식은

$(2^x - 2^{-x})^2 + a(2^x - 2^{-x}) + 9 = 0$

$2^x - 2^{-x} = t$로 놓으면

$t^2 + at + 9 = 0$ ······ ㉠

주어진 방정식이 실근을 가지려면 이차방정식 ㉠도 실근을 가져야 한다.

STEP 2 이차방정식 ㉠의 판별식을 D라 하면

$D = a^2 - 4 \times 9 \geq 0$, $(a+6)(a-6) \geq 0$

$\therefore a \leq -6$ 또는 $a \geq 6$

이때 a가 양수이므로 $a \geq 6$

따라서 양수 a의 최솟값은 6이므로 $m = 6$

$\therefore m^2 = 36$

295 답 ②

해결 각 잡기

모든 실수 x에 대하여 이차부등식 $ax^2 + bx + c \geq 0$이 성립하려면 이차방정식 $ax^2 + bx + c = 0$의 판별식을 D라 할 때 $a > 0$, $D \leq 0$이어야 한다.

STEP 1 $x^2 - 2(3^a + 1)x + 10(3^a + 1) \geq 0$에서 $3^a = t$ $(t > 0)$로 놓으면

$x^2 - 2(t+1)x + 10(t+1) \geq 0$

STEP 2 이 이차부등식이 모든 실수 x에 대하여 성립하려면 이차방정식 $x^2 - 2(t+1)x + 10(t+1) = 0$의 판별식을 D라 할 때, $D \leq 0$이어야 하므로

$\dfrac{D}{4} = \{-(t+1)\}^2 - 10(t+1) \leq 0$

$(t+1)\{(t+1) - 10\} \leq 0$, $(t+1)(t-9) \leq 0$

$\therefore -1 \leq t \leq 9$

이때 $t > 0$이므로 $0 < t \leq 9$

STEP 3 즉, $3^a \leq 9$에서 $3^a \leq 3^2$이므로

$a \leq 2$

따라서 실수 a의 최댓값은 2이다.

296 답 6

STEP 1 $3x^2 - 2(\log_2 n)x + \log_2 n > 0$에서 $\log_2 n = t$로 놓으면

$3x^2 - 2tx + t > 0$

STEP 2 이 이차부등식이 모든 실수 x에 대하여 성립하려면 이차방정식 $3x^2 - 2tx + t = 0$의 판별식을 D라 할 때, $D < 0$이어야 하므로

$\dfrac{D}{4} = (-t)^2 - 3t < 0$

$t^2 - 3t < 0$, $t(t-3) < 0$

$\therefore 0 < t < 3$

STEP 3 즉, $0 < \log_2 n < 3$에서 $\log_2 1 < \log_2 n < \log_2 8$이므로

$1 < n < 8$

따라서 자연수 n은 2, 3, 4, 5, 6, 7의 6개이다.

297 답 ②

해결 각 잡기

모든 실수 x에 대하여 이차부등식 $ax^2+bx+c \geq 0$이 성립하려면 $f(x)=ax^2+bx+c$라 할 때 ($f(x)$의 최솟값)≥ 0이어야 한다.

STEP 1 $2^{x+1}-2^{\frac{x+4}{2}}+a \geq 0$에서

$2 \times \left(2^{\frac{x}{2}}\right)^2 - 4 \times 2^{\frac{x}{2}} + a \geq 0$

$2^{\frac{x}{2}}=t \ (t>0)$로 놓으면

$2t^2-4t+a \geq 0$ ...... ㉠

STEP 2 주어진 부등식이 임의의 실수 x에 대하여 성립하려면 부등식 ㉠이 $t>0$인 모든 실수 t에 대하여 성립해야 한다.

$f(t)=2t^2-4t+a=2(t-1)^2+a-2$

라 하면 $t>0$에서 $f(t)$의 최솟값이 $f(1)$이 므로 $f(1) \geq 0$이어야 한다.

즉, $f(1)=a-2 \geq 0$이므로

$a \geq 2$

따라서 실수 a의 최솟값은 2이다.

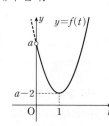

다른 풀이 **STEP 2**

부등식 ㉠이 항상 성립하려면 이차방정식 $2t^2-4t+a=0$의 판별식을 D라 할 때 $D \leq 0$이어야 하므로

$\frac{D}{4}=(-2)^2-2a \leq 0$

$4-2a \leq 0, \ 2a \geq 4$

$\therefore a \geq 2$

$f(t)=2(t-1)^2+a-2$에서 $y=f(t)$의 그래프의 축의 방정식이 $t=1>0$이므로 $D \leq 0$이면 $t>0$에서 $f(t) \geq 0$이다.

따라서 실수 a의 최솟값은 2이다.

298 답 17

STEP 1 $\left(\log_2 \frac{x}{a}\right)\left(\log_2 \frac{x^2}{a}\right)+2 \geq 0$에서

$(\log_2 x - \log_2 a)(2\log_2 x - \log_2 a)+2 \geq 0$

$2(\log_2 x)^2 - 3\log_2 a \times \log_2 x + (\log_2 a)^2 + 2 \geq 0$

$\log_2 x = t$로 놓으면

$2t^2 - 3t\log_2 a + (\log_2 a)^2 + 2 \geq 0$

STEP 2 주어진 부등식이 모든 양의 실수 x에 대하여 성립하려면 이 부등식이 모든 실수 t에 대하여 성립해야 한다.

이차방정식 $2t^2 - 3t\log_2 a + (\log_2 a)^2 + 2 = 0$의 판별식을 D라 하면

$D=9(\log_2 a)^2 - 8\{(\log_2 a)^2 + 2\} \leq 0$

$(\log_2 a)^2 - 16 \leq 0, \ (\log_2 a + 4)(\log_2 a - 4) \leq 0$

$\therefore -4 \leq \log_2 a \leq 4$

STEP 3 즉, $\log_2 \frac{1}{16} \leq \log_2 a \leq \log_2 16$에서 $\frac{1}{16} \leq a \leq 16$이므로

$M=16, \ m=\frac{1}{16}$

$\therefore M+16m=16+16 \times \frac{1}{16}=17$

299 답 15

해결 각 잡기

❤ 지수부등식에서 밑을 같게 할 수 있는 경우
(1) $a>1$일 때, $a^{f(x)} \geq a^{g(x)}$이면 $f(x) \geq g(x)$이다.
(2) $0<a<1$일 때, $a^{f(x)} \geq a^{g(x)}$이면 $f(x) \leq g(x)$이다.

❤ 로그부등식에서 밑을 같게 할 수 있는 경우
(1) $a>1$일 때, $\log_a f(x) \geq \log_a g(x)$이면 $f(x) \geq g(x)$이다.
(2) $0<a<1$일 때, $\log_a f(x) \geq \log_a g(x)$이면 $f(x) \leq g(x)$이다.

STEP 1 일차함수 $y=f(x)$의 그래프의 기울기를 $m \ (m>0)$이라 하면 $f(-5)=0$이므로

$f(x)=m(x+5)$

STEP 2 $2^{f(x)} \leq 8$에서 $2^{m(x+5)} \leq 2^3$이므로

└ 밑 2가 1보다 크다.

$m(x+5) \leq 3$

$x+5 \leq \frac{3}{m} \ (\because m>0)$

$\therefore x \leq \frac{3}{m}-5$

이때 해가 $x \leq -4$이므로

$\frac{3}{m}-5=-4$

$\frac{3}{m}=1$

$\therefore m=3$

STEP 3 따라서 $f(x)=3(x+5)$이므로

$f(0)=3 \times 5=15$

300 답 71

STEP 1 $2^{f(x)} \leq 4^x$에서 $2^{f(x)} \leq 2^{2x}$이므로

└ 밑 2가 1보다 크다.

$f(x) \leq 2x$

STEP 2 함수 $y=f(x)$의 그래프와 직선 $y=2x$의 교점의 x좌표를 구하면 다음과 같다.

(i) $x<3$일 때

$-3x+6=2x$에서 $x=\frac{6}{5}$

(ii) $x \geq 3$일 때

$3x-12=2x$에서 $x=12$

(i), (ii)에 의하여 부등식 $f(x) \leq 2x$의 해는

$\frac{6}{5} \leq x \leq 12$

STEP 3 따라서 $M=12, \ m=\frac{6}{5}$이므로

$M+m=12+\frac{6}{5}=\frac{66}{5}$

즉, $p=5, \ q=66$이므로

$p+q=5+66=71$

301 답 ④

밑 $\frac{1}{2}$이 0보다 크고 1보다 작다.

STEP 1 $\left(\frac{1}{2}\right)^{f(x)g(x)} \geq \left(\frac{1}{8}\right)^{g(x)}$에서 $\left(\frac{1}{2}\right)^{f(x)g(x)} \geq \left(\frac{1}{2}\right)^{3g(x)}$이므로

$f(x)g(x) \leq 3g(x)$, $\{f(x)-3\}g(x) \leq 0$

$\therefore f(x)-3 \geq 0$, $g(x) \leq 0$ 또는 $f(x)-3 \leq 0$, $g(x) \geq 0$

STEP 2 (i) $f(x)-3 \geq 0$, $g(x) \leq 0$일 때

$\quad f(x) \geq 3$에서 $x \leq 1$ 또는 $x \geq 5$

$\quad g(x) \leq 0$에서 $x \leq 3$

$\quad \therefore x \leq 1$

(ii) $f(x)-3 \leq 0$, $g(x) \geq 0$일 때

$\quad f(x) \leq 3$에서 $1 \leq x \leq 5$

$\quad g(x) \geq 0$에서 $x \geq 3$

$\quad \therefore 3 \leq x \leq 5$

STEP 3 (i), (ii)에 의하여 주어진 부등식의 해는

$x \leq 1$ 또는 $3 \leq x \leq 5$

따라서 자연수 x는 1, 3, 4, 5이므로 구하는 합은

$1+3+4+5=13$

302 답 15

> **해결 각 잡기**
>
> 로그부등식에서 구한 해가 (밑)>0, (밑)≠1, (진수)>0을 모두 만족시키는지 반드시 확인한다.

STEP 1 진수의 조건에서 $f(x)>0$, $x-1>0$

$0<x<7$, $x>1$

$\therefore 1<x<7$ ...... ㉠

STEP 2 $\log_3 f(x) + \log_{\frac{1}{3}}(x-1) \leq 0$에서

$\log_3 f(x) - \log_3(x-1) \leq 0$

$\log_3 f(x) \leq \log_3(x-1)$ —— 밑 3이 1보다 크다.

$\therefore f(x) \leq x-1$ ...... ㉡

—— 함수 $y=f(x)$의 그래프가 직선 $y=x-1$보다 아래쪽에 있거나 직선과 만나는 부분의 x의 값의 범위

STEP 3 ㉠, ㉡을 모두 만족시키는 x의 값의 범위는

$4 \leq x<7$

따라서 자연수 x는 4, 5, 6이므로 구하는 합은

$4+5+6=15$

303 답 ④

> **해결 각 잡기**
>
> 실생활과 관련된 식이 문제에 제시된 경우 주어진 조건을 대입하여 계산한다.

$C=W\log_2\left(1+\dfrac{S}{N}\right)$에서 $C=75$, $W=15$, $S=186$, $N=a$이므로

$75=15\log_2\left(1+\dfrac{186}{a}\right)$

$\log_2\left(1+\dfrac{186}{a}\right)=5$, $1+\dfrac{186}{a}=32$

$\dfrac{186}{a}=31$ $\quad \therefore a=6$

304 답 ②

STEP 1 $W=\dfrac{W_0}{2}10^{at}(1+10^{at})$에서 $W_0=w_0$, $t=15$, $W=3w_0$이므로

$3w_0=\dfrac{w_0}{2}\times 10^{15a}(1+10^{15a})$

$6=10^{15a}(1+10^{15a})$

$(10^{15a})^2+10^{15a}-6=0$

STEP 2 $10^{15a}=s\,(s>0)$로 놓으면

$s^2+s-6=0$, $(s+3)(s-2)=0$

$\therefore s=2\,(\because s>0)$

$\therefore 10^{15a}=2$ ...... ㉠

STEP 3 따라서 30년이 지난 시점, 즉 $t=30$일 때 $W=kw_0$이므로

$kw_0=\dfrac{w_0}{2}\times 10^{30a}(1+10^{30a})$

$\therefore k=\dfrac{1}{2}\times 10^{30a}(1+10^{30a})$

$\quad =\dfrac{1}{2}\times(10^{15a})^2\times\{1+(10^{15a})^2\}$

$\quad =\dfrac{1}{2}\times 2^2\times(1+2^2)\,(\because ㉠)$

$\quad =10$

305 답 ①

STEP 1 메뉴가 10개이고 각 메뉴 안에 항목이 n개씩 있으므로 모든 메뉴에서 항목을 1개씩 선택하는 데 걸리는 전체 시간은

$10\left\{2+\dfrac{1}{3}\log_2(n+1)\right\}$

STEP 2 전체 시간이 30초 이하이어야 하므로

$10\left\{2+\dfrac{1}{3}\log_2(n+1)\right\} \leq 30$

$2+\dfrac{1}{3}\log_2(n+1) \leq 3$, $\log_2(n+1) \leq 3$

$\log_2(n+1) \leq \log_2 8$ —— 밑 2가 1보다 크다.

$n+1 \leq 8$ $\quad \therefore n \leq 7$

따라서 n의 최댓값은 7이다.

306 답 ②

> **해결 각 잡기**
>
> **등비수열의 일반항**
>
> 첫째항이 a, 공비가 $r\,(r \neq 0)$인 등비수열의 일반항 a_n은
>
> $\quad a_n=ar^{n-1}$

STEP 1 $c_0=\dfrac{1}{99}$이므로 $c_1=1.004\times c_0=1.004\times\dfrac{1}{99}$

즉, 수열 $\{c_n\}$은 첫째항이 $1.004\times\dfrac{1}{99}$, 공비가 1.004인 등비수열

이므로

$$c_n=\left(1.004\times\dfrac{1}{99}\right)\times 1.004^{n-1}=\dfrac{1}{99}\times 1.004^n$$

STEP 2 $c_n\geq\dfrac{1}{9}$에서 $\dfrac{1}{99}\times 1.004^n\geq\dfrac{1}{9}$

$1.004^n\geq 11$

위의 부등식의 양변에 상용로그를 취하면

$n\log 1.004\geq\log 11$

$\therefore\ n\geq\dfrac{\log 11}{\log 1.004}$

$\quad=\dfrac{\log 1.1+\log 10}{\log 1.004}$

$\quad=\dfrac{0.0414+1}{0.0017}$

$\quad=\dfrac{1.0414}{0.0017}=612.\times\times\times$

따라서 자연수 n의 최솟값은 613이다.

본문 94쪽 ~ 95쪽

C 수능 완성!

307 답 ④

해결 각 잡기

❂ $\sqrt{2}-1=p$로 놓으면 $p^2=(\sqrt{2}-1)^2=3-2\sqrt{2}$이므로 주어진 부등식을 p에 대한 부등식으로 변형할 수 있다.

❂ m, n에 대한 일차부등식을 만족시키는 자연수 m, n의 순서쌍 $(m,\,n)$의 개수는 n을 작은 수부터 대입하여 각각 그때의 m의 개수를 구한다.

STEP 1 $\sqrt{2}-1=p$로 놓으면

$p^2=(\sqrt{2}-1)^2=3-2\sqrt{2}$

이므로 주어진 부등식은

$p^m\geq(p^2)^{5-n}$ $\quad\therefore\ p^m\geq p^{10-2n}$

이때 $0<p<1$이므로

$m\leq 10-2n$

STEP 2 (i) $n=1$일 때

$m\leq 8$이므로 자연수 m, n의 순서쌍 $(m,\,n)$은

$(1,\,1),\,(2,\,1),\,(3,\,1),\,\cdots,\,(8,\,1)$

의 8개이다.

(ii) $n=2$일 때

$m\leq 6$이므로 자연수 m, n의 순서쌍 $(m,\,n)$은

$(1,\,2),\,(2,\,2),\,(3,\,2),\,\cdots,\,(6,\,2)$

의 6개이다.

(iii) $n=3$일 때

$m\leq 4$이므로 자연수 m, n의 순서쌍 $(m,\,n)$은

$(1,\,3),\,(2,\,3),\,(3,\,3),\,(4,\,3)$

의 4개이다.

(iv) $n=4$일 때

$m\leq 2$이므로 자연수 m, n의 순서쌍 $(m,\,n)$은

$(1,\,4),\,(2,\,4)$

의 2개이다.

(v) $n\geq 5$이면 $m\leq 0$이므로 주어진 부등식을 만족시키는 자연수 m 은 존재하지 않는다.

STEP 3 (i)~(v)에 의하여 부등식을 만족시키는 자연수 m, n의 모 든 순서쌍 $(m,\,n)$의 개수는

$8+6+4+2=20$

308 답 25

해결 각 잡기

❂ $5^x=t$로 놓고 주어진 부등식을 $f(t)\geq 0$ 꼴로 변형하여 푼다. 이 때 $t>0$으로 범위가 제한된 부등식이라는 것에 유의한다.

❂ 이차함수 $y=f(t)$의 그래프의 축의 위치에 따라 k에 대한 조건 이 달라지므로 $k<0$, $k\geq 0$일 때로 나누어 $t>0$에서 $f(t)\geq 0$이 되는 조건을 찾는다.

STEP 1 $5^{2x}\geq k\times 5^x-2k-5$에서 $(5^x)^2-k\times 5^x+2k+5\geq 0$

$5^x=t\ (t>0)$로 놓으면 $t^2-kt+2k+5\geq 0$

STEP 2 $f(t)=t^2-kt+2k+5$라 하면 $t>0$인 모든 t에 대하여 $f(t)\geq 0$이어야 한다.

$f(t)=\left(t-\dfrac{k}{2}\right)^2-\dfrac{1}{4}k^2+2k+5$에 대하여 다음과 같이 경우를 나 누어 생각할 수 있다. └─ 그래프의 축의 방정식이 $t=\dfrac{k}{2}$이므로 $\dfrac{k}{2}<0$,

STEP 3 (i) $k<0$일 때 $\quad\dfrac{k}{2}\geq 0$일 때, 즉 $k<0$, $k\geq 0$일 때로 경우를 나눈다.

$t>0$인 모든 실수 t에 대하여 $f(t)\geq 0$ 이어야 하므로 오른쪽 그림에서

$2k+5\geq 0$ $\quad\therefore\ k\geq-\dfrac{5}{2}$

그런데 $k<0$이므로 $-\dfrac{5}{2}\leq k<0$

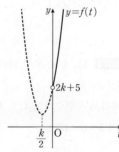

(ii) $k\geq 0$일 때

$t>0$에서 $f(t)$의 최솟값은

$f\left(\dfrac{k}{2}\right)=-\dfrac{1}{4}k^2+2k+5$이므로

$-\dfrac{1}{4}k^2+2k+5\geq 0$

$k^2-8k-20\leq 0$

$(k+2)(k-10)\leq 0$

$\therefore\ -2\leq k\leq 10$

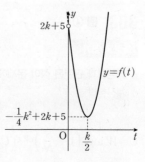

그런데 $k \geq 0$이므로

$0 \leq k \leq 10$

(i), (ii)에 의하여 $-\dfrac{5}{2} \leq k \leq 10$

STEP 4 따라서 $\alpha = -\dfrac{5}{2}$, $\beta = 10$이므로

$|\alpha\beta| = \left| -\dfrac{5}{2} \times 10 \right| = 25$

다른 풀이 **STEP 2** + **STEP 3**

$t^2 - kt + 2k + 5 \geq 0$에서 $t^2 + 5 \geq k(t-2)$

$f(t) = t^2 + 5$, $g(t) = k(t-2)$라 하면 $t > 0$인 모든 t에 대하여 $f(t) \geq g(t)$이어야 한다.

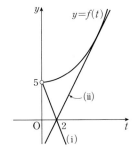

(iii) 함수 $y = g(t)$의 그래프가 점 $(0, 5)$를 지날 때

$g(0) = 5$에서 $-2k = 5$ $\qquad \therefore k = -\dfrac{5}{2}$

(iv) 함수 $y = g(t)$의 그래프가 $y = f(t)$의 그래프에 접할 때

방정식 $f(t) = g(t)$, 즉 $t^2 - kt + 2k + 5 = 0$이 중근을 가져야 하므로 이 이차방정식의 판별식을 D라 하면

$D = (-k)^2 - 4(2k+5) = 0$

$k^2 - 8k - 20 = 0$, $(k+2)(k-10) = 0$

$\therefore k = 10 \ (\because k > 0)$

(iii), (iv)에 의하여 $-\dfrac{5}{2} \leq k \leq 10$

309 답 ④

해결 각 잡기

❏ 진수의 조건을 만족시키는 n의 값의 범위를 구한다.
❏ 주어진 조건을 로그부등식으로 나타내고 해를 구하여 그 해 중 자연수의 개수가 12가 되도록 하는 조건을 찾는다.

STEP 1 진수의 조건에서

$-n^2 + 10n + 75 > 0$, $75 - kn > 0$

$-n^2 + 10n + 75 > 0$에서

$n^2 - 10n - 75 < 0$, $(n+5)(n-15) < 0$

$\therefore 1 \leq n < 15 \ (\because n$은 자연수$)$ $\quad$ ...... ㉠

$75 - kn > 0$에서 $n < \dfrac{75}{k}$ $\quad$ ...... ㉡

STEP 2 $\log_2 \sqrt{-n^2 + 10n + 75} - \log_4 (75 - kn) > 0$이어야 하므로

$\log_4 (-n^2 + 10n + 75) > \log_4 (75 - kn)$

밑 4가 1보다 크므로

$-n^2 + 10n + 75 > 75 - kn$, $n^2 - (k+10)n < 0$

$n - (k+10) < 0 \ (\because n$은 자연수$)$

$\therefore n < k + 10$ $\quad$ ...... ㉢

STEP 3 ㉠, ㉡, ㉢을 모두 만족시키는 자연수 n의 개수가 12이므로

$12 < k + 10 \leq 13$ 또는 $12 < \dfrac{75}{k} \leq 13$

즉, $2 < k \leq 3$ 또는 $\dfrac{75}{13} \leq k < \dfrac{75}{12}$이므로
$\phantom{즉, 2 < k}$ $5.\times\times\times \leq k < 6.25$

$k = 3$ 또는 $k = 6 \ (\because k$는 자연수$)$

따라서 모든 자연수 k의 값의 합은

$3 + 6 = 9$

 # 참고

$k = 3$일 때, ㉡: $n < 25$, ㉢: $n < 13$이므로

㉠, ㉡, ㉢에서 $1 \leq n < 13$

$k = 6$일 때, ㉡: $n < 12.5$, ㉢: $n < 16$이므로

㉠, ㉡, ㉢에서 $1 \leq n < 12.5$

310 답 12

해결 각 잡기

❏ 점 $A(a, b)$와 점 (b, a)의 좌표를 각각 조건 ㈎, ㈏에 주어진 곡선의 방정식에 대입하여 나온 두 식을 연립하여 지수방정식을 세운다.
❏ 점 $A(a, b)$가 오직 하나 존재한다는 것은 a, b의 값이 오직 하나만 존재한다는 뜻이다.

STEP 1 조건 ㈎에서 점 $A(a, b)$가 곡선 $y = \log_2 (x+2) + k$ 위의 점이므로

$b = \log_2 (a+2) + k$, $\log_2 (a+2) = b - k$

$a + 2 = 2^{b-k}$

$\therefore a = 2^{b-k} - 2$ $\quad$ ...... ㉠

점 $A(a, b)$를 직선 $y = x$에 대하여 대칭이동한 점은 점 (b, a)이고, 조건 ㈏에 의하여 이 점이 곡선 $y = 4^{x+k} + 2$ 위의 점이므로

$a = 4^{b+k} + 2$ $\quad$ ...... ㉡

㉠, ㉡에서 $2^{b-k} - 2 = 4^{b+k} + 2$

$\therefore 4^k \times (2^b)^2 - 2^{-k} \times 2^b + 4 = 0$

STEP 2 $2^b = t \ (t > 0)$로 놓으면

$4^k t^2 - 2^{-k} t + 4 = 0$ $\quad$ ...... ㉢

조건을 만족시키는 점 A가 오직 하나이므로 이차방정식 ㉢은 $t > 0$에서 오직 하나의 실근을 갖는다.

(i) 이차방정식 ㉢의 판별식을 D라 하면

$D = (-2^{-k})^2 - 4 \times 4^k \times 4 = 0$

$4^{-k} = 4^{k+2}$, $-k = k + 2$

$2k = -2$ $\qquad \therefore k = -1$

(ii) 이차방정식 ⓒ의 두 근의 합은

$$\frac{2^{-k}}{4^k}=2^{-k-2k}=2^{-3k}>0$$

(iii) 이차방정식 ⓒ의 두 근의 곱은

$$\frac{4}{4^k}=4^{1-k}>0$$

(i), (ii), (iii)에서 $k=-1$

STEP 3 $k=-1$을 ⓒ에 대입하면

$$\frac{1}{4}t^2-2t+4=0,\ t^2-8t+16=0$$

$$(t-4)^2=0 \qquad \therefore t=4$$

즉, $2^b=4=2^2$이므로 $b=2$

$k=-1$, $b=2$를 ⓐ에 대입하면

$$a=2^3-2=6$$

$$\therefore a\times b=6\times 2=12$$

05 삼각함수

본문 98쪽 ~ 99쪽

A 기본 다지고,

311 답 ④

$$4\times\frac{\pi}{4}=\pi$$

312 답 6

부채꼴의 반지름의 길이를 r라 하면 부채꼴의 넓이가 6π이므로

$$\frac{1}{2}\times r\times 2\pi=6\pi$$

$$\therefore r=6$$

따라서 부채꼴의 반지름의 길이는 6이다.

313 답 ②

$$\sin^2\theta=1-\cos^2\theta=1-\left(\frac{\sqrt{6}}{3}\right)^2=\frac{1}{3}$$이므로

$$\sin\theta=-\frac{\sqrt{3}}{3}\left(\because \frac{3}{2}\pi<\theta<2\pi\right)$$

$$\therefore \tan\theta=\frac{\sin\theta}{\cos\theta}=\frac{-\frac{\sqrt{3}}{3}}{\frac{\sqrt{6}}{3}}=-\frac{\sqrt{2}}{2}$$

다른 풀이

$\frac{3}{2}\pi<\theta<2\pi$이므로 각 θ를 나타내는 동경

을 OP라 할 때, $\cos\theta=\frac{\sqrt{6}}{3}$에서 점 P의 x

좌표를 $\sqrt{6}a$, $\overline{OP}=3a\ (a>0)$라 할 수 있다.

이때 점 P의 y좌표는

$$-\sqrt{(3a)^2-(\sqrt{6}a)^2}=-\sqrt{3}a\ (\because a>0)$$

이므로

$$\tan\theta=\frac{-\sqrt{3}a}{\sqrt{6}a}=-\frac{\sqrt{2}}{2}$$

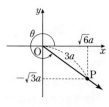

참고

각 사분면에서 부호가 +인 삼각함수

$\sin\theta$	$\sin\theta$ $\cos\theta$ $\tan\theta$
$\tan\theta$	$\cos\theta$

314 답 3

$\sin\theta-\cos\theta=\dfrac{1}{2}$의 양변을 제곱하면

$\sin^2\theta-2\sin\theta\cos\theta+\cos^2\theta=\dfrac{1}{4}$

$1-2\sin\theta\cos\theta=\dfrac{1}{4}$ $\therefore \sin\theta\cos\theta=\dfrac{3}{8}$

$\therefore 8\sin\theta\cos\theta=8\times\dfrac{3}{8}=3$

315 답 ④

$\sin(-\theta)=\dfrac{1}{7}\cos\theta$에서

$-\sin\theta=\dfrac{1}{7}\cos\theta,\ \dfrac{\sin\theta}{\cos\theta}=-\dfrac{1}{7}$

$\therefore \tan\theta=-\dfrac{1}{7}$

즉, $\cos\theta<0$, $\tan\theta<0$이므로

$\dfrac{\pi}{2}<\theta<\pi$

$\dfrac{\pi}{2}<\theta<\pi$이므로 각 θ를 나타내는 동

경을 OP라 할 때, $\tan\theta=-\dfrac{1}{7}$에서

점 P의 좌표를 $(-7a,\ a)\ (a>0)$라

할 수 있다.

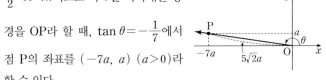

이때 $\overline{\mathrm{OP}}=\sqrt{(-7a)^2+a^2}=5\sqrt{2}\,a\ (\because a>0)$이므로

$\sin\theta=\dfrac{a}{5\sqrt{2}\,a}=\dfrac{\sqrt{2}}{10}$

다른 풀이

$\sin(-\theta)=\dfrac{1}{7}\cos\theta$에서

$-\sin\theta=\dfrac{1}{7}\cos\theta$ $\therefore \cos\theta=-7\sin\theta$

이때 $\cos\theta<0$이므로

$\sin\theta>0$

또, $\sin^2\theta+\cos^2\theta=1$이므로

$\sin^2\theta+(-7\sin\theta)^2=1,\ 50\sin^2\theta=1$

$\therefore \sin^2\theta=\dfrac{1}{50}$

$\therefore \sin\theta=\dfrac{\sqrt{2}}{10}\ (\because \sin\theta>0)$

316 답 ②

$\sin(\pi-\theta)=\dfrac{5}{13}$에서 $\sin\theta=\dfrac{5}{13}$

$\cos^2\theta=1-\sin^2\theta=1-\left(\dfrac{5}{13}\right)^2=\dfrac{144}{169}$이므로

$\cos\theta=-\dfrac{12}{13}\ (\because \cos\theta<0)$

$\therefore \tan\theta=\dfrac{\sin\theta}{\cos\theta}=\dfrac{\dfrac{5}{13}}{-\dfrac{12}{13}}=-\dfrac{5}{12}$

다른 풀이

$\sin(\pi-\theta)=\dfrac{5}{13}$에서 $\sin\theta=\dfrac{5}{13}$

즉, $\sin\theta>0$, $\cos\theta<0$이므로

$\dfrac{\pi}{2}<\theta<\pi$

$\dfrac{\pi}{2}<\theta<\pi$이므로 각 θ를 나타내는 동경

을 OP라 할 때, $\sin\theta=\dfrac{5}{13}$에서 점 P의

y좌표를 $5a$, $\overline{\mathrm{OP}}=13a\ (a>0)$라 할 수

있다.

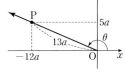

이때 점 P의 x좌표는

$-\sqrt{(13a)^2-(5a)^2}=-12a\ (\because a>0)$

이므로

$\tan\theta=\dfrac{5a}{-12a}=-\dfrac{5}{12}$

317 답 ③

$\dfrac{\pi}{|\pi|}=1$

참고

삼각함수의 주기

(1) $y=a\sin(bx+c)+d$ → $\dfrac{2\pi}{|b|}$

(2) $y=a\cos(bx+c)+d$ → $\dfrac{2\pi}{|b|}$

(3) $y=a\tan(bx+c)+d$ → $\dfrac{\pi}{|b|}$

318 답 ②

$|4|+3=7$

참고

삼각함수의 최대·최소

(1) $y=a\sin(bx+c)+d$ → 최댓값: $|a|+d$, 최솟값: $-|a|+d$

(2) $y=a\cos(bx+c)+d$ → 최댓값: $|a|+d$, 최솟값: $-|a|+d$

(3) $y=a\tan(bx+c)+d$ → 최댓값: 없다., 최솟값: 없다.

319 답 ④

$2\sin x-1=0$에서 $\sin x=\dfrac{1}{2}$

이때 $-\dfrac{\pi}{2}<x<\dfrac{\pi}{2}$이므로

$x=\dfrac{\pi}{6}$

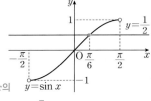

주어진 구간에서 함수 $y=\sin x$의 그래프와 직선 $y=\dfrac{1}{2}$의 교점의 x좌표가 $\dfrac{\pi}{6}$이다.

320 답 ③

$2\cos x-1=0$에서 $\cos x=\dfrac{1}{2}$

이때 $0\leq x\leq 2\pi$이므로

$x=\dfrac{\pi}{3}$ 또는 $x=\dfrac{5}{3}\pi$

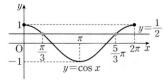

따라서 모든 해의 합은

$\dfrac{\pi}{3}+\dfrac{5}{3}\pi=2\pi$

> 주어진 구간에서 함수 $y=\cos x$의 그래프와
> 직선 $y=\dfrac{1}{2}$의 교점의 x좌표가 $\dfrac{\pi}{3}$, $\dfrac{5}{3}\pi$이다.

다른 풀이

$2\cos x-1=0$에서 $\cos x=\dfrac{1}{2}$

이 방정식의 해를

$x=\alpha$ 또는 $x=\beta$

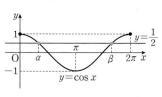

라 하면 $\dfrac{\alpha+\beta}{2}=\pi$이므로

$\alpha+\beta=2\pi$
> 두 점 $(\alpha, 0)$, $(\beta, 0)$은
> 직선 $x=\pi$에 대하여 대칭이다.

321 답 ④

방정식 $|\sin 2x|=\dfrac{1}{2}$의 실근은 함수 $y=|\sin 2x|$의 그래프와 직

선 $y=\dfrac{1}{2}$의 교점의 x좌표와 같다.

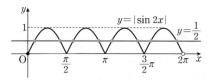

위의 그림과 같이 $0\leq x<2\pi$에서 함수 $y=|\sin 2x|$의 그래프와 직

선 $y=\dfrac{1}{2}$의 교점의 개수는 8이므로 주어진 방정식의 모든 실근의

개수는 8이다.

다른 풀이

$|\sin 2x|=\dfrac{1}{2}$에서

$\sin 2x=\dfrac{1}{2}$ 또는 $\sin 2x=-\dfrac{1}{2}$

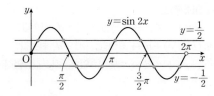

(ⅰ) $\sin 2x=\dfrac{1}{2}$일 때

위의 그림과 같이 $0\leq x<2\pi$에서 함수 $y=\sin 2x$의 그래프와

직선 $y=\dfrac{1}{2}$의 교점의 개수는 4이므로 주어진 방정식의 서로 다

른 실근의 개수는 4이다.

(ⅱ) $\sin 2x=-\dfrac{1}{2}$일 때

위의 그림과 같이 $0\leq x<2\pi$에서 함수 $y=\sin 2x$의 그래프와

직선 $y=-\dfrac{1}{2}$의 교점의 개수는 4이므로 주어진 방정식의 서로

다른 실근의 개수는 4이다.

(ⅰ), (ⅱ)에 의하여 주어진 방정식의 모든 실근의 개수는 8이다.

322 답 ②

$2\sin x+1<0$에서 $\sin x<-\dfrac{1}{2}$

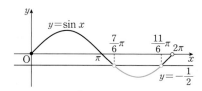

위의 그림에서 x의 값의 범위는

$\dfrac{7}{6}\pi<x<\dfrac{11}{6}\pi$ ← 함수 $y=\sin x$의 그래프가 직선 $y=-\dfrac{1}{2}$보다
아래쪽에 있는 x의 값의 범위

따라서 $\alpha=\dfrac{7}{6}\pi$, $\beta=\dfrac{11}{6}\pi$이므로

$\begin{aligned}\cos(\beta-\alpha)&=\cos\left(\dfrac{11}{6}\pi-\dfrac{7}{6}\pi\right)\\&=\cos\dfrac{2}{3}\pi\\&=\cos\left(\pi-\dfrac{\pi}{3}\right)\\&=-\cos\dfrac{\pi}{3}=-\dfrac{1}{2}\end{aligned}$

본문 100쪽 ~ 123쪽

B 유형 & 유사로 익히면…

323 답 ③

해결 각 잡기

두 각 α, β를 나타내는 동경이 일치하면 다음
과 같이 두 동경의 차를 일반각으로 나타낸다.

→ $\alpha-\beta=2n\pi$ (n은 정수)

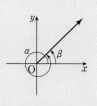

STEP 1 조건 ㈏에서 각의 크기 θ를 나타내는 동경과 각의 크기 8θ

를 나타내는 동경이 일치하므로

$8\theta-\theta=2n\pi$ (n은 정수)

$7\theta=2n\pi$ ∴ $\theta=\dfrac{2n}{7}\pi$ …… ㉠

STEP 2 조건 ㈎에서 $0<\theta<\dfrac{\pi}{2}$이므로

$$0 < \frac{2n}{7}\pi < \frac{\pi}{2} \qquad \therefore 0 < n < \frac{7}{4}$$

n은 정수이므로

$n=1$

$n=1$을 ㉠에 대입하면

$$\theta = \frac{2}{7}\pi$$

STEP 3 따라서 이 부채꼴의 넓이는

$$\frac{1}{2} \times 2^2 \times \frac{2}{7}\pi = \frac{4}{7}\pi$$

324 답 ④

STEP 1 각의 크기 θ를 나타내는 동경과 각의 크기 6θ를 나타내는 동경이 일치하므로

$6\theta - \theta = 2n\pi$ (n은 정수)

$$5\theta = 2n\pi \qquad \therefore \theta = \frac{2n}{5}\pi \qquad \cdots\cdots ㉠$$

STEP 2 이때 $\frac{\pi}{2} < \theta < \pi$이므로

$$\frac{\pi}{2} < \frac{2n}{5}\pi < \pi \qquad \therefore \frac{5}{4} < n < \frac{5}{2}$$

n은 정수이므로

$n=2$

$n=2$를 ㉠에 대입하면

$$\theta = \frac{4}{5}\pi$$

325 답 6

해결 각 잡기

❂ $\angle COA = \theta$, $\angle COB = \pi - \theta$라 하고 부채꼴의 호의 길이와 넓이 공식을 이용한다.

❂ **부채꼴의 호의 길이와 넓이**
 반지름의 길이가 r, 중심각의 크기가 θ (라디안)인 부채꼴의 호의 길이를 l, 넓이를 S라 하면

$$l = r\theta, \ S = \frac{1}{2}r^2\theta$$

STEP 1 반지름의 길이를 r, $\angle COA = \theta$ ($0 < \theta < \pi$)라 하면 호 AC의 길이가 π이므로

$$r\theta = \pi \qquad \therefore \theta = \frac{\pi}{r} \qquad \cdots\cdots ㉠$$

STEP 2 $\angle COB = \pi - \theta$이고, 부채꼴 OBC의 넓이가 15π이므로

$$\frac{1}{2}r^2(\pi - \theta) = 15\pi$$

$$\frac{1}{2}r^2\left(\pi - \frac{\pi}{r}\right) = 15\pi \ (\because ㉠), \ \frac{1}{2}r^2\left(1 - \frac{1}{r}\right) = 15$$

$r(r-1) = 30$, $r^2 - r - 30 = 0$

$(r+5)(r-6) = 0 \qquad \therefore r = 6 \ (\because r > 0)$

$$\therefore \overline{OA} = 6$$

326 답 27

해결 각 잡기

❂ 반원의 중심을 O, $\angle COB = \theta$라 하고 부채꼴의 호의 길이와 넓이 공식을 이용한다.

❂ 세 내각의 크기가 30°, 60°, 90°인 직각삼각형의 세 변의 길이의 비는 $1 : \sqrt{3} : 2$이다.

STEP 1

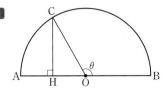

반원의 중심을 O라 하면

$$\overline{AO} = \overline{BO} = \overline{CO} = \frac{1}{2}\overline{AB} = \frac{1}{2} \times 12 = 6$$

$\angle COB = \theta$ ($0 < \theta < \pi$)라 하면 호 BC의 길이가 4π이므로

$$6\theta = 4\pi \qquad \therefore \theta = \frac{2}{3}\pi$$

STEP 2 $\angle COH = \pi - \frac{2}{3}\pi = \frac{\pi}{3}$이므로 직각삼각형 CHO에서

$$\overline{CH} = \overline{CO}\sin\frac{\pi}{3} = 6 \times \frac{\sqrt{3}}{2} = 3\sqrt{3}$$

$$\therefore \overline{CH}^2 = (3\sqrt{3})^2 = 27$$

327 답 ④

해결 각 잡기

원과 그 원의 접선이 주어지면 접점과 원의 중심을 이어 본다.

→ 접점과 원의 중심을 이은 선분은 접선과 수직으로 만난다.

→ 원의 중심과 접점 사이의 거리가 반지름의 길이이다.

STEP 1

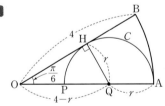

반원 C의 중심을 Q, 선분 OB와 반원 C의 접점을 H, 반원 C의 반지름의 길이를 r라 하면

$$\overline{QA} = \overline{QH} = r$$

또, $\overline{OA} = 4$이므로 $\overline{OQ} = 4 - r$

직각삼각형 HOQ에서 $\sin\frac{\pi}{6} = \frac{r}{4-r}$

$$\frac{1}{2} = \frac{r}{4-r}, \ 2r = 4 - r$$

$$3r = 4 \qquad \therefore r = \frac{4}{3}$$

STEP 2 따라서 $S_1 = \frac{1}{2} \times 4^2 \times \frac{\pi}{6} = \frac{4}{3}\pi$, $S_2 = \frac{1}{2} \times \pi \times \left(\frac{4}{3}\right)^2 = \frac{8}{9}\pi$

이므로

$$S_1 - S_2 = \frac{4}{3}\pi - \frac{8}{9}\pi = \frac{4}{9}\pi$$

328 답 ①

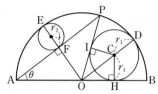

반지름의 길이가 r_1인 원의 중심을 C, 선분 OC의 연장선과 호 PB가 만나는 점을 D, 호 AP를 이등분하는 점을 E, 선분 AP의 중점을 F, 점 C에서 선분 OB, 선분 OP에 내린 수선의 발을 각각 H, I라 하고, $\angle BAP = \theta\left(0 < \theta < \frac{\pi}{2}\right)$라 하자.

$\overline{AB} = 2$이므로

$$\overline{OA} = \overline{OB} = \overline{OD} = \overline{OE} = \frac{1}{2}\overline{AB} = \frac{1}{2}\times 2 = 1$$

원주각과 중심각 사이의 관계에 의하여

$$\angle BOP = 2\angle BAP = 2\theta$$

이때 $\triangle COH \equiv \triangle COI$ (RHS 합동)이므로

$$\angle BOC = \angle POC = \frac{1}{2}\angle HOI = \theta$$

STEP 2 $\sin^2\theta = 1 - \cos^2\theta = 1 - \left(\frac{4}{5}\right)^2 = \frac{9}{25}$이므로

$$\sin\theta = \frac{3}{5}\left(\because 0 < \theta < \frac{\pi}{2}\right)$$

STEP 3 직각삼각형 COH에서 $\frac{\overline{CH}}{\overline{OC}} = \sin\theta$이므로

$$\frac{r_1}{\overline{OC}} = \frac{3}{5} \quad \therefore \overline{OC} = \frac{5}{3}r_1$$

$\overline{OD} = \overline{OC} + r_1 = 1$이므로

$$\frac{5}{3}r_1 + r_1 = 1, \frac{8}{3}r_1 = 1$$

$$\therefore r_1 = \frac{3}{8}$$

STEP 4 직각삼각형 OAF에서 $\frac{\overline{OF}}{\overline{OA}} = \sin\theta$이므로

$$\frac{\overline{OF}}{1} = \frac{3}{5} \quad \therefore \overline{OF} = \frac{3}{5}$$

$\overline{OE} = \overline{OF} + 2r_2 = 1$이므로

$$\frac{3}{5} + 2r_2 = 1, 2r_2 = \frac{2}{5}$$

$$\therefore r_2 = \frac{1}{5}$$

$$\therefore r_1 r_2 = \frac{3}{8}\times\frac{1}{5} = \frac{3}{40}$$

다른 풀이 **STEP 2**

$0 < \theta < \frac{\pi}{2}$이므로 각 θ를 나타내는 동경을 OQ라 할 때, $\cos\theta = \frac{4}{5}$에서 점 Q의 x좌표를 $4a$, $\overline{OQ} = 5a\,(a > 0)$라 할 수 있다.

이때 점 Q의 y좌표는

$$\sqrt{(5a)^2 - (4a)^2} = 3a\,(\because a > 0)$$

이므로

$$\sin\theta = \frac{3a}{5a} = \frac{3}{5}$$

329 답 ④

STEP 1 $\sin\left(\frac{\pi}{2} - \theta\right) - \cos(\pi + \theta) = \cos\theta - (-\cos\theta)$

$$= 2\cos\theta \quad \cdots\cdots ㉠$$

STEP 2 $\cos^2\theta = 1 - \sin^2\theta = 1 - \left(\frac{4}{5}\right)^2 = \frac{9}{25}$이므로

$$\cos\theta = \frac{3}{5}\left(\because 0 < \theta < \frac{\pi}{2}\right)$$

$$\therefore 2\cos\theta = 2\times\frac{3}{5} = \frac{6}{5}\,(\because ㉠)$$

다른 풀이 **STEP 2**

$0 < \theta < \frac{\pi}{2}$이므로 각 θ를 나타내는 동경을 OP라 할 때, $\sin\theta = \frac{4}{5}$에서 점 P의 y좌표를 $4a$, $\overline{OP} = 5a\,(a > 0)$라 할 수 있다.

이때 점 P의 x좌표는

$$\sqrt{(5a)^2 - (4a)^2} = 3a\,(\because a > 0)$$

이므로

$$\cos\theta = \frac{3a}{5a} = \frac{3}{5}$$

$$\therefore 2\cos\theta = 2\times\frac{3}{5} = \frac{6}{5}\,(\because ㉠)$$

330 답 4

STEP 1 $5\sin(\pi + \theta) + 10\cos\left(\frac{\pi}{2} - \theta\right) = -5\sin\theta + 10\sin\theta$

$$= 5\sin\theta \quad \cdots\cdots ㉠$$

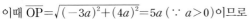

STEP 2 $\dfrac{\pi}{2}<\theta<\pi$이므로 각 θ를 나타내는 동경

을 OP라 할 때, $\tan\theta=-\dfrac{4}{3}$에서 점 P의 좌표

를 $(-3a,\,4a)\,(a>0)$라 할 수 있다.

이때 $\overline{\text{OP}}=\sqrt{(-3a)^2+(4a)^2}=5a\,(\because\,a>0)$이므로

$\sin\theta=\dfrac{4a}{5a}=\dfrac{4}{5}$

$\therefore\,5\sin\theta=5\times\dfrac{4}{5}=4\,(\because\,\text{㉠})$

다른 풀이 **STEP 2**

$\tan\theta=-\dfrac{4}{3}$이므로

$\dfrac{\sin\theta}{\cos\theta}=-\dfrac{4}{3}$, $\cos\theta=-\dfrac{3}{4}\sin\theta$

$\sin^2\theta+\cos^2\theta=1$이므로

$\sin^2\theta+\left(-\dfrac{3}{4}\sin\theta\right)^2=1$

$\sin^2\theta+\dfrac{9}{16}\sin^2\theta=1$, $\dfrac{25}{16}\sin^2\theta=1$

$\sin^2\theta=\dfrac{16}{25}$

$\therefore\,\sin\theta=\dfrac{4}{5}\left(\because\,\dfrac{\pi}{2}<\theta<\pi\right)$

$\therefore\,5\sin\theta=5\times\dfrac{4}{5}=4\,(\because\,\text{㉠})$

331 답 ⑤

해결 각 잡기

$\sin\left(\dfrac{\pi}{2}+\theta\right)=\cos\theta$, $\cos\left(\dfrac{\pi}{2}+\theta\right)=-\sin\theta$,

$\tan\left(\dfrac{\pi}{2}+\theta\right)=-\dfrac{1}{\tan\theta}$

STEP 1 $\sin\left(\dfrac{\pi}{2}+\theta\right)=\dfrac{3}{5}$에서 $\cos\theta=\dfrac{3}{5}$

이때 $\cos\theta>0$, $\sin\theta\cos\theta<0$이므로

$\sin\theta<0$

STEP 2 $\sin^2\theta=1-\cos^2\theta=1-\left(\dfrac{3}{5}\right)^2=\dfrac{16}{25}$이므로

$\sin\theta=-\dfrac{4}{5}\,(\because\,\sin\theta<0)$

$\therefore\,\sin\theta+2\cos\theta=-\dfrac{4}{5}+2\times\dfrac{3}{5}=\dfrac{2}{5}$

다른 풀이 **STEP 2**

$\sin\theta<0$, $\cos\theta>0$이므로

$\dfrac{3}{2}\pi<\theta<2\pi$

$\dfrac{3}{2}\pi<\theta<2\pi$이므로 각 θ를 나타내는 동경을 OP

라 할 때, $\cos\theta=\dfrac{3}{5}$에서 점 P의 x좌표를 $3a$,

$\overline{\text{OP}}=5a\,(a>0)$라 할 수 있다.

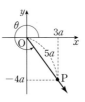

이때 점 P의 y좌표는

$-\sqrt{(5a)^2-(3a)^2}=-4a\,(\because\,a>0)$

이므로

$\sin\theta=\dfrac{-4a}{5a}=-\dfrac{4}{5}$

$\therefore\,\sin\theta+2\cos\theta=-\dfrac{4}{5}+2\times\dfrac{3}{5}=\dfrac{2}{5}$

332 답 ⑤

STEP 1 $\cos\left(\dfrac{\pi}{2}+\theta\right)=\dfrac{\sqrt{5}}{5}$에서

$-\sin\theta=\dfrac{\sqrt{5}}{5}$

$\therefore\,\sin\theta=-\dfrac{\sqrt{5}}{5}$

이때 $\sin\theta<0$, $\tan\theta<0$이므로

$\dfrac{3}{2}\pi<\theta<2\pi$

STEP 2 $\cos^2\theta=1-\sin^2\theta=1-\left(-\dfrac{\sqrt{5}}{5}\right)^2=\dfrac{4}{5}$이므로

$\cos\theta=\dfrac{2\sqrt{5}}{5}\left(\because\,\dfrac{3}{2}\pi<\theta<2\pi\right)$

다른 풀이 **STEP 2**

$\dfrac{3}{2}\pi<\theta<2\pi$이므로 각 θ를 나타내는 동경

을 OP라 할 때, $\sin\theta=-\dfrac{\sqrt{5}}{5}$에서 점 P의

y좌표를 $-\sqrt{5}a$, $\overline{\text{OP}}=5a\,(a>0)$라 할 수

있다.

이때 점 P의 x좌표는

$\sqrt{(5a)^2-(\sqrt{5}a)^2}=2\sqrt{5}a\,(\because\,a>0)$

이므로

$\cos\theta=\dfrac{2\sqrt{5}a}{5a}=\dfrac{2\sqrt{5}}{5}$

333 답 ④

해결 각 잡기

✓ $\tan\theta=\dfrac{\sin\theta}{\cos\theta}$

✓ $\sin^2\theta+\cos^2\theta=1$

STEP 1 $\cos\theta\times\tan\theta=\dfrac{3}{5}$에서

$\cos\theta\times\dfrac{\sin\theta}{\cos\theta}=\dfrac{3}{5}$

$\therefore\,\sin\theta=\dfrac{3}{5}$

STEP 2 $\cos^2\theta=1-\sin^2\theta=1-\left(\dfrac{3}{5}\right)^2=\dfrac{16}{25}$이므로

$\cos\theta=\dfrac{4}{5}\left(\because\,0<\theta<\dfrac{\pi}{2}\right)$

다른 풀이 **STEP 2**

$0<\theta<\dfrac{\pi}{2}$이므로 각 θ를 나타내는 동경을 OP

라 할 때, $\sin\theta=\dfrac{3}{5}$에서 점 P의 y좌표를 $3a$,

$\overline{\text{OP}}=5a\,(a>0)$라 할 수 있다.

이때 점 P의 x좌표는

$\sqrt{(5a)^2-(3a)^2}=4a\,(\because\,a>0)$

이므로

$\cos\theta=\dfrac{4a}{5a}=\dfrac{4}{5}$

334 답 ⑤

해결 각 잡기

$\cos\theta\tan\theta=\cos\theta\times\dfrac{\sin\theta}{\cos\theta}=\sin\theta$이므로 $\sin\theta$의 값이 필요하다.

STEP 1 $\cos\theta\tan\theta=\cos\theta\times\dfrac{\sin\theta}{\cos\theta}=\sin\theta$

$\sin\theta=2\cos(\pi-\theta)$에서

$\sin\theta=-2\cos\theta$

$\therefore\,\cos\theta=-\dfrac{1}{2}\sin\theta$

STEP 2 $\sin^2\theta+\cos^2\theta=1$이므로

$\sin^2\theta+\left(-\dfrac{1}{2}\sin\theta\right)^2=1$

$\dfrac{5}{4}\sin^2\theta=1,\ \sin^2\theta=\dfrac{4}{5}$

$\therefore\,\sin\theta=\dfrac{2\sqrt{5}}{5}\left(\because\,\dfrac{\pi}{2}<\theta<\pi\right)$

다른 풀이

$\sin\theta=2\cos(\pi-\theta)$에서 $\sin\theta=-2\cos\theta$

$\dfrac{\sin\theta}{\cos\theta}=-2\qquad\therefore\,\tan\theta=-2$

$\dfrac{\pi}{2}<\theta<\pi$이므로 각 θ를 나타내는 동경을 OP라

할 때, $\tan\theta=\dfrac{2}{-1}$에서 점 P의 좌표를

$(-a,\,2a)\,(a>0)$라 할 수 있다.

이때 $\overline{\text{OP}}=\sqrt{(-a)^2+(2a)^2}=\sqrt{5}a\,(\because\,a>0)$이므로

$\cos\theta=\dfrac{-a}{\sqrt{5}a}=-\dfrac{\sqrt{5}}{5}$

$\therefore\,\cos\theta\tan\theta=-\dfrac{\sqrt{5}}{5}\times(-2)=\dfrac{2\sqrt{5}}{5}$

335 답 ④

해결 각 잡기

$\sin^2\theta+\cos^2\theta=1$

STEP 1 $\cos(-\theta)+\sin(\pi+\theta)=\dfrac{3}{5}$에서

$\cos\theta-\sin\theta=\dfrac{3}{5}$

STEP 2 양변을 제곱하면

$\cos^2\theta-2\cos\theta\sin\theta+\sin^2\theta=\dfrac{9}{25}$

$1-2\sin\theta\cos\theta=\dfrac{9}{25}$

$\therefore\,\sin\theta\cos\theta=\dfrac{8}{25}$

336 답 ②

STEP 1 $\sin\theta+\cos\theta=\dfrac{1}{2}$의 양변을 제곱하면

$\sin^2\theta+2\sin\theta\cos\theta+\cos^2\theta=\dfrac{1}{4}$

$1+2\sin\theta\cos\theta=\dfrac{1}{4}$

$\therefore\,\sin\theta\cos\theta=-\dfrac{3}{8}$

STEP 2 $\therefore\,\dfrac{1+\tan\theta}{\sin\theta}=\dfrac{1+\dfrac{\sin\theta}{\cos\theta}}{\sin\theta}$

$\qquad\qquad\qquad=\dfrac{\cos\theta+\sin\theta}{\sin\theta\cos\theta}$

$\qquad\qquad\qquad=\dfrac{\dfrac{1}{2}}{-\dfrac{3}{8}}=-\dfrac{4}{3}$

337 답 ②

$\dfrac{1}{1-\cos\theta}+\dfrac{1}{1+\cos\theta}=18$에서

$\dfrac{1+\cos\theta+1-\cos\theta}{(1-\cos\theta)(1+\cos\theta)}=18$

$\dfrac{2}{1-\cos^2\theta}=18,\ \dfrac{2}{\sin^2\theta}=18$

$\sin^2\theta=\dfrac{1}{9}$

$\therefore\,\sin\theta=-\dfrac{1}{3}\left(\because\,\pi<\theta<\dfrac{3}{2}\pi\right)$

338 답 ①

$\dfrac{\sin\theta}{1-\sin\theta}-\dfrac{\sin\theta}{1+\sin\theta}=4$에서

$\dfrac{\sin\theta(1+\sin\theta)-\sin\theta(1-\sin\theta)}{(1-\sin\theta)(1+\sin\theta)}=4$

$\dfrac{2\sin^2\theta}{1-\sin^2\theta}=4,\ \dfrac{2(1-\cos^2\theta)}{\cos^2\theta}=4$

$2-2\cos^2\theta=4\cos^2\theta,\ 6\cos^2\theta=2$

$\cos^2\theta = \dfrac{1}{3}$

$\therefore \cos\theta = -\dfrac{\sqrt{3}}{3} \left(\because \dfrac{\pi}{2} < \theta < \pi\right)$

339 답 ⑤

좌표평면에서 각 θ를 나타내는 동경과 원점 O를 중심으로 하고 반지름의 길이가 r인 원의 교점을 $P(x, y)$라 하면

$\sin\theta = \dfrac{y}{r}$, $\cos\theta = \dfrac{x}{r}$, $\tan\theta = \dfrac{y}{x}$ $(x \neq 0)$

STEP 1 $\overline{OP} = \sqrt{4^2 + (-3)^2} = 5$이므로

$\sin\theta = -\dfrac{3}{5}$, $\cos\theta = \dfrac{4}{5}$

STEP 2 $\therefore \sin\left(\dfrac{\pi}{2} + \theta\right) - \sin\theta = \cos\theta - \sin\theta$

$\qquad\qquad = \dfrac{4}{5} - \left(-\dfrac{3}{5}\right) = \dfrac{7}{5}$

340 답 ⑤

직선 $y = 2$ 위의 두 점 A, B의 y좌표가 2인 것을 이용하여 두 점 A, B의 x좌표를 구한다.

STEP 1 점 A의 y좌표는 2이고 $\overline{OA} = \sqrt{5}$이므로

$\sin\alpha = \dfrac{2}{\sqrt{5}}$

STEP 2 한편, $y = 2$를 $x^2 + y^2 = 9$에 대입하면

$x^2 + 4 = 9$, $x^2 = 5$

$\therefore x = -\sqrt{5}$ $(\because x < 0)$

$\therefore B(-\sqrt{5}, 2)$ ── 점 B의 x좌표

이때 $\overline{OB} = 3$이므로

$\cos\beta = -\dfrac{\sqrt{5}}{3}$

STEP 3 $\therefore \sin\alpha \times \cos\beta = \dfrac{2}{\sqrt{5}} \times \left(-\dfrac{\sqrt{5}}{3}\right) = -\dfrac{2}{3}$

341 답 80

STEP 1 $P(a, b)$ $(a > 0, b > 0)$라 하면

$Q(b, a)$, $R(-b, -a)$

$\therefore \overline{OP} = \overline{OQ} = \overline{OR} = \sqrt{a^2 + b^2}$

STEP 2 $\sin\alpha = \dfrac{1}{3}$에서

$\dfrac{b}{\sqrt{a^2 + b^2}} = \dfrac{1}{3}$

양변을 제곱하면

$\dfrac{b^2}{a^2 + b^2} = \dfrac{1}{9}$, $9b^2 = a^2 + b^2$

$\therefore a^2 = 8b^2$

STEP 3 $\sin\beta = \dfrac{a}{\sqrt{a^2 + b^2}}$, $\tan\gamma = \dfrac{-a}{-b} = \dfrac{a}{b}$이므로

$9(\sin^2\beta + \tan^2\gamma) = 9 \times \left\{\left(\dfrac{a}{\sqrt{a^2 + b^2}}\right)^2 + \left(\dfrac{a}{b}\right)^2\right\}$

$\qquad\qquad = 9 \times \left(\dfrac{a^2}{a^2 + b^2} + \dfrac{a^2}{b^2}\right)$

$\qquad\qquad = 9 \times \left(\dfrac{8b^2}{8b^2 + b^2} + \dfrac{8b^2}{b^2}\right)$

$\qquad\qquad = 9 \times \left(\dfrac{8}{9} + 8\right) = 80$

342 답 ②

STEP 1 $\tan\theta_1 = \dfrac{b}{a}$, $\tan\theta_2 = \dfrac{-2b^2}{a^2} = -\dfrac{2b^2}{a^2}$이므로

$\tan\theta_1 + \tan\theta_2 = 0$에서

$\dfrac{b}{a} + \left(-\dfrac{2b^2}{a^2}\right) = 0$, $\dfrac{ab - 2b^2}{a^2} = 0$

$\dfrac{b(a - 2b)}{a^2} = 0$

$\therefore a = 2b$ $(\because b > 0)$

STEP 2 이때 $\overline{OP} = \sqrt{a^2 + b^2}$이고 $b > 0$이므로

$\sin\theta_1 = \dfrac{b}{\sqrt{a^2 + b^2}} = \dfrac{b}{\sqrt{(2b)^2 + b^2}} = \dfrac{b}{\sqrt{5b^2}} = \dfrac{b}{\sqrt{5}b} = \dfrac{\sqrt{5}}{5}$

343 답 ①

○ 원의 중심을 Q라 하고 선분 QA, QB를 그어 본다.
→ $\overline{OA} \perp \overline{AQ}$, $\overline{OB} \perp \overline{BQ}$
○ 원에서 한 호에 대한 중심각의 크기는 그 호에 대한 원주각의 크기의 2배이다.
→ (중심각의 크기) $= 2 \times$ (원주각의 크기)
○ **직선의 기울기와 삼각비의 값**
직선 $y = mx + n$이 x축의 양의 방향과 이루는 예각의 크기를 α라 할 때
(직선의 기울기) $= m = \dfrac{\overline{OB}}{\overline{OA}} = \tan\alpha$

STEP 1

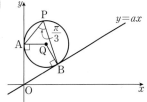

원의 중심을 Q라 하면

$$\angle \text{AQB} = 2\angle \text{APB} = 2 \times \frac{\pi}{3} = \frac{2}{3}\pi$$

STEP 2 $\angle \text{OAQ} = \angle \text{OBQ} = \frac{\pi}{2}$이고, 사각형 AOBQ의 네 내각의

크기의 합이 2π이므로

$$\frac{2}{3}\pi + \frac{\pi}{2} + \frac{\pi}{2} + \angle \text{AOB} = 2\pi$$

$$\therefore \angle \text{AOB} = \frac{\pi}{3}$$

STEP 3 따라서 x축의 양의 방향과 직선 $y = ax$가 이루는 각의 크기

는 $\frac{\pi}{2} - \frac{\pi}{3} = \frac{\pi}{6}$이므로

$$a = \tan \frac{\pi}{6} = \frac{\sqrt{3}}{3}$$

344 답 ②

해결 각 잡기

❤ 반원에 대한 원주각의 크기는 $\frac{\pi}{2}$이므로 $\angle \text{APB} = \frac{\pi}{2}$이다.

❤ 좌표평면에서 각 θ를 나타내는 동경과 원점 O를 중심으로 하고
반지름의 길이가 1인 원의 교점을 $\text{P}(x, y)$라 하면
$\text{P}(\cos \theta, \sin \theta)$

STEP 1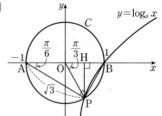

$\angle \text{APB} = \frac{\pi}{2}$이므로 직각삼각형 APB에서

$$\cos (\angle \text{BAP}) = \frac{\sqrt{3}}{2}$$

$$\therefore \angle \text{BAP} = \frac{\pi}{6}$$

$$\therefore \angle \text{BOP} = 2\angle \text{BAP} = 2 \times \frac{\pi}{6} = \frac{\pi}{3}$$

STEP 2 따라서 점 P의 좌표는

$$\left(\cos \left(-\frac{\pi}{3} \right), \sin \left(-\frac{\pi}{3} \right) \right), \quad 즉 \quad \left(\frac{1}{2}, -\frac{\sqrt{3}}{2} \right)$$

STEP 3 이때 점 P가 함수 $y = \log_a x$의 그래프 위의 점이므로

$$-\frac{\sqrt{3}}{2} = \log_a \frac{1}{2}$$

$$a^{-\frac{\sqrt{3}}{2}} = \frac{1}{2}, \quad a^{\frac{\sqrt{3}}{2}} = 2$$

$$\therefore a^{\sqrt{3}} = 2^2 = 4$$

다른 풀이 **STEP 2**

점 P에서 x축에 내린 수선의 발을 H라 하면

$$\overline{\text{OH}} = \overline{\text{OP}} \cos \frac{\pi}{3} = 1 \times \frac{1}{2} = \frac{1}{2},$$

$$\overline{\text{PH}} = \overline{\text{OP}} \sin \frac{\pi}{3} = 1 \times \frac{\sqrt{3}}{2} = \frac{\sqrt{3}}{2}$$

이때 점 P는 제4사분면의 점이므로 점 P의 좌표는

$$\left(\frac{1}{2}, -\frac{\sqrt{3}}{2} \right)$$

345 답 ①

STEP 1 $\text{P}(5, a)$, $\overline{\text{OP}} = r$이므로

$$\sqrt{5^2 + a^2} = r$$

$$\therefore r^2 = a^2 + 25 \quad \cdots\cdots \ \text{㉠}$$

STEP 2 $\sin \theta = \frac{a}{r}$, $\cos \theta = \frac{5}{r}$이므로 $\sin \theta + 2\cos \theta = 1$에서

$$\frac{a}{r} + \frac{10}{r} = 1$$

$$\therefore r = a + 10 \quad \cdots\cdots \ \text{㉡}$$

STEP 3 ㉡을 ㉠에 대입하면

$$(a + 10)^2 = a^2 + 25, \quad a^2 + 20a + 100 = a^2 + 25$$

$$20a = -75 \qquad \therefore a = -\frac{15}{4}$$

$a = -\frac{15}{4}$를 ㉡에 대입하면

$$r = -\frac{15}{4} + 10 = \frac{25}{4}$$

$$\therefore a + r = -\frac{15}{4} + \frac{25}{4} = \frac{5}{2}$$

346 답 ③

STEP 1 $\text{P}(t, \sqrt{t})$ $(t > 0)$라 하면

$$\overline{\text{OP}} = \sqrt{t^2 + t}$$

$\cos \theta = \frac{t}{\sqrt{t^2 + t}}$, $\sin t = \frac{\sqrt{t}}{\sqrt{t^2 + t}}$이므로 $\cos^2 \theta - 2\sin^2 \theta = -1$에서

$$\left(\frac{t}{\sqrt{t^2 + t}} \right)^2 - 2\left(\frac{\sqrt{t}}{\sqrt{t^2 + t}} \right)^2 = -1$$

$$\frac{t^2 - 2t}{t^2 + t} = -1, \quad t^2 - 2t = -t^2 - t$$

$$2t^2 - t = 0, \quad t(2t - 1) = 0$$

$$\therefore t = \frac{1}{2} \ (\because t > 0)$$

$$\therefore \text{P}\left(\frac{1}{2}, \frac{\sqrt{2}}{2} \right)$$

STEP 2 $\therefore \overline{\text{OP}} = \sqrt{\left(\frac{1}{2} \right)^2 + \left(\frac{\sqrt{2}}{2} \right)^2} = \sqrt{\frac{3}{4}} = \frac{\sqrt{3}}{2}$

다른 풀이

$\cos^2 \theta - 2\sin^2 \theta = -1$에서

$$(1 - \sin^2 \theta) - 2\sin^2 \theta = -1$$

$$3\sin^2 \theta = 2, \quad \sin^2 \theta = \frac{2}{3}$$

$$\therefore \sin \theta = \frac{\sqrt{6}}{3} \ (\because x > 0, y > 0)$$

$\cos^2\theta=1-\sin^2\theta=1-\dfrac{2}{3}=\dfrac{1}{3}$이므로

$\cos\theta=\dfrac{\sqrt{3}}{3}$ $(\because x>0,\ y>0)$

$\therefore \tan\theta=\dfrac{\sin\theta}{\cos\theta}=\dfrac{\dfrac{\sqrt{6}}{3}}{\dfrac{\sqrt{3}}{3}}=\sqrt{2}$

따라서 직선 OP의 방정식은

$y=\tan\theta\times x=\sqrt{2}x$

점 P는 곡선 $y=\sqrt{x}$와 직선 $y=\sqrt{2}x$의 교점이므로

$\sqrt{x}=\sqrt{2}x$에서 양변을 제곱하면

$x=2x^2,\ x(2x-1)=0$

$\therefore x=\dfrac{1}{2}$ $(\because x>0)$

즉, $\mathrm{P}\left(\dfrac{1}{2},\ \dfrac{\sqrt{2}}{2}\right)$이므로

$\overline{\mathrm{OP}}=\sqrt{\left(\dfrac{1}{2}\right)^2+\left(\dfrac{\sqrt{2}}{2}\right)^2}=\sqrt{\dfrac{3}{4}}=\dfrac{\sqrt{3}}{2}$

347 답 ⑤

해결 각 잡기

함수 $y=a\sin(bx+c)+d$의

(1) 최댓값: $|a|+d$

(2) 최솟값: $-|a|+d$

(3) 주기: $\dfrac{2\pi}{|b|}$

STEP 1 함수 $y=a\sin\dfrac{\pi}{2b}x$의 최댓값이 2이고 $a>0$이므로

$a=2$

STEP 2 함수 $y=a\sin\dfrac{\pi}{2b}x$의 주기가 2이고 $b>0$이므로

$\dfrac{2\pi}{\dfrac{\pi}{2b}}=2,\ 4b=2$ $\therefore b=\dfrac{1}{2}$

$\therefore a+b=2+\dfrac{1}{2}=\dfrac{5}{2}$

348 답 5

해결 각 잡기

❂ 주어진 함수는 $k=0$이면 상수함수이고 $k\neq0$이면 삼각함수이므로 두 경우로 나누어 생각한다.

❂ $k\neq0$일 때 주어진 함수의 그래프가 제1사분면을 지나지 않으려면 이 함수의 최댓값이 0 이하이어야 한다.

STEP 1 (i) $k=0$일 때

주어진 함수는 $y=-6$이므로 이 함수의 그래프는 제1사분면을 지나지 않는다.

STEP 2 (ii) $k\neq0$일 때

함수 $y=k\sin\left(2x+\dfrac{\pi}{3}\right)+k^2-6$의 그래프가 제1사분면을 지나지 않으려면 이 함수의 최댓값 $|k|+k^2-6$이 0 이하이어야 한다.

ⓐ $k>0$인 경우

$|k|+k^2-6=k+k^2-6\leq0$

$k^2+k-6\leq0,\ (k+3)(k-2)\leq0$

$\therefore -3\leq k\leq2$

이때 $k>0$이므로

$0<k\leq2$

ⓑ $k<0$일 때

$|k|+k^2-6=-k+k^2-6\leq0$

$k^2-k-6\leq0,\ (k+2)(k-3)\leq0$

$\therefore -2\leq k\leq3$

이때 $k<0$이므로

$-2\leq k<0$

(i), (ii)에 의하여 k의 값의 범위는

$-2\leq k\leq2$

따라서 정수 k는 $-2,\ -1,\ 0,\ 1,\ 2$의 5개이다.

349 답 ⑤

해결 각 잡기

주어진 그래프에서 최댓값, 최솟값, 주기를 구한 후 삼각함수의 미정계수를 결정한다.

STEP 1 주어진 함수의 최댓값이 5, 최솟값이 1이고 $a>0$이므로

$a+c=5,\ -a+c=1$

위의 두 식을 연립하여 풀면

$a=2,\ c=3$

STEP 2 또, 이 함수의 주기가 $2(3\pi-\pi)=4\pi$이고 $b>0$이므로

$\dfrac{2\pi}{b}=4\pi$ $\therefore b=\dfrac{1}{2}$

$\therefore a\times b\times c=2\times\dfrac{1}{2}\times3=3$

350 답 ②

STEP 1 주어진 함수의 최댓값이 3, 최솟값이 -1이고 $a>0$이므로

$a+c=3,\ -a+c=-1$

위의 두 식을 연립하여 풀면

$a=2,\ c=1$

STEP 2 또, 이 함수의 주기가 $\dfrac{5}{4}\pi-\dfrac{\pi}{4}=\pi$이고 $b>0$이므로

$\dfrac{2\pi}{b}=\pi$ $\therefore b=2$

$\therefore a+b+c=2+2+1=5$

351 답 ③

해결 각 잡기

사인함수의 그래프의 대칭성

$f(x)=\sin x\ (0\leq x\leq\pi)$에서

$f(a)=f(b)=k$이면

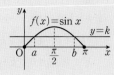

(1) $\dfrac{a+b}{2}=\dfrac{\pi}{2}$

(2) $b=\pi-a\ \leftarrow a-0=\pi-b$

STEP 1 함수 $y=\sin\dfrac{\pi}{2}x$의 주기는 $\dfrac{2\pi}{\frac{\pi}{2}}=4$이므로 세 점 A, B, C

의 x좌표를 각각

$a,\ 2-a,\ a+4\ (0<a<1)$

라 하자.

STEP 2 세 점 A, B, C의 x좌표의 합이 $\dfrac{25}{4}$이므로

$a+(2-a)+(a+4)=\dfrac{25}{4}$

$a+6=\dfrac{25}{4}$ $\qquad\therefore a=\dfrac{1}{4}$

STEP 3 따라서 두 점 A, B의 x좌표는

$\dfrac{1}{4},\ 2-\dfrac{1}{4}=\dfrac{7}{4}$

이므로

$\overline{AB}=\dfrac{7}{4}-\dfrac{1}{4}=\dfrac{3}{2}$

다른 풀이 **STEP 3**

$\overline{AB}=2-\dfrac{1}{4}\times2=\dfrac{3}{2}$

352 답 ④

해결 각 잡기

❷ $ax-\dfrac{\pi}{3}=t$로 놓고 주어진 함수의 식을 간단히 나타낸다.

  → 이때 t의 값의 범위를 반드시 확인한다.

❷ **함수 $y=|f(x)|$의 그래프**

  함수 $y=f(x)$의 그래프를 그린 후, $y\geq0$인 부분은 그대로 두고
  $y<0$인 부분은 x축에 대하여 대칭이동하여 그린다.

STEP 1 $f(x)=\left|4\sin\left(ax-\dfrac{\pi}{3}\right)+2\right|$에서 $ax-\dfrac{\pi}{3}=t$로 놓으면

$f(x)=|4\sin t+2|\ \left(-\dfrac{\pi}{3}\leq t<\dfrac{11}{3}\pi\right)$

함수 $y=f(x)$의 그래프가 직선 $y=2$와 만나는 점의 x좌표는 방정
식

$|4\sin t+2|=2$ $\qquad\qquad$ ······ ㉠

의 실근과 같다.

㉠에서 $4\sin t+2=-2$ 또는 $4\sin t+2=2$

$\therefore \sin t=-1$ 또는 $\sin t=0$

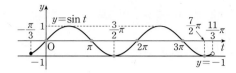

이때 $-\dfrac{\pi}{3}\leq t<\dfrac{11}{3}\pi$이므로

$t=0$ 또는 $t=\pi$ 또는 $t=\dfrac{3}{2}\pi$ 또는 $t=2\pi$ 또는 $t=3\pi$ 또는 $t=\dfrac{7}{2}\pi$

즉, $n=6$이고 모든 t의 값의 합은

$0+\pi+\dfrac{3}{2}\pi+2\pi+3\pi+\dfrac{7}{2}\pi=11\pi$ $\qquad$ ······ ㉡

STEP 2 이때의 t의 값을 작은 것부터 $t_1,\ t_2,\ t_3,\ \cdots,\ t_6$이라 하고, 각
각의 t의 값에 따른 x의 값을 작은 것부터 차례대로 $x_1,\ x_2,\ x_3,\ \cdots,$
x_6이라 하자.

$ax-\dfrac{\pi}{3}=t$에서 $x=\dfrac{3t+\pi}{3a}$이므로

$x_1+x_2+x_3+\cdots+x_6$

$=\dfrac{3t_1+\pi}{3a}+\dfrac{3t_2+\pi}{3a}+\dfrac{3t_3+\pi}{3a}+\cdots+\dfrac{3t_6+\pi}{3a}$

$=\dfrac{3(t_1+t_2+t_3+\cdots+t_6)+6\pi}{3a}$

$=\dfrac{(t_1+t_2+t_3+\cdots+t_6)+2\pi}{a}$

$=\dfrac{11\pi+2\pi}{a}$ $(\because$ ㉡$)$

$=\dfrac{13\pi}{a}$

즉, $\dfrac{13\pi}{a}=39$이므로 $a=\dfrac{\pi}{3}$

$\therefore n\times a=6\times\dfrac{\pi}{3}=2\pi$

353 답 ④

STEP 1 함수 $f(x)=-\sin 2x$의 주기는 $\dfrac{2\pi}{2}=\pi$이고, 이 그래프는

함수 $y=\sin 2x$의 그래프를 x축에 대하여 대칭이동한 것이므로

$0\leq x\leq\pi$에서 함수 $y=f(x)$의 그래프는 다음 그림과 같다.

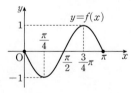

이 함수의 최댓값은 $x=\dfrac{3}{4}\pi$일 때 $f\left(\dfrac{3}{4}\pi\right)=1$이고,

최솟값은 $x=\dfrac{\pi}{4}$일 때 $f\left(\dfrac{\pi}{4}\right)=-1$이다.

$\therefore a=\dfrac{3}{4}\pi,\ b=\dfrac{\pi}{4}$

STEP 2 따라서 두 점 $\left(\dfrac{3}{4}\pi,\ 1\right),\ \left(\dfrac{\pi}{4},\ -1\right)$을 지나는 직선의 기울기는

$\dfrac{-1-1}{\dfrac{\pi}{4}-\dfrac{3}{4}\pi}=\dfrac{-2}{-\dfrac{\pi}{2}}=\dfrac{4}{\pi}$

354 답 13

해결 각 잡기

주어진 함수의 그래프를 그린 후 n의 값의 범위에 따라 $f(n)$, $g(n)$의 값을 구해 본다.

STEP 1 함수 $y=2\sin\left\{\dfrac{\pi}{6}(x+1)\right\}$의 주기는 $\dfrac{2\pi}{\frac{\pi}{6}}=12$이고, 최댓값은 2, 최솟값은 -2이다.

이 함수의 그래프는 함수 $y=2\sin\dfrac{\pi}{6}x$의 그래프를 x축의 방향으로 -1만큼 평행이동한 것이므로 다음 그림과 같다.

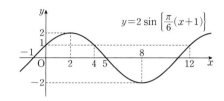

STEP 2 $h(x)=2\sin\left\{\dfrac{\pi}{6}(x+1)\right\}$이라 하면

$h(0)=2\sin\dfrac{\pi}{6}=2\times\dfrac{1}{2}=1$, $h(1)=2\sin\dfrac{\pi}{3}=2\times\dfrac{\sqrt{3}}{2}=\sqrt{3}$,

$h(2)=2\sin\dfrac{\pi}{2}=2\times 1=2$,

$h(8)=2\sin\dfrac{3}{2}\pi=2\times(-1)=-2$

(i) $n=1$일 때

$f(1)=h(1)=\sqrt{3}$, $g(1)=h(0)=1$

$\therefore f(1)-g(1)=\sqrt{3}-1=0. \times\times\times$

즉, 주어진 조건을 만족시키지 않는다.

(ii) $n=2, 3, 4$일 때

$f(n)=h(2)=2$, $g(n)=h(0)=1$

$\therefore f(n)-g(n)=2-1=1$

즉, 주어진 조건을 만족시키지 않는다.

(iii) $n=5$일 때

$f(5)=h(2)=2$, $g(5)=h(5)=0$

$\therefore f(5)-g(5)=2-0=2$

즉, 주어진 조건을 만족시키지 않는다.

(iv) $n=6, 7$일 때

$f(n)=h(2)=2$, $g(n)=h(n)=2\sin\left\{\dfrac{\pi}{6}(n+1)\right\}$

이때 $-2<g(n)<0$이므로 $2<f(n)-g(n)<4$

즉, 주어진 조건을 만족시킨다.

(v) $n=8, 9, 10, \cdots$일 때

$f(n)=h(2)=2$, $g(n)=h(8)=-2$

$\therefore f(n)-g(n)=2-(-2)=4$

즉, 주어진 조건을 만족시키지 않는다.

(i)~(v)에 의하여 $2<f(n)-g(n)<4$를 만족시키는 자연수 n의 값은 6, 7이므로 그 합은

$6+7=13$

355 답 ③

해결 각 잡기

삼각함수의 그래프의 대칭성에 의하여 $\overline{AO}=\overline{AB}$이므로 삼각형 OAB는 직각이등변삼각형이다.

STEP 1 함수 $f(x)=a\sin bx$의 주기는 $\dfrac{2\pi}{b}$ $(\because b>0)$이므로 두 점 A, B의 x좌표는 각각

$\dfrac{2\pi}{b}\times\dfrac{1}{4}=\dfrac{\pi}{2b}$, $\dfrac{2\pi}{b}\times\dfrac{1}{2}=\dfrac{\pi}{b}$

$\therefore A\left(\dfrac{\pi}{2b}, a\right)$, $B\left(\dfrac{\pi}{b}, 0\right)$

STEP 2 주어진 함수의 그래프는 직선 $x=\dfrac{\pi}{2b}$에 대하여 대칭이므로 삼각형 OAB는 직각이등변삼각형이다.

즉, $\angle AOB=\dfrac{\pi}{4}$이므로 직선 AO의 방정식은 $y=x$이고 점 A의 x좌표와 y좌표는 서로 같다.

$\therefore \dfrac{\pi}{2b}=a$ $\cdots\cdots$ ㉠

$\therefore A(a, a)$, $B(2a, 0)$

STEP 3 이때 삼각형 OAB의 넓이가 4이므로

$\dfrac{1}{2}\times 2a\times a=4$

$a^2=4$ $\therefore a=2$ $(\because a>0)$

$a=2$를 ㉠에 대입하면

$\dfrac{\pi}{2b}=2$ $\therefore b=\dfrac{\pi}{4}$

$\therefore a+b=2+\dfrac{\pi}{4}$

다른 풀이

점 A에서 x축에 내린 수선의 발을 H라 하면 함수 $y=f(x)$의 그래프는 직선 AH에 대하여 대칭이므로 $\overline{OA}=\overline{AB}$

삼각형 OAB의 넓이가 4이므로

$\dfrac{1}{2}\overline{OA}^2=4$ $\therefore \overline{OA}=2\sqrt{2}$ $(\because \overline{OA}>0)$

직각삼각형 AOH에서 $\overline{AH}=\overline{OH}$이므로

$\sqrt{2}\,\overline{AH}=2\sqrt{2}$ $\therefore \overline{AH}=2$, 즉 $a=2$

$\overline{OH}=\overline{BH}=2$

따라서 B$(4, 0)$이므로

$\dfrac{\pi}{b}=4$ $\therefore b=\dfrac{\pi}{4}$

$\therefore a+b=2+\dfrac{\pi}{4}$

356 답 ④

해결 각 잡기

두 함수의 그래프가 각각 원점에 대하여 대칭일 때, 두 함수의 그래프의 원점 이외의 교점이 두 개이면 두 교점도 원점에 대하여 대칭이다.

함수

$f(x)=3\sin 2nx\left(-\dfrac{\pi}{2n}<x<\dfrac{\pi}{2n}\right)$

의 그래프는 원점에 대하여 대칭이고,
세 점 O, A, B를 지나는 직선도 원점
에 대하여 대칭이므로 두 점 A, B도
원점에 대하여 대칭이다.

즉, $A\left(t,\ 3\sin 2nt\right)\left(0<t<\dfrac{\pi}{2n}\right)$라 하면

$B(-t,\ -3\sin 2nt)$

또, 삼각형 AOC의 넓이와 삼각형 BOC의 넓이는 서로 같으므로
삼각형 ABC의 넓이는
┌─ 점 O는 $\overline{AB}$의 중점이므로 $\triangle AOC = \triangle BOC$

$2\times\left(\dfrac{1}{2}\times\dfrac{\pi}{2n}\times 3\sin 2nt\right)=\dfrac{\pi}{12}$

$\therefore \sin 2nt=\dfrac{n}{18}\left(0<t<\dfrac{\pi}{2n}\right)$

STEP 2 이때 $0<t<\dfrac{\pi}{2n}$에서 $0<\sin 2nt\leq 1$이므로
└─ $0<2nt<\pi$

$0<\dfrac{n}{18}\leq 1$ $\therefore 0<n\leq 18$

따라서 자연수 n의 최댓값은 18이다.

357 답 ③

STEP 1 함수 $y=a\sin b\pi x$의 주기는 $\dfrac{2\pi}{b\pi}=\dfrac{2}{b}\ (\because b>0)$이므로 두

점 A, B의 x좌표는 각각

$\dfrac{2}{b}\times\dfrac{1}{4}=\dfrac{1}{2b},\ \dfrac{1}{2b}+\dfrac{2}{b}=\dfrac{5}{2b}$

$\therefore A\left(\dfrac{1}{2b},\ a\right),\ B\left(\dfrac{5}{2b},\ a\right)$

STEP 2 삼각형 OAB의 넓이가 5이므로

$\dfrac{1}{2}\times\left(\dfrac{5}{2b}-\dfrac{1}{2b}\right)\times a=5$

$\dfrac{a}{b}=5$ $\therefore a=5b$ ...... ㉠

$\therefore A\left(\dfrac{1}{2b},\ 5b\right),\ B\left(\dfrac{5}{2b},\ 5b\right)$

STEP 3 또, 두 직선 OA, OB의 기울기는 각각

$\dfrac{5b}{\dfrac{1}{2b}}=10b^2,\ \dfrac{5b}{\dfrac{5}{2b}}=2b^2$

두 기울기의 곱이 $\dfrac{5}{4}$이므로

$10b^2\times 2b^2=\dfrac{5}{4}$

$b^4=\dfrac{1}{16}$ $\therefore b=\dfrac{1}{2}\ (\because b>0)$

STEP 4 $b=\dfrac{1}{2}$을 ㉠에 대입하면

$a=5\times\dfrac{1}{2}=\dfrac{5}{2}$

$\therefore a+b=\dfrac{5}{2}+\dfrac{1}{2}=3$

다른 풀이 1 STEP 2 + STEP 3

$\overline{AB}=\dfrac{2}{b}$이고 삼각형 OAB의 넓이가 5이므로

$\dfrac{1}{2}\times\dfrac{2}{b}\times a=5$ $\therefore a=5b$

따라서 두 직선 OA, OB의 기울기는 각각

$\dfrac{a}{\dfrac{1}{2b}}=2ab=10b^2,\ \dfrac{a}{\dfrac{5}{2b}}=\dfrac{2ab}{5}=2b^2$

두 기울기의 곱이 $\dfrac{5}{4}$이므로

$10b^2\times 2b^2=\dfrac{5}{4}$

$b^4=\dfrac{1}{16}$ $\therefore b=\dfrac{1}{2}\ (\because b>0)$

다른 풀이 2 STEP 3

(점 A의 x좌표)$\times 5=$(점 B의 x좌표)이므로
(직선 OA의 기울기)$=$(직선 OB의 기울기)$\times 5$
이때 (직선 OB의 기울기)$=m$이라 하면
(직선 OA의 기울기)$=5m$
이때 $m\times 5m=\dfrac{5}{4}$이므로

$m^2=\dfrac{1}{4}$ $\therefore m=\dfrac{1}{2}\ (\because m>0)$

즉, $\dfrac{5b}{\dfrac{5}{2b}}=\dfrac{1}{2}$이므로 $2b^2=\dfrac{1}{2}$

$b^2=\dfrac{1}{4}$ $\therefore b=\dfrac{1}{2}\ (\because b>0)$

358 답 ①

해결 각 잡기

삼각형 AOB의 넓이를 이용하여 $\overline{AB}$의 길이를 구하고,
$\overline{BC}=\overline{AB}+b$를 이용하여 $\overline{AC}$의 길이를 구하면 주어진 함수의 주
기를 알 수 있다.

STEP 1 삼각형 AOB의 넓이가 $\dfrac{15}{2}$이므로

$\dfrac{1}{2}\times\overline{AB}\times 5=\dfrac{15}{2}$ $\therefore \overline{AB}=3$

즉, $\overline{BC}=\overline{AB}+6=3+6=9$이므로

$\overline{AC}=3+9=12$

즉, 함수 $f(x)=a\sin\dfrac{\pi x}{b}+1$의 주기가 12이므로

$\dfrac{2\pi}{\dfrac{\pi}{b}}=12\ (\because b>0)$

$2b=12$ $\therefore b=6$

$\therefore f(x)=a\sin\dfrac{\pi x}{6}+1$

STEP 2 선분 AB의 중점의 x좌표는 $12\times\dfrac{1}{4}=3$이므로 두 점 A, B
는 직선 $x=3$에 대하여 대칭이다.

이때 $\overline{AB}=3$이므로 점 A의 x좌표는

$$x=3-\frac{3}{2}=\frac{3}{2} \qquad \therefore A\left(\frac{3}{2}, 5\right)$$

점 A는 함수 $y=f(x)$의 그래프 위의 점이므로 $f\left(\frac{3}{2}\right)=5$에서

$$a\sin\frac{\pi}{4}+1=5, \frac{\sqrt{2}}{2}a=4$$

$$\therefore a=4\sqrt{2}$$

$$\therefore a^2+b^2=(4\sqrt{2})^2+6^2=32+36=68$$

359 답 ①

해결 각 잡기

함수 $y=a\cos(bx+c)+d$의
(1) 최댓값: $|a|+d$
(2) 최솟값: $-|a|+d$
(3) 주기: $\dfrac{2\pi}{|b|}$

STEP 1 함수 $f(x)=4\cos\dfrac{\pi}{a}x+b$의 주기가 4이고 $a>0$이므로

$$\frac{2\pi}{\frac{\pi}{a}}=4, 2a=4 \qquad \therefore a=2$$

STEP 2 함수 $f(x)=4\cos\dfrac{\pi}{a}x+b$의 최솟값이 -1이므로

$$-4+b=-1 \qquad \therefore b=3$$

$$\therefore a+b=2+3=5$$

360 답 ①

STEP 1 함수 $f(x)=a\cos bx+3$의 주기가 4π이고 $b>0$이므로

$$\frac{2\pi}{b}=4\pi \qquad \therefore b=\frac{1}{2}$$

STEP 2 함수 $f(x)=a\cos bx+3$의 최솟값이 -1이고 $a>0$이므로

$$-a+3=-1 \qquad \therefore a=4$$

$$\therefore a+b=4+\frac{1}{2}=\frac{9}{2}$$

361 답 ③

해결 각 잡기

주어진 그래프에서 최댓값, 최솟값, 주기를 구한 후 삼각함수의 미정계수를 결정한다.

STEP 1 주어진 함수의 최댓값이 1, 최솟값이 -3이고 $a>0$이므로

$$a+c=1, -a+c=-3$$

위의 두 식을 연립하여 풀면

$$a=2, c=-1$$

STEP 2 또, 이 함수의 주기가 $\dfrac{2}{3}\pi$이고 $b>0$이므로

$$\frac{2\pi}{b}=\frac{2}{3}\pi \qquad \therefore b=3$$

$$\therefore a\times b\times c=2\times 3\times(-1)=-6$$

362 답 ②

해결 각 잡기

함수 $f(x)=a\cos bx$의 그래프는 함수 $f(x)=\cos x$의 그래프에서 최댓값, 최솟값, 주기만 바뀐 그래프이다. (단, $a\neq 1$, $b\neq 1$)

STEP 1 함수 $f(x)=a\cos bx$의 최댓값이 3, 최솟값이 -3이고 $a<0$이므로 $\underset{f(0)=a<0}{\underbrace{|a|=3}}$

$$a=-3$$

STEP 2 함수 $f(x)=a\cos bx$의 주기가 π이고 $b>0$이므로

$$\frac{2\pi}{b}=\pi \qquad \therefore b=2$$

$$\therefore g(x)=2\sin x-3$$

STEP 3 따라서 함수 $g(x)$의 최댓값은

$$2-3=-1$$

다른 풀이 **STEP 1**

$f(0)=-3$이므로 $-3=a\cos 0 \qquad \therefore a=-3$

363 답 ⑤

STEP 1 함수 $f(x)=a\cos bx$의 주기가 6π이고 $b>0$이므로

$$\frac{2\pi}{b}=6\pi \qquad \therefore b=\frac{1}{3}$$

$$\therefore f(x)=a\cos\frac{x}{3}$$

STEP 2

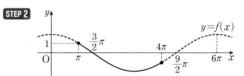

$\pi\leq x\leq 4\pi$에서 함수 $f(x)$의 최댓값은 $x=\pi$일 때 1이므로

$$a\cos\frac{\pi}{3}=1, \frac{a}{2}=1 \qquad \therefore a=2$$

$$\therefore a+b=2+\frac{1}{3}=\frac{7}{3}$$

364 답 ③

해결 각 잡기

❤ 함수 $f(x)=a\cos bx+3$의 그래프는 함수 $y=a\cos bx$의 그래프를 y축의 방향으로 3만큼 평행이동한 것이다.
❤ 함수 $f(x)$의 주기를 파악하여 $0\leq x\leq 2\pi$에서 $\cos bx=1$을 만족시키는 x의 값이 존재하는지 생각해 본다.

05

STEP 1 함수 $f(x)=a\cos bx+3$의 주기는

$\dfrac{2\pi}{b}$ ($\because b$는 자연수)

이때 b는 자연수이므로

$\dfrac{2\pi}{b}<2\pi$

STEP 2 즉, $0\le x\le 2\pi$에서 함수 $f(x)=a\cos bx+3$이 $\cos bx=1$
일 때 최댓값을 가지므로

$\cos\dfrac{b\pi}{3}=1$, $a+3=13$

$\cos\dfrac{b\pi}{3}=1$에서 $\dfrac{b\pi}{3}=2\pi$, 4π, 6π, $\cdots$

$\therefore b=6$, 12, 18, $\cdots$

$a+3=13$에서 $a=10$

$\therefore a+b=16$, 22, 28, $\cdots$

따라서 $a+b$의 최솟값은 16이다.

365 답 ④

STEP 1 함수 $y=4\sin 3x$의 주기는 $\dfrac{2\pi}{3}$, 최댓값은 4, 최솟값은 -4

이고, 함수 $y=3\cos 2x$의 주기는 $\dfrac{2\pi}{2}=\pi$, 최댓값은 3, 최솟값은

-3이므로 두 함수의 그래프는 다음 그림과 같다.

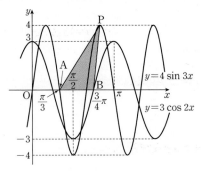

$A\left(\dfrac{\pi}{3}, 0\right)$, $B\left(\dfrac{3}{4}\pi, 0\right)$이므로

$\overline{AB}=\dfrac{3}{4}\pi-\dfrac{\pi}{3}=\dfrac{5}{12}\pi$

STEP 2 따라서 삼각형 ABP의 넓이가 최대일 때는 점 P의 y좌표가
4일 때이므로 삼각형 ABP의 넓이의 최댓값은

$\dfrac{1}{2}\times\dfrac{5}{12}\pi\times 4=\dfrac{5}{6}\pi$

366 답 10

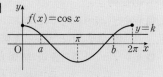

해결 각 잡기

코사인함수의 그래프의 대칭성

$f(x)=\cos x$ $(0\le x\le 2\pi)$에서

$f(a)=f(b)=k$이면

(1) $\dfrac{a+b}{2}=\pi$

(2) $a=2\pi-b$ ← $a-0=2\pi-b$

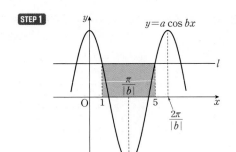

x좌표가 1, 5인 두 점은 직선 $x=\dfrac{\pi}{|b|}$에 대하여 대칭이므로

$\dfrac{1+5}{2}=\dfrac{\pi}{|b|}$, $|b|=\dfrac{\pi}{3}$

$\therefore b=-\dfrac{\pi}{3}$ 또는 $b=\dfrac{\pi}{3}$

$\therefore y=a\cos\left(-\dfrac{\pi}{3}x\right)$ 또는 $y=a\cos\dfrac{\pi}{3}x$

이때 $y=a\cos\left(-\dfrac{\pi}{3}x\right)=a\cos\dfrac{\pi}{3}x$이므로

$y=a\cos\dfrac{\pi}{3}x$

STEP 2 $y=a\cos\dfrac{\pi}{3}x$에 $x=1$을 대입하면

$y=a\cos\dfrac{\pi}{3}=a\times\dfrac{1}{2}=\dfrac{a}{2}$

주어진 도형의 넓이가 20이므로

$(5-1)\times\dfrac{a}{2}=20$ $\qquad\therefore a=10$

367 답 ③

STEP 1 두 점 A, B의 x좌표를 각각 α, β라 하면 점 $A(\alpha, 1)$은 곡
선 $y=2\cos ax$ 위의 점이므로

$1=2\cos a\alpha$ $\qquad\therefore \cos a\alpha=\dfrac{1}{2}$

$\alpha<\dfrac{\pi}{a}$에서 $a\alpha<\pi$이므로

$a\alpha=\dfrac{\pi}{3}$ $\qquad\therefore a=\dfrac{\pi}{3\alpha}$ $\qquad\cdots\cdots$ ㉠

두 점 A, B는 직선 $x=\dfrac{\pi}{a}$, 즉 $x=3\alpha$에 대하여 대칭이므로

$\dfrac{\alpha+\beta}{2}=3\alpha$, $\alpha+\beta=6\alpha$

$\therefore 5\alpha=\beta$ $\qquad\cdots\cdots$ ㉡

STEP 2 $\overline{AB}=\dfrac{8}{3}$이므로 $\beta-\alpha=\dfrac{8}{3}$

$5\alpha-\alpha=4\alpha=\dfrac{8}{3}$ $(\because$ ㉡$)$

$\therefore \alpha=\dfrac{2}{3}$

STEP 3 $\alpha=\dfrac{2}{3}$를 ㉠에 대입하면

$a=\dfrac{\pi}{3\times\dfrac{2}{3}}=\dfrac{\pi}{2}$

$ax=t$로 놓으면 $0 \le x \le \dfrac{2\pi}{a}$에서 $0 \le t \le 2\pi$이고

$y=2\cos t$

$y=2\cos t$에 $y=1$을 대입하면

$1=2\cos t$ $\therefore \cos t = \dfrac{1}{2}$

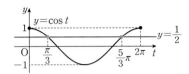

$\therefore t = \dfrac{\pi}{3}$ 또는 $t = \dfrac{5}{3}\pi$

즉, $ax = \dfrac{\pi}{3}$ 또는 $ax = \dfrac{5}{3}\pi$이므로

$x = \dfrac{\pi}{3a}$ 또는 $x = \dfrac{5}{3a}\pi$

$\therefore \mathrm{A}\left(\dfrac{\pi}{3a}, 1\right)$, $\mathrm{B}\left(\dfrac{5}{3a}\pi, 1\right)$

이때 $\overline{\mathrm{AB}} = \dfrac{8}{3}$이므로

$\dfrac{5}{3a}\pi - \dfrac{\pi}{3a} = \dfrac{8}{3}$

$\dfrac{4\pi}{3a} = \dfrac{8}{3}$ $\therefore a = \dfrac{\pi}{2}$

368 답 ③

STEP 1 함수 $f(x) = \cos\dfrac{\pi x}{6}$의 주기는 $\dfrac{2\pi}{\dfrac{\pi}{6}} = 12$이므로 $0 \le x \le 12$

에서 함수 $y=f(x)$의 그래프는 다음 그림과 같다.

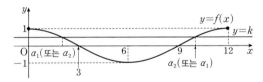

곡선 $y=f(x)$와 직선 $y=k$가 만나는 두 점은 직선 $x=6$에 대하여

대칭이므로

$\dfrac{\alpha_1 + \alpha_2}{2} = 6$ $\therefore \alpha_1 + \alpha_2 = 12$

$|\alpha_1 - \alpha_2| = 8$에서

$\alpha_1 - \alpha_2 = -8$ 또는 $\alpha_1 - \alpha_2 = 8$

(i) $\alpha_1 - \alpha_2 = -8$일 때

$\alpha_1 + \alpha_2 = 12$이므로

$\alpha_1 = 2$, $\alpha_2 = 10$

(ii) $\alpha_1 - \alpha_2 = 8$일 때

$\alpha_1 + \alpha_2 = 12$이므로

$\alpha_1 = 10$, $\alpha_2 = 2$

(i), (ii)에서 $f(2) = k$이므로

$k = \cos\dfrac{\pi}{3} = \dfrac{1}{2}$

STEP 2 곡선 $y=g(x)$와 직선 $y=\dfrac{1}{2}$이 만나는 점의 x좌표는

$-3\cos\dfrac{\pi x}{6} - 1 = \dfrac{1}{2}$에서

$-3\cos\dfrac{\pi x}{6} = \dfrac{3}{2}$ $\therefore \cos\dfrac{\pi x}{6} = -\dfrac{1}{2}$

$\dfrac{\pi x}{6} = t$로 놓으면 $0 \le x \le 12$에서 $0 \le t \le 2\pi$이고

$\cos t = -\dfrac{1}{2}$

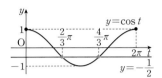

$\therefore t = \dfrac{2}{3}\pi$ 또는 $t = \dfrac{4}{3}\pi$

즉, $\dfrac{\pi x}{6} = \dfrac{2}{3}\pi$ 또는 $\dfrac{\pi x}{6} = \dfrac{4}{3}\pi$이므로

$x=4$ 또는 $x=8$

따라서 $\beta_1 = 4$, $\beta_2 = 8$ 또는 $\beta_1 = 8$, $\beta_2 = 4$이므로

$|\beta_1 - \beta_2| = |4-8| = 4$

369 답 ⑤

해결 각 잡기

오른쪽 그림과 같이 한 변의 길이가 k인 정삼각형 ABC의 높이 h는

$h = \dfrac{\sqrt{3}}{2}k$

STEP 1 $f(0) = a\cos 0 + a = 2a$이므로

$\mathrm{A}(0, 2a)$

STEP 2 함수 $y=f(x)$의 그래프와 직선 $y=\dfrac{a}{2}$가 만나는 점의 x좌

표는

$a\cos\dfrac{2}{3}x + a = \dfrac{a}{2}$에서

$a\cos\dfrac{2}{3}x = -\dfrac{a}{2}$ $\therefore \cos\dfrac{2}{3}x = -\dfrac{1}{2}$

$\dfrac{2}{3}x = t$로 놓으면 $-\dfrac{3}{2}\pi \le x \le \dfrac{3}{2}\pi$에서 $-\pi \le t \le \pi$이고

$\cos t = -\dfrac{1}{2}$

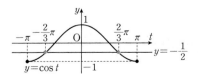

$\therefore t = -\dfrac{2}{3}\pi$ 또는 $t = \dfrac{2}{3}\pi$

즉, $\dfrac{2}{3}x = -\dfrac{2}{3}\pi$ 또는 $\dfrac{2}{3}x = \dfrac{2}{3}\pi$이므로

$x=-\pi$ 또는 $x=\pi$

$\therefore \mathrm{B}\left(-\pi,\ \dfrac{a}{2}\right),\ \mathrm{C}\left(\pi,\ \dfrac{a}{2}\right)$

STEP 3 따라서 삼각형 ABC는 한 변의 길이가

$\overline{\mathrm{BC}}=\pi-(-\pi)=2\pi$이고 높이가 $2a-\dfrac{a}{2}=\dfrac{3}{2}a$인 정삼각형이므로

$\dfrac{\sqrt{3}}{2}\times 2\pi=\dfrac{3}{2}a$

$\therefore a=\dfrac{2\sqrt{3}}{3}\pi$

370 답 ③

해결 각 잡기

점 A의 x좌표를 $a\left(0<a<\dfrac{\pi}{2}\right)$라 하고 두 점 B, C의 x좌표를 a에 대한 식으로 나타내어 본다.

STEP 1 $k\sin x=\cos x\ (0\le x\le 2\pi)$에서

$\dfrac{\sin x}{\cos x}=\dfrac{1}{k}\ (\because k\ne 0,\ \cos x\ne 0)$

$\therefore \tan x=\dfrac{1}{k}$ ...... ㉠

이때 점 A의 x좌표를 $a\left(0<a<\dfrac{\pi}{2}\right)$라 하면 함수 $y=\tan x$의 주기는 π이므로 점 B의 x좌표는 $a+\pi$이다.

$\therefore \mathrm{A}(a,\ \cos a),\ \mathrm{B}(a+\pi,\ \underbrace{-\cos a}_{\cos(a+\pi)=-\cos a})$

STEP 2 선분 AB를 $3:1$로 외분하는 점 C의 좌표는

$\mathrm{C}\left(\dfrac{3\times(a+\pi)-1\times a}{3-1},\ \dfrac{3\times(-\cos a)-1\times\cos a}{3-1}\right)$

$\therefore \mathrm{C}\left(a+\dfrac{3}{2}\pi,\ -2\cos a\right)$ ...... ㉡

즉, 두 점 B, C의 x좌표의 차는

$a+\dfrac{3}{2}\pi-(a+\pi)=\dfrac{\pi}{2}$

STEP 3 점 D의 x좌표는 $a+\dfrac{3}{2}\pi$이므로

$g\left(a+\dfrac{3}{2}\pi\right)=\cos\left(a+\dfrac{3}{2}\pi\right)=\sin a$

$\therefore \mathrm{D}\left(a+\dfrac{3}{2}\pi,\ \sin a\right)$ ...... ㉢

STEP 4 또, 점 $\mathrm{C}\left(a+\dfrac{3}{2}\pi,\ -2\cos a\right)$는 곡선 $f(x)=k\sin x$ 위의 점이므로

$-2\cos a=k\sin\left(a+\dfrac{3}{2}\pi\right)$

$-2\cos a=k\times(-\cos a)$

$\therefore k=2\ (\because \cos a\ne 0)$

㉠에서 $\tan a=\dfrac{1}{2}$이므로

$\dfrac{\sin a}{\cos a}=\dfrac{1}{2},\ 2\sin a=\cos a$ ...... ㉣

$\sin^2 a+\cos^2 a=1$이므로

$\sin^2 a+(2\sin a)^2=1$

$5\sin^2 a=1,\ \sin^2 a=\dfrac{1}{5}$

$\therefore \sin a=\dfrac{\sqrt{5}}{5}\left(\because 0<a<\dfrac{\pi}{2}\right)$

$\sin a=\dfrac{\sqrt{5}}{5}$를 ㉣에 대입하면

$\cos a=2\sin a=\dfrac{2\sqrt{5}}{5}$

STEP 5 ㉡, ㉢에서

$\mathrm{C}\left(a+\dfrac{3}{2}\pi,\ -\dfrac{4\sqrt{5}}{5}\right),\ \mathrm{D}\left(a+\dfrac{3}{2}\pi,\ \dfrac{\sqrt{5}}{5}\right)$

$\therefore \overline{\mathrm{CD}}=\dfrac{\sqrt{5}}{5}-\left(-\dfrac{4\sqrt{5}}{5}\right)=\sqrt{5}$

따라서 삼각형 BCD의 넓이는

$\dfrac{1}{2}\times\sqrt{5}\times\dfrac{\pi}{2}=\dfrac{\sqrt{5}}{4}\pi$

다른 풀이 **STEP 2**

점 C는 선분 AB를 $3:1$로 외분하는 점이므로

(두 점 A, C의 x좌표의 차) : (두 점 B, C의 x좌표의 차)$=3:1$

$\dfrac{3}{2}\pi$: (두 점 B, C의 x좌표의 차)$=3:1$

$\therefore$ (두 점 B, C의 x좌표의 차)$=\dfrac{\pi}{2}$

371 답 9

해결 각 잡기

함수 $y=a\tan(bx+c)+d$의
(1) 최댓값: 없다.
(2) 최솟값: 없다.
(3) 주기: $\dfrac{\pi}{|b|}$

STEP 1 함수 $y=\cos\dfrac{2}{3}x$의 주기는

$\dfrac{2\pi}{\dfrac{2}{3}}=3\pi$

함수 $y=\tan\dfrac{3}{a}x$의 주기는

$\dfrac{\pi}{\dfrac{3}{a}}=\dfrac{a\pi}{3}\ (\because a>0)$

STEP 2 이때 두 함수의 주기가 같으므로

$3\pi=\dfrac{a\pi}{3}$

$\therefore a=9$

372 답 11

STEP 1 $f\left(\dfrac{\pi}{6}\right)=7$이므로

$$2\sqrt{3}\tan\frac{\pi}{6}+k=7, \quad 2\sqrt{3}\times\frac{\sqrt{3}}{3}+k=7$$

$$2+k=7 \quad \therefore k=5$$

STEP 2 즉, $f(x)=2\sqrt{3}\tan x+5$이므로

$$f\left(\frac{\pi}{3}\right)=2\sqrt{3}\tan\frac{\pi}{3}+5$$
$$=2\sqrt{3}\times\sqrt{3}+5$$
$$=6+5=11$$

373 답 ③

STEP 1 주어진 함수의 주기가 $8-2=6$이고 $b>0$이므로

$$\frac{\pi}{b\pi}=6 \quad \therefore b=\frac{1}{6}$$

STEP 2 즉, 함수 $y=a\tan\frac{\pi}{6}x$의 그래프가 점 $(2,3)$을 지나므로

$$3=a\tan\frac{\pi}{3}, \quad 3=\sqrt{3}a \quad \therefore a=\sqrt{3}$$

$$\therefore a^2\times b=(\sqrt{3})^2\times\frac{1}{6}=3\times\frac{1}{6}=\frac{1}{2}$$

374 답 ④

STEP 1 함수 $y=\tan x$의 그래프가 점 $\left(\frac{\pi}{3}, c\right)$를 지나므로

$$c=\tan\frac{\pi}{3}=\sqrt{3}$$

STEP 2 함수 $y=a\sin bx$의 주기가 π이고 $b>0$이므로

$$\frac{2\pi}{b}=\pi \quad \therefore b=2$$

STEP 3 즉, 함수 $y=a\sin 2x$의 그래프가 점 $\left(\frac{\pi}{3}, \sqrt{3}\right)$을 지나므로

$$\sqrt{3}=a\sin\frac{2}{3}\pi$$

$$\sqrt{3}=\frac{\sqrt{3}}{2}a \quad \therefore a=2$$

$$\therefore abc=2\times 2\times\sqrt{3}=4\sqrt{3}$$

375 답 ③

STEP 1 함수 $f(x)=a-\sqrt{3}\tan 2x$가 $-\frac{\pi}{6}\le x\le b$에서 최댓값 7,

최솟값 3을 가지므로 $-\frac{\pi}{4}<x<\frac{\pi}{4}$에서 함수 $y=f(x)$의 그래프

는 다음 그림과 같고 $-\frac{\pi}{6}<b<\frac{\pi}{4}$이다.

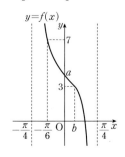

STEP 2 $f\left(-\frac{\pi}{6}\right)=7$이므로

$$a-\sqrt{3}\tan\left(-\frac{\pi}{3}\right)=7$$

$$a+\sqrt{3}\tan\frac{\pi}{3}=7, \quad a+\sqrt{3}\times\sqrt{3}=7$$

$$a+3=7 \quad \therefore a=4$$

$$\therefore f(x)=4-\sqrt{3}\tan 2x$$

STEP 3 또, $f(b)=3$이므로

$$4-\sqrt{3}\tan 2b=3, \quad \tan 2b=\frac{\sqrt{3}}{3}$$

이때 $-\frac{\pi}{3}<2b<\frac{\pi}{2}$이므로

$$2b=\frac{\pi}{6} \quad \therefore b=\frac{\pi}{12}$$

$$\therefore a\times b=4\times\frac{\pi}{12}=\frac{\pi}{3}$$

376 답 ③

> **해결 각 잡기**
>
> 두 함수의 그래프가 각각 원점에 대하여 대칭일 때, 두 함수의 그래프의 원점 이외의 교점이 두 개이면 두 교점도 원점에 대하여 대칭이다.

STEP 1 삼각형 ABC는 정삼각형이므로

$$\angle BAC=\frac{\pi}{3}$$

따라서 세 점 O, A, B를 지나는 직선의 방정식은 $y=\tan\frac{\pi}{3}x$, 즉

$$y=\sqrt{3}x$$

함수 $y=f(x)$의 그래프는 $-\frac{a}{2}<x<\frac{a}{2}$에서 원점에 대하여 대칭

이고 직선 $y=\sqrt{3}x$도 원점에 대하여 대칭이므로 두 점 A, B도 원점에 대하여 대칭이다.

즉, $B(t, \sqrt{3}t) \, (t>0)$라 하면

$$A(-t, -\sqrt{3}t)$$

STEP 2

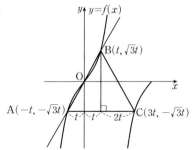

위의 그림에서 $\overline{AC}=4t$이므로

$$C(3t, -\sqrt{3}t)$$

이때 $\overline{AC}$의 길이는 $f(x)=\tan\frac{\pi}{a}x$의 주기 $\dfrac{\pi}{\frac{\pi}{a}}=a \, (\because a>0)$와

같으므로

$$a=4t \quad \therefore f(x)=\tan\frac{\pi}{4t}x$$

STEP 3 점 $C(3t, -\sqrt{3}t)$는 함수 $f(x)=\tan\dfrac{\pi}{4t}x$의 그래프 위의 점이므로

$$-\sqrt{3}t=\tan\left(\dfrac{\pi}{4t}\times 3t\right)$$

$$-\sqrt{3}t=\tan\dfrac{3}{4}\pi, \quad -\sqrt{3}t=-1$$

$$\therefore t=\dfrac{\sqrt{3}}{3}$$

$$\therefore \overline{AC}=4t=4\times\dfrac{\sqrt{3}}{3}=\dfrac{4\sqrt{3}}{3}$$

STEP 4 따라서 정삼각형 ABC의 한 변의 길이가 $\dfrac{4\sqrt{3}}{3}$이므로 그 넓이는

$$\dfrac{\sqrt{3}}{4}\times\left(\dfrac{4\sqrt{3}}{3}\right)^2=\dfrac{4\sqrt{3}}{3}$$
#

> **# 참고**
>
> 한 변의 길이가 a인 정삼각형의 넓이는
>
> $$\dfrac{\sqrt{3}}{4}a^2$$

377 답 ③

> **해결 각 잡기**
>
> ❤ 방정식 $f(x)=g(x)$의 서로 다른 실근의 개수는 두 함수 $y=f(x)$, $y=g(x)$의 그래프의 교점의 개수와 같다.
>
> ❤ **함수 $y=|f(x)|$의 그래프**
> 함수 $y=f(x)$의 그래프를 그린 후, $y\geq 0$인 부분은 그대로 두고 $y<0$인 부분은 x축에 대하여 대칭이동하여 그린다.

STEP 1 $0\leq x<2\pi$일 때, 함수 $y=4\sin 3x+2$의 그래프는 다음 그림과 같다. ┌ 주기: $\dfrac{2}{3}\pi$

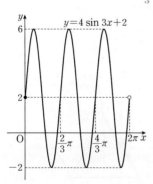

STEP 2 함수 $y=|4\sin 3x+2|$의 그래프는 다음 그림과 같다.

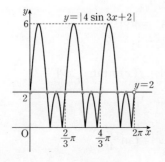

따라서 $0\leq x<2\pi$일 때 곡선 $y=|4\sin 3x+2|$와 직선 $y=2$가 만나는 서로 다른 점의 개수는 9이다.

378 답 30

STEP 1 $0\leq x<2\pi$일 때, 함수 $y=\cos x+\dfrac{1}{4}$의 그래프는 다음 그림과 같다.

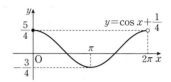

STEP 2 즉, 함수 $y=\left|\cos x+\dfrac{1}{4}\right|$의 그래프는 다음 그림과 같다.

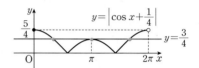

방정식 $\left|\cos x+\dfrac{1}{4}\right|=k\ (0\leq x<2\pi)$가 서로 다른 3개의 실근을 가지려면 함수 $y=\left|\cos x+\dfrac{1}{4}\right|$의 그래프와 직선 $y=k$가 만나는 점의 개수가 3이어야 하므로

$$k=\dfrac{3}{4} \qquad \therefore \alpha=\dfrac{3}{4}$$

$$\therefore 40\alpha=40\times\dfrac{3}{4}=30$$

379 답 ⑤

> **해결 각 잡기**
>
> 직선 $y=-\dfrac{10}{3}x+n$은 두 점 $(0, n)$, $\left(\dfrac{3}{10}n, 0\right)$을 지난다.
>
> → $n>0$이므로 점 $\left(\dfrac{3}{10}n, 0\right)$의 위치에 따라 이 직선과 함수 $y=\tan\pi x$의 그래프의 교점의 개수가 달라진다.

STEP 1 $0\leq x\leq 2$에서 함수 $y=\tan\pi x$의 그래프와 직선 $y=-\dfrac{10}{3}x+n$은 다음 그림과 같다. ┌ 주기: $\dfrac{\pi}{\pi}=1$

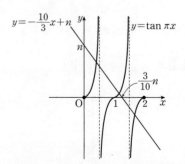

STEP 2 $0\leq x\leq 2$에서 함수 $y=\tan\pi x$의 그래프와 직선 $y=-\dfrac{10}{3}x+n$이 서로 다른 세 점에서 만나려면 직선

$y=-\dfrac{10}{3}x+n$의 x절편 $\dfrac{3}{10}n$이 2 이하이어야 한다.

즉, $\dfrac{3}{10}n \leq 2$이어야 하므로

$n \leq \dfrac{20}{3} = 6 . \times \times \times$

따라서 자연수 n의 최댓값은 6이다.

380 답 ⑤

직선 $y=-\dfrac{1}{5\pi}x+1$은 두 점 $(0, 1)$, $(10\pi, -1)$을 지난다.

직선 $y=-\dfrac{1}{5\pi}x+1$과 함수 $y=\sin x$의 그래프는 다음 그림과 같다.

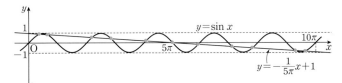

따라서 두 그래프의 교점의 개수는 11이다.

381 답 ④

STEP 1 $y=\cos\left(x-\dfrac{\pi}{2}\right)=\cos\left\{-\left(\dfrac{\pi}{2}-x\right)\right\}$

$\qquad\qquad\qquad =\cos\left(\dfrac{\pi}{2}-x\right)=\sin x$

STEP 2 $0 \leq x < 2\pi$일 때, 두 곡선 $y=\sin x$와 $y=\sin 4x$는 다음 그림과 같다.

└─ 주기: $\dfrac{2\pi}{4}=\dfrac{\pi}{2}$

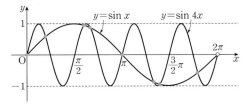

따라서 두 곡선이 만나는 점의 개수는 8이다.

382 답 ④

$k=1$, 2, 3, 4, 5를 하나씩 대입하여 주어진 곡선과 직선이 만나는 교점을 개수를 구한다.

STEP 1 (i) $k=1$일 때

곡선 $f(x)=\begin{cases} \sin x & \left(0 \leq x \leq \dfrac{\pi}{6}\right) \\ 1-\sin x & \left(\dfrac{\pi}{6} < x \leq 2\pi\right) \end{cases}$ 와 직선 $y=\dfrac{1}{2}$은 다음 그림과 같다.

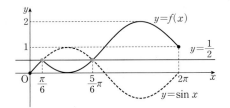

즉, 곡선 $y=f(x)$와 직선 $y=\dfrac{1}{2}$의 교점의 개수는 2이므로

$a_1 = 2$

(ii) $k=2$일 때

곡선 $f(x)=\begin{cases} \sin x & \left(0 \leq x \leq \dfrac{\pi}{3}\right) \\ \sqrt{3}-\sin x & \left(\dfrac{\pi}{3} < x \leq 2\pi\right) \end{cases}$ 와 직선 $y=\dfrac{\sqrt{3}}{2}$은 다음 그림과 같다.

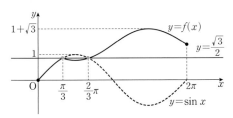

즉, 곡선 $y=f(x)$와 직선 $y=\dfrac{\sqrt{3}}{2}$의 교점의 개수는 2이므로

$a_2 = 2$

(iii) $k=3$일 때

곡선 $f(x)=\begin{cases} \sin x & \left(0 \leq x \leq \dfrac{\pi}{2}\right) \\ 2-\sin x & \left(\dfrac{\pi}{2} < x \leq 2\pi\right) \end{cases}$ 와 직선 $y=1$은 다음 그림과 같다.

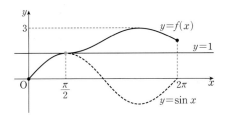

즉, 곡선 $y=f(x)$와 직선 $y=1$의 교점의 개수는 1이므로

$a_3 = 1$

(iv) $k=4$일 때

곡선 $f(x)=\begin{cases} \sin x & \left(0 \leq x \leq \dfrac{2}{3}\pi\right) \\ \sqrt{3}-\sin x & \left(\dfrac{2}{3}\pi < x \leq 2\pi\right) \end{cases}$ 와 직선 $y=\dfrac{\sqrt{3}}{2}$은 다음 그림과 같다.

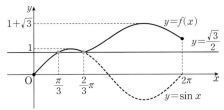

즉, 곡선 $y=f(x)$와 직선 $y=\dfrac{\sqrt{3}}{2}$의 교점의 개수는 2이므로

$a_4 = 2$

(v) $k=5$일 때

곡선 $f(x)=\begin{cases}\sin x & \left(0\le x\le\dfrac{5}{6}\pi\right)\\ 1-\sin x & \left(\dfrac{5}{6}\pi<x\le 2\pi\right)\end{cases}$ 와 직선 $y=\dfrac{1}{2}$은 다음

그림과 같다.

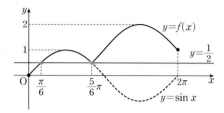

즉, 곡선 $y=f(x)$와 직선 $y=\dfrac{1}{2}$의 교점의 개수는 2이므로

$a_5=2$

STEP 2 (i)~(v)에서

$a_1+a_2+a_3+a_4+a_5=2+2+1+2+2=9$

다른 풀이 **STEP 1**

곡선 $y=f(x)$와 직선 $y=\sin\left(\dfrac{k}{6}\pi\right)$의 교점의 개수는 방정식

$f(x)=\sin\left(\dfrac{k}{6}\pi\right)$의 서로 다른 실근의 개수와 같다.

(vi) $0\le x\le\dfrac{k}{6}\pi$일 때

$f(x)=\sin x$이므로 방정식 $f(x)=\sin\left(\dfrac{k}{6}\pi\right)$에서

$\sin x=\sin\left(\dfrac{k}{6}\pi\right)$

(vii) $\dfrac{k}{6}\pi<x\le 2\pi$일 때

$f(x)=2\sin\left(\dfrac{k}{6}\pi\right)-\sin x$이므로 방정식 $f(x)=\sin\left(\dfrac{k}{6}\pi\right)$에서

$2\sin\left(\dfrac{k}{6}\pi\right)-\sin x=\sin\left(\dfrac{k}{6}\pi\right)$

$\therefore \sin x=\sin\left(\dfrac{k}{6}\pi\right)$

(vi), (vii)에서 구하는 교점의 개수는 $0\le x\le 2\pi$에서 방정식

$\sin x=\sin\left(\dfrac{k}{6}\pi\right)$의 서로 다른 실근의 개수와 같다.

(viii) $k=1$ 또는 $k=5$일 때

$\sin\dfrac{\pi}{6}=\sin\dfrac{5}{6}\pi=\dfrac{1}{2}$이므로 방정식 $\sin x=\dfrac{1}{2}$을 만족시키는

서로 다른 실근의 개수는 2이다.

$\therefore a_1=a_5=2$

(ix) $k=2$ 또는 $k=4$일 때

$\sin\dfrac{\pi}{3}=\sin\dfrac{2}{3}\pi=\dfrac{\sqrt{3}}{2}$이므로 방정식 $\sin x=\dfrac{\sqrt{3}}{2}$을 만족시키는 서로 다른 실근의 개수는 각각 2이다.

$\therefore a_2=a_4=2$

(x) $k=3$일 때

$\sin\dfrac{\pi}{2}=1$이므로 방정식 $\sin x=1$을 만족시키는 서로 다른 실

근의 개수는 1이다.

$\therefore a_3=1$

383 답 14

STEP 1 함수 $y=a\sin 3x+b$의 주기는 $\dfrac{2}{3}\pi$이고, $a>0$, $b>0$이므로 최댓값은 $a+b$, 최솟값은 $-a+b$이다.

$0\le x\le 2\pi$에서 함수 $y=a\sin 3x+b$의 그래프는 다음 그림과 같다.

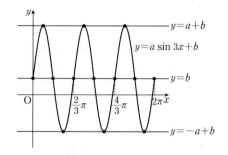

STEP 2 함수 $y=a\sin 3x+b$의 그래프와 직선 $y=2$가 만나는 점의 개수가 7이 되려면

$b=2$

STEP 3 또, 함수 $y=a\sin 3x+2$의 그래프와 직선 $y=9$가 만나는 점의 개수가 3이 되려면

$a+2=9$ 또는 $-a+2=9$

$\therefore a=7$ 또는 $a=-7$

이때 $a>0$이므로 $a=7$

$\therefore a\times b=7\times 2=14$

384 답 8

STEP 1 조건 (가)에서 $f(x)\ge 0$이고, 조건 (나)에서 방정식 $f(x)=0$의 실근이 존재하므로 함수 $f(x)$의 최솟값은 0이다.

함수 $f(x)=a\sin bx+8-a$의 최솟값은 $8-2a\,(\because a>0)$이므로

$8-2a=0$, $2a=8$ $\therefore a=4$

$\therefore f(x)=4\sin bx+4$

STEP 2 조건 (나)에서 $0\le x<2\pi$일 때, 방정식 $f(x)=0$의 서로 다른 실근의 개수가 4이므로 $0\le x<2\pi$에서 함수 $y=f(x)$의 그래프와 x축이 서로 다른 4개의 점에서 만난다.

즉, 함수 $f(x)$의 주기가 $2\pi\times\dfrac{1}{4}=\dfrac{\pi}{2}$이어야 하므로

$\dfrac{2\pi}{b}=\dfrac{\pi}{2}\,(\because b>0)$

$\therefore b=4$

$\therefore a+b=4+4=8$

다른 풀이 **STEP 2**

조건 (나)에서 $0\le x<2\pi$일 때, 방정식 $4\sin bx+4=0$, 즉

$\sin bx=-1$의 서로 다른 실근의 개수가 4이므로 이 방정식의 해

는 $bx=\dfrac{3}{2}\pi$, $\dfrac{7}{2}\pi$, $\dfrac{11}{2}\pi$, $\dfrac{15}{2}\pi$에서

$x=\dfrac{3}{2b}\pi,\ \dfrac{7}{2b}\pi,\ \dfrac{11}{2b}\pi,\ \dfrac{15}{2b}\pi$

뿐이어야 한다.

즉, $\dfrac{15}{2b}\pi<2\pi\le\dfrac{19}{2b}\pi$이므로

$\dfrac{15}{4}<b\le\dfrac{19}{4}$

따라서 b는 자연수이므로 $b=4$

$\therefore a+b=4+4=8$

385 답 ①

해결 각 잡기

❤ 방정식 $\sin x=k$의 근은 함수 $y=\sin x$의 그래프와 직선 $y=k$
의 교점의 x좌표와 같다.

❤ $0\le x<2\pi$에서 함수 $y=\sin x$의 그래프와 직선 $y=k\,(0<k<1)$
의 두 교점은 직선 $x=\dfrac{\pi}{2}$에 대하여 대칭이다.

→ $\dfrac{\alpha+\beta}{2}=\dfrac{\pi}{2}$

STEP 1 $0\le x<2\pi$일 때, 방정식 $\sin x=k\,(0<k<1)$의 두 근이 α,
β이므로 함수 $y=\sin x$의 그래프와 직선 $y=k$의 교점의 x좌표는
α, β이다.

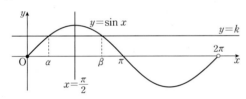

함수 $y=\sin x$의 그래프와 직선 $y=k$의 교점은 직선 $x=\dfrac{\pi}{2}$에 대
하여 대칭이므로

$\dfrac{\alpha+\beta}{2}=\dfrac{\pi}{2},\ \alpha+\beta=\pi$

$\therefore \beta=\pi-\alpha$

STEP 2 따라서 $\dfrac{\beta-\alpha}{2}=\dfrac{(\pi-\alpha)-\alpha}{2}=\dfrac{\pi}{2}-\alpha$이므로

$\sin\dfrac{\beta-\alpha}{2}=\sin\left(\dfrac{\pi}{2}-\alpha\right)=\cos\alpha$

즉, $\cos\alpha=\dfrac{5}{7}$이므로

$\sin^2\alpha=1-\cos^2\alpha=1-\left(\dfrac{5}{7}\right)^2=\dfrac{24}{49}$

$\therefore \sin\alpha=\dfrac{2\sqrt{6}}{7}\left(\because 0<\alpha<\dfrac{\pi}{2}\right)$

$\therefore k=\dfrac{2\sqrt{6}}{7}$

386 답 ③

STEP 1 $0\le x<2\pi$일 때, x에 대한 방정식 $\sin kx=\dfrac{1}{3}$의 실근은 곡
선 $y=\sin kx$와 직선 $y=\dfrac{1}{3}$이 만나는 점의 x좌표와 같다.

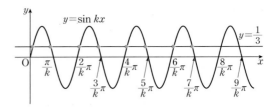

방정식 $\sin kx=\dfrac{1}{3}$의 서로 다른 실근의 개수가 8이므로

$\dfrac{6}{k}\pi<2\pi<\dfrac{9}{k}\pi$ $\therefore 3<k<\dfrac{9}{2}$

k는 자연수이므로 $k=4$

STEP 2 $0\le x<2\pi$일 때, 방정식 $\sin 4x=\dfrac{1}{3}$의 서로 다른 실근을 작
은 것부터 차례대로 $\alpha_1,\ \alpha_2,\ \alpha_3,\ \cdots,\ \alpha_8$이라 하자.

x좌표가 $\alpha_1,\ \alpha_2$인 두 점이 직선 $x=\dfrac{\pi}{8}$에 대하여 대칭이므로

$\dfrac{\alpha_1+\alpha_2}{2}=\dfrac{\pi}{8}$ $\therefore \alpha_1+\alpha_2=\dfrac{\pi}{4}$

x좌표가 $\alpha_3,\ \alpha_4$인 두 점이 직선 $x=\dfrac{5}{8}\pi$에 대하여 대칭이므로

$\dfrac{\alpha_3+\alpha_4}{2}=\dfrac{5}{8}\pi$ $\therefore \alpha_3+\alpha_4=\dfrac{5}{4}\pi$

같은 방법으로 하면

$\alpha_5+\alpha_6=\dfrac{9}{4}\pi,\ \alpha_7+\alpha_8=\dfrac{13}{4}\pi$

따라서 구하는 모든 해의 합은

$(\alpha_1+\alpha_2)+(\alpha_3+\alpha_4)+(\alpha_5+\alpha_6)+(\alpha_7+\alpha_8)$

$=\dfrac{\pi}{4}+\dfrac{5}{4}\pi+\dfrac{9}{4}\pi+\dfrac{13}{4}\pi=7\pi$

다른 풀이 **STEP 2**

$0\le x<2\pi$일 때 방정식 $\sin 4x=\dfrac{1}{3}$의 서로 다른 실근을 작은 것부
터 차례대로 $\alpha_1,\ \alpha_2,\ \alpha_3,\ \cdots,\ \alpha_8$이라 하자.

x좌표가 $\alpha_1,\ \alpha_8$인 두 점이 직선 $x=\dfrac{7}{8}\pi$에 대하여 대칭이므로

$\dfrac{\alpha_1+\alpha_8}{2}=\dfrac{7}{8}\pi$ $\therefore \alpha_1+\alpha_8=\dfrac{7}{4}\pi$

x좌표가 $\alpha_2,\ \alpha_7$인 두 점이 직선 $x=\dfrac{7}{8}\pi$에 대하여 대칭이므로

$\dfrac{\alpha_2+\alpha_7}{2}=\dfrac{7}{8}\pi$ $\therefore \alpha_2+\alpha_7=\dfrac{7}{4}\pi$

같은 방법으로 하면

$\alpha_3+\alpha_6=\dfrac{7}{4}\pi,\ \alpha_4+\alpha_5=\dfrac{7}{4}\pi$

따라서 구하는 모든 해의 합은

$(\alpha_1+\alpha_8)+(\alpha_2+\alpha_7)+(\alpha_3+\alpha_6)+(\alpha_4+\alpha_5)=\dfrac{7}{4}\pi\times 4=7\pi$

387 답 ②

STEP 1 $4\sin^2 x-4\cos\left(\dfrac{\pi}{2}+x\right)-3=0$에서

$\cos\left(\dfrac{\pi}{2}+x\right)=-\sin x$이므로

$4\sin^2 x + 4\sin x - 3 = 0$, $(2\sin x + 3)(2\sin x - 1) = 0$

$\therefore \sin x = \dfrac{1}{2}$ ($\because -1 \le \sin x \le 1$)

STEP 2
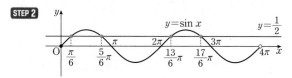

이때 $0 \le x < 4\pi$이므로

$x = \dfrac{\pi}{6}$ 또는 $x = \dfrac{5}{6}\pi$ 또는 $x = \dfrac{13}{6}\pi$ 또는 $x = \dfrac{17}{6}\pi$

따라서 모든 해의 합은

$\dfrac{\pi}{6} + \dfrac{5}{6}\pi + \dfrac{13}{6}\pi + \dfrac{17}{6}\pi = 6\pi$

다른 풀이 **STEP 2**
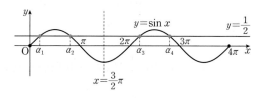

방정식 $\sin x = \dfrac{1}{2}$의 해를 작은 것부터 차례대로 α_1, α_2, α_3, α_4라

하자.

x좌표가 α_1, α_4인 두 점이 직선 $x = \dfrac{3}{2}\pi$에 대하여 대칭이므로

$\dfrac{\alpha_1 + \alpha_4}{2} = \dfrac{3}{2}\pi$ $\therefore \alpha_1 + \alpha_4 = 3\pi$

x좌표가 α_2, α_3인 두 점이 직선 $x = \dfrac{3}{2}\pi$에 대하여 대칭이므로

$\dfrac{\alpha_2 + \alpha_3}{2} = \dfrac{3}{2}\pi$ $\therefore \alpha_2 + \alpha_3 = 3\pi$

따라서 모든 해의 합은

$(\alpha_1 + \alpha_4) + (\alpha_2 + \alpha_3) = 3\pi + 3\pi = 6\pi$

388 답 ②

STEP 1 $4\cos^2 x - 1 = 0$에서 $\cos^2 x = \dfrac{1}{4}$

$\therefore \cos x = -\dfrac{1}{2}$ 또는 $\cos x = \dfrac{1}{2}$

STEP 2 $\sin x \cos x < 0$에서

$\sin x > 0$, $\cos x < 0$ 또는 $\sin x < 0$, $\cos x > 0$

$\therefore \dfrac{\pi}{2} < x < \pi$ 또는 $\dfrac{3}{2}\pi < x < 2\pi$

STEP 3 (i) $\cos x = -\dfrac{1}{2}$ $\left(\dfrac{\pi}{2} < x < \pi\right)$일 때

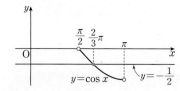

$\therefore x = \dfrac{2}{3}\pi$

(ii) $\cos x = \dfrac{1}{2}$ $\left(\dfrac{3}{2}\pi < x < 2\pi\right)$일 때

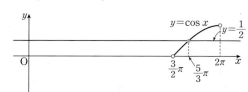

$\therefore x = \dfrac{5}{3}\pi$

STEP 4 (i), (ii)에서 $x = \dfrac{2}{3}\pi$ 또는 $x = \dfrac{5}{3}\pi$이므로 모든 x의 값의 합은

$\dfrac{2}{3}\pi + \dfrac{5}{3}\pi = \dfrac{7}{3}\pi$

389 답 20

해결 각 잡기

이차방정식의 근과 계수의 관계
이차방정식 $ax^2 + bx + c = 0$의 두 근을 α, β라 하면
$$\alpha + \beta = -\dfrac{b}{a}, \ \alpha\beta = \dfrac{c}{a}$$

STEP 1 이차방정식 $x^2 - k = 0$이 서로 다른 두 실근이 $6\cos\theta$,
$5\tan\theta$이므로 이차방정식의 근과 계수의 관계에 의하여

$6\cos\theta + 5\tan\theta = 0$, $6\cos\theta \times 5\tan\theta = -k$

STEP 2 $6\cos\theta + 5\tan\theta = 0$에서

$6\cos\theta + 5 \times \dfrac{\sin\theta}{\cos\theta} = 0$

$6\cos^2\theta + 5\sin\theta = 0$, $6(1 - \sin^2\theta) + 5\sin\theta = 0$

$6\sin^2\theta - 5\sin\theta - 6 = 0$, $(3\sin\theta + 2)(2\sin\theta - 3) = 0$

$\therefore \sin\theta = -\dfrac{2}{3}$ ($\because -1 \le \sin\theta \le 1$)

STEP 3 $6\cos\theta \times 5\tan\theta = -k$에서

$k = -6\cos\theta \times \dfrac{5\sin\theta}{\cos\theta}$

$= -30\sin\theta$

$= -30 \times \left(-\dfrac{2}{3}\right) = 20$

390 답 ①

해결 각 잡기

$\tan\theta - \dfrac{6}{\tan\theta} = 1$의 양변에 $\tan\theta$를 곱하면 $\tan\theta$에 대한 이차방
정식이 된다.

STEP 1 $\tan\theta - \dfrac{6}{\tan\theta} = 1$에서 양변에 $\tan\theta$를 곱하면

$\tan^2\theta - \tan\theta - 6 = 0$

$(\tan\theta + 2)(\tan\theta - 3) = 0$

$\therefore \tan\theta = 3$ $\left(\because \pi < \theta < \dfrac{3}{2}\pi\right)$

STEP 2 즉, $\dfrac{\sin\theta}{\cos\theta}=3$이므로

$\sin\theta=3\cos\theta$ ······ ㉠

$\sin^2\theta+\cos^2\theta=1$이므로

$(3\cos\theta)^2+\cos^2\theta=1$

$10\cos^2\theta=1$, $\cos^2\theta=\dfrac{1}{10}$

$\therefore\cos\theta=-\dfrac{\sqrt{10}}{10}\left(\because\pi<\theta<\dfrac{3}{2}\pi\right)$

$\cos\theta=-\dfrac{\sqrt{10}}{10}$ 을 ㉠에 대입하면

$\sin\theta=-\dfrac{3\sqrt{10}}{10}$

$\therefore\sin\theta+\cos\theta=-\dfrac{3\sqrt{10}}{10}+\left(-\dfrac{\sqrt{10}}{10}\right)=-\dfrac{2\sqrt{10}}{5}$

391 답 ④

해결 각 잡기

- $\theta-\dfrac{\pi}{3}=\alpha$라 하면 $\theta+\dfrac{2}{3}\pi=\pi+\alpha$, $\theta+\dfrac{\pi}{6}=\dfrac{\pi}{2}+\alpha$이다.
- $\sin^2\alpha+\cos^2\alpha=1$임을 이용하여 방정식을 한 종류의 삼각함수에 대한 방정식으로 변형한다.

STEP 1 $\theta-\dfrac{\pi}{3}=\alpha$라 하면

$\theta+\dfrac{2}{3}\pi=\pi+\alpha$, $\theta+\dfrac{\pi}{6}=\dfrac{\pi}{2}+\alpha$

STEP 2 $3\sin^2\left(\theta+\dfrac{2}{3}\pi\right)=8\sin\left(\theta+\dfrac{\pi}{6}\right)$에서

$3\sin^2(\pi+\alpha)=8\sin\left(\dfrac{\pi}{2}+\alpha\right)$

$3\sin^2\alpha=8\cos\alpha$, $3(1-\cos^2\alpha)=8\cos\alpha$

$3\cos^2\alpha+8\cos\alpha-3=0$, $(\cos\alpha+3)(3\cos\alpha-1)=0$

$\therefore\cos\alpha=\dfrac{1}{3}$ $(\because -1\leq\cos\alpha\leq1)$

$\therefore\cos\left(\theta-\dfrac{\pi}{3}\right)=\cos\alpha=\dfrac{1}{3}$

392 답 ⑤

STEP 1 $\sin x=\sqrt{3}(1+\cos x)$에서 양변을 제곱하면

$\sin^2 x=3(1+\cos x)^2$

$1-\cos^2 x=3(\cos^2 x+2\cos x+1)$

$2\cos^2 x+3\cos x+1=0$

$(\cos x+1)(2\cos x+1)=0$

$\therefore\cos x=-1$ 또는 $\cos x=-\dfrac{1}{2}$

STEP 2 (i) $\cos x=-1$일 때

$\sin x=\sqrt{3}(1+\cos x)$에서 $\sin x=0$

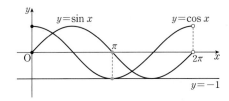

$\therefore x=\pi$

(ii) $\cos x=-\dfrac{1}{2}$일 때

$\sin x=\sqrt{3}(1+\cos x)$에서 $\sin x=\dfrac{\sqrt{3}}{2}$

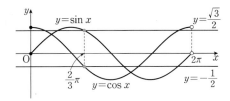

$\therefore x=\dfrac{2}{3}\pi$

STEP 3 (i), (ii)에서 모든 해의 합은

$\pi+\dfrac{2}{3}\pi=\dfrac{5}{3}\pi$

다른 풀이 **STEP 1** + **STEP 2**

$\sin x=\sqrt{3}(1+\cos x)$에서 $\cos x=X$, $\sin x=Y$로 놓으면

$Y=\sqrt{3}(X+1)$, $X^2+Y^2=1$

직선 $Y=\sqrt{3}(X+1)$과 원 $X^2+Y^2=1$의 두 교점을 P, Q라 하면

P($\cos x$, $\sin x$)이고 원 $X^2+Y^2=1$의 반지름의 길이가 1이므로 동경 OP와 X축의 양의 방향이 이루는 각의 크기가 x이다.

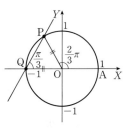

또, 직선 $Y=\sqrt{3}(X+1)$의 기울기가 $\sqrt{3}$이므로 이 직선과 X축의 양의 방향이 이루는 각의 크기는 $\dfrac{\pi}{3}$이다.
└ $\tan\dfrac{\pi}{3}=\sqrt{3}$

이때 $\overline{OP}=\overline{OQ}$에서 삼각형 OPQ는 정삼각형이므로

$\angle POQ=\dfrac{\pi}{3}$

$\therefore\angle POA=\dfrac{2}{3}\pi$

$\therefore x=\dfrac{2}{3}\pi$ 또는 $x=\pi$

393 답 ①

해결 각 잡기

(1) $\sin x>k$ (또는 $\cos x>k$ 또는 $\tan x>k$)
$\rightarrow$ $y=\sin x$ (또는 $y=\cos x$ 또는 $y=\tan x$)의 그래프가 직선 $y=k$보다 위쪽에 있는 x의 값의 범위

(2) $\sin x<k$ (또는 $\cos x<k$ 또는 $\tan x<k$)
$\rightarrow$ $y=\sin x$ (또는 $y=\cos x$ 또는 $y=\tan x$)의 그래프가 직선 $y=k$보다 아래쪽에 있는 x의 값의 범위

STEP 1 $3\sin x - 2 > 0$에서 $\sin x > \dfrac{2}{3}$

STEP 2
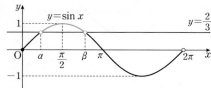

이 부등식의 해가 $\alpha < x < \beta$이므로 위의 그림에서

$\dfrac{\alpha + \beta}{2} = \dfrac{\pi}{2}$

$\therefore \alpha + \beta = \pi$

$\therefore \cos(\alpha + \beta) = \cos \pi = -1$

394 답 ③

$\sin\left(\dfrac{\pi}{2} - \theta\right) = \cos \theta$임을 이용하여 $\sin \dfrac{\pi}{7}$를 $\cos \square$ 꼴로 나타내어 본다.

STEP 1 $\cos x \leq \sin \dfrac{\pi}{7}$에서 $0 < \sin \dfrac{\pi}{7} < 1$

$\underline{\hspace{1cm}}$ $0 < \dfrac{\pi}{7} < \dfrac{\pi}{2}$이므로 $0 < \sin \dfrac{\pi}{7} < \sin \dfrac{\pi}{2}$

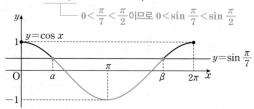

부등식 $\cos x \leq \sin \dfrac{\pi}{7}$를 만족시키는 x의 값의 범위가 $\alpha \leq x \leq \beta$이므로 위의 그림에서

$\dfrac{\alpha + \beta}{2} = \pi$

$\therefore \alpha + \beta = 2\pi$ $\quad \cdots\cdots$ ㉠

STEP 2 또, $\cos \alpha = \sin \dfrac{\pi}{7}$이고

$\sin \dfrac{\pi}{7} = \sin\left(\dfrac{\pi}{2} - \dfrac{5}{14}\pi\right) = \cos \dfrac{5}{14}\pi$

이므로

$\cos \alpha = \cos \dfrac{5}{14}\pi$ $\quad \therefore \alpha = \dfrac{5}{14}\pi$

$\alpha = \dfrac{5}{14}\pi$를 ㉠에 대입하면

$\dfrac{5}{14}\pi + \beta = 2\pi$ $\quad \therefore \beta = \dfrac{23}{14}\pi$

$\therefore \beta - \alpha = \dfrac{23}{14}\pi - \dfrac{5}{14}\pi = \dfrac{9}{7}\pi$

다른 풀이

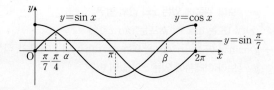

두 함수 $y = \sin x$, $y = \cos x$의 그래프는 직선 $x = \dfrac{\pi}{4}$에 대하여 대칭이므로

$\dfrac{\dfrac{\pi}{7} + \alpha}{2} = \dfrac{\pi}{4}$

$\dfrac{\pi}{7} + \alpha = \dfrac{\pi}{2}$ $\quad \therefore \alpha = \dfrac{5}{14}\pi$

$\beta = 2\pi - \alpha = 2\pi - \dfrac{5}{14}\pi = \dfrac{23}{14}\pi$이므로

$\beta - \alpha = \dfrac{23}{14}\pi - \dfrac{5}{14}\pi = \dfrac{9}{7}\pi$

395 답 ①

STEP 1
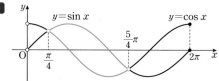

$0 < x \leq 2\pi$일 때 부등식 $\sin x > \cos x$의 해는

$\dfrac{\pi}{4} < x < \dfrac{5}{4}\pi$
$\underline{\hspace{0.5cm}}$ 함수 $y = \sin x$의 그래프가 함수 $y = \cos x$의 그래프보다 위쪽에 있는 x의 값의 범위

STEP 2 $\sin^2 x = \cos^2 x + \cos x$에서

$1 - \cos^2 x = \cos^2 x + \cos x$

$2\cos^2 x + \cos x - 1 = 0$

$(\cos x + 1)(2\cos x - 1) = 0$

$\therefore \cos x = -1$ 또는 $\cos x = \dfrac{1}{2}$

STEP 3 (i) $\cos x = -1$일 때

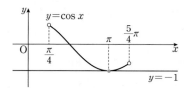

$\therefore x = \pi$

(ii) $\cos x = \dfrac{1}{2}$일 때

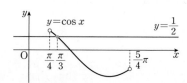

$\therefore x = \dfrac{\pi}{3}$

STEP 4 (i), (ii)에서 $x = \pi$ 또는 $x = \dfrac{\pi}{3}$이므로 모든 x의 값의 합은

$\dfrac{\pi}{3} + \pi = \dfrac{4}{3}\pi$

396 답 32

STEP 1 $f(2 + x) = \sin\left(\dfrac{\pi}{2} + \dfrac{\pi}{4}x\right) = \cos \dfrac{\pi}{4}x$

$$f(2-x)=\sin\left(\frac{\pi}{2}-\frac{\pi}{4}x\right)=\cos\frac{\pi}{4}x$$

이므로 주어진 부등식은

$$\cos^2\frac{\pi}{4}x<\frac{1}{4}$$

$$\therefore -\frac{1}{2}<\cos\frac{\pi}{4}x<\frac{1}{2}$$

STEP 2 $\frac{\pi}{4}x=t$로 놓으면 $0<x<16$에서 $0<t<4\pi$이고

$$-\frac{1}{2}<\cos t<\frac{1}{2}$$

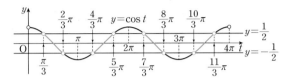

즉, $\frac{\pi}{3}<t<\frac{2}{3}\pi$ 또는 $\frac{4}{3}\pi<t<\frac{5}{3}\pi$ 또는

$\frac{7}{3}\pi<t<\frac{8}{3}\pi$ 또는 $\frac{10}{3}\pi<t<\frac{11}{3}\pi$이므로

$\frac{4}{3}<x<\frac{8}{3}$ 또는 $\frac{16}{3}<x<\frac{20}{3}$ 또는

$\frac{28}{3}<x<\frac{32}{3}$ 또는 $\frac{40}{3}<x<\frac{44}{3}$

따라서 자연수 x의 값은 2, 6, 10, 14이므로 구하는 합은

$$2+6+10+14=32$$

397 답 ①

STEP 1 이차방정식 $x^2-(2\sin\theta)x-3\cos^2\theta-5\sin\theta+5=0$의 판별식을 D라 할 때, 이 이차방정식이 실근을 가지려면

$$\frac{D}{4}=(-\sin\theta)^2-(-3\cos^2\theta-5\sin\theta+5)\geq0$$

$$\sin^2\theta+3\cos^2\theta+5\sin\theta-5\geq0$$

$$\sin^2\theta+3(1-\sin^2\theta)+5\sin\theta-5\geq0$$

$$2\sin^2\theta-5\sin\theta+2\leq0,\ (2\sin\theta-1)(\sin\theta-2)\leq0$$

이때 $\sin\theta-2<0$이므로

$$2\sin\theta-1\geq0 \underset{\underline{\quad -1\leq\sin\theta\leq1\text{이므로} -3\leq\sin\theta-2\leq-1}}{}$$

$$\therefore \sin\theta\geq\frac{1}{2}$$

STEP 2

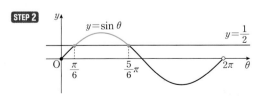

$$\therefore \frac{\pi}{6}\leq\theta\leq\frac{5}{6}\pi$$

따라서 $\alpha=\frac{\pi}{6}$, $\beta=\frac{5}{6}\pi$이므로

$$4\beta-2\alpha=4\times\frac{5}{6}\pi-2\times\frac{\pi}{6}=\frac{10}{3}\pi-\frac{\pi}{3}=3\pi$$

398 답 ④

STEP 1 이차방정식 $6x^2+(4\cos\theta)x+\sin\theta=0$의 판별식을 D라 할 때, 이 이차방정식이 실근을 갖지 않으려면

$$\frac{D}{4}=(2\cos\theta)^2-6\sin\theta<0$$

$$4\cos^2\theta-6\sin\theta<0$$

$$4(1-\sin^2\theta)-6\sin\theta<0$$

$$2\sin^2\theta+3\sin\theta-2>0$$

$$(\sin\theta+2)(2\sin\theta-1)>0$$

이때 $\sin\theta+2>0$이므로

$$2\sin\theta-1>0 \underset{\underline{\quad -1<\sin\theta<1\text{이므로} 1<\sin\theta+2<3}}{}$$

$$\therefore \sin\theta>\frac{1}{2}$$

STEP 2

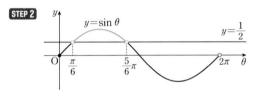

$$\therefore \frac{\pi}{6}<\theta<\frac{5}{6}\pi$$

따라서 $\alpha=\frac{\pi}{6}$, $\beta=\frac{5}{6}\pi$이므로

$$3\alpha+\beta=3\times\frac{\pi}{6}+\frac{5}{6}\pi=\frac{4}{3}\pi$$

399 답 7

STEP 1 $(2a+6)\cos x-a\sin^2x+a+12<0$에서

$$(2a+6)\cos x-a(1-\cos^2x)+a+12<0$$

$$a\cos^2x+(2a+6)\cos x+12<0$$

$$(a\cos x+6)(\cos x+2)<0$$

이때 $\cos x+2>0$이므로

$$a\cos x+6<0 \underset{\underline{\quad -1<\cos x<1\text{이므로} 1<\cos x+2<3}}{}$$

$$\therefore \cos x<-\frac{6}{a}\ (\because a>0)$$

STEP 2 $0\leq x<2\pi$에서 부등식 $\cos x<-\frac{6}{a}$의 해가 존재하려면

$$-\frac{6}{a}>-1$$

$$\therefore a>6$$

따라서 자연수 a의 최솟값은 7이다.

400 답 ①

해결 각 잡기

$\sin x = t$로 놓고 주어진 부등식을 t에 대한 이차부등식으로 나타낸다.
→ 이때 $0 \leq x < 2\pi$일 때 $-1 \leq t \leq 1$임에 유의한다.

STEP 1 $\sin^2 x - 4\sin x - 5k + 5 \geq 0$에서 $\sin x = t$로 놓으면
$-1 \leq t \leq 1$이고
$t^2 - 4t - 5k + 5 \geq 0$ ······ ㉠

STEP 2 $y = t^2 - 4t - 5k + 5$
$\qquad = (t-2)^2 - 5k + 1$

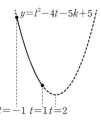

이라 할 때, $-1 \leq t \leq 1$에서 부등식 ㉠이 항상 성립하려면 오른쪽 그림에서 $t=1$일 때의 함숫값이 0 이상이어야 하므로
$1 - 5k + 1 \geq 0$, $5k \leq 2$
$\therefore k \leq \dfrac{2}{5}$

따라서 실수 k의 최댓값은 $\dfrac{2}{5}$이다.

401 답 6

해결 각 잡기

☑ $x > 0$에서 함수 $f(x)$는 x의 값이 증가하면 $f(x)$의 값도 증가한다.
☑ $0 \leq x \leq \dfrac{\pi}{6}$에서 함수 $g(x)$는 x의 값이 증가하면 $g(x)$의 값도 증가한다.

STEP 1 $0 \leq x \leq \dfrac{\pi}{6}$, 즉 $\dfrac{\pi}{6} \leq x + \dfrac{\pi}{6} \leq \dfrac{\pi}{3}$에서 함수
$g(x) = 3\tan\left(x + \dfrac{\pi}{6}\right)$는 x의 값이 증가하면 $g(x)$의 값도 증가하므로
$3\tan\dfrac{\pi}{6} \leq g(x) \leq 3\tan\dfrac{\pi}{3}$
$\therefore \sqrt{3} \leq g(x) \leq 3\sqrt{3}$

STEP 2 함수 $(f \circ g)(x) = f(g(x)) = \log_3 g(x) + 2$도 x의 값이 증가하면 $(f \circ g)(x)$의 값도 증가하므로
함수 $(f \circ g)(x)$의 최댓값은 $g(x) = 3\sqrt{3}$일 때
$M = \log_3 3\sqrt{3} + 2 = \log_3 3^{\frac{3}{2}} + 2 = \dfrac{3}{2} + 2 = \dfrac{7}{2}$
최솟값은 $g(x) = \sqrt{3}$일 때
$m = \log_3 \sqrt{3} + 2 = \log_3 3^{\frac{1}{2}} + 2 = \dfrac{1}{2} + 2 = \dfrac{5}{2}$
$\therefore M + m = \dfrac{7}{2} + \dfrac{5}{2} = 6$

402 답 ③

해결 각 잡기

$x - \dfrac{3}{4}\pi = t$로 놓으면 $x - \dfrac{\pi}{4} = \dfrac{\pi}{2} + t$이므로 주어진 함수를 $\sin t$에 대한 함수로 변형할 수 있다.

STEP 1 $x - \dfrac{3}{4}\pi = t$로 놓으면 $x - \dfrac{\pi}{4} = \dfrac{\pi}{2} + t$이므로
$f(x) = \cos^2\left(x - \dfrac{3}{4}\pi\right) - \cos\left(x - \dfrac{\pi}{4}\right) + k$
$\qquad = \cos^2 t - \cos\left(\dfrac{\pi}{2} + t\right) + k$
$\qquad = \cos^2 t + \sin t + k$
$\qquad = 1 - \sin^2 t + \sin t + k$
$\qquad = -\left(\sin t - \dfrac{1}{2}\right)^2 + k + \dfrac{5}{4}$

STEP 2 이때 $-1 \leq \sin t \leq 1$이므로 주어진 함수의 최댓값은
$\sin t = \dfrac{1}{2}$일 때 $k + \dfrac{5}{4}$이다.
즉, $k + \dfrac{5}{4} = 3$이므로
$k = \dfrac{7}{4}$
또, 주어진 함수의 최솟값은 $\sin t = -1$일 때이므로
$m = -\left(-1 - \dfrac{1}{2}\right)^2 + \dfrac{7}{4} + \dfrac{5}{4} = \dfrac{3}{4}$
$\therefore k + m = \dfrac{7}{4} + \dfrac{3}{4} = \dfrac{5}{2}$

403 답 36

해결 각 잡기

$g(x) = t$로 놓으면 주어진 방정식을 t에 대한 이차방정식으로 변형할 수 있다.

STEP 1 $f(g(x)) = g(x)$에서 $g(x) = t$로 놓으면 $-1 \leq t \leq 1$이고
$f(t) = t$이므로
$2t^2 + 2t - 1 = t$
$2t^2 + t - 1 = 0$
$(t+1)(2t-1) = 0$
$\therefore t = -1$ 또는 $t = \dfrac{1}{2}$
$\therefore g(x) = -1$ 또는 $g(x) = \dfrac{1}{2}$
$\therefore \cos\dfrac{\pi}{3}x = -1$ 또는 $\cos\dfrac{\pi}{3}x = \dfrac{1}{2}$
$\dfrac{\pi}{3}x = s$로 놓으면 $0 \leq x < 12$에서 $0 \leq s < 4\pi$이고
$\cos s = -1$ 또는 $\cos s = \dfrac{1}{2}$

STEP 2 (i) $\cos s = -1$일 때

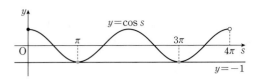

$s = \pi$ 또는 $s = 3\pi$

$\therefore x = 3$ 또는 $x = 9$

(ii) $\cos s = \dfrac{1}{2}$일 때

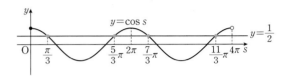

$s = \dfrac{\pi}{3}$ 또는 $s = \dfrac{5}{3}\pi$ 또는 $s = \dfrac{7}{3}\pi$ 또는 $s = \dfrac{11}{3}\pi$

$\therefore x = 1$ 또는 $x = 5$ 또는 $x = 7$ 또는 $x = 11$

STEP 3 (i), (ii)에서 모든 실수 x의 값의 합은

$1 + 3 + 5 + 7 + 9 + 11 = 36$

404 답 ②

해결 각 잡기

$0 \le x \le 2\pi$일 때, 방정식 $\cos x = a$ (a는 상수)의 서로 다른 실근의 개수는 0 또는 1 또는 2이다.

STEP 1 $2\sin^2 x - 3\cos x = k$에서

$2(1 - \cos^2 x) - 3\cos x = k$

$2\cos^2 x + 3\cos x + k - 2 = 0$ ⋯⋯ ㉠

이 방정식의 실근은

$\cos x = a$ 또는 $\cos x = b$ ($a \ne b$) ⋯⋯ ㉡

를 만족시키는 x의 값이다.

STEP 2

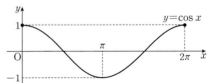

$0 \le x \le 2\pi$일 때, $\cos x = $(상수)의 실근의 개수는

(상수)< -1 또는 (상수)> 1일 때, 0

(상수)$= -1$일 때, 1

$-1 < $(상수)$\le 1$일 때, 2

이므로 방정식 ㉡의 실근의 개수가 3이려면

$a = -1$ 또는 $b = -1$

즉, $\cos x = -1$을 ㉠에 대입하면

$2 - 3 + k - 2 = 0$

$\therefore k = 3$

STEP 3 즉, $2\cos^2 x + 3\cos x + 1 = 0$에서

$(\cos x + 1)(2\cos x + 1) = 0$

$\therefore \cos x = -\dfrac{1}{2}$ 또는 $\cos x = -1$

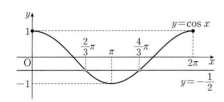

$\cos x = -\dfrac{1}{2}$을 만족시키는 x의 값은

$x = \dfrac{2}{3}\pi$ 또는 $x = \dfrac{4}{3}\pi$

따라서 방정식 ㉠의 세 실근은

$x = \dfrac{2}{3}\pi$ 또는 $x = \pi$ 또는 $x = \dfrac{4}{3}\pi$

$\therefore a = \dfrac{4}{3}\pi$

$\therefore k \times a = 3 \times \dfrac{4}{3}\pi = 4\pi$

본문 124쪽 ~ 125쪽

C 수능 완성!

405 답 ③

해결 각 잡기

❤ 반원에 대한 원주각의 크기는 $\dfrac{\pi}{2}$이다.

❤ $\overline{BP}$의 길이를 구하면 $\overline{BQ}$의 길이를 구할 수 있다.

→ 점 B의 x좌표는 1임을 이용하여 점 Q의 x좌표를 구한다.

STEP 1 삼각형 PAB에서

$\angle APB = \dfrac{\pi}{2}$, $\overline{AB} = 2$, $\angle PAB = \theta$

이므로

$\overline{BP} = 2\sin \theta$

$\therefore \overline{BQ} = \overline{PQ} - \overline{BP} = 3 - 2\sin \theta$

STEP 2

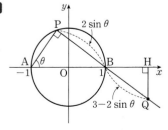

점 Q에서 x축에 내린 수선의 발을 H라 하면

$\angle HBQ = \angle PBA = \dfrac{\pi}{2} - \theta$이므로

$\overline{BH} = (3 - 2\sin\theta) \times \cos\left(\dfrac{\pi}{2} - \theta\right) = (3 - 2\sin\theta)\sin\theta$

STEP 3 즉, 점 Q의 x좌표는

$1 + \overline{BH} = 1 + (3 - 2\sin\theta)\sin\theta$

$\quad = 1 + 3\sin\theta - 2\sin^2\theta$

$\quad = -2\left(\sin\theta - \dfrac{3}{4}\right)^2 + \dfrac{17}{8} \quad \left(0 < \theta < \dfrac{\pi}{2}\right)$

$\underset{\qquad\qquad 0 < \sin\theta < 1}{\qquad\qquad}$

따라서 점 Q의 x좌표는 $\sin\theta = \dfrac{3}{4}$일 때 최대이므로

$\sin^2\theta = \left(\dfrac{3}{4}\right)^2 = \dfrac{9}{16}$

406 답 ④

해결 각 잡기

❷ 방정식 $\{g(a\pi)\}^2 = 1$을 풀어 a의 값을 구한다.

❷ $0 \le x \le 2\pi$일 때, 방정식 $\sin x = t$ $(-1 \le t \le 1)$의 모든 해의 합은 $\dfrac{\pi}{2}$ 또는 π 또는 $\dfrac{3}{2}\pi$ 또는 3π이다.

STEP 1 조건 ㈎에서 $\{g(a\pi)\}^2 = 1$이므로

$g(a\pi) = -1$ 또는 $g(a\pi) = 1$

$\therefore \sin(a\pi) = -1$ 또는 $\sin(a\pi) = 1$

$a\pi = t$로 놓으면 $0 \le a \le 2$에서 $0 \le t \le 2\pi$이고

$\sin t = -1$ 또는 $\sin t = 1$

(i) $\sin t = -1$일 때

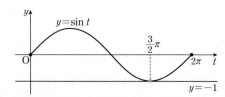

$t = \dfrac{3}{2}\pi$이므로 $a = \dfrac{3}{2}$

(ii) $\sin t = 1$일 때

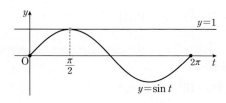

$t = \dfrac{\pi}{2}$이므로 $a = \dfrac{1}{2}$

STEP 2 조건 ㈏에서 $0 \le x \le 2\pi$일 때 방정식 $f(g(x)) = 0$, 즉

$\sin^2 x + a\sin x + b = 0 \quad \cdots\cdots ㉠$

의 해는

$\sin x = \alpha$ 또는 $\sin x = \beta$ (α, β는 상수) $\quad \cdots\cdots ㉡$

를 만족시키는 x의 값이고 그 합이 $\dfrac{5}{2}\pi$이다.

STEP 3

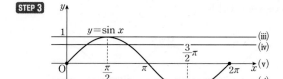

$0 \le x \le 2\pi$일 때, $\sin x = $ (상수) $(-1 < $ (상수) $\le 1)$의 모든 해의 합은

(iii) (상수) $= 1$일 때, $\dfrac{\pi}{2}$

(iv) $0 < $ (상수) < 1일 때, π

(v) (상수) $= 0$일 때, 3π

(vi) $-1 < $ (상수) < 0일 때, 3π

(vii) (상수) $= -1$일 때, $\dfrac{3}{2}\pi$

(iii)~(vii)에서 방정식 ㉡의 모든 해의 합이 $\dfrac{5}{2}\pi$이려면

$\alpha = -1$ 또는 $\beta = -1$

즉, $\sin x = -1$을 ㉠에 대입하면

$1 - a + b = 0$

$\therefore a - b = 1$

STEP 4 (viii) $a = \dfrac{3}{2}$일 때

$b = \dfrac{1}{2}$이므로 ㉠에서

$\sin^2 x + \dfrac{3}{2}\sin x + \dfrac{1}{2} = 0$

$2\sin^2 x + 3\sin x + 1 = 0$

$(\sin x + 1)(2\sin x + 1) = 0$

$\therefore \sin x = -1$ 또는 $\sin x = -\dfrac{1}{2}$

즉, 모든 해의 합은 $\dfrac{3}{2}\pi + 3\pi = \dfrac{9}{2}\pi$이므로 주어진 조건을 만족시키지 않는다.

(ix) $a = \dfrac{1}{2}$일 때

$b = -\dfrac{1}{2}$이므로 ㉠에서

$\sin^2 x + \dfrac{1}{2}\sin x - \dfrac{1}{2} = 0$

$2\sin^2 x + \sin x - 1 = 0$

$(\sin x + 1)(2\sin x - 1) = 0$

$\therefore \sin x = -1$ 또는 $\sin x = \dfrac{1}{2}$

즉, 모든 해의 합은 $\dfrac{3}{2}\pi + \pi = \dfrac{5}{2}\pi$이므로 주어진 조건을 만족시킨다.

STEP 5 (viii), (ix)에 의하여 $a = \dfrac{1}{2}$, $b = -\dfrac{1}{2}$이므로

$f(x) = x^2 + \dfrac{1}{2}x - \dfrac{1}{2}$

$\therefore f(2) = 4 + 1 - \dfrac{1}{2} = \dfrac{9}{2}$

407 답 74

● $0 \le x \le 4$에서 함수 $y = |f(x)|$의 그래프를 그려 본다.

● 방정식 $|f(x)| = 3$의 모든 실근의 합은

  (i) $3 = \dfrac{n}{2} + 1$ (ii) $\dfrac{n}{2} - 1 < 3 < \dfrac{n}{2} + 1$

  (iii) $3 = \dfrac{n}{2} - 1$ (iv) $3 < \dfrac{n}{2} - 1$

인 경우에 따라 달라진다.

STEP 1 $0 \le x \le 4$에서 함수 $y = |f(x)|$의 그래프는 다음 그림과 같다.

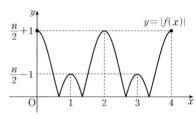

$g(n)$은 방정식 $|f(x)| = 3$의 서로 다른 모든 실근의 합이므로 함수 $y = |f(x)|$의 그래프와 직선 $y = 3$이 만나는 점의 x좌표의 합과 같다.

STEP 2 (i) $\dfrac{n}{2} + 1 = 3$, 즉 $n = 4$일 때

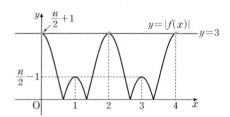

함수 $y = |f(x)|$의 그래프와 직선 $y = 3$이 만나는 점의 x좌표의 합은

$$0 + 2 + 4 = 6$$

이므로

$$g(4) = 6$$

(ii) $\dfrac{n}{2} - 1 < 3 < \dfrac{n}{2} + 1$, 즉 $4 < n < 8$일 때

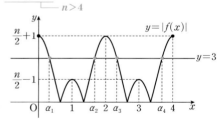

함수 $y = |f(x)|$의 그래프와 직선 $y = 3$이 만나는 점의 x좌표를 작은 것부터 차례대로 α_1, α_2, α_3, α_4라 하면

$$\frac{\alpha_1 + \alpha_4}{2} = 2, \ \frac{\alpha_2 + \alpha_3}{2} = 2$$

즉, $\alpha_1 + \alpha_4 = 4$, $\alpha_2 + \alpha_3 = 4$이므로

$$\alpha_1 + \alpha_2 + \alpha_3 + \alpha_4 = 4 + 4 = 8$$

$$\therefore g(n) = 8$$

(iii) $\dfrac{n}{2} - 1 = 3$, 즉 $n = 8$일 때

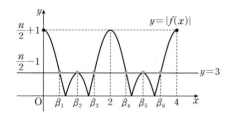

함수 $y = |f(x)|$의 그래프와 직선 $y = 3$이 만나는 점의 x좌표를 작은 것부터 차례대로 β_1, β_2, β_3, β_4, β_5, β_6이라 하면

$$\frac{\beta_1 + \beta_6}{2} = 2, \ \frac{\beta_2 + \beta_5}{2} = 2, \ \frac{\beta_3 + \beta_4}{2} = 2$$

즉, $\beta_1 + \beta_6 = 4$, $\beta_2 + \beta_5 = 4$, $\beta_3 + \beta_4 = 4$이므로

$$\beta_1 + \beta_2 + \beta_3 + \beta_4 + \beta_5 + \beta_6 = 4 + 4 + 4 = 12$$

$$\therefore g(8) = 12$$

(iv) $\dfrac{n}{2} - 1 > 3$, 즉 $n > 8$일 때

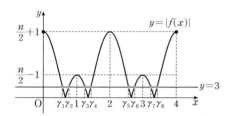

함수 $y = |f(x)|$의 그래프와 직선 $y = 3$이 만나는 점의 x좌표를 작은 것부터 차례대로 γ_1, γ_2, γ_3, $\cdots$, γ_8이라 하면

$$\frac{\gamma_1 + \gamma_8}{2} = 2, \ \frac{\gamma_2 + \gamma_7}{2} = 2, \ \frac{\gamma_3 + \gamma_6}{2} = 2, \ \frac{\gamma_4 + \gamma_5}{2} = 2$$

즉, $\gamma_1 + \gamma_8 = 4$, $\gamma_2 + \gamma_7 = 4$, $\gamma_3 + \gamma_6 = 4$, $\gamma_4 + \gamma_5 = 4$이므로

$$\gamma_1 + \gamma_2 + \gamma_3 + \cdots + \gamma_8 = 4 + 4 + 4 + 4 = 16$$

$$\therefore g(n) = 16$$

(i)~(iv)에 의하여

$$g(n) = \begin{cases} 6 & (n = 4) \\ 8 & (4 < n < 8) \\ 12 & (n = 8) \\ 16 & (n > 8) \end{cases}$$

STEP 3 $\therefore \displaystyle\sum_{n=4}^{10} g(n) = 6 + 8 + 8 + 8 + 12 + 16 + 16$

$$= 74$$

408 답 ②

● $-\pi \le x \le \pi$에서 함수 $y = f(x)$의 그래프를 그려 본다.

● 함수 $y = f(x)$의 그래프와 직선 $y = k_0 \ (k_0 > 0)$이 만나는 서로 다른 점의 개수를 k_0의 값의 범위에 따라 구하고, $|m - n| = 3$을 만족시키는 k의 값을 구한다.

STEP 1 $-\pi \le x \le \pi$에서 함수 $y = f(x)$의 그래프는 다음 그림과 같다.

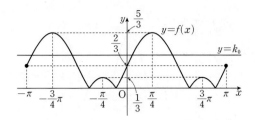

함수 $y=f(x)$의 그래프와 직선 $y=k_0\,(k_0>0)$이 만나는 서로 다른 점의 개수는

$0<k_0<\dfrac{1}{3}$일 때 8,

$k_0=\dfrac{1}{3}$일 때 6,

$\dfrac{1}{3}<k_0<\dfrac{2}{3}$일 때 4,

$k_0=\dfrac{2}{3}$일 때 5,

$\dfrac{2}{3}<k_0<\dfrac{5}{3}$일 때 4,

$k_0=\dfrac{5}{3}$일 때 2,

$k_0>\dfrac{5}{3}$일 때 0

STEP 2 $k>0$에서 $3k>k$이므로 $|m-n|=3$을 만족시키는 m, n의 값은

$m=2$, $n=5$ 또는 $m=5$, $n=8$

(i) $m=2$, $n=5$일 때

$\qquad m=2$에서 $3k=\dfrac{5}{3}$ $\qquad \therefore k=\dfrac{5}{9}$

$\qquad n=5$에서 $k=\dfrac{2}{3}$이므로 주어진 조건을 만족시키지 않는다.

(ii) $m=5$, $n=8$일 때

$\qquad m=5$에서 $3k=\dfrac{2}{3}$ $\qquad \therefore k=\dfrac{2}{9}$

$\qquad n=8$에서 $0<k<\dfrac{1}{3}$이고 $0<\dfrac{2}{9}<\dfrac{1}{3}$이므로 주어진 조건을 만족

시킨다.

(i), (ii)에 의하여 $k=\dfrac{2}{9}$

STEP 3 $-\pi \le x \le \pi$일 때, 방정식 $\left|\sin 2x+\dfrac{2}{3}\right|=\dfrac{2}{9}$의 실근은 함수

$y=f(x)$의 그래프와 직선 $y=\dfrac{2}{9}$가 만나는 점의 x좌표와 같으므로

모든 실근을 작은 것부터 차례대로 α_1, α_2, α_3, $\cdots$, α_8이라 하자.

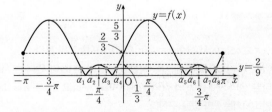

x좌표가 α_1, α_8인 두 점은 직선 $x=\dfrac{\pi}{4}$에 대하여 대칭이므로

$\dfrac{\alpha_1+\alpha_8}{2}=\dfrac{\pi}{4}$ $\qquad \therefore \alpha_1+\alpha_8=\dfrac{\pi}{2}$

x좌표가 α_2, α_7인 두 점은 직선 $x=\dfrac{\pi}{4}$에 대하여 대칭이므로

$\dfrac{\alpha_2+\alpha_7}{2}=\dfrac{\pi}{4}$ $\qquad \therefore \alpha_2+\alpha_7=\dfrac{\pi}{2}$

같은 방법으로 하면

$\alpha_3+\alpha_6=\dfrac{\pi}{2}$, $\alpha_4+\alpha_5=\dfrac{\pi}{2}$

$\therefore \alpha_1+\alpha_2+\alpha_3+\cdots+\alpha_8=\dfrac{\pi}{2}+\dfrac{\pi}{2}+\dfrac{\pi}{2}+\dfrac{\pi}{2}=2\pi$

06 삼각함수의 활용

본문 128쪽 ~ 151쪽

B 유형 & 유사로 익히면 …

409 답 21

해결 각 잡기

사인법칙

삼각형 ABC의 외접원의 반지름의 길이를 R라 하면

$$\frac{\overline{BC}}{\sin A}=\frac{\overline{AC}}{\sin B}=\frac{\overline{AB}}{\sin C}=2R$$

삼각형 ABC의 외접원의 반지름의 길이가 15이므로 사인법칙에 의하여

$$\frac{\overline{AC}}{\sin B}=2\times15=30$$

$$\therefore \overline{AC}=30\sin B=30\times\frac{7}{10}=21$$

410 답 ⑤

삼각형 ABC의 외접원의 반지름의 길이를 R라 하자.

$\overline{BC}=5$, $\angle BAC=\dfrac{\pi}{6}$이므로 사인법칙에 의하여

$$\frac{5}{\sin\frac{\pi}{6}}=2R,\ 2R=10$$

$$\therefore R=5$$

따라서 삼각형 ABC의 외접원의 반지름의 길이는 5이다.

411 답 ①

해결 각 잡기

❤ $A+B+C=\pi$이므로 $A+B=\pi-C$

❤ 삼각형 ABC의 외접원의 반지름의 길이를 R라 하면

$$\sin A=\frac{a}{2R},\ \sin B=\frac{b}{2R},\ \sin C=\frac{c}{2R}$$

STEP 1 $A+B+C=\pi$이므로

$\sin(A+B)=\sin(\pi-C)=\sin C$

STEP 2 삼각형의 세 내각 $\angle$A, $\angle$B, $\angle$C의 대변의 길이를 각각 a, b, c라 하면 삼각형 ABC의 외접원의 반지름의 길이가 4이므로 사인법칙에 의하여

$$\sin A=\frac{a}{8},\ \sin B=\frac{b}{8},\ \sin C=\frac{c}{8}$$

STEP 3 이때 $a+b+c=12$이므로

$\sin A+\sin B+\sin(A+B)=\sin A+\sin B+\sin C$

$$=\frac{a}{8}+\frac{b}{8}+\frac{c}{8}$$

$$=\frac{a+b+c}{8}=\frac{12}{8}=\frac{3}{2}$$

412 답 ④

삼각형 ABC의 외접원의 반지름의 길이가 4이고 $\overline{AC}=5$이므로 사인법칙에 의하여

$$\frac{5}{\sin\theta}=2\times4\qquad \therefore \sin\theta=\frac{5}{8}$$

413 답 ③

STEP 1 삼각형 ABC에서

$\angle C=180°-(45°+15°)=120°$

STEP 2 사인법칙에 의하여 $\dfrac{\overline{BC}}{\sin A}=\dfrac{\overline{AB}}{\sin C}$에서

$$\frac{\overline{BC}}{\sin45°}=\frac{8}{\sin120°}$$

$$\therefore \overline{BC}=\frac{8}{\frac{\sqrt{3}}{2}}\times\frac{\sqrt{2}}{2}=\frac{8\sqrt{6}}{3}$$

414 답 ①

STEP 1 삼각형 ABC에서

$\angle C=180°-(105°+30°)=45°$

STEP 2 사인법칙에 의하여 $\dfrac{\overline{AC}}{\sin B}=\dfrac{\overline{AB}}{\sin C}$에서

$$\frac{\overline{AC}}{\sin30°}=\frac{12}{\sin45°}$$

$$\therefore \overline{AC}=\frac{12}{\frac{\sqrt{2}}{2}}\times\frac{1}{2}=6\sqrt{2}\qquad \therefore \overline{AC}^2=72$$

다른 풀이

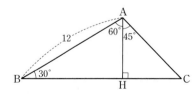

위의 그림과 같이 점 A에서 선분 BC에 내린 수선의 발을 H라 하면 직각삼각형 ABH에서

$$\overline{AH}=12\sin30°=12\times\frac{1}{2}=6$$

이므로 직각삼각형 AHC에서

$$\overline{AC}=\frac{6}{\cos45°}=\frac{6}{\frac{\sqrt{2}}{2}}=6\sqrt{2}$$

$$\therefore \overline{AC}^2=72$$

415 답 32

한 원에서 호 AB에 대한 원주각의 크기는 모두 같다.

STEP 1 호 AB에 대한 원주각의 크기는 모두 같으므로

$$\angle ADB = \angle ACB = 30°$$

STEP 2 삼각형 ABD에서 사인법칙에 의하여 $\dfrac{\overline{AD}}{\sin B} = \dfrac{\overline{AB}}{\sin D}$ 이므로

$$\frac{\overline{AD}}{\sin 45°} = \frac{16\sqrt{2}}{\sin 30°}$$

$$\therefore \overline{AD} = \frac{16\sqrt{2}}{\frac{1}{2}} \times \frac{\sqrt{2}}{2} = 32$$

416 답 192

STEP 1 공통인 현 AB를 한 변으로 하는 두 삼각형에 대하여 원 C_1에서 사인법칙에 의하여

$$\frac{\overline{AB}}{\sin 60°} = 2R_1, \ \frac{12}{\frac{\sqrt{3}}{2}} = 2R_1$$

$$\therefore R_1 = 4\sqrt{3}$$

STEP 2 원 C_2에서 사인법칙에 의하여

$$\frac{\overline{AB}}{\sin 30°} = 2R_2, \ \frac{12}{\frac{1}{2}} = 2R_2$$

$$\therefore R_2 = 12$$

$$\therefore R_1{}^2 + R_2{}^2 = 48 + 144 = 192$$

417 답 ③

선분 BD가 공통인 변이므로 두 삼각형 ABD, BCD에서 각각 사인법칙을 이용한다.

STEP 1 삼각형 BCD에서 사인법칙에 의하여

$$\frac{\overline{BD}}{\sin C} = \frac{\overline{CD}}{\sin (\angle DBC)}$$ 이므로

$$\sin C = \frac{\overline{BD} \times \sin (\angle DBC)}{\overline{CD}} \qquad \cdots\cdots \ \text{㉠}$$

STEP 2 삼각형 ABD에서 사인법칙에 의하여

$$\frac{\overline{BD}}{\sin A} = \frac{\overline{AD}}{\sin (\angle ABD)}$$ 이므로

$$\sin A = \frac{\overline{BD} \times \sin (\angle ABD)}{\overline{AD}} \qquad \cdots\cdots \ \text{㉡}$$

STEP 3 $2\sin(\angle ABD) = 5\sin(\angle DBC)$에서

$$\frac{\sin (\angle DBC)}{\sin (\angle ABD)} = \frac{2}{5}$$

$\overline{AD} : \overline{DC} = 5 : 3$에서

$$\frac{\overline{AD}}{\overline{CD}} = \frac{5}{3}$$

$$\therefore \ \frac{\sin C}{\sin A} = \frac{\sin (\angle DBC)}{\sin (\angle ABD)} \times \frac{\overline{AD}}{\overline{CD}} \ (\because \ \text{㉠}, \ \text{㉡})$$

$$= \frac{2}{5} \times \frac{5}{3} = \frac{2}{3}$$

$2\sin(\angle ABD) = 5\sin(\angle DBC)$에서

$$\frac{\sin (\angle ABD)}{\sin (\angle DBC)} = \frac{5}{2} \qquad \cdots\cdots \ \text{㉢}$$

$$\triangle ABD = \frac{1}{2} \times \overline{AB} \times \overline{BD} \times \sin (\angle ABD) \qquad \cdots\cdots \ \text{㉣}$$

$$\triangle CBD = \frac{1}{2} \times \overline{BC} \times \overline{BD} \times \sin (\angle DBC) \qquad \cdots\cdots \ \text{㉤}$$

이때 $\overline{AD} : \overline{CD} = 5 : 3$에서

$$\triangle ABD : \triangle CBD = 5 : 3$$

이므로

$$\text{㉣} \div \text{㉤} = \frac{5}{3}$$

$$\frac{\overline{AB} \times \sin (\angle ABD)}{\overline{BC} \times \sin (\angle DBC)} = \frac{5}{3}, \ \frac{\overline{AB}}{\overline{BC}} \times \frac{5}{2} = \frac{5}{3} \ (\because \ \text{㉢})$$

$$\therefore \ \frac{\overline{AB}}{\overline{BC}} = \frac{2}{3}$$

삼각형 ABC에서 사인법칙에 의하여 $\dfrac{\overline{BC}}{\sin A} = \dfrac{\overline{AB}}{\sin C}$ 이므로

$$\frac{\sin C}{\sin A} = \frac{\overline{AB}}{\overline{BC}} = \frac{2}{3}$$

418 답 ①

STEP 1 삼각형 ABC의 외접원의 반지름의 길이를 R라 하면 이 외접원의 넓이가 50π이므로

$$\pi R^2 = 50\pi, \ R^2 = 50$$

$$\therefore R = 5\sqrt{2} \ (\because \ R > 0)$$

STEP 2 $\overline{AB} : \overline{AC} = \sqrt{2} : 1$이므로 $\overline{AB} = \sqrt{2}k$, $\overline{AC} = k \ (k > 0)$라 하고, $\angle ABC = \alpha$라 하자.

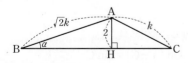

삼각형 ABC에서 사인법칙에 의하여

$$\frac{\overline{AC}}{\sin \alpha} = 2R$$

$$\frac{k}{\sin \alpha} = 10\sqrt{2} \qquad \therefore \ \sin \alpha = \frac{k}{10\sqrt{2}}$$

STEP 3 직각삼각형 ABH에서 $\sin \alpha = \dfrac{2}{\sqrt{2}k}$이므로

$\dfrac{k}{10\sqrt{2}}=\dfrac{2}{\sqrt{2}k}$ $\therefore k^2=20$

직각삼각형 ABH에서

$\overline{BH}=\sqrt{\overline{AB}^2-\overline{AH}^2}$
$\qquad =\sqrt{2k^2-4}$
$\qquad =\sqrt{2\times20-4}=\sqrt{36}=6$

419 답 ⑤

원에 내접한 직각삼각형의 빗변은 그 원의 지름이다.

STEP 1 $\overline{AQ}\perp\overline{PQ}$, $\overline{AR}\perp\overline{PR}$이므로 오른쪽 그림과 같이 네 점 A, Q, P, R는 한 원 위의 점이다. 즉, 선분 AP는 삼각형 AQR의 외접원의 지름이다.

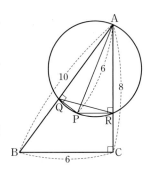

STEP 2 삼각형 AQR에서 사인법칙에 의하여

$\dfrac{\overline{QR}}{\sin A}=\overline{AP}=6$

이때 직각삼각형 ABC에서 $\sin A=\dfrac{6}{10}=\dfrac{3}{5}$이므로

$\overline{QR}=6\sin A=6\times\dfrac{3}{5}=\dfrac{18}{5}$

420 답 ①

삼각형 ADC에서 사인법칙을 이용하여 외접원의 반지름의 길이를 구한다.
→ sin (∠CAD)의 값, $\overline{CD}$의 길이가 필요하다.

STEP 1 오른쪽 그림과 같이 삼각형 ABC와 내접원의 접점을 각각 P, Q, R라 하면 내접원의 반지름의 길이가 3이므로

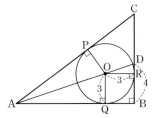

$\overline{OR}=\overline{RB}=\overline{QB}=\overline{OQ}=3$
$\therefore \overline{DR}=\overline{DB}-\overline{RB}=4-3=1$

직각삼각형 ORD에서

$\overline{OD}=\sqrt{3^2+1^2}=\sqrt{10}$

이므로 $\sin(\angle DOR)=\dfrac{1}{\sqrt{10}}=\dfrac{\sqrt{10}}{10}$

두 선분 AB, OR는 서로 평행하고 △OAP≡△OAQ (RHS 합동) 이므로

∠OAP=∠OAQ=∠DOR (동위각)

$\therefore \sin(\angle CAD)=\sin(\angle OAP)=\sin(\angle DOR)=\dfrac{\sqrt{10}}{10}$

STEP 2 또, △ORD∽△ABD (AA 닮음)이므로
$\overline{OR}:\overline{DR}=\overline{AB}:\overline{DB}$에서 $3:1=\overline{AB}:4$
$\therefore \overline{AB}=12$
$\therefore \overline{AP}=\overline{AQ}=\overline{AB}-\overline{QB}=12-3=9$
$\overline{CR}=\overline{CP}=x$라 하면
$\overline{BC}=x+3$, $\overline{AC}=x+9$
이므로 직각삼각형 ABC에서
$(x+3)^2+12^2=(x+9)^2$ $\overline{AB}^2+\overline{BC}^2=\overline{AC}^2$
$12x=72$ $\therefore x=6$
$\therefore \overline{CD}=x-1=5$

STEP 3 삼각형 ADC의 외접원의 반지름의 길이를 R라 하면 사인법칙에 의하여

$\dfrac{\overline{CD}}{\sin(\angle CAD)}=2R$

$\therefore R=\dfrac{5}{2\times\dfrac{\sqrt{10}}{10}}=\dfrac{5\sqrt{10}}{2}$

따라서 삼각형 ADC의 외접원의 넓이는

$\pi\left(\dfrac{5\sqrt{10}}{2}\right)^2=\dfrac{125}{2}\pi$

STEP 2

점 O가 삼각형 ABC의 내심이므로
$\overline{PA}=\overline{AQ}=9$, ∠CAD=∠DAB
$\overline{CR}=\overline{CP}=x$라 하면 삼각형 ABC에서 각의 이등분선의 정리에 의하여
$\overline{AB}:\overline{AC}=\overline{BD}:\overline{DC}$
$12:(9+x)=4:(x-1)$, $9+x=3(x-1)$
$\therefore x=6$ $\therefore \overline{CD}=x-1=5$

421 답 ④

♥ 삼각형 ABC의 두 변의 길이와 그 끼인각의 크기를 알 때 코사인법칙을 이용하여 나머지 한 변의 길이를 구할 수 있다.
→ $a^2=b^2+c^2-2bc\cos A$, $b^2=c^2+a^2-2ca\cos B$, $c^2=a^2+b^2-2ab\cos C$
♥ $\cos^2\theta=1-\sin^2\theta$

STEP 1 $\sin\theta=\dfrac{2\sqrt{14}}{9}$이므로

$\cos\theta=\sqrt{1-\sin^2\theta}=\sqrt{1-\left(\dfrac{2\sqrt{14}}{9}\right)^2}=\dfrac{5}{9}\left(\because 0<\theta<\dfrac{\pi}{2}\right)$

STEP 2 코사인법칙에 의하여
$\overline{AC}^2=\overline{AB}^2+\overline{BC}^2-2\times\overline{AB}\times\overline{BC}\times\cos\theta$
$\qquad =3^2+6^2-2\times3\times6\times\dfrac{5}{9}=25$
$\therefore \overline{AC}=5\ (\because \overline{AC}>0)$

422 답 ⑤

STEP 1 $\overline{AD}=\overline{AB}=6$, $\overline{BD}=\sqrt{15}$이므로 삼각형 ABD에서 코사인법칙에 의하여

$\cos A = \dfrac{\overline{AB}^2+\overline{AD}^2-\overline{BD}^2}{2\times\overline{AB}\times\overline{AD}}$

$\qquad = \dfrac{6^2+6^2-(\sqrt{15})^2}{2\times6\times6} = \dfrac{19}{24}$

STEP 2 삼각형 ABC에서 코사인법칙에 의하여

$\overline{BC}^2=\overline{AB}^2+\overline{AC}^2-2\times\overline{AB}\times\overline{AC}\times\cos A$

$\qquad = 6^2+10^2-2\times6\times10\times\dfrac{19}{24}=41$

$\therefore \overline{BC}=\sqrt{41} \ (\because \overline{BC}>0)$

다른 풀이

오른쪽 그림과 같이 점 A에서 $\overline{BD}$에 내린 수선의 발을 H, $\angle ADB=\theta$라 하면 삼각형 ABD는 $\overline{AB}=\overline{AD}$인 이등변삼각형이므로

$\cos\theta = \dfrac{\dfrac{\sqrt{15}}{2}}{6} = \dfrac{\sqrt{15}}{12}$

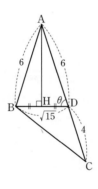

삼각형 BCD에서 코사인법칙에 의하여

$\overline{BC}^2=4^2+(\sqrt{15})^2-2\times4\times\sqrt{15}\times\underbrace{\cos(\pi-\theta)}_{=-\cos\theta}$

$\qquad = 16+15-8\sqrt{15}\times\left(-\dfrac{\sqrt{15}}{12}\right)$

$\qquad = 41$

$\therefore \overline{BC}=\sqrt{41} \ (\because \overline{BC}>0)$

423 답 ④

STEP 1 $\overline{AC}=x$라 하면 $\overline{AC}$와 $\overline{BC}$의 합이 24이므로

$\overline{BC}=24-\overline{AC}=24-x$

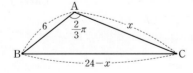

코사인법칙에 의하여

$(24-x)^2=x^2+6^2-2\times x\times6\times\cos\dfrac{2}{3}\pi$

$576-48x+x^2=x^2+36-12x\times\left(-\dfrac{1}{2}\right)$

$54x=540 \qquad \therefore x=10$

STEP 2 따라서 $\overline{AC}=10$, $\overline{BC}=14$이므로 코사인법칙에 의하여

$\cos B = \dfrac{6^2+14^2-10^2}{2\times6\times14} = \dfrac{132}{168} = \dfrac{11}{14}$

424 답 ②

STEP 1 다음 그림과 같이 원의 중심을 O라 하고, 원과 두 선분 AB, AC가 만나는 점을 각각 E, F라 하자.

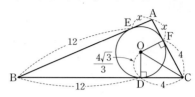

$\tan(\angle OCD)=\dfrac{\sqrt{3}}{3}$이므로 $\angle OCD=\dfrac{\pi}{6}$

이때 $\triangle OCD \equiv \triangle OCF$ (RHS 합동)이므로

$\angle OCF=\angle OCD=\dfrac{\pi}{6} \qquad \therefore \angle ACB=\dfrac{\pi}{3}$

STEP 2 $\overline{AE}=\overline{AF}=x$라 하면 삼각형 ABC에서 코사인법칙에 의하여

$\cos\dfrac{\pi}{3} = \dfrac{16^2+(x+4)^2-(x+12)^2}{2\times16\times(x+4)}$

$\dfrac{1}{2} = \dfrac{128-16x}{32(x+4)}$

$x+4=8-x, \ 2x=4 \qquad \therefore x=2$

STEP 3 따라서 삼각형 ABC의 둘레의 길이는

$\overline{AB}+\overline{BC}+\overline{CA}=14+16+6=36$

다른 풀이 **STEP 2** + **STEP 3**

$\triangle ABC = \dfrac{1}{2}\times16\times(x+4)\times\sin\dfrac{\pi}{3}$

$\qquad = 4\sqrt{3}(x+4) \qquad \cdots\cdots \bigcirc$

$\triangle OAB + \triangle OBC + \triangle OCA$

$= \dfrac{1}{2}\times\dfrac{4\sqrt{3}}{3}\times(x+12)+\dfrac{1}{2}\times\dfrac{4\sqrt{3}}{3}\times16+\dfrac{1}{2}\times\dfrac{4\sqrt{3}}{3}\times(x+4)$

$= \dfrac{4\sqrt{3}}{3}(x+16) \qquad \cdots\cdots \bigcirc$

$\bigcirc$, $\bigcirc$에서

$4\sqrt{3}(x+4) = \dfrac{4\sqrt{3}}{3}(x+16)$

$3x+12=x+16, \ 2x=4 \qquad \therefore x=2$

따라서 삼각형 ABC의 둘레의 길이는

$2\times(12+4+2)=36$

425 답 25

STEP 1 $\overline{BC}=6$이고, 점 E는 선분 BC를 1 : 5로 내분하는 점이므로

$\overline{BE}=\dfrac{1}{6}\overline{BC}=\dfrac{1}{6}\times6=1$, $\overline{EC}=\dfrac{5}{6}\overline{BC}=\dfrac{5}{6}\times6=5$

직각삼각형 ABE에서

$\overline{AE}=\sqrt{\overline{AB}^2+\overline{BE}^2}=\sqrt{3^2+1^2}=\sqrt{10}$

또, 직각삼각형 ABC에서

$\overline{AC}=\sqrt{\overline{AB}^2+\overline{BC}^2}=\sqrt{3^2+6^2}=3\sqrt5$

STEP 2 삼각형 AEC에서 코사인법칙에 의하여

$\cos\theta=\dfrac{\overline{AE}^2+\overline{AC}^2-\overline{EC}^2}{2\times\overline{AE}\times\overline{AC}}$

$\qquad=\dfrac{(\sqrt{10})^2+(3\sqrt5)^2-5^2}{2\times\sqrt{10}\times3\sqrt5}=\dfrac{30}{30\sqrt2}=\dfrac{\sqrt2}{2}$

$\therefore\sin\theta=\sqrt{1-\cos^2\theta}=\sqrt{1-\left(\dfrac{\sqrt2}{2}\right)^2}=\dfrac{\sqrt2}{2}\left(\because0<\theta<\dfrac{\pi}{2}\right)$

$\therefore50\sin\theta\cos\theta=50\times\dfrac{\sqrt2}{2}\times\dfrac{\sqrt2}{2}=25$

다른 풀이 **STEP 2**

$\triangle AEC=\dfrac12\times\overline{AE}\times\overline{AC}\times\sin\theta$

$\qquad=\dfrac12\times\sqrt{10}\times3\sqrt5\times\sin\theta$

$\qquad=\dfrac{15\sqrt2}{2}\sin\theta\qquad\cdots\cdots\ \text{㉠}$

점 E는 선분 BC를 $1:5$로 내분하는 점이므로

$\triangle AEC=\triangle ABC\times\dfrac56$

$\qquad=\left(\dfrac12\times\overline{AB}\times\overline{BC}\right)\times\dfrac56$

$\qquad=\left(\dfrac12\times3\times6\right)\times\dfrac56=\dfrac{15}{2}\qquad\cdots\cdots\ \text{㉡}$

㉠, ㉡에서

$\dfrac{15\sqrt2}{2}\sin\theta=\dfrac{15}{2}\qquad\therefore\sin\theta=\dfrac{\sqrt2}{2}$

$\therefore\cos\theta=\sqrt{1-\sin^2\theta}=\sqrt{1-\left(\dfrac{\sqrt2}{2}\right)^2}=\dfrac{\sqrt2}{2}\left(\because0<\theta<\dfrac{\pi}{2}\right)$

$\therefore50\sin\theta\cos\theta=50\times\dfrac{\sqrt2}{2}\times\dfrac{\sqrt2}{2}=25$

426 답 ①

STEP 1 $\sin\theta=\dfrac{\sqrt{11}}{6}$이므로

$\cos^2\theta=1-\sin^2\theta=1-\left(\dfrac{\sqrt{11}}{6}\right)^2=\dfrac{25}{36}$

STEP 2 삼각형 DCG에서 코사인법칙에 의하여

$\overline{DG}^2=\overline{CD}^2+\overline{CG}^2-2\times\overline{CD}\times\overline{CG}\times\cos\theta$

$\qquad=3^2+4^2-2\times3\times4\times\cos\theta$

$\qquad=25-24\cos\theta$

$\angle BCE=\pi-\theta$이므로 삼각형 CBE에서 코사인법칙에 의하여

$\overline{BE}^2=\overline{CB}^2+\overline{CE}^2-2\times\overline{CB}\times\overline{CE}\times\underset{=-\cos\theta}{\underline{\cos(\pi-\theta)}}$

$\qquad=3^2+4^2+2\times3\times4\times\cos\theta$

$\qquad=25+24\cos\theta$

STEP 3 $\therefore\overline{DG}\times\overline{BE}=\sqrt{\overline{DG}^2\times\overline{BE}^2}$

$\qquad\qquad\qquad\quad=\sqrt{(25-24\cos\theta)(25+24\cos\theta)}$

$\qquad\qquad\qquad\quad=\sqrt{25^2-24^2\times\cos^2\theta}$

$\qquad\qquad\qquad\quad=\sqrt{25^2-24^2\times\dfrac{25}{36}}=15$

427 답 ④

◉ 수선의 길이의 비를 알면 넓이 공식에 의하여 각 변의 길이의 비를 구할 수 있다.

◉ 삼각형의 세 변의 길이에 대한 비를 알면 코사인법칙을 이용하여 내각의 코사인 값을 구할 수 있다.

STEP 1 $\overline{AD}:\overline{BE}:\overline{CF}=2:3:4$이므로 $\overline{AD}=2k$, $\overline{BE}=3k$, $\overline{CF}=4k\ (k>0)$라 하자.

삼각형 ABC의 넓이를 S라 하면

$S=\dfrac12\times\overline{BC}\times2k=\dfrac12\times\overline{CA}\times3k=\dfrac12\times\overline{AB}\times4k$

즉, $\overline{BC}=\dfrac{S}{k}$, $\overline{CA}=\dfrac{2S}{3k}$, $\overline{AB}=\dfrac{S}{2k}$이므로

$\overline{BC}:\overline{CA}:\overline{AB}=\dfrac{S}{k}:\dfrac{2S}{3k}:\dfrac{S}{2k}$

$\qquad\qquad\qquad\qquad=6:4:3$

STEP 2 $\overline{BC}=6m$, $\overline{CA}=4m$, $\overline{AB}=3m\ (m>0)$

이라 하면 코사인법칙에 의하여

$\cos C=\dfrac{\overline{BC}^2+\overline{CA}^2-\overline{AB}^2}{2\times\overline{BC}\times\overline{CA}}$

$\qquad=\dfrac{(6m)^2+(4m)^2-(3m)^2}{2\times6m\times4m}=\dfrac{43}{48}$

 # 참고

세 변의 길이의 비가 같은 삼각형은 내각의 코사인 값이 같다. 따라서 **STEP 2**에서 $a=6$, $b=4$, $c=3$으로 놓고 계산해도 결과는 같다.

428 답 35

STEP 1 다음 그림과 같이 삼각형 ABC의 꼭짓점 A, B, C에서 대변 또는 그 연장선 위에 내린 수선의 발을 각각 D, E, F라 하자.

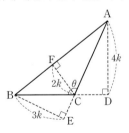

수선의 길이의 비가 $2:3:4$이므로 $\overline{CF}:\overline{BE}:\overline{AD}=2:3:4$라 하고 $\overline{CF}=2k$, $\overline{BE}=3k$, $\overline{AD}=4k\ (k>0)$라 하자.

삼각형 ABC의 넓이를 S라 하면

$S=\dfrac12\times\overline{AB}\times2k=\dfrac12\times\overline{BC}\times4k=\dfrac12\times\overline{CA}\times3k$

즉, $\overline{AB}=\dfrac{S}{k}$, $\overline{BC}=\dfrac{S}{2k}$, $\overline{CA}=\dfrac{2S}{3k}$이므로

$\overline{AB}:\overline{BC}:\overline{CA}=\dfrac{S}{k}:\dfrac{S}{2k}:\dfrac{2S}{3k}$

$\qquad\qquad\qquad\qquad=6:3:4$

STEP 2 $\overline{AB}=6m,\ \overline{BC}=3m,\ \overline{CA}=4m\ (m>0)$이라 하면

$\angle ACB=\theta$이므로 삼각형 ABC에서 코사인법칙에 의하여

$$\cos\theta=\frac{\overline{BC}^2+\overline{CA}^2-\overline{AB}^2}{2\times\overline{BC}\times\overline{CA}}=\frac{(3m)^2+(4m)^2-(6m)^2}{2\times3m\times4m}=-\frac{11}{24}$$

따라서 $|\cos\theta|=\dfrac{11}{24}$이므로 $p=24,\ q=11$

$\therefore p+q=24+11=35$

429 답 ③

해결 각 잡기

삼각형 PAC와 삼각형 PBD가 닮음이므로
$\overline{PC}:\overline{PB}=\overline{PA}:\overline{PD}$

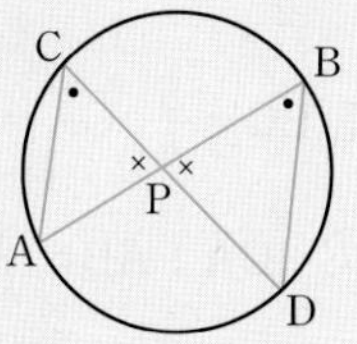

STEP 1 $\overline{AC}=x$라 하면 삼각형 ABC에서 코사인법칙에 의하여

$\overline{BC}^2=\overline{AB}^2+\overline{AC}^2-2\times\overline{AB}\times\overline{AC}\times\cos(\angle BAC)$

$2^2=3^2+x^2-2\times3\times x\times\cos(\angle BAC)$

$4=9+x^2-6x\times\dfrac{7}{8}$

$4x^2-21x+20=0,\ (4x-5)(x-4)=0$

$\therefore x=4\ (\because x>3)$

$\therefore \overline{AM}=\overline{CM}=\dfrac{1}{2}x=2$

STEP 2 삼각형 ABM에서 코사인법칙에 의하여

$\overline{BM}^2=\overline{AB}^2+\overline{AM}^2-2\times\overline{AB}\times\overline{AM}\times\cos(\underset{=\angle BAC}{\angle BAM})$

$\qquad =3^2+2^2-2\times3\times2\times\dfrac{7}{8}=\dfrac{5}{2}$

$\therefore \overline{BM}=\dfrac{\sqrt{10}}{2}\ (\because \overline{BM}>0)$

STEP 3 이때 $\triangle AMD\backsim\triangle BMC$ (AA 닮음)이므로

$\overline{MD}:\overline{MC}=\overline{AM}:\overline{BM}$에서

$\overline{MD}:2=2:\dfrac{\sqrt{10}}{2}$

$\therefore \overline{MD}=\dfrac{2\times2}{\dfrac{\sqrt{10}}{2}}=\dfrac{4\sqrt{10}}{5}$

다른 풀이 **STEP 2**

삼각형 ABC에서 중선정리에 의하여

$\overline{AB}^2+\overline{CB}^2=2(\overline{BM}^2+\overline{AM}^2)$

$\therefore \overline{BM}=\dfrac{\sqrt{10}}{2}$

 # 참고

두 삼각형 AMD와 BMC에서

$\qquad \angle AMD=\angle BMC$ (맞꼭지각),

$\qquad \angle ADM=\angle BCM$ (호 AB에 대한 원주각)

이므로 $\triangle AMD\backsim\triangle BMC$ (AA 닮음)

430 답 ③

STEP 1 $\angle BAC=\angle BDA$이므로 삼각형 ABD는 이등변삼각형이다.

$\therefore \overline{DB}=\overline{AB}=4$

오른쪽 그림과 같이 점 B에서 선분 AD에 내린 수선의 발을 F라 하면 직각삼각형 ABF에서

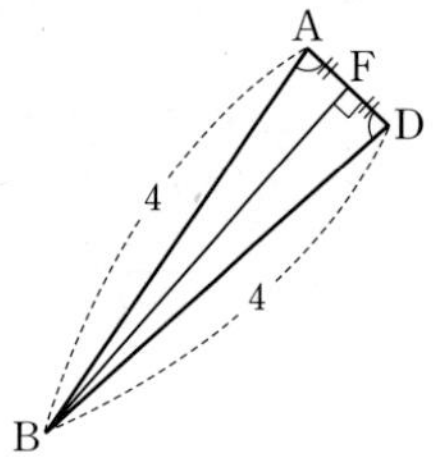

$\overline{AF}=\overline{AB}\cos(\angle BAD)$

$\qquad =4\times\dfrac{1}{8}=\dfrac{1}{2}$

$\therefore \overline{AD}=2\overline{AF}=2\times\dfrac{1}{2}=1$

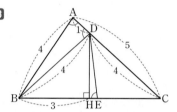

STEP 2 삼각형 ABC에서 코사인법칙에 의하여

$\overline{BC}^2=\overline{AB}^2+\overline{AC}^2-2\times\overline{AB}\times\overline{AC}\times\cos(\angle BAC)$

$\qquad =4^2+5^2-2\times4\times5\times\dfrac{1}{8}$

$\qquad =36$

$\therefore \overline{BC}=6\ (\because \overline{BC}>0)$

STEP 3

위의 그림과 같이 이등변삼각형 BCD의 점 D에서 변 BC에 내린 수선의 발을 H라 하면

$\overline{BH}=\overline{CH}=\dfrac{1}{2}\times6=3$

직각삼각형 BHD에서

$\overline{DH}=\sqrt{4^2-3^2}=\sqrt{7}$

STEP 4 $\angle BAC=\angle BDA=\angle BED$에서

$\cos(\angle BED)=\cos(\angle BAD)=\dfrac{1}{8}$

이므로

$\sin(\angle DEH)=\sin(\angle BED)$

$\qquad =\sqrt{1-\cos^2(\angle BED)}$

$\qquad =\sqrt{1-\left(\dfrac{1}{8}\right)^2}$ ─ $\cos(\angle BED)>0$이므로 $\sin(\angle BED)>0$

$\qquad =\dfrac{3\sqrt{7}}{8}$

$\therefore \overline{DE}=\dfrac{\overline{DH}}{\sin(\angle DEH)}=\dfrac{\sqrt{7}}{\dfrac{3\sqrt{7}}{8}}=\dfrac{8}{3}$

다른 풀이 **STEP 3** + **STEP 4**

$\angle C$는 공통이고 $\angle CED=\angle CDB$이므로

$\triangle CED\backsim\triangle CDB$ (AA 닮음)

$\overline{CD}:\overline{CB}=\overline{DE}:\overline{BD}$에서

$4:6=\overline{DE}:4$

$6\overline{DE}=16$

$\therefore \overline{DE}=\dfrac{8}{3}$

431 답 84

STEP 1 호 BD와 호 DC에 대한 원주각의
크기가 같으므로
$\overline{BD}=\overline{DC}$
이때
$\overline{BD}=\overline{DC}=a$, $\overline{AD}=b$,
$\angle CAD=\angle DAB=\theta$
라 하자.

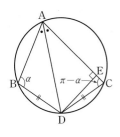

STEP 2 삼각형 ABD와 삼각형 ACD에서 각각 코사인법칙에 의하여
$a^2=6^2+b^2-2\times6\times b\times\cos\theta$ ······ ㉠
$a^2=b^2+8^2-2\times b\times8\times\cos\theta$ ······ ㉡

STEP 3 ㉠, ㉡에서
$36+b^2-12b\cos\theta=b^2+64-16b\cos\theta$
$4b\cos\theta=28$ ∴ $b\cos\theta=7$
직각삼각형 ADE에서
$k=b\cos\theta=7$
∴ $12k=12\times7=84$

다른 풀이 1

$\angle ABD=\alpha$라 하면
$\angle ACD=\pi-\alpha$
두 삼각형 ABD, ADC를 이어 붙여 그림
으로 나타내면 다음과 같다.

삼각형 ADA′은 이등변삼각형이고 $\overline{DE}\perp\overline{AA'}$이므로
$k=\overline{AE}=\dfrac{1}{2}\times(6+8)=7$
∴ $12k=12\times7=84$

다른 풀이 2

$\angle ACD=\theta$라 하면 $\angle ABD=\pi-\theta$
$\overline{BD}=\overline{CD}=x$라 하면 두 삼각형 ABD,
ACD에서 각각 코사인법칙에 의하여
$\overline{AD}^2=6^2+x^2-2\times6\times x\times\cos(\pi-\theta)$
$\quad=36+x^2+12x\cos\theta$ ······ ㉠
$\overline{AD}^2=8^2+x^2-2\times8\times x\times\cos\theta$
$\quad=64+x^2-16x\cos\theta$ ······ ㉡
㉠, ㉡에서
$36+x^2+12x\cos\theta=64+x^2-16x\cos\theta$
$28x\cos\theta=28$
∴ $x\cos\theta=1$
직각삼각형 DCE에서 $\overline{CE}=x\cos\theta=1$
∴ $k=8-1=7$
∴ $12k=12\times7=84$

432 답 20

해결 각 잡기

$\overline{AO}\perp\overline{BO}$, $\overline{AH}\perp\overline{BH}$이므로 네 점 A, B, H, O는 $\overline{AB}$를 지름으로
하는 원 위의 점이다.

STEP 1 부채꼴 OBA의 중심각의 크기가 $\dfrac{3}{2}\pi$이므로
$\angle AOB=2\pi-\dfrac{3}{2}\pi=\dfrac{\pi}{2}$
$\angle AOB=\angle AHB=\dfrac{\pi}{2}$이므로 두 점 O, H는 지름이 선분 AB인 원
위에 있다.
오른쪽 그림과 같이 점 O에서 선분 AB에
내린 수선의 발을 M이라 하자.
삼각형 OAB는 $\overline{OA}=\overline{OB}=2$인 직각이등
변삼각형이므로
$\angle OAM=\angle OBM=\dfrac{\pi}{4}$

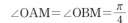

또, 삼각형 OAM, 삼각형 OBM도 직각이
등변삼각형이므로
$\overline{AM}=\overline{OM}=\overline{BM}=\sqrt{2}$

STEP 2 $\angle OAM=\dfrac{\pi}{4}$, $\angle BAH=\dfrac{\pi}{6}$이므로
$\angle OAH=\dfrac{\pi}{4}-\dfrac{\pi}{6}=\dfrac{\pi}{12}$
이때 원주각의 크기는 중심각의 크기의 $\dfrac{1}{2}$배이므로
$\angle OMH=2\angle OAH=2\times\dfrac{\pi}{12}=\dfrac{\pi}{6}$
∴ $\angle HMB=\dfrac{\pi}{2}-\dfrac{\pi}{6}=\dfrac{\pi}{3}$
$\angle OBH=\angle OAH=\dfrac{\pi}{12}$이므로
$\angle HBM=\dfrac{\pi}{12}+\dfrac{\pi}{4}=\dfrac{\pi}{3}$
따라서 삼각형 HMB는 정삼각형이므로
$\overline{HM}=\sqrt{2}$

STEP 3 삼각형 OMH에서 코사인법칙에 의하여
$\overline{OH}^2=\overline{MO}^2+\overline{MH}^2-2\times\overline{MO}\times\overline{MH}\times\cos\dfrac{\pi}{6}$
$\quad=(\sqrt{2})^2+(\sqrt{2})^2-2\times\sqrt{2}\times\sqrt{2}\times\dfrac{\sqrt{3}}{2}$
$\quad=4-2\sqrt{3}$
따라서 $m=4$, $n=-2$이므로
$m^2+n^2=16+4=20$

다른 풀이

$\angle POB=2\angle PAB=2\times\dfrac{\pi}{6}=\dfrac{\pi}{3}$이고 $\overline{OB}=\overline{OP}=2$이므로 삼각형
OBP는 정삼각형이다.
∴ $\overline{BP}=2$
직각삼각형 OAB에서

$$\overline{AB}=\frac{\overline{OA}}{\sin\frac{\pi}{4}}=\frac{2}{\frac{\sqrt{2}}{2}}=2\sqrt{2}$$

직각삼각형 ABH에서 $\angle ABH=\frac{\pi}{2}-\frac{\pi}{6}=\frac{\pi}{3}$이므로

$$\overline{BH}=\overline{AB}\cos\frac{\pi}{3}=2\sqrt{2}\times\frac{1}{2}=\sqrt{2}$$

직각삼각형 HBP에서

$$\overline{HP}=\sqrt{2^2-(\sqrt{2})^2}=\sqrt{2}$$

오른쪽 그림과 같이 점 O에서 $\overline{BP}$에 내린 수선의 발을 Q라 하면 점 H는 $\overline{OQ}$ 위에 있다. <u>OB=OP, HB=HP이므로 두 점 O, H는 BP의 수직이등분선 위의 점이다.</u>

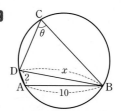

정삼각형 OBP에서 $\overline{OQ}=\frac{\sqrt{3}}{2}\times 2=\sqrt{3}$

직각삼각형 HBQ에서

$$\overline{HQ}=\sqrt{(\sqrt{2})^2-1^2}=1$$

이므로 $\overline{OH}=\overline{OQ}-\overline{HQ}=\sqrt{3}-1$

$$\therefore \overline{OH}^2=(\sqrt{3}-1)^2=4-2\sqrt{3}$$

따라서 $m=4$, $n=-2$이므로

$$m^2+n^2=16+4=20$$

433 답 ②

해결 각 잡기

❏ 사인법칙을 이용하여 변의 길이의 비를 구하고, 코사인법칙을 이용하여 각의 크기를 구한다.

❏ $\sin A:\sin B:\sin C=a:b:c$

STEP 1 삼각형 ABC의 세 내각 $\angle A$, $\angle B$, $\angle C$의 대변의 길이를 각각 a, b, c라 하면 $\frac{2}{\sin A}=\frac{3}{\sin B}=\frac{4}{\sin C}$이므로 사인법칙에 의하여

$$a:b:c=\sin A:\sin B:\sin C=2:3:4$$

STEP 2 $a=2k$, $b=3k$, $c=4k\,(k>0)$라 하면 코사인법칙에 의하여

$$\cos C=\frac{a^2+b^2-c^2}{2ab}$$

$$=\frac{(2k)^2+(3k)^2-(4k)^2}{2\times 2k\times 3k}=-\frac{1}{4}$$

434 답 7

STEP 1 $\overline{AB}:\overline{BC}:\overline{CA}=1:2:\sqrt{2}$이므로 $\overline{AB}=k$, $\overline{BC}=2k$, $\overline{CA}=\sqrt{2}k\,(k>0)$라 하면 코사인법칙에 의하여

$$\cos B=\frac{\overline{BA}^2+\overline{BC}^2-\overline{CA}^2}{2\times\overline{BA}\times\overline{BC}}$$

$$=\frac{k^2+(2k)^2-(\sqrt{2}k)^2}{2\times k\times 2k}=\frac{3}{4}$$

$$\therefore \sin B=\sqrt{1-\cos^2 B}=\sqrt{1-\left(\frac{3}{4}\right)^2}=\frac{\sqrt{7}}{4}\,(\because 0<B<\pi)$$

STEP 2 삼각형 ABC의 외접원의 반지름의 길이를 R라 하면 삼각형 ABC의 외접원의 넓이가 28π이므로

$$\pi R^2=28\pi \quad \therefore R=2\sqrt{7}\,(\because R>0)$$

따라서 사인법칙에 의하여

$$\frac{\overline{CA}}{\sin B}=4\sqrt{7} \quad \therefore \overline{CA}=4\sqrt{7}\times\frac{\sqrt{7}}{4}=7$$

435 답 50

해결 각 잡기

원에 내접하는 사각형의 대각의 크기의 합은 180°이다.

STEP 1 사각형 ABCD가 원에 내접하므로 $\angle BCD=\theta\,(0<\theta<\pi)$라 하면

$$\angle BAD=\pi-\theta$$

STEP 2

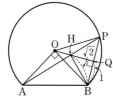

$\overline{BD}=x$라 하면 삼각형 ABD에서 코사인법칙에 의하여

$$x^2=\overline{AB}^2+\overline{AD}^2-2\times\overline{AB}\times\overline{AD}\times\cos(\pi-\theta)$$

$$=10^2+2^2-2\times 10\times 2\times\cos(\pi-\theta)$$

$$=104+40\cos\theta=104+40\times\frac{3}{5}=128$$

$$\therefore x=8\sqrt{2}\,(\because x>0)$$

STEP 3 $\sin\theta=\sqrt{1-\cos^2\theta}=\sqrt{1-\left(\frac{3}{5}\right)^2}=\frac{4}{5}$

이므로 삼각형 BCD의 외접원의 반지름의 길이를 R라 하면 사인법칙에 의하여

$$\frac{8\sqrt{2}}{\sin\theta}=2R \quad \therefore R=\frac{8\sqrt{2}}{\frac{4}{5}}\times\frac{1}{2}=5\sqrt{2}$$

따라서 이 원의 넓이는

$$\pi(5\sqrt{2})^2=50\pi \quad \therefore a=50$$

436 답 27

STEP 1 $\angle CAB=\alpha$라 하면 $\cos\alpha=\frac{1}{3}$이므로

$$\sin\alpha=\sqrt{1-\cos^2\alpha}=\sqrt{1-\left(\frac{1}{3}\right)^2}=\frac{2\sqrt{2}}{3}$$

STEP 2 선분 AB는 삼각형 ABC의 외접원의 지름이므로

$$\angle BCA=\frac{\pi}{2}$$

직각삼각형 ABC에서

$$\overline{AB}=\frac{\overline{BC}}{\sin\alpha}=\frac{12\sqrt{2}}{\frac{2\sqrt{2}}{3}}=18$$

$$\therefore \overline{AC}=\overline{AB}\times\cos\alpha=18\times\frac{1}{3}=6$$

이때 점 D는 선분 $\overline{AB}$를 5 : 4로 내분하는 점이므로

$$\overline{AD}=\frac{5}{9}\overline{AB}=\frac{5}{9}\times18=10$$

STEP 3 삼각형 CAD에서 코사인법칙에 의하여

$$\overline{CD}^2=\overline{AC}^2+\overline{AD}^2-2\times\overline{AC}\times\overline{AD}\times\cos\alpha$$
$$=6^2+10^2-2\times6\times10\times\frac{1}{3}=96$$

$$\therefore \overline{CD}=4\sqrt{6}\ (\because \overline{CD}>0)$$

삼각형 CAD의 외접원의 반지름의 길이를 R라 하면 사인법칙에 의하여

$$\frac{\overline{CD}}{\sin\alpha}=2R$$

$$\therefore R=\frac{4\sqrt{6}}{\frac{2\sqrt{2}}{3}}\times\frac{1}{2}=3\sqrt{3}$$

따라서 $S=\pi(3\sqrt{3})^2=27\pi$이므로

$$\frac{S}{\pi}=27$$

---

437 답 ②

STEP 1 삼각형 ABC의 외접원의 반지름의 길이가 7이므로 사인법칙에 의하여

$$\frac{\overline{BC}}{\sin\frac{\pi}{3}}=2\times7$$

$$\therefore \overline{BC}=14\times\frac{\sqrt{3}}{2}=7\sqrt{3}\quad\cdots\cdots\ \bigcirc$$

STEP 2 $\overline{AB}:\overline{AC}=3:1$이므로 $\overline{AC}=k\ (k>0)$라 하면

$$\overline{AB}=3k$$

삼각형 ABC에서 코사인법칙에 의하여

$$\overline{BC}^2=\overline{AB}^2+\overline{AC}^2-2\times\overline{AB}\times\overline{AC}\times\cos\frac{\pi}{3}$$
$$=(3k)^2+k^2-2\times3k\times k\times\frac{1}{2}=7k^2$$

$$\therefore \overline{BC}=\sqrt{7}k\quad\cdots\cdots\ \bigcirc$$

STEP 3 $\bigcirc$, $\bigcirc$에서 $7\sqrt{3}=\sqrt{7}k$

$$\therefore k=\sqrt{21},\ \text{즉}\ \overline{AC}=\sqrt{21}$$

다른 풀이 **STEP 2** + **STEP 3**

삼각형 ABC에서 코사인법칙에 의하여

$$\cos A=\frac{\overline{AB}^2+\overline{AC}^2-\overline{BC}^2}{2\times\overline{AB}\times\overline{AC}}$$이므로

$$\cos\frac{\pi}{3}=\frac{(3k)^2+k^2-(7\sqrt{3})^2}{2\times3k\times k}$$

$$\frac{1}{2}=\frac{10k^2-147}{6k^2}$$

$$3k^2=10k^2-147,\ 7k^2=147$$

$$\therefore k^2=21$$

$$\therefore k=\sqrt{21},\ \text{즉}\ \overline{AC}=\sqrt{21}$$

---

438 답 ⑤

STEP 1 삼각형 APB의 외접원의 반지름의 길이는 부채꼴 OAB의 반지름의 길이와 같으므로 6이다.

$\angle BPA=\theta\left(\frac{\pi}{2}<\theta<\pi\right)$라 하면 삼각형 ABP에서 사인법칙에 의하여

$$\frac{\overline{AB}}{\sin\theta}=2\times6$$

$$\therefore \sin\theta=\frac{8\sqrt{2}}{2\times6}=\frac{2\sqrt{2}}{3}$$

$$\therefore \cos\theta=-\sqrt{1-\sin^2\theta}$$
$$=-\sqrt{1-\left(\frac{2\sqrt{2}}{3}\right)^2}=-\frac{1}{3}\left(\because \frac{\pi}{2}<\theta<\pi\right)$$

STEP 2 $\overline{AP}:\overline{BP}=3:1$이므로 $\overline{BP}=k\ (k>0)$라 하면

$$\overline{AP}=3k$$

삼각형 ABP에서 코사인법칙에 의하여

$$\overline{AB}^2=\overline{PA}^2+\overline{PB}^2-2\times\overline{PA}\times\overline{PB}\times\cos\theta$$

$$(8\sqrt{2})^2=(3k)^2+k^2-2\times3k\times k\times\left(-\frac{1}{3}\right)$$

$$12k^2=128,\ k^2=\frac{32}{3}$$

$$\therefore k=\frac{4\sqrt{6}}{3},\ \text{즉}\ \overline{BP}=\frac{4\sqrt{6}}{3}$$

---

439 답 ①

해결 각 잡기

원 위의 세 점 A, C, P에 대하여 두 점 A, C 는 정점이고 점 P는 동점일 때, 삼각형 ACP 의 넓이는 오른쪽 그림과 같이 점 P가 $\overline{AC}$의 수직이등분선 위에 있을 때 최대이다.

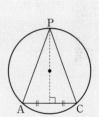

STEP 1 원 C의 반지름의 길이를 R라 하면 원 C의 넓이가 $\frac{49}{3}\pi$이므로

$$\pi R^2=\frac{49}{3}\pi\qquad\therefore R=\frac{7\sqrt{3}}{3}\ (\because R>0)$$

삼각형 ABC에서 사인법칙에 의하여

$$\frac{\overline{BC}}{\sin\frac{\pi}{3}}=2R$$

$$\therefore \overline{BC}=2\times\frac{7\sqrt{3}}{3}\times\frac{\sqrt{3}}{2}=7$$

$\overline{AC}=a$라 하면 삼각형 ABC에서 코사인법칙에 의하여

$$7^2=a^2+3^2-2\times a\times3\times\cos\frac{\pi}{3}$$

$$49=a^2+9-6a\times\frac{1}{2}$$

$$a^2-3a-40=0,\ (a+5)(a-8)=0$$

$$\therefore a=8\ (\because a>0)$$

STEP 2 삼각형 PAC의 넓이가 최대가 되도록 하는 점 P를 Q라 하면 점 Q는 선분 AC의 수직이등분선과 원 C의 두 교점 중 직선 AC와 더 멀리 떨어져 있는 점이다.

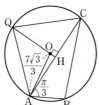

STEP 3 점 Q에서 선분 AC에 내린 수선의 발을 H라 하면 원 C의 중심 O는 선분 QH 위에 있다.

$\overline{OA}=\dfrac{7\sqrt{3}}{3}$, $\overline{AH}=\dfrac{1}{2}a=4$이므로 직각삼각형 AHO에서

$\overline{OH}=\sqrt{\left(\dfrac{7\sqrt{3}}{3}\right)^2-4^2}=\dfrac{\sqrt{3}}{3}$

따라서 $\overline{QH}=\dfrac{7\sqrt{3}}{3}+\dfrac{\sqrt{3}}{3}=\dfrac{8\sqrt{3}}{3}$이므로 삼각형 PAC의 넓이의 최댓값은

$\dfrac{1}{2}\times 8\times\dfrac{8\sqrt{3}}{3}=\dfrac{32\sqrt{3}}{3}$

다른 풀이 **STEP 3**

$\angle ABC=\theta$라 하면 삼각형 ABC에서 코사인법칙에 의하여

$\cos\theta=\dfrac{3^2+7^2-8^2}{2\times 3\times 7}=-\dfrac{1}{7}$

$\therefore \sin\theta=\sqrt{1-\left(-\dfrac{1}{7}\right)^2}=\dfrac{4\sqrt{3}}{7}$

$\overline{PA}=\overline{PC}=x$라 하면 삼각형 PAC에서 코사인법칙에 의하여

$8^2=x^2+x^2-2\times x\times x\times\underbrace{\cos(\pi-\theta)}_{=-\cos\theta}$

$64=2x^2-2x^2\times\dfrac{1}{7}$

$x^2=\dfrac{112}{3}$

따라서 삼각형 PAC의 넓이의 최댓값은

$\dfrac{1}{2}\times x^2\times\underbrace{\sin(\pi-\theta)}_{=\sin\theta}=\dfrac{1}{2}\times\dfrac{112}{3}\times\dfrac{4\sqrt{3}}{7}=\dfrac{32\sqrt{3}}{3}$

440 답 ④

해결 각 잡기

- 삼각형 ABC에서 사인법칙과 코사인법칙을 이용하여 삼각형의 변의 길이를 k에 대한 식으로 나타낸다.
- 점 A에서 선분 BC에 내린 수선의 발을 H, 직선 AH와 원 O가 만나는 점 중 삼각형 ABC의 외부의 점을 Q라 하면 점 P가 점 Q의 위치에 있을 때 삼각형 PBC의 넓이가 최대이다.

STEP 1 $\overline{AD}:\overline{DB}=3:2$이므로 $\overline{AD}=3k$, $\overline{DB}=2k\,(k>0)$라 하면 $\overline{AD}$와 $\overline{AE}$는 원 O의 반지름이므로

$\overline{AE}=\overline{AD}=3k$

$\therefore \overline{AB}=\overline{AD}+\overline{DB}=3k+2k=5k$

이때 삼각형 ABC에서 $\sin A:\sin C=8:5$이므로 사인법칙에 의하여

$\overline{BC}:\overline{AB}=\sin A:\sin C=8:5$

$\therefore \overline{BC}=8k\,(\because \overline{AB}=5k)$

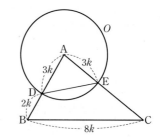

$\triangle ADE=\dfrac{1}{2}\times 3k\times 3k\times\sin A=\dfrac{9}{2}k^2\sin A$,

$\triangle ABC=\dfrac{1}{2}\times 5k\times\overline{AC}\times\sin A=\dfrac{5}{2}k\sin A\times\overline{AC}$

에서 $\triangle ADE:\triangle ABC=9:35$이므로

$\dfrac{9}{2}k^2\sin A:\dfrac{5}{2}k\sin A\times\overline{AC}=9:35$

$\therefore \overline{AC}=7k$

STEP 2 $\angle ACB=\theta$라 하면 삼각형 ABC에서 코사인법칙에 의하여

$\cos\theta=\dfrac{\overline{AC}^2+\overline{BC}^2-\overline{AB}^2}{2\times\overline{AC}\times\overline{BC}}$

$=\dfrac{(7k)^2+(8k)^2-(5k)^2}{2\times 7k\times 8k}=\dfrac{11}{14}$

$\therefore \sin\theta=\sqrt{1-\cos^2\theta}$

$=\sqrt{1-\left(\dfrac{11}{14}\right)^2}=\dfrac{5\sqrt{3}}{14}\left(\because 0<\theta<\dfrac{\pi}{2}\right)$

또, 삼각형 ABC의 외접원의 반지름의 길이가 7이므로 사인법칙에 의하여

$\dfrac{\overline{AB}}{\sin\theta}=2\times 7$, $\dfrac{5k}{\dfrac{5\sqrt{3}}{14}}=14$

$\therefore k=\sqrt{3}$ $\therefore \overline{AC}=7\sqrt{3}$

STEP 3 오른쪽 그림과 같이 점 A에서 선분 BC에 내린 수선의 발을 H라 하면

$\overline{AH}=\overline{AC}\times\sin\theta$

$=7\sqrt{3}\times\dfrac{5\sqrt{3}}{14}=\dfrac{15}{2}$

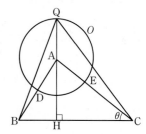

STEP 4 직선 AH와 원 O가 만나는 점 중 삼각형 ABC의 외부의 점을 Q라 하면 점 P가 점 Q의 위치에 있을 때 삼각형 PBC의 넓이가 최대이다. 이때

$\overline{QH}=3\sqrt{3}+\overline{AH}=3\sqrt{3}+\dfrac{15}{2}$

이므로 삼각형 PBC의 넓이의 최댓값은

$\dfrac{1}{2}\times\overline{BC}\times\overline{QH}=\dfrac{1}{2}\times 8\sqrt{3}\times\left(3\sqrt{3}+\dfrac{15}{2}\right)=36+30\sqrt{3}$

441 답 ①

해결 각 잡기

- 삼각형 BCD에서 사인법칙을 이용하여 $\overline{BC}$, $\overline{CD}$의 길이를 r에 대한 식으로 나타낸다.
- 삼각형 BCD에서 코사인법칙을 이용하여 r의 값을 구한다.

STEP1 호 BC에 대한 원주각의 크기는 모두 같으므로

$\angle D = \angle A = \dfrac{\pi}{3}$ — 삼각형 ABC가 정삼각형이므로 $\angle A = \dfrac{\pi}{3}$

삼각형 BCD의 외접원은 반지름의 길이가 r이므로 사인법칙에 의하여

$\dfrac{\overline{CD}}{\sin \theta} = 2r$, $\dfrac{\overline{BC}}{\sin \dfrac{\pi}{3}} = 2r$

$\therefore \overline{CD} = 2r \times \dfrac{\sqrt{3}}{3} = \dfrac{2\sqrt{3}}{3}r$, $\overline{BC} = 2r \times \dfrac{\sqrt{3}}{2} = \sqrt{3}r$

STEP2 삼각형 BCD에서 코사인법칙에 의하여

$\overline{BC}^2 = \overline{DB}^2 + \overline{DC}^2 - 2 \times \overline{DB} \times \overline{DC} \times \cos D$

$(\sqrt{3}r)^2 = (\sqrt{2})^2 + \left(\dfrac{2\sqrt{3}}{3}r\right)^2 - 2 \times \sqrt{2} \times \dfrac{2\sqrt{3}}{3}r \times \cos \dfrac{\pi}{3}$

$5r^2 + 2\sqrt{6}r - 6 = 0$ $\therefore r = \dfrac{6 - \sqrt{6}}{5}$ ($\because r > 0$)

다른 풀이 **STEP2**

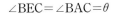

$\cos \theta = \sqrt{1 - \sin^2 \theta}$

$= \sqrt{1 - \left(\dfrac{\sqrt{3}}{3}\right)^2} = \dfrac{\sqrt{6}}{3}$

오른쪽 그림과 같이 점 C에서 $\overline{BD}$에 내린 수선의 발을 H라 하면

$\overline{BD} = \overline{BH} + \overline{DH}$

$= \overline{BC} \times \cos \theta + \overline{CD} \times \cos \dfrac{\pi}{3}$

이므로

$\sqrt{2} = \sqrt{3}r \times \dfrac{\sqrt{6}}{3} + \dfrac{2\sqrt{3}}{3}r \times \dfrac{1}{2}$

$\sqrt{2} = \left(\sqrt{2} + \dfrac{\sqrt{3}}{3}\right)r$ $\therefore r = \dfrac{6 - \sqrt{6}}{5}$

442 **답** 191

STEP1 $\overline{CE} = x$라 하면 $\overline{CD} + \overline{CE} = 5\sqrt{3}$이므로 $\overline{CD} = 5\sqrt{3} - x$

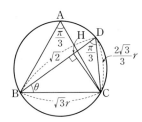

$\angle BAC = \theta$라 하면 $\cos \theta = \dfrac{\sqrt{3}}{6}$

또, 호 BC에 대한 원주각의 크기는 모두 같으므로

$\angle BEC = \angle BAC = \theta$

STEP2 삼각형 EDC에서 코사인법칙에 의하여

$\overline{CD}^2 = \overline{ED}^2 + \overline{EC}^2 - 2 \times \overline{ED} \times \overline{EC} \times \cos \theta$

$(5\sqrt{3} - x)^2 = 5^2 + x^2 - 2 \times 5 \times x \times \dfrac{\sqrt{3}}{6}$

$\dfrac{25\sqrt{3}}{3}x = 50$

$\therefore x = 2\sqrt{3}$

$\therefore \overline{CD} = 3\sqrt{3}$, $\overline{CE} = 2\sqrt{3}$

이때 $\triangle ABD \backsim \triangle ECD$ (AA 닮음)이므로

$\overline{AB} : \overline{EC} = \overline{BD} : \overline{CD}$

$2 : 2\sqrt{3} = \overline{BD} : 3\sqrt{3}$, $2\sqrt{3}\ \overline{BD} = 6\sqrt{3}$

$\therefore \overline{BD} = 3$

$\therefore \overline{BE} = \overline{BD} + \overline{DE} = 3 + 5 = 8$

STEP3 삼각형 EBC에서 코사인법칙에 의하여

$\overline{BC}^2 = \overline{BE}^2 + \overline{CE}^2 - 2 \times \overline{BE} \times \overline{CE} \times \cos \theta$

$= 8^2 + (2\sqrt{3})^2 - 2 \times 8 \times 2\sqrt{3} \times \dfrac{\sqrt{3}}{6} = 60$

$\therefore \overline{BC} = 2\sqrt{15}$ ($\because \overline{BC} > 0$)

STEP4 $\sin(\angle BAC) = \sqrt{1 - \cos^2(\angle BAC)}$

$= \sqrt{1 - \left(\dfrac{\sqrt{3}}{6}\right)^2} = \dfrac{\sqrt{33}}{6}$

삼각형 ABC의 외접원의 반지름의 길이를 R이라 하면 사인법칙에 의하여

$\dfrac{\overline{BC}}{\sin(\angle BAC)} = 2R$

$\therefore R = \dfrac{2\sqrt{15}}{\dfrac{\sqrt{33}}{6}} \times \dfrac{1}{2} = \dfrac{6\sqrt{55}}{11}$

따라서 삼각형 ABC의 외접원의 넓이는 $\pi R^2 = \dfrac{180}{11}\pi$이므로

$p = 11$, $q = 180$

$\therefore p + q = 11 + 180 = 191$

443 **답** ④

해결 각 잡기

삼각형의 각의 이등분선의 성질
삼각형 ABC에서 $\angle BAD = \angle CAD$이면
$a : b = c : d$

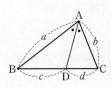

STEP1 선분 AP가 $\angle BAC$의 이등분선이므로

$\overline{BP} : \overline{PC} = \overline{AB} : \overline{AC} = 3 : 1$

즉, $\overline{PC} = k$ ($k > 0$)라 하면 $\overline{BP} = 3k$

STEP2 삼각형 BAC에서 코사인법칙에 의하여

$\cos(\angle BAC) = \dfrac{\overline{AB}^2 + \overline{AC}^2 - \overline{BC}^2}{2 \times \overline{AB} \times \overline{AC}}$

$\cos \dfrac{\pi}{3} = \dfrac{3^2 + 1^2 - (4k)^2}{2 \times 3 \times 1}$

$16k^2 = 7$

$\therefore k = \dfrac{\sqrt{7}}{4}$, 즉 $\overline{PC} = \dfrac{\sqrt{7}}{4}$

삼각형 APC의 외접원의 반지름의 길이를 R이라 하면 사인법칙에 의하여

$\dfrac{\overline{PC}}{\sin \dfrac{\pi}{6}} = 2R$ $\therefore R = \dfrac{\dfrac{\sqrt{7}}{4}}{\dfrac{1}{2}} \times \dfrac{1}{2} = \dfrac{\sqrt{7}}{4}$

따라서 삼각형 APC의 외접원의 넓이는

$\pi \left(\dfrac{\sqrt{7}}{4}\right)^2 = \dfrac{7}{16}\pi$

444 답 ①

STEP 1 $\angle BAC = \angle CAD$이므로

$\overline{BC} = \overline{CD}$

$\angle BAC = \angle CAD = \theta$, $\overline{BC} = \overline{CD} = x$라 하면

삼각형 ABC에서 코사인법칙에 의하여

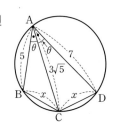

$\overline{BC}^2 = \overline{AB}^2 + \overline{AC}^2 - 2 \times \overline{AB} \times \overline{AC} \times \cos\theta$

$x^2 = 5^2 + (3\sqrt{5})^2 - 2 \times 5 \times 3\sqrt{5} \times \cos\theta$

$\quad = 70 - 30\sqrt{5}\cos\theta \quad \cdots\cdots \ \bigcirc$

또, 삼각형 ACD에서 코사인법칙에 의하여

$\overline{CD}^2 = \overline{AC}^2 + \overline{AD}^2 - 2 \times \overline{AC} \times \overline{AD} \times \cos\theta$

$x^2 = (3\sqrt{5})^2 + 7^2 - 2 \times 3\sqrt{5} \times 7 \times \cos\theta$

$\quad = 94 - 42\sqrt{5}\cos\theta \quad \cdots\cdots \ \bigcirc$

$\bigcirc$, $\bigcirc$에서

$70 - 30\sqrt{5}\cos\theta = 94 - 42\sqrt{5}\cos\theta$

$12\sqrt{5}\cos\theta = 24$

$\therefore \cos\theta = \dfrac{2\sqrt{5}}{5}$

$\therefore \sin\theta = \sqrt{1-\cos^2\theta} = \sqrt{1-\left(\dfrac{2\sqrt{5}}{5}\right)^2} = \dfrac{\sqrt{5}}{5}$

STEP 2 $\bigcirc$에서

$x^2 = 70 - 30\sqrt{5}\cos\theta$

$\quad = 70 - 30\sqrt{5} \times \dfrac{2\sqrt{5}}{5} = 10$

$\therefore x = \sqrt{10}$, 즉 $\overline{BC} = \sqrt{10}$

원의 반지름의 길이를 R라 하면 삼각형 ABC에서 사인법칙에 의하여

$\dfrac{\overline{BC}}{\sin\theta} = 2R$

$\therefore R = \dfrac{\sqrt{10}}{\dfrac{\sqrt{5}}{5}} \times \dfrac{1}{2} = \dfrac{5\sqrt{2}}{2}$

따라서 구하는 원의 반지름의 길이는 $\dfrac{5\sqrt{2}}{2}$이다.

다른 풀이

$\angle BAC = \angle CAD$이므로 $\overline{BC} = \overline{CD}$

오른쪽 그림과 같이

$\angle BAC = \angle CAD = \theta$라 하고 삼각형 ACD에서 점 D를 점 B에 오도록 배치할 때, 점 A가 이동되는 점을 점 A′이라 하자.

삼각형 AA′C는 세 변의 길이가 $3\sqrt{5}$, $3\sqrt{5}$, $5+7=12$인 이등변삼각형이므로 점 C에서 선분 AA′에 내린 수선의 발을 H라 하면

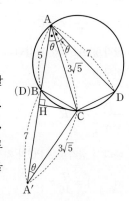

$\overline{A'H} = \dfrac{1}{2} \times 12 = 6$

$\therefore \overline{BH} = 7 - 6 = 1$

직각삼각형 CHA′에서

$\overline{CH} = \sqrt{(3\sqrt{5})^2 - 6^2} = 3$

이므로 $\sin\theta = \dfrac{3}{3\sqrt{5}} = \dfrac{\sqrt{5}}{5}$

직각삼각형 BHC에서

$\overline{BC} = \sqrt{1^2 + 3^2} = \sqrt{10}$

원의 반지름의 길이를 R라 하면 삼각형 ABC에서 사인법칙에 의하여

$2R = \dfrac{\overline{BC}}{\sin(\angle BAC)} = \dfrac{\sqrt{10}}{\dfrac{1}{\sqrt{5}}}$

$\therefore R = \dfrac{5\sqrt{2}}{2}$

445 답 ②

STEP 1 삼각형 ABC의 외접원의 반지름의 길이가 $3\sqrt{5}$이므로 사인법칙에 의하여

$\dfrac{\overline{AB}}{\sin C} = 2 \times 3\sqrt{5}$

$\therefore \sin C = \dfrac{10}{2 \times 3\sqrt{5}} = \dfrac{\sqrt{5}}{3}$

$\therefore \cos C = \sqrt{1-\sin^2 C}$

$\qquad = \sqrt{1-\left(\dfrac{\sqrt{5}}{3}\right)^2} = \dfrac{2}{3} \left(\because 0 < C < \dfrac{\pi}{2}\right)$

STEP 2 삼각형 ABC에서 코사인법칙에 의하여

$\overline{AB}^2 = \overline{CB}^2 + \overline{CA}^2 - 2 \times \overline{CB} \times \overline{CA} \times \cos C$

$100 = a^2 + b^2 - 2ab\cos C$

$a^2 + b^2 = 100 + 2ab\cos C$

이것을 $\dfrac{a^2 + b^2 - ab\cos C}{ab} = \dfrac{4}{3}$에 대입하면

$100 + ab\cos C = \dfrac{4}{3}ab$

$100 + \dfrac{2}{3}ab = \dfrac{4}{3}ab$, $\dfrac{2}{3}ab = 100$

$\therefore ab = 150$

다른 풀이 **STEP 2**

$\cos C = \dfrac{2}{3}$를 $\dfrac{a^2 + b^2 - ab\cos C}{ab} = \dfrac{4}{3}$에 대입하면

$\dfrac{a^2 + b^2 - \dfrac{2}{3}ab}{ab} = \dfrac{4}{3}$

$3a^2 + 3b^2 - 2ab = 4ab$, $3a^2 - 6ab + 3b^2 = 0$

$3(a^2 - 2ab + b^2) = 0$, $3(a-b)^2 = 0$

$\therefore a = b$

삼각형 ABC에서 코사인법칙에 의하여

$\overline{AB}^2 = \overline{AC}^2 + \overline{BC}^2 - 2 \times \overline{AC} \times \overline{BC} \times \cos C$

$100 = a^2 + b^2 - 2ab \times \dfrac{2}{3}$

$\dfrac{2}{3}a^2=100\ (\because a=b)$

$\therefore a^2=150$

$\therefore ab=a^2=150$

446 답 ①

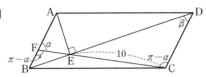

$\angle AFC=\alpha$, $\angle CDE=\beta$라 하면

$\cos\alpha=\dfrac{\sqrt{10}}{10}$

이므로

$\sin\alpha=\sqrt{1-\cos^2\alpha}$

$\qquad =\sqrt{1-\left(\dfrac{\sqrt{10}}{10}\right)^2}=\dfrac{3\sqrt{10}}{10}$

$\overline{AB}\,/\!/\,\overline{CD}$이므로 $\angle ECD=\angle EFB=\pi-\alpha$ (엇각)

삼각형 CDE의 외접원의 반지름의 길이가 $5\sqrt{2}$이므로 사인법칙에 의하여

$\dfrac{\overline{DE}}{\sin(\pi-\alpha)}=10\sqrt{2}$, $\dfrac{\overline{CE}}{\sin\beta}=10\sqrt{2}$

$\underset{\underset{=\sin\alpha}{\llcorner}}{}$

$\therefore \overline{DE}=10\sqrt{2}\times\dfrac{3\sqrt{10}}{10}=6\sqrt{5}$,

$\sin\beta=\dfrac{10}{10\sqrt{2}}=\dfrac{\sqrt{2}}{2}$, 즉 $\beta=\dfrac{\pi}{4}\left(\because 0<\beta<\dfrac{\pi}{2}\right)$

$\underset{}{}$ $\beta\geq\dfrac{\pi}{2}$이면 조건을 만족시키는 평행사변형 ABCD가 존재하지 않는다.

STEP 2 $\overline{CD}=x$라 하면 삼각형 CDE에서 코사인법칙에 의하여

$\overline{DE}^2=\overline{CD}^2+\overline{CE}^2-2\times\overline{CD}\times\overline{CE}\times\cos(\pi-\alpha)$

$(6\sqrt{5})^2=x^2+10^2-2\times x\times 10\times\underset{=-\cos\alpha}{\underline{\cos(\pi-\alpha)}}$

$x^2+2\sqrt{10}\,x-80=0$

$\therefore x=2\sqrt{10}\ (\because x>0)$

STEP 3 $\angle ABE=\beta=\dfrac{\pi}{4}$이므로 삼각형 ABE는 직각이등변삼각형이다. $\underline{\overline{AB}\,/\!/\,\overline{CD}이므로\ \angle ABE=CDE\ (엇각)}$

$\overline{AB}=\overline{CD}=2\sqrt{10}$이므로

$\overline{AE}=\overline{BE}=\overline{AB}\cos\dfrac{\pi}{4}$

$\qquad =2\sqrt{10}\times\dfrac{\sqrt{2}}{2}=2\sqrt{5}$

또, $\triangle BEF\backsim\triangle DEC$ (AA 닮음)이고 닮음비가

$\overline{BE}:\overline{DE}=1:3$

이므로 $\overline{BF}:\overline{DC}=1:3$에서

$\overline{BF}:\overline{AB}=1:3$

$\therefore \triangle AFE=\dfrac{2}{3}\triangle ABE$

$\qquad =\dfrac{2}{3}\times\left(\dfrac{1}{2}\times 2\sqrt{5}\times 2\sqrt{5}\right)=\dfrac{20}{3}$

447 답 ⑤

STEP 1 삼각형 ABC의 넓이가 $\sqrt{6}$이므로

$\dfrac{1}{2}\times\overline{AB}\times\overline{AC}\times\sin\theta=\sqrt{6}$

$\dfrac{1}{2}\times 2\times\sqrt{7}\times\sin\theta=\sqrt{6}$

$\therefore \sin\theta=\dfrac{\sqrt{42}}{7}$

STEP 2 $\therefore \sin\left(\dfrac{\pi}{2}+\theta\right)=\cos\theta=\sqrt{1-\sin^2\theta}$

$\qquad\qquad =\sqrt{1-\left(\dfrac{\sqrt{42}}{7}\right)^2}$

$\qquad\qquad =\dfrac{\sqrt{7}}{7}\left(\because 0<\theta<\dfrac{\pi}{2}\right)$

448 답 ②

STEP 1 삼각형 ABC의 넓이가 15이므로

$\dfrac{1}{2}\times\overline{AB}\times\overline{BC}\times\sin(\angle ABC)=15$

$\dfrac{1}{2}\times 6\times 7\times\sin(\angle ABC)=15$

$\therefore \sin(\angle ABC)=\dfrac{5}{7}$

STEP 2 $\therefore \cos(\angle ABC)=\sqrt{1-\sin^2(\angle ABC)}$

$\qquad\qquad =\sqrt{1-\left(\dfrac{5}{7}\right)^2}$

$\qquad\qquad =\dfrac{2\sqrt{6}}{7}\left(\because 0<\angle ABC<\dfrac{\pi}{2}\right)$

449 답 ②

STEP 1 부채꼴 OAB의 반지름의 길이를 r라 하면 부채꼴 OAB의 호의 길이가 π이므로

$r\times\dfrac{\pi}{3}=\pi$ $\quad\therefore r=3$

STEP 2 따라서 $\overline{OA}=\overline{OB}=3$이므로

$\triangle OAB=\dfrac{1}{2}\times 3^2\times\sin\dfrac{\pi}{3}$

$\qquad =\dfrac{9}{2}\times\dfrac{\sqrt{3}}{2}$

$\qquad =\dfrac{9\sqrt{3}}{4}$

450 답 ④

해결 각 잡기

◉ $\overline{OP}$, $\overline{OQ}$의 길이를 반지름의 길이에 대한 식으로 나타낸다.

◉ 반지름의 길이가 r, 중심각의 크기가 θ (라디안)인 부채꼴의 호의 길이를 l이라 하면
$$l=r\theta$$

STEP 1 부채꼴 OAB의 반지름의 길이를 r라 하면 부채꼴 OAB에서 선분 OA를 3 : 1로 내분하는 점이 P이므로

$$\overline{OP}=\frac{3}{4}r$$

선분 OB를 1 : 2로 내분하는 점이 Q이므로

$$\overline{OQ}=\frac{1}{3}r$$

STEP 2 이때 삼각형 OPQ의 넓이가 $4\sqrt{3}$이므로

$$\frac{1}{2}\times\frac{3}{4}r\times\frac{1}{3}r\times\sin\frac{\pi}{3}=4\sqrt{3}, \ \frac{1}{8}r^2\times\frac{\sqrt{3}}{2}=4\sqrt{3}$$

$$\frac{\sqrt{3}}{16}r^2=4\sqrt{3}, \ r^2=64$$

$$\therefore r=8 \ (\because r>0)$$

따라서 호 AB의 길이는

$$8\times\frac{\pi}{3}=\frac{8}{3}\pi$$

451 답 ③

해결 각 잡기

◉ $\angle$APD, $\angle$DPC의 크기를 θ에 대한 식으로 나타낸다.

◉ $\triangle$ADC$=\triangle$PAD$+\triangle$PDC$-\triangle$PAC

STEP 1 $\overline{OA}=\overline{OP}$이므로

$$\angle\text{OPA}=\angle\text{OAP}=\theta$$

선분 AB를 지름으로 하는 반원의 호 위의 점 P이므로

$$\angle\text{APB}=\frac{\pi}{2} \qquad \therefore \angle\text{CPD}=\frac{\pi}{2}-\theta$$

$4\sin\theta=3\cos\theta$에서

$$\frac{\sin\theta}{\cos\theta}=\frac{3}{4}, \ \text{즉} \ \tan\theta=\frac{3}{4}$$

이때 $0<\theta<\frac{\pi}{2}$이므로

$$\sin\theta=\frac{3}{5}, \ \cos\theta=\frac{4}{5}$$

STEP 2 $\overline{AB}=10$이므로 직각삼각형 ABP에서

$$\overline{PA}=10\cos\theta=10\times\frac{4}{5}=8$$

$$\therefore \overline{PA}=\overline{PC}=\overline{PD}=8$$

$$\therefore \triangle\text{ADC}$$

$$=\triangle\text{PAD}+\triangle\text{PDC}-\triangle\text{PAC}$$

$$=\frac{1}{2}\times8\times8\times\sin\theta+\frac{1}{2}\times8\times8\times\sin\left(\frac{\pi}{2}-\theta\right)-\frac{1}{2}\times8\times8$$

$$=32\sin\theta+32\cos\theta-32$$

$$=32\times\frac{3}{5}+32\times\frac{4}{5}-32=\frac{64}{5}$$

452 답 ③

STEP 1 부채꼴 OAB의 중심각의 크기를 θ (라디안)라 하면 부채꼴 AOB의 호의 길이가 π이므로

$$4\theta=\pi \qquad \therefore \theta=\frac{\pi}{4}$$

STEP 2 $S=\frac{1}{2}\times4\times\pi=2\pi,$

$$T=\frac{1}{2}\times\overline{OP}\times\overline{OA}\times\sin\frac{\pi}{4}$$

$$=\frac{1}{2}\times\overline{OP}\times4\times\frac{\sqrt{2}}{2}=\sqrt{2}\,\overline{OP}$$

이므로 $\dfrac{S}{T}=\pi$에서

$$\frac{2\pi}{\sqrt{2}\,\overline{OP}}=\pi \qquad \therefore \overline{OP}=\sqrt{2}$$

453 답 ③

해결 각 잡기

◉ 삼각형 ABC의 두 변의 길이와 그 끼인각의 크기를 알 때, 삼각형 ABC의 넓이를 S라 하면
$$S=\frac{1}{2}ab\sin C=\frac{1}{2}bc\sin A=\frac{1}{2}ca\sin B$$

◉ 삼각형 COA에서 코사인법칙을 이용하여 $\cos(\angle\text{COA})$의 값을 구한다.

◉ $\triangle$BOD$=\dfrac{7}{6}$이고 $\angle$BOD$=\dfrac{\pi}{2}-\angle$COA임을 이용하여 $\overline{OD}$의 길이를 구한다.

STEP 1 $\angle$COA$=\theta$라 하면 삼각형 COA에서 코사인법칙에 의하여

$$\cos\theta=\frac{\overline{OA}^2+\overline{OC}^2-\overline{CA}^2}{2\times\overline{OA}\times\overline{OC}}=\frac{2^2+2^2-1^2}{2\times2\times2}=\frac{7}{8}$$

STEP 2 $\overline{OD}=x$라 하면 $\angle$BOD$=\dfrac{\pi}{2}-\theta$이고 삼각형 BOD의 넓이가 $\dfrac{7}{6}$이므로

$$\frac{1}{2}\times2\times x\times\sin\left(\frac{\pi}{2}-\theta\right)=\frac{7}{6}$$

이때 $\sin\left(\dfrac{\pi}{2}-\theta\right)=\cos\theta=\dfrac{7}{8}$이므로

$$\frac{7}{8}x=\frac{7}{6}$$

$$\therefore x=\frac{4}{3}, \ \text{즉} \ \overline{OD}=\frac{4}{3}$$

454 답 ①

STEP 1 삼각형 ABC의 넓이는 $5\sqrt{2}$이므로

$$\frac{1}{2}\times\overline{AB}\times\overline{AC}\times\sin A=5\sqrt{2}$$

$$\frac{1}{2}\times3\times5\times\sin A=5\sqrt{2}$$

$$\therefore \sin A=\frac{2\sqrt{2}}{3}$$

$$\therefore \cos A=\sqrt{1-\sin^2 A}=\sqrt{1-\left(\frac{2\sqrt{2}}{3}\right)^2}=\frac{1}{3}\left(\because 0<A<\frac{\pi}{2}\right)$$

STEP 2 코사인법칙에 의하여

$$\overline{BC}^2=\overline{AB}^2+\overline{AC}^2-2\times\overline{AB}\times\overline{AC}\times\cos A$$

$$=3^2+5^2-2\times3\times5\times\frac{1}{3}=24$$

$$\therefore \overline{BC}=2\sqrt{6}\ (\because \overline{BC}>0)$$

STEP 3 이때 삼각형 ABC의 외접원의 반지름의 길이를 R라 하면 사인법칙에 의하여

$$\frac{2\sqrt{6}}{\sin A}=2R$$

$$\therefore R=\frac{2\sqrt{6}}{\frac{2\sqrt{2}}{3}}\times\frac{1}{2}=\frac{3\sqrt{3}}{2}$$

따라서 삼각형 ABC의 외접원의 반지름의 길이는 $\dfrac{3\sqrt{3}}{2}$이다.

455 답 ②

STEP 1 삼각형 ABC의 외접원의 반지름의 길이를 R라 하면 사인법칙에 의하여

$$\sin A=\frac{a}{2R},\ \sin B=\frac{8}{2R},\ \sin C=\frac{4}{2R}$$

이므로 $a(\sin B+\sin C)=6\sqrt{3}$에 대입하면

$$a\left(\frac{8}{2R}+\frac{4}{2R}\right)=6\sqrt{3}$$

$$\therefore \frac{a}{R}=\sqrt{3}$$

$$\therefore \sin A=\frac{a}{2R}=\frac{\sqrt{3}}{2}$$

이때 $\angle BAC>90°$이므로 $\angle BAC=\dfrac{2}{3}\pi$

STEP 2 선분 AP가 $\angle BAC$를 이등분하므로

$$\angle PAB=\angle PAC=\frac{\pi}{3}$$

이고, $\overline{BP}:\overline{PC}=\overline{AB}:\overline{AC}=4:8=1:2$

따라서 $\triangle ABP=\dfrac{1}{3}\triangle ABC$이므로

$$\frac{1}{2}\times4\times\overline{AP}\times\sin\frac{\pi}{3}=\frac{1}{3}\times\left(\frac{1}{2}\times4\times8\times\sin\frac{2}{3}\pi\right)$$

$$2\overline{AP}=\frac{16}{3}\qquad\therefore \overline{AP}=\frac{8}{3}$$

456 답 ④

STEP 1 삼각형 ABC는 정삼각형이므로 $\angle EAD=\dfrac{\pi}{3}$

$\overline{AD}=\overline{CE}=a$라 하면 삼각형 ADE에서 코사인법칙에 의하여

$$\overline{DE}^2=\overline{AD}^2+\overline{AE}^2-2\times\overline{AD}\times\overline{AE}\times\cos A$$

$$(\sqrt{13})^2=a^2+(a+1)^2-2\times a\times(a+1)\times\cos\frac{\pi}{3}$$

$$13=2a^2+2a+1-2a(a+1)\times\frac{1}{2}$$

$$a^2+a-12=0,\ (a+4)(a-3)=0$$

$$\therefore a=3\ (\because a>0)$$

STEP 2 $\therefore \triangle BDE=\triangle ADE-\triangle ABE$

$$=\frac{1}{2}\times4\times3\times\sin\frac{\pi}{3}-\frac{1}{2}\times4\times1\times\sin\frac{\pi}{3}$$

$$=6\times\frac{\sqrt{3}}{2}-2\times\frac{\sqrt{3}}{2}=2\sqrt{3}$$

457 답 ③

해결 각 잡기

$$\sin\left(\frac{3}{2}\pi-\theta\right)=-\cos\theta$$

STEP 1 $\overline{OB}^2+\overline{OC}^2=\overline{BC}^2$이므로 삼각형 OBC는 $\angle BOC=\dfrac{\pi}{2}$인 직각이등변삼각형이다.

$\angle AOB=\alpha,\ \angle AOC=\beta$라 하면

$$S_1=\frac{1}{2}\times(\sqrt{10})^2\times\sin\alpha=5\sin\alpha$$

$$S_2=\frac{1}{2}\times(\sqrt{10})^2\times\sin\beta=5\sin\beta$$

이때 $3S_1=4S_2$이므로

$$\sin\alpha=\frac{4}{3}\sin\beta\qquad\cdots\cdots\ \bigcirc$$

STEP 2 $\angle AOB+\angle BOC+\angle COA=2\pi$이므로

$$\alpha+\frac{\pi}{2}+\beta=2\pi\qquad\therefore \beta=\frac{3}{2}\pi-\alpha$$

$\bigcirc$에서

$$\sin\alpha=\frac{4}{3}\sin\left(\frac{3}{2}\pi-\alpha\right)=-\frac{4}{3}\cos\alpha\qquad\cdots\cdots\ \bigcirc$$

$\sin^2\alpha+\cos^2\alpha=1$에 $\bigcirc$을 대입하면

$$\frac{16}{9}\cos^2\alpha+\cos^2\alpha=1,\ \cos^2\alpha=\frac{9}{25}$$

$$\therefore \cos\alpha=-\frac{3}{5}\ (\because \cos\alpha<0)\quad \begin{array}{l}0<\alpha<\pi이므로\ \sin\alpha>0\\ \therefore \cos\alpha<0\ (\because \bigcirc)\end{array}$$

STEP 3 따라서 삼각형 OAB에서 코사인법칙에 의하여

$$\overline{AB}^2=\overline{OA}^2+\overline{OB}^2-2\times\overline{OA}\times\overline{OB}\times\cos\alpha$$

$$=(\sqrt{10})^2+(\sqrt{10})^2-2\times\sqrt{10}\times\sqrt{10}\times\left(-\frac{3}{5}\right)=32$$

$$\therefore \overline{AB}=4\sqrt{2}\ (\because \overline{AB}>0)$$

다른 풀이

오른쪽 그림과 같이 두 점 B, C에서 직선 AO에 내린 수선의 발을 각각 H_1, H_2라 하자.

$\angle BOH_1=\alpha,\ \angle COH_2=\beta$라 하면

$S_1:S_2=4:3$이므로

$$\overline{BH_1}:\overline{CH_2}=4:3\quad \begin{array}{l}\overline{BH_1}=\sqrt{10}\sin\alpha,\\ \overline{CH_2}=\sqrt{10}\sin\beta\end{array}$$

$$\therefore \sin\alpha:\sin\beta=4:3\qquad\cdots\cdots\ \bigcirc$$

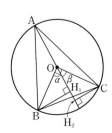

$\alpha+\beta=\dfrac{\pi}{2}$ 이므로

$\sin\beta=\sin\left(\dfrac{\pi}{2}-\alpha\right)=\cos\alpha$

ⓒ에서 $\sin\alpha : \cos\alpha=4 : 3$이므로

$4\cos\alpha=3\sin\alpha$

$\therefore \dfrac{\sin\alpha}{\cos\alpha}=\dfrac{4}{3}$, 즉 $\tan\alpha=\dfrac{4}{3}$

$\therefore \sin\alpha=\dfrac{4}{5}$, $\cos\alpha=\dfrac{3}{5}$

직각삼각형 OBH_1에서

$\overline{BH_1}=\overline{OB}\sin\alpha=\sqrt{10}\times\dfrac{4}{5}=\dfrac{4\sqrt{10}}{5}$

$\therefore \overline{AH_1}=\sqrt{10}+\dfrac{3\sqrt{10}}{5}=\dfrac{8\sqrt{10}}{5}$

따라서 직각삼각형 ABH_1에서

$\overline{AB}=\sqrt{\left(\dfrac{8\sqrt{10}}{5}\right)^2+\left(\dfrac{4\sqrt{10}}{5}\right)^2}=4\sqrt{2}$

458 답 ③

STEP 1 삼각형 ABC에서 사인법칙에 의하여

$\dfrac{\overline{BC}}{\sin(\angle BAC)}=\dfrac{\overline{AB}}{\sin(\angle ACB)}$

$\dfrac{2\sqrt{3}}{\sin 60°}=\dfrac{2\sqrt{2}}{\sin(\angle ACB)}$

$\dfrac{2\sqrt{3}}{\frac{\sqrt{3}}{2}}=\dfrac{2\sqrt{2}}{\sin(\angle ACB)}$ $\therefore \sin(\angle ACB)=\dfrac{\sqrt{2}}{2}$

$\therefore \angle ACB=45° (\because 0<\angle ACB<120°)$

이때 $\angle PCB=15°$이므로

$\angle PCA=45°-15°=30°$

STEP 2 삼각형 PBC에서 사인법칙에 의하여

$\dfrac{\overline{BC}}{\sin(\angle BPC)}=\dfrac{\overline{PC}}{\sin(\angle PBC)}$ ── 삼각형 PBC에서

$\dfrac{2\sqrt{3}}{\sin 135°}=\dfrac{\overline{PC}}{\sin 30°}$ $\angle BPC=180°-(30°+15°)=135°$

$\dfrac{2\sqrt{3}}{\frac{\sqrt{2}}{2}}=\dfrac{\overline{PC}}{\frac{1}{2}}$ $\sin 135°=\sin(180°-45°)=\sin 45°$

$\therefore \overline{PC}=\sqrt{6}$

STEP 3 $\overline{AC}=b$라 하면 삼각형 ABC에서 코사인법칙에 의하여

$\overline{BC}^2=\overline{AB}^2+\overline{AC}^2-2\times\overline{AB}\times\overline{AC}\times\cos(\angle BAC)$

$(2\sqrt{3})^2=(2\sqrt{2})^2+b^2-2\times 2\sqrt{2}\times b\times\cos 60°$

$b^2-2\sqrt{2}b-4=0$

$\therefore b=\sqrt{2}+\sqrt{6} (\because b>0)$

STEP 4 $\therefore \triangle APC=\dfrac{1}{2}\times\overline{CA}\times\overline{CP}\times\sin(\angle ACP)$

$=\dfrac{1}{2}\times(\sqrt{2}+\sqrt{6})\times\sqrt{6}\times\sin 30°$

$=\dfrac{3+\sqrt{3}}{2}$

오른쪽 그림과 같이 점 B에서 선분 AC에 내린 수선의 발을 H라 하면

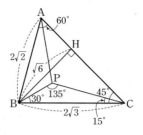

$\overline{AC}=\overline{AH}+\overline{HC}$

$=2\sqrt{2}\cos 60°+2\sqrt{3}\cos 45°$

$=\sqrt{2}+\sqrt{6}$

459 답 ①

STEP 1 $\overline{AC}=a$라 하면 삼각형 ABC에서 코사인법칙에 의하여

$\overline{BC}^2=\overline{AB}^2+\overline{AC}^2-2\times\overline{AB}\times\overline{AC}\times\cos(\angle BAC)$

$(\sqrt{13})^2=3^2+a^2-2\times 3\times a\times\cos\dfrac{\pi}{3}$

$a^2-3a-4=0$, $(a+1)(a-4)=0$

$\therefore a=4 (\because a>0)$

$\therefore S_1=\dfrac{1}{2}\times\overline{AB}\times\overline{AC}\times\sin(\angle BAC)$

$=\dfrac{1}{2}\times 3\times 4\times\sin\dfrac{\pi}{3}=3\sqrt{3}$

STEP 2 $S_2=\dfrac{5}{6}S_1=\dfrac{5}{6}\times 3\sqrt{3}=\dfrac{5\sqrt{3}}{2}$이고

$\overline{AD}\times\overline{CD}=9$이므로

$S_2=\dfrac{1}{2}\times\overline{AD}\times\overline{CD}\times\sin(\angle ADC)$

$=\dfrac{9}{2}\sin(\angle ADC)=\dfrac{5\sqrt{3}}{2}$

$\therefore \sin(\angle ADC)=\dfrac{5\sqrt{3}}{9}$ ┈┈┈ ㉠

STEP 3 삼각형 ACD에서 사인법칙에 의하여

$\dfrac{\overline{AC}}{\sin(\angle ADC)}=2R$

$\therefore R=\dfrac{4}{\frac{5\sqrt{3}}{9}}\times\dfrac{1}{2}=\dfrac{6\sqrt{3}}{5}$ ┈┈┈ ㉡

㉠, ㉡에 의하여

$\dfrac{R}{\sin(\angle ADC)}=\dfrac{\frac{6\sqrt{3}}{5}}{\frac{5\sqrt{3}}{9}}=\dfrac{54}{25}$

460 답 103

STEP 1 삼각형 ABC에서 코사인법칙에 의하여

$\cos A=\dfrac{\overline{AB}^2+\overline{AC}^2-\overline{BC}^2}{2\times\overline{AB}\times\overline{AC}}=\dfrac{6^2+5^2-4^2}{2\times 6\times 5}=\dfrac{3}{4}$

$\therefore \sin A=\sqrt{1-\cos^2 A}=\sqrt{1-\left(\dfrac{3}{4}\right)^2}=\dfrac{\sqrt{7}}{4} \left(\because 0<A<\dfrac{\pi}{2}\right)$

$\therefore \triangle ABC=\dfrac{1}{2}\times\overline{AB}\times\overline{AC}\times\sin A$

$=\dfrac{1}{2}\times 6\times 5\times\dfrac{\sqrt{7}}{4}=\dfrac{15\sqrt{7}}{4}$

STEP 2 $\overline{PF}=x$라 하면

$$\triangle ABC = \triangle PAB + \triangle PBC + \triangle PCA$$
$$= \frac{1}{2} \times 6 \times x + \frac{1}{2} \times 4 \times \sqrt{7} + \frac{1}{2} \times 5 \times \frac{\sqrt{7}}{2}$$
$$= 3x + \frac{13\sqrt{7}}{4} = \frac{15\sqrt{7}}{4}$$
$$\therefore x = \frac{\sqrt{7}}{6}$$

STEP 3 사각형 AFPE에서 $\angle AFP = \angle AEP = \dfrac{\pi}{2}$이므로

$\angle EPF = \pi - A$

$$\therefore \triangle EFP = \frac{1}{2} \times \overline{PF} \times \overline{PE} \times \sin(\pi - A)$$
$$= \frac{1}{2} \times \frac{\sqrt{7}}{6} \times \frac{\sqrt{7}}{2} \times \sin A$$
$$= \frac{7}{24} \times \frac{\sqrt{7}}{4} = \frac{7\sqrt{7}}{96}$$

따라서 $p = 96$, $q = 7$이므로 $p + q = 96 + 7 = 103$

461 답 ②

해결 각 잡기

두 삼각형 ABC, ACP의 넓이를 이용하여 사각형 ABCP의 넓이를 구한다.

STEP 1 오른쪽 그림과 같이 원의 중심을
O라 하면

$$\angle AOB = \angle BOC = \frac{1}{6} \times 2\pi = \frac{\pi}{3}$$

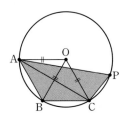

두 삼각형 OAB와 OBC는 정삼각형이므로 $\overline{AB} = \overline{BC} = 3$

삼각형 ABC에서 $\angle ABC = \dfrac{2}{3}\pi$이므로 코사인법칙에 의하여

$$\overline{AC}^2 = \overline{AB}^2 + \overline{BC}^2 - 2 \times \overline{AB} \times \overline{BC} \times \cos(\angle ABC)$$
$$= 3^2 + 3^2 - 2 \times 3 \times 3 \times \cos \frac{2}{3}\pi = 27$$
$$\therefore \overline{AC} = 3\sqrt{3} \ (\because \overline{AC} > 0)$$

STEP 2 사각형 ABCP가 원에 내접하므로

$\angle ABC + \angle APC = \pi \quad \therefore \angle APC = \pi - \dfrac{2}{3}\pi = \dfrac{\pi}{3}$

$\overline{AP} = x$, $\overline{CP} = y$라 하면 삼각형 ACP에서 코사인법칙에 의하여

$$(3\sqrt{3})^2 = x^2 + y^2 - 2xy \cos \frac{\pi}{3}$$
$$27 = (x+y)^2 - 3xy$$

$\overline{AP} + \overline{CP} = 8$, 즉 $x + y = 8$이므로

$27 = 64 - 3xy$, $3xy = 37$
$$\therefore xy = \frac{37}{3}$$

STEP 3 $\therefore \square ABCP = \triangle ABC + \triangle ACP$
$$= \frac{1}{2} \times 3 \times 3 \times \sin \frac{2}{3}\pi + \frac{1}{2} \times x \times y \times \sin \frac{\pi}{3}$$
$$= \frac{9\sqrt{3}}{4} + \frac{37\sqrt{3}}{12} = \frac{16\sqrt{3}}{3}$$

462 답 ⑤

STEP 1 $\angle ABC = 120°$이므로 호 ABC에 대한 원주각의 크기는

$180° - 120° = 60°$

$\therefore \angle AOC = 2 \times 60° = 120°$

삼각형 OAC에서 코사인법칙에 의하여

$$\overline{AC}^2 = \overline{OA}^2 + \overline{OC}^2 - 2 \times \overline{OA} \times \overline{OC} \times \cos(\angle AOC)$$
$$= 4^2 + 4^2 - 2 \times 4 \times 4 \times \cos 120°$$
$$= 48 \qquad \underline{\quad} = \cos(180° - 60°) = -\cos 60° = -\frac{1}{2}$$
$$\therefore \overline{AC} = 4\sqrt{3} \ (\because \overline{AC} > 0)$$

STEP 2 $\overline{AB} = x$, $\overline{BC} = y$라 하면 삼각형 ABC에서 코사인법칙에 의하여

$$\overline{AC}^2 = x^2 + y^2 - 2xy \cos(\angle ABC)$$
$$(4\sqrt{3})^2 = x^2 + y^2 - 2xy \cos 120°$$
$$48 = x^2 + y^2 + xy = (x+y)^2 - xy$$

$\overline{AB} + \overline{BC} = 2\sqrt{15}$, 즉 $x + y = 2\sqrt{15}$이므로

$48 = 60 - xy \qquad \therefore xy = 12$

STEP 3 $\therefore \square OABC = \triangle OAC + \triangle ABC$
$$= \frac{1}{2} \times 4 \times 4 \times \sin 120° + \frac{1}{2} \times x \times y \times \sin 120°$$
$$= 4\sqrt{3} + 3\sqrt{3} = 7\sqrt{3}$$

다른 풀이 **STEP 1**

$\angle ABC = 120°$이므로 호 ABC에 대한 원주각의 크기는

$180° - 120° = 60°$

$\therefore \angle AOC = 2 \times 60° = 120°$

오른쪽 그림과 같이 점 O에서 선분 AC
에 내린 수선의 발을 H라 하면

$\angle AOH = 60°$이므로 직각삼각형 OAH
에서

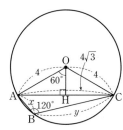

$$\overline{AH} = 4 \times \sin 60° = 4 \times \frac{\sqrt{3}}{2} = 2\sqrt{3}$$
$$\therefore \overline{AC} = 2 \times 2\sqrt{3} = 4\sqrt{3}$$

463 답 98

해결 각 잡기

삼각형 ABC에서 외접원의 반지름의 길이를 R라 하면
(1) 사인법칙 이용

$\rightarrow \dfrac{a}{\sin A} = \dfrac{b}{\sin B} = \dfrac{c}{\sin C} = 2R$

(2) 코사인법칙 이용

$\rightarrow a^2 = b^2 + c^2 - 2bc \cos A$

$\rightarrow \cos A = \dfrac{b^2 + c^2 - a^2}{2bc}$

STEP 1 삼각형 BCD에서 사인법칙에 의하여

$$\frac{\overline{BD}}{\sin \frac{3}{4}\pi} = 2R_1 \qquad \therefore R_1 = \frac{\overline{BD}}{\frac{\sqrt{2}}{2}} \times \frac{1}{2} = \frac{\sqrt{2}}{2} \times \overline{BD}$$

삼각형 ABD에서 사인법칙에 의하여

$$\frac{\overline{BD}}{\sin\frac{2}{3}\pi}=2R_2 \qquad \therefore R_2=\frac{\overline{BD}}{\frac{\sqrt{3}}{2}}\times\frac{1}{2}=\boxed{\frac{\sqrt{3}}{3}}\times\overline{BD}$$

STEP 2 삼각형 ABD에서 코사인법칙에 의하여

$$\overline{BD}^2=\overline{AB}^2+\overline{AD}^2-2\times\overline{AB}\times\overline{AD}\times\cos\frac{2}{3}\pi$$

$$=2^2+1^2-2\times2\times1\times\left(-\frac{1}{2}\right)$$

$$=2^2+1^2-(\boxed{-2})$$

$$=7$$

이므로

$$R_1\times R_2=\left(\frac{\sqrt{2}}{2}\times\overline{BD}\right)\times\left(\frac{\sqrt{3}}{3}\times\overline{BD}\right)$$

$$=\frac{\sqrt{6}}{6}\times\overline{BD}^2=\boxed{\frac{7\sqrt{6}}{6}}$$

STEP 3 따라서 $p=\frac{\sqrt{3}}{3}$, $q=-2$, $r=\frac{7\sqrt{6}}{6}$이므로

$$9\times(p\times q\times r)^2=9\times\left\{\frac{\sqrt{3}}{3}\times(-2)\times\frac{7\sqrt{6}}{6}\right\}^2=98$$

464 답 ④

STEP 1 삼각형 ABD에서 코사인법칙에 의하여

$$\overline{BD}^2=\overline{AB}^2+\overline{AD}^2-2\times\overline{AB}\times\overline{AD}\times\cos(\angle BAD)$$

$$=2^2+3^2-2\times2\times3\times\cos\frac{\pi}{3}=7$$

$$\therefore \overline{BD}=\sqrt{7}$$

사각형 ABCD가 원에 내접하므로

$$\angle BCD=\pi-\frac{\pi}{3}=\frac{2}{3}\pi$$

삼각형 BCD에서 코사인법칙에 의하여

$$\overline{BD}^2=\overline{BC}^2+\overline{CD}^2-2\times\overline{BC}\times\overline{CD}\times\cos(\angle BCD)$$

$$7=2^2+\overline{CD}^2-2\times2\times\overline{CD}\times\cos\frac{2}{3}\pi$$

$$\overline{CD}^2+2\overline{CD}-3=0,\ (\overline{CD}+3)(\overline{CD}-1)=0$$

$$\therefore \overline{CD}=\boxed{1}$$

STEP 2 삼각형 EAB와 삼각형 ECD에서

∠AEB는 공통, $\angle EAB=\boxed{\angle ECD}$ $\left\lfloor=\pi-\frac{2}{3}\pi=\frac{\pi}{3}\right.$

이므로 삼각형 EAB와 삼각형 ECD는 닮음이다.

따라서 $\dfrac{\overline{EA}}{\overline{EC}}=\dfrac{\overline{EB}}{\overline{ED}}=\dfrac{\overline{AB}}{\overline{CD}}$이므로

$$\frac{3+\overline{ED}}{\overline{EC}}=\frac{2+\overline{EC}}{\overline{ED}}=\frac{2}{1}$$

$\dfrac{2+\overline{EC}}{\overline{ED}}=2$에서 $\overline{EC}=2\overline{ED}-2$ ······ ㉠

$\dfrac{3+\overline{ED}}{\overline{EC}}=2$, 즉 $2\overline{EC}=3+\overline{ED}$에 ㉠을 대입하면

$$2(2\overline{ED}-2)=3+\overline{ED},\ 3\overline{ED}=7$$

$$\therefore \overline{ED}=\boxed{\frac{7}{3}}$$

STEP 3 삼각형 ECD에서 사인법칙에 의하여

$$\frac{\overline{CD}}{\sin\theta}=\frac{\overline{ED}}{\sin\frac{\pi}{3}},\ \frac{1}{\sin\theta}=\frac{\frac{7}{3}}{\frac{\sqrt{3}}{2}}$$

$$\therefore \sin\theta=\boxed{\frac{3\sqrt{3}}{14}}$$

STEP 4 따라서 $p=1$, $q=\frac{7}{3}$, $r=\frac{3\sqrt{3}}{14}$이므로

$$(p+q)\times r=\left(1+\frac{7}{3}\right)\times\frac{3\sqrt{3}}{14}=\frac{5\sqrt{3}}{7}$$

465 답 ①

STEP 1 삼각형 ABC에서 코사인법칙에 의하여

$$\cos(\angle ABC)=\frac{\overline{BA}^2+\overline{BC}^2-\overline{AC}^2}{2\times\overline{BA}\times\overline{BC}}$$

$$=\frac{2^2+(3\sqrt{3})^2-(\sqrt{13})^2}{2\times2\times3\sqrt{3}}$$

$$=\boxed{\frac{\sqrt{3}}{2}}$$

$$\therefore \sin(\angle ABD)=\sqrt{1-\cos^2(\angle ABD)}$$

$$=\sqrt{1-\left(\boxed{\frac{\sqrt{3}}{2}}\right)^2}=\frac{1}{2}\left(\because 0<\angle ABD<\frac{\pi}{2}\right)$$

삼각형 ABD의 외접원의 반지름의 길이를 R라 하면 사인법칙에 의하여

$$\frac{\overline{AD}}{\sin(\angle ABD)}=2R$$

$$\therefore R=\frac{2}{\frac{1}{2}}\times\frac{1}{2}=\boxed{2}$$

STEP 2 삼각형 ADC에서 사인법칙에 의하여

$$\frac{\overline{CD}}{\sin(\angle CAD)}=\frac{\overline{AD}}{\sin(\angle ACD)}$$

이므로 $\sin(\angle CAD)=\dfrac{\overline{CD}}{\overline{AD}}\times\sin(\angle ACD)$ ······ ㉠

오른쪽 그림과 같이 점 A에서 선분 BC에 내린 수선의 발을 H라 하면 $\cos(\angle ABH)=\dfrac{\sqrt{3}}{2}$이므로 직각삼각형 ABH에서

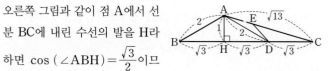

$$\overline{BH}=\overline{DH}=\overline{AB}\times\cos(\angle ABH)=2\times\frac{\sqrt{3}}{2}=\sqrt{3}$$

STEP 3 이때 $\overline{BC}=3\sqrt{3}$이므로 $\overline{CD}=\sqrt{3}$

또, 삼각형 ADC에서 코사인법칙에 의하여

$$\cos(\angle ACD)=\frac{\overline{CD}^2+\overline{CA}^2-\overline{AD}^2}{2\times\overline{CD}\times\overline{CA}}$$

$$=\frac{(\sqrt{3})^2+(\sqrt{13})^2-2^2}{2\times\sqrt{3}\times\sqrt{13}}=\frac{2\sqrt{39}}{13}$$

$$\therefore \sin(\angle ACD) = \sqrt{1 - \cos^2(\angle ACD)}$$

$$= \sqrt{1 - \left(\frac{2\sqrt{39}}{13}\right)^2} = \frac{\sqrt{13}}{13} \left(\because 0 < \angle ACD < \frac{\pi}{2}\right)$$

이것을 ㉠에 대입하면

$$\sin(\angle CAD) = \frac{\sqrt{3}}{2} \times \frac{\sqrt{13}}{13} = \frac{\sqrt{39}}{26}$$

삼각형 ADE에서 사인법칙에 의하여

$$\frac{\overline{DE}}{\underset{= \sin(\angle CAD)}{\sin(\angle EAD)}} = 2R \,\#$$

$$\therefore \overline{DE} = 2 \times 2 \times \frac{\sqrt{39}}{26} = \boxed{\frac{2\sqrt{39}}{13}}$$

STEP 4 따라서 $p = \dfrac{\sqrt{3}}{2}$, $q = 2$, $r = \dfrac{2\sqrt{39}}{13}$이므로

$$p \times q \times r = \frac{\sqrt{3}}{2} \times 2 \times \frac{2\sqrt{39}}{13} = \frac{6\sqrt{13}}{13}$$

다른 풀이 **STEP 3**

사각형 ABDE가 원에 내접하므로 $\angle ABD = \angle CED = \dfrac{\pi}{6}$이다.

이때 $\angle ACB$는 공통이므로 삼각형 ABC와 삼각형 DEC는 닮음이다.

$\overline{AB} = 2$, $\overline{CA} = \sqrt{13}$, $\overline{CD} = \sqrt{3}$이므로

$\overline{AB} : \overline{AC} = \overline{DE} : \overline{CD}$에서

$$\overline{DE} = \frac{\overline{AB} \times \overline{CD}}{\overline{AC}} = \frac{2 \times \sqrt{3}}{\sqrt{13}} = \frac{2\sqrt{39}}{13}$$

 # 참고

사각형 ABDE가 원에 내접하므로 두 삼각형 ABD와 ADE의 외접원의 반지름의 길이는 $R = 2$이다.

본문 152쪽 ~ 155쪽

C 수능 완성!

466 답 26

해결 각 잡기

- ✅ 사인법칙과 $\dfrac{\sin \beta}{\sin \alpha} = \dfrac{3}{2}$을 이용하여 주어진 두 원의 반지름의 길이의 비를 구한다.
- ✅ 원주각의 성질을 이용하여 $\angle OAO' = \pi - (\alpha + \beta)$임을 알 수 있다. 이때 코사인법칙을 이용하여 삼각형의 외접원의 넓이를 구한다.

STEP 1 점 O를 중심으로 하는 원의 반지름의 길이를 r_1, 점 O′을 중심으로 하는 원의 반지름의 길이를 r_2라 하면 두 삼각형 ABC, ACD에서 사인법칙에 의하여

$$\frac{\overline{AC}}{\sin \alpha} = 2r_1, \quad \frac{\overline{AC}}{\sin \beta} = 2r_2$$

이므로 $\sin \alpha = \dfrac{\overline{AC}}{2r_1}$, $\sin \beta = \dfrac{\overline{AC}}{2r_2}$

$$\therefore \frac{\sin \beta}{\sin \alpha} = \frac{\dfrac{\overline{AC}}{2r_2}}{\dfrac{\overline{AC}}{2r_1}} = \frac{r_1}{r_2} = \frac{3}{2}, \text{ 즉 } r_1 = \frac{3}{2} r_2 \quad \cdots\cdots ㉠$$

STEP 2 원주각의 성질에 의하여

$\angle AOC = 2\alpha$, $\angle AO'C = 2\beta$

$\overline{AO} = \overline{CO}$, $\overline{AO'} = \overline{CO'}$, $\overline{OO'}$은 공통이므로

$\triangle OAO' \equiv \triangle OCO'$ (SSS 합동)

$$\therefore \angle OAO' = \frac{2\pi - (2\alpha + 2\beta)}{2} = \pi - (\alpha + \beta)$$

STEP 3 ㉠에서 $r_1 = 3r$, $r_2 = 2r$ $(r > 0)$라 하면 $\overline{OO'} = 1$이므로 삼각형 OAO′에서 코사인법칙에 의하여

$$\overline{OO'}^2 = \overline{AO}^2 + \overline{AO'}^2 - 2 \times \overline{AO} \times \overline{AO'} \times \cos(\angle OAO')$$

$$1^2 = (3r)^2 + (2r)^2 - 2 \times 3r \times 2r \times \cos\{(\pi - (\alpha + \beta))\}$$

$$13r^2 + 12r^2 \cos(\alpha + \beta) = 1$$

$$13r^2 + 12r^2 \times \frac{1}{3} = 1, \quad 17r^2 = 1$$

$$\therefore r^2 = \frac{1}{17}$$

따라서 삼각형 ABC의 외접원의 넓이는 $\pi r_1^2 = 9r^2 \pi = \dfrac{9}{17}\pi$이므로

$p = 17$, $q = 9$

$\therefore p + q = 17 + 9 = 26$

467 답 ⑤

해결 각 잡기

- ✅ 삼각형 CED에서 코사인법칙을 이용하여 $\overline{CD}$의 길이를 구한다.
- ✅ $\sin(\angle CDE)$의 값을 구하여 반원의 반지름의 길이를 구하면 사인법칙을 이용하여 $\overline{AC}$의 길이를 구할 수 있다.

STEP 1 삼각형 CED에서 $\angle CED = \pi - \dfrac{3}{4}\pi = \dfrac{\pi}{4}$이므로 코사인법칙에 의하여

$$\overline{CD}^2 = \overline{EC}^2 + \overline{ED}^2 - 2 \times \overline{EC} \times \overline{ED} \times \cos\frac{\pi}{4}$$

$$= 4^2 + (3\sqrt{2})^2 - 2 \times 4 \times 3\sqrt{2} \times \frac{\sqrt{2}}{2} = 10$$

$$\therefore \overline{CD} = \sqrt{10} \; (\because \overline{CD} > 0)$$

STEP 2 삼각형 ADC의 외접원의 반지름의 길이를 R라 하자.

$\overline{OD} = R$, $\overline{OE} = R - 4$, $\angle OED = \dfrac{3}{4}\pi$이므로

삼각형 ODE에서 코사인법칙에 의하여

$$\overline{OD}^2 = \overline{EO}^2 + \overline{ED}^2 - 2 \times \overline{EO} \times \overline{ED} \times \cos\frac{3}{4}\pi$$

$$R^2 = (R-4)^2 + (3\sqrt{2})^2 - 2 \times (R-4) \times 3\sqrt{2} \times \cos\frac{3}{4}\pi$$

$$2R = 10 \quad \therefore R = 5$$

STEP 3 $\angle CDE = \theta$라 하면 삼각형 CED에서 코사인법칙에 의하여

$$\cos\theta=\frac{\overline{DC}^2+\overline{DE}^2-\overline{CE}^2}{2\times\overline{DC}\times\overline{DE}}$$

$$=\frac{(\sqrt{10})^2+(3\sqrt2)^2-4^2}{2\times\sqrt{10}\times3\sqrt2}$$

$$=\frac{\sqrt5}{5}$$

$$\therefore\sin\theta=\sqrt{1-\cos^2\theta}=\sqrt{1-\left(\frac{\sqrt5}{5}\right)^2}=\frac{2\sqrt5}{5}\ (\because0<\theta<\pi)$$

삼각형 ADC에서 사인법칙에 의하여

$$\frac{\overline{AC}}{\sin\theta}=2R,\ \frac{\overline{AC}}{\frac{2\sqrt5}{5}}=10$$

$$\therefore\overline{AC}=4\sqrt5$$

$$\therefore\overline{AC}\times\overline{CD}=4\sqrt5\times\sqrt{10}=20\sqrt2$$

다른 풀이 1

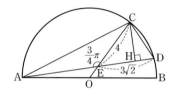

위의 그림과 같이 점 C에서 선분 ED에 내린 수선의 발을 H라 하면

$\angle CEH=\frac{\pi}{4}$, $\overline{CE}=4$, $\overline{ED}=3\sqrt2$이므로

$\overline{EH}=\overline{CH}=2\sqrt2$, $\overline{HD}=\sqrt2$

직각삼각형 CHD에서

$$\overline{CD}=\sqrt{(2\sqrt2)^2+(\sqrt2)^2}=\sqrt{10},\ \sin(\angle CDA)=\frac{2\sqrt2}{\sqrt{10}}=\frac{2\sqrt5}{5}$$

삼각형 ADC의 외접원의 반지름의 길이를 R라 하면

$\overline{OE}=R-4$, $\angle OED=\frac34\pi$이므로 삼각형 ODE에서 코사인법칙에

의하여

$$\overline{OD}^2=\overline{EO}^2+\overline{ED}^2-2\times\overline{EO}\times\overline{ED}\times\cos\frac34\pi$$

$$R^2=(R-4)^2+(3\sqrt2)^2-2\times(R-4)\times3\sqrt2\times\cos\frac34\pi$$

$2R=10$ $\therefore R=5$

삼각형 ADC에서 사인법칙에 의하여

$$\frac{\overline{AC}}{\sin(\angle CDA)}=2r$$

$$\therefore\overline{AC}=10\times\frac{2\sqrt5}{5}=4\sqrt5$$

$$\therefore\overline{AC}\times\overline{CD}=4\sqrt5\times\sqrt{10}=20\sqrt2$$

다른 풀이 2

$\overline{AC}=x$, $\overline{AE}=y$라 하면 삼각형 ACE에서 코사인법칙에 의하여

$$x^2=y^2+4^2-2\times y\times4\times\cos\frac34\pi$$

$$=y^2+4\sqrt2y+16\quad\cdots\cdots\ \bigcirc$$

$\angle CDE=\theta$, 삼각형 ACD의 외접원의 반지름의 길이를 R라 하면

사인법칙에 의하여

$$\frac{x}{\sin\theta}=2R,\ \frac{x}{\frac{2}{\sqrt5}}=2R$$

$$\therefore 2R=\frac{\sqrt5}{2}x$$

삼각형 ABC는 직각삼각형이므로 $\angle CAB=\alpha$라 하면

$$\cos\alpha=\frac{\overline{AC}}{\overline{AB}}=\frac{x}{\frac{\sqrt5}{2}x}=\frac{2}{\sqrt5}$$

$$\sin\alpha=\sqrt{1-\cos^2\alpha}=\sqrt{1-\left(\frac{2}{\sqrt5}\right)^2}$$

$$=\frac{\sqrt5}{5}\left(\because0<\alpha<\frac{\pi}{2}\right)$$

이등변삼각형 AOC에서 $\angle ACO=\angle CAO=\alpha$이므로

삼각형 ACE에서 사인법칙에 의하여

$$\frac{x}{\sin\frac34\pi}=\frac{y}{\sin\alpha},\ \frac{x}{\frac{\sqrt2}{2}}=\frac{y}{\frac{\sqrt5}{5}}$$

$$\therefore x=\sqrt{\frac52}y\quad\cdots\cdots\ \bigcirc$$

$\bigcirc$을 $\bigcirc$에 대입하면 $\frac52y^2=y^2+4\sqrt2y+16$

$$3y^2-8\sqrt2y-32=0$$

$$\therefore y=4\sqrt2\ (\because y>0)$$

$$\therefore\overline{AC}=x=\sqrt{\frac52}y=4\sqrt5$$

$$\therefore\overline{AC}\times\overline{CD}=4\sqrt5\times\sqrt{10}=20\sqrt2$$

468 답 64

해결 각 잡기

● 직선 AC와 직선 CE가 서로 수직이므로 점 O를 중심으로 하고 점 A를 지나는 원과 직선 CE의 C가 아닌 교점을 F라 하면, 선분 AF는 이 원의 지름이다.

● $\angle CED=\angle CFA$이므로 삼각형 CED에서 사인법칙을 이용하여 $\overline{CD}$의 길이를 구한다. 또, $\angle CDA=\pi-\angle AFC$이므로 삼각형 ADC에서 코사인법칙을 이용하여 $\overline{AD}$의 길이를 구한다.

STEP 1

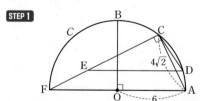

위의 그림과 같이 중심이 O이고 반지름의 길이가 6인 원을 C라 하고, 원 C와 직선 OA가 만나는 점 중 A가 아닌 점을 F라 하면 선분 FA는 원 C의 지름이므로

$$\angle FCA=\frac{\pi}{2}$$

또, $\angle ECA=\frac{\pi}{2}$이므로 세 점 C, E, F는 한 직선 위에 있다.

STEP 2 직선 ED가 직선 OA에 평행하므로

$$\sin(\angle CED)=\sin(\angle CFA)\ (동위각)=\frac{\overline{AC}}{\overline{AF}}=\frac{\sqrt2}{3}$$

삼각형 CED의 외접원의 반지름의 길이가 $3\sqrt2$이므로 사인법칙에

의하여

$$\frac{\overline{CD}}{\sin(\angle CED)} = 6\sqrt{2}$$

$$\therefore \overline{CD} = 6\sqrt{2} \times \frac{\sqrt{2}}{3} = 4$$

STEP 3 사각형 ADCF가 원 C에 내접하므로

$$\cos(\angle CDA) = \cos(\pi - \angle CFA)$$
$$= -\cos(\angle CFA) \quad \overline{} \sqrt{1 - \sin^2(\angle CFA)}$$
$$= -\sqrt{1 - \left(\frac{\sqrt{2}}{3}\right)^2} = -\frac{\sqrt{7}}{3}$$

삼각형 ADC에서 코사인법칙에 의하여

$$\overline{AC}^2 = \overline{DA}^2 + \overline{DC}^2 - 2 \times \overline{DA} \times \overline{DC} \times \cos(\angle CDA)$$

$$(4\sqrt{2})^2 = \overline{AD}^2 + 4^2 - 2 \times \overline{AD} \times 4 \times \left(-\frac{\sqrt{7}}{3}\right)$$

$$3 \times \overline{AD}^2 + 8\sqrt{7} \times \overline{AD} - 48 = 0$$

$$\therefore \overline{AD} = \frac{16}{3} - \frac{4\sqrt{7}}{3} \quad (\because \overline{AD} > 0)$$

따라서 $p = \frac{16}{3}$, $q = -\frac{4}{3}$ 이므로

$$9 \times |p \times q| = 9 \times \frac{64}{9} = 64$$

469 답 **6**

해결 각 잡기

- 삼각형 ACE에서 사인법칙을 이용하여 $\overline{CE}$의 길이를 구하고, 합동인 삼각형을 찾아 $\overline{BD}$의 길이를 구한다.
- 삼각형 BDF에서 코사인법칙을 이용하여 $\overline{DF}$의 길이를 구하고, 도형의 닮음을 이용하여 $\overline{AF}$의 길이를 구한다.

STEP 1 $\overline{BC} = 4$이므로 원의 반지름의 길이는 2이다.

$\angle CAE = \theta$라 하면 $\sin\theta = \frac{1}{4}$이므로 삼각형 ACE에서 사인법칙에 의하여

$$\frac{\overline{CE}}{\sin\theta} = 2 \times 2 \quad \therefore \overline{CE} = 4 \times \frac{1}{4} = 1$$

따라서 $\overline{BF} = \overline{CE} = 1$이므로

$$\overline{CF} = \overline{BC} - \overline{BF} = 4 - 1 = 3$$

$\overline{BC} = \overline{DE} = 4$이므로 선분 DE도 주어진 원의 지름이다.

따라서 선분 BC와 선분 DE의 교점을 G라 할 때, 점 G는 원의 중심이다.

$\triangle BGD \equiv \triangle CGE$ (SAS 합동)이므로

$$\overline{BD} = \overline{CE} = 1$$

STEP 2 원주각의 성질에 의하여 $\angle CDE = \angle CAE = \theta$이므로

$$\angle BCD = \angle CDE = \theta$$

직각삼각형 BDC에서 $\angle BDC = \frac{\pi}{2}$이므로

$$\angle DBC = \frac{\pi}{2} - \theta$$

$\overline{BD} = \overline{BF} = 1$이므로 삼각형 BDF에서 코사인법칙에 의하여

$$\overline{DF}^2 = \overline{BD}^2 + \overline{BF}^2 - 2 \times \overline{BD} \times \overline{BF} \times \cos(\angle DBF)$$
$$\qquad\qquad\qquad\qquad\qquad\qquad {}_{=\angle DBC}$$
$$= 1^2 + 1^2 - 2 \times 1 \times 1 \times \cos\left(\frac{\pi}{2} - \theta\right)$$
$$= 1 + 1 - 2 \times 1 \times 1 \times \sin\theta = \frac{3}{2}$$

$$\therefore \overline{DF} = \frac{\sqrt{6}}{2} \quad (\because \overline{DF} > 0)$$

STEP 3 $\triangle CAF \backsim \triangle DBF$ (AA 닮음)이므로

$\overline{AF} : \overline{BF} = \overline{CF} : \overline{DF}$에서

$$k : 1 = 3 : \frac{\sqrt{6}}{2}$$

$$\frac{\sqrt{6}}{2}k = 3 \quad \therefore k = \sqrt{6}$$

$$\therefore k^2 = 6$$

다른 풀이 1 **STEP 2** + **STEP 3**

삼각형 DOB에서 중선정리를 이용하면

$$\overline{BD}^2 + \overline{DO}^2 = 2(\overline{DF}^2 + \overline{BF}^2)$$
$$1^2 + 2^2 = 2(\overline{DF}^2 + 1^2)$$
$$\overline{DF}^2 = \frac{3}{2} \quad \therefore \overline{DF} = \frac{\sqrt{6}}{2}$$

이때 $\overline{AF} \times \overline{DF} = \overline{BF} \times \overline{CF}$이므로

$$k \times \frac{\sqrt{6}}{2} = 1 \times 3 \quad \therefore k = \sqrt{6}$$

$$\therefore k^2 = 6$$

다른 풀이 2

$\overline{BC} = \overline{DE}$에서 선분 DE도 주어진 원의 지름이므로

$$\angle BAC = \angle DAE = \frac{\pi}{2}$$

$\angle CAE = \theta$라 하면

$$\angle BAD = \frac{\pi}{2} - \angle DAC = \theta$$

삼각형 ACE에서 사인법칙에 의하여

$$\frac{\overline{CE}}{\sin\theta} = 2 \times 2$$

$$\therefore \overline{CE} = 4 \times \frac{1}{4} = 1$$

$\overline{BF} = \overline{CE} = 1$이므로 삼각형 ABF에서 사인법칙에 의하여

$$\frac{\overline{AF}}{\sin(\angle ABF)} = \frac{\overline{BF}}{\sin(\angle BAF)}$$
$$\qquad\qquad\qquad\qquad\qquad {}_{=\angle BAD}$$
$$\frac{k}{\sin(\angle ABF)} = \frac{1}{\sin\theta}$$

$$\therefore \sin(\angle ABF) = \frac{k}{4}$$

이때 직각삼각형 ABC에서

$$\overline{AC} = 4\sin(\angle ABC) = 4 \times \frac{k}{4} = k$$

또, $\cos(\angle ACB) = \frac{\overline{AC}}{4} = \frac{k}{4}$이므로 삼각형 AFC에서 코사인법칙에 의하여

$$\overline{AF}^2 = \overline{CA}^2 + \overline{CF}^2 - 2 \times \overline{CA} \times \overline{CF} \times \cos(\angle ACF)$$
$$\qquad\qquad\qquad\qquad\qquad\qquad\qquad\qquad {}_{=\angle ACB}$$
$$k^2 = k^2 + 3^2 - 2 \times k \times 3 \times \frac{k}{4}$$
$$\frac{3}{2}k^2 = 9 \quad \therefore k^2 = 6$$

470 답 13

STEP 1 $\overline{AB}=a \ (a>0)$라 하면 $\overline{DA}=2\overline{AB}=2a$

삼각형 ABD에서 코사인법칙에 의하여

$$\overline{BD}^2=a^2+(2a)^2-2\times a\times 2a\times\cos\frac{2}{3}\pi=7a^2$$

$$\therefore \overline{BD}=\sqrt{7}a$$

삼각형 ABD의 외접원의 반지름의 길이가 1이므로 사인법칙에 의하여

$$\frac{\overline{BD}}{\sin(\angle BAD)}=2\times 1$$

$$\frac{\sqrt{7}a}{\sin\frac{2}{3}\pi}=2 \qquad \therefore a=\frac{\sqrt{21}}{7}$$

$$\therefore \overline{BD}=\sqrt{7}\times\frac{\sqrt{21}}{7}=\sqrt{3}$$

STEP 2 $\overline{BE}:\overline{ED}=3:4$이므로

$\triangle ABE:\triangle ADE=3:4$, $\triangle CBE:\triangle CDE=3:4$

$\therefore \triangle ABC:\triangle ADC=3:4$

$\angle ABC=\theta$라 하면 사각형 ABCD가 원에 내접하므로

$\angle ADC=\pi-\theta$

$\triangle ABC=\dfrac{1}{2}\times\overline{BA}\times\overline{BC}\times\sin\theta=\dfrac{1}{2}a\sin\theta\times\overline{BC}$,

$\triangle ADC=\dfrac{1}{2}\times\overline{DA}\times\overline{DC}\times\underbrace{\sin(\pi-\theta)}_{=\sin\theta}=a\sin\theta\times\overline{DC}$이므로

$\dfrac{1}{2}\overline{BC}:\overline{DC}=3:4$, $2\overline{BC}=3\overline{DC}$

$$\therefore \overline{BC}=\frac{3}{2}\overline{DC}$$

$\overline{DC}=k\ (k>0)$라 하면 $\overline{BC}=\dfrac{3}{2}k$이고 $\angle BCD=\pi-\dfrac{2}{3}\pi=\dfrac{\pi}{3}$이므로 삼각형 BCD에서 코사인법칙에 의하여

$$\cos(\angle BCD)=\frac{\overline{CB}^2+\overline{CD}^2-\overline{BD}^2}{2\times\overline{CB}\times\overline{CD}}$$

$$\cos\frac{\pi}{3}=\frac{\left(\frac{3}{2}k\right)^2+k^2-(\sqrt{3})^2}{2\times\frac{3}{2}k\times k},\ \frac{3}{2}k^2=\frac{13}{4}k^2-3$$

$$\frac{7}{4}k^2=3,\ k^2=\frac{12}{7} \qquad \therefore k=\frac{2\sqrt{21}}{7}$$

$$\therefore \overline{BC}=\frac{3\sqrt{21}}{7},\ \overline{DC}=\frac{2\sqrt{21}}{7}$$

STEP 3 $\triangle ABD=\dfrac{1}{2}\times\overline{AB}\times\overline{AD}\times\sin(\angle BAD)$

$$=\frac{1}{2}\times\frac{\sqrt{21}}{7}\times\frac{2\sqrt{21}}{7}\times\sin\frac{2}{3}\pi$$

$$=\frac{3\sqrt{3}}{14}$$

$\triangle BCD=\dfrac{1}{2}\times\overline{CB}\times\overline{CD}\times\sin(\angle BCD)$

$$=\frac{1}{2}\times\frac{3\sqrt{21}}{7}\times\frac{2\sqrt{21}}{7}\times\sin\frac{\pi}{3}$$

$$=\frac{9\sqrt{3}}{14}$$

$\therefore \square ABCD=\triangle ABD+\triangle BCD$

$$=\frac{3\sqrt{3}}{14}+\frac{9\sqrt{3}}{14}=\frac{6\sqrt{3}}{7}$$

즉, $p=7$, $q=6$이므로

$p+q=7+6=13$

471 답 22

STEP 1 $\overline{OP}=k_1$, $\overline{OQ}=k_2$라 하면 삼각형 OAP에서 코사인법칙에 의하여

$$\overline{OA}^2=\overline{PO}^2+\overline{PA}^2-2\times\overline{PO}\times\overline{PA}\times\cos(\angle OPA)$$

$$2^2=k_1^{\,2}+(2\sqrt{15})^2-2\times k_1\times 2\sqrt{15}\times\frac{\sqrt{15}}{4}$$

$$\therefore k_1^{\,2}-15k_1+56=0$$

또, 삼각형 OAQ에서 코사인법칙에 의하여

$$\overline{OA}^2=\overline{QO}^2+\overline{QA}^2-2\times\overline{QO}\times\overline{QA}\times\cos(\angle OQA)$$

$$2^2=k_2^{\,2}+(2\sqrt{15})^2-2\times k_2\times 2\sqrt{15}\times\frac{\sqrt{15}}{4}$$

$$\therefore k_2^{\,2}-15k_2+56=0$$

즉, 두 실수 k_1, k_2는 이차방정식 $x^2-15x+56=0$의 서로 다른 두 실근이다.

$x^2-15x+56=0$에서

$(x-7)(x-8)=0 \qquad \therefore x=7$ 또는 $x=8$

$\therefore k_1=8$, $k_2=7$ ($\because k_1>k_2$)

STEP 2 조건 (나)에서 $\cos(\angle OPA)=\cos(\angle OQA)=\dfrac{\sqrt{15}}{4}$이므로

$\angle OPA=\angle OQA$

즉, 삼각형 OAP의 외접원을 C라 하면 두 점 P, Q의 y좌표가 양수이므로 점 Q도 원 C 위의 점이다.

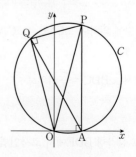

$\sin(\angle\mathrm{OPA})=\sqrt{1-\cos^2(\angle\mathrm{OPA})}$

$\qquad =\sqrt{1-\left(\dfrac{\sqrt{15}}{4}\right)^2}=\dfrac{1}{4}\;(\because 0<\angle\mathrm{OPA}<\pi)$

이므로 원 C의 반지름의 길이를 R라 하면 삼각형 OAP에서 사인법칙에 의하여

$\dfrac{\overline{\mathrm{OA}}}{\sin(\angle\mathrm{OPA})}=2R \qquad \therefore R=\dfrac{2}{\dfrac{1}{4}}\times\dfrac{1}{2}=4$

STEP 3 즉, 선분 OP는 원 C의 지름이므로

$\underset{\llcorner\,\overline{\mathrm{OP}}=8=2R}{}$

$\angle\mathrm{OAP}=\angle\mathrm{OQP}=\dfrac{\pi}{2}$

두 직각삼각형 OAP, OPQ에서

$\overline{\mathrm{AP}}=\sqrt{8^2-2^2}=2\sqrt{15},\ \overline{\mathrm{PQ}}=\sqrt{8^2-7^2}=\sqrt{15}$

$\therefore \square\mathrm{OAPQ}=\triangle\mathrm{OAP}+\triangle\mathrm{OPQ}$

$\qquad =\dfrac{1}{2}\times2\times2\sqrt{15}+\dfrac{1}{2}\times7\times\sqrt{15}=\dfrac{11\sqrt{15}}{2}$

즉, $p=2$, $q=11$이므로

$p\times q=2\times11=22$

472 답 63

- ∠BAD = ∠BCD이고 $S_1 : S_2 = 9 : 5$임을 이용하여 $\overline{\mathrm{AD}}:\overline{\mathrm{CB}}$를 구한다.
- ∠ABC = ∠ADC이고 $\cos\alpha$의 값을 이용하여 $\overline{\mathrm{AD}}$의 길이를 구한다.

STEP 1 $\angle\mathrm{BAD}=\angle\mathrm{BCD}=\theta$, $\overline{\mathrm{AD}}=a$, $\overline{\mathrm{CB}}=b$라 하면

$\underset{\llcorner\,\text{한 원에서 같은 호에 대한 원주각의 크기는 같다.}}{}$

$S_1=\dfrac{1}{2}\times\overline{\mathrm{AB}}\times\overline{\mathrm{AD}}\times\sin\theta$

$\quad =\dfrac{1}{2}\times6\times a\times\sin\theta=3a\sin\theta$

$S_2=\dfrac{1}{2}\times\overline{\mathrm{CB}}\times\overline{\mathrm{CD}}\times\sin\theta$

$\quad =\dfrac{1}{2}\times b\times4\times\sin\theta=2b\sin\theta$

이때 $S_1 : S_2 = 9 : 5$이므로

$3a : 2b = 9 : 5$, $15a=18b$

$5a=6b \qquad \therefore a : b = 6 : 5$

STEP 2 $a=6k$, $b=5k$ $(k>0)$라 하자.

$\angle\mathrm{ABC}=\angle\mathrm{ADC}=\alpha$이므로 삼각형 ABC에서 코사인법칙에 의하여

$\underset{\llcorner\,\text{한 원에서 같은 호에 대한 원주각의 크기는 같다.}}{}$

$\overline{\mathrm{AC}}^2=\overline{\mathrm{BA}}^2+\overline{\mathrm{BC}}^2-2\times\overline{\mathrm{BA}}\times\overline{\mathrm{BC}}\times\cos\alpha$

$\quad =6^2+(5k)^2-2\times6\times5k\times\cos\alpha$

$\quad =25k^2-45k+36 \quad\cdots\cdots\;\text{㉠}$

삼각형 ADC에서 코사인법칙에 의하여

$\overline{\mathrm{AC}}^2=\overline{\mathrm{DA}}^2+\overline{\mathrm{DC}}^2-2\times\overline{\mathrm{DA}}\times\overline{\mathrm{DC}}\times\cos\alpha$

$\quad =(6k)^2+4^2-2\times6k\times4\times\cos\alpha$

$\quad =36k^2-36k+16 \quad\cdots\cdots\;\text{㉡}$

㉠, ㉡에서

$25k^2-45k+36=36k^2-36k+16$

$11k^2+9k-20=0$, $(11k+20)(k-1)=0$

$\therefore k=1\;(\because k>0)$

$\therefore \overline{\mathrm{AD}}=6k=6$

STEP 3 $\sin\alpha=\sqrt{1-\cos^2\alpha}=\sqrt{1-\left(\dfrac{3}{4}\right)^2}=\dfrac{\sqrt{7}}{4}\left(\because 0<\alpha<\dfrac{\pi}{2}\right)$

이므로

$S=\dfrac{1}{2}\times\overline{\mathrm{DA}}\times\overline{\mathrm{DC}}\times\sin\alpha$

$\quad =\dfrac{1}{2}\times6\times4\times\dfrac{\sqrt{7}}{4}=3\sqrt{7}$

$\therefore S^2=(3\sqrt{7})^2=63$

473 답 ①

- 두 원의 반지름의 길이의 비와 $\overline{\mathrm{P_1P_2}}:\overline{\mathrm{Q_1Q_2}}=3:5\sqrt{2}$임을 이용하여 $\sin(\angle\mathrm{DAB})$의 값을 구한다.
- 삼각형 ABD의 넓이가 2임을 이용하여 $\overline{\mathrm{AB}}\times\overline{\mathrm{AD}}$의 값과 $\overline{\mathrm{BD}}$의 길이를 구한다.

STEP 1 선분 AC를 $1 : 2$로 내분하는 점이 E이므로 선분 AE를 지름으로 하는 원의 반지름의 길이를 r라 하면 선분 CE를 지름으로 하는 원의 반지름의 길이는 $2r$이다.

$\angle\mathrm{BCD}=\alpha$, $\angle\mathrm{DAB}=\beta\left(\dfrac{\pi}{2}<\beta<\pi\right)$라 하면 삼각형 $\mathrm{AP_1P_2}$에서 사인법칙에 의하여

$\dfrac{\overline{\mathrm{P_1P_2}}}{\sin\beta}=2r \qquad \therefore \overline{\mathrm{P_1P_2}}=2r\sin\beta$

$\sin\alpha=\sqrt{1-\cos^2\alpha}=\sqrt{1-\left(-\dfrac{1}{3}\right)^2}=\dfrac{2\sqrt{2}}{3}\;(\because 0<\alpha<\pi)$

이므로 삼각형 $\mathrm{CQ_1Q_2}$에서 사인법칙에 의하여

$\dfrac{\overline{\mathrm{Q_1Q_2}}}{\sin\alpha}=4r \qquad \therefore \overline{\mathrm{Q_1Q_2}}=4r\times\dfrac{2\sqrt{2}}{3}=\dfrac{8\sqrt{2}}{3}r$

한편, $\overline{\mathrm{P_1P_2}}:\overline{\mathrm{Q_1Q_2}}=3:5\sqrt{2}$이므로

$2r\sin\beta:\dfrac{8\sqrt{2}}{3}r=3:5\sqrt{2}$, $10\sqrt{2}\sin\beta=8\sqrt{2}$

$\therefore \sin\beta=\dfrac{4}{5}$

STEP 2 삼각형 ABD의 넓이가 2이므로

$\dfrac{1}{2}\times\overline{\mathrm{AB}}\times\overline{\mathrm{AD}}\times\sin\beta=2$

$\therefore \overline{\mathrm{AB}}\times\overline{\mathrm{AD}}=5 \qquad\qquad\cdots\cdots\;\text{㉠}$

STEP 3 삼각형 BCD에서 코사인법칙에 의하여

$\overline{\mathrm{BD}}^2=\overline{\mathrm{CB}}^2+\overline{\mathrm{CD}}^2-2\times\overline{\mathrm{CB}}\times\overline{\mathrm{CD}}\times\cos\alpha$

$\quad =3^2+2^2-2\times3\times2\times\left(-\dfrac{1}{3}\right)=17$

$\cos\beta=-\sqrt{1-\sin^2\beta}=-\sqrt{1-\left(\dfrac{4}{5}\right)^2}=-\dfrac{3}{5}\left(\because \beta>\dfrac{\pi}{2}\right)$

이므로 삼각형 ABD에서 코사인법칙에 의하여

$$\overline{BD}^2 = \overline{AB}^2 + \overline{AD}^2 - 2 \times \overline{AB} \times \overline{AD} \times \cos\beta$$
$$17 = \overline{AB}^2 + \overline{AD}^2 - 2 \times 5 \times \left(-\frac{3}{5}\right) \ (\because \ \bigcirc)$$
$$\therefore \ \overline{AB}^2 + \overline{AD}^2 = 11 \qquad \qquad \cdots\cdots \ \bigcirc$$

$\bigcirc$, $\bigcirc$에 의하여

$$(\overline{AB} + \overline{AD})^2 = \overline{AB}^2 + \overline{AD}^2 + 2 \times \overline{AB} \times \overline{AD} = 11 + 10 = 21$$
$$\therefore \ \overline{AB} + \overline{AD} = \sqrt{21}$$

다른 풀이

$\overline{AB} = x$, $\overline{AD} = y$라 하면 삼각형 ABD의 넓이가 2이므로

$$2 = \frac{1}{2} \times x \times y \times \sin(\angle BAD)$$
$$\therefore \ xy = \frac{4}{\sin(\angle BAD)} \qquad \qquad \cdots\cdots \ \bigcirc$$

$\angle BCD = \theta$라 하면 $\cos\theta = -\dfrac{1}{3}$이므로

$$\sin\theta = \sqrt{1 - \cos^2\theta} = \sqrt{1 - \left(-\frac{1}{3}\right)^2} = \frac{2\sqrt{2}}{3} \ (\because \ 0 < \theta < \pi)$$

삼각형 BCD에서 코사인법칙에 의하여

$$\overline{BD}^2 = \overline{CB}^2 + \overline{CD}^2 - 2 \times \overline{CB} \times \overline{CD} \times \cos\theta$$
$$= 3^2 + 2^2 - 2 \times 3 \times 2 \times \left(-\frac{1}{3}\right) = 17 \qquad \cdots\cdots \ \textcircled{2}$$

삼각형 ABD에서 코사인법칙에 의하여

$$\overline{BD}^2 = x^2 + y^2 - 2xy \times \cos(\angle BAD)$$
$$= (x+y)^2 - 2xy\{1 + \cos(\angle BAD)\} \qquad \cdots\cdots \ \textcircled{1}$$

$\textcircled{2}$, $\textcircled{1}$에서

$$(x+y)^2 = 17 + 2xy\{1 + \cos(\angle BAD)\} \qquad \cdots\cdots \ \textcircled{H}$$

점 E가 선분 AC를 $1:2$로 내분하는 점이므로 선분 AE를 지름으로 하는 원의 반지름의 길이를 R이라 하면 선분 CE를 지름으로 하는 원의 반지름의 길이는 $2R$이다.

이때 $\overline{P_1P_2} : \overline{Q_1Q_2} = 3 : 5\sqrt{2}$이므로

$\overline{P_1P_2} = 3k$, $\overline{Q_1Q_2} = 5\sqrt{2}k \ (k>0)$라 하면 삼각형 CQ_1Q_2에서 사인법칙에 의하여

$$\frac{5\sqrt{2}k}{\sin\theta} = 2 \times 2R \qquad \therefore \ R = \frac{5\sqrt{2}k}{\frac{2\sqrt{2}}{3}} \times \frac{1}{4} = \frac{15}{8}k$$

삼각형 AP_1P_2에서 사인법칙에 의하여

$$\frac{3k}{\sin(\angle BAD)} = 2R = \frac{15}{4}k$$
$$\therefore \ \sin(\angle BAD) = \frac{3k}{\frac{15}{4}k} = \frac{4}{5}$$

$\sin(\angle BAD) = \dfrac{4}{5}$를 $\bigcirc$에 대입하면 $xy = 5$

$\angle DAB > \dfrac{\pi}{2}$이므로

$$\cos(\angle BAD) = -\sqrt{1 - \sin^2(\angle BAD)} = -\sqrt{1 - \left(\frac{4}{5}\right)^2} = -\frac{3}{5}$$

$xy = 5$와 $\cos(\angle BAD) = -\dfrac{3}{5}$을 $\textcircled{H}$에 대입하면

$$(x+y)^2 = 17 + 2 \times 5 \times \left(1 - \frac{3}{5}\right) = 21$$
$$\therefore \ x+y = \sqrt{21}, \ \text{즉} \ \overline{AB} + \overline{AD} = \sqrt{21}$$

07 등차수열

본문 158쪽 ~ 159쪽

A 기본 다지고,

474 **답** 7

등차수열 $\{a_n\}$의 첫째항을 a, 공차를 d라 하면

$$a_8 - a_4 = (a + 7d) - (a + 3d) = 4d$$

즉, $4d = 28$이므로

$$d = 7$$

따라서 등차수열 $\{a_n\}$의 공차는 7이다.

475 **답** ④

등차수열 $\{a_n\}$의 공차를 d라 하면

$$a_4 = a_1 + 3d = 1 + 3d = 7$$
$$3d = 6 \qquad \therefore \ d = 2$$
$$\therefore \ a_2 + a_3 = (a_1 + d) + (a_1 + 2d) = 2a_1 + 3d$$
$$= 2 \times 1 + 3 \times 2 = 8$$

다른 풀이

a_2는 a_1, a_3의 등차중항이고 a_3은 a_2, a_4의 등차중항이므로

$$a_1 + a_3 = 2a_2, \ a_2 + a_4 = 2a_3$$

위의 두 식을 변끼리 더하면

$$a_1 + (a_2 + a_3) + a_4 = 2(a_2 + a_3)$$
$$\therefore \ a_2 + a_3 = a_1 + a_4 = 1 + 7 = 8$$

476 **답** 12

등차수열 $\{a_n\}$의 첫째항을 a, 공차를 d라 하면

$$a_2 = a + d = 8 \qquad \cdots\cdots \ \bigcirc$$
$$a_6 = a + 5d = 16 \qquad \cdots\cdots \ \bigcirc$$

$\bigcirc$, $\bigcirc$을 연립하여 풀면

$$a = 6, \ d = 2$$
$$\therefore \ a_4 = a + 3d = 6 + 3 \times 2 = 12$$

다른 풀이

a_4는 a_2, a_6의 등차중항이므로

$$a_4 = \frac{a_2 + a_6}{2} = \frac{8 + 16}{2} = 12$$

477 **답** ⑤

등차수열 $\{a_n\}$의 첫째항을 a, 공차를 d라 하면 $a_2 = 6$에서

$$a + d = 6 \qquad \cdots\cdots \ \bigcirc$$

$a_4 + a_6 = 36$에서

$(a+3d)+(a+5d)=36$, $2a+8d=36$

$\therefore a+4d=18$ ...... ㉡

㉠, ㉡을 연립하여 풀면

$a=2$, $d=4$

$\therefore a_{10}=a+9d=2+9\times4=38$

478 답 20

등차수열 $\{a_n\}$의 첫째항을 a라 하면 첫째항과 공차가 같으므로 공차도 a이다.

$\therefore a_n=a+(n-1)a=na$

이때 $a_2+a_4=24$에서

$2a+4a=6a=24$ $\therefore a=4$

따라서 $a_n=4n$이므로

$a_5=4\times5=20$

479 답 ③

4, b, 10은 이 순서대로 등차수열을 이루므로

$b=\dfrac{4+10}{2}=7$

공차가 $7-4=3$이므로

$a+3=4$ $\therefore a=1$

$\therefore a+2b=1+2\times7=15$

다른 풀이

주어진 등차수열의 공차를 d라 하면 제2항이 4, 제4항이 10이므로

$10=4+2d$, $2d=6$ $\therefore d=3$

따라서 $a=4-3=1$, $b=4+3=7$이므로

$a+2b=1+2\times7=15$

480 답 24

7, y, 13은 이 순서대로 등차수열을 이루므로

$y=\dfrac{7+13}{2}=10$

공차가 $10-7=3$이므로

$x+3=7$ $\therefore x=4$

$\therefore x+2y=4+2\times10=24$

481 답 ④

두 등차수열 $\{a_n\}$, $\{b_n\}$의 공차가 각각 -2, 3이므로 수열 $\{a_n\}$의 첫째항을 a, 수열 $\{b_n\}$의 첫째항을 b라 하면

$a_n=a+(n-1)\times(-2)=-2n+a+2$

$b_n=b+(n-1)\times3=3n+b-3$

$\therefore 3a_n+5b_n=3(-2n+a+2)+5(3n+b-3)$

$\qquad\qquad\quad =3a+5b+9n-9$

$\qquad\qquad\quad =3a+5b+9(n-1)$

따라서 수열 $\{3a_n+5b_n\}$은 첫째항이 $3a+5b$, 공차가 9인 등차수열이다.

다른 풀이

두 등차수열 $\{a_n\}$, $\{b_n\}$의 공차가 각각 -2, 3이므로 두 상수 p, q에 대하여 $a_n=-2n+p$, $b_n=3n+q$라 하면

$3a_n+5b_n=3(-2n+p)+5(3n+q)=9n+3p+5q$

따라서 수열 $\{3a_n+5b_n\}$의 일반항은 일차항의 계수가 9인 n에 대한 일차식이므로 공차는 9이다.

참고

공차가 d인 등차수열 $\{a_n\}$의 일반항 a_n은 $a_n=dn+p$ (p는 상수) 꼴이다.

482 답 ⑤

등차수열 $\{a_n\}$의 첫째항부터 제 n항까지의 합을 S_n이라 하면

$S_{10}=\dfrac{10\times\{2\times3+(10-1)\times2\}}{2}=120$

483 답 10

첫째항이 -6이고 공차가 2인 등차수열의 첫째항부터 제 n항까지의 합을 S_n이라 하면

$S_n=\dfrac{n\{2\times(-6)+(n-1)\times2\}}{2}=30$

$\dfrac{n(2n-14)}{2}=30$, $n(n-7)=30$

$n^2-7n-30=0$, $(n+3)(n-10)=0$

$\therefore n=10$ ($\because n>0$)

484 답 99

$a_{50}=S_{50}-S_{49}=50^2-49^2=(50+49)(50-49)=99$

다른 풀이

$S_n=n^2$이므로

$a_n=S_n-S_{n-1}$

$\quad =n^2-(n-1)^2$

$\quad =n^2-(n^2-2n+1)$

$\quad =2n-1$ ($n\geq2$)

$\therefore a_{50}=2\times50-1=99$

485 답 ②

등차수열 $\{a_n\}$의 첫째항부터 제 n항까지의 합을 S_n이라 하면

$S_n=n^2-5n$이므로

$a_2=S_2-S_1$

$\quad =(2^2-5\times2)-(1^2-5\times1)$

$\quad =-6-(-4)=-2$

$\therefore a_1+d=a_2=-2$

다른 풀이

등차수열 $\{a_n\}$의 첫째항부터 제n항까지의 합을 S_n이라 하면

$S_n = n^2 - 5n$이므로

(i) $n=1$일 때

$\quad a_1 = S_1 = 1^2 - 5 \times 1 = -4$

(ii) $n \geq 2$일 때

$\quad a_n = (n^2-5n) - \{(n-1)^2 - 5(n-1)\}$

$\quad\quad = n^2 - 5n - (n^2 - 2n + 1 - 5n + 5)$

$\quad\quad = 2n - 6 \quad \cdots\cdots \ \bigcirc$

이때 $a_1 = -4$는 $\bigcirc$에 $n=1$을 대입한 값과 같으므로

$a_n = 2n - 6$

따라서 $a_1 = -4$, $d=2$이므로

$a_1 + d = -4 + 2 = -2$

본문 160쪽 ~ 171쪽

B 유형 & 유사로 익히면…

486 답 10

해결 각 잡기

❤ **등차수열의 일반항**

첫째항이 a, 공차가 d인 등차수열의 일반항 a_n은

$\quad a_n = a + (n-1)d \ (n=1, 2, 3, \cdots)$

❤ $a_2 = 16$, $a_5 = 10$을 이용하여 수열 $\{a_n\}$의 첫째항과 공차를 구한 후, $a_k = 0$을 만족시키는 자연수 k의 값을 구한다.

STEP 1 등차수열 $\{a_n\}$의 첫째항을 a, 공차를 d라 하면

$a_2 = a + d = 16 \quad \cdots\cdots \ \bigcirc$

$a_5 = a + 4d = 10 \quad \cdots\cdots \ \bigcirc$

$\bigcirc$, $\bigcirc$을 연립하여 풀면

$a = 18$, $d = -2$

$\therefore a_n = 18 + (n-1) \times (-2) = -2n + 20$

STEP 2 $a_k = 0$에서 $-2k + 20 = 0$ $\quad \therefore k = 10$

487 답 ②

STEP 1 등차수열 $\{a_n\}$의 첫째항이 3이고 공차가 d이므로

$a_n = 3 + (n-1)d = nd - d + 3$

$a_n = 3d$에서

$nd - d + 3 = 3d$, $nd = 4d - 3$

$\therefore n = 4 - \dfrac{3}{d} \ (\because d > 0)$

STEP 2 이때 n, d가 자연수이므로 $d=1$ 또는 $d=3$

따라서 구하는 모든 자연수 d의 값의 합은

$1 + 3 = 4$

488 답 ②

해결 각 잡기

$a_1 = a_3 + 8$, $2a_4 - 3a_6 = 3$을 이용하여 수열 $\{a_n\}$의 첫째항과 공차를 구한 후, $a_k < 0$을 만족시키는 자연수 k의 최솟값을 구한다.

STEP 1 등차수열 $\{a_n\}$의 공차를 d라 하면 $a_1 = a_3 + 8$에서

$a_1 = (a_1 + 2d) + 8$, $2d = -8$

$\therefore d = -4 \quad \cdots\cdots \ \bigcirc$

$2a_4 - 3a_6 = 3$에서

$2(a_1 + 3d) - 3(a_1 + 5d) = 3$

$-a_1 - 9d = 3$, $-a_1 + 36 = 3 \ (\because \bigcirc)$

$\therefore a_1 = 33$

$\therefore a_n = 33 + (n-1) \times (-4) = -4n + 37$

STEP 2 $a_k < 0$에서

$-4k + 37 < 0$, $4k > 37$ $\quad \therefore k > \dfrac{37}{4} = 9.25$

따라서 자연수 k의 최솟값은 10이다.

489 답 ①

해결 각 잡기

등차수열의 합의 최대·최소

등차수열 $\{a_n\}$의 첫째항을 a, 공차를 d, 첫째항부터 제n항까지의 합을 S_n이라 하자.

(1) $a < 0$, $d > 0$ → 음수인 항까지의 S_n의 값이 최소

(2) $a > 0$, $d < 0$ → 양수인 항까지의 S_n의 값이 최대

STEP 1 등차수열 $\{a_n\}$의 첫째항을 a, 공차를 d라 하면

$a_3 = a + 2d = 26 \quad \cdots\cdots \ \bigcirc$

$a_9 = a + 8d = 8 \quad \cdots\cdots \ \bigcirc$

$\bigcirc$, $\bigcirc$을 연립하여 풀면

$a = 32$, $d = -3$

$\therefore a_n = 32 + (n-1) \times (-3) = -3n + 35$

STEP 2 이때 첫째항부터 제n항까지의 합이 최대가 되도록 하는 n은 $a_n > 0$을 만족시키는 자연수 n의 최댓값이다.

$\underset{\text{양수인 항}}{a_n} = -3n + 35 > 0$에서

$3n < 35$ $\quad \therefore n < \dfrac{35}{3} = 11.\times\times\times$

따라서 $a_{11} = 2 > 0$, $a_{12} = -1 < 0$이므로 첫째항부터 제n항까지의 합이 최대가 되도록 하는 자연수 n의 값은 11이다.

다른 풀이 **STEP 2**

등차수열 $\{a_n\}$의 첫째항부터 제n항까지의 합을 S_n이라 하면

$S_n = \dfrac{n\{2 \times 32 + (n-1) \times (-3)\}}{2} = -\dfrac{3}{2}n^2 + \dfrac{67}{2}n$

$\quad = -\dfrac{3}{2}\left(n - \dfrac{67}{6}\right)^2 + \dfrac{67^2}{24}$

따라서 S_n의 값이 최대가 되려면 자연수 n의 값이 $\dfrac{67}{6}$에 가장 가까워야 하므로 $n=11$이다.

$\underset{=11.1\times\times}{}$

490 답 ④

등차수열 $\{a_n\}$의 공차를 d라 하면
$$a_3=a_1+2d,\ a_4=a_2+2d,\ a_5=a_3+2d$$
임을 이용한다.

STEP 1 등차수열 $\{a_n\}$의 공차를 d라 하면
$a_1+a_2+a_3=15$에서
$a_1+(a_1+d)+(a_1+2d)=15$, $3a_1+3d=15$
$\therefore a_1+d=5$ ······ ㉠

STEP 2 $a_3+a_4+a_5=39$에서
$(a_1+2d)+(a_1+3d)+(a_1+4d)=39$, $3a_1+9d=39$
$\therefore a_1+3d=13$ ······ ㉡

STEP 3 ㉡$-$㉠을 하면
$2d=8$ $\therefore d=4$
따라서 등차수열 $\{a_n\}$의 공차는 4이다.

다른 풀이 1

등차수열 $\{a_n\}$의 공차를 d라 하면
$a_3+a_4+a_5=(a_1+2d)+(a_2+2d)+(a_3+2d)$
$\qquad\qquad\quad =a_1+a_2+a_3+6d$
이때 $a_1+a_2+a_3=15$, $a_3+a_4+a_5=39$이므로
$39=15+6d$, $6d=24$
$\therefore d=4$

다른 풀이 2

a_1, a_2, a_3은 이 순서대로 등차수열을 이루므로
$2a_2=a_1+a_3$
즉, $a_1+a_2+a_3=15$에서
$3a_2=15$ $\therefore a_2=5$
a_3, a_4, a_5는 이 순서대로 등차수열을 이루므로
$2a_4=a_3+a_5$
즉, $a_3+a_4+a_5=39$에서
$3a_4=39$ $\therefore a_4=13$
이때 등차수열 $\{a_n\}$의 공차를 d라 하면 $a_4=a_2+2d$이므로
$13=5+2d$, $2d=8$
$\therefore d=4$

491 답 102

STEP 1 등차수열 $\{a_n\}$의 공차를 d라 하면
$a_1+a_2+a_3=21$에서
$a_1+(a_1+d)+(a_1+2d)=21$, $3a_1+3d=21$
$\therefore a_1+d=7$ ······ ㉠

STEP 2 $a_7+a_8+a_9=75$에서
$(a_1+6d)+(a_1+7d)+(a_1+8d)=75$, $3a_1+21d=75$
$\therefore a_1+7d=25$ ······ ㉡

STEP 3 ㉠, ㉡을 연립하여 풀면
$a_1=4$, $d=3$
$\therefore a_{10}+a_{11}+a_{12}=(a_1+9d)+(a_1+10d)+(a_1+11d)$
$\qquad\qquad\qquad\qquad =3a_1+30d=3\times4+30\times3=102$

492 답 29

등차수열 $\{a_n\}$의 공차를 d라 하고, $3a_{n+1}-a_n$을 d, n에 대한 식으로 나타낸다.

STEP 1 등차수열 $\{a_n\}$의 공차를 d라 하면
$a_n=2+(n-1)d$
$\therefore 3a_{n+1}-a_n=3\{2+(n+1-1)d\}-\{2+(n-1)d\}$
$\qquad\qquad\quad =6+3nd-2-nd+d$
$\qquad\qquad\quad =4+d+2nd$
$\qquad\qquad\quad =4+3d+(n-1)\times2d$ ← 수열 $\{3a_{n+1}-a_n\}$은 등차수열
$\qquad\qquad\quad\ \underset{\text{첫째항}}{} \qquad \underset{\text{공차}}{}$

STEP 2 수열 $\{3a_{n+1}-a_n\}$은 공차가 6인 등차수열이므로
$2d=6$ $\therefore d=3$
따라서 $a_n=2+3(n-1)=3n-1$이므로
$a_{10}=3\times10-1=29$

493 답 18

STEP 1 조건 ㈎에서
$a_1+7d=2(a_1+4d)+10$
$a_1=-d-10<0\ (\because d>0)$

STEP 2 모든 자연수 n에 대하여 $a_n<a_{n+1}$이므로 $a_n<0$을 만족시키는 자연수 n의 최댓값을 k라 하면 $a_{k+1}\geq0$
$\therefore a_k\times a_{k+1}\leq0$
$\underset{a_k<0}{}$
그런데 조건 ㈏에 의하여 $a_k\times a_{k+1}\geq0$이므로
$a_{k+1}=0$
즉, $a_{k+1}=a_1+kd=(-d-10)+kd=0$에서
$k=1+\dfrac{10}{d}$

STEP 3 이때 k가 자연수이므로 d는 10의 양의 약수이다.
따라서 자연수 d는 1, 2, 5, 10이므로 구하는 합은
$1+2+5+10=18$

494 답 ⑤

수열 $\{a_n\}$의 공차를 이용하여 수열 $\{b_n\}$의 공차를 구한다.

STEP 1 등차수열 $\{a_n\}$의 공차를 $d\,(d \neq 0)$라 하면

$b_{n+1} - b_n = (a_{n+1} + a_{n+2}) - (a_n + a_{n+1}) = a_{n+2} - a_n = 2d$

즉, 수열 $\{b_n\}$은 공차가 $2d$인 등차수열이다.

STEP 2 등차수열 $\{a_n\}$의 공차가 d, 등차수열 $\{b_n\}$의 공차가 $2d$이므로 $n(A \cap B) = 3$이려면 $A \cap B = \{a_1, a_3, a_5\}$이어야 한다.

(i) $\{a_1, a_3, a_5\} = \{b_1, b_2, b_3\}$일 때

$a_1 = b_1$, 즉 $a_1 = a_1 + a_2$이므로 $a_2 = 0$

이때 $a_2 = -4$이므로 조건을 만족시키지 않는다.

STEP 3 (ii) $\{a_1, a_3, a_5\} = \{b_2, b_3, b_4\}$일 때

$a_3 = b_3$, 즉 $a_3 = a_3 + a_4$이므로

$a_4 = 0$

$a_2 = -4$, $a_4 = 0$이므로 $a_4 - a_2 = 2d$에서

$0 - (-4) = 2d$　　∴ $d = 2$

∴ $a_{20} = a_2 + 18d = -4 + 18 \times 2 = 32$

(iii) $\{a_1, a_3, a_5\} = \{b_3, b_4, b_5\}$일 때

$a_5 = b_5$, 즉 $a_5 = a_5 + a_6$이므로

$a_6 = 0$

$a_2 = -4$, $a_6 = 0$이므로 $a_6 - a_2 = 4d$에서

$0 - (-4) = 4d$　　∴ $d = 1$

∴ $a_{20} = a_2 + 18d = -4 + 18 \times 1 = 14$

STEP 4 (i), (ii), (iii)에서

$a_{20} = 32$ 또는 $a_{20} = 14$

따라서 a_{20}의 값의 합은

$32 + 14 = 46$

다른 풀이 **STEP 3**

(ii) $\{a_1, a_3, a_5\} = \{b_2, b_3, b_4\}$일 때

$a_1 = b_2$, 즉 $a_1 = a_2 + a_3$이므로

$a_1 = -4 + a_1 + 2d$　　∴ $d = 2$

∴ $a_{20} = a_2 + 18d = -4 + 18 \times 2 = 32$

(iii) $\{a_1, a_3, a_5\} = \{b_3, b_4, b_5\}$일 때

$a_1 = b_3$, 즉 $a_1 = a_3 + a_4$이므로

$a_1 = (a_1 + 2d) + (a_2 + 2d)$

$4d = 4$　　∴ $d = 1$

∴ $a_{20} = a_2 + 18d = -4 + 18 \times 1 = 14$

495 답 183

수열 $\{a_n\}$이 3 이상의 홀수를 나열한 것이므로 수열 $\{c_n\}$은 수열 $\{b_n\}$의 항 중 홀수를 나열한 것이다.

STEP 1 $\{a_n\}$: 3, 5, 7, 9, 11, 13, 15, 17, 19, 21, $\cdots$

$\{b_n\}$: 6, 9, 12, 15, 18, 21, 24, $\cdots$

STEP 2 ∴ $\{c_n\}$: 9, 15, 21, $\cdots$

즉, 수열 $\{c_n\}$은 첫째항이 9, 공차가 6인 등차수열이므로

$c_{30} = 9 + (30 - 1) \times 6 = 183$

496 답 ②

❂ 절댓값의 성질을 이용하여 첫째항과 공차를 구한 후, 주어진 조건을 만족시키는 항 또는 일반항을 구한다.

❂ 공차가 양수이면 n의 값이 커질수록 a_n의 값도 커진다.

STEP 1 등차수열 $\{a_n\}$의 첫째항을 a라 하면

$a_n = a + 6(n - 1)$

∴ $a_2 = a + 6$, $a_3 = a + 12$

위의 식을 $|a_2 - 3| = |a_3 - 3|$에 대입하면

$|a + 3| = |a + 9|$ ┌─ 공차가 양수이므로 절댓값은 같고 부호가 반대이어야 한다.

STEP 2 이때 $a + 3 < a + 9$이므로

$a + 3 = -(a + 9)$, $2a = -12$

∴ $a = -6$

∴ $a_5 = -6 + 6 \times 4 = 18$

497 답 50

STEP 1 등차수열 $\{a_n\}$의 첫째항을 a라 하면

$a_n = a + 2(n - 1)$

∴ $a_3 = a + 4$, $a_6 = a + 10$

위의 식을 $|a_3 - 1| = |a_6 - 3|$에 대입하면

$|a + 3| = |a + 7|$

STEP 2 이때 $a + 3 < a + 7$이므로

$a + 3 = -(a + 7)$

$2a = -10$　　∴ $a = -5$

$a_n = -5 + 2(n - 1) = 2n - 7$이므로 $a_n > 92$에서

$2n - 7 > 92$　　∴ $n > \dfrac{99}{2} = 49.5$

따라서 자연수 n의 최솟값은 50이다.

498 답 ①

$|a_3| = \begin{cases} a_3 & (a_3 \geq 0) \\ -a_3 & (a_3 < 0) \end{cases}$

STEP 1 등차수열 $\{a_n\}$의 공차를 d라 하면 $|a_3| - a_4 = 0$에서

$|a_3| = a_4$이므로

$|-15 + 2d| = -15 + 3d$, 즉 $-15 + 3d \geq 0$

∴ $d \geq 5$　　$\cdots\cdots$ ㉠

STEP 2 (i) $a_3 < 0$, 즉 $-(-15 + 2d) = -15 + 3d$일 때

$5d = 30$　　∴ $d = 6$

(ii) $a_3 \geq 0$, 즉 $-15 + 2d = -15 + 3d$일 때

$d = 0$이므로 ㉠을 만족시키지 않는다.

(i), (ii)에서 $d = 6$이므로

$a_7 = -15 + 6 \times 6 = 21$

등차수열 $\{a_n\}$의 공차를 d라 하면 $a_1=-15<0$, $|a_3|=a_4\geq0$이므로 $a_3<0$, $d>0$

즉, $|a_3|=a_4$에서 $-a_3=a_4$

$-(-15+2d)=-15+3d$, $5d=30$

$\therefore d=6$

$\therefore a_7=-15+6\times6=21$

499 답 ①

STEP1 등차수열 $\{a_n\}$의 첫째항을 a, 공차를 d $(d>0)$라 하면 조건 (개)에서 $a_6+a_8=0$이므로

$(a+5d)+(a+7d)=0$, $2a+12d=0$

$\therefore a=-6d$ ...... ㉠

STEP2 조건 (내)에서 $|a_6|=|a_7|+3$이므로

$|a+5d|=|a+6d|+3$

$|-6d+5d|=|-6d+6d|+3 \ (\because ㉠)$

$\therefore |d|=3$ ─── $|-d|=|d|$

이때 $d>0$이므로 $d=3$

STEP3 $d=3$을 ㉠에 대입하면

$a=-6\times3=-18$

$\therefore a_2=a+d=-18+3=-15$

등차수열 $\{a_n\}$의 공차를 d $(d>0)$라 하면 a_7은 a_6, a_8의 등차중항이므로

$2a_7=a_6+a_8$

조건 (개)에서 $a_6+a_8=0$이므로

$2a_7=0$ $\therefore a_7=0$

조건 (내)에서

$|a_6|=|a_7|+3=3$

이때 $a_7=0$이고 $d>0$이므로 $a_6<0$

$\therefore a_6=-3$

따라서 $d=a_7-a_6=0-(-3)=3$이므로

$a_2=a_6-4d=-3-4\times3=-15$

500 답 ③

해결 각 잡기

등차중항

세 수 a, b, c가 이 순서대로 등차수열을 이루면 b가 a, c의 등차중항이다.

→ $2b=a+c$

STEP1 1, α, β는 이 순서대로 등차수열을 이루므로

$2\alpha=1+\beta$ ...... ㉠

STEP2 $x^2-nx+4(n-4)=0$에서

$(x-4)(x-n+4)=0$

$\therefore x=4$ 또는 $x=n-4$

STEP3 (i) $\alpha=4$, $\beta=n-4$일 때

$\alpha<\beta$이므로

$4<n-4$ $\therefore n>8$

또, ㉠에서 $8=1+(n-4)$

$\therefore n=11$

(ii) $\alpha=n-4$, $\beta=4$일 때

$\alpha<\beta$이므로

$n-4<4$ $\therefore n<8$

또, ㉠에서 $2(n-4)=1+4$

$\therefore n=\dfrac{13}{2}$

그런데 n은 자연수가 아니므로 조건을 만족시키지 않는다.

(i), (ii)에서 $n=11$

501 답 18

STEP1 α, β, $\alpha+\beta$는 이 순서대로 등차수열을 이루므로

$2\beta=\alpha+(\alpha+\beta)$

$\therefore \beta=2\alpha$ ...... ㉠

STEP2 이차방정식 $x^2-kx+72=0$의 두 근이 α, β이므로 이차방정식의 근과 계수의 관계에 의하여

$\alpha+\beta=k$, $\alpha\beta=72$

㉠을 $\alpha\beta=72$에 대입하면

$2\alpha^2=72$, $\alpha^2=36$

$\therefore \alpha=\pm6$

즉, $\alpha=-6$, $\beta=-12$ 또는 $\alpha=6$, $\beta=12 \ (\because ㉠)$

STEP3 이때 $\alpha+\beta=k>0$이므로

$\alpha=6$, $\beta=12$

$\therefore k=\alpha+\beta=6+12=18$

502 답 80

STEP1 a, b, c는 이 순서대로 등차수열을 이루므로

$2b=a+c$ ...... ㉠

조건 (개)에서 $\dfrac{2^a\times2^c}{2^b}=32$이므로

$2^{a+c-b}=32$, $2^{2b-b}=32 \ (\because ㉠)$

$2^b=2^5$

$\therefore b=5$

STEP2 조건 (내)에서 $a+c+ac=26$이므로

$2b+ca=26 \ (\because ㉠)$, $2\times5+ca=26$

$\therefore ca=16$

$\therefore abc=b\times ca=5\times16=80$

STEP2

주어진 등차수열의 공차를 d라 하면

$a=5-d$, $c=5+d$

위의 식을 조건 (나)에 대입하면

$(5-d)+(5+d)+(5-d)(5+d)=26$

$10+25-d^2=26$, $d^2=9$

$\therefore d=\pm3$

$d=3$일 때, $a=2$, $b=5$, $c=8$

$d=-3$일 때, $a=8$, $b=5$, $c=2$

$\therefore abc=2\times5\times8=80$

503 답 ①

❏ a_{n+1}은 a_n, a_{n+2}의 등차중항임을 이용하여 b_n을 a_n, a_{n+2}로 나타낸다.

❏ 등차수열 $\{a_n\}$의 공차를 d라 하면
$$a_{n+1}-a_n=d$$

STEP 1 a_n, a_{n+1}, a_{n+2}는 이 순서대로 등차수열을 이루므로

$2a_{n+1}=a_n+a_{n+2}$

$a_{n+2}x^2+2a_{n+1}x+a_n=0$에서

$a_{n+2}x^2+(a_{n+2}+a_n)x+a_n=0$

$(a_{n+2}x+a_n)(x+1)=0$

$\therefore b_n=-\dfrac{a_n}{a_{n+2}}$ ($\because b_n\neq-1$)

STEP 2 등차수열 $\{a_n\}$의 첫째항을 a, 공차를 d라 하면

$$\dfrac{b_n}{b_n+1}=\dfrac{-\dfrac{a_n}{a_{n+2}}}{-\dfrac{a_n}{a_{n+2}}+1}=\dfrac{-\dfrac{a_n}{a_{n+2}}}{\dfrac{-a_n+a_{n+2}}{a_{n+2}}}$$

$$=\dfrac{-a_n}{a_{n+2}-a_n}=\dfrac{-a-(n-1)d}{2d}$$

$$=-\dfrac{a}{2d}+(n-1)\times\left(-\dfrac{1}{2}\right)$$ ← 수열 $\left\{\dfrac{b_n}{b_n+1}\right\}$은 등차수열

첫째항 ⌄ 공차 ⌄

따라서 등차수열 $\left\{\dfrac{b_n}{b_n+1}\right\}$의 공차는 $-\dfrac{1}{2}$이다.

다른 풀이 **STEP 2**

등차수열 $\{a_n\}$의 공차를 d라 하면

$$\dfrac{b_n}{b_n+1}=\dfrac{-\dfrac{a_n}{a_{n+2}}}{-\dfrac{a_n}{a_{n+2}}+1}=\dfrac{-\dfrac{a_n}{a_{n+2}}}{\dfrac{-a_n+a_{n+2}}{a_{n+2}}}$$

$$=\dfrac{-a_n}{a_{n+2}-a_n}=-\dfrac{a_n}{2d}$$

따라서 등차수열 $\left\{\dfrac{b_n}{b_n+1}\right\}$의 공차는

$$\dfrac{b_{n+1}}{b_{n+1}+1}-\dfrac{b_n}{b_n+1}=\left(-\dfrac{a_{n+1}}{2d}\right)-\left(-\dfrac{a_n}{2d}\right)$$

$$=\dfrac{-(a_{n+1}-a_n)}{2d}$$

$$=\dfrac{-d}{2d}=-\dfrac{1}{2}$$

504 답 24

산술평균과 기하평균의 관계

$a>0$, $b>0$일 때,
$$a+b\geq2\sqrt{ab}$$ (단, 등호는 $a=b$일 때 성립)

STEP 1 α, β, γ가 이 순서대로 등차수열을 이루므로

$2\beta=\alpha+\gamma$ ······ ㉠

이때 $x^{\frac{1}{\alpha}}=y^{-\frac{1}{\beta}}=z^{\frac{2}{\gamma}}=k$ (k는 상수)라 하면

$x=k^\alpha$, $y^{-1}=k^\beta$, $z^2=k^\gamma$

㉠에 의하여 $k^{2\beta}=k^{\alpha+\gamma}$이므로

$(y^{-1})^2=xz^2$ ······ ㉡

STEP 2 1이 아닌 양수 x, y, z에 대하여 $16xz^2>0$, $9y^2>0$이므로 산술평균과 기하평균의 관계에 의하여

$16xz^2+9y^2\geq2\sqrt{16xz^2\times9y^2}$

$$=2\sqrt{\dfrac{16}{y^2}\times9y^2}$$ ($\because$ ㉡)

$$=24$$ (단, 등호는 $16xz^2=9y^2$일 때 성립)

따라서 $16xz^2+9y^2$의 최솟값은 24이다.

505 답 36

STEP 1 조건 (나)에서 $f(a)=\dfrac{1}{a}$, $f(2)=\dfrac{1}{2}$, $f(b)=\dfrac{1}{b}$은 이 순서대로 등차수열을 이루므로

$$\dfrac{1}{a}+\dfrac{1}{b}=2\times\dfrac{1}{2}=1$$ ······ ㉠

STEP 2 $\therefore a+25b=(a+25b)\left(\dfrac{1}{a}+\dfrac{1}{b}\right)$ ($\because$ ㉠) ← 값이 1이므로 곱한다.

$$=1+\dfrac{a}{b}+\dfrac{25b}{a}+25$$

$$=26+\dfrac{a}{b}+\dfrac{25b}{a}$$ ← $ab>0$에서 $\dfrac{a}{b}>0$, $\dfrac{25b}{a}>0$이므로 산술평균과 기하평균의 관계를 이용한다.

$$\geq26+2\sqrt{\dfrac{a}{b}\times\dfrac{25b}{a}}$$

$$=26+2\times5=36$$

$\left(\text{단, 등호는 }\dfrac{a}{b}=\dfrac{25b}{a}\text{, 즉 }a=5b\text{일 때 성립}\right)$

따라서 $a+25b$의 최솟값은 36이다.

다른 풀이

조건 (나)에서 $\dfrac{1}{a}+\dfrac{1}{b}=1$이므로

$$b=\dfrac{a}{a-1}$$

조건 (가)에서 a, b의 부호가 같으므로

$a-1>0$

$\therefore a+25b=a+\dfrac{25a}{a-1}=a+\dfrac{25(a-1)+25}{a-1}$

$$=a+25+\dfrac{25}{a-1}=(a-1)+\dfrac{25}{a-1}+26$$

$$\geq 2\sqrt{(a-1)\times\dfrac{25}{a-1}}+26$$
$$=2\times5+26=36\left(\text{단, 등호는 } a-1=\dfrac{25}{a-1}\text{일 때 성립}\right)$$

따라서 $a+25b$의 최솟값은 36이다.

506 답 18

세 수가 등차수열을 이루면 세 수를 $a-d,\ a,\ a+d$로 놓는다.

STEP 1 세 선분 AD, CD, AB의 길이가 이 순서대로 등차수열을 이루므로 $\overline{AD}=a-d,\ \overline{CD}=a,\ \overline{AB}=a+d\ (d>0)$라 하자.

$\triangle ABC \varpropto \triangle ADB$ (AA 닮음)이므로 $\overline{AC}:\overline{AB}=\overline{AB}:\overline{AD}$에서

$(2a-d):(a+d)=(a+d):(a-d)$

$(a-d)(2a-d)=(a+d)^2$

$2a^2-3ad+d^2=a^2+2ad+d^2$

$a^2-5ad=0,\ a(a-5d)=0$

$\therefore a=5d\ (\because a>0)$

STEP 2 $\overline{AB}=6d,\ \overline{AC}=9d$이므로 직각삼각형 ABC에서

$(9d)^2=(6d)^2+(6\sqrt{5})^2$

$81d^2=36d^2+180,\ 45d^2=180$

$d^2=4 \qquad \therefore d=2\ (\because d>0)$

$\therefore \overline{AC}=9d=9\times2=18$

507 답 8

삼차방정식의 근과 계수의 관계
삼차방정식 $ax^3+bx^2+cx+d=0$의 세 근을 $\alpha,\ \beta,\ \gamma$라 하면
$$\alpha+\beta+\gamma=-\frac{b}{a},\ \alpha\beta+\beta\gamma+\gamma\alpha=\frac{c}{a},\ \alpha\beta\gamma=-\frac{d}{a}$$

STEP 1 삼차방정식 $x^3+3x^2-6x-k=0$의 세 근이 등차수열을 이루므로 세 근을 $a-d,\ a,\ a+d$라 하자.

STEP 2 삼차방정식의 근과 계수의 관계에 의하여

$(a-d)+a+(a+d)=-3$ ……㉠

$(a-d)a+a(a+d)+(a-d)(a+d)=-6$ ……㉡

$(a-d)a(a+d)=k$ ……㉢

㉠에서 $3a=-3$

$\therefore a=-1$

$a=-1$을 ㉡에 대입하면

$-(-1-d)-(-1+d)+(-1-d)(-1+d)=-6$

$1+d+1-d+1-d^2=-6$

$\therefore d^2=9$

STEP 3 ㉢에서

$k=a(a^2-d^2)=-(1-9)=8$

508 답 ③

❂ 방정식 $|x^2-9|=k$를 풀어 $a_1,\ a_2,\ a_3,\ a_4$의 값을 구한다.
❂ 네 수 $a_1,\ a_2,\ a_3,\ a_4$가 이 순서대로 등차수열을 이루므로
$$a_4-a_3=a_3-a_2$$

STEP 1 $|x|\geq3$일 때, $y=|x^2-9|=x^2-9$

$|x|<3$일 때, $y=|x^2-9|=-x^2+9$

$a_1,\ a_4$는 곡선 $y=x^2-9$와 직선 $y=k$의 교점의 x좌표이므로

$k=x^2-9$, 즉 $x^2=k+9$에서

$a_4=\sqrt{k+9},\ a_1=-\sqrt{k+9}\ (\because a_4>a_1)$

또, $a_2,\ a_3$은 곡선 $y=-x^2+9$와 직선 $y=k$의 교점의 x좌표이므로

$k=-x^2+9$, 즉 $x^2=-k+9$에서

$a_3=\sqrt{-k+9},\ a_2=-\sqrt{-k+9}\ (\because a_3>a_2)$

STEP 2 $a_1,\ a_2,\ a_3,\ a_4$가 이 순서대로 등차수열을 이루므로

$a_4-a_3=a_3-a_2$

$\sqrt{k+9}-\sqrt{-k+9}=\sqrt{-k+9}-(-\sqrt{-k+9})$

$\sqrt{k+9}=3\sqrt{-k+9}$

양변을 제곱하면

$k+9=-9k+81,\ 10k=72$

$\therefore k=\dfrac{36}{5}$

함수 $y=|x^2-9|$의 그래프는 y축에 대하여 대칭이므로

$a_2=-a_3$

즉, 이 등차수열의 공차는 $a_3-a_2=2a_3$이므로

$a_4=a_3+2a_3=3a_3$

이때 점 $(a_3,\ k)$는 곡선 $y=-x^2+9$ 위의 점이므로

$-a_3^2+9=k,\ a_3^2=9-k$ ……㉠

점 $(a_4,\ k)$, 즉 점 $(3a_3,\ k)$는 곡선 $y=x^2-9$ 위의 점이므로

$9a_3^2-9=k$ ……㉡

㉠을 ㉡에 대입하면

$81-9k-9=k,\ 10k=72$

$\therefore k=\dfrac{36}{5}$

함수 $y=|x^2-9|$의 그래프의 y절편은 9이므로 함수 $y=|x^2-9|$의 그래프가 직선 $y=k$와 서로 다른 네 점에서 만나려면 $0<k<9$이어야 한다.

509 답 ①

STEP 1 직선 $y=k$와 함수 $y=f(x)$의 그래프가 만나는 두 점 A, B의 y좌표가 k이므로

$x^2=k\ (k>0)$

$\therefore x=-\sqrt{k}$ 또는 $x=\sqrt{k}$

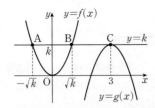

점 A는 제2사분면 위의 점이므로 두 점 A, B의 x좌표는 각각
$-\sqrt{k}$, $\sqrt{k}$

함수 $g(x)=-(x-3)^2+k$의 그래프의 꼭짓점 C의 x좌표는 3이다.

STEP 2 세 점 A, B, C의 x좌표 $-\sqrt{k}$, $\sqrt{k}$, 3이 이 순서대로 등차수열을 이루므로
$2\sqrt{k}=-\sqrt{k}+3$, $\sqrt{k}=1$ $\therefore k=1$

510 답 ④

등차수열의 합
등차수열의 첫째항부터 제n항까지의 합을 S_n이라 하면

(1) 첫째항이 a, 제n항이 l일 때, $S_n=\dfrac{n(a+l)}{2}$

(2) 첫째항이 a, 공차가 d일 때, $S_n=\dfrac{n\{2a+(n-1)d\}}{2}$

첫째항이 1, 끝항이 2, 항의 개수가 $n+2$인 등차수열의 합이 24이므로
$$\dfrac{(n+2)(1+2)}{2}=24,\ n+2=16$$
$$\therefore n=14$$

511 답 10

STEP 1 등차수열 $\{a_n\}$의 공차를 d라 하면 조건 ㈎에서
$a_2+a_6+a_{10}=8$이므로
$(1+d)+(1+5d)+(1+9d)=8$
$3+15d=8$, $15d=5$ $\therefore d=\dfrac{1}{3}$

STEP 2 $\therefore a_1+a_2+a_3+\cdots+a_n=\dfrac{n\left\{2\times1+(n-1)\times\dfrac{1}{3}\right\}}{2}$
$$=\dfrac{n\left(\dfrac{1}{3}n+\dfrac{5}{3}\right)}{2}$$
$$=\dfrac{1}{6}n^2+\dfrac{5}{6}n$$

조건 ㈏에 의하여 $\dfrac{1}{6}n^2+\dfrac{5}{6}n=25$이므로
$n^2+5n-150=0$, $(n+15)(n-10)=0$
$\therefore n=10\ (\because n>0)$

512 답 ⑤

STEP 1 등차수열 $\{a_n\}$의 첫째항을 a라 하면
$a_5=a+4d$

조건 ㈎에서 a_5는 자연수이므로 $a+4d$는 자연수이다.

조건 ㈏에서 $S_8=\dfrac{68}{3}$이므로
$$\dfrac{8(2a+7d)}{2}=\dfrac{68}{3}\qquad \therefore 2a+7d=\dfrac{17}{3}$$

이때 $2a+7d=\underset{\substack{\text{자연수}\quad 0<d<1}}{2(a+4d)}-d=6-\dfrac{1}{3}$이므로

$2(a+4d)=6$, $d=\dfrac{1}{3}$

$\therefore a=\dfrac{5}{3}$

STEP 2 따라서 $a_n=\dfrac{5}{3}+(n-1)\times\dfrac{1}{3}=\dfrac{1}{3}n+\dfrac{4}{3}$이므로
$$a_{16}=\dfrac{1}{3}\times16+\dfrac{4}{3}=\dfrac{20}{3}$$

513 답 442

STEP 1 등차수열 $\{a_n\}$의 첫째항을 a, 공차를 d라 하면
$a_{11}+a_{21}=82$에서
$(a+10d)+(a+20d)=82$
$2a+30d=82$ $\therefore a+15d=41$ …… ㉠
또, $a_{11}-a_{21}=6$에서
$(a+10d)-(a+20d)=6$
$-10d=6$ $\therefore d=-\dfrac{3}{5}$

$d=-\dfrac{3}{5}$을 ㉠에 대입하면
$2a-18=82$, $2a=100$
$\therefore a=50$
$\therefore a_n=50+(n-1)\times\left(-\dfrac{3}{5}\right)$

STEP 2 a_n이 자연수이려면 $n-1=5k$, 즉
$n=5k+1\ (k$는 음이 아닌 정수$)$ 꼴이어야 하고, $a_n>0$을 만족시켜야 한다.

즉, $50+(n-1)\times\left(-\dfrac{3}{5}\right)>0$이므로
$$n<\dfrac{253}{3}=84.\times\times\times$$

STEP 3 따라서 자연수 n은 1, 6, 11, $\cdots$, 81의 17개이다.
$a_1=50$, $a_{81}=2$이므로 수열 a_1, a_6, a_{11}, $\cdots$, a_{81}의 합은
$$\dfrac{17(50+2)}{2}=442$$

514 답 22

❤ 수열 $\{a_n\}$의 일반항을 이용하여 수열 $\{a_{2n}\}$의 일반항을 구하고, $a_2+a_4+\cdots+a_{2n}$의 값을 n에 대한 식으로 나타낸다.

❤ 모든 실수 a에 대하여 $|a|\geq0$이므로 $|a|$의 최솟값은 $a=0$일 때이다.

STEP 1 등차수열 $\{a_n\}$의 첫째항을 a, 공차를 d라 하면

$a_3=a+2d=40$ ······ ㉠

$a_8=a+7d=30$ ······ ㉡

㉠, ㉡을 연립하여 풀면

$a=44$, $d=-2$

따라서 $a_n=44+(n-1)\times(-2)=-2n+46$이므로

$a_{2n}=-4n+46$

STEP 2 수열 $\{a_{2n}\}$은 첫째항이 42, 공차가 -4인 등차수열이므로

$$|a_2+a_4+\cdots+a_{2n}|=\left|\frac{n\{2\times42+(n-1)\times(-4)\}}{2}\right|$$

$$=\left|\frac{n(-4n+88)}{2}\right|$$

$$=|-2n^2+44n|$$

$$=|-2n(n-22)|$$

STEP 3 이때 $|a_2+a_4+\cdots+a_{2n}|$의 최솟값은 0이므로

$-2n(n-22)=0$

$\therefore$ $n=0$ 또는 $n=22$

따라서 $|a_2+a_4+\cdots+a_{2n}|$이 최소가 되는 자연수 n의 값은 22이다.

515 답 240

STEP 1 등차수열 $\{a_n\}$의 공차를 d라 하면

$a_3=a_1+2d=-2$ ······ ㉠

$a_9=a_1+8d=46$ ······ ㉡

㉠, ㉡을 연립하여 풀면

$a_1=-18$, $d=8$

$\therefore$ $a_n=-18+(n-1)\times8=8n-26$

STEP 2 $8n-26>0$에서

$n>\dfrac{13}{4}=3.\times\times\times$

따라서 수열 $\{a_n\}$은 제4항부터 양수이고 첫째항부터 제3항까지 음수이다.

STEP 3 $\therefore$ $|a_1|+|a_2|+|a_3|+\cdots+|a_{10}|$

$=-a_1-a_2-a_3+a_4+\cdots+a_{10}$

$=a_1+a_2+a_3+\cdots+a_{10}-2(a_1+a_2+a_3)$

$$=\frac{10\{2\times(-18)+(10-1)\times8\}}{2}-2\times(-18-10-2)$$

$=180+60=240$

$\therefore$ $|a_1|+|a_2|+|a_3|+\cdots+|a_{10}|$

$=-a_1-a_2-a_3+a_4+\cdots+a_{10}$

$=-(a_1+a_2+a_3)+(a_4+\cdots+a_{10})$

이때 제4항에서 제10항까지의 합은 첫째항이 $a_4=6$, 공차가 8이고 항수가 7인 등차수열의 합이므로

$-(a_1+a_2+a_3)+(a_4+\cdots+a_{10})$

$$=-(-18-10-2)+\frac{7\{2\times6+(7-1)\times8\}}{2}$$

$=30+210=240$

516 답 30

STEP 1 조건 ㈎에서 $S_7=S_8$이므로

$S_8-S_7=a_8=0$

등차수열 $\{a_n\}$의 첫째항을 a, 공차를 d라 하면 $a_8=a+7d=0$에서

$a=-7d$ ······ ㉠

STEP 2 S_n의 값은 $n=8$에서 최소이므로

$S_9\geq S_8$, 즉 $a_9=a_8+d=d\geq0$

그런데 $d=0$이면 ㉠에 의하여 $a=0$이다.

따라서 모든 자연수 n에 대하여 $S_n=0$이므로 조건 ㈏를 만족시키지 않는다.

$\therefore$ $d>0$

STEP 3 $a_8=0$, $d>0$이므로 $n\geq9$인 모든 자연수 n에 대하여 $a_n>0$

따라서 $m>8$일 때, $S_{2m}>S_m$이므로 조건 ㈏에서

$-S_m=S_{2m}=162$ ······ ㉡

$$-\frac{m\{2a+(m-1)d\}}{2}=\frac{2m\{2a+(2m-1)d\}}{2}$$

$14d-(m-1)d=-28d+2(2m-1)d$ ($\because$ ㉠)

$-m+15=4m-30$, $5m=45$

$\therefore$ $m=9$

즉, ㉡에 의하여 $S_9=-162$이므로

$$\frac{9\{2a+(9-1)d\}}{2}=-162, \ \frac{9(-14d+8d)}{2}=-162$$

$-27d=-162$ $\therefore$ $d=6$

$d=6$을 ㉠에 대입하면

$a=-42$

$\therefore$ $a_{13}=a+12d=-42+12\times6=30$

517 답 ①

STEP 1 등차수열 $\{a_n\}$의 첫째항을 a, 공차를 d라 하면 $S_9=27$에서

$\dfrac{9(2a+8d)}{2}=27$ $\therefore$ $a+4d=3$

STEP 2 또, $|S_3|=27$에서

$\left|\dfrac{3(2a+2d)}{2}\right|=27$, $|3(a+d)|=27$

$|a+d|=9$

$\therefore a+d=9$ 또는 $a+d=-9$

STEP 3 (i) $a+d=9$인 경우

$a+4d=3$, $a+d=9$를 연립하여 풀면

$a=11$, $d=-2$

이때 공차가 양수라는 조건을 만족시키지 않는다.

(ii) $a+d=-9$인 경우

$a+4d=3$, $a+d=-9$를 연립하여 풀면

$a=-13$, $d=4$

(i), (ii)에 의하여 $a=-13$, $d=4$이므로

$a_{10}=a+9d=-13+9\times4=23$

518 답 13

해결 각 잡기

❖ 등차수열 $\{a_n\}$에 대하여
$$a_1+a_n=a_2+a_{n-1}=a_3+a_{n-2}=a_4+a_{n-3}=\cdots$$

❖ 처음 4개의 항과 마지막 4개의 항을 모두 더한 식을 a_1, a_n으로 나타낸다.

STEP 1 두 조건 (가), (나)에서

$a_1+a_2+a_3+a_4=26$, $a_{n-3}+a_{n-2}+a_{n-1}+a_n=134$

이므로

$a_1+a_2+a_3+a_4+a_{n-3}+a_{n-2}+a_{n-1}+a_n=160$

이때 $a_1+a_n=a_2+a_{n-1}=a_3+a_{n-2}=a_4+a_{n-3}$이므로

$4(a_1+a_n)=160$

$\therefore a_1+a_n=40$

STEP 2 조건 (다)에서 $\dfrac{n(a_1+a_n)}{2}=260$이므로

$\dfrac{40}{2}n=260$　　$\therefore n=13$

519 답 ③

STEP 1 a_{k-3}, a_{k-2}, a_{k-1}은 이 순서대로 등차수열을 이루고 조건 (가)에서 $a_{k-3}+a_{k-1}=-24$이므로

$a_{k-2}=\dfrac{a_{k-3}+a_{k-1}}{2}=\dfrac{-24}{2}=-12$

STEP 2 $a_1+a_k=a_2+a_{k-1}=a_3+a_{k-2}$이므로

$S_k=\dfrac{k(a_1+a_k)}{2}=\dfrac{k(a_3+a_{k-2})}{2}$

$=\dfrac{k\{42+(-12)\}}{2}=15k$

조건 (나)에 의하여

$15k=k^2$, $k^2-15k=0$

$k(k-15)=0$

$\therefore k=15$ ($\because k\geq4$)

다른 풀이 1

등차수열 $\{a_n\}$의 첫째항을 a, 공차를 d라 하면

$a_3=a+2d=42$　　　　$\cdots\cdots$ ㉠

a_{k-2}는 a_{k-3}, a_{k-1}의 등차중항이므로

$a_{k-2}=\dfrac{a_{k-3}+a_{k-1}}{2}$

이때 조건 (가)에서 $a_{k-3}+a_{k-1}=-24$이므로

$a+(k-3)d=\dfrac{-24}{2}=-12$　　$\cdots\cdots$ ㉡

조건 (나)에 의하여 $S_k=\dfrac{k\{2a+(k-1)d\}}{2}=k^2$이고 $k\neq0$이므로

$2a+(k-1)d=2k$　　　　$\cdots\cdots$ ㉢

㉢$-$㉠을 하면

$a+(k-3)d=2k-42$　　$\cdots\cdots$ ㉣

㉡, ㉣에서

$2k-42=-12$, $2k=30$

$\therefore k=15$

다른 풀이 2

등차수열 $\{a_n\}$의 첫째항을 a, 공차를 d라 하면

$a_3=a+2d=42$

$\therefore a=42-2d$　　　　$\cdots\cdots$ ㉤

조건 (가)에서 $a_{k-3}+a_{k-1}=-24$이므로

$a+(k-4)d+a+(k-2)d=-24$

$a+(k-3)d=-12$　　　　$\cdots\cdots$ ㉥

㉤을 ㉥에 대입하면

$42-2d+kd-3d=-12$

$\therefore kd-5d=-54$　　　$\cdots\cdots$ ㉦

조건 (나)에 의하여 $S_k=\dfrac{k\{2a+(k-1)d\}}{2}=k^2$이고, $k\neq0$이므로

$2a+(k-1)d=2k$　　　　$\cdots\cdots$ ㉧

㉤을 ㉧에 대입하면

$2(42-2d)+kd-d=2k$

$\therefore kd-5d=2k-84$　　$\cdots\cdots$ ㉨

㉦, ㉨에서

$2k-84=-54$, $2k=30$

$\therefore k=15$

520 답 ②

해결 각 잡기

수열의 합과 일반항 사이의 관계

수열 $\{a_n\}$의 첫째항부터 제n항까지의 합을 S_n이라 하면
$$a_1=S_1,\ a_n=S_n-S_{n-1}\ (n\geq2)$$

STEP 1 $S_7-S_4=0$에서

$\underline{a_5+a_6+a_7=0}$　　　　$\cdots\cdots$ ㉠

$S_7-S_4=(a_1+a_2+\cdots+a_7)-(a_1+a_2+a_3+a_4)=a_5+a_6+a_7$

STEP 2 등차수열 $\{a_n\}$의 공차를 d라 하면 $a_5+a_6+a_7=0$에서

$(a_1+4d)+(a_1+5d)+(a_1+6d)=0$

$3a_1+15d=0$　　$\therefore a_1+5d=0$　　$\cdots\cdots$ ㉡

$S_6=30$에서

$$\frac{6(2a_1+5d)}{2}=30 \qquad \therefore 2a_1+5d=10 \qquad \cdots\cdots \text{ⓒ}$$

STEP 3 ⓛ, ⓒ을 연립하여 풀면

$a_1=10,\ d=-2$

$\therefore a_2=a_1+d=10+(-2)=8$

다른 풀이 **STEP 2** + **STEP 3**

등차수열 $\{a_n\}$의 공차를 d라 하면

$a_5=a_6-d,\ a_7=a_6+d$

이므로 ⓖ에서

$(a_6-d)+a_6+(a_6+d)=3a_6=0$

$\therefore a_6=0$

$S_6=30$에서

$\dfrac{6(a_1+a_6)}{2}=3a_1=30\ (\because a_6=0)$

$\therefore a_1=10$

$a_6=10+5d=0$이므로

$d=-2$

$\therefore a_2=a_1+d=10+(-2)=8$

---

521 답 **43**

STEP 1 등차수열 $\{a_n\}$의 첫째항을 a, 공차를 d라 하면

$a_2=a+d=7 \qquad \cdots\cdots \text{ⓖ}$

$S_7-S_5=a_6+a_7$

$\qquad\quad =(a+5d)+(a+6d)$

$\qquad\quad =2a+11d=50 \qquad \cdots\cdots \text{ⓛ}$

STEP 2 ⓖ, ⓛ을 연립하여 풀면

$a=3,\ d=4$

$\therefore a_{11}=a+10d=3+10\times4=43$

---

522 답 **②**

STEP 1 등차수열 $\{a_n\}$의 공차를 d라 하면 $a_6=2(S_3-S_2)$에서

$a_6=2a_3,\ 2+5d=2(2+2d)$

$\therefore d=2$

STEP 2 $\therefore S_{10}=\dfrac{10\{2\times2+(10-1)\times2\}}{2}=110$

---

523 답 **①**

STEP 1 $a_8-a_6=2d$

$S_8-S_6=a_7+a_8=(6+6d)+(6+7d)=12+13d$

STEP 2 $\dfrac{a_8-a_6}{S_8-S_6}=2$에서

$\dfrac{2d}{12+13d}=2,\ d=12+13d$

$\therefore d=-1$

---

524 답 **7**

STEP 1 등차수열 $\{a_n\}$의 첫째항을 a라 하면

$S_k=-16,\ S_{k+2}=-12$에서

$S_{k+2}-S_k=a_{k+1}+a_{k+2}$

$\qquad\qquad\qquad =-12-(-16)=4$

$(a+2k)+\{a+(k+1)\times2\}=4$

$2a+4k+2=4$

$\therefore a=-2k+1 \qquad \cdots\cdots \text{ⓖ}$

STEP 2 또, $S_k=-16$에서

$\dfrac{k\{2a+(k-1)\times2\}}{2}=-16$

$\dfrac{k\{2(-2k+1)+2k-2\}}{2}=-16\ (\because \text{ⓖ})$

$-k^2=-16$

$\therefore k=4\ (\because k>0)$

STEP 3 ⓖ에서 $a=-2\times4+1=-7$

$\therefore a_{2k}=a_8=-7+7\times2=7$

---

525 답 **⑤**

STEP 1 $S_{k+10}=S_k+(a_{k+1}+a_{k+2}+\cdots+a_{k+10})$

등차수열 $\{a_n\}$의 공차가 2이므로

$a_{k+1}=a_k+2,\ a_{k+2}=a_k+4,\ \cdots$

STEP 2 $\therefore S_{k+10}=S_k+(a_k+2)+(a_k+4)+\cdots+(a_k+20)$

$\qquad\qquad\quad =S_k+10a_k+(2+4+\cdots+20)$

$\qquad\qquad\quad =S_k+10\times31+\dfrac{10(2+20)}{2}\ (\because a_k=31)$

$\qquad\qquad\quad =S_k+310+110$

$\qquad\qquad\quad =S_k+420$

즉, $640=S_k+420$이므로

$S_k=220$

다른 풀이

등차수열 $\{a_n\}$의 첫째항을 a라 하면

$a_k=a+(k-1)\times2=31$이므로

$a=33-2k \qquad \cdots\cdots \text{ⓖ}$

$S_{k+10}=640$에서

$\dfrac{(k+10)\{2a+(k+9)\times2\}}{2}=640$

$\dfrac{(k+10)\{2(33-2k)+2k+18\}}{2}=640\ (\because \text{ⓖ})$

$k^2-32k+220=0,\ (k-10)(k-22)=0$

$\therefore k=10\ \text{또는}\ k=22$

(i) $k=10$일 때, $a=33-2\times10=13$

(ii) $k=22$일 때, $a=33-2\times22=-11$

$a>0$이므로

$a=13,\ k=10$

$\therefore S_k=S_{10}=\dfrac{10(2\times13+9\times2)}{2}=220$

526 답 ④

$a_3+a_4+a_5=S_5-S_2$
$\qquad\qquad\quad =(2\times5^2+5)-(2\times2^2+2)$
$\qquad\qquad\quad =45$

527 답 ③

STEP 1 $a_1=S_1=1^2+3\times1+1=5$
$a_6=S_6-S_5$
$\quad =(6^2+3\times6+1)-(5^2+3\times5+1)$
$\quad =(6^2-5^2)+3(6-5)$
$\quad =14$

STEP 2 $\therefore a_1+a_6=5+14=19$

528 답 ②

STEP 1 (i) $n=1$일 때
$\quad a_1=S_1=2\times1^2-3\times1=-1$
(ii) $n\geq2$일 때
$\quad a_n=S_n-S_{n-1}$
$\qquad =(2n^2-3n)-\{2(n-1)^2-3(n-1)\}$
$\qquad =4n-5 \quad\cdots\cdots\ \bigcirc$
이때 $a_1=-1$은 $\bigcirc$에 $n=1$을 대입한 값과 같으므로
$a_n=4n-5$

STEP 2 $a_n>100$에서
$4n-5>100$
$\therefore n>\dfrac{105}{4}=26.25$
따라서 자연수 n의 최솟값은 27이다.

529 답 ③

STEP 1 $S_n=2f(n)=2\left(-\dfrac{1}{2}n^2+3n\right)=-n^2+6n$

STEP 2 $\therefore a_6=S_6-S_5$
$\qquad\qquad =(-6^2+6\times6)-(-5^2+6\times5)$
$\qquad\qquad =25-30$
$\qquad\qquad =-5$

$n\geq2$일 때
$a_n=S_n-S_{n-1}$
$\quad =-n^2+6n-\{-(n-1)^2+6(n-1)\}$
$\quad =-2n+7$
$\therefore a_6=-2\times6+7=-5$

530 답 37

STEP 1 $S_n=\dfrac{n\{2a+(n-1)\times(-4)\}}{2}=-2n^2+(a+2)n$

모든 자연수 n에 대하여 $S_n<200$이므로
$-2n^2+(a+2)n<200$
$2n^2+200>(a+2)n$
양변을 n으로 나누면
$2n+\dfrac{200}{n}>a+2 \quad\cdots\cdots\ \bigcirc$

STEP 2 이때 $2n>0$, $\dfrac{200}{n}>0$이므로 산술평균과 기하평균의 관계에 의하여
$2n+\dfrac{200}{n}\geq2\sqrt{2n\times\dfrac{200}{n}}$
$\qquad\qquad\ \ =2\sqrt{400}$
$\qquad\qquad\ \ =40\left(\text{단, 등호는 }2n=\dfrac{200}{n},\ \text{즉 }n=10\text{일 때 성립}\right)$

따라서 모든 자연수 n에 대하여 $\bigcirc$이 성립하려면
$a+2<40$, 즉 $a<38$
이어야 하므로 자연수 a의 최댓값은 37이다.

531 답 ④

STEP 1 등차수열 $\{a_n\}$의 첫째항과 공차가 a_1 $(a_1\neq0)$이므로
$a_n=a_1+(n-1)a_1=na_1$
$S_n=\dfrac{n(a_1+na_1)}{2}=\dfrac{n(n+1)}{2}a_1$

STEP 2 $S_n=ka_n$에서
$\dfrac{n(n+1)}{2}a_1=kna_1$
$\therefore k=\dfrac{n+1}{2}$

STEP 3 k가 두 자리 자연수이므로 $10\leq k\leq99$에서
$10\leq\dfrac{n+1}{2}\leq99$, $20\leq n+1\leq198$
$\therefore 19\leq n\leq197$
그런데 $k=\dfrac{n+1}{2}$이 자연수이므로 n은 홀수이어야 한다.
따라서 홀수인 자연수 n의 최댓값은 197이다.

532 답 273

STEP 1 수열 $\{a_n\}$의 첫째항을 $a\,(a \neq 0)$, 공차를 d라 하면

$S_9 = S_{18}$에서

$$\frac{9(2a+8d)}{2} = \frac{18(2a+17d)}{2}$$

$$2a+8d = 2(2a+17d)$$

$$a+4d = 2a+17d$$

$$\therefore a = -13d \quad \cdots\cdots \text{㉠}$$

STEP 2 $S_n = \dfrac{n\{2a+(n-1)d\}}{2}$

$\qquad\quad = \dfrac{n\{-26d+(n-1)d\}}{2}\,(\because \text{㉠})$

$\qquad\quad = \dfrac{d}{2}n(n-27)$

이므로

$S_1 = S_{26} = -13d,$

$S_2 = S_{25} = -25d,$

$S_3 = S_{24} = -36d,$

$\qquad \vdots$

$S_{13} = S_{14} = -91d,$

$S_{27} = 0,\ S_{28} = 14d,\ S_{29} = 29d,\ \cdots$

STEP 3 $n=13$이면

$T_{13} = \{S_1, S_2, \cdots, S_{13}\}$

$\therefore n(T_{13}) = 13$

$n=14$이면

$T_{14} = \{S_1, S_2, \cdots, S_{13}, S_{14}\}$

$\qquad = \{S_1, S_2, \cdots, S_{13}\}\,(\because S_{13}=S_{14})$

$\therefore n(T_{14}) = 13$

$n=15$이면

$T_{15} = \{S_1, S_2, \cdots, S_{14}, S_{15}\}$

$\qquad = \{S_1, S_2, \cdots, S_{13}\}\,(\because S_{13}=S_{14},\ S_{12}=S_{15})$

$\therefore n(T_{15}) = 13$

$\qquad \vdots$

$n=26$이면

$T_{26} = \{S_1, S_2, \cdots, S_{25}, S_{26}\}$

$\qquad = \{S_1, S_2, \cdots, S_{13}\}\,(\because S_{13}=S_{14}, \cdots, S_1=S_{26})$

$\therefore n(T_{26}) = 13$

$n=27$이면

$T_{27} = \{S_1, S_2, \cdots, S_{26}, S_{27}\}$

$\qquad = \{S_1, S_2, \cdots, S_{13}, 0\}\,(\because S_{13}=S_{14}, \cdots, S_1=S_{26}, S_{27}=0)$

$\therefore n(T_{27}) = 14$

$n=28$이면

$T_{28} = \{S_1, S_2, \cdots, S_{13}, 0, S_{28}\}$

$\qquad = \{S_1, S_2, \cdots, S_{13}, 0, S_{28}\}$

$\qquad\qquad (\because S_{13}=S_{14}, \cdots, S_1=S_{26}, S_{27}=0, S_{28}=14d)$

$\therefore n(T_{28}) = 15$

$\qquad \vdots$

$n \geq 27$이면 T_n의 원소의 개수는 14 이상이다.

즉, 집합 T_n의 원소의 개수가 13이 되도록 하는 자연수 n의 값은

$13, 14, \cdots, 26$

따라서 모든 자연수 n의 값의 합은

$$13+14+15+\cdots+26 = \frac{14(13+26)}{2} = 273$$

└─ 첫째항이 13, 제14항이 26인 등차수열의 합

533 답 ③

STEP 1 $f(n) = \dfrac{n\{2a_1+3(n-1)\}}{2}$

$\qquad\quad = \dfrac{3}{2}n^2 + \dfrac{2a_1-3}{2}n$

이므로

$$f(x) = \frac{3}{2}x^2 + \frac{2a_1-3}{2}x$$

즉, 함수 $y=f(x)$의 그래프는 원점을 지난다.

또, $f(4+x)=f(4-x)$이므로 이차함수 $y=f(x)$의 그래프는 직선 $x=4$에 대하여 대칭이다.

STEP 2 함수 $y=|f(x)|$의 그래프는 오른쪽 그림과 같다.

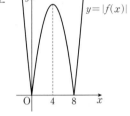

(i) $k \leq 3$ 또는 $k \geq 8$일 때

$\qquad |f(k)| < |f(k+1)|$

(ii) $4 \leq k \leq 7$일 때

$\qquad |f(k)| > |f(k+1)|$

따라서 주어진 조건이 성립하도록 하는 k의 최댓값은 7이다.

534 답 315

해결 각 잡기

- ○ 주어진 조건을 식으로 나타내고, 등차수열의 합을 이용한다.
- ○ 일차함수 $f(x)=ax+b$에서 x의 값들이 등차수열을 이루면 $f(x)$의 값들도 등차수열을 이룬다.
- ○ 두 직선의 간격은 일정한 크기로 커지므로 14개의 선분의 길이가 등차수열을 이루는 것을 파악하여 문제를 해결한다.

STEP 1 y축에 평행한 14개의 선분을 같은 간격으로 그었으므로 선분의 연장선과 x축의 교점의 x좌표는 등차수열을 이루고, 주어진 14개의 선분의 길이도 등차수열을 이룬다.

STEP 2 14개의 선분의 길이가 가장 짧은 것부터 가장 긴 것까지 선분의 길이를 수열 $\{l_n\}$이라 하면

$\{l_n\}: l_1=3, l_2, l_3, \cdots, l_{14}=42$

따라서 구하는 선분의 길이의 합은

$$\frac{14(3+42)}{2} = 315$$

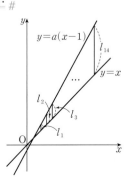

#참고

n번째 선분의 연장선이 x축과 만나는 점의 좌표를 $(x_n, 0)$이라 하고, n번째 선분의 길이를 l_n이라 하자.

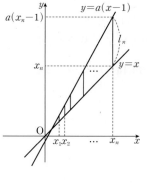

l_n은 $x=x_n$에서 두 직선 $y=x$, $y=a(x-1)$의 y좌표의 차와 같으므로

$$l_n=a(x_n-1)-x_n$$
$$=(a-1)x_n-a \ (a>1)$$
$$\cdots\cdots \ \text{㉠}$$

이때 수열 $\{x_n\}$이 등차수열을 이루므로 수열 $\{x_n\}$의 공차를 d라 하면

$$x_n=x_1+(n-1)d$$

이를 ㉠에 대입하면

$$l_n=(a-1)\{x_1+(n-1)d\}-a$$
$$=(a-1)x_1-a+(n-1)(a-1)d$$

따라서 수열 $\{l_n\}$은 첫째항이 $(a-1)x_1-a$, 공차가 $(a-1)d$인 등차수열을 이룬다.

---

535 답 150

해결 각 잡기

☑ 점 P_n이 선분 AB를 일정한 간격으로 나누므로 선분 P_nQ_n의 길이는 등차수열을 이룬다.

☑ 점 Q_k가 점 C에서 $\overline{AB}$에 내린 수선의 발 H의 왼쪽에 있는 경우와 오른쪽에 있는 경우로 나누어 합을 구한다.

STEP 1 오른쪽 그림과 같이 꼭짓점 C에서 선분 AB에 내린 수선의 발을 H라 하자.

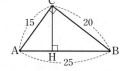

직각삼각형 ABC에서

$$\overline{AB}=\sqrt{15^2+20^2}=25$$

이므로 삼각형 ABC의 넓이는

$$\frac{1}{2}\times25\times\overline{CH}=\frac{1}{2}\times15\times20$$

$$\therefore \overline{CH}=12$$

이때 직각삼각형 AHC에서 $\overline{AH}=\sqrt{15^2-12^2}=9$이고 두 점 P_9, Q_9가 각각 점 H, C와 일치하므로

$$\overline{P_9Q_9}=\overline{HC}=12$$

STEP 2 $\overline{P_1Q_1}$, $\overline{P_2Q_2}$, $\cdots$, $\overline{P_9Q_9}$는 등차수열을 이루고, 직각삼각형 AHC에서 $\tan A=\dfrac{12}{9}=\dfrac{4}{3}$이므로

$$\overline{P_1Q_1}+\overline{P_2Q_2}+\overline{P_3Q_3}+\cdots+\overline{P_9Q_9}=(1+2+3+\cdots+9)\times\tan A$$
$$=\frac{9(1+9)}{2}\times\frac{4}{3}$$
$$=60$$

또, $\overline{P_{10}Q_{10}}$, $\overline{P_{11}Q_{11}}$, $\cdots$, $\overline{P_{24}Q_{24}}$도 등차수열을 이루고, 직각삼각형 BHC에서 $\tan B=\dfrac{12}{16}=\dfrac{3}{4}$이므로

$$\overline{P_{10}Q_{10}}+\overline{P_{11}Q_{11}}+\overline{P_{12}Q_{12}}+\cdots+\overline{P_{24}Q_{24}}$$
$$=(15+14+13+\cdots+2+1)\times\tan B$$
$$=\frac{15(15+1)}{2}\times\frac{3}{4}=90$$

$$\therefore \overline{P_1Q_1}+\overline{P_2Q_2}+\overline{P_3Q_3}+\cdots+\overline{P_{24}Q_{24}}=60+90=150$$

다른 풀이 STEP 2

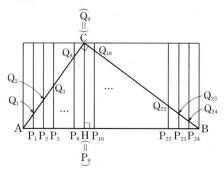

$$(\overline{P_1Q_1}+\overline{P_2Q_2}+\cdots+\overline{P_8Q_8})+\overline{P_9Q_9}$$
$$+(\overline{P_{10}Q_{10}}+\overline{P_{11}Q_{11}}+\cdots+\overline{P_{24}Q_{24}})$$
$$=\frac{1}{2}\times12\times8+12+\frac{1}{2}\times12\times15=150$$

└ $\overline{CH}=12$와 길이가 같은 선분 8개의 길이의 합

└ $\overline{CH}=12$와 길이가 같은 선분 15개의 길이의 합

본문 172쪽 ~ 173쪽

C 수능 완성!

536 답 ③

해결 각 잡기

수열 $\{b_n\}$은 홀수 번째 항일 때와 짝수 번째 항일 때 일반항이 다르므로 홀수 번째 항, 짝수 번째 항끼리 각각 묶어서 주어진 조건을 이용한다.

STEP 1 $b_1\times b_2\times b_3\times\cdots\times b_{10}$
$$=(b_1\times b_3\times\cdots\times b_9)\times(b_2\times b_4\times\cdots\times b_{10})$$
$$=\left\{\left(\frac{1}{2}\right)^{a_1}\times\left(\frac{1}{2}\right)^{a_1+a_3}\times\cdots\times\left(\frac{1}{2}\right)^{a_1+a_3+\cdots+a_9}\right\}$$
$$\times(2^{a_2}\times2^{a_2+a_4}\times\cdots\times2^{a_2+a_4+\cdots+a_{10}})$$
$$=2^{-(5a_1+4a_3+3a_5+2a_7+a_9)}\times2^{5a_2+4a_4+3a_6+2a_8+a_{10}}$$
$$=2^{5(a_2-a_1)+4(a_4-a_3)+\cdots+(a_{10}-a_9)}=8=2^3$$

$$\therefore 5(a_2-a_1)+4(a_4-a_3)+\cdots+(a_{10}-a_9)=3 \quad\cdots\cdots \ \text{㉠}$$

STEP 2 등차수열 $\{a_n\}$의 공차를 d라 하면

$$a_2-a_1=a_4-a_3=\cdots=a_{10}-a_9=d$$

이므로 ㉠에서

$$5d+4d+3d+2d+d=3, \ 15d=3$$

$$\therefore d=\frac{1}{5}$$

따라서 $\{a_n\}$의 공차는 $\frac{1}{5}$이다.

537 답 26

$a_{k+1}=S_{k+1}-S_k$이고, 조건 ㈎에서 $S_k>S_{k+1}$을 만족시키는 가장 작은 자연수 k는 a_{k+1}의 값이 처음으로 음수가 되는 자연수를 의미한다. 즉, 공차가 음수이다.

STEP 1 등차수열 $\{a_n\}$의 첫째항을 a, 공차를 d라 하자.

자연수 k에 대하여 $a_{k+1}=S_{k+1}-S_k$이고 조건 ㈎에서 $S_k>S_{k+1}$, 즉 $S_{k+1}-S_k<0$을 만족시키는 가장 작은 자연수 k는 $a_{k+1}<0$을 만족시키는 가장 작은 자연수이다.

따라서 $n\leq k$인 모든 자연수 n에 대하여

$a_n\geq 0$, $d<0$

STEP 2 조건 ㈏에서 $a_8=-\frac{5}{4}a_5$이므로

$a_5>0$, $a_8<0$ ($\because d<0$)

또, $a_5 a_6 a_7<0$에서 $a_6 a_7<0$ ($\because a_5>0$)이므로

$a_6>0$, $a_7<0$

따라서 처음으로 음수가 되는 항이 a_7이므로

$k+1=7$ $\therefore k=6$

STEP 3 조건 ㈎에서 $S_k=S_6=102$이므로

$$\frac{6(2a+5d)}{2}=102$$

$$\therefore 2a+5d=34 \quad \cdots\cdots \text{㉠}$$

조건 ㈏에서 $a_8=-\frac{5}{4}a_5$이므로

$$a+7d=-\frac{5}{4}(a+4d)$$

$-4a-28d=5a+20d$, $9a+48d=0$

$$\therefore 3a+16d=0 \quad \cdots\cdots \text{㉡}$$

㉠, ㉡을 연립하여 풀면 $a=32$, $d=-6$

$$\therefore a_2=a+d=32+(-6)=26$$

538 답 ①

- ♥ $a_1>0$임을 이용하여 $|S_3|=|S_6|$을 만족시키는 공차의 부호를 구한다.
- ♥ $|S_3|=|S_6|$에서 $S_3=S_6$, $S_3=-S_6$인 경우로 나누어 a_1의 값을 구한다.

STEP 1 등차수열 $\{a_n\}$의 첫째항을 a ($a>0$), 공차를 d라 할 때, $d\geq 0$이면 수열 $\{a_n\}$의 모든 항은 양수이다.

즉, 모든 자연수 n에 대하여 $S_{n+1}>S_n>0$이므로 $|S_3|=|S_6|$을 만족시키지 않는다. 수열 $\{S_n\}$은 증가하는 수열이다.

$$\therefore d<0$$

STEP 2 $S_3=\frac{3(2a+2d)}{2}=3a+3d$

$$S_6=\frac{6(2a+5d)}{2}=6a+15d$$

$$S_{11}=\frac{11(2a+10d)}{2}=11a+55d$$

이고, $|S_3|=|S_6|$에서

$S_3=S_6$ 또는 $S_3=-S_6$

STEP 3 (i) $S_3=S_6$일 때

$3a+3d=6a+15d$, $3a=-12d$

$$\therefore a=-4d \quad \cdots\cdots \text{㉠}$$

이때 $S_3=3\times(-4d)+3d=-9d>0$이고

$S_{11}=11\times(-4d)+55d=11d<0$이므로

$|S_3|=|S_{11}|-3$에서

$|-9d|=|11d|-3$

$-9d=-11d-3$, $2d=-3$

$$\therefore d=-\frac{3}{2}$$

㉠에서 $a=-4\times\left(-\frac{3}{2}\right)=6$

(ii) $S_3=-S_6$일 때

$3a+3d=-6a-15d$, $9a=-18d$

$$\therefore a=-2d \quad \cdots\cdots \text{㉡}$$

이때 $S_3=3\times(-2d)+3d=-3d>0$이고

$S_{11}=11\times(-2d)+55d=33d<0$이므로

$|S_3|=|S_{11}|-3$에서

$|-3d|=|33d|-3$

$-3d=-33d-3$, $30d=-3$

$$\therefore d=-\frac{1}{10}$$

㉡에서 $a=-2\times\left(-\frac{1}{10}\right)=\frac{1}{5}$

(i), (ii)에 의하여 모든 수열 $\{a_n\}$의 첫째항의 합은

$$6+\frac{1}{5}=\frac{31}{5}$$

539 답 61

- ♥ 등차수열 $\{a_n\}$의 공차를 d라 하고 수열 $\{a_n\}$의 첫째항부터 제n항까지의 합을 S_n이라 하면

$$T_n=|S_n|=\left|\frac{n\{2\times 60+(n-1)d\}}{2}\right| \quad \leftarrow \begin{array}{l}S_n\text{은 상수항이 0인}\\ n\text{에 대한 이차식}\end{array}$$

- ♥ $y=f(n)=T_n$, $y=g(n)=S_n$이라 하면 $f(n)=|g(n)|$이므로 함수 $y=f(n)$의 그래프를 그릴 때는 함수 $y=g(n)$의 그래프를 그린 후, $y<0$인 부분을 n축에 대하여 대칭이동하여 그린다.

- ♥ $T_n>T_{n+1}$을 만족시키는 n의 값의 범위는 함수 $f(n)$이 감소하는 n의 값의 범위와 같으므로 함수 $y=f(n)$의 그래프에서 감소하는 구간을 찾아 n의 최솟값과 최댓값을 구한다.

STEP 1 등차수열 $\{a_n\}$의 공차를 d라 하면

$$T_n=|a_1+a_2+a_3+\cdots+a_n|=\left|\dfrac{n\{2\times60+(n-1)d\}}{2}\right|$$

$$=\left|\dfrac{n\{120+(n-1)d\}}{2}\right| \quad \cdots\cdots \text{㉠}$$

조건 ㈏에서 $T_{20}=T_{21}$이므로

$$\left|\dfrac{20(120+19d)}{2}\right|=\left|\dfrac{21(120+20d)}{2}\right|$$

$$|1200+190d|=|1260+210d|$$

$$\therefore 1200+190d=1260+210d$$

또는 $1200+190d=-(1260+210d)$

(i) $1200+190d=1260+210d$일 때

$20d=-60 \qquad \therefore d=-3$

이때

$$T_{19}=\left|\dfrac{19\{120+18\times(-3)\}}{2}\right|=627,$$

$$T_{20}=\left|\dfrac{20\{120+19\times(-3)\}}{2}\right|=630$$

이므로 조건 ㈎를 만족시킨다.

(ii) $1200+190d=-(1260+210d)$일 때

$400d=-2460 \qquad \therefore d=-\dfrac{123}{20}$

이때

$$T_{19}=\left|\dfrac{19\left\{120+18\times\left(-\dfrac{123}{20}\right)\right\}}{2}\right|=\dfrac{1767}{20},$$

$$T_{20}=\left|\dfrac{20\left\{120+19\times\left(-\dfrac{123}{20}\right)\right\}}{2}\right|=\dfrac{63}{2}$$

이므로 조건 ㈎를 만족시키지 않는다.

(i), (ii)에 의하여 $d=-3$이므로 ㉠에 대입하면

$$T_n=\left|\dfrac{n\{120+(n-1)\times(-3)\}}{2}\right|=\left|\dfrac{-3n^2+123n}{2}\right|$$

STEP 2 $f(n)=\left|\dfrac{-3n^2+123n}{2}\right|$이라 하면 방정식 $f(n)=0$의 두

근은 $-3n^2+123n=0$, $n^2-41n=0$, $n(n-41)=0$

$\therefore n=0$ 또는 $n=41$

함수 $y=f(n)$의 그래프는 다음 그림과 같다.

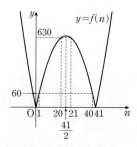

위의 그림에서 $f(41)=0$, 즉 $T_{41}=0$이므로

$T_{21}>T_{22}>T_{23}>\cdots>T_{41}=0$,

$0=T_{41}<T_{42}<\cdots$

따라서 $T_n>T_{n+1}$을 만족시키는 n의 값의 범위는

$21\le n\le40$

즉, 자연수 n의 최솟값은 21, 최댓값은 40이므로 그 합은

$21+40=61$

08 등비수열

본문 176쪽 ~ 177쪽

A 기본 다지고,

540 답 ④

등비수열 $\{a_n\}$의 공비를 r라 하면

$$r=\dfrac{a_3}{a_2}=2$$

$$\therefore a_5=\dfrac{1}{8}r^4=\dfrac{1}{8}\times2^4=2$$

541 답 ④

등비수열 $\{a_n\}$의 공비를 $r\,(r>0)$라 하면

$\dfrac{a_5}{a_3}=4$에서 $r^2=4 \qquad \therefore r=2\,(\because r>0)$

$$\therefore a_4=3r^3=3\times2^3=24$$

542 답 ②

등비수열 $\{a_n\}$의 공비를 $r\,(r>0)$라 하면

$\dfrac{a_7}{a_5}=4$에서 $r^2=4 \qquad \therefore r=2\,(\because r>0)$

$$\therefore a_4=1\times r^3=2^3=8$$

543 답 ②

등비수열 $\{a_n\}$의 공비를 r라 하면

$$r=\dfrac{a_3}{a_2}=\dfrac{1}{\dfrac{1}{2}}=2$$

$$\therefore a_5=a_3r^2=1\times2^2=4$$

544 답 4

등비수열 $\{a_n\}$의 공비를 $r\,(r>0)$라 하면

$a_7=\dfrac{1}{3}a_5$에서 $\dfrac{a_7}{a_5}=\dfrac{1}{3}$, 즉 $r^2=\dfrac{1}{3}$

$$\therefore a_6=a_2r^4=36\times\left(\dfrac{1}{3}\right)^2=4$$

545 답 18

등비수열 $\{a_n\}$의 공비를 r라 하면

$\dfrac{a_6}{a_2}=\dfrac{9}{2}$, 즉 $r^4=\dfrac{9}{2}$

$\therefore a_3 \times a_5 = a_2 r \times a_2 r^3$

$\qquad = 2r \times 2r^3 \ (\because a_2=2)$

$\qquad = 4r^4 = 4 \times \dfrac{9}{2}$

$\qquad = 18$

546 답 ⑤

등비수열 $\{a_n\}$의 공비를 r라 하면

$a_2 a_4 = 36$에서 $2r \times 2r^3 = 36$

$4r^4=36$ $\therefore r^4=9$

$\therefore \dfrac{a_7}{a_3}=r^4=9$

547 답 ②

$\dfrac{9}{4}$, a, 4는 이 순서대로 등비수열을 이루므로

$a^2=\dfrac{9}{4}\times 4=9$

$\therefore a=3 \ (\because a>0)$

548 답 14

1, x, 5는 이 순서대로 등차수열을 이루므로

$x=\dfrac{1+5}{2}=3$

1, y, 5는 이 순서대로 등비수열을 이루므로

$y^2=1\times 5=5$

$\therefore x^2+y^2=3^2+5=14$

549 답 ③

a_4, a_5, a_6은 이 순서대로 등비수열을 이루므로

$a_5{}^2=a_4 \times a_6 = 64$

$\therefore a_5=8 \ (\because a_5>0)$

550 답 ③

첫째항이 a, 공비가 2인 등비수열의 첫째항부터 제6항까지의 합이 21이므로

$\dfrac{a(2^6-1)}{2-1}=21$

$63a=21$

$\therefore a=\dfrac{1}{3}$

551 답 ①

$a_n=2^n+(-1)^n$이므로

$a_1+a_2+a_3+\cdots+a_9$

$=\{2+(-1)\}+\{2^2+(-1)^2\}+\{2^3+(-1)^3\}$

$\qquad\qquad\qquad\qquad\qquad\qquad +\cdots+\{2^9+(-1)^9\}$

$=\underbrace{(2+2^2+2^3+\cdots+2^9)}_{\substack{\text{첫째항이 2, 공비가 2,}\\ \text{항수가 9인 등비수열의 합}}}+\underbrace{(-1+1-1+\cdots-1)}_{=-1+(1-1)+\cdots+(1-1)}$

$=\dfrac{2(2^9-1)}{2-1}-1$

$=2^{10}-3$

본문 178쪽 ~ 187쪽

B 유형 & 유사로 익히면…

552 답 ⑤

해결 각 잡기

등비수열의 일반항
첫째항이 a, 공비가 r $(r\neq 0)$인 등비수열 $\{a_n\}$의 일반항 a_n은
$$a_n=ar^{n-1} \ (n=1, 2, 3, \cdots)$$

STEP 1 등비수열 $\{a_n\}$의 공비를 r $(r>0)$라 하면

$\dfrac{a_3 a_8}{a_6}=12$에서 $\dfrac{a_1 r^2 \times a_1 r^7}{a_1 r^5}=12$

$a_1 r^4=12$, 즉 $a_5=12$

STEP 2 $a_5=12$를 $a_5+a_7=36$에 대입하면

$12+a_7=36$ $\therefore a_7=24$

STEP 3 따라서 $r^2=\dfrac{a_7}{a_5}=\dfrac{24}{12}=2$이므로

$a_{11}=a_7 r^4 = 24 \times 2^2 = 96$

553 답 ④

STEP 1 등비수열 $\{a_n\}$의 공비를 r $(r>0)$라 하면

$a_3{}^2=a_6$에서 $(a_1 r^2)^2 = a_1 r^5$

$a_1{}^2 r^4 - a_1 r^5 = 0$, $a_1 r^4 (a_1 - r) = 0$

$\therefore a_1=r$ — 등비수열 $\{a_n\}$의 모든 항이 양수이므로 $a_1>0$, $r>0$

$\therefore a_n = r \times r^{n-1} = r^n$

STEP 2 $a_2-a_1=2$에서 $r^2-r=2$

$r^2-r-2=0$, $(r+1)(r-2)=0$

$\therefore r=2 \ (\because r>0)$

STEP 3 따라서 $a_n=2^n$이므로

$a_5=2^5=32$

554 답 19

첫째항이 a, 공비가 $r\,(r\neq0)$인 등비수열 $\{a_n\}$에 대하여

$$a_n=ar^{n-1},\ a_m=ar^{m-1} \ \to\ \frac{a_n}{a_m}=r^{n-m}$$

STEP 1 등비수열 $\{a_n\}$의 공비를 r라 하면

$\dfrac{a_3}{a_2}-\dfrac{a_6}{a_4}=\dfrac{1}{4}$에서 $r-r^2=\dfrac{1}{4}$

$4r-4r^2=1,\ 4r^2-4r+1=0$

$(2r-1)^2=0$

$\therefore r=\dfrac{1}{2}$

STEP 2 따라서 $a_5=3\times\left(\dfrac{1}{2}\right)^4=\dfrac{3}{16}$이므로

$p=16,\ q=3$

$\therefore p+q=16+3=19$

555 답 36

STEP 1 등비수열 $\{a_n\}$의 공비를 $r\,(r>0)$라 하면

$\dfrac{a_{16}}{a_{14}}+\dfrac{a_8}{a_7}=12$에서 $r^2+r=12$

$r^2+r-12=0,\ (r+4)(r-3)=0$

$\therefore r=3\ (\because r>0)$

STEP 2 $\therefore \dfrac{a_3}{a_1}+\dfrac{a_6}{a_3}=r^2+r^3=3^2+3^3=36$

556 답 ①

STEP 1 등비수열 $\{a_n\}$의 공비를 $r\,(r>0)$라 하면

$a_2+a_4=30$에서 $a_1r+a_1r^3=30$

$\therefore a_1r(1+r^2)=30$ ……㉠

또, $a_4+a_6=\dfrac{15}{2}$에서 $a_1r^3+a_1r^5=\dfrac{15}{2}$

$\therefore a_1r^3(1+r^2)=\dfrac{15}{2}$ ……㉡

STEP 2 ㉠을 ㉡에 대입하면

$30r^2=\dfrac{15}{2},\ r^2=\dfrac{1}{4}$

$\therefore r=\dfrac{1}{2}\ (\because r>0)$

STEP 3 $r=\dfrac{1}{2}$을 ㉠에 대입하면

$\dfrac{1}{2}a_1\times\left(1+\dfrac{1}{4}\right)=30$

$\dfrac{5}{8}a_1=30$

$\therefore a_1=48$

557 답 ③

STEP 1 등비수열 $\{a_n\}$의 공비를 $r\,(r>0)$라 하면

$\dfrac{a_3+a_7}{a_1+a_5}=4$에서 $\dfrac{a_1r^2+a_1r^6}{a_1+a_1r^4}=4$

$\dfrac{a_1r^2(1+r^4)}{a_1(1+r^4)}=4,\ r^2=4$

$\therefore r=2\ (\because r>0)$

STEP 2 $a_1+a_2=12$에서 $a_1+a_1r=12$

$r=2$를 위의 식에 대입하면

$a_1+2a_1=12,\ 3a_1=12$

$\therefore a_1=4$

STEP 3 $\therefore a_4=a_1r^3=4\times2^3=32$

558 답 16

STEP 1 $a_3+a_5=\dfrac{1}{a_3}+\dfrac{1}{a_5}$에서

$a_3+a_5=\dfrac{a_3+a_5}{a_3a_5}$ $\therefore a_3a_5=1$ ……㉠

첫째항과 공비가 모두 양수이므로 $a_3+a_5\neq0$

STEP 2 등비수열 $\{a_n\}$의 공비를 $r\,(r>0)$라 하면 ㉠에서

$\dfrac{1}{4}r^2\times\dfrac{1}{4}r^4=1$

$r^6=16$ $\therefore r^3=4\ (\because r>0)$

STEP 3 $\therefore a_{10}=\dfrac{1}{4}r^9=\dfrac{1}{4}(r^3)^3=\dfrac{1}{4}\times4^3=16$

559 답 ②

STEP 1 등비수열 $\{a_n\}$의 공비를 r라 하면 첫째항부터 제5항까지의 합이 $\dfrac{31}{2}$이므로

$a_1+a_2+a_3+a_4+a_5=a_1+a_1r+a_1r^2+a_1r^3+a_1r^4$

$\qquad\qquad =a_1(1+r+r^2+r^3+r^4)=\dfrac{31}{2}$ ……㉠

STEP 2 또, 첫째항부터 제5항까지의 곱이 32이므로

$a_1a_2a_3a_4a_5=a_1\times a_1r\times a_1r^2\times a_1r^3\times a_1r^4$

$\qquad\qquad =a_1^5r^{10}=32$

즉, $(a_1r^2)^5=2^5$이므로 $a_1r^2=2$ ……㉡

STEP 3 $\therefore \dfrac{1}{a_1}+\dfrac{1}{a_2}+\dfrac{1}{a_3}+\dfrac{1}{a_4}+\dfrac{1}{a_5}$

$=\dfrac{1}{a_1}+\dfrac{1}{a_1r}+\dfrac{1}{a_1r^2}+\dfrac{1}{a_1r^3}+\dfrac{1}{a_1r^4}$

$=\dfrac{1}{a_1r^4}(1+r+r^2+r^3+r^4)$

$=\dfrac{1}{(a_1r^2)^2}\times a_1(1+r+r^2+r^3+r^4)$

$=\dfrac{1}{2^2}\times\dfrac{31}{2}\ (\because ㉠,\ ㉡)$

$=\dfrac{31}{8}$

560 답 ⑤

❷ 등차수열 $\{a_n\}$의 공차를 d, 등비수열 $\{b_n\}$의 공비를 r라 하면
$$a_7 = a_6 + d, \quad b_7 = b_6 \times r$$
❷ $a_{11} = a_6 + 5d$임을 이용하여 d의 값의 범위를 구한다.

STEP 1 등차수열 $\{a_n\}$의 공차를 d, 등비수열 $\{b_n\}$의 공비를 r라 하면 조건 ㈎에서 $a_7 = b_7$이므로
$$a_6 + d = b_6 \times r$$
$$9 + d = 9r \ (\because a_6 = b_6 = 9)$$
$$\therefore r = 1 + \frac{d}{9} \quad \cdots\cdots \ ㉠$$

STEP 2 $a_{11} = a_6 + 5d = 9 + 5d$이고, 조건 ㈏에서 $94 < a_{11} < 109$이므로
$$94 < 9 + 5d < 109, \ 85 < 5d < 100$$
$$\therefore 17 < d < 20$$
이때 r가 자연수이므로 ㉠에 의하여 d는 9의 양의 배수이어야 한다.
$$\therefore d = 18$$
$d = 18$을 ㉠에 대입하면 $r = 3$

STEP 3 $\therefore a_7 + b_8 = (a_6 + d) + b_6 \times r^2$
$$= (9 + 18) + 9 \times 3^2 = 108$$

561 답 10

STEP 1 등차수열 $\{a_n\}$의 공차를 d, 등비수열 $\{b_n\}$의 공비를 $r \ (r \neq 1)$라 하면 두 조건 ㈎, ㈏에서
$a_2 = b_2$이므로 $2 + d = 2r$ $\quad \therefore d = 2r - 2 \quad \cdots\cdots \ ㉠$
$a_4 = b_4$이므로 $2 + 3d = 2r^3 \quad\quad\quad\quad \cdots\cdots \ ㉡$

STEP 2 ㉠을 ㉡에 대입하면
$$2 + 3(2r - 2) = 2r^3, \ 6r - 4 = 2r^3$$
$$r^3 - 3r + 2 = 0, \ (r + 2)(r - 1)^2 = 0$$
$$\therefore r = -2 \ (\because r \neq 1)$$
$r = -2$를 ㉠에 대입하면
$$d = -6$$

STEP 3 $\therefore a_5 + b_5 = (2 + 4d) + 2r^4$
$$= \{2 + 4 \times (-6)\} + 2 \times (-2)^4$$
$$= 10$$

562 답 36

❷ **등비중항**
0이 아닌 세 수 a, b, c가 이 순서대로 등비수열을 이루면 b가 a, c의 등비중항이다.
→ $b^2 = ac$
❷ **로그의 밑과 진수의 조건**
→ (밑)> 0, (밑)$\neq 1$, (진수)> 0

STEP 1 3, a, b가 이 순서대로 등비수열을 이루므로
$$a^2 = 3b \quad \cdots\cdots \ ㉠$$

STEP 2 $\underline{\log_a 3b + \log_3 b = 5}$에서 ── $a > 0$, $a \neq 1$, $b > 0$
$$\log_a a^2 + \log_3 b = 5 \ (\because ㉠), \ 2 + \log_3 b = 5$$
$$\log_3 b = 3 \quad \therefore b = 3^3 = 27$$
$b = 27$을 ㉠에 대입하면
$$a^2 = 3 \times 27 = 81 \quad \therefore a = 9 \ (\because a > 0)$$

STEP 3 $\therefore a + b = 9 + 27 = 36$

563 답 ⑤

STEP 1 1, a, b가 이 순서대로 등비수열을 이루므로
$$a^2 = b$$
$\log_8 c = \log_a b$에서 $\log_8 c = \log_a a^2$
$$\log_8 c = 2 \quad \therefore c = 8^2 = 64$$

STEP 2 1, a, b, 64가 이 순서대로 공비가 r인 등비수열을 이루므로
$$r^3 = 64 \quad \therefore r = 4$$

1, a, b, c가 이 순서대로 공비가 r인 등비수열을 이루므로
$$a = r, \ b = r^2, \ c = r^3 \quad \cdots\cdots \ ㉠$$
㉠을 $\log_8 c = \log_a b$에 대입하면
$$\log_{2^3} r^3 = \log_r r^2, \ \log_2 r = 2$$
$$\therefore r = 2^2 = 4$$

564 답 10

0이 아닌 세 수 a, b, c가 이 순서대로
(1) 등차수열을 이룰 때 → $2b = a + c$
(2) 등비수열을 이룰 때 → $b^2 = ac$

STEP 1 a, $a + b$, $2a - b$가 이 순서대로 등차수열을 이루므로
$$2(a + b) = 3a - b$$
$$2a + 2b = 3a - b$$
$$\therefore a = 3b \quad \cdots\cdots \ ㉠$$

STEP 2 1, $a - 1$, $3b + 1$이 이 순서대로 등비수열을 이루므로
$$(a - 1)^2 = 3b + 1$$
$$(a - 1)^2 = a + 1 \ (\because ㉠)$$
$$a^2 - 3a = 0, \ a(a - 3) = 0$$
$$\therefore a = 0 \ 또는 \ a = 3$$
$$\therefore a = 0, \ b = 0 \ 또는 \ a = 3, \ b = 1 \ (\because ㉠)$$

STEP 3 그런데 $a = 0$, $b = 0$이면 1, $a - 1$, $3b + 1$, 즉 1, -1, 1에서 공비가 -1인 등비수열이므로 조건을 만족시키지 않는다.
따라서 $a = 3$, $b = 1$이므로
$$a^2 + b^2 = 3^2 + 1^2 = 10$$ └─ 1, $a - 1$, $3b + 1$, 즉 1, 2, 4에서 공비가 2인 등비수열이다.

565 답 72

STEP 1 a, 10, 17, b가 이 순서대로 등차수열을 이루므로

$2 \times 10 = a + 17$ ∴ $a = 3$

$2 \times 17 = 10 + b$ ∴ $b = 24$

STEP 2 따라서 a, x, y, b, 즉 3, x, y, 24는 이 순서대로 등비수열을 이루므로

$\dfrac{x}{3} = \dfrac{24}{y}$ ∴ $xy = 72$

다른 풀이

네 수 a, 10, 17, b가 이 순서대로 등차수열을 이루므로 이 등차수열의 공차는

$17 - 10 = 7$

∴ $a = 10 - 7 = 3$, $b = 17 + 7 = 24$

등비수열 3, x, y, 24의 공비를 r라 하면

$24 = 3r^3$, $r^3 = 8$

∴ $r = 2$ ($\because$ r는 실수)

따라서 $x = 3 \times 2 = 6$, $y = 3 \times 2^2 = 12$이므로

$xy = 6 \times 12 = 72$

566 답 ④

STEP 1 등차수열 $\{a_n\}$의 첫째항을 a ($a \neq 0$), 공차를 d ($d \neq 0$)라 하면

$a_2 = a + d$, $a_5 = a + 4d$, $a_{14} = a + 13d$

a_2, a_5, a_{14}가 이 순서대로 등비수열을 이루므로 $a_5^2 = a_2 a_{14}$에서

$(a + 4d)^2 = (a + d)(a + 13d)$

$a^2 + 8ad + 16d^2 = a^2 + 14ad + 13d^2$

$3d^2 - 6ad = 0$, $3d(d - 2a) = 0$

∴ $d = 2a$ ($\because$ $d \neq 0$)

STEP 2 따라서 $a_3 = a + 2d = 5a$, $a_{23} = a + 22d = 45a$이므로

$\dfrac{a_{23}}{a_3} = \dfrac{45a}{5a} = 9$ ($\because$ $a \neq 0$)

567 답 ②

STEP 1 등차수열 $\{a_n\}$의 공차가 6이고, 세 항 a_2, a_k, a_8이 이 순서대로 등차수열을 이루므로 $2a_k = a_2 + a_8$에서

$2\{a_1 + 6(k-1)\} = (a_1 + 6) + (a_1 + 7 \times 6)$

$2a_1 + 12k - 12 = 2a_1 + 48$

$12k = 60$ ∴ $k = 5$

STEP 2 a_1, a_2, a_5가 이 순서대로 등비수열을 이루므로 $a_2^2 = a_1 a_5$에서

$(a_1 + 6)^2 = a_1(a_1 + 4 \times 6)$

$a_1^2 + 12a_1 + 36 = a_1^2 + 24a_1$

$12a_1 = 36$ ∴ $a_1 = 3$

STEP 3 ∴ $k + a_1 = 5 + 3 = 8$

568 답 108

STEP 1 a^n, $2^4 \times 3^6$, b^n이 이 순서대로 등비수열을 이루므로

$(2^4 \times 3^6)^2 = a^n b^n$

∴ $2^8 \times 3^{12} = (ab)^n$ ······ ㉠

STEP 2 이때 $(ab)^n$의 값이 일정하므로 자연수 n의 값이 최대일 때 ab의 값이 최소이다.

그런데 2와 3이 서로소이므로 n의 최댓값은 8과 12의 최대공약수인 4이다.

㉠에서 $(ab)^n = (2^2 \times 3^3)^4 = 108^4$

따라서 ab의 최솟값은 108이다.

569 답 25

해결 각 잡기

이차방정식의 근과 계수의 관계

이차방정식 $ax^2 + bx + c = 0$의 두 근을 α, β라 하면

$$\alpha + \beta = -\frac{b}{a}, \ \alpha\beta = \frac{c}{a}$$

STEP 1 이차방정식 $x^2 - kx + 125 = 0$의 두 근이 α, β이므로 이차방정식의 근과 계수의 관계에 의하여

$\alpha + \beta = k$, $\alpha\beta = 125$ ······ ㉠

STEP 2 이때 α, $\beta - \alpha$, β가 이 순서대로 등비수열을 이루므로

$(\beta - \alpha)^2 = \alpha\beta$, $(\alpha + \beta)^2 - 4\alpha\beta = \alpha\beta$

$(\alpha + \beta)^2 = 5\alpha\beta$

㉠을 위의 식에 대입하면

$k^2 = 5 \times 125 = 625$

∴ $k = 25$ ($\because$ $k > 0$)

570 답 ⑤

STEP 1 a, b, c가 이 순서대로 등비수열을 이루므로

$b^2 = ac$

조건 (나)에 의하여 $abc = b^3 = 1$이므로

$b = 1$ ($\because$ b는 실수)

STEP 2 주어진 등비수열의 공비를 r라 하면 조건 (가)에서

$a + b + c = \dfrac{b}{r} + b + br = \dfrac{7}{2}$

$\dfrac{1}{r} + 1 + r = \dfrac{7}{2}$ ($\because$ $b = 1$)

$2r^2 - 5r + 2 = 0$, $(2r - 1)(r - 2) = 0$

∴ $r = \dfrac{1}{2}$ 또는 $r = 2$

STEP 3 따라서 세 양수는 2, 1, $\dfrac{1}{2}$ 또는 $\dfrac{1}{2}$, 1, 2이므로

$a^2 + b^2 + c^2 = 2^2 + 1^2 + \left(\dfrac{1}{2}\right)^2 = \dfrac{21}{4}$

다른 풀이 STEP 2 + STEP 3

$b=1$이므로 조건 (나)에서 $ac=1$

조건 (가)에서 $a+1+c=\dfrac{7}{2}$이므로

$$
\begin{aligned}
a^2+b^2+c^2 &=(a+b+c)^2-2(ab+bc+ca) \\
&=\left(\dfrac{7}{2}\right)^2-2(a+c+1) \ (\because \text{조건 (가)}, \ b=1, \ ac=1) \\
&=\dfrac{49}{4}-2\times\dfrac{7}{2}=\dfrac{21}{4}
\end{aligned}
$$

571 답 ①

STEP 1 조건 (다)에서 $\log_6 abc=3$이므로

$abc=6^3$ ...... ㉠

조건 (가)에서 a, b, c가 이 순서대로 등비수열을 이루므로

$b^2=ac$ ...... ㉡

㉡을 ㉠에 대입하면

$b^3=6^3$ ∴ $b=6$ ($\because b$는 자연수)

$b=6$을 ㉡에 대입하면

$ac=36$ ...... ㉢

STEP 2 조건 (나)의 $b-a=n^2$, 즉 $6-a=n^2$에서 a와 n은 자연수이므로

$n=1$ 또는 $n=2$

즉, $6-a=1$ 또는 $6-a=4$이므로

$a=5$ 또는 $a=2$

한편, ㉢에서 a는 36의 양의 약수이므로

$a=2$

STEP 3 $a=2$를 ㉢에 대입하면 $c=18$

∴ $a+b+c=2+6+18=26$

572 답 ⑤

해결 각 잡기

등비수열 $\{a_n\}$에서

$$a_1 a_9 = a_2 a_8 = a_3 a_7 = a_4 a_6$$

합이 같다.

a_5는 a_1, a_9와 a_3, a_7과 a_4, a_6의 등비중항이므로

$a_5^2=a_1 a_9=a_3 a_7=a_4 a_6$

∴ $a_3 a_7+a_4 a_6=2a_1 a_9=2\times 16=32$

다른 풀이

등비수열 $\{a_n\}$의 공비를 r라 하면

$a_1 a_9=a_1\times a_1 r^8=a_1^2 r^8=16$

$$
\begin{aligned}
\therefore a_3 a_7+a_4 a_6 &=a_1 r^2\times a_1 r^6+a_1 r^3\times a_1 r^5 \\
&=a_1^2 r^8+a_1^2 r^8=2a_1^2 r^8 \\
&=2\times 16=32
\end{aligned}
$$

573 답 ⑤

STEP 1 수열 $\{a_n\}$은 첫째항이 a이고 공비가 $\dfrac{1}{2}$인 등비수열이므로

$a_3=a\times\left(\dfrac{1}{2}\right)^2=\dfrac{a}{2^2}$, $a_7=a\times\left(\dfrac{1}{2}\right)^6=\dfrac{a}{2^6}$

STEP 2 a_3, 2, a_7이 이 순서대로 등비수열을 이루므로

$2^2=\dfrac{a}{2^2}\times\dfrac{a}{2^6}$, $a^2=2^{10}$

∴ $a=32$ ($\because a>0$)

574 답 18

해결 각 잡기

○ 등차수열 $\{a_n\}$에서

$$a_1+a_8=a_2+a_7=a_3+a_6=a_4+a_5$$

합이 같다.

○ 등비수열 $\{b_n\}$에서

$$b_1 b_8=b_2 b_7=b_3 b_6=b_4 b_5$$

합이 같다.

○ 두 수를 근으로 하는 이차방정식

두 수 α, β를 근으로 하고 x^2의 계수가 1인 이차방정식은

$$x^2-(\alpha+\beta)x+\alpha\beta=0$$

STEP 1 등차수열 $\{a_n\}$에서

$a_1+a_8=a_4+a_5=8$

등비수열 $\{b_n\}$에서

$b_2 b_7=b_4 b_5=12$

이때 $a_4=b_4$, $a_5=b_5$이므로

$a_4+a_5=8$, $a_4 a_5=12$

STEP 2 두 수 a_4, a_5를 근으로 하고 x^2의 계수가 1인 이차방정식은

$x^2-8x+12=0$, $(x-2)(x-6)=0$

∴ $x=2$ 또는 $x=6$

즉, $a_4=2$, $a_5=6$ 또는 $a_4=6$, $a_5=2$

그런데 $a_4=2$, $a_5=6$, 즉 $b_4=2$, $b_5=6$이면 등비수열 $\{b_n\}$의 공비가 $\dfrac{6}{2}=3$이므로 주어진 조건을 만족시키지 않는다.

∴ $a_4=6$, $a_5=2$

STEP 3 따라서 등차수열 $\{a_n\}$의 공차는

$a_5-a_4=2-6=-4$

이므로 $a_4=6$에서

$a_1+(4-1)\times(-4)=6$ ∴ $a_1=18$

575 답 64

해결 각 잡기

두 수 a, b 사이에 n개의 수 a_1, a_2, a_3, $\cdots$, a_n을 넣어 만든 수열이 등비수열을 이루면

$$ab=a_1 a_n=a_2 a_{n-1}=a_3 a_{n-2}=\cdots$$

STEP 1 등비수열 $\frac{1}{4}$, a_1, a_2, a_3, $\cdots$, a_n, 16에서

$\frac{1}{4} \times 16 = a_1 a_n = a_2 a_{n-1} = a_3 a_{n-2} = \cdots$

주어진 등비수열의 항수는 $n+2$이고, 모든 항의 곱이 1024이므로

$4^{\frac{n+2}{2}} = 1024$, $2^{n+2} = 2^{10}$

$n+2 = 10$ $\therefore n = 8$

STEP 2 따라서 $\frac{1}{4} r^{10-1} = 16$이므로

$r^9 = 64$

다른 풀이

첫째항이 $\frac{1}{4}$, 공비가 r인 등비수열의 제$(n+2)$항이 16이므로

$\frac{1}{4} r^{n+1} = 16$ $\therefore r^{n+1} = 64$ $\cdots\cdots$ ㉠

주어진 등비수열의 모든 항의 곱이 1024이므로

$\frac{1}{4} \times a_1 \times a_2 \times \cdots \times a_n \times 16$

$= \frac{1}{4} \times \frac{1}{4} r \times \frac{1}{4} r^2 \times \cdots \times \frac{1}{4} r^n \times 16$

$= \left(\frac{1}{4}\right)^{n+1} \times 16 \times r^{1+2+\cdots+n}$

$= 2^{-2n-2} \times 2^4 \times r^{\frac{n(n+1)}{2}}$

$= 2^{-2n+2} \times (r^{n+1})^{\frac{n}{2}} = 1024$ $\cdots\cdots$ ㉡

㉠을 ㉡에 대입하면

$2^{-2n+2} \times (2^6)^{\frac{n}{2}} = 1024$, $2^{-2n+2+3n} = 2^{10}$

$2^{n+2} = 2^{10}$ $\therefore n = 8$

따라서 $n=8$을 ㉠에 대입하면

$r^9 = 64$

576 답 ②

해결 각 잡기

♥ 첫째항이 a, 공비가 r인 등비수열의 첫째항부터 제n항까지의 합을 S_n이라 하면

(1) $r \neq 1$일 때, $S_n = \frac{a(1-r^n)}{1-r} = \frac{a(r^n-1)}{r-1}$

(2) $r = 1$일 때, $S_n = na$

♥ 수열 $\{S_n + p\}$가 등비수열을 이루려면 그 일반항이 $(S_1 + p) \times \Box^{n-1}$ 꼴이어야 한다.

STEP 1 $S_n = \frac{1 \times (3^n - 1)}{3-1} = \frac{3^n - 1}{2}$이므로

$S_n + p = \frac{3^n - 1}{2} + p = \frac{3}{2} \times 3^{n-1} + \frac{2p-1}{2}$

STEP 2 수열 $\{S_n + p\}$가 등비수열을 이루려면 $\frac{2p-1}{2} = 0$이어야 하므로

$p = \frac{1}{2}$

577 답 ②

STEP 1 규칙 ㈏에 의하여 세 번째 줄의 세 번째 수인 4의 아래쪽 칸의 수는 4의 2배인 8이다.

규칙 ㈎에 의하여 네 번째 줄의 8의 왼쪽 칸의 수는 4, 오른쪽 칸의 수는 16이다.

이와 같은 방법으로 네 번째 줄의 모든 칸에 수를 채우면 다음과 같다.

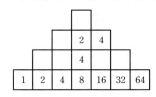

STEP 2 따라서 네 번째 줄에 있는 모든 수의 합은 첫째항이 1, 공비가 2인 등비수열의 첫째항부터 제7항까지의 합과 같으므로 구하는 합은

$\frac{1 \times (2^7 - 1)}{2-1} = 127$

578 답 257

해결 각 잡기

$1 + x^4 + x^8 + x^{12}$은 첫째항이 1, 공비가 x^4인 등비수열의 첫째항부터 제4항까지의 합과 같고, $1 + x + x^2 + x^3$은 첫째항이 1, 공비가 x인 등비수열의 첫째항부터 제4항까지의 합과 같다.

STEP 1 (i) $x \neq 1$일 때

$f(x) = (1 + x^4 + x^8 + x^{12})(1 + x + x^2 + x^3)$

$= \frac{1 \times \{(x^4)^4 - 1\}}{x^4 - 1} \times \frac{1 \times (x^4 - 1)}{x - 1}$

$= \frac{x^{16} - 1}{x - 1}$

(ii) $x = 1$일 때

$f(1) = (1+1+1+1) \times (1+1+1+1) = 16$

STEP 2 (i), (ii)에 의하여

$\frac{f(2)}{\{f(1) - 1\}\{f(1) + 1\}} = \frac{2^{16} - 1}{(16-1)(16+1)}$

$= \frac{(2^8 - 1)(2^8 + 1)}{(2^4 - 1)(2^4 + 1)}$

$= \frac{(2^8 - 1)(2^8 + 1)}{2^8 - 1}$

$= 2^8 + 1 = 257$

579 답 ②

해결 각 잡기

등비수열 $\{a_n\}$의 공비를 r라 하면 $a_1 + a_3 + a_5 + a_7 + a_9$는 첫째항이 a_1, 공비가 r^2인 등비수열의 첫째항부터 제5항까지의 합과 같고, $a_1 - a_3 + a_5 - a_7 + a_9$는 첫째항이 a_1, 공비가 $-r^2$인 등비수열의 첫째항부터 제5항까지의 합과 같다.

STEP 1 등비수열 $\{a_n\}$의 공비를 $r \, (r > 0)$라 하면

$a_1 a_2 = a_{10}$에서

$a_1 \times a_1 r = a_1 r^9$

$\therefore a_1 = r^8 \, (\because a_1 > 0, \, r > 0)$ ...... ㉠

$a_1 + a_9 = 20$에서

$a_1 + a_1 r^8 = 20$ ...... ㉡

㉠을 ㉡에 대입하면

$a_1 + a_1^2 = 20$, $a_1^2 + a_1 - 20 = 0$

$(a_1 + 5)(a_1 - 4) = 0$

$\therefore a_1 = 4 \, (\because a_1 > 0)$

$a_1 = 4$를 ㉠에 대입하면

$r^8 = 4$

$\therefore r^4 = 2 \, (\because r > 0)$

STEP 2 $\therefore (a_1 + a_3 + a_5 + a_7 + a_9)(a_1 - a_3 + a_5 - a_7 + a_9)$

$= \dfrac{a_1\{1 - (r^2)^5\}}{1 - r^2} \times \dfrac{a_1\{1 - (-r^2)^5\}}{1 - (-r^2)}$

$= \dfrac{a_1(1 - r^{10})}{1 - r^2} \times \dfrac{a_1(1 + r^{10})}{1 + r^2}$

$= \dfrac{a_1^2(1 - r^{20})}{1 - r^4}$

$= \dfrac{4^2(1 - 2^5)}{1 - 2} \, (\because a_1 = 4, \, r^4 = 2)$

$= \dfrac{16 \times (-31)}{-1} = 496$

580 답 ④

해결 각 잡기

수열 $\{a_n\}$의 첫째항부터 제n항까지의 합을 S_n이라 하면
$$a_1 = S_1, \ a_n = S_n - S_{n-1} \, (n \geq 2)$$

STEP 1 $S_4 - S_2 = 3a_4$에서 $a_3 + a_4 = 3a_4$

$\therefore a_4 = \dfrac{1}{2}a_3$

즉, 등비수열 $\{a_n\}$의 공비는 $\dfrac{1}{2}$이다.

또, $a_5 = \dfrac{3}{4}$에서

$a_1 \times \left(\dfrac{1}{2}\right)^4 = \dfrac{3}{4}$ $\therefore a_1 = 12$

STEP 2 $\therefore a_1 + a_2 = a_1 + \dfrac{1}{2}a_1 = 12 + 6 = 18$

581 답 10

STEP 1 $S_4 - S_3 = 2$에서 $a_4 = 2$

$S_6 - S_5 = 50$에서 $a_6 = 50$

STEP 2 이때 a_5는 a_4, a_6의 등비중항이므로

$a_5^2 = a_4 \times a_6 = 2 \times 50 = 100$

$\therefore a_5 = 10 \, (\because a_5 > 0)$

582 답 64

STEP 1 등비수열 $\{a_n\}$의 공비를 r라 하면

$\dfrac{S_6}{S_3} = \dfrac{1 + r + r^2 + r^3 + r^4 + r^5}{1 + r + r^2}$

$= \dfrac{1 + r + r^2 + r^3(1 + r + r^2)}{1 + r + r^2}$

$= \dfrac{(1 + r + r^2)(1 + r^3)}{1 + r + r^2}$

$= 1 + r^3$

또, $2a_4 - 7 = 2r^3 - 7$이므로 $\dfrac{S_6}{S_3} = 2a_4 - 7$에서

$1 + r^3 = 2r^3 - 7$

$r^3 = 8$

$\therefore r = 2 \, (\because r$는 실수)

STEP 2 $\therefore a_7 = r^6 = 2^6 = 64$

583 답 ①

STEP 1 등비수열 $\{a_n\}$의 공비를 $r \, (r > 1)$라 하면

$\dfrac{S_4}{S_2} = \dfrac{3 + 3r + 3r^2 + 3r^3}{3 + 3r}$

$= \dfrac{1 + r + r^2 + r^3}{1 + r}$

$= \dfrac{1 + r + r^2(1 + r)}{1 + r}$

$= \dfrac{(1 + r)(1 + r^2)}{1 + r}$

$= 1 + r^2$

또, $\dfrac{6a_3}{a_5} = \dfrac{6 \times 3r^2}{3r^4} = \dfrac{6}{r^2}$이므로 $\dfrac{S_4}{S_2} = \dfrac{6a_3}{a_5}$에서

$1 + r^2 = \dfrac{6}{r^2}$

$r^4 + r^2 - 6 = 0$, $(r^2 + 3)(r^2 - 2) = 0$

$\therefore r^2 = 2 \, (\because r > 1)$

STEP 2 $\therefore a_7 = 3r^6 = 3 \times 2^3 = 24$

584 답 63

STEP 1 등비수열 $\{a_n\}$의 공비를 r라 하면

$\dfrac{S_9 - S_5}{S_6 - S_2} = \dfrac{a_6 + a_7 + a_8 + a_9}{a_3 + a_4 + a_5 + a_6}$

$= \dfrac{7r^5 + 7r^6 + 7r^7 + 7r^8}{7r^2 + 7r^3 + 7r^4 + 7r^5}$

$= \dfrac{r^5 + r^6 + r^7 + r^8}{r^2 + r^3 + r^4 + r^5}$

$= \dfrac{r^3(r^2 + r^3 + r^4 + r^5)}{r^2 + r^3 + r^4 + r^5}$

$= r^3$

$\therefore r^3 = 3$

STEP 2 $\therefore a_7 = 7r^6 = 7 \times 3^2 = 63$

585 답 ②

STEP 1 등비수열 $\{a_n\}$의 공비를 r라 하자.

$r=1$이면

$S_{12}-S_2=12\times2-2\times2=20$, $4S_{10}=4\times10\times2=80$

이므로 조건 ㈎를 만족시키지 않는다.

$\therefore r\neq1$

STEP 2 조건 ㈏에서 $S_{12}<S_{10}$이므로

$\dfrac{2(r^{12}-1)}{r-1}<\dfrac{2(r^{10}-1)}{r-1}$

$\dfrac{2(r^{12}-1)}{r-1}-\dfrac{2(r^{10}-1)}{r-1}<0$

$\dfrac{2r^{12}-2r^{10}}{r-1}<0$, $\dfrac{2r^{10}(r^2-1)}{r-1}<0$

$\dfrac{2r^{10}(r+1)(r-1)}{r-1}<0$, $2r^{10}(r+1)<0$

$\therefore r<-1\ (\because r^{10}>0)$

STEP 3 조건 ㈎에서 $S_{12}-S_2=4S_{10}$이므로

$\dfrac{2(r^{12}-1)}{r-1}-\dfrac{2(r^2-1)}{r-1}=4\times\dfrac{2(r^{10}-1)}{r-1}$

$(r^{12}-1)-(r^2-1)=4(r^{10}-1)$

$r^2(r^{10}-1)=4(r^{10}-1)$

$r\neq1$이므로 $r^2=4$

$\therefore r=-2\ (\because r<-1)$

STEP 4 $\therefore a_4=2r^3=2\times(-2)^3=-16$

다른 풀이 **STEP 2** + **STEP 3**

조건 ㈏에서 $S_{12}<S_{10}$이므로

$S_{12}-S_{10}<0$, $a_{11}+a_{12}<0$

$2r^{10}+2r^{11}<0$, $r^{10}(1+r)<0$

$r^{10}>0$이므로

$1+r<0$ $\therefore r<-1$

조건 ㈎에서 $S_{12}-S_2=4S_{10}$이므로

$a_3+a_4+a_5+\cdots+a_{12}=4(a_1+a_2+a_3+\cdots+a_{10})$

$r^2(a_1+a_2+a_3+\cdots+a_{10})=4(a_1+a_2+a_3+\cdots+a_{10})$

$r^2=4\ (\because a_1+a_2+a_3+\cdots+a_{10}\neq0)$

$\therefore r=-2\ (\because r<-1)$

586 답 ①

STEP 1 등비수열 $\{a_n\}$의 공비를 $r\ (r>0)$라 하자.

$r=1$이면

$\dfrac{S_6}{S_5-S_2}=\dfrac{6\times3}{5\times3-2\times3}=2$, $\dfrac{a_2}{2}=\dfrac{3}{2}$

이므로 조건 ㈎를 만족시키지 않는다.

$\therefore r\neq1$

STEP 2 $\dfrac{S_6}{S_5-S_2}=\dfrac{\dfrac{3(r^6-1)}{r-1}}{\dfrac{3(r^5-1)}{r-1}-\dfrac{3(r^2-1)}{r-1}}$

$=\dfrac{r^6-1}{r^5-r^2}=\dfrac{(r^3+1)(r^3-1)}{r^2(r^3-1)}$

$=\dfrac{r^3+1}{r^2}\ (\because r\neq1)$

또, $\dfrac{a_2}{2}=\dfrac{3r}{2}$이므로 $\dfrac{S_6}{S_5-S_2}=\dfrac{a_2}{2}$에서

$\dfrac{r^3+1}{r^2}=\dfrac{3r}{2}$, $2(r^3+1)=3r^3$ $\therefore r^3=2$

STEP 3 $\therefore a_4=3r^3=3\times2=6$

587 답 9

STEP 1 등비수열 $\{a_n\}$의 첫째항을 a, 공비를 r라 하면

$S_{n+3}-S_n=13\times3^{n-1}$에서

$a_{n+1}+a_{n+2}+a_{n+3}=13\times3^{n-1}$

$ar^n+ar^{n+1}+ar^{n+2}=13\times3^{n-1}$

$\therefore ar^n(1+r+r^2)=13\times3^{n-1}$ ······ ㉠

STEP 2 $n=1$을 ㉠에 대입하면

$ar(1+r+r^2)=13$ ······ ㉡

$n=2$를 ㉠에 대입하면

$ar^2(1+r+r^2)=13\times3=39$ ······ ㉢

㉢÷㉡을 하면

$r=3$

STEP 3 $r=3$을 ㉡에 대입하면

$3a(1+3+3^2)=13$

$\therefore a=\dfrac{1}{3}$

STEP 4 $\therefore a_4=ar^3=\dfrac{1}{3}\times3^3=9$

588 답 ④

해결 각 잡기

세 양수 a, b, c에 대하여 $\log a$, $\log b$, $\log c$가 이 순서대로 등차수열을 이루면

$\qquad 2\log b=\log a+\log c$ $\therefore b^2=ac$

→ 세 양수 a, b, c는 등비수열을 이룬다.

STEP 1 $f(3)$, $f(3^t+2)$, $f(12)$, 즉 $\log 3$, $\log(3^t+3)$, $\log 12$가 이 순서대로 등차수열을 이루므로 3, 3^t+3, 12는 이 순서대로 등비수열을 이룬다.

STEP 2 즉, $(3^t+3)^2=3\times12=6^2$이므로

$3^t+3=\pm6$

$3^t=3\ (\because 3^t>0)$

$\therefore t=1$

다른 풀이

$f(3)$, $f(3^t+2)$, $f(12)$, 즉 $\log 3$, $\log(3^t+3)$, $\log 12$가 이 순서대로 등차수열을 이루므로

$2\log(3^t+3)=\log 12+\log 3$

$\log(3^t+3)=\dfrac{1}{2}\log 36$

$\log(3^t+3)=\log\sqrt{36}$

$\log(3^t+3)=\log 6$

즉, $3^t+3=6$이므로

$3^t=3$　　∴ $t=1$

589 답 ④

STEP 1 $\log a$, $\log b$, $\log c$가 이 순서대로 등차수열을 이루므로 a, b, c는 이 순서대로 등비수열을 이룬다.

즉, $b^2=ac$이므로 $\log abc=15$에 대입하면

$\log b^3=15$, $3\log b=15$

∴ $\log b=5$

STEP 2 $\log abc=15$에서

$\log a+\log b+\log c=15$

$\log a+5+\log c=15$

∴ $\log a+\log c=10$

즉, 공차가 자연수인 등차수열 $\log a$, $\log b$, $\log c$의 순서쌍 $(\log a,\ \log b,\ \log c)$는

$\underbrace{(4,\ 5,\ 6)}_{\text{공차 1}}$, $\underbrace{(3,\ 5,\ 7)}_{\text{공차 2}}$, $\underbrace{(2,\ 5,\ 8)}_{\text{공차 3}}$, $\underbrace{(1,\ 5,\ 9)}_{\text{공차 4}}$

STEP 3 $\log\dfrac{ac^2}{b}=\log\dfrac{b^2\times c}{b}$

　　　　　　$=\log bc$

　　　　　　$=\log b+\log c$

　　　　　　$=5+\log c$

따라서 $\log\dfrac{ac^2}{b}$은 $\log c$가 최대일 때, 즉 $\log c=9$일 때 최댓값 $5+9=14$를 갖는다.

다른 풀이 **STEP 1**

$\log a$, $\log b$, $\log c$가 이 순서대로 등차수열을 이루므로

$2\log b=\log a+\log c$

$\log abc=15$에서 $\log a+\log b+\log c=15$이므로

$2\log b+\log b=15$, $3\log b=15$

∴ $\log b=5$

590 답 ③

해결 각 잡기

❂ 0이 아닌 세 수 a, b, c가 이 순서대로 등비수열을 이루면 b가 a, c의 등비중항이다.

　➔ $b^2=ac$

❂ 세 점 A, B, C의 좌표를 구하여 $\overline{BC}$, $\overline{OC}$, $\overline{AC}$의 길이를 k에 대한 식으로 나타낸다.

$A(k,\ 3\sqrt{k})$, $B(k,\ \sqrt{k})$, $C(k,\ 0)$이므로

$\overline{BC}=\sqrt{k}$, $\overline{OC}=k$, $\overline{AC}=3\sqrt{k}$

따라서 $\sqrt{k}$, k, $3\sqrt{k}$가 이 순서대로 등비수열을 이루므로

$k^2=\sqrt{k}\times 3\sqrt{k}$, $k^2-3k=0$

$k(k-3)=0$

∴ $k=3$ ($\because k>0$)

591 답 ①

$f(a)$, $f(\sqrt{3})$, $f(a+2)$, 즉 $\dfrac{p}{a}$, $\dfrac{p}{\sqrt{3}}$, $\dfrac{p}{a+2}$가 이 순서대로 등비수열을 이루므로

$\left(\dfrac{p}{\sqrt{3}}\right)^2=\dfrac{p}{a}\times\dfrac{p}{a+2}$

$\dfrac{p^2}{3}=\dfrac{p^2}{a(a+2)}$, $a(a+2)=3$

$a^2+2a-3=0$, $(a+3)(a-1)=0$

∴ $a=1$ ($\because a>0$)

본문 188쪽 ~ 189쪽

C 수능 완성!

592 답 513

해결 각 잡기

수열 $\{a_n\}$의 규칙을 찾고, 등비수열의 합과 일반항 사이의 관계를 이용한다.

STEP 1 조건 ㈏에서 등비수열 $\{a_na_{n+1}\}$의 공비를 r라 하면

$\dfrac{a_{n+1}a_{n+2}}{a_na_{n+1}}=r$, $\dfrac{a_{n+2}}{a_n}=r$

∴ $a_{n+2}=ra_n$ $\cdots\cdots$ ㉠

STEP 2 또, 조건 ㈎에서 $n=1$일 때 $S_1=a_1=1$이므로 ㉠에서

$a_3=ra_1=r$, $a_5=ra_3=r^2$, $a_7=ra_5=r^3$, $\cdots$

∴ $a_{2n+1}=r^n$

STEP 3 따라서 $S_{11}=S_{10}+a_{11}=33+r^5$이고, 조건 ㈎에서 $S_{11}=1$이므로

$33+r^5=1$, $r^5=-32=(-2)^5$

∴ $r=-2$ ($\because r$는 실수)

∴ $S_{18}=S_{19}-a_{19}$

　　　$=1-r^9$

　　　$=1-(-2)^9=513$

593 답 8

첫째항이 a, 공차가 d인 등차수열 $\{a_n\}$의 일반항 a_n은
$a_n=a+(n-1)d$이므로 점 (n, a_n)을 좌표평면 위에 나타내면 각
점은 한 직선 위에 있다.
즉, 등차수열의 일반항은 자연수를 정의역으로 하는 일차함수로 생
각할 수 있다.

STEP 1 $g(x)=2x^2-3x+1$
$\qquad\qquad =(2x-1)(x-1)$

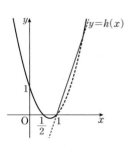

이므로 두 함수 $y=f(x)$, $y=g(x)$의
그래프의 교점의 좌표는 $(1, 0)$이다.
조건 ㈎에서 $h(2)$, $h(3)$, $h(4)$가 이 순
서대로 등차수열을 이루므로 좌표평면
위의 세 점 $(2, h(2))$, $(3, h(3))$,
$(4, h(4))$는 직선 $y=f(x)$ 위의 점이다.
$\therefore h(2)=f(2)=k$, $h(3)=f(3)=2k$, $h(4)=f(4)=3k$

STEP 2 조건 ㈏에서 $h(3)$, $h(4)$, $h(5)$가 이 순서대로 등비수열을
이루므로 이 등비수열의 공비는

$$\frac{h(4)}{h(3)}=\frac{3k}{2k}=\frac{3}{2}$$

$$\therefore h(5)=3k\times\frac{3}{2}=\frac{9}{2}k$$

이때 $f(5)=4k$이고 $k\neq0$이므로
$f(5)\neq h(5)$

따라서 $h(5)=g(5)$에서 $\dfrac{9}{2}k=36$이므로

$k=8$

#참고

$k=0$이면 $f(x)=0$이 되어 조건을 만족시키지 않는다.

594 답 117

❤ a_k가 a_2, a_{3k-1}의 등비중항임을 이용하여 a_1, d 사이의 관계식을
 구한다.
❤ k, a_1의 값의 범위를 찾고 k, a_1이 자연수임을 이용하여 k, a_1, d
 의 값을 구한다.

STEP 1 조건 ㈏에 의하여 $a_k^2=a_2a_{3k-1}$이므로
$\{a_1+(k-1)d\}^2=(a_1+d)\{a_1+(3k-2)d\}$
$a_1^2+2(k-1)a_1d+(k-1)^2d^2=a_1^2+(3k-1)a_1d+(3k-2)d^2$
$\therefore d(k^2-5k+3)=a_1(k+1)$ ...... ㉠

STEP 2 등차수열 $\{a_n\}$의 모든 항이 자연수이고, $k\geq3$이므로 조건
㈎에서
$0<a_1\leq d$, 즉 $0<a_1(k+1)\leq d(k+1)$

$d(k^2-5k+3)\leq d(k+1)$ $(\because ㉠)$
$k^2-5k+3\leq k+1$ $(\because d>0)$ $0<a_1\leq d$
$k^2-6k+2\leq0$
$\therefore 3-\sqrt{7}\leq k\leq3+\sqrt{7}$
이때 $k\geq3$이므로
$3\leq k\leq3+\sqrt{7}$
즉, 자연수 k는 3, 4, 5 중 하나이다.
㉠에서 $d>0$, $a_1(k+1)>0$이므로 $k^2-5k+3>0$이고, 이를 만족
시키는 자연수 k의 값은 5이다.

STEP 3 $k=5$를 ㉠에 대입하면
$3d=6a_1$ $\therefore d=2a_1$ ...... ㉡
$a_{16}=a_1+15d=31a_1$이므로 $90\leq a_{16}\leq100$에서
$90\leq31a_1\leq100$

$$\therefore \frac{90}{31}\leq a_1\leq\frac{100}{31}$$

이때 a_1은 자연수이므로 $a_1=3$

STEP 4 ㉡에서 $d=2\times3=6$이므로
$a_{20}=a_1+19d=3+19\times6=117$

595 답 84

❤ 음수 두 개와 양수 한 개가 등비수열이 되는 배열은
 (음수, 양수, 음수)이다.
❤ 음수 두 개와 양수 한 개가 등차수열이 되는 배열은
 (음수, 음수, 양수) 또는 (양수, 음수, 음수)이다.

STEP 1 조건 ㈎에서 $ab<0$이므로 a와 b의 부호는 다르다.
(i) $a<0$, $b>0$일 때
 $ab<0$이므로 a, b, ab를 적절히 배열한 수열이 등비수열이 되
 려면
 a, b, ab 또는 ab, b, a
 이어야 한다.
 즉, $b^2=a\times ab$이므로
 $b=a^2$ $(\because b\neq0)$
 따라서 a, b, ab는 a, a^2, a^3이고, $a<0$, $a^2>0$, $a^3<0$이므로 이
 세 수를 적절히 배열한 수열이 등차수열이 되는 경우는 다음과
 같다.
 ⓐ a^3, a, a^2 또는 a^2, a, a^3인 경우
    $2a=a^3+a^2$에서 $a^3+a^2-2a=0$
    $a(a^2+a-2)=0$, $a(a+2)(a-1)=0$
    $\therefore a=-2$ $(\because a<0)$
 ⓑ a, a^3, a^2 또는 a^2, a^3, a인 경우
    $2a^3=a+a^2$에서 $2a^3-a^2-a=0$
    $a(2a^2-a-1)=0$, $a(2a+1)(a-1)=0$
    $\therefore a=-\dfrac{1}{2}$ $(\because a<0)$

STEP 2 (ii) $a>0$, $b<0$일 때

$ab<0$이므로 a, b, ab를 적절히 배열한 수열이 등비수열이 되려면

b, a, ab 또는 ab, a, b

이어야 한다.

즉, $a^2=b\times ab$이므로

$a=b^2$ $(\because a\neq 0)$

따라서 a, b, ab는 b^2, b, b^3이고, $b^2>0$, $b<0$, $b^3<0$이므로 이 세 수를 적절히 배열한 수열이 등차수열이 되는 경우는 다음과 같다.

ⓒ b^3, b, b^2 또는 b^2, b, b^3인 경우

$2b=b^3+b^2$에서 $b^3+b^2-2b=0$

$b(b^2+b-2)=0$, $b(b+2)(b-1)=0$

$\therefore b=-2$ $(\because b<0)$

$\therefore a=b^2=(-2)^2=4$

ⓓ b, b^3, b^2 또는 b^2, b^3, b인 경우

$2b^3=b+b^2$에서 $2b^3-b^2-b=0$

$b(2b^2-b-1)=0$, $b(2b+1)(b-1)=0$

$\therefore b=-\dfrac{1}{2}$ $(\because b<0)$

$\therefore a=b^2=\left(-\dfrac{1}{2}\right)^2=\dfrac{1}{4}$

STEP 3 (i), (ii)에 의하여

$a=-2$ 또는 $a=-\dfrac{1}{2}$ 또는 $a=4$ 또는 $a=\dfrac{1}{4}$

따라서 $k=-2+\left(-\dfrac{1}{2}\right)+4+\dfrac{1}{4}=\dfrac{7}{4}$이므로

$48k=48\times\dfrac{7}{4}=84$

---

09 수열의 합

본문 192쪽 ~ 193쪽

A 기본 다지고,

596 답 ④

$\displaystyle\sum_{k=1}^{10}(2a_k+b_k)=2\sum_{k=1}^{10}a_k+\sum_{k=1}^{10}b_k=2\times 2+3=7$

597 답 ②

$\displaystyle\sum_{k=1}^{10}(2a_k+3)=60$에서 $2\displaystyle\sum_{k=1}^{10}a_k+3\times 10=60$

$2\displaystyle\sum_{k=1}^{10}a_k=30$　　$\therefore \displaystyle\sum_{k=1}^{10}a_k=15$

598 답 345

$\displaystyle\sum_{k=1}^{10}(k+2)(k-2)=\sum_{k=1}^{10}(k^2-4)$

$=\dfrac{10\times 11\times 21}{6}-4\times 10$

$=385-40=345$

599 답 880

$\displaystyle\sum_{k=1}^{10}2k(k+1)=\sum_{k=1}^{10}(2k^2+2k)$

$=2\times\dfrac{10\times 11\times 21}{6}+2\times\dfrac{10\times 11}{2}$

$=770+110=880$

600 답 ⑤

$\displaystyle\sum_{k=1}^{10}(k+1)^2-2\sum_{k=1}^{10}(k+2)+\sum_{k=1}^{10}3=\sum_{k=1}^{10}\{(k+1)^2-2(k+2)+3\}$

$=\displaystyle\sum_{k=1}^{10}k^2=\dfrac{10\times 11\times 21}{6}=385$

601 답 ②

$\displaystyle\sum_{k=1}^{10}\dfrac{k^3}{k^2-k+1}+\sum_{k=2}^{10}\dfrac{1}{k^2-k+1}$

$=\displaystyle\sum_{k=1}^{10}\dfrac{k^3}{k^2-k+1}+\left(\sum_{k=1}^{10}\dfrac{1}{k^2-k+1}-1\right)$

$$= \sum_{k=1}^{10} \frac{k^3+1}{k^2-k+1} - 1$$

$$= \sum_{k=1}^{10} (k+1) - 1 \quad \overbrace{= \frac{(k+1)(k^2-k+1)}{k^2-k+1} = k+1}$$

$$= \frac{10 \times 11}{2} + 10 - 1$$

$$= 55 + 10 - 1 = 64$$

602 답 142

$$\sum_{k=1}^{5} (2^k + 5k + 1) = \sum_{k=1}^{5} 2^k + \sum_{k=1}^{5} 5k + \sum_{k=1}^{5} 1$$

$$= \frac{2(2^5-1)}{2-1} + 5 \times \frac{5 \times 6}{2} + 5$$

$$= 62 + 75 + 5 = 142$$

603 답 ⑤

$\displaystyle\sum_{k=11}^{20} a_k$의 값은 첫째항이 $a_{11} = -5 + (11-1) \times 2 = 15$, 끝항이

$a_{20} = -5 + (20-1) \times 2 = 33$, 항수가 10인 등차수열의 합과 같으므로

$$\sum_{k=11}^{20} a_k = \frac{10(15+33)}{2} = 240$$

604 답 80

등비수열 $\{a_n\}$의 공비를 r $(r>0)$라 하면

$\dfrac{a_5}{a_3} = 9$에서 $r^2 = 9$

$\therefore r = 3 \ (\because r > 0)$

따라서 $\displaystyle\sum_{k=1}^{4} a_k$의 값은 첫째항이 2, 공비가 3, 항수가 4인 등비수열

의 합과 같으므로

$$\sum_{k=1}^{4} a_k = \frac{2(3^4-1)}{3-1} = 80$$

605 답 ⑤

$P(x) = (x+3)^n$이라 하면 다항식 $P(x)$를 $x+1$로 나눈 나머지는

나머지정리에 의하여

$\underline{R_n = P(-1) = (-1+3)^n = 2^n}{}^{\#}$

$\therefore \displaystyle\sum_{n=1}^{5} R_n = \sum_{n=1}^{5} 2^n = \frac{2(2^5-1)}{2-1} = 62$

참고

나머지정리

다항식 $P(x)$를 일차식 $x-a$로 나누었을 때의 나머지를 R라 하면

$R = P(a)$

606 답 ⑤

$$\sum_{k=1}^{7} \frac{1}{(k+1)(k+2)}$$

$$= \sum_{k=1}^{7} \left(\frac{1}{k+1} - \frac{1}{k+2} \right)$$

$$= \left(\frac{1}{2} - \frac{1}{3} \right) + \left(\frac{1}{3} - \frac{1}{4} \right) + \left(\frac{1}{4} - \frac{1}{5} \right) + \cdots + \left(\frac{1}{8} - \frac{1}{9} \right)$$

$$= \frac{1}{2} - \frac{1}{9} = \frac{7}{18}$$

607 답 ⑤

$$\sum_{k=1}^{n} \frac{4}{k(k+1)}$$

$$= 4 \sum_{k=1}^{n} \left(\frac{1}{k} - \frac{1}{k+1} \right)$$

$$= 4 \left\{ \left(1 - \frac{1}{2} \right) + \left(\frac{1}{2} - \frac{1}{3} \right) + \left(\frac{1}{3} - \frac{1}{4} \right) + \cdots + \left(\frac{1}{n} - \frac{1}{n+1} \right) \right\}$$

$$= 4 \left(1 - \frac{1}{n+1} \right) = \frac{4n}{n+1}$$

즉, $\dfrac{4n}{n+1} = \dfrac{15}{4}$이므로

$16n = 15n + 15 \qquad \therefore n = 15$

본문 194쪽 ~ 214쪽

B 유형 & 유사로 익히면…

608 답 22

해결 각 잡기

Σ의 성질

(1) $\displaystyle\sum_{k=1}^{n} (pa_k + qb_k) = p \sum_{k=1}^{n} a_k + q \sum_{k=1}^{n} b_k$ (단, p, q는 상수)

(2) $\displaystyle\sum_{k=1}^{n} (a_k + c)^2 = \sum_{k=1}^{n} a_k^2 + 2c \sum_{k=1}^{n} a_k + c^2 n$ (단, c는 상수)

(3) $\displaystyle\sum_{k=1}^{n} c = cn$ (단, c는 상수)

STEP 1 $\displaystyle\sum_{k=1}^{5} (3a_k + 5) = 55$에서

$3 \displaystyle\sum_{k=1}^{5} a_k + 5 \times 5 = 55$

$3 \displaystyle\sum_{k=1}^{5} a_k = 30 \qquad \therefore \sum_{k=1}^{5} a_k = 10$

STEP 2 $\displaystyle\sum_{k=1}^{5} (a_k + b_k) = 32$에서

$\displaystyle\sum_{k=1}^{5} a_k + \sum_{k=1}^{5} b_k = 32$

$10 + \displaystyle\sum_{k=1}^{5} b_k = 32 \qquad \therefore \sum_{k=1}^{5} b_k = 22$

609 답 9

$\sum\limits_{k=1}^{10} a_k = A$, $\sum\limits_{k=1}^{10} b_k = B$라 하면 $A = 2B - 10$, $3A + B = 33$이므로 연립일차방정식의 해를 구하는 문제로 생각할 수 있다.

STEP 1 $\sum\limits_{k=1}^{10} a_k = \sum\limits_{k=1}^{10} (2b_k - 1)$에서

$\sum\limits_{k=1}^{10} a_k = 2\sum\limits_{k=1}^{10} b_k - 10$ ...... ㉠

STEP 2 $\sum\limits_{k=1}^{10} (3a_k + b_k) = 33$에서

$3\sum\limits_{k=1}^{10} a_k + \sum\limits_{k=1}^{10} b_k = 33$ ...... ㉡

STEP 3 ㉠을 ㉡에 대입하면

$3\left(2\sum\limits_{k=1}^{10} b_k - 10\right) + \sum\limits_{k=1}^{10} b_k = 33$, $6\sum\limits_{k=1}^{10} b_k - 30 + \sum\limits_{k=1}^{10} b_k = 33$

$7\sum\limits_{k=1}^{10} b_k = 63$ ∴ $\sum\limits_{k=1}^{10} b_k = 9$

610 답 221

STEP 1 $\sum\limits_{n=1}^{10} a_n(2b_n - 3a_n) = 16$에서

$2\sum\limits_{n=1}^{10} a_n b_n - 3\sum\limits_{n=1}^{10} a_n^2 = 16$

$2\sum\limits_{n=1}^{10} a_n b_n - 3 \times 10 = 16$ $\left(\because \sum\limits_{n=1}^{10} a_n^2 = 10\right)$

$2\sum\limits_{n=1}^{10} a_n b_n = 46$ ∴ $\sum\limits_{n=1}^{10} a_n b_n = 23$

STEP 2 ∴ $\sum\limits_{n=1}^{10} a_n(6a_n + 7b_n) = 6\sum\limits_{n=1}^{10} a_n^2 + 7\sum\limits_{n=1}^{10} a_n b_n$

$= 6 \times 10 + 7 \times 23$

$= 60 + 161 = 221$

611 답 ④

STEP 1 $\sum\limits_{k=1}^{5} (2a_k - 1)^2 = 61$에서

$\sum\limits_{k=1}^{5} (4a_k^2 - 4a_k + 1) = 61$, $4\sum\limits_{k=1}^{5} a_k^2 - 4\sum\limits_{k=1}^{5} a_k + 5 = 61$

∴ $4\sum\limits_{k=1}^{5} a_k^2 - 4\sum\limits_{k=1}^{5} a_k = 56$ ...... ㉠

STEP 2 $\sum\limits_{k=1}^{5} a_k(a_k - 4) = 11$에서

$\sum\limits_{k=1}^{5} (a_k^2 - 4a_k) = 11$

∴ $\sum\limits_{k=1}^{5} a_k^2 - 4\sum\limits_{k=1}^{5} a_k = 11$ ...... ㉡

㉠−㉡을 하면

$3\sum\limits_{k=1}^{5} a_k^2 = 45$ ∴ $\sum\limits_{k=1}^{5} a_k^2 = 15$

612 답 13

$\sum\limits_{k=1}^{5} ca_k = 65 + \sum\limits_{k=1}^{5} c$에서

$c\sum\limits_{k=1}^{5} a_k = 65 + 5c$, $10c = 65 + 5c$ $\left(\because \sum\limits_{k=1}^{5} a_k = 10\right)$

$5c = 65$ ∴ $c = 13$

613 답 ①

$a_n + b_n = 10$, $\sum\limits_{k=1}^{10} (a_k + 2b_k) = 160$일 때, $\sum\limits_{k=1}^{10} b_k$의 값을 구하는 것이므로 $a_k + 2b_k$를 $a_k + b_k$와 b_k에 대한 식으로 나타내어 본다.

$\sum\limits_{k=1}^{10} (a_k + 2b_k) = 160$에서 $\sum\limits_{k=1}^{10} (a_k + b_k) + \sum\limits_{k=1}^{10} b_k = 160$

$\sum\limits_{k=1}^{10} 10 + \sum\limits_{k=1}^{10} b_k = 160$ ($\because a_n + b_n = 10$)

$10 \times 10 + \sum\limits_{k=1}^{10} b_k = 160$ ∴ $\sum\limits_{k=1}^{10} b_k = 60$

614 답 113

$a_n = \sum\limits_{k=1}^{n} a_k - \sum\limits_{k=1}^{n-1} a_k$

STEP 1 $\sum\limits_{k=1}^{10} a_k + \sum\limits_{k=1}^{9} a_k = 137$ ...... ㉠

$\sum\limits_{k=1}^{10} a_k - \sum\limits_{k=1}^{9} 2a_k = 101$ ...... ㉡

㉠−㉡을 하면

$3\sum\limits_{k=1}^{9} a_k = 36$ ∴ $\sum\limits_{k=1}^{9} a_k = 12$

STEP 2 ㉠에 $\sum\limits_{k=1}^{9} a_k = 12$를 대입하면

$\sum\limits_{k=1}^{10} a_k + 12 = 137$ ∴ $\sum\limits_{k=1}^{10} a_k = 125$

STEP 3 ∴ $a_{10} = \sum\limits_{k=1}^{10} a_k - \sum\limits_{k=1}^{9} a_k = 125 - 12 = 113$

615 답 12

♥ 주어진 두 식에서 $\sum\limits_{k=1}^{10} a_k$가 공통부분이므로 두 식을 연립하여 $\sum\limits_{k=1}^{10} a_k$를 소거해 본다.

♥ $\sum\limits_{k=1}^{n} a_k - \sum\limits_{k=1}^{n-1} a_k = a_n$

60

STEP 1 $\sum\limits_{k=1}^{10} a_k - \sum\limits_{k=1}^{7} \dfrac{a_k}{2} = 56$에서 $\sum\limits_{k=1}^{10} a_k = \sum\limits_{k=1}^{7} \dfrac{a_k}{2} + 56$

STEP 2 이것을 $\sum\limits_{k=1}^{10} 2a_k - \sum\limits_{k=1}^{8} a_k = 100$에 대입하면

$2\left(\sum\limits_{k=1}^{7} \dfrac{a_k}{2} + 56 \right) - \sum\limits_{k=1}^{8} a_k = 100$

$\sum\limits_{k=1}^{7} a_k + 112 - \sum\limits_{k=1}^{8} a_k = 100$

$\sum\limits_{k=1}^{8} a_k - \sum\limits_{k=1}^{7} a_k = 12 \qquad \therefore a_8 = 12$

616 답 ②

해결 각 잡기

$\sum\limits_{k=1}^{n} (a_k - a_{k+1})$을 합의 꼴로 나타내어 간단히 한다.

STEP 1 $\sum\limits_{k=1}^{n} (a_k - a_{k+1})$

$= (a_1 - a_2) + (a_2 - a_3) + (a_3 - a_4) + \cdots + (a_n - a_{n+1})$

$= a_1 - a_{n+1} = 1 - a_{n+1}$

STEP 2 즉, $1 - a_{n+1} = -n^2 + n$이므로 $a_{n+1} = n^2 - n + 1$

위의 식에 $n = 10$을 대입하면

$a_{11} = 10^2 - 10 + 1 = 91$

617 답 34

STEP 1 $\sum\limits_{k=1}^{n} (a_{k+1} - a_k)$

$= (a_2 - a_1) + (a_3 - a_2) + (a_4 - a_3) + \cdots + (a_{n+1} - a_n)$

$= -a_1 + a_{n+1} = -15 + a_{n+1}$

STEP 2 즉, $a_{n+1} - 15 = 2n + 1$이므로 $a_{n+1} = 2n + 16$

위의 식에 $n = 9$를 대입하면

$a_{10} = 2 \times 9 + 16 = 34$

618 답 ⑤

해결 각 잡기

$\sum\limits_{k=1}^{9} (a_k + a_{k+1})$을 합의 꼴로 나타내어 $\sum\limits_{k=1}^{10} a_k$에 대한 식으로 나타낸다.

STEP 1 $\sum\limits_{k=1}^{9} (a_k + a_{k+1})$

$= (a_1 + a_2) + (a_2 + a_3) + (a_3 + a_4) + \cdots + (a_9 + a_{10})$

$= 2(a_1 + a_2 + a_3 + \cdots + a_{10}) - a_1 - a_{10}$

$= 2\sum\limits_{k=1}^{10} a_k - 1 - 4 \ (\because a_1 = 1, \ a_{10} = 4)$

$= 2\sum\limits_{k=1}^{10} a_k - 5$

STEP 2 즉, $2\sum\limits_{k=1}^{10} a_k - 5 = 25$이므로

$2\sum\limits_{k=1}^{10} a_k = 30 \qquad \therefore \sum\limits_{k=1}^{10} a_k = 15$

619 답 ④

STEP 1 $\sum\limits_{k=1}^{24} (-1)^k a_k$

$= -a_1 + a_2 - a_3 + a_4 - \cdots - a_{23} + a_{24}$

$= (a_1 + a_2 + a_3 + \cdots + a_{24}) - 2(a_1 + a_3 + a_5 + \cdots + a_{23})$

$= \sum\limits_{k=1}^{24} a_k - 2\sum\limits_{k=1}^{12} a_{2k-1} \qquad \cdots\cdots \ \bigcirc$

STEP 2 $\sum\limits_{k=1}^{2n} a_k = 6n^2 + n$과 $\sum\limits_{k=1}^{n} a_{2k-1} = 3n^2 - n$에 $n = 12$를 각각 대입하면

$\sum\limits_{k=1}^{24} a_k = 6 \times 12^2 + 12 = 864 + 12 = 876$

$\sum\limits_{k=1}^{12} a_{2k-1} = 3 \times 12^2 - 12 = 432 - 12 = 420$

STEP 3 $\bigcirc$에서

$\sum\limits_{k=1}^{24} (-1)^k a_k = 876 - 2 \times 420 = 876 - 840 = 36$

620 답 427

해결 각 잡기

♥ 자연수의 거듭제곱의 합

(1) $\sum\limits_{k=1}^{n} k = \dfrac{n(n+1)}{2}$ (2) $\sum\limits_{k=1}^{n} k^2 = \dfrac{n(n+1)(2n+1)}{6}$

♥ 이차방정식의 근과 계수의 관계

이차방정식 $ax^2 + bx + c = 0$의 두 근이 α, β이면

$\alpha + \beta = -\dfrac{b}{a}, \ \alpha\beta = \dfrac{c}{a}$

STEP 1 $x^2 - 5nx + 4n^2 = 0$의 두 근이 α_n, β_n이므로 이차방정식의 근과 계수의 관계에 의하여

$\alpha_n + \beta_n = 5n, \ \alpha_n \beta_n = 4n^2$

STEP 2 $\therefore \sum\limits_{n=1}^{7} (1 - \alpha_n)(1 - \beta_n) = \sum\limits_{n=1}^{7} \{1 - (\alpha_n + \beta_n) + \alpha_n \beta_n\}$

$= \sum\limits_{n=1}^{7} (1 - 5n + 4n^2)$

$= 7 - 5 \times \dfrac{7 \times 8}{2} + 4 \times \dfrac{7 \times 8 \times 15}{6}$

$= 7 - 140 + 560 = 427$

621 답 ②

STEP 1 $x^2 - 2x - 1 = 0$의 두 근이 α, β이므로 이차방정식의 근과 계수의 관계에 의하여

$\alpha + \beta = 2, \ \alpha\beta = -1$

STEP 2 $\therefore \sum\limits_{k=1}^{10}(k-\alpha)(k-\beta)=\sum\limits_{k=1}^{10}\{k^2-(\alpha+\beta)k+\alpha\beta\}$

$$=\sum\limits_{k=1}^{10}(k^2-2k-1)$$

$$=\frac{10\times11\times21}{6}-2\times\frac{10\times11}{2}-10$$

$$=385-110-10=265$$

622 답 91

나머지정리

다항식 $P(x)$를 일차식 $x-a$로 나누었을 때의 나머지를 R라 하면
$$R=P(a)$$

STEP 1 다항식 $2x^2-3x+1$을 $x-n$으로 나누었을 때의 나머지는 나머지정리에 의하여 $a_n=2n^2-3n+1$

STEP 2 $\sum\limits_{n=1}^{7}(a_n-n^2+n)=\sum\limits_{n=1}^{7}\{(2n^2-3n+1)-n^2+n\}$

$$=\sum\limits_{n=1}^{7}(n^2-2n+1)$$

$$=\frac{7\times8\times15}{6}-2\times\frac{7\times8}{2}+7$$

$$=140-56+7=91$$

다른 풀이 **STEP 2**

$a_n=2n^2-3n+1$이므로

$\sum\limits_{n=1}^{7}(a_n-n^2+n)=\sum\limits_{n=1}^{7}(n^2-2n+1)$

$$=\sum\limits_{n=1}^{7}(n-1)^2=0^2+1^2+2^2+\cdots+6^2$$

$$=\sum\limits_{k=1}^{6}k^2$$

$$=\frac{6\times7\times13}{6}=91$$

623 답 ③

STEP 1 $y=-2x+n^2+1$에 $y=0$을 대입하면

$0=-2x+n^2+1$, $2x=n^2+1$

$\therefore x=\frac{1}{2}(n^2+1)$, 즉 $x_n=\frac{1}{2}(n^2+1)$

STEP 2 $\therefore \sum\limits_{n=1}^{8}x_n=\sum\limits_{n=1}^{8}\frac{1}{2}(n^2+1)$

$$=\frac{1}{2}\left(\frac{8\times9\times17}{6}+8\right)$$

$$=\frac{1}{2}(204+8)=106$$

624 답 ③

$a>0$, $a\neq1$, $b>0$일 때
$$\log_{a^m}b^n=\frac{n}{m}\log_a b \text{ (단, } m, n\text{은 실수, } m\neq0)$$

STEP 1 $a_n=1+3+5+\cdots+(2n-1)=\sum\limits_{k=1}^{n}(2k-1)$

$$=2\times\frac{n(n+1)}{2}-n=n^2$$

STEP 2 $\therefore \log_4(2^{a_1}\times2^{a_2}\times2^{a_3}\times\cdots\times2^{a_{12}})$

$$=\log_{2^2}2^{a_1+a_2+a_3+\cdots+a_{12}}$$

$$=\frac{1}{2}(a_1+a_2+a_3+\cdots+a_{12})$$

$$=\frac{1}{2}\sum\limits_{n=1}^{12}a_n=\frac{1}{2}\sum\limits_{n=1}^{12}n^2$$

$$=\frac{1}{2}\times\frac{12\times13\times25}{6}=325$$

625 답 ⑤

$a>0$, $b>0$, $c>0$, $c\neq1$일 때
$$a^{\log_c b}=b^{\log_c a}$$

STEP 1 $a^{\log_5 16}=16^{\log_5 a}=2^{4\log_5 a}$

즉, $2^{4\log_5 a}=2^n$ $(n=1, 2, 3, \cdots)$이므로

$4\log_5 a=1, 2, 3, \cdots$

$\log_5 a=\frac{1}{4}, \frac{2}{4}, \frac{3}{4}, \cdots$

$a_1=5^{\frac{1}{4}}$, $a_2=5^{\frac{2}{4}}$, $a_3=5^{\frac{3}{4}}, \cdots$

$\therefore a_k=5^{\frac{k}{4}}$

STEP 2 $\therefore \sum\limits_{k=1}^{40}\log_5 a_k=\sum\limits_{k=1}^{40}\log_5 5^{\frac{k}{4}}=\sum\limits_{k=1}^{40}\frac{k}{4}$

$$=\frac{1}{4}\times\frac{40\times41}{2}=205$$

626 답 ③

○ $\sum\limits_{k=0}^{n}a_k=a_0+\sum\limits_{k=1}^{n}a_k$

○ $\sum\limits_{k=1}^{n}4kx$에서 x는 상수이므로 $\sum\limits_{k=1}^{n}4kx=4x\sum\limits_{k=1}^{n}k$

STEP 1 $\sum\limits_{k=0}^{n}(x-k)^2=\sum\limits_{k=1}^{n}(x+k)^2$에서

$x^2+\sum\limits_{k=1}^{n}(x-k)^2=\sum\limits_{k=1}^{n}(x+k)^2$

$x^2+\sum\limits_{k=1}^{n}\{(x-k)^2-(x+k)^2\}=0$

$x^2-\sum\limits_{k=1}^{n}4kx=0$, $x^2-4x\sum\limits_{k=1}^{n}k=0$

$x^2-4x\times\frac{n(n+1)}{2}=0$, $x^2-2n(n+1)x=0$

$x\{x-2n(n+1)\}=0$ $\therefore x=0$ 또는 $x=2n(n+1)$

STEP 2 즉, $a_n=2n(n+1)$이므로

$a_{10}=2\times10\times11=220$

627 답 ③

❯ $\sum\limits_{k=2}^{n} a_k - \sum\limits_{k=1}^{n-1} a_k$를 합의 꼴로 나타내어 간단히 한다.

❯ $\sum\limits_{k=2}^{n} a_k - \sum\limits_{k=1}^{n-1} a_k = 2n^2 + 2$는 $n \geq 2$일 때임에 유의하여 수열 $\{a_n\}$의 일반항을 구한다.

STEP 1 $\sum\limits_{k=2}^{n} a_k - \sum\limits_{k=1}^{n-1} a_k$

$= (a_2 + a_3 + a_4 + \cdots + a_n) - (a_1 + a_2 + a_3 + \cdots + a_{n-1})$

$= a_n - a_1$

즉, $a_n - a_1 = 2n^2 + 2$이므로

$a_n = 2n^2 + 2 + a_1 \ (n \geq 2)$ ······ ㉠

STEP 2 ㉠에 $n = 2$를 대입하면

$a_2 = 8 + 2 + a_1$

$\therefore a_2 - a_1 = 10$ ······ ㉡

㉡과 $a_1 + a_2 = 8$을 연립하여 풀면

$a_1 = -1, \ a_2 = 9$

즉, ㉠에서 수열 $\{a_n\}$의 일반항은

$a_1 = -1, \ a_n = 2n^2 + 1 \ (n \geq 2)$

STEP 3 $\therefore \sum\limits_{k=1}^{10} a_k = a_1 + \sum\limits_{k=2}^{10} a_k$

$\qquad = -1 + \sum\limits_{k=2}^{10} (2k^2 + 1)$

$\qquad = -1 + \sum\limits_{k=1}^{10} (2k^2 + 1) - 3$

$\qquad = -4 + 2 \times \dfrac{10 \times 11 \times 21}{6} + 10$

$\qquad = -4 + 770 + 10$

$\qquad = 776$

628 답 ②

❯ $b_2 = \sum\limits_{k=1}^{2} (-1)^{k+1} a_k = a_1 + (-a_2)$

❯ $b_1, b_2, b_3, \cdots$의 값을 수열 $\{a_n\}$의 첫째항과 공차에 대한 식으로 정리해 보면서 규칙을 찾아본다.

STEP 1 등차수열 $\{a_n\}$의 공차를 d라 하면 $b_2 = -2$에서

$a_1 - a_2 = -2$

$-d = -2 \qquad \therefore d = 2$

$b_3 + b_7 = 0$에서

$\underbrace{(a_1 - a_2 + a_3)}_{=d} + \underbrace{(a_1 - a_2 + a_3 - a_4 + a_5 - a_6 + a_7)}_{=d\ =d\ =d\ =d} = 0$

$(a_1 + d) + (a_1 + 3d) = 0$

$(a_1 + 2) + (a_1 + 3 \times 2) = 0, \ 2a_1 = -8$

$\therefore a_1 = -4$

STEP 2 $b_1 = a_1$

$b_2 = a_1 - a_2 = -d$

$b_3 = a_1 - a_2 + a_3 = a_1 + d$

$b_4 = a_1 - a_2 + a_3 - a_4 = -2d$

$b_5 = a_1 - a_2 + a_3 - a_4 + a_5 = a_1 + 2d$

$\qquad \vdots$

$b_9 = a_1 - a_2 + a_3 - a_4 + a_5 - a_6 + a_7 - a_8 + a_9 = a_1 + 4d$

STEP 3 이때 $b_2 + b_3 = b_4 + b_5 = b_6 + b_7 = b_8 + b_9 = a_1$이므로

$\sum\limits_{k=1}^{9} b_k = b_1 + (b_2 + b_3) + (b_4 + b_5) + (b_6 + b_7) + (b_8 + b_9)$

$\qquad = 5a_1 = 5 \times (-4) = -20$

629 답 230

STEP 1 등차수열 $\{a_n\}$의 공차를 d라 하면

$b_1 = a_1$

$b_2 = a_1 - a_2 = -d$

$b_3 = a_1 - a_2 + a_3 = a_1 + d$

$b_4 = a_1 - a_2 + a_3 - a_4 = -2d$

$b_5 = a_1 - a_2 + a_3 - a_4 + a_5 = a_1 + 2d$

$\qquad \vdots$

$b_{20} = a_1 - a_2 + a_3 - \cdots - a_{20} = -10d$

STEP 2 이때 $b_2 + b_3 = b_4 + b_5 = b_6 + b_7 = \cdots = b_{18} + b_{19} = a_1$이므로

$\sum\limits_{k=1}^{20} b_k = b_1 + (b_2 + b_3) + (b_4 + b_5) + \cdots + (b_{18} + b_{19}) + b_{20}$

$\qquad = a_1 + 9a_1 + (-10d) = 10a_1 - 10d$

$\qquad = 10 \times 20 - 10 \times (-3) = 200 + 30 = 230$

다른 풀이

수열 $\{a_n\}$은 공차가 -3인 등차수열이므로

$a_2 - a_1 = a_3 - a_2 = a_4 - a_3 = \cdots = -3$

자연수 k에 대하여

(i) $n = 2k - 1$일 때

$\quad b_n = b_{2k-1}$

$\qquad = a_1 + (-a_2 + a_3) + (-a_4 + a_5) + \cdots + (-a_{2k-2} + a_{2k-1})$

$\qquad = 20 + \underbrace{(-3) + (-3) + \cdots + (-3)}_{(k-1)개}$

$\qquad = 20 - 3(k - 1) = -3k + 23$

(ii) $n = 2k$일 때

$\quad b_n = b_{2k}$

$\qquad = (a_1 - a_2) + (a_3 - a_4) + \cdots + (a_{2k-1} - a_{2k})$

$\qquad = \underbrace{3 + 3 + \cdots + 3}_{k개}$

$\qquad = 3k$

(i), (ii)에 의하여

$\sum\limits_{k=1}^{20} b_k = \sum\limits_{k=1}^{10} b_{2k-1} + \sum\limits_{k=1}^{10} b_{2k} = \sum\limits_{k=1}^{10} (-3k + 23) + \sum\limits_{k=1}^{10} 3k$

$\qquad = \sum\limits_{k=1}^{10} 23 = 23 \times 10 = 230$

630 답 120

STEP 1 등차수열 $\{a_n\}$의 공차를 d라 하면
$$a_{5n}-a_n=\{3+(5n-1)d\}-\{3+(n-1)d\}$$
$$=4nd$$

STEP 2 즉, $\sum\limits_{n=1}^{10}4nd=440$이므로
$$4d\times\frac{10\times11}{2}=440$$
$$\therefore d=2$$

STEP 3 따라서 $a_n=3+(n-1)\times2=2n+1$이므로
$$\sum_{n=1}^{10}a_n=\sum_{n=1}^{10}(2n+1)$$
$$=2\times\frac{10\times11}{2}+10$$
$$=110+10=120$$

다른 풀이 **STEP 3**
$$\therefore \sum_{n=1}^{10}a_n=\frac{10\{2\times3+(10-1)\times2\}}{2}=120$$

631 답 ②

해결 각 잡기

b_n을 $\sum$를 사용하여 나타낸 후 $b_{10}=715$임을 이용하여 등차수열 $\{a_n\}$의 공차를 구한다.

STEP 1 등차수열 $\{a_n\}$의 공차를 d라 하면
$$a_n=1+(n-1)d$$

STEP 2 $b_n=a_1+2a_2+3a_3+\cdots+na_n$
$$=\sum_{k=1}^{n}ka_k$$
$$=\sum_{k=1}^{n}k\{1+(k-1)d\}$$
$$=\sum_{k=1}^{n}\{dk^2+(1-d)k\}$$
$$=d\times\frac{n(n+1)(2n+1)}{6}+(1-d)\times\frac{n(n+1)}{2}$$
$$=\frac{n(n+1)}{6}\{d(2n+1)+3(1-d)\}$$
$$=\frac{n(n+1)}{6}(2dn-2d+3) \qquad \cdots\cdots \text{㉠}$$

STEP 3 ㉠에 $n=10$을 대입하면
$$b_{10}=\frac{10\times11}{6}(20d-2d+3)$$
$$=330d+55$$
즉, $330d+55=715$이므로
$$330d=660$$
$$\therefore d=2$$
$$\therefore b_n=\frac{n(n+1)(4n-1)}{6}$$

STEP 4 $\therefore \sum\limits_{n=1}^{10}\dfrac{b_n}{n(n+1)}=\sum\limits_{n=1}^{10}\dfrac{4n-1}{6}=\sum\limits_{n=1}^{10}\left(\dfrac{2}{3}n-\dfrac{1}{6}\right)$
$$=\frac{2}{3}\times\frac{10\times11}{2}-\frac{1}{6}\times10$$
$$=\frac{110}{3}-\frac{5}{3}=35$$

다른 풀이 **STEP 3** + **STEP 4**
$$\frac{b_n}{n(n+1)}=\frac{2dn-2d+3}{6}=\frac{1}{2}+\frac{d}{3}(n-1) \qquad \cdots\cdots \text{㉡}$$
㉡에 $n=10$을 대입하면 $b_{10}=715$이므로
$$\frac{715}{10\times11}=\frac{1}{2}+\frac{d}{3}\times9$$
$$\frac{13}{2}=\frac{1}{2}+3d \qquad \therefore d=2$$
$$\therefore \frac{b_n}{n(n+1)}=\frac{2}{3}n-\frac{1}{6}$$
$$\therefore \sum_{n=1}^{10}\frac{b_n}{n(n+1)}=\sum_{n=1}^{10}\left(\frac{2}{3}n-\frac{1}{6}\right)$$
$$=\frac{2}{3}\times\frac{10\times11}{2}-\frac{1}{6}\times10$$
$$=\frac{110}{3}-\frac{5}{3}=35$$

632 답 ③

해결 각 잡기

첫째항이 a, 공비가 r인 등비수열 $\{a_n\}$에 대하여
$$\sum_{k=1}^{n}a_k=\frac{a(r^n-1)}{r-1} \text{ (단, } r\neq1)$$

STEP 1 등비수열 $\{a_n\}$의 공비를 r라 하면 $a_3=4(a_2-a_1)$에서
$$a_1r^2=4(a_1r-a_1)$$
$$r^2=4r-4 \ (\because a_1\neq0)$$
$\underbrace{\quad\quad\quad\quad}_{a_1=0\text{이면 }\sum\limits_{k=1}^{6}a_k=0\text{이므로 }a_1\neq0}$
$$r^2-4r+4=0$$
$$(r-2)^2=0 \qquad \therefore r=2$$

STEP 2 $\sum\limits_{k=1}^{6}a_k=15$에서
$$\frac{a_1(2^6-1)}{2-1}=15,\ 63a_1=15$$
$$\therefore a_1=\frac{5}{21}$$

STEP 3 $\therefore a_1+a_3+a_5=\dfrac{5}{21}+\dfrac{5}{21}\times2^2+\dfrac{5}{21}\times2^4$
$$=\frac{5}{21}\times(1+4+16)=5$$

633 답 ②

해결 각 잡기

수열 $\{a_n\}$이 첫째항이 a, 공비가 r인 등비수열이면 수열 $\{a_n{}^2\}$은 첫째항이 a^2, 공비가 r^2인 등비수열이다.

STEP 1 등비수열 $\{a_n\}$의 공비를 $r\ (r>0)$라 하면 $a_4=4a_2$에서

$\dfrac{1}{5}r^3=4\times\dfrac{1}{5}r,\ r^2=4$

$\therefore r=2\ (\because r>0)$

STEP 2 수열 $\{a_n{}^2\}$은 첫째항이 $\left(\dfrac{1}{5}\right)^2=\dfrac{1}{25}$, 공비가 $2^2=4$인 등비

수열이므로

$\displaystyle\sum_{k=1}^{n}a_k=\dfrac{3}{13}\sum_{k=1}^{n}a_k{}^2$에서

$\dfrac{\dfrac{1}{5}(2^n-1)}{2-1}=\dfrac{3}{13}\times\dfrac{\dfrac{1}{25}(4^n-1)}{4-1}$

$\dfrac{1}{5}(2^n-1)=\dfrac{1}{13}\times\dfrac{1}{25}\{(2^n)^2-1\}$

$2^n-1=\dfrac{1}{65}(2^n+1)(2^n-1)$

$2^n+1=65$

$2^n=64=2^6$

$\therefore n=6$

634　답 ②

해결 각 잡기

두 등비수열 $\{a_n\}$, $\{b_n\}$의 첫째항이 모두 a이고, 공비가 각각 r, $-r$이면

　　$\{a_n\}$: $a,\ ar,\ ar^2,\ ar^3,\ ar^4,\ \cdots$

　　$\{b_n\}$: $a,\ -ar,\ ar^2,\ -ar^3,\ ar^4,\ \cdots$

이므로

　　$a_2+b_2=a_4+b_4=a_6+b_6=\cdots=0$

　　$a_1+b_1=2a,\ a_3+b_3=2ar^2,\ a_5+b_5=2ar^4,\ \cdots$

STEP 1 두 등비수열 $\{a_n\}$, $\{b_n\}$은 첫째항이 모두 a_1이고, 공비가 각각 $\sqrt{3}$, $-\sqrt{3}$이므로

$\{a_n\}$: $a_1,\ \sqrt{3}a_1,\ 3a_1,\ 3\sqrt{3}a_1,\ 9a_1,\ \cdots$

$\{b_n\}$: $a_1,\ -\sqrt{3}a_1,\ 3a_1,\ -3\sqrt{3}a_1,\ 9a_1,\ \cdots$

$\therefore a_2+b_2=a_4+b_4=a_6+b_6=a_8+b_8=0,$

$\quad a_1+b_1=2a_1,\ a_3+b_3=6a_1,\ a_5+b_5=18a_1,\ a_7+b_7=54a_1$

STEP 2 $\displaystyle\therefore \sum_{n=1}^{8}a_n+\sum_{n=1}^{8}b_n$

$\displaystyle =\sum_{n=1}^{8}(a_n+b_n)$

$=(a_1+b_1)+(a_3+b_3)+(a_5+b_5)+(a_7+b_7)$

$=\underline{2a_1+6a_1+18a_1+54a_1}$

$=\dfrac{2a_1(3^4-1)}{3-1}$

　첫째항이 $2a_1$, 공비가 3인 등비수열의 첫째항부터 제4항까지의 합

$=80a_1$

즉, $80a_1=160$이므로

$a_1=2$

STEP 3 $\therefore a_3+b_3=6a_1=6\times2=12$

다른 풀이

$\displaystyle\sum_{n=1}^{8}a_n+\sum_{n=1}^{8}b_n=\dfrac{a_1\{1-(\sqrt{3})^8\}}{1-\sqrt{3}}+\dfrac{a_1\{1-(-\sqrt{3})^8\}}{1+\sqrt{3}}$

$\qquad=\dfrac{-80a_1(1+\sqrt{3})-80a_1(1-\sqrt{3})}{(1-\sqrt{3})(1+\sqrt{3})}$

$\qquad=80a_1$

즉, $80a_1=160$이므로 $a_1=2$

$\therefore a_3+b_3=2\times(\sqrt{3})^2+2\times(-\sqrt{3})^2=12$

635　답 ①

STEP 1 등비수열 $\{a_n\}$의 첫째항이 양수, 공비가 음수이므로

(ⅰ) k가 홀수일 때

　　$a_k>0$이므로

　　　$|a_k|+a_k=a_k+a_k=2a_k$

(ⅱ) k가 짝수일 때

　　$a_k<0$이므로

　　　$|a_k|+a_k=-a_k+a_k=0$

(ⅰ), (ⅱ)에 의하여

$\displaystyle\sum_{k=1}^{9}(|a_k|+a_k)=2a_1+2a_3+2a_5+2a_7+2a_9$

$\qquad\qquad\qquad=2(a_1+a_3+a_5+a_7+a_9)$ 　……㉠

STEP 2 수열 $a_1,\ a_3,\ a_5,\ a_7,\ a_9$는 첫째항이 a_1, 공비가 $(-2)^2=4$인 등비수열이므로 ㉠에서

$\displaystyle\sum_{k=1}^{9}(|a_k|+a_k)=2\times\dfrac{a_1(4^5-1)}{4-1}=682a_1$

즉, $682a_1=66$이므로

$a_1=\dfrac{3}{31}$

636　답 242

STEP 1 등비수열 $\{a_n\}$의 첫째항을 a (a는 자연수), 공비를 r (r는 자연수)라 하면 $5\le a_2\le6$에서

$5\le ar\le6$

이때 ar는 자연수이므로

$ar=5$ 또는 $ar=6$

또, $42\le a_4\le96$에서 $42\le ar^3\le96$

$\therefore 42\le ar\times r^2\le96$ 　……㉠

STEP 2 (ⅰ) $ar=5$일 때

㉠에서 $42\le5r^2\le96$

$\therefore \dfrac{42}{5}\le r^2\le\dfrac{96}{5}$

r, r^2은 모두 자연수이므로

$r^2=9$ 또는 $r^2=16$

$\therefore r=3$ 또는 $r=4$

이때 $ar=5$를 만족시키는 자연수 a는 존재하지 않는다.

(ii) $ar=6$일 때

    ㉠에서 $42 \leq 6r^2 \leq 96$

    $\therefore 7 \leq r^2 \leq 16$

    r, r^2은 모두 자연수이므로 $r^2=9$ 또는 $r^2=16$

    $\therefore r=3$ 또는 $r=4$

    이때 $ar=6$이고 a는 자연수이므로

    $a=2$, $r=3$

(i), (ii)에서 $a=2$, $r=3$

STEP 3 $\therefore \displaystyle\sum_{n=1}^{5} a_n = \dfrac{2(3^5-1)}{3-1} = 242$

637 답 162

STEP 1 등비수열 $\{a_n\}$의 공비를 r (r는 정수)라 하면 조건 ㈎에서

$4 < a_2 + a_3 \leq 12$이므로

$4 < 2r + 2r^2 \leq 12$ $\therefore 2 < r^2 + r \leq 6$

(i) $r^2 + r > 2$에서

   $r^2 + r - 2 > 0$, $(r+2)(r-1) > 0$

   $\therefore r < -2$ 또는 $r > 1$

(ii) $r^2 + r \leq 6$에서

   $r^2 + r - 6 \leq 0$, $(r+3)(r-2) \leq 0$

   $\therefore -3 \leq r \leq 2$

(i), (ii)에서

$-3 \leq r < -2$ 또는 $1 < r \leq 2$

이때 r는 정수이므로 $r = -3$ 또는 $r = 2$

STEP 2 조건 ㈏에서

(iii) $r = -3$일 때

   $\displaystyle\sum_{k=1}^{m} a_k = \dfrac{2\{1-(-3)^m\}}{1-(-3)} = 122$이므로

   $1-(-3)^m = 244$ $\therefore (-3)^m = -243 = (-3)^5$

   $\therefore m = 5$

(iv) $r = 2$일 때

   $\displaystyle\sum_{k=1}^{m} a_k = \dfrac{2(2^m-1)}{2-1} = 122$이므로

   $2^m - 1 = 61$ $\therefore 2^m = 62$

   이때 $2^m = 62$를 만족시키는 자연수 m은 존재하지 않는다.

(iii), (iv)에서 $r = -3$, $m = 5$

$\therefore a_m = a_5 = 2 \times (-3)^4 = 162$

638 답 502

STEP 1 등비수열 $\{a_n\}$의 첫째항을 a ($a>0$), 공비를 r ($r>0$)라 하면 $S_3 = 7a_3$에서

$a + ar + ar^2 = 7ar^2$, $1 + r + r^2 = 7r^2$ ($\because a \neq 0$)

$6r^2 - r - 1 = 0$, $(3r+1)(2r-1) = 0$

$\therefore r = \dfrac{1}{2}$ ($\because r > 0$)

STEP 2 즉, $a_n = a\left(\dfrac{1}{2}\right)^{n-1}$, $S_n = \dfrac{a\left\{1-\left(\dfrac{1}{2}\right)^n\right\}}{1-\dfrac{1}{2}} = 2a\left\{1-\left(\dfrac{1}{2}\right)^n\right\}$이

므로

$\displaystyle\sum_{n=1}^{8} \dfrac{S_n}{a_n} = \sum_{n=1}^{8} \dfrac{2a\left\{1-\left(\dfrac{1}{2}\right)^n\right\}}{a\left(\dfrac{1}{2}\right)^{n-1}}$

        $= \displaystyle\sum_{n=1}^{8} (2^n - 1) = \dfrac{2(2^8-1)}{2-1} - 8$

        $= 510 - 8 = 502$

다른 풀이 **STEP 1**

등비수열 $\{a_n\}$의 첫째항을 a ($a>0$), 공비를 r ($r>0$)라 하면

$S_3 = 7a_3$에서

(i) $r = 1$일 때

   $a + a + a = 7a$, $4a = 0$ $\therefore a = 0$

   이때 $a > 0$이므로 조건을 만족시키지 않는다.

(ii) $r \neq 1$일 때

   $\dfrac{a(1-r^3)}{1-r} = 7ar^2$, $\dfrac{a(1-r)(1+r+r^2)}{1-r} = 7ar^2$

   $a(1+r+r^2) = 7ar^2$ ($\because r \neq 1$)

   $1 + r + r^2 = 7r^2$ ($\because a \neq 0$), $6r^2 - r - 1 = 0$

   $(3r+1)(2r-1) = 0$ $\therefore r = \dfrac{1}{2}$ ($\because r > 0$)

639 답 ④

해결 각 잡기

등비수열 $\{a_n\}$의 공비를 r라 하면

$r(a_1 + a_3 + a_5 + \cdots + a_{19}) = a_2 + a_4 + a_6 + \cdots + a_{20}$

STEP 1 등비수열 $\{a_n\}$의 공비를 r, $a_1 + a_3 + a_5 + \cdots + a_{19} = A$라

하면

$a_2 + a_4 + a_6 + \cdots + a_{20} = rA$

$\displaystyle\sum_{k=1}^{20} a_k + \sum_{k=1}^{10} a_{2k} = 0$에서

$(A + rA) + rA = 0$, $(1+2r)A = 0$

$\therefore r = -\dfrac{1}{2}$ 또는 $A = 0$

STEP 2 (i) $r = -\dfrac{1}{2}$일 때

   $a_3 + a_4 = a_1 \times \left(-\dfrac{1}{2}\right)^2 + a_1 \times \left(-\dfrac{1}{2}\right)^3 = \dfrac{1}{8}a_1$

   즉, $\dfrac{1}{8}a_1 = 3$이므로 $a_1 = 24$

(ii) $A = 0$일 때

   $a_1 + a_3 + a_5 + \cdots + a_{19} = 0$이므로

   $a_1(1 + r^2 + r^4 + \cdots + r^{18}) = 0$

   $\therefore a_1 = 0$ ($\because 1 + r^2 + r^4 + \cdots + r^{18} \geq 1$)

   그런데 $a_1 = 0$이면 $a_3 + a_4 = 0$이므로 조건을 만족시키지 않는다.

(i), (ii)에서 $a_1 = 24$

등비수열 $\{a_n\}$의 공비를 r라 하면 $\sum\limits_{k=1}^{20} a_k + \sum\limits_{k=1}^{10} a_{2k} = 0$에서

$$\frac{a_1(r^{20}-1)}{r-1} + \frac{a_1 r(r^{20}-1)}{r^2-1} = 0$$

$$\frac{a_1(r^{20}-1)(2r+1)}{(r+1)(r-1)} = 0, \quad \frac{a_1(r^{10}+1)(r^5+1)(r^5-1)(2r+1)}{(r+1)(r-1)} = 0$$

$$\therefore a_1 = 0 \text{ 또는 } r = -\frac{1}{2}$$

(i) $a_1 = 0$일 때

　$a_3 + a_4 = 0$이므로 조건을 만족시키지 않는다.

(ii) $r = -\frac{1}{2}$일 때

　$a_3 + a_4 = a_1 \times \left(-\frac{1}{2}\right)^2 + a_1 \times \left(-\frac{1}{2}\right)^3 = \frac{1}{8}a_1$

　즉, $\frac{1}{8}a_1 = 3$이므로

　$a_1 = 24$

(i), (ii)에서 $a_1 = 24$

 # 참고

$r = 1$이면 $\sum\limits_{k=1}^{20} a_k + \sum\limits_{k=1}^{10} a_{2k} = 0$에서

　$20a_1 + 10a_1 = 0 \quad \therefore a_1 = 0$

따라서 $a_3 + a_4 = 0$이므로 조건을 만족시키지 않는다.

　$\therefore r \neq 1$

640 답 ④

해결 각 잡기

♡ 분수 꼴로 된 수열의 합은 부분분수를 이용하여 $\sum\left(\frac{1}{\square} - \frac{1}{\triangle}\right)$ 꼴로 변형하여 구한다.

♡ $\dfrac{1}{AB} = \dfrac{1}{B-A}\left(\dfrac{1}{A} - \dfrac{1}{B}\right)$ (단, $A \neq B$)

STEP 1 $\sum\limits_{k=1}^{n} \dfrac{a_{k+1} - a_k}{a_k a_{k+1}}$

$$= \sum\limits_{k=1}^{n}\left(\frac{1}{a_k} - \frac{1}{a_{k+1}}\right)$$

$$= \left(\frac{1}{a_1} - \frac{1}{a_2}\right) + \left(\frac{1}{a_2} - \frac{1}{a_3}\right) + \left(\frac{1}{a_3} - \frac{1}{a_4}\right) + \cdots + \left(\frac{1}{a_n} - \frac{1}{a_{n+1}}\right)$$

$$= \frac{1}{a_1} - \frac{1}{a_{n+1}} = -\frac{1}{4} - \frac{1}{a_{n+1}}$$

STEP 2 즉, $-\dfrac{1}{4} - \dfrac{1}{a_{n+1}} = \dfrac{1}{n}$이므로

$$\frac{1}{a_{n+1}} = -\frac{1}{n} - \frac{1}{4}, \quad \frac{1}{a_{n+1}} = \frac{-n-4}{4n}$$

$$\therefore a_{n+1} = \frac{4n}{-n-4}$$

STEP 3 위의 식에 $n = 12$를 대입하면

$$a_{13} = \frac{4 \times 12}{-12-4} = \frac{48}{-16} = -3$$

641 답 ①

STEP 1 $a_{k+1} = S_{k+1} - S_k$이므로

$$\sum\limits_{k=1}^{10} \frac{a_{k+1}}{S_k S_{k+1}}$$

$$= \sum\limits_{k=1}^{10} \frac{S_{k+1} - S_k}{S_k S_{k+1}}$$

$$= \sum\limits_{k=1}^{10}\left(\frac{1}{S_k} - \frac{1}{S_{k+1}}\right)$$

$$= \left(\frac{1}{S_1} - \frac{1}{S_2}\right) + \left(\frac{1}{S_2} - \frac{1}{S_3}\right) + \left(\frac{1}{S_3} - \frac{1}{S_4}\right) + \cdots + \left(\frac{1}{S_{10}} - \frac{1}{S_{11}}\right)$$

$$= \frac{1}{S_1} - \frac{1}{S_{11}} = \frac{1}{a_1} - \frac{1}{S_{11}}$$

$$= \frac{1}{2} - \frac{1}{S_{11}}$$

STEP 2 즉, $\dfrac{1}{2} - \dfrac{1}{S_{11}} = \dfrac{1}{3}$이므로

$$\frac{1}{S_{11}} = \frac{1}{6} \quad \therefore S_{11} = 6$$

642 답 ②

$$\sum\limits_{n=1}^{12} \frac{1}{a_n a_{n+1}}$$

$$= \sum\limits_{n=1}^{12} \frac{1}{(2n+1)(2n+3)}$$

$$= \sum\limits_{n=1}^{12} \frac{1}{2}\left(\frac{1}{2n+1} - \frac{1}{2n+3}\right)$$

$$= \frac{1}{2}\left\{\left(\frac{1}{3} - \frac{1}{5}\right) + \left(\frac{1}{5} - \frac{1}{7}\right) + \left(\frac{1}{7} - \frac{1}{9}\right) + \cdots + \left(\frac{1}{25} - \frac{1}{27}\right)\right\}$$

$$= \frac{1}{2}\left(\frac{1}{3} - \frac{1}{27}\right) = \frac{4}{27}$$

$a_n = 2n+1$이므로 수열 $\{a_n\}$은 공차가 2인 등차수열이다.

즉, $a_{n+1} - a_n = 2$이므로

$$\sum\limits_{n=1}^{12} \frac{1}{a_n a_{n+1}}$$

$$= \sum\limits_{n=1}^{12} \frac{1}{a_{n+1} - a_n}\left(\frac{1}{a_n} - \frac{1}{a_{n+1}}\right)$$

$$= \frac{1}{2}\left\{\left(\frac{1}{a_1} - \frac{1}{a_2}\right) + \left(\frac{1}{a_2} - \frac{1}{a_3}\right) + \left(\frac{1}{a_3} - \frac{1}{a_4}\right) \right.$$
$$\left. + \cdots + \left(\frac{1}{a_{12}} - \frac{1}{a_{13}}\right)\right\}$$

$$= \frac{1}{2}\left(\frac{1}{a_1} - \frac{1}{a_{13}}\right)$$

$$= \frac{1}{2}\left(\frac{1}{3} - \frac{1}{27}\right) = \frac{4}{27}$$

 # 참고

등차수열의 일반항과 공차

(1) 등차수열의 일반항: $a_n = (n$에 대한 일차식$)$

(2) 등차수열의 일반항이 $a_n = kn + l$일 때, 이 수열의 공차는 n의 계수인 k이다.

　$a_2 - a_1 = (2k+l) - (k+l) = k$

643 답 ⑤

STEP 1 $\displaystyle\sum_{k=1}^{10} S_k = \sum_{k=1}^{10} \frac{1}{k(k+1)} = \sum_{k=1}^{10}\left(\frac{1}{k} - \frac{1}{k+1}\right)$

$\qquad = \left(1 - \frac{1}{2}\right) + \left(\frac{1}{2} - \frac{1}{3}\right) + \left(\frac{1}{3} - \frac{1}{4}\right)$

$\qquad\qquad\qquad + \cdots + \left(\frac{1}{10} - \frac{1}{11}\right)$

$\qquad = 1 - \frac{1}{11} = \frac{10}{11}$

STEP 2 $\displaystyle\sum_{k=1}^{10} a_k = S_{10} = \frac{1}{10\times11} = \frac{1}{110}$

STEP 3 $\therefore \displaystyle\sum_{k=1}^{10}(S_k - a_k) = \sum_{k=1}^{10} S_k - \sum_{k=1}^{10} a_k = \frac{10}{11} - \frac{1}{110} = \frac{9}{10}$

다른 풀이

$\displaystyle\sum_{k=1}^{10}(S_k - a_k) = (S_1 - a_1) + \sum_{k=2}^{10}\{S_k - (S_k - S_{k-1})\}$

$\qquad = \displaystyle\sum_{k=2}^{10} S_{k-1} = \sum_{k=2}^{10}\frac{1}{(k-1)\times k}$

$\qquad = \displaystyle\sum_{k=2}^{10}\left(\frac{1}{k-1} - \frac{1}{k}\right)$

$\qquad = \left(1 - \frac{1}{2}\right) + \left(\frac{1}{2} - \frac{1}{3}\right) + \cdots + \left(\frac{1}{9} - \frac{1}{10}\right)$

$\qquad = 1 - \frac{1}{10} = \frac{9}{10}$

644 답 ①

STEP 1 등차수열 $\{a_n\}$의 공차를 d $(d \neq 0)$라 하면

$a_{n+1} - a_n = d$

$a_9 = 2a_3$에서 $a_1 + 8d = 2(a_1 + 2d)$

$a_1 + 8d = 2a_1 + 4d$ $\qquad \therefore a_1 = 4d$ $\quad\cdots\cdots$ ㉠

STEP 2 $\therefore \displaystyle\sum_{n=1}^{24}\frac{(a_{n+1}-a_n)^2}{a_n a_{n+1}}$

$= \displaystyle\sum_{n=1}^{24}\frac{d^2}{a_n a_{n+1}} = \sum_{n=1}^{24}\left\{d^2 \times \frac{1}{a_{n+1}-a_n} \times \left(\frac{1}{a_n} - \frac{1}{a_{n+1}}\right)\right\}$

$= \displaystyle\sum_{n=1}^{24}\left\{d^2 \times \frac{1}{d} \times \left(\frac{1}{a_n} - \frac{1}{a_{n+1}}\right)\right\} = d\sum_{n=1}^{24}\left(\frac{1}{a_n} - \frac{1}{a_{n+1}}\right)$

$= d\left\{\left(\frac{1}{a_1} - \frac{1}{a_2}\right) + \left(\frac{1}{a_2} - \frac{1}{a_3}\right) + \left(\frac{1}{a_3} - \frac{1}{a_4}\right)\right.$

$\qquad\qquad\qquad\qquad\left. + \cdots + \left(\frac{1}{a_{24}} - \frac{1}{a_{25}}\right)\right\}$

$= d\left(\frac{1}{a_1} - \frac{1}{a_{25}}\right) = d \times \frac{a_{25} - a_1}{a_1 a_{25}}$

$= d \times \frac{24d}{a_1(a_1 + 24d)} = \frac{24d^2}{4d \times 28d}$ $(\because$ ㉠$)$

$= \frac{3}{14}$

645 답 ①

STEP 1 등차수열 $\{a_n\}$의 첫째항이 1, 공차가 3이므로

$a_{k+1} - a_k = 3$, $a_n = 1 + (n-1)\times 3 = 3n - 2$

STEP 2 $\therefore \displaystyle\sum_{k=1}^{10}\frac{1}{a_k a_{k+1}}$

$= \displaystyle\sum_{k=1}^{10}\frac{1}{a_{k+1}-a_k}\left(\frac{1}{a_k} - \frac{1}{a_{k+1}}\right)$

$= \frac{1}{3}\displaystyle\sum_{k=1}^{10}\left(\frac{1}{a_k} - \frac{1}{a_{k+1}}\right)$

$= \frac{1}{3}\left\{\left(\frac{1}{a_1} - \frac{1}{a_2}\right) + \left(\frac{1}{a_2} - \frac{1}{a_3}\right) + \left(\frac{1}{a_3} - \frac{1}{a_4}\right)\right.$

$\qquad\qquad\qquad\qquad\left. + \cdots + \left(\frac{1}{a_{10}} - \frac{1}{a_{11}}\right)\right\}$

$= \frac{1}{3}\left(\frac{1}{a_1} - \frac{1}{a_{11}}\right) = \frac{1}{3}\left(1 - \frac{1}{31}\right) = \frac{10}{31}$

646 답 ④

STEP 1 다항식 $x^3 + (1-n)x^2 + n$을 $x-n$으로 나누었을 때의 나머지는 나머지정리에 의하여

$a_n = n^3 + (1-n)n^2 + n = n^2 + n = n(n+1)$

STEP 2 $\therefore \displaystyle\sum_{n=1}^{10}\frac{1}{a_n}$

$= \displaystyle\sum_{n=1}^{10}\frac{1}{n(n+1)}$

$= \displaystyle\sum_{n=1}^{10}\left(\frac{1}{n} - \frac{1}{n+1}\right)$

$= \left(1 - \frac{1}{2}\right) + \left(\frac{1}{2} - \frac{1}{3}\right) + \left(\frac{1}{3} - \frac{1}{4}\right) + \cdots + \left(\frac{1}{10} - \frac{1}{11}\right)$

$= 1 - \frac{1}{11} = \frac{10}{11}$

647 답 ⑤

STEP 1 $a_n = {}^{n+1}\!\sqrt{{}^{n+2}\!\sqrt{4}} = 2^{\frac{2}{(n+1)(n+2)}}$

STEP 2 $\therefore \displaystyle\sum_{k=1}^{10}\log_2 a_k$

$= \displaystyle\sum_{k=1}^{10}\log_2 2^{\frac{2}{(k+1)(k+2)}} = \sum_{k=1}^{10}\frac{2}{(k+1)(k+2)}$

$= 2\displaystyle\sum_{k=1}^{10}\left(\frac{1}{k+1} - \frac{1}{k+2}\right)$

$= 2\left\{\left(\frac{1}{2} - \frac{1}{3}\right) + \left(\frac{1}{3} - \frac{1}{4}\right) + \left(\frac{1}{4} - \frac{1}{5}\right) + \cdots + \left(\frac{1}{11} - \frac{1}{12}\right)\right\}$

$= 2\left(\frac{1}{2} - \frac{1}{12}\right) = \frac{5}{6}$

648 답 ②

STEP 1 등차수열 $\{a_n\}$의 첫째항이 4, 공차가 1이므로

$a_{k+1}-a_k=1$

$a_n=4+(n-1)\times 1=n+3$

STEP 2 $\therefore \displaystyle\sum_{k=1}^{12}\frac{1}{\sqrt{a_{k+1}}+\sqrt{a_k}}$

$=\displaystyle\sum_{k=1}^{12}\frac{\sqrt{a_{k+1}}-\sqrt{a_k}}{(\sqrt{a_{k+1}}+\sqrt{a_k})(\sqrt{a_{k+1}}-\sqrt{a_k})}$

$=\displaystyle\sum_{k=1}^{12}\frac{\sqrt{a_{k+1}}-\sqrt{a_k}}{a_{k+1}-a_k}$

$=\displaystyle\sum_{k=1}^{12}(\sqrt{a_{k+1}}-\sqrt{a_k})$

$=(\sqrt{a_2}-\sqrt{a_1})+(\sqrt{a_3}-\sqrt{a_2})+(\sqrt{a_4}-\sqrt{a_3})$
$\qquad\qquad\qquad +\cdots+(\sqrt{a_{13}}-\sqrt{a_{12}})$

$=\sqrt{a_{13}}-\sqrt{a_1}$

$=\sqrt{16}-\sqrt{4}$

$=4-2=2$

649 답 ④

STEP 1 등차수열 $\{a_n\}$의 첫째항과 공차를 모두 $a\,(a>0)$라 하면

$a_{k+1}-a_k=a$

$a_n=a+(n-1)\times a=an$

STEP 2 $\therefore \displaystyle\sum_{k=1}^{15}\frac{1}{\sqrt{a_k}+\sqrt{a_{k+1}}}$

$=\displaystyle\sum_{k=1}^{15}\frac{\sqrt{a_{k+1}}-\sqrt{a_k}}{(\sqrt{a_{k+1}}+\sqrt{a_k})(\sqrt{a_{k+1}}-\sqrt{a_k})}$

$=\displaystyle\sum_{k=1}^{15}\frac{\sqrt{a_{k+1}}-\sqrt{a_k}}{a_{k+1}-a_k}$

$=\displaystyle\sum_{k=1}^{15}\frac{\sqrt{a_{k+1}}-\sqrt{a_k}}{a}$

$=\dfrac{1}{a}\{(\sqrt{a_2}-\sqrt{a_1})+(\sqrt{a_3}-\sqrt{a_2})+(\sqrt{a_4}-\sqrt{a_3})$
$\qquad\qquad\qquad +\cdots+(\sqrt{a_{16}}-\sqrt{a_{15}})\}$

$=\dfrac{1}{a}(\sqrt{a_{16}}-\sqrt{a_1})$

$=\dfrac{1}{a}(\sqrt{16a}-\sqrt{a})=\dfrac{3\sqrt{a}}{a}$

STEP 3 즉, $\dfrac{3\sqrt{a}}{a}=2$이므로

$\dfrac{9}{a}=4$ $\qquad \therefore a=\dfrac{9}{4}$

따라서 $a_n=\dfrac{9}{4}n$이므로

$a_4=\dfrac{9}{4}\times 4=9$

650 답 ②

$\displaystyle\sum_{n=1}^{99}a_n=\sum_{n=1}^{99}\log\left(1+\frac{1}{n}\right)$

$\qquad =\displaystyle\sum_{n=1}^{99}\log\frac{n+1}{n}$

$\qquad =\log\dfrac{2}{1}+\log\dfrac{3}{2}+\log\dfrac{4}{3}+\cdots+\log\dfrac{100}{99}$

$\qquad =\log\left(\dfrac{2}{1}\times\dfrac{3}{2}\times\dfrac{4}{3}\times\cdots\times\dfrac{100}{99}\right)$

$\qquad =\log 100=2$

651 답 ④

STEP 1 $\displaystyle\sum_{k=50}^{m}a_k=\sum_{k=50}^{m}\{\log(k+1)-\log k\}$

$\qquad =\displaystyle\sum_{k=50}^{m}\log\frac{k+1}{k}$

$\qquad =\log\dfrac{51}{50}+\log\dfrac{52}{51}+\log\dfrac{53}{52}+\cdots+\log\dfrac{m+1}{m}$

$\qquad =\log\left(\dfrac{51}{50}\times\dfrac{52}{51}\times\dfrac{53}{52}\times\cdots\times\dfrac{m+1}{m}\right)$

$\qquad =\log\dfrac{m+1}{50}$

STEP 2 즉, $\log\dfrac{m+1}{50}=\log\dfrac{49}{25}$이므로

$\dfrac{m+1}{50}=\dfrac{49}{25},\ m+1=98$

$\therefore m=97$

다른 풀이 **STEP 1**

$\displaystyle\sum_{k=50}^{m}a_k=\sum_{k=50}^{m}\{\log(k+1)-\log k\}$

$\qquad =(\log 51-\log 50)+(\log 52-\log 51)$
$\qquad\qquad +(\log 53-\log 52)+\cdots+\{\log(m+1)-\log m\}$

$\qquad =-\log 50+\log(m+1)$

$\qquad =\log\dfrac{m+1}{50}$

652 답 ①

STEP 1 $n=1, 2, 3, 4, \cdots$일 때, $\dfrac{n(n+1)}{2}$의 값은

$1, 3, 6, 10, 15, 21, 28, 36, \cdots$

이므로 홀수, 짝수가 두 번씩 반복된다.

따라서 $n=1, 2, 3, 4, \cdots$일 때, $a_n=(-1)^{\frac{n(n+1)}{2}}$의 값은

$-1, -1, 1, 1, -1, -1, 1, 1, \cdots$

이므로 -1, 1이 두 번씩 반복된다.

STEP 2 $\therefore \displaystyle\sum_{n=1}^{2010} na_n$

$\begin{aligned}
&= \{(-1)+(-2)+3+4\}+\{(-5)+(-6)+7+8\} \\
&\qquad + \cdots + \{(-2005)+(-2006)+2007+2008\} \\
&\qquad\qquad\qquad\qquad\qquad + (-2009)+(-2010) \\
&= \underbrace{4+4+\cdots+4}_{502\text{개}}+(-2009)+(-2010) \\
&= 4 \times 502 + (-2009)+(-2010) = -2011
\end{aligned}$

다른 풀이 **STEP 1**

n이 4의 배수이면 $\dfrac{n(n+1)}{2}$은 짝수이므로 자연수 k에 대하여

(i) $n=4k-3$ 꼴일 때

$4k-3$, $2k-1$은 모두 홀수이므로

$a_n = (-1)^{\frac{(4k-3)(4k-2)}{2}} = (-1)^{(4k-3)(2k-1)} = -1$

(ii) $n=4k-2$ 꼴일 때

$2k-1$, $4k-1$은 모두 홀수이므로

$a_n = (-1)^{\frac{(4k-2)(4k-1)}{2}} = (-1)^{(2k-1)(4k-1)} = -1$

(iii) $n=4k-1$ 꼴일 때

$4k-1$은 홀수, $2k$는 짝수이므로

$a_n = (-1)^{\frac{(4k-1)\times 4k}{2}} = (-1)^{(4k-1)\times 2k} = 1$

(iv) $n=4k$ 꼴일 때

$2k$는 짝수, $4k+1$은 홀수이므로

$a_n = (-1)^{\frac{4k(4k+1)}{2}} = (-1)^{2k(4k+1)} = 1$

(i)~(iv)에 의하여

$\{a_n\}$: -1, -1, 1, 1, -1, -1, 1, 1, $\cdots$

653 답 256

STEP 1 $\{a_n\}$: $\dfrac{\sqrt{2}}{2}$, 1, $\dfrac{\sqrt{2}}{2}$, 0, $-\dfrac{\sqrt{2}}{2}$, -1, $-\dfrac{\sqrt{2}}{2}$, 0, $\cdots$

$\therefore \{a_n{}^2\}$: $\dfrac{1}{2}$, 1, $\dfrac{1}{2}$, 0, $\dfrac{1}{2}$, 1, $\dfrac{1}{2}$, 0, $\cdots$

자연수 k에 대하여

(i) $n=2k-1$일 때

$a_n{}^2 = a_{2k-1}{}^2 = \dfrac{1}{2}$

(ii) $n=4k-2$일 때

$a_n{}^2 = a_{4k-2}{}^2 = 1$

(iii) $n=4k$일 때

$a_n{}^2 = a_{4k}{}^2 = 0$

STEP 2 (i), (ii), (iii)에 의하여

$\begin{aligned}
\sum_{n=1}^{32} na_n{}^2 &= \frac{1}{2}(1+3+5+\cdots+31)+1\times(2+6+10+\cdots+30) \\
&= \frac{1}{2}\sum_{k=1}^{16}(2k-1)+\sum_{k=1}^{8}(4k-2) \\
&= \frac{1}{2}\left(2\times\frac{16\times17}{2}-16\right)+\left(4\times\frac{8\times9}{2}-2\times8\right) \\
&= 128+128 = 256
\end{aligned}$

654 답 ⑤

STEP 1 함수 $f(x)$가 모든 실수 x에 대하여 $f(x+1)=f(x)$이므로 함수 $y=f(x)$의 그래프는 $0<x\leq1$에서의 함수 $y=f(x)$의 그래프가 반복하여 나타난다.

즉, 함수 $f(x)$는 모든 실수 x에서

$f(x) = \begin{cases} 3 & (x\text{가 정수가 아닐 때}) \\ 1 & (x\text{가 정수일 때}) \end{cases}$

이므로 $f(\sqrt{k})$의 값은 다음과 같다.

(i) $\sqrt{k}$가 정수일 때, 즉 $k=1$, 4, 9, 16, 25, $\cdots$일 때

$f(\sqrt{k})=1$이므로

$\dfrac{k\times f(\sqrt{k})}{3} = \dfrac{1}{3}k$

(ii) $\sqrt{k}$가 정수가 아닐 때, 즉 $k\neq1$, 4, 9, 16, 25, $\cdots$일 때

$f(\sqrt{k})=3$이므로

$\dfrac{k\times f(\sqrt{k})}{3} = k$

STEP 2 (i), (ii)에 의하여

$\begin{aligned}
&\sum_{k=1}^{20} \frac{k\times f(\sqrt{k})}{3} \\
&= \frac{1}{3}(1+4+9+16) \\
&\qquad +(2+3+5+\cdots+8+10+\cdots+15+17+\cdots+20) \\
&= (1+2+3+\cdots+20)-\frac{2}{3}(1+4+9+16) \\
&= \frac{20\times21}{2}-\frac{2}{3}\times30 \\
&= 210-20 = 190
\end{aligned}$

655 답 46

STEP 1 집합 $A_n = \{x \mid (x-n)(x-2n+1)\leq0\}$에서

$(x-n)(x-2n+1)\leq0$

$\therefore n\leq x\leq 2n-1$

$\therefore A_n = \{x \mid n\leq x\leq 2n-1\}$

STEP 2 $25\in A_n$이면 $n\leq25\leq2n-1$이므로

$13\leq n\leq25$

$\therefore a_n = \begin{cases} -1 & (1\leq n\leq12 \text{ 또는 } n\geq26) \\ 1 & (13\leq n\leq25) \end{cases}$

STEP 3 $\displaystyle\sum_{k=1}^{m} a_k = -20$에서

$m\geq26$이므로

$\rule{0.5cm}{0.4pt}$ $m=25$일 때 $\displaystyle\sum_{k=1}^{25} a_k = (-1)\times12+1\times13 = 1$

$\begin{aligned}
\sum_{k=1}^{m} a_k &= \sum_{k=1}^{12} a_k + \sum_{k=13}^{25} a_k + \sum_{k=26}^{m} a_k \\
&= (-1)\times12+1\times13+(-1)\times(m-25) \\
&= -m+26
\end{aligned}$

즉, $-m+26=-20$이므로

$m=46$

656 답 ①

STEP 1 $a_1+a_5=a_2+a_4=2a_3$이므로

$\sum_{k=1}^{5} a_k=a_1+a_2+a_3+a_4+a_5=30$에서

$2a_3+a_3+2a_3=30$

$5a_3=30$ ∴ $a_3=6$

STEP 2 ∴ $a_2+a_4=2a_3=2\times6=12$

657 답 ②

STEP 1 이차방정식 $x^2-14x+24=0$의 두 근이 a_3, a_8이므로 이차방정식의 근과 계수의 관계에 의하여

$a_3+a_8=14$

STEP 2 $a_3+a_8=a_4+a_7=a_5+a_6=14$이므로

$\sum_{n=3}^{8} a_n=a_3+a_4+a_5+a_6+a_7+a_8$

$\qquad =(a_3+a_8)+(a_4+a_7)+(a_5+a_6)$

$\qquad =14\times3=42$

다른 풀이 **STEP 2**

$\sum_{n=3}^{8} a_n$의 값은 첫째항이 a_3, 끝항이 a_8, 항수가 6인 등차수열의 합과 같으므로

$\sum_{n=3}^{8} a_n=\dfrac{6(a_3+a_8)}{2}=\dfrac{6\times14}{2}=42$

658 답 ①

STEP 1 $\sum_{k=1}^{20} a_{2k}-\sum_{k=1}^{12} a_{2k+8}$

$=(a_2+a_4+a_6+\cdots+a_{40})-(a_{10}+a_{12}+a_{14}+\cdots+a_{32})$

$=a_2+a_4+a_6+a_8+a_{34}+a_{36}+a_{38}+a_{40}$

STEP 2 이때 $a_2+a_{40}=a_4+a_{38}=a_6+a_{36}=a_8+a_{34}=2a_{21}$이므로

$\sum_{k=1}^{20} a_{2k}-\sum_{k=1}^{12} a_{2k+8}=(a_2+a_{40})+(a_4+a_{38})+(a_6+a_{36})+(a_8+a_{34})$

$\qquad\qquad\qquad\qquad =2a_{21}+2a_{21}+2a_{21}+2a_{21}=8a_{21}$

즉, $8a_{21}=48$이므로 $a_{21}=6$

이때 $a_3+a_{39}=2a_{21}$, $a_3=1$이므로

$1+a_{39}=2\times6$

∴ $a_{39}=11$

659 답 26

STEP 1 조건 ㈎, ㈏에서

$(a_1+a_m)+(a_2+a_{m-1})+(a_3+a_{m-2})=159+96=255$

이고, $a_1+a_m=a_2+a_{m-1}=a_3+a_{m-2}$이므로

$3(a_1+a_m)=255$

∴ $a_1+a_m=85$

조건 ㈏에서 $\sum_{k=1}^{m} a_k=425=85\times5$이므로

$m=10$

∴ $a_8+a_9+a_{10}=96$ ······ ㉠

STEP 2 등차수열 $\{a_n\}$의 공차를 d라 하면

$a_8+a_9+a_{10}=(a_1+7d)+(a_2+7d)+(a_3+7d)$

$\qquad\qquad\qquad =a_1+a_2+a_3+21d$

이므로

$96=159+21d$ (∵ ㉠, 조건 ㈎)

$21d=-63$

∴ $d=-3$

STEP 3 조건 ㈎에서

$a_1+a_2+a_3=a_1+(a_1-3)+(a_1-6)=159$이므로

$3a_1=168$

∴ $a_1=56$

∴ $a_{11}=56+10\times(-3)=26$

다른 풀이

등차수열 $\{a_n\}$의 공차를 d라 하면 조건 ㈎에서

$a_1+(a_1+d)+(a_1+2d)=159$

∴ $a_1+d=53$ ······ ㉡

조건 ㈏에서

$(a_m-2d)+(a_m-d)+a_m=96$

∴ $a_m-d=32$ ······ ㉢

㉡+㉢을 하면

$a_1+a_m=85$ ······ ㉣

조건 ㈏에서 $\sum_{k=1}^{m} a_k=\dfrac{m(a_1+a_m)}{2}=\dfrac{m\times85}{2}=425$이므로

$m=10$

㉣에서 $a_1+(a_1+9d)=85$

$2a_1+9d=85$ ······ ㉤

ⓛ, ⓜ을 연립하여 풀면

$a_1=56$, $d=-3$

$\therefore a_{11}=56+10\times(-3)=26$

660　답 25

등차수열 $\{a_n\}$의 공차를 d라 하고 $\sum_{k=1}^{6}(|a_k|+a_k)=30$에서 $d\leq0$
인 경우와 $d>0$인 경우로 나누어 생각한다.

STEP 1 $2a_4=a_3+a_5=0$이므로

$a_4=0$

등차수열 $\{a_n\}$의 공차를 d (d는 정수)라 하면

$\{a_n\}$: $-3d$, $-2d$, $-d$, 0, d, $2d$, $\cdots$

STEP 2 (i) $d\leq0$일 때

$\{|a_n|\}$: $-3d$, $-2d$, $-d$, 0, $-d$, $-2d$, $\cdots$

이므로

$\{|a_n|+a_n\}$: $-6d$, $-4d$, $-2d$, 0, 0, 0, $\cdots$

$\therefore \sum_{k=1}^{6}(|a_k|+a_k)=-6d+(-4d)+(-2d)+0+0+0$

$\qquad\qquad\qquad\qquad=-12d$

즉, $-12d=30$이므로

$d=-\dfrac{5}{2}$

이때 $-\dfrac{5}{2}$는 정수가 아니므로 주어진 조건을 만족시키지 않는다.

STEP 3 (ii) $d>0$일 때

$\{|a_n|\}$: $3d$, $2d$, d, 0, d, $2d$, $\cdots$

이므로

$\{|a_n|+a_n\}$: 0, 0, 0, 0, $2d$, $4d$, $\cdots$

$\therefore \sum_{k=1}^{6}(|a_k|+a_k)=0+0+0+0+2d+4d=6d$

즉, $6d=30$이므로

$d=5$

STEP 4 (i), (ii)에서 $d=5$

$\therefore a_9=a_4+5d=0+5\times5=25$

661　답 ②

○ a_6의 값과 공차가 모두 정수이므로 등차수열 $\{a_n\}$의 모든 항은
정수이다.

○ $a_6=-2$이고 공차가 음의 정수이므로 a_5의 값은 -1 또는 음이
아닌 정수이다.

STEP 1 등차수열 $\{a_n\}$의 첫째항을 a, 공차를 d ($d<0$)라 하면

$a_6=a+5d=-2$ ...... ㉠

또, $a_6=-2<0$, $d<0$이므로 $a_5>-2$이고 a_7, a_8, a_9, $\cdots$는 모두
음수이다.

STEP 2 (i) $a_5=-1$일 때

$d=a_6-a_5=-2-(-1)=-1$이므로 ㉠에서

$a-5=-2$

$\therefore a=3$

이때 $\sum_{k=1}^{8}a_k=\dfrac{8\{2\times3+7\times(-1)\}}{2}=-4$,

$\sum_{k=1}^{8}|a_k|=3+2+1+0+1+2+3+4=16$이므로

$\sum_{k=1}^{8}|a_k|\neq\sum_{k=1}^{8}a_k+42$

STEP 3 (ii) a_5가 음이 아닌 정수일 때

$n\leq5$일 때 $a_n\geq0$, $n\geq6$일 때 $a_n<0$이므로

$\sum_{k=1}^{8}|a_k|=\sum_{k=1}^{8}a_k+42$에서

$a_1+\cdots+a_5-a_6-a_7-a_8=a_1+\cdots+a_8+42$

$-a_6-a_7-a_8=a_6+a_7+a_8+42$

$\therefore a_6+a_7+a_8=-21$

$(a+5d)+(a+6d)+(a+7d)=-21$

$3a+18d=-21$

$\therefore a+6d=-7$ ...... ㉡

㉠, ㉡을 연립하여 풀면

$a=23$, $d=-5$

STEP 4 (i), (ii)에서 $a=23$, $d=-5$이므로

$\sum_{k=1}^{8}a_k=\dfrac{8\{2\times23+7\times(-5)\}}{2}=44$

662　답 55

○ $\sum_{k=1}^{10}a_k+\sum_{k=1}^{10}b_k=\sum_{k=1}^{10}(a_k+b_k)$

○ $a_n=an+b$, $b_n=cn+d$이면 $a_n+b_n=(a+c)n+(b+d)$이므로
두 수열 $\{a_n\}$, $\{b_n\}$이 모두 등차수열이면 수열 $\{a_n+b_n\}$도 등차
수열이다.

STEP 1 두 수열 $\{a_n\}$, $\{b_n\}$이 모두 등차수열이므로 수열 $\{a_n+b_n\}$
도 등차수열이다.

$a_n+b_n=c_n$이라 하고 수열 $\{c_n\}$의 공차를 d라 하면

$c_1=a_1+b_1=45$

STEP 2 $\therefore \sum_{k=1}^{10}a_k+\sum_{k=1}^{10}b_k=\sum_{k=1}^{10}(a_k+b_k)$

$\qquad\qquad\qquad\qquad=\sum_{k=1}^{10}c_k$

$\qquad\qquad\qquad\qquad=\dfrac{10(2\times45+9\times d)}{2}$

$\qquad\qquad\qquad\qquad=45d+450$

즉, $45d+450=500$이므로

$45d=50$

$\therefore 9d=10$

STEP 3 $\therefore a_{10}+b_{10}=c_{10}=45+9d$

$=45+10=55$

663 답 ①

$a_n=an+b$, $b_n=cn+d$이면 $a_n-b_n=(a-c)n+(b-d)$이므로 두 수열 $\{a_n\}$, $\{b_n\}$이 모두 등차수열이면 수열 $\{a_n-b_n\}$도 등차수열이다.

→ 이때 두 등차수열 $\{a_n\}$, $\{b_n\}$의 공차가 모두 정수이므로 등차수열 $\{a_n-b_n\}$의 공차도 정수이다.

STEP 1 두 수열 $\{a_n\}$, $\{b_n\}$이 모두 등차수열이므로 수열 $\{a_n-b_n\}$도 등차수열이다.

$a_n-b_n=c_n$이라 하고 수열 $\{c_n\}$의 공차를 d (d는 정수)라 하면

조건 (가)에서

$|c_1|=|a_1-b_1|=5$ ...... ㉠

조건 (나)에 의하여

$c_m=a_m-b_m=0$, $c_{m+1}=a_{m+1}-b_{m+1}<0$

이므로

$d<0$

즉, $c_m=0$ ($m\geq3$)이고 $d<0$이므로

$c_1>0$ $\therefore c_1=5$ ($\because$ ㉠)

STEP 2 $c_m=5+(m-1)d=0$에서

$(m-1)d=-5$

이때 $m-1\geq2$이고 d는 정수이므로

$m-1=5$, 즉 $m=6$이고, $d=-1$

STEP 3 이때 $\sum\limits_{k=1}^{m}a_k=9$이고,

$\sum\limits_{k=1}^{m}c_k=\sum\limits_{k=1}^{6}c_k=\dfrac{6\{2\times5+5\times(-1)\}}{2}=15$이므로

$\sum\limits_{k=1}^{m}c_k=\sum\limits_{k=1}^{m}(a_k-b_k)=\sum\limits_{k=1}^{m}a_k-\sum\limits_{k=1}^{m}b_k$에서

$15=9-\sum\limits_{k=1}^{m}b_k$

$\therefore \sum\limits_{k=1}^{m}b_k=-6$

664 답 24

수열 $\{a_n\}$은 등차수열이므로 모든 자연수 n에 대하여

$a_{2n}-a_{2n-1}=(공차)$

STEP 1 등차수열 $\{a_n\}$의 공차를 d라 하면 $a_{26}=30$에서

$a_1+25d=30$

$\therefore a_1=30-25d$ ...... ㉠

STEP 2 또, 모든 자연수 n에 대하여 $a_{2n}-a_{2n-1}=d$이므로

$\sum\limits_{n=1}^{13}\{(a_{2n})^2-(a_{2n-1})^2\}$

$=\sum\limits_{n=1}^{13}(a_{2n}+a_{2n-1})(a_{2n}-a_{2n-1})$

$=\sum\limits_{n=1}^{13}d(a_{2n}+a_{2n-1})$

$=d\{(a_2+a_1)+(a_4+a_3)+(a_6+a_5)+\cdots+(a_{26}+a_{25})\}$

$=d(a_1+a_2+a_3+\cdots+a_{26})$

$=d\times\dfrac{26(a_1+a_{26})}{2}$

$=d\times\dfrac{26(a_1+30)}{2}$ ($\because a_{26}=30$)

$=13d(a_1+30)$

즉, $13d(a_1+30)=260$이므로

$d(a_1+30)=20$ ...... ㉡

STEP 3 ㉠을 ㉡에 대입하면

$d(30-25d+30)=20$

$25d^2-60d+20=0$, $5d^2-12d+4=0$

$(5d-2)(d-2)=0$

$\therefore d=\dfrac{2}{5}$ 또는 $d=2$

STEP 4 (i) $d=\dfrac{2}{5}$일 때

$d=\dfrac{2}{5}$를 ㉠에 대입하면

$a_1=30-25\times\dfrac{2}{5}=30-10=20$

(ii) $d=2$일 때

$d=2$를 ㉠에 대입하면

$a_1=30-25\times2=30-50=-20<0$

즉, 주어진 조건을 만족시키지 않는다.

(i), (ii)에서 $d=\dfrac{2}{5}$, $a_1=20$

$\therefore a_{11}=20+10\times\dfrac{2}{5}=20+4=24$

665 답 29

수열 $\{a_n\}$은 등차수열이므로 모든 자연수 n에 대하여

$a_{n+1}-a_n=(공차)$

STEP 1 수열 $\{a_n\}$은 공차가 2인 등차수열이므로 모든 자연수 n에 대하여

$a_{n+1}-a_n=2$

$$\sum_{k=1}^{m} a_{k+1} - \sum_{k=1}^{m} (a_k + m) = 240 - 360 = -120$$이므로

$$\sum_{k=1}^{m} (a_{k+1} - a_k - m) = -120$$

$$\sum_{k=1}^{m} (2 - m) = -120$$

$$m(2 - m) = -120$$

$$m^2 - 2m - 120 = 0$$

$$(m + 10)(m - 12) = 0$$

$$\therefore m = 12 \ (\because m\text{은 자연수})$$

STEP 2 $\therefore \displaystyle\sum_{k=1}^{m} (a_k + m) = \sum_{k=1}^{12} (a_k + 12)$

$$= \frac{12(2a_1 + 11 \times 2)}{2} + 12 \times 12$$

$$= 12a_1 + 132 + 144$$

$$= 12a_1 + 276$$

즉, $12a_1 + 276 = 360$이므로

$$12a_1 = 84 \qquad \therefore a_1 = 7$$

$$\therefore a_m = a_{12} = 7 + 11 \times 2 = 29$$

666 답 ②

STEP 1 등차수열 $\{a_n\}$의 공차를 $d \ (d > 0)$라 하면 $a_5 = 5$이므로

$$a_3 = 5 - 2d, \ a_4 = 5 - d, \ a_6 = 5 + d, \ a_7 = 5 + 2d$$

$$\therefore 2a_3 - 10 = -4d, \ 2a_4 - 10 = -2d, \ 2a_5 - 10 = 0,$$

$$2a_6 - 10 = 2d, \ 2a_7 - 10 = 4d$$

STEP 2 $\therefore \displaystyle\sum_{k=3}^{7} |2a_k - 10| = |-4d| + |-2d| + 0 + |2d| + |4d|$

$$= 4d + 2d + 0 + 2d + 4d \ (\because d > 0)$$

$$= 12d$$

즉, $12d = 20$이므로 $d = \dfrac{5}{3}$

STEP 3 $\therefore a_6 = a_5 + d = 5 + \dfrac{5}{3} = \dfrac{20}{3}$

667 답 ①

STEP 1 $|a_6| = a_8$에서 $a_6 = a_8$ 또는 $-a_6 = a_8$

이때 $a_6 = a_8$이면 등차수열 $\{a_n\}$의 공차가 0이므로

$$a_6 \neq a_8$$

$$\therefore -a_6 = a_8 \qquad \cdots\cdots \ \bigcirc$$

또, $|a_6| = a_8$에서 $a_8 \geq 0$이므로

$$a_6 < 0 < a_8$$

즉, 등차수열 $\{a_n\}$의 공차는 양수이다.

STEP 2 등차수열 $\{a_n\}$의 공차를 $d \ (d > 0)$라 하면 $\bigcirc$에서

$$-(a_1 + 5d) = a_1 + 7d$$

$$-2a_1 = 12d$$

$$\therefore a_1 = -6d \qquad \cdots\cdots \ \bigcirc$$

STEP 3 한편, 모든 자연수 n에 대하여 $a_{n+1} - a_n = d$이므로

$$\sum_{k=1}^{5} \frac{1}{a_k a_{k+1}} = \sum_{k=1}^{5} \frac{1}{a_{k+1} - a_k} \left(\frac{1}{a_k} - \frac{1}{a_{k+1}} \right)$$

$$= \sum_{k=1}^{5} \frac{1}{d} \left(\frac{1}{a_k} - \frac{1}{a_{k+1}} \right)$$

$$= \frac{1}{d} \left\{ \left(\frac{1}{a_1} - \frac{1}{a_2} \right) + \left(\frac{1}{a_2} - \frac{1}{a_3} \right) + \left(\frac{1}{a_3} - \frac{1}{a_4} \right) \right.$$

$$\left. + \left(\frac{1}{a_4} - \frac{1}{a_5} \right) + \left(\frac{1}{a_5} - \frac{1}{a_6} \right) \right\}$$

$$= \frac{1}{d} \left(\frac{1}{a_1} - \frac{1}{a_6} \right)$$

$$= \frac{1}{d} \left(\frac{1}{a_1} - \frac{1}{a_1 + 5d} \right)$$

$$= \frac{1}{d} \left(\frac{1}{-6d} - \frac{1}{-6d + 5d} \right) \ (\because \bigcirc)$$

$$= \frac{1}{d} \left(-\frac{1}{6d} + \frac{1}{d} \right)$$

$$= \frac{5}{6d^2}$$

즉, $\dfrac{5}{6d^2} = \dfrac{5}{96}$이므로

$$d^2 = 16$$

$$\therefore d = 4 \ (\because d > 0)$$

STEP 4 $d = 4$를 $\bigcirc$에 대입하면

$$a_1 = -6 \times 4 = -24$$

$$\therefore \sum_{k=1}^{15} a_k = \frac{15\{2 \times (-24) + 14 \times 4\}}{2} = 60$$

668 답 ②

STEP 1 등차수열 $\{a_n\}$의 첫째항을 a, 공차를 $d \ (d > 0)$라 하면

조건 (나)에서 $\displaystyle\sum_{k=1}^{9} a_k = 27$이므로

$$\frac{9(2a + 8d)}{2} = 27$$

$$\therefore a + 4d = 3$$

$$\therefore a_5 = a + 4d = 3 \qquad \cdots\cdots \ \bigcirc$$

STEP 2 $a_5 > 0$이고 $d > 0$이므로 $a_6 > 0$

조건 (가)에서

(i) $a_4 \geq 0$일 때

$$|a_4| + |a_6| = a_4 + a_6 = (a + 3d) + (a + 5d) = 2a + 8d$$

즉, $2a + 8d = 8$이므로

$$a + 4d = 4$$

이때 $\bigcirc$을 만족시키지 않는다.

(ii) $a_4 < 0$일 때

$$|a_4| + |a_6| = -a_4 + a_6 = -(a + 3d) + a + 5d = 2d$$

즉, $2d = 8$이므로

$$d = 4$$

STEP 3 (i), (ii)에서 $d = 4$이므로

$$a_{10} = a_5 + 5d = 3 + 5 \times 4 = 23$$

669 답 ③

STEP 1 공차가 5인 등차수열 $\{a_n\}$의 첫째항을 a라 하자.

조건 (가)에서 $\sum\limits_{k=1}^{2m+1} a_k < 0$이므로

$$\frac{(2m+1)(2a+2m\times5)}{2} < 0$$

$\therefore (2m+1)(a+5m) < 0$

이때 $2m+1 > 0$이므로

$a+5m < 0$

$\therefore a_{m+1} = a+5m < 0$

STEP 2 (i) $a_{m+1} = -1$일 때

$a_m = a_{m+1}-5 = -1-5 = -6$,

$a_{m+2} = a_{m+1}+5 = -1+5 = 4$이므로

$|a_m|+|a_{m+1}|+|a_{m+2}| = 6+1+4 = 11$

즉, 조건 (나)를 만족시킨다.

이때 $a_{m+6} = a_{m+2}+4\times5 = 4+20 = 24$,

$a_{m+7} = a_{m+6}+5 = 24+5 = 29$

이므로 24보다 크고 29보다 작은 항이 존재하지 않는다.

(ii) $a_{m+1} = -2$일 때

$a_m = a_{m+1}-5 = -2-5 = -7$,

$a_{m+2} = a_{m+1}+5 = -2+5 = 3$이므로

$|a_m|+|a_{m+1}|+|a_{m+2}| = 7+2+3 = 12$

즉, 조건 (나)를 만족시킨다.

이때 $a_{m+6} = a_{m+2}+4\times5 = 3+20 = 23$,

$a_{m+7} = a_{m+6}+5 = 23+5 = 28$,

$a_{m+8} = a_{m+7}+5 = 28+5 = 33$

이므로 $a_{21} = 28 = a_{m+7}$

즉, $m+7 = 21$이므로

$m = 14$

(iii) $a_{m+1} \leq -3$일 때

$|a_m|+|a_{m+1}|+|a_{m+2}| \geq 13$이므로 조건 (나)를 만족시키지 않는다.

(i), (ii), (iii)에서 $m = 14$

670 답 ④

❂ 등차수열의 첫째항부터 제n항까지의 합 S_n은 n에 대한 이차식이다.

❂ $\sum\limits_{k=m}^{m+4} S_k$의 값은 항수가 5개인 수열의 합

이므로 $\sum\limits_{k=m}^{m+4} S_k$의 값이 최대가 되려면 5개의 항을 순서대로 나열했을 때 세 번째 항 S_{m+2}의 값이 최대이어야 한다.

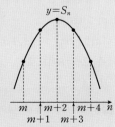

STEP 1 $S_n = \dfrac{n\{2\times50+(n-1)\times(-4)\}}{2}$

$\qquad = -2n^2+52n$

$\qquad = -2(n-13)^2+338$

STEP 2 즉, S_n의 값은 $n=13$일 때 최대이므로

$$\sum\limits_{k=m}^{m+4} S_k = S_m+S_{m+1}+S_{m+2}+S_{m+3}+S_{m+4}$$

의 값은 $m+2 = 13$일 때 최대가 된다.

$\therefore m = 11$

671 답 ①

n에 대한 이차식 $f(n)$이 $n=k$에서 최댓값을 가지면
(1) 함수 $y=f(n)$의 그래프는 위로 볼록한 포물선이다.
(2) 함수 $y=f(n)$의 그래프의 꼭짓점의 x좌표가 k이다.
(3) 이차식 $f(n)$은 $f(n)=a(n-k)^2+b$ $(a<0)$ 꼴이다.

STEP 1 조건 (가)에서 S_n은 이차식이므로 이차항의 계수를 a라 하자.

조건 (다)에서 S_n은 $n=30$에서 최댓값 410을 가지므로

$S_n = a(n-30)^2+410$

STEP 2 조건 (나)에서 $S_{10} = 10$이므로

$10 = a(10-30)^2+410$

$400a = -400$ $\qquad \therefore a = -1$

$\therefore S_n = -(n-30)^2+410$

STEP 3 $S_m > S_{50} = S_{10}$을 만족시키는 자연수 m의 값의 범위는

$11 \leq m \leq 49$이므로

$p = 11$, $q = 49$

$\therefore \sum\limits_{k=p}^{q} a_k = \sum\limits_{k=11}^{49} a_k$

$\qquad = S_{49}-S_{10}$

$\qquad = \{-(49-30)^2+410\}-10$

$\qquad = 49-10 = 39$

672 답 13

❂ 첫째항이 a, 공비가 r인 등비수열 $\{a_n\}$에 대하여

$$\sum\limits_{k=1}^{n} a_k = \frac{a(r^n-1)}{r-1} \ (단, r \neq 1)$$

❂ 수열 $\{a_n\}$이 첫째항이 a, 공비가 r인 등비수열이면 수열 $\left\{\dfrac{1}{a_n}\right\}$

은 첫째항이 $\dfrac{1}{a}$, 공비가 $\dfrac{1}{r}$인 등비수열이다.

STEP 1 등비수열 $\{a_n\}$의 공비를 r $(r>1)$라 하면

$a_3 a_5 = a_1$에서

$a_1 r^2 \times a_1 r^4 = a_1$ $\qquad \therefore a_1 = \dfrac{1}{r^6}$ $\qquad \cdots\cdots$ ㉠

STEP 2 수열 $\left\{\dfrac{1}{a_n}\right\}$은 첫째항이 $\dfrac{1}{a_1}$, 공비가 $\dfrac{1}{r}$인 등비수열이므로

$\displaystyle\sum_{k=1}^{n}\dfrac{1}{a_k}=\sum_{k=1}^{n}a_k$에서

$$\dfrac{\dfrac{1}{a_1}\left(1-\dfrac{1}{r^n}\right)}{1-\dfrac{1}{r}}=\dfrac{a_1(r^n-1)}{r-1},\ \dfrac{r(r^n-1)}{a_1r^n(r-1)}=\dfrac{a_1(r^n-1)}{r-1}$$

$$\therefore r^{n-1}=\dfrac{1}{a_1^{\,2}} \qquad\qquad \cdots\cdots\ \text{ⓛ}$$

STEP 3 ㉠을 ㉡에 대입하면

$r^{n-1}=r^{12}$

즉, $n-1=12$이므로

$n=13$

673 답 ①

해결 각 잡기

등비수열 $\{a_n\}$의 공비가 1인 경우와 1이 아닌 경우에 등비수열의 합의 공식이 달라지므로 두 경우로 나누어 첫째항과 공비를 구한다.

STEP 1 등비수열 $\{a_n\}$의 공비를 $r\ (r>0)$라 하자.

(i) $r=1$일 때

$a_1=a_2=a_3=\cdots$이므로 조건 ㈎에서

$$\sum_{k=1}^{4}a_k=\sum_{k=1}^{4}a_1=4a_1=45 \qquad \therefore a_1=\dfrac{45}{4} \qquad \cdots\cdots\ \text{㉠}$$

조건 ㈏에서

$$\sum_{k=1}^{6}\dfrac{a_2\times a_5}{a_k}=\sum_{k=1}^{6}\dfrac{a_1\times a_1}{a_1}=\sum_{k=1}^{6}a_1=6a_1=189$$

$$\therefore a_1=\dfrac{63}{2} \qquad\qquad \cdots\cdots\ \text{㉡}$$

㉠과 ㉡이 일치하지 않으므로 조건을 만족시키지 않는다.

STEP 2 (ii) $r\neq1$일 때

조건 ㈎에서

$$\sum_{k=1}^{4}a_k=\dfrac{a_1(r^4-1)}{r-1}=45 \qquad\qquad \cdots\cdots\ \text{㉢}$$

수열 $\left\{\dfrac{1}{a_n}\right\}$은 첫째항이 $\dfrac{1}{a_1}$, 공비가 $\dfrac{1}{r}$인 등비수열이므로 조건 ㈏에서

$$\sum_{k=1}^{6}\dfrac{a_2\times a_5}{a_k}=(a_2\times a_5)\times\sum_{k=1}^{6}\dfrac{1}{a_k}$$

$$=a_1r\times a_1r^4\times\dfrac{\dfrac{1}{a_1}\left(1-\dfrac{1}{r^6}\right)}{1-\dfrac{1}{r}}$$

$$=a_1^{\,2}r^5\times\dfrac{r^6-1}{a_1r^5(r-1)}$$

$$=\dfrac{a_1(r^6-1)}{r-1}$$

$$\therefore \dfrac{a_1(r^6-1)}{r-1}=189 \qquad\qquad \cdots\cdots\ \text{㉣}$$

㉣÷㉢을 하면

$$\dfrac{r^6-1}{r^4-1}=\dfrac{189}{45}$$

$$\dfrac{(r^2-1)(r^4+r^2+1)}{(r^2-1)(r^2+1)}=\dfrac{21}{5}$$

$$\dfrac{r^4+r^2+1}{r^2+1}=\dfrac{21}{5}$$

$5r^4+5r^2+5=21r^2+21,\ 5r^4-16r^2-16=0$

$(5r^2+4)(r^2-4)=0$

$r^2=4\ (\because r^2>0)$

$\therefore r=2\ (\because r>0)$

$r=2$를 ㉢에 대입하면

$$\dfrac{a_1(2^4-1)}{2-1}=45 \qquad \therefore a_1=3$$

STEP 3 (i), (ii)에서 $a_1=3,\ r=2$

$\therefore a_3=3\times2^2=12$

674 답 2

해결 각 잡기

$\sum$로 표현된 수열의 합과 일반항 사이의 관계

수열 $\{a_n\}$의 첫째항부터 제n항까지의 합 $\displaystyle\sum_{k=1}^{n}a_k$를 S_n이라 하면

(i) $a_1=S_1=\displaystyle\sum_{k=1}^{1}a_k$

(ii) $a_n=S_n-S_{n-1}=\displaystyle\sum_{k=1}^{n}a_k-\sum_{k=1}^{n-1}a_k\ (n\geq2)$

$$a_{10}=\sum_{k=1}^{10}a_k-\sum_{k=1}^{9}a_k=(2\times10-1)-(2\times9-1)$$

$$=19-17=2$$

675 답 358

STEP 1 (i) $n=1$일 때

$$a_1=S_1=\dfrac{1}{3}$$

(ii) $n\geq2$일 때

$$a_n=S_n-S_{n-1}$$

$$=\dfrac{n}{2n+1}-\dfrac{n-1}{2n-1}$$

$$=\dfrac{n(2n-1)-(n-1)(2n+1)}{(2n+1)(2n-1)}$$

$$=\dfrac{2n^2-n-(2n^2-n-1)}{4n^2-1}$$

$$=\dfrac{1}{4n^2-1} \qquad \cdots\cdots\ \text{㉠}$$

이때 $a_1=\dfrac{1}{3}$은 ㉠에 $n=1$을 대입한 것과 같으므로

$$a_n=\dfrac{1}{4n^2-1}$$

STEP 2 $\therefore \displaystyle\sum_{k=1}^{6} \dfrac{1}{a_k} = \sum_{k=1}^{6} (4k^2-1)$

$\qquad\qquad = 4 \times \dfrac{6 \times 7 \times 13}{6} - 6$

$\qquad\qquad = 364 - 6 = 358$

676 답 ④

STEP 1 (i) $n=1$일 때

$a_1 = \displaystyle\sum_{k=1}^{1} a_k = 1^2 - 1 = 0$

(ii) $n \geq 2$일 때

$a_n = \displaystyle\sum_{k=1}^{n} a_k - \sum_{k=1}^{n-1} a_k$

$\qquad = (n^2-n) - \{(n-1)^2 - (n-1)\}$

$\qquad = n^2 - n - (n^2 - 3n + 2)$

$\qquad = 2n - 2 \quad \cdots\cdots \text{㉠}$

이때 $a_1 = 0$은 ㉠에 $n=1$을 대입한 것과 같으므로

$a_n = 2n-2$

STEP 2 $\therefore \displaystyle\sum_{k=1}^{10} k a_{4k+1} = \sum_{k=1}^{10} k\{2(4k+1)-2\}$

$\qquad\qquad = \displaystyle\sum_{k=1}^{10} 8k^2$

$\qquad\qquad = 8 \times \dfrac{10 \times 11 \times 21}{6} = 3080$

677 답 21

STEP 1 (i) $n=1$일 때

$a_1 = \displaystyle\sum_{k=1}^{1} a_k = \log \dfrac{(1+1)(1+2)}{2} = \log 3$

(ii) $n \geq 2$일 때

$a_n = \displaystyle\sum_{k=1}^{n} a_k - \sum_{k=1}^{n-1} a_k$

$\qquad = \log \dfrac{(n+1)(n+2)}{2} - \log \dfrac{n(n+1)}{2}$

$\qquad = \log \left\{ \dfrac{(n+1)(n+2)}{2} \times \dfrac{2}{n(n+1)} \right\}$

$\qquad = \log \dfrac{n+2}{n} \quad \cdots\cdots \text{㉠}$

이때 $a_1 = \log 3$은 ㉠에 $n=1$을 대입한 것과 같으므로

$a_n = \log \dfrac{n+2}{n}$

STEP 2 $\therefore \displaystyle\sum_{k=1}^{20} a_{2k} = \sum_{k=1}^{20} \log \dfrac{2k+2}{2k}$

$\qquad\qquad = \displaystyle\sum_{k=1}^{20} \log \dfrac{k+1}{k}$

$\qquad\qquad = \log \dfrac{2}{1} + \log \dfrac{3}{2} + \log \dfrac{4}{3} + \cdots + \log \dfrac{21}{20}$

$\qquad\qquad = \log \left(\dfrac{2}{1} \times \dfrac{3}{2} \times \dfrac{4}{3} \times \cdots \times \dfrac{21}{20} \right)$

$\qquad\qquad = \log 21$

즉, $p = \log 21$이므로

$10^p = 21$

678 답 ①

$\dfrac{1}{AB} = \dfrac{1}{B-A}\left(\dfrac{1}{A} - \dfrac{1}{B} \right)$ (단, $A \neq B$)

STEP 1 (i) $n=1$일 때

$\dfrac{1}{a_1} = \displaystyle\sum_{k=1}^{1} \dfrac{1}{(2k-1)a_k}$

$\qquad = 1^2 + 2 \times 1 = 3$

(ii) $n \geq 2$일 때

$\dfrac{1}{(2n-1)a_n} = \displaystyle\sum_{k=1}^{n} \dfrac{1}{(2k-1)a_k} - \sum_{k=1}^{n-1} \dfrac{1}{(2k-1)a_k}$

$\qquad\qquad = n^2 + 2n - \{(n-1)^2 + 2(n-1)\}$

$\qquad\qquad = n^2 + 2n - (n^2 - 1)$

$\qquad\qquad = 2n + 1 \quad \cdots\cdots \text{㉠}$

이때 $\dfrac{1}{a_1} = 3$은 ㉠에 $n=1$을 대입한 것과 같으므로

$\dfrac{1}{(2n-1)a_n} = 2n + 1$

$\therefore a_n = \dfrac{1}{(2n-1)(2n+1)}$

STEP 2 $\therefore \displaystyle\sum_{n=1}^{10} a_n$

$= \displaystyle\sum_{n=1}^{10} \dfrac{1}{(2n-1)(2n+1)}$

$= \dfrac{1}{2} \displaystyle\sum_{n=1}^{10} \left(\dfrac{1}{2n-1} - \dfrac{1}{2n+1} \right)$

$= \dfrac{1}{2} \left\{ \left(1 - \dfrac{1}{3} \right) + \left(\dfrac{1}{3} - \dfrac{1}{5} \right) + \left(\dfrac{1}{5} - \dfrac{1}{7} \right) + \cdots + \left(\dfrac{1}{19} - \dfrac{1}{21} \right) \right\}$

$= \dfrac{1}{2} \left(1 - \dfrac{1}{21} \right) = \dfrac{10}{21}$

679 답 ①

STEP 1 $\displaystyle\sum_{k=1}^{n} \dfrac{a_k}{b_{k+1}} = \dfrac{1}{2} n^2$에서

(i) $n=1$일 때

$\dfrac{a_1}{b_2} = \displaystyle\sum_{k=1}^{1} \dfrac{a_k}{b_{k+1}} = \dfrac{1}{2}$

이때 $a_1 = 2$이므로 $b_2 = 4$

즉, 등차수열 $\{b_n\}$의 공차는 $b_2 - b_1 = 4 - 2 = 2$이므로

$b_n = 2 + (n-1) \times 2 = 2n$

$\therefore \displaystyle\sum_{k=1}^{n} \dfrac{a_k}{2k+2} = \dfrac{1}{2} n^2$

(ii) $n \geq 2$일 때

$$\frac{a_n}{2n+2} = \sum_{k=1}^{n} \frac{a_k}{2k+2} - \sum_{k=1}^{n-1} \frac{a_k}{2k+2}$$

$$= \frac{1}{2}n^2 - \frac{1}{2}(n-1)^2$$

$$= \frac{1}{2}(2n-1)$$

$$\therefore a_n = (n+1)(2n-1) \quad \cdots\cdots \ \bigcirc$$

이때 $a_1 = 2$는 $\bigcirc$에 $n=1$을 대입한 것과 같으므로

$$a_n = (n+1)(2n-1)$$

$$= 2n^2 + n - 1$$

STEP 2 $\therefore \sum_{k=1}^{5} a_k = \sum_{k=1}^{5} (2k^2 + k - 1)$

$$= 2 \times \frac{5 \times 6 \times 11}{6} + \frac{5 \times 6}{2} - 5$$

$$= 110 + 15 - 5$$

$$= 120$$

680 답 ④

해결 각 잡기

주어진 식에 $n=1$, $n=2$를 각각 대입하여 a_1, a_3의 값을 구하고, a_1과 a_3의 값을 이용하여 공차를 구한다.

STEP 1 $n=1$일 때

$$\sum_{k=1}^{1} a_{2k-1} = 3 \times 1^2 + 1 = 4$$

$$\therefore a_1 = 4 \quad \cdots\cdots \ \bigcirc$$

$n=2$일 때

$$\sum_{k=1}^{2} a_{2k-1} = 3 \times 2^2 + 2 = 14$$

$$\therefore a_1 + a_3 = 14 \quad \cdots\cdots \ \bigcirc$$

$\bigcirc - \bigcirc$을 하면 $a_3 = 10$

STEP 2 등차수열 $\{a_n\}$의 공차를 d라 하면 $a_3 - a_1 = 10 - 4 = 6$에서

$$2d = 6 \quad \therefore d = 3$$

$$\therefore a_8 = 4 + 7 \times 3 = 25$$

681 답 105

STEP 1 조건 ㈎에서

(ⅰ) $n=1$일 때

$$b_1 = \sum_{k=1}^{1} b_k = 1^2 + 1 = 2$$

(ⅱ) $n \geq 2$일 때

$$b_n = \sum_{k=1}^{n} b_k - \sum_{k=1}^{n-1} b_k$$

$$= (n^2 + n) - \{(n-1)^2 + (n-1)\}$$

$$= n^2 + n - (n^2 - n) = 2n \quad \cdots\cdots \ \bigcirc$$

이때 $b_1 = 2$는 $\bigcirc$에 $n=1$을 대입한 것과 같으므로

$$b_n = 2n \quad \cdots\cdots \ \bigcirc$$

STEP 2 조건 ㈏에서 $\sum_{k=1}^{n} a_k b_k - 5\sum_{k=1}^{n} b_k = \frac{n^2(n+1)^2}{2}$이므로

$$\sum_{k=1}^{n} b_k(a_k - 5) = \frac{n^2(n+1)^2}{2}$$

(ⅲ) $n=1$일 때

$$b_1(a_1 - 5) = \sum_{k=1}^{1} b_k(a_k - 5) = \frac{1^2 \times (1+1)^2}{2} = 2$$

(ⅳ) $n \geq 2$일 때

$$b_n(a_n - 5) = \sum_{k=1}^{n} b_k(a_k - 5) - \sum_{k=1}^{n-1} b_k(a_k - 5)$$

$$= \frac{n^2(n+1)^2}{2} - \frac{(n-1)^2 n^2}{2}$$

$$= \frac{n^2\{(n+1)^2 - (n-1)^2\}}{2}$$

$$= \frac{n^2 \times 4n}{2} = 2n^3 \quad \cdots\cdots \ \bigcirc$$

이때 $b_1(a_1 - 5) = 2$는 $\bigcirc$에 $n=1$을 대입한 것과 같으므로

$$b_n(a_n - 5) = 2n^3$$

STEP 3 위의 식에 $\bigcirc$을 대입하면

$$2n(a_n - 5) = 2n^3$$

$$a_n - 5 = n^2 \ (\because n > 0)$$

따라서 $a_n = n^2 + 5$이므로

$$a_{10} = 10^2 + 5 = 105$$

다른 풀이 **STEP 1** + **STEP 2**

$\sum_{k=1}^{n} b_k = n^2 + n$이고 $\sum_{k=1}^{n} k = \frac{n(n+1)}{2} = \frac{n^2 + n}{2}$이므로

$$\sum_{k=1}^{n} b_k = 2 \times \frac{n^2 + n}{2} = \sum_{k=1}^{n} 2k$$

$$\therefore b_k = 2k$$

$\sum_{k=1}^{n} a_k b_k - 5\sum_{k=1}^{n} b_k = \frac{n^2(n+1)^2}{2}$, 즉 $\sum_{k=1}^{n} b_k(a_k - 5) = \frac{n^2(n+1)^2}{2}$이고

$\sum_{k=1}^{n} k^3 = \frac{n^2(n+1)^2}{4}$이므로

$$\sum_{k=1}^{n} b_k(a_k - 5) = 2 \times \frac{n^2(n+1)^2}{4} = \sum_{k=1}^{n} 2k^3$$

$$\therefore b_k(a_k - 5) = 2k^3$$

682 답 5

해결 각 잡기

$a_m + a_{m+1} + \cdots + a_{15}$
$= (a_1 + a_2 + \cdots + a_{15}) - (a_1 + a_2 + \cdots + a_{m-1})$ (단, $m > 1$)

STEP 1 $a_m + a_{m+1} + \cdots + a_{15} < 0$에서

$$f(15) - f(m-1) < 0$$

$$\therefore f(15) < f(m-1) \quad \cdots\cdots \ \bigcirc$$

STEP 2 $y = f(x)$의 그래프에서 $\bigcirc$을 만족시키는 $m-1$의 값의 범위는 $4 \leq m-1 \leq 14$이므로

$$5 \leq m \leq 15$$

따라서 자연수 m의 최솟값은 5이다.

683 답 18

해결 각 잡기

$\checkmark$ $a_9+a_{10}+a_{11}+a_{12}=(a_1+a_2+\cdots+a_{12})-(a_1+a_2+\cdots+a_8)$
$\checkmark$ $a_{10}+a_{11}=20$임을 이용하여 a_9+a_{12}의 값을 구한다.

STEP 1 $\sum\limits_{k=1}^{n}(a_{2k-1}+a_{2k})=2n^2-n$에 $n=6$을 대입하면

$\sum\limits_{k=1}^{6}(a_{2k-1}+a_{2k})=2\times6^2-6$

$\therefore a_1+a_2+\cdots+a_{12}=66$ ...... ㉠

또, $n=4$를 대입하면

$\sum\limits_{k=1}^{4}(a_{2k-1}+a_{2k})=2\times4^2-4$

$\therefore a_1+a_2+\cdots+a_8=28$ ...... ㉡

㉠$-$㉡을 하면

$a_9+a_{10}+a_{11}+a_{12}=38$

STEP 2 이때 $a_{10}+a_{11}=20$이므로

$a_9+20+a_{12}=38$

$\therefore a_9+a_{12}=18$

684 답 ①

해결 각 잡기

$\checkmark$ 구하는 것을 식으로 나타낸 후, $\sum$의 성질과 자연수의 거듭제곱
의 합을 이용하여 값을 구한다.
$\checkmark$ 두 곡선 $y=f(x)$, $y=g(x)$가 만나는 점의 x좌표는 방정식
$f(x)=g(x)$의 실근과 같음을 이용하여 a_n을 구한다.

STEP 1 두 곡선 $y=\log_2 x$, $\log_2(2^n-x)$가 만나는 점의 x좌표는
$\log_2 x=\log_2(2^n-x)$에서

$x=2^n-x$

$2x=2^n$

$\therefore x=2^{n-1}$

$\therefore a_n=2^{n-1}$

STEP 2 $\therefore \sum\limits_{n=1}^{5}a_n=\dfrac{1\times(2^5-1)}{2-1}=31$

685 답 ②

해결 각 잡기

사인함수의 그래프의 대칭성
$f(x)=\sin x$ $(0\le x\le\pi)$에서
$f(a)=f(b)=k$이면
$\dfrac{a+b}{2}=\dfrac{\pi}{2}$

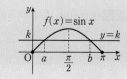

STEP 1 함수 $y=2\sin\left(\dfrac{\pi}{2^n}x\right)$의 주기는

$\dfrac{2\pi}{\dfrac{\pi}{2^n}}=2^{n+1}$

자연수 n에 대하여 $0<\dfrac{1}{n}<1$이므로 $0\le x\le 2^{n+1}$에서 함수

$y=2\sin\left(\dfrac{\pi}{2^n}x\right)$의 그래프와 직선 $y=\dfrac{1}{n}$은 다음 그림과 같다.

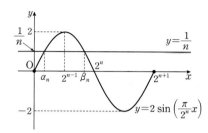

STEP 2 $0\le x\le 2^{n+1}$에서 함수 $y=2\sin\left(\dfrac{\pi}{2^n}x\right)$의 그래프가 직선

$y=\dfrac{1}{n}$과 만나는 점의 x좌표를 α_n, β_n이라 하면 이 두 점은 직선

$x=2^{n-1}$에 대하여 대칭이므로

$\dfrac{\alpha_n+\beta_n}{2}=2^{n-1}$

$\therefore x_n=\alpha_n+\beta_n=2^n$

STEP 3 $\therefore \sum\limits_{n=1}^{6}x_n=\dfrac{2(2^6-1)}{2-1}=126$

686 답 ③

STEP 1 곡선 $y=x^2$과 직선 $y=\sqrt{n}\,x$가 만나는 점의 x좌표는
$x^2=\sqrt{n}\,x$에서

$x^2-\sqrt{n}\,x=0$

$x(x-\sqrt{n})=0$

$\therefore x=0$ 또는 $x=\sqrt{n}$

즉, 곡선 $y=x^2$과 직선 $y=\sqrt{n}\,x$가 만나는 서로 다른 두 점의 좌표는
$(0,0)$, $(\sqrt{n},n)$

STEP 2 따라서 $f(n)=\sqrt{(\sqrt{n})^2+n^2}=\sqrt{n^2+n}$이므로
$\{f(n)\}^2=n^2+n$
$\qquad\qquad=n(n+1)$

STEP 3 $\therefore \sum\limits_{n=1}^{10}\dfrac{1}{\{f(n)\}^2}$

$=\sum\limits_{n=1}^{10}\dfrac{1}{n(n+1)}$

$=\sum\limits_{n=1}^{10}\left(\dfrac{1}{n}-\dfrac{1}{n+1}\right)$

$=\left(1-\dfrac{1}{2}\right)+\left(\dfrac{1}{2}-\dfrac{1}{3}\right)+\left(\dfrac{1}{3}-\dfrac{1}{4}\right)+\cdots+\left(\dfrac{1}{10}-\dfrac{1}{11}\right)$

$=1-\dfrac{1}{11}$

$=\dfrac{10}{11}$

687 답 ⑤

STEP 1 $x^2+y^2=n$에 $y=\sqrt{3}x$를 대입하면

$x^2+(\sqrt{3}x)^2=n$, $4x^2=n$

$x^2=\dfrac{n}{4}$ $\quad\therefore x=-\dfrac{\sqrt{n}}{2}$ 또는 $x=\dfrac{\sqrt{n}}{2}$

이때 $x_n>0$이므로

$x_n=\dfrac{\sqrt{n}}{2}$

STEP 2 $\therefore \displaystyle\sum_{k=1}^{80}\dfrac{1}{x_k+x_{k+1}}$

$=\displaystyle\sum_{k=1}^{80}\dfrac{1}{\dfrac{\sqrt{k}}{2}+\dfrac{\sqrt{k+1}}{2}}$

$=\displaystyle\sum_{k=1}^{80}\dfrac{2}{\sqrt{k}+\sqrt{k+1}}$

$=\displaystyle\sum_{k=1}^{80}\dfrac{2(\sqrt{k}-\sqrt{k+1})}{(\sqrt{k}+\sqrt{k+1})(\sqrt{k}-\sqrt{k+1})}$

$=2\displaystyle\sum_{k=1}^{80}(\sqrt{k+1}-\sqrt{k})$

$=2\{(\sqrt{2}-\sqrt{1})+(\sqrt{3}-\sqrt{2})+(\sqrt{4}-\sqrt{3})+\cdots+(\sqrt{81}-\sqrt{80})\}$

$=2(\sqrt{81}-1)$

$=2\times 8=16$

본문 215쪽 ~ 217쪽

C 수능 완성!

688 답 169

해결 각 잡기

♥ $\dfrac{\pi}{2^n}x=t\,(0\le t<2\pi)$로 놓은 후, 부등식을 만족시키는 t의 값의 범위를 구한다.

♥ a_1, a_2, a_3, $\cdots$, a_7의 값을 각각 구하는 것보다는 $a_1+a_2+a_3+\cdots+a_7$의 값을 한 번에 구하는 방법을 생각해 본다.

STEP 1 $0\le x<2^{n+1}$일 때,

$\cos\left(\dfrac{\pi}{2^n}x\right)\le-\dfrac{1}{2}$에서

$\dfrac{\pi}{2^n}x=t$로 놓으면 $0\le t<2\pi$

이고

$\cos t\le-\dfrac{1}{2}$

$\therefore \dfrac{2}{3}\pi\le t\le\dfrac{4}{3}\pi$

즉, $\dfrac{2}{3}\pi\le\dfrac{\pi}{2^n}x\le\dfrac{4}{3}\pi$이므로

$\dfrac{2^{n+1}}{3}\le x\le\dfrac{2^{n+2}}{3}$

STEP 2 즉, a_n은 $\dfrac{2^{n+1}}{3}\le x\le\dfrac{2^{n+2}}{3}$을 만족시키는 서로 다른 모든 자연수 x의 개수이고 $\dfrac{2^{n+1}}{3}$, $\dfrac{2^{n+2}}{3}$은 모두 자연수가 아니므로 $\displaystyle\sum_{n=1}^{7}a_n$

의 값은 $\dfrac{2^2}{3}\le x\le\dfrac{2^9}{3}$을 만족시키는 자연수 x의 개수와 같다.

$\qquad\qquad\qquad\qquad\qquad\qquad\qquad$ #

이때 $\dfrac{2^2}{3}=1.\times\times\times$, $\dfrac{2^9}{3}=170.\times\times\times$이므로

$\displaystyle\sum_{n=1}^{7}a_n=170-1=169$

 # 참고

a_1의 값은 $\dfrac{2^2}{3}\le x\le\dfrac{2^3}{3}$을 만족시키는 모든 자연수 x의 개수,

a_2의 값은 $\dfrac{2^3}{3}\le x\le\dfrac{2^4}{3}$을 만족시키는 모든 자연수 x의 개수,

$\vdots$

a_7의 값은 $\dfrac{2^8}{3}\le x\le\dfrac{2^9}{3}$을 만족시키는 모든 자연수 x의 개수이므로

$\displaystyle\sum_{n=1}^{7}a_n$의 값은 $\dfrac{2^2}{3}\le x\le\dfrac{2^9}{3}$을 만족시키는 자연수 x의 개수이다.

689 답 ③

해결 각 잡기

♥ 공차가 양수이고 $a_5\times a_7<0$임을 이용하여 a_5, a_7의 부호를 구한다.

♥ a_5, a_7의 부호를 이용하여 a_2, a_4, a_9, a_{11}의 부호를 구한다.

♥ a_6의 부호는 알 수 없으므로 $a_6\ge 0$인 경우와 $a_6<0$인 경우로 나누어 생각한다.

STEP 1 공차가 양수이고 조건 (개)에서 $a_5\times a_7<0$이므로

$a_5<0$, $a_7>0$

$\therefore a_2<0$, $a_4<0$, $a_9>0$, $a_{11}>0$

STEP 2 $\displaystyle\sum_{k=1}^{6}|a_{k+6}|=6+\sum_{k=1}^{6}|a_{2k}|$에서

$|a_7|+|a_8|+|a_9|+|a_{10}|+|a_{11}|+|a_{12}|$

$=6+|a_2|+|a_4|+|a_6|+|a_8|+|a_{10}|+|a_{12}|$

$|a_7|+|a_9|+|a_{11}|=6+|a_2|+|a_4|+|a_6|$

$a_7+a_9+a_{11}=6-a_2-a_4+|a_6|$

이때 등차수열 $\{a_n\}$의 공차가 3이므로

$(a_6+3)+(a_6+9)+(a_6+15)=6-(a_6-12)-(a_6-6)+|a_6|$

$\therefore 5a_6+3=|a_6|$ $\qquad$ ······ ㉠

STEP 3 (i) $a_6\ge 0$일 때

㉠에서 $5a_6+3=a_6$이므로

$4a_6=-3$

$\therefore a_6=-\dfrac{3}{4}$

이때 $a_6 \geq 0$이므로 조건을 만족시키지 않는다.

(ii) $a_6 < 0$일 때

㉠에서 $5a_6 + 3 = -a_6$이므로

$6a_6 = -3$

$\therefore a_6 = -\dfrac{1}{2}$

(i), (ii)에서 $a_6 = -\dfrac{1}{2}$

STEP 4 $\therefore a_{10} = a_6 + 3 \times 4$

$= -\dfrac{1}{2} + 12$

$= \dfrac{23}{2}$

690 🅰 117

해결 각 잡기

❍ 조건 ㈎, ㈏의 두 식을 연립하여 $\displaystyle\sum_{n=1}^{5}(|b_n| - b_n)$의 값을 구한다.

❍ 등비수열 $\{b_n\}$의 첫째항이 양수이고 공비가 음수임을 이용하여 $\displaystyle\sum_{n=1}^{5}(|b_n| - b_n)$을 간단히 한다.

STEP 1 조건 ㈎, ㈏에서

$\displaystyle\sum_{n=1}^{5}(a_n + b_n) = 27$ ...... ㉠

$\displaystyle\sum_{n=1}^{5}(a_n + |b_n|) = 67$ ...... ㉡

㉡ − ㉠을 하면

$\displaystyle\sum_{n=1}^{5}(a_n + |b_n|) - \sum_{n=1}^{5}(a_n + b_n) = 40$

$\therefore \displaystyle\sum_{n=1}^{5}(|b_n| - b_n) = 40$ ...... ㉢

한편, 등비수열 $\{b_n\}$의 공비를 r (r는 음의 정수)라 하면 첫째항 b_1은 자연수이므로

$b_1 > 0$, $b_2 < 0$, $b_3 > 0$, $b_4 < 0$, $b_5 > 0$

㉢에서

$\displaystyle\sum_{n=1}^{5}(|b_n| - b_n)$

$= (b_1 - b_1) + (-b_2 - b_2) + (b_3 - b_3) + (-b_4 - b_4) + (b_5 - b_5)$

$= -2b_2 - 2b_4 = -2b_1 r - 2b_1 r^3$

즉, $-2b_1 r - 2b_1 r^3 = 40$이므로

$b_1 r (1 + r^2) = -20$ ...... ㉣

STEP 2 이때 b_1은 20의 양의 약수, r는 20의 음의 약수, $1 + r^2$은 20의 양의 약수이어야 하므로 등차수열 $\{a_n\}$의 공차를 d (d는 음의 정수)라 하면

(i) $r = -20$일 때, $1 + r^2 = 401$ ← 20의 양의 약수가 아니다.

(ii) $r = -10$일 때, $1 + r^2 = 101$ ← 20의 양의 약수가 아니다.

(iii) $r = -5$일 때, $1 + r^2 = 26$ ← 20의 양의 약수가 아니다.

(iv) $r = -4$일 때, $1 + r^2 = 17$ ← 20의 양의 약수가 아니다.

(v) $r = -2$일 때, $1 + r^2 = 5$ ← 20의 양의 약수이다.

㉣에서 $b_1 \times (-2) \times 5 = -20$ $\therefore b_1 = 2$ ← 20의 양의 약수이다.

$\therefore b_7 = 2 \times (-2)^6 = 128$

$\displaystyle\sum_{n=1}^{5} b_n = \dfrac{2\{1 - (-2)^5\}}{1 - (-2)} = 22$이므로 ㉠에서

$\displaystyle\sum_{n=1}^{5} a_n + 22 = 27$ $\therefore \displaystyle\sum_{n=1}^{5} a_n = 5$

즉, $a_1 + a_2 + a_3 + a_4 + a_5 = 5$이므로

$(a_3 - 2d) + (a_3 - d) + a_3 + (a_3 + d) + (a_3 + 2d) = 5$

$5a_3 = 5$ $\therefore a_3 = 1$ ...... ㉤

이때 공차는 음의 정수이므로

$a_1 > a_2 > a_3 > 0 \geq a_4 > a_5$ ...... ㉥

수열 $\{|b_n|\}$은 첫째항이 $|2| = 2$, 공비가 $|-2| = 2$인 등비수열이므로

$\displaystyle\sum_{n=1}^{5} |b_n| = \dfrac{2(2^5 - 1)}{2 - 1} = 62$ #

조건 ㈐에서 $\displaystyle\sum_{n=1}^{5} |a_n| + \sum_{n=1}^{5} |b_n| = 81$이므로

$\displaystyle\sum_{n=1}^{5} |a_n| + 62 = 81$ $\therefore \displaystyle\sum_{n=1}^{5} |a_n| = 19$

㉥에 의하여

$a_1 + a_2 + a_3 + (-a_4) + (-a_5) = 19$

$(a_3 - 2d) + (a_3 - d) + a_3 - (a_3 + d) - (a_3 + 2d) = 19$

$a_3 - 6d = 19$, $1 - 6d = 19$ ($\because$ ㉤)

$-6d = 18$ $\therefore d = -3$

$\therefore a_7 = a_3 + 4d = 1 + 4 \times (-3) = -11$

(vi) $r = -1$일 때, $1 + r^2 = 2$ ← 20의 양의 약수이다.

㉣에서 $b_1 \times (-1) \times 2 = -20$

$\therefore b_1 = 10$ ← 20의 양의 약수이다.

$\therefore b_7 = 10 \times (-1)^6 = 10$

$\displaystyle\sum_{n=1}^{5} b_n = \dfrac{10\{1 - (-1)^5\}}{1 - (-1)} = 10$이므로 ㉠에서

$\displaystyle\sum_{n=1}^{5} a_n + 10 = 27$ $\therefore \displaystyle\sum_{n=1}^{5} a_n = 17$

즉, $a_1 + a_2 + a_3 + a_4 + a_5 = 17$이므로

$(a_3 - 2d) + (a_3 - d) + a_3 + (a_3 + d) + (a_3 + 2d) = 17$

$5a_3 = 17$ $\therefore a_3 = \dfrac{17}{5}$

이때 등차수열 $\{a_n\}$의 첫째항은 자연수이고 공차는 음의 정수이므로 모든 항은 정수이어야 한다.

그런데 $a_3 = \dfrac{17}{5}$은 정수가 아니므로 주어진 조건을 만족시키지 않는다.

(i) ~ (vi)에서 $b_7 = 128$, $a_7 = -11$이므로

$a_7 + b_7 = -11 + 128 = 117$

 # 참고

수열 $\{x_n\}$이 첫째항이 a, 공비가 r인 등비수열이면 수열 $\{|x_n|\}$은 첫째항이 $|a|$, 공비가 $|r|$인 등비수열이다.

691 답 184

- ✔ 집합 U의 원소의 개수가 30, 부분집합 A의 원소의 개수가 15이므로 집합 A^c의 원소의 개수는 15이다.
- ✔ 집합 A의 임의의 두 원소 a_i, a_j $(i \neq j)$에 대하여 $a_i + a_j = 31$을 만족시키는 순서쌍 (a_i, a_j)는 $(1, 30), \cdots, (30, 1)$의 30개이다.

STEP 1 조건 ㈎에서 임의의 두 원소의 합이 31이 아니므로 집합 A에 속하지 않는 원소는 $31 - a_i$ $(1 \leq i \leq 15)$이다.

이때 a_i는 $1 \leq a_i \leq 30$을 만족시키는 자연수이므로 $31 - a_i$는 $1 \leq 31 - a_i \leq 30$을 만족시키는 자연수이고, 집합 A의 원소가 15개이므로 집합 $U - A$의 원소도 15개이다.

STEP 2 즉, $\sum\limits_{i=1}^{15} a_i^2 + \sum\limits_{i=1}^{15} (31 - a_i)^2$의 값은 집합 U의 모든 원소의 제곱의 합과 같으므로

$$\sum_{i=1}^{15} a_i^2 + \sum_{i=1}^{15} (31 - a_i)^2 = \sum_{i=1}^{30} i^2$$

$$\sum_{i=1}^{15} (2a_i^2 - 62a_i + 31^2) = \sum_{i=1}^{30} i^2$$

$$2\sum_{i=1}^{15} a_i^2 - 62 \times 264 + 31^2 \times 15 = \frac{30 \times 31 \times 61}{6} \ (\because \text{조건 ㈏})$$

즉, $\sum\limits_{i=1}^{15} a_i^2 = 31 \times 184$이므로

$$\frac{1}{31} \sum_{i=1}^{15} a_i^2 = 184$$

692 답 ④

- ✔ 등차수열의 합을 이용하여 $\sum\limits_{k=1}^{n} a_k$를 n, b에 대한 식으로 나타낸다.
- ✔ $\left| \sum\limits_{k=1}^{n} a_k \right| \geq 14$이므로 $\sum\limits_{k=1}^{n} a_k \leq -14$ 또는 $\sum\limits_{k=1}^{n} a_k \geq 14$이어야 한다.
- ✔ $\sum\limits_{k=1}^{n} a_k = (n$에 대한 이차식$)$이고 $\left| \sum\limits_{k=1}^{n} a_k \right|$의 최솟값을 확인해야 하므로 함수 $y = (n$에 대한 이차식$)$의 그래프를 그려 본다.

STEP 1 등차수열 $\{a_n\}$의 첫째항부터 제n항까지의 합을 S_n이라 하자. 모든 자연수 n에 대하여 $|S_n| \geq 14$이므로

$$|S_1| = |b| \geq 14$$

$$\therefore b \geq 14 \ (\because b \text{는 자연수}) \quad \cdots\cdots \ \text{㉠}$$

$$S_n = \frac{n\{2b - 4(n-1)\}}{2}$$

$$= -n(2n - b - 2)$$

$$= -2n\left(n - \frac{b+2}{2}\right)$$

STEP 2 $f(n) = -2n\left(n - \frac{b+2}{2}\right)$라 하면

$$|f(n)| \geq 14 \quad \cdots\cdots \ \text{㉡}$$

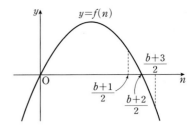

(i) b가 짝수일 때

$\dfrac{b+2}{2}$는 자연수이므로 $n = \dfrac{b+2}{2}$일 때, $f(n) = 0$

즉, ㉡을 만족시키지 않는다.

(ii) b가 홀수일 때

$\dfrac{b+2}{2}$는 자연수가 아니므로

$$S_{\frac{b+1}{2}} \geq 14, \ S_{\frac{b+3}{2}} \leq -14$$

이어야 한다.

$S_{\frac{b+1}{2}} \geq 14$에서

$$-2 \times \frac{b+1}{2} \times \left(\frac{b+1}{2} - \frac{b+2}{2}\right) \geq 14$$

$$\therefore b \geq 27 \quad \cdots\cdots \ \text{㉢}$$

$S_{\frac{b+3}{2}} \leq -14$에서

$$-2 \times \frac{b+3}{2} \times \left(\frac{b+3}{2} - \frac{b+2}{2}\right) \leq -14$$

$$\therefore b \geq 25 \quad \cdots\cdots \ \text{㉣}$$

㉠, ㉢, ㉣의 공통부분을 구하면

$$b \geq 27$$

STEP 3 (i), (ii)에 의하여

$$b_1 = 27, \ b_2 = 29, \ b_3 = 31, \cdots$$

이므로 ⎿ 첫째항이 27, 공차가 2인 등차수열

$$\sum_{m=1}^{10} b_m = \frac{10(2 \times 27 + 9 \times 2)}{2} = 360$$

693 답 19

첫째항부터 등차수열인 수열 $\{a_n\}$의 첫째항부터 제n항까지의 합 S_n은 상수항이 0인 이차식이다.

→ $S_n = pn^2 + qn$ $(p \neq 0, \ p, q$는 상수$)$

→ 이때 등차수열 $\{a_n\}$의 공차는 $2p$이다.

STEP 1 S_n은 등차수열 $\{a_n\}$의 첫째항부터 제n항까지의 합이므로 모든 자연수 n에 대하여

$$S_n = pn^2 + qn \ (p \neq 0, \ p, q \text{는 상수})$$

이라 하면

$$\sum_{k=1}^{7} S_k = \sum_{k=1}^{7} (pk^2 + qk)$$

$$= p \times \frac{7 \times 8 \times 15}{6} + q \times \frac{7 \times 8}{2}$$

$$= 140p + 28q$$

즉, $140p+28q=644$이므로

$5p+q=23$ $\therefore q=23-5p$

$\therefore S_n=pn^2+(23-5p)n$

STEP 2 (i) $n=1$일 때

$S_1=a_1=p+23-5p=-4p+23\geq1$이므로

$p\leq\dfrac{11}{2}$

(ii) $n\geq2$일 때

$a_n=S_n-S_{n-1}$

$\quad=pn^2+(23-5p)n-\{p(n-1)^2+(23-5p)(n-1)\}$

$\quad=pn^2+(23-5p)n-\{pn^2-(7p-23)n+6p-23\}$

$\quad=2pn-6p+23$

이때 등차수열 $\{a_n\}$의 공차가 $2p$이고 이 수열의 모든 항이 자연수이므로 공차 $2p$는 음이 아닌 정수이다. #

STEP 3 $a_7=14p-6p+23=8p+23$이고 $p\leq\dfrac{11}{2}$이므로

$a_7=8p+23\leq67$

이때 a_7이 13의 배수이므로

$a_7=13,\ 26,\ 39,\ 52,\ 65$

이 중에서 $2p$가 음이 아닌 정수인 경우는 $a_7=39$일 때이므로

$a_7=8p+23=39$

$8p=16$ $\therefore p=2$

$\therefore a_n=4n+11\ (n\geq2)$

$\therefore a_2=4\times2+11=19$

다른 풀이

등차수열 $\{a_n\}$의 모든 항이 자연수이므로 첫째항을 a, 공차를 d (a는 자연수, d는 음이 아닌 정수)라 하면

$S_n=\dfrac{n\{2a+(n-1)d\}}{2}=\dfrac{d}{2}n^2+\left(a-\dfrac{d}{2}\right)n$

$\therefore \displaystyle\sum_{k=1}^{7}S_k=\sum_{k=1}^{7}\left\{\dfrac{d}{2}k^2+\left(a-\dfrac{d}{2}\right)k\right\}$

$\qquad\qquad=\dfrac{d}{2}\times\dfrac{7\times8\times15}{6}+\left(a-\dfrac{d}{2}\right)\times\dfrac{7\times8}{2}$

$\qquad\qquad=70d+(28a-14d)=28a+56d$

즉, $28a+56d=644$이므로

$a+2d=23$ ······ ㉠

자연수 k에 대하여 a_7은 13의 배수이므로

$a_7=a+6d=13k$ ······ ㉡

㉠, ㉡을 연립하여 풀면

$a=\dfrac{69-13k}{2},\ d=\dfrac{13k-23}{4}$ ······ ㉢

이때 $a>0$, $d\geq0$이므로

$\dfrac{69-13k}{2}>0$에서 $k<\dfrac{69}{13}$

$\dfrac{13k-23}{4}\geq0$에서 $k\geq\dfrac{23}{13}$

$\therefore \dfrac{23}{13}\leq k<\dfrac{69}{13}$

즉, 자연수 k는 2, 3, 4, 5

(i) $k=2$일 때, ㉢에서 $a=\dfrac{43}{2}$이므로 주어진 조건을 만족시키지 않는다.

(ii) $k=3$일 때, ㉢에서 $a=15$, $d=4$

(iii) $k=4$일 때, ㉢에서 $a=\dfrac{17}{2}$이므로 주어진 조건을 만족시키지 않는다.

(iv) $k=5$일 때, ㉢에서 $a=2$, $d=\dfrac{21}{2}$이므로 주어진 조건을 만족시키지 않는다.

(i)~(iv)에서 $a=15$, $d=4$

$\therefore a_2=15+4=19$

 # 참고

등차수열 $\{a_n\}$에 대하여

$\qquad a_n=pn+q\ (p\neq0)$

꼴이면 이 수열의 공차는 p이다.

10 수열의 귀납적 정의

본문 220쪽 ~ 241쪽

B 유형 & 유사로 익히면…

694 답 ④

해결 각 잡기

○ 수열 $\{a_n\}$에서

(1) $a_{n+1}-a_n=d$ (일정) 또는 $a_{n+1}=a_n+d$

(2) $a_{n+1}-a_n=a_{n+2}-a_{n+1}$ 또는 $2a_{n+1}=a_n+a_{n+2}$

➔ 수열 $\{a_n\}$은 등차수열

○ $\dfrac{1}{AB}=\dfrac{1}{B-A}\left(\dfrac{1}{A}-\dfrac{1}{B}\right)$ (단, $A\ne B$)

STEP 1 $a_{n+1}=a_n+3$이므로 수열 $\{a_n\}$은 공차가 3인 등차수열이다.
이때 $a_1=2$이므로
$$a_n=2+(n-1)\times3=3n-1$$

STEP 2 $\therefore \displaystyle\sum_{k=1}^{10}\dfrac{1}{a_k a_{k+1}}$

$=\displaystyle\sum_{k=1}^{10}\dfrac{1}{(3k-1)(3k+2)}$

$=\displaystyle\sum_{k=1}^{10}\dfrac{1}{3}\left(\dfrac{1}{3k-1}-\dfrac{1}{3k+2}\right)$

$=\dfrac{1}{3}\left\{\left(\dfrac{1}{2}-\dfrac{1}{5}\right)+\left(\dfrac{1}{5}-\dfrac{1}{8}\right)+\left(\dfrac{1}{8}-\dfrac{1}{11}\right)+\cdots+\left(\dfrac{1}{29}-\dfrac{1}{32}\right)\right\}$

$=\dfrac{1}{3}\left(\dfrac{1}{2}-\dfrac{1}{32}\right)=\dfrac{5}{32}$

695 답 29

해결 각 잡기

x에 대한 이차방정식이 중근을 가지므로 판별식이 0임을 이용하여 수열 $\{a_n\}$을 유추한다.

STEP 1 조건 ㈏에서 이차방정식 $x^2-2\sqrt{a_n}\,x+a_{n+1}-3=0$이 중근을 가지므로 이 이차방정식의 판별식을 D라 하면
$$\dfrac{D}{4}=(\sqrt{a_n})^2-(a_{n+1}-3)=0$$
$\therefore a_{n+1}-a_n=3$

STEP 2 따라서 수열 $\{a_n\}$은 공차가 3인 등차수열이고 조건 ㈎에서 $a_1=2$이므로
$$a_{10}=2+(10-1)\times3=29$$

696 답 ①

STEP 1 $2a_{n+1}=a_n+a_{n+2}$이므로 수열 $\{a_n\}$은 등차수열이다.

이 수열의 공차를 d라 하면 $d=a_3-a_2=2-(-1)=3$이므로
$$a_1=a_2-d=-1-3=-4$$

STEP 2 따라서 수열 $\{a_n\}$의 첫째항부터 제10항까지의 합을 S_{10}이라 하면 구하는 합은
$$S_{10}=\dfrac{10\{2\times(-4)+9\times3\}}{2}=95$$

697 답 ④

STEP 1 조건 ㈎에서 $2a_{n+1}=a_n+a_{n+2}$이므로 수열 $\{a_n\}$은 등차수열이다.

STEP 2 이 수열의 첫째항을 a $(a>0)$, 공차를 d $(d\ge0)$라 하면 조건 ㈏에서
$$a_3\times a_{22}=(a+2d)(a+21d)$$
$$=a^2+23ad+42d^2$$
$$a_7\times a_8+10=(a+6d)(a+7d)+10$$
$$=a^2+13ad+42d^2+10$$

즉, $a^2+23ad+42d^2=a^2+13ad+42d^2+10$이므로
$$10ad=10$$
$$\therefore ad=1 \quad\cdots\cdots\ \ominus$$

STEP 3 ㉠에 의하여 $d\ne0$

조건 ㈎에 의하여
$$a_4+a_6=2a_5=2a+8d$$

$a>0$, $d>0$이므로 산술평균과 기하평균의 관계에 의하여

$2a+8d\ge2\sqrt{2a\times8d}$

$=2\sqrt{16ad}$

$=2\times4\ (\because\ \ominus)$

$=8$ (단, 등호는 $2a=8d$일 때 성립)

따라서 a_4+a_6의 최솟값은 8이다.

다른 풀이 **STEP 2** + **STEP 3**

$a_4+a_6=2a_5$이고, 조건 ㈏에서
$$a_3\times a_{22}=(a_5-2d)(a_5+17d)$$
$$=a_5{}^2+15a_5 d-34d^2$$
$$a_7\times a_8+10=(a_5+2d)(a_5+3d)+10$$
$$=a_5{}^2+5a_5 d+6d^2+10$$

즉, $a_5{}^2+15a_5 d-34d^2=a_5{}^2+5a_5 d+6d^2+10$이므로
$$10a_5 d=40d^2+10$$
(— $d=0$이면 등식이 성립하지 않으므로 $d\ne0$)
$$\therefore a_5=4d+\dfrac{1}{d}\ (\because\ d\ne0)$$

$d>0$이므로 산술평균과 기하평균의 관계에 의하여

$a_4+a_6=2a_5$

$=8d+\dfrac{2}{d}$

$\ge2\sqrt{8d\times\dfrac{2}{d}}$

$=8\left(\text{단, 등호는 } 8d=\dfrac{2}{d}, \text{ 즉 } d=\dfrac{1}{2} \text{일 때 성립}\right)$

따라서 a_4+a_6의 최솟값은 8이다.

698 답 51

STEP 1 조건 (나)의 $a_{2n+1}-a_{2n-1}=0$에 $n=1, 2, 3, \cdots$을 차례로 대입하면

$a_3-a_1=0$에서 $a_3=a_1=1$

$a_5-a_3=0$에서 $a_5=a_3=1$

$a_7-a_5=0$에서 $a_7=a_5=1$

$\vdots$

$\therefore a_{2n-1}=1$

STEP 2 조건 (가)의 $a_{2n+2}=a_{2n}+1$에 $n=1, 2, 3, \cdots$을 차례로 대입하면

$a_4-a_2=1$에서 $a_4=a_2+1=1+1=2$

$a_6-a_4=1$에서 $a_6=a_4+1=2+1=3$

$a_8-a_6=1$에서 $a_8=a_6+1=3+1=4$

$\vdots$

$\therefore a_{2n}=n$

$\therefore a_{100}+a_{101}=50+1=51$

699 답 ①

해결 각 잡기

수열 $\{a_n\}$이 $a_{n+2}=a_n+2$를 만족시키므로 홀수 번째 항과 짝수 번째 항들을 분리해서 생각한다.

STEP 1 수열 $\{a_n\}$이 $a_{n+2}=a_n+2$를 만족시키므로 수열 $\{a_{2n-1}\}$과 수열 $\{a_{2n}\}$은 각각 공차가 2인 등차수열이다.

STEP 2 $\therefore \sum_{k=1}^{10} a_k=\sum_{k=1}^{5} a_{2k-1}+\sum_{k=1}^{5} a_{2k}$

$=\dfrac{5(2a_1+4\times 2)}{2}+\dfrac{5(2a_2+4\times 2)}{2}$

$=\dfrac{5(2+8)}{2}+\dfrac{5(2p+8)}{2}$ ($\because a_1=1, a_2=p$)

$=45+5p$

즉, $45+5p=70$이므로

$5p=25$ $\therefore p=5$

700 답 ⑤

STEP 1 조건 (가)에 의하여

$a_1+a_2+a_3+a_4=a_1-2a_1+4a_1-8a_1=-5a_1$

STEP 2 조건 (나)에 의하여

$a_5+a_6+a_7+a_8=(a_1+2)+(a_2+2)+(a_3+2)+(a_4+2)$

$=-5a_1+8$

$a_9+a_{10}+a_{11}+a_{12}=(a_5+2)+(a_6+2)+(a_7+2)+(a_8+2)$

$=-5a_1+16$

$a_{13}+a_{14}+a_{15}+a_{16}=(a_9+2)+(a_{10}+2)+(a_{11}+2)+(a_{12}+2)$

$=-5a_1+24$

$a_{17}+a_{18}+a_{19}+a_{20}=(a_{13}+2)+(a_{14}+2)+(a_{15}+2)+(a_{16}+2)$

$=-5a_1+32$

$\therefore \sum_{n=1}^{20} a_n=a_1+a_2+a_3+a_4+\cdots+a_{20}$

$=-5a_1+(-5a_1+8)+(-5a_1+16)+(-5a_1+24)$
$+(-5a_1+32)$

$=-25a_1+80$

즉, $-25a_1+80=130$이므로

$-25a_1=50$ $\therefore a_1=-2$

701 답 ②

해결 각 잡기

$a_n\geq 0$인 경우와 $a_n<0$인 경우를 나누어 푼다.

STEP 1 $a_{n+1}=|a_n|-2$에 $n=1, 2, 3, \cdots$을 차례로 대입하면

$a_2=|a_1|-2=|20|-2=18$

$a_3=|a_2|-2=|18|-2=16$

$a_4=|a_3|-2=|16|-2=14$

$\vdots$

$a_{10}=|a_9|-2=|4|-2=2$

$a_{11}=|a_{10}|-2=|2|-2=0$

$a_{12}=|a_{11}|-2=|0|-2=-2$

$a_{13}=|a_{12}|-2=|-2|-2=0$

$a_{14}=|a_{13}|-2=|0|-2=-2$

$\vdots$

STEP 2 (i) $1\leq n\leq 10$일 때

수열 $\{a_n\}$은 첫째항이 20이고 공차가 -2인 등차수열이므로

$a_n=20+(n-1)\times(-2)=-2n+22$

$\therefore \sum_{n=1}^{10} a_n=\sum_{n=1}^{10}(-2n+22)=-2\times\dfrac{10\times 11}{2}+22\times 10=110$

(ii) $11\leq n\leq 30$일 때

수열 $\{a_n\}$은 0, -2가 반복되는 수열이므로

$a_n=\begin{cases} 0 & (n\text{이 홀수인 경우}) \\ -2 & (n\text{이 짝수인 경우}) \end{cases}$

$\therefore \sum_{n=11}^{30} a_n=(-2)\times 10=-20$

(i), (ii)에 의하여

$\sum_{n=1}^{30} a_n=\sum_{n=1}^{10} a_n+\sum_{n=11}^{30} a_n=110+(-20)=90$

702 답 ⑤

해결 각 잡기

수열 $\{a_n\}$에서

(1) $a_{n+1}\div a_n=r$ (일정) 또는 $a_{n+1}=ra_n$

(2) $a_{n+1}\div a_n=a_{n+2}\div a_{n+1}$ 또는 $a_{n+1}{}^2=a_n a_{n+2}$

$\rightarrow$ 수열 $\{a_n\}$은 등비수열

$a_{n+1}=3a_n$이므로 수열 $\{a_n\}$은 공비가 3인 등비수열이다.

이때 $a_2=2$이므로

$a_4=a_2\times3^2=2\times9=18$

703 답 256

STEP 1 조건 (나)의 $a_{n+1}=-2a_n$에 $n=1$을 대입하면

$a_2=-2a_1$

이를 조건 (가)에 대입하면

$a_1=-2a_1+3,\ 3a_1=3$

$\therefore a_1=1$

STEP 2 조건 (나)에서 $a_{n+1}=-2a_n$이므로 수열 $\{a_n\}$은 공비가 -2인 등비수열이다.

$\therefore a_9=1\times(-2)^8=256$

704 답 ②

STEP 1 $\log_2\dfrac{a_{n+1}}{a_n}=\dfrac{1}{2}$이므로

$\dfrac{a_{n+1}}{a_n}=2^{\frac{1}{2}}=\sqrt{2}$

즉, 수열 $\{a_n\}$은 공비가 $\sqrt{2}$인 등비수열이다.

STEP 2 $\therefore \dfrac{S_{12}}{S_6}=\dfrac{\dfrac{a_1\{(\sqrt{2})^{12}-1\}}{\sqrt{2}-1}}{\dfrac{a_1\{(\sqrt{2})^6-1\}}{\sqrt{2}-1}}=\dfrac{(\sqrt{2})^{12}-1}{(\sqrt{2})^6-1}$

$\qquad=\dfrac{2^6-1}{2^3-1}=\dfrac{(2^3+1)(2^3-1)}{2^3-1}$

$\qquad=2^3+1=9$

705 답 ①

STEP 1 $\log_2 a_{n+1}=1+\log_2 a_n$에서

$\log_2 a_{n+1}=\log_2 2+\log_2 a_n$

$\log_2 a_{n+1}=\log_2 2a_n$

$\therefore a_{n+1}=2a_n$

따라서 수열 $\{a_n\}$은 공비가 2인 등비수열이므로

$a_n=2\times2^{n-1}=2^n$

STEP 2 $\therefore a_1\times a_2\times a_3\times\cdots\times a_8=2^1\times2^2\times2^3\times\cdots\times2^8$

$\qquad\qquad=2^{1+2+3+\cdots+8}$

$\qquad\qquad=2^{\frac{8\times9}{2}}=2^{36}$

$\therefore k=36$

706 답 510

STEP 1 이차방정식 $a_n x^2-a_{n+1}x+a_n=0$이 중근을 가지므로 이 이차방정식의 판별식을 D라 하면

$D={a_{n+1}}^2-4{a_n}^2=0$

$(a_{n+1}+2a_n)(a_{n+1}-2a_n)=0$

$\therefore a_{n+1}=-2a_n$ 또는 $a_{n+1}=2a_n$

STEP 2 수열 $\{a_n\}$의 모든 항이 양수이므로

$a_{n+1}=2a_n$

즉, 수열 $\{a_n\}$은 공비가 2인 등비수열이므로

$a_n=2\times2^{n-1}=2^n$

$\therefore \displaystyle\sum_{k=1}^{8}a_k=\sum_{k=1}^{8}2^k=\dfrac{2(2^8-1)}{2-1}=510$

707 답 ③

$a_n,\ b_n$의 값을 구하고, $a_n<b_n,\ a_n\geq b_n$이 되는 n의 값의 범위를 구한다.

STEP 1 $a_{n+1}=3a_n$이므로 수열 $\{a_n\}$은 공비가 3인 등비수열이다.

$\therefore a_n=1\times3^{n-1}=3^{n-1}$

$b_{n+1}=(n+1)b_n$에 $n=1,\ 2,\ 3,\ \cdots,\ n-1$을 차례로 대입하면

$b_2=2b_1=2\times1$

$b_3=3b_2=3\times2\times1$

$b_4=4b_3=4\times3\times2\times1$

$\qquad\vdots$

$b_n=nb_{n-1}=n(n-1)\times\cdots\times2\times1=n!$

STEP 2 $1\leq n\leq4$일 때, $a_n\geq b_n$이므로 $c_n=b_n$

$n\geq5$일 때, $a_n<b_n$이므로 $c_n=a_n$

n	1	2	3	4	5	$\cdots$
a_n	1	3	9	27	81	$\cdots$
b_n	1	2	6	24	120	$\cdots$
c_n	1	2	6	24	81	$\cdots$

$\therefore \displaystyle\sum_{n=1}^{50}2c_n=2\left(\sum_{n=1}^{4}b_n+\sum_{n=5}^{50}a_n\right)$

$\qquad=2\left(\displaystyle\sum_{n=1}^{4}n!+\sum_{n=5}^{50}3^{n-1}\right)$ ← 첫째항이 3^4, 공비가 3, 항수가 46인 등비수열의 합

$\qquad=2\left\{1+2+6+24+\dfrac{3^4(3^{46}-1)}{3-1}\right\}$

$\qquad=3^{50}-15$

708 답 64

STEP 1 $a_{2n}=2a_n$에 $n=1,\ 2,\ 3,\ \cdots$을 차례로 대입하면

$a_2=2a_1=2\times1=2$

$a_4=2a_2=2\times2=4$

$a_6=2a_3=2\times3=6$

$a_8=2a_4=2\times4=8$

$\qquad\vdots$

$a_{2n+1}=3a_n$에 $n=1,\ 2,\ 3$을 차례로 대입하면

$a_3=3a_1=3\times1=3$

$a_5=3a_2=3\times2=6$

$a_7=3a_3=3\times3=9$

STEP 2 $a_7+a_k=73$에서

$9+a_k=73$

$\therefore a_k=64$

STEP 3 $a_k=2a_{\frac{k}{2}}=2^2a_{\frac{k}{4}}=2^3a_{\frac{k}{8}}$

이때 $2^3a_{\frac{k}{8}}=64$이므로 $a_{\frac{k}{8}}=8$

그런데 $a_8=8$이므로 $\dfrac{k}{8}=8$

$\therefore k=64$

709 **답** 496

STEP 1 $a_1=1$, $a_2=3$, $a_3=5$, $a_4=7$이고 $a_{k+4}=2a_k$이므로

$a_1+a_2+a_3+a_4=1+3+5+7=16$

$a_5+a_6+a_7+a_8=2(a_1+a_2+a_3+a_4)=2\times16$

$a_9+a_{10}+a_{11}+a_{12}=2^2(a_1+a_2+a_3+a_4)=2^2\times16$

$a_{13}+a_{14}+a_{15}+a_{16}=2^3(a_1+a_2+a_3+a_4)=2^3\times16$

$a_{17}+a_{18}+a_{19}+a_{20}=2^4(a_1+a_2+a_3+a_4)=2^4\times16$

STEP 2 $\therefore \displaystyle\sum_{k=1}^{20}a_k=a_1+a_2+a_3+a_4+\cdots+a_{20}$

$=16(1+2+2^2+2^3+2^4)$

$=16\times\dfrac{1\times(2^5-1)}{2-1}$

$=496$

710 **답** ①

해결 각 잡기

주어진 식의 n에 적절한 값을 대입하여 항을 구한다.

STEP 1 $a_{n+1}=2a_n+1$에 $n=3$을 대입하면 $a_4=2a_3+1$이므로

$2a_3+1=31$, $2a_3=30$

$\therefore a_3=15$

$a_{n+1}=2a_n+1$에 $n=2$를 대입하면 $a_3=2a_2+1$이므로

$2a_2+1=15$, $2a_2=14$

STEP 2 $\therefore a_2=7$

711 **답** ②

STEP 1 $a_na_{n+1}=2n$에 $n=2$를 대입하면

$a_2a_3=4$ $\therefore a_2=4$

$a_na_{n+1}=2n$에 $n=3$을 대입하면

$a_3a_4=6$ $\therefore a_4=6$

$a_na_{n+1}=2n$에 $n=4$를 대입하면

$a_4a_5=8$, $6a_5=8$

$\therefore a_5=\dfrac{4}{3}$

STEP 2 $\therefore a_2+a_5=4+\dfrac{4}{3}=\dfrac{16}{3}$

712 **답** ②

STEP 1 $a_{n+1}=\dfrac{2n}{n+1}a_n$에 $n=1$, 2, 3을 차례로 대입하면

$a_2=a_1=1$

$a_3=\dfrac{4}{3}a_2$

$a_4=\dfrac{3}{2}a_3$

STEP 2 위의 식들을 변끼리 곱하면

$a_4=\dfrac{4}{3}\times\dfrac{3}{2}=2$

다른 풀이

$a_{n+1}=\dfrac{2n}{n+1}a_n$, 즉 $(n+1)a_{n+1}=2na_n$이므로 수열 $\{na_n\}$은 공비가 2인 등비수열이다.

$\therefore na_n=1\times1\times2^{n-1}=2^{n-1}$ ── 수열 $\{na_n\}$의 첫째항은 $1\times a_1=1\times1$

위의 식에 $n=4$를 대입하면

$4a_4=2^3$

$\therefore a_4=2$

713 **답** ①

STEP 1 $a_{n+1}=\dfrac{n+4}{2n-1}a_n$에 $n=1$, 2, 3, 4를 차례로 대입하면

$a_2=5a_1=5$

$a_3=2a_2$

$a_4=\dfrac{7}{5}a_3$

$a_5=\dfrac{8}{7}a_4$

STEP 2 위의 식들을 변끼리 곱하면

$a_5=5\times2\times\dfrac{7}{5}\times\dfrac{8}{7}=16$

714 **답** ④

STEP 1 $a_{n+1}=\dfrac{a_n+1}{3a_n-2}$에 $n=1$, 2, 3을 차례로 대입하면

$a_2=\dfrac{a_1+1}{3a_1-2}=\dfrac{1+1}{3\times1-2}=2$

$a_3=\dfrac{a_2+1}{3a_2-2}=\dfrac{2+1}{3\times2-2}=\dfrac{3}{4}$

STEP 2 $\therefore a_4 = \dfrac{a_3+1}{3a_3-2} = \dfrac{\dfrac{3}{4}+1}{3 \times \dfrac{3}{4}-2} = 7$

715 답 ③

STEP 1 $a_{n+1} = \dfrac{k}{a_n+2}$에 $n=1$, 2를 각각 대입하면

$a_2 = \dfrac{k}{a_1+2} = \dfrac{k}{1+2} = \dfrac{k}{3}$

$a_3 = \dfrac{k}{a_2+2} = \dfrac{k}{\dfrac{k}{3}+2} = \dfrac{3k}{k+6}$

STEP 2 즉, $\dfrac{3k}{k+6} = \dfrac{3}{2}$이므로

$k+6 = 2k \qquad \therefore k = 6$

716 답 ④

STEP 1 $a_{n+1}-a_n = 2^{n-5}+n$에 $n=7$, 8, 9를 차례로 대입하면

$a_8-a_7 = 2^2+7 = 11$

$a_9-a_8 = 2^3+8 = 16$

$a_{10}-a_9 = 2^4+9 = 25$

STEP 2 위의 식들을 변끼리 더하면

$a_{10}-a_7 = 11+16+25 = 52$

717 답 ③

STEP 1 $a_{n+1} = a_n+3^n$에 $n=1$, 2, 3을 차례로 대입하면

$a_2 = a_1+3 = 6+3 = 9$

$a_3 = a_2+3^2 = 9+9 = 18$

STEP 2 $\therefore a_4 = a_3+3^3 = 18+27 = 45$

718 답 ④

STEP 1 $a_{n+1}+(-1)^n \times a_n = 2^n$에서

$a_{n+1} = -(-1)^n \times a_n+2^n = (-1)^{n+1} \times a_n+2^n$

위의 식에 $n=1$, 2, 3, 4를 차례로 대입하면

$a_2 = (-1)^2 \times a_1+2 = 1+2 = 3$

$a_3 = (-1)^3 \times a_2+2^2 = -3+4 = 1$

$a_4 = (-1)^4 \times a_3+2^3 = 1+8 = 9$

STEP 2 $\therefore a_5 = (-1)^5 \times a_4+2^4 = -9+16 = 7$

719 답 ④

STEP 1 $a_{n+1} = (-1)^n a_n+\sin\left(\dfrac{n\pi}{2}\right)$에 $n=1$, 2, 3, $\cdots$을 차례로 대입하면

$a_2 = (-1) \times a_1+\sin\dfrac{\pi}{2} = 1$

$a_3 = (-1)^2 \times a_2+\sin\pi = 1$

$a_4 = (-1)^3 \times a_3+\sin\dfrac{3}{2}\pi = -1-1 = -2$

$a_5 = (-1)^4 \times a_4+\sin2\pi = -2$

$a_6 = (-1)^5 \times a_5+\sin\dfrac{5}{2}\pi = 2+1 = 3$

$a_7 = (-1)^6 \times a_6+\sin3\pi = 3$

$\vdots$

STEP 2 따라서 $a_{2n} = a_{2n+1} = \begin{cases} n & (n \text{이 홀수}) \\ -n & (n \text{이 짝수}) \end{cases}$이므로

$a_{50} = a_{2 \times 25} = 25$

720 답 ①

STEP 1 $a_{n+2}-a_{n+1}+2a_n = 5$에서

$a_{n+2} = a_{n+1}-2a_n+5$

위의 식에 $n=1$, 2, 3, 4를 차례로 대입하면

$a_3 = a_2-2a_1+5 = 3-2 \times 2+5 = 4$

$a_4 = a_3-2a_2+5 = 4-2 \times 3+5 = 3$

$a_5 = a_4-2a_3+5 = 3-2 \times 4+5 = 0$

STEP 2 $\therefore a_6 = a_5-2a_4+5 = 0-2 \times 3+5 = -1$

721 답 15

STEP 1 $a_{n+2} = a_{n+1}+a_n$에 $n=1$, 2를 각각 대입하면

$a_3 = a_2+a_1 = a_2+4$

$a_4 = a_3+a_2 = (a_2+4)+a_2 = 2a_2+4$

STEP 2 즉, $2a_2+4 = 34$이므로

$2a_2 = 30 \qquad \therefore a_2 = 15$

722 답 ④

STEP 1 $a_{n+1}+a_n = (-1)^{n+1} \times n$에서

$a_{n+1} = -a_n+(-1)^{n+1} \times n$

위의 식에 $n=1$, 2, 3, $\cdots$, 7을 차례로 대입하면

$a_2 = -a_1+(-1)^2 \times 1 = -12+1 = -11$

$a_3 = -a_2+(-1)^3 \times 2 = 11-2 = 9$

$a_4 = -a_3+(-1)^4 \times 3 = -9+3 = -6$

$a_5 = -a_4+(-1)^5 \times 4 = 6-4 = 2$

$a_6 = -a_5+(-1)^6 \times 5 = -2+5 = 3$

$a_7 = -a_6+(-1)^7 \times 6 = -3-6 = -9$

$a_8 = -a_7+(-1)^8 \times 7 = 9+7 = 16$

STEP 2 따라서 $a_k > a_1$, 즉 $a_k > 12$를 만족시키는 자연수 k의 최솟값은 8이다.

723 답 ⑤

$$a_1+a_{22}=(a_1+a_2)-(a_2+a_3)+(a_3+a_4)-\cdots+(a_{21}+a_{22})$$
$$=\sum_{n=1}^{22}a_n-\sum_{n=2}^{21}a_n$$

STEP 1 자연수 k에 대하여

(ⅰ) $n=2k-1$일 때

$a_{2k-1}+a_{2k}=2(2k-1)=4k-2$이므로

$$\sum_{n=1}^{22}a_n=\sum_{k=1}^{11}(a_{2k-1}+a_{2k})$$
$$=\sum_{k=1}^{11}(4k-2)$$
$$=4\times\frac{11\times12}{2}-2\times11=242$$

(ⅱ) $n=2k$일 때

$a_{2k}+a_{2k+1}=2\times2k=4k$이므로

$$\sum_{n=2}^{21}a_n=\sum_{k=1}^{10}(a_{2k}+a_{2k+1})$$
$$=\sum_{k=1}^{10}4k$$
$$=4\times\frac{10\times11}{2}=220$$

STEP 2 $\therefore a_1+a_{22}=\sum_{n=1}^{22}a_n-\sum_{n=2}^{21}a_n=242-220=22$

다른 풀이

자연수 k에 대하여

$a_{2k}+a_{2k+1}=4k$ ...... ㉠

$a_{2k-1}+a_{2k}=4k-2$ ...... ㉡

㉠-㉡을 하면 $a_{2k+1}-a_{2k-1}=2$이므로 수열 $\{a_{2k-1}\}$은 공차가 2인 등차수열이다.

$\therefore a_{2k-1}=a_1+(k-1)\times2$ ...... ㉢

㉢에 $k=11$을 대입하면

$a_{21}=a_1+20$ ...... ㉣

$a_n+a_{n+1}=2n$에 $n=21$을 대입하면

$a_{21}+a_{22}=42$, $(a_1+20)+a_{22}=42$ ($\because$ ㉣)

$\therefore a_1+a_{22}=22$

724 답 ④

a_n이 소수인지 아닌지 판단하여 주어진 식에 $n=1, 2, 3, \cdots, 7$을 차례로 대입한다.

STEP 1 수열 $\{a_n\}$의 각 항을 구하면

$a_1=7$ ㄴ소수

$a_2=\dfrac{a_1+3}{2}=\dfrac{7+3}{2}=5$ ㄴ소수

$a_3=\dfrac{a_2+3}{2}=\dfrac{5+3}{2}=4$

$a_4=a_3+3=4+3=7$ ㄴ소수

$a_5=\dfrac{a_4+3}{2}=\dfrac{7+3}{2}=5$ ㄴ소수

$a_6=\dfrac{a_5+3}{2}=\dfrac{5+3}{2}=4$

$a_7=a_6+6=4+6=10$

STEP 2 $\therefore a_8=a_7+7=10+7=17$

725 답 70

STEP 1 $1<a_1<2$에서 $a_1\geq0$이므로

$a_2=a_1-2<0$

$a_3=-2a_2=-2(a_1-2)>0$

$a_4=a_3-2=-2(a_1-2)-2=-2(a_1-1)<0$ ┌ $0<a_1-1<1$이므로 $-2<-2(a_1-1)<0$

$a_5=-2a_4=4(a_1-1)>0$

$a_6=a_5-2=4(a_1-1)-2=4a_1-6$ ┌ $4<4a_1<8$이므로 $-2<4a_1-6<2$

STEP 2 $a_6<0$이면 $a_7=-2a_6>0$이므로 주어진 조건을 만족시키지 않는다.

따라서 $a_6\geq0$이므로

$a_7=a_6-2=(4a_1-6)-2=4a_1-8$

즉, $4a_1-8=-1$이므로

$4a_1=7$

$\therefore a_1=\dfrac{7}{4}$

$\therefore 40\times a_1=40\times\dfrac{7}{4}=70$

726 답 ③

주어진 식에 $n=1, 2, 3, \cdots$을 차례로 대입하여 반복되는 규칙 (주기)을 찾는다.

STEP 1 수열 $\{a_n\}$의 각 항을 구하면

$a_1=1$

$a_2=2^1=2>1$

$a_3=\log_2\sqrt{2}=\dfrac{1}{2}<1$

$a_4=2^{\frac{1}{2}}=\sqrt{2}>1$

$a_5=\log_{\sqrt{2}}\sqrt{2}=1$

$a_6=2^1=2>1$

$\vdots$

즉, 수열 $\{a_n\}$은 $1, 2, \dfrac{1}{2}, \sqrt{2}$가 이 순서대로 반복되므로 모든 자연수 n에 대하여

$a_{n+4}=a_n$

STEP 2 $a_{12}=a_{4\times3}=a_4=\sqrt{2}$, $a_{13}=a_{4\times3+1}=a_1=1$이므로

$a_{12}\times a_{13}=\sqrt{2}\times1=\sqrt{2}$

727 답 ⑤

STEP 1 수열 $\{a_n\}$의 각 항을 구하면

$a_1 = a$

$a_2 = a + (-1) \times 2 = a - 2$

$a_3 = a_2 + (-1)^2 \times 2 = (a - 2) + 2 = a$

$a_4 = a_3 + 1 = a + 1$

$a_5 = a_4 + (-1)^4 \times 2 = (a + 1) + 2 = a + 3$

$a_6 = a_5 + (-1)^5 \times 2 = (a + 3) - 2 = a + 1$

$a_7 = a_6 + 1 = (a + 1) + 1 = a + 2$

$a_8 = a_7 + (-1)^7 \times 2 = (a + 2) - 2 = a$

$a_9 = a_8 + (-1)^8 \times 2 = a + 2$

$\vdots$

STEP 2 즉, 자연수 k에 대하여 $a_{3k} = a + k - 1$이므로

$a_{15} = 43$에서 $a_{3 \times 5} = a + 5 - 1 = 43$

$\therefore a = 39$

다른 풀이 **STEP 2**

따라서 수열 $\{a_n\}$은 6개의 항을 기준으로 규칙이 나타나므로 모든 자연수 n에 대하여

$a_{n+6} = a_n + 2$

$a_{15} = a_9 + 2 = (a_3 + 2) + 2 = a_3 + 4 = a + 4$이므로 $a_{15} = 43$에서

$43 = a + 4$ $\therefore a = 39$

728 답 ①

STEP 1 수열 $\{a_n\}$의 각 항을 구하면

$a_1 = 1 < 7$

$a_2 = 2a_1 = 2 \times 1 = 2 < 7$

$a_3 = 2a_2 = 2 \times 2 = 4 < 7$

$a_4 = 2a_3 = 2 \times 4 = 8 \geq 7$

$a_5 = a_4 - 7 = 8 - 7 = 1 < 7$

$a_6 = 2a_5 = 2 \times 1 = 2$

$\vdots$

즉, 수열 $\{a_n\}$은 1, 2, 4, 8이 이 순서대로 반복되므로 모든 자연수 n에 대하여

$a_{n+4} = a_n$

STEP 2 $\therefore \sum\limits_{k=1}^{8} a_k = 2(1 + 2 + 4 + 8) = 30$

729 답 ③

STEP 1 수열 $\{a_n\}$의 각 항을 구하면

$a_1 = 1 \geq 0$

$a_2 = a_1 - 4 = 1 - 4 = -3 < 0$

$a_3 = a_2^2 = (-3)^2 = 9 \geq 0$

$a_4 = a_3 - 4 = 9 - 4 = 5 \geq 0$

$a_5 = a_4 - 4 = 5 - 4 = 1 \geq 0$

$a_6 = a_5 - 4 = 1 - 4 = -3$

$\vdots$

즉, 수열 $\{a_n\}$은 1, -3, 9, 5가 이 순서대로 반복되므로 모든 자연수 n에 대하여

$a_{n+4} = a_n$

STEP 2 $\therefore \sum\limits_{k=1}^{22} a_k = \sum\limits_{k=1}^{20} a_k + \overset{a_{21}=a_{4\times 5+1}=a_1}{a_{21}} + \underset{a_{22}=a_{4\times 5+2}=a_2}{a_{22}}$

$= 5(a_1 + a_2 + a_3 + a_4) + a_1 + a_2$

$= 5\{1 + (-3) + 9 + 5\} + 1 + (-3)$

$= 58$

730 답 33

STEP 1 수열 $\{a_n\}$의 각 항을 구하면

$a_1 = 9$, $a_2 = 3$

$a_3 = a_2 - a_1 = 3 - 9 = -6$

$a_4 = a_3 - a_2 = -6 - 3 = -9$

$a_5 = a_4 - a_3 = -9 - (-6) = -3$

$a_6 = a_5 - a_4 = -3 - (-9) = 6$

$a_7 = a_6 - a_5 = 6 - (-3) = 9$

$a_8 = a_7 - a_6 = 9 - 6 = 3$

$\vdots$

즉, 수열 $\{a_n\}$은 9, 3, -6, -9, -3, 6이 이 순서대로 반복되므로 모든 자연수 n에 대하여

$a_{n+6} = a_n$

STEP 2 $|a_k| = 3$에서 $a_k = 3$ 또는 $a_k = -3$

이때 $100 = 6 \times 16 + 4$이므로 $|a_k| = 3$을 만족시키는 100 이하의 자연수 k의 개수는

$16 \times 2 + 1 = 33$

731 답 235

STEP 1 수열 $\{a_n\}$의 각 항을 구하면

$a_1 = 3$

$a_2 = \dfrac{a_1 + 93}{2} = \dfrac{3 + 93}{2} = 48$

$a_3 = \dfrac{a_2}{2} = \dfrac{48}{2} = 24$

$a_4 = \dfrac{a_3}{2} = \dfrac{24}{2} = 12$

$a_5 = \dfrac{a_4}{2} = \dfrac{12}{2} = 6$

$a_6 = \dfrac{a_5}{2} = \dfrac{6}{2} = 3$

$a_7 = \dfrac{a_6 + 93}{2} = \dfrac{3 + 93}{2} = 48$

$\vdots$

즉, 수열 $\{a_n\}$은 3, 48, 24, 12, 6이 이 순서대로 반복된다.

$a_k=3$을 만족시키는 50 이하의 자연수 k는

1, 6, 11, 16, $\cdots$, 46

따라서 모든 자연수 k의 값의 합은 첫째항이 1이고 공차가 5, 항수가 10인 등차수열의 합과 같으므로

$$1+6+11+\cdots+46=\frac{10(1+46)}{2}=235$$

732 답 11

해결 각 잡기

조건 ㈎에 $n=1, 2, 3, 4$를 차례로 대입하여 a_3, a_4, a_5, a_6을 $a_1=7$과 a_2로 나타내고, 조건 ㈏에 주어진 주기를 이용하여 $\sum\limits_{k=1}^{50} a_k$의 값을 구한다.

STEP 1 조건 ㈎의 $a_{n+2}=a_n-4$에 $n=1, 2, 3, 4$를 차례로 대입하면

$a_3=a_1-4=7-4=3$

$a_4=a_2-4$

$a_5=a_3-4=3-4=-1$

$a_6=a_4-4=(a_2-4)-4=a_2-8$

조건 ㈏에서 $a_{n+6}=a_n$이므로 수열 $\{a_n\}$은 7, a_2, 3, a_2-4, -1, a_2-8이 이 순서대로 반복된다.

STEP 2 이때 $50=6\times8+2$이므로

$$\sum_{k=1}^{50} a_k=8(a_1+a_2+\cdots+a_6)+a_1+a_2$$
$$=8\{7+a_2+3+(a_2-4)+(-1)+(a_2-8)\}+7+a_2$$
$$=25a_2-17$$

즉, $25a_2-17=258$이므로

$25a_2=275$ $\therefore a_2=11$

733 답 7

STEP 1 조건 ㈎에 의하여

$a_3=a_1-3$

$a_4=a_2+3$

$a_5=a_3-3=(a_1-3)-3=a_1-6$

$a_6=a_4+3=(a_2+3)+3=a_2+6$

조건 ㈏에서 $a_n=a_{n+6}$이므로 수열 $\{a_n\}$은 a_1, a_2, a_1-3, a_2+3, a_1-6, a_2+6이 이 순서대로 반복된다.

STEP 2 이때 $32=6\times5+2$이므로

$$\sum_{k=1}^{32} a_k=5(a_1+a_2+\cdots+a_6)+a_1+a_2$$
$$=5\{a_1+a_2+(a_1-3)+(a_2+3)+(a_1-6)+(a_2+6)\}$$
$$\qquad\qquad\qquad\qquad\qquad\qquad +a_1+a_2$$
$$=16(a_1+a_2)$$

즉, $16(a_1+a_2)=112$이므로

$a_1+a_2=7$

734 답 123

STEP 1 조건 ㈎에서 $a_1+a_2=1+2=3$이므로 조건 ㈏에서 $a_3=3$

$a_2+a_3=2+3=5$이므로 $a_4=1$

$a_3+a_4=3+1=4$이므로 $a_5=0$

$a_4+a_5=1+0=1$이므로 $a_6=1$

$a_5+a_6=0+1=1$이므로 $a_7=1$

$a_6+a_7=1+1=2$이므로 $a_8=2$

$\qquad\qquad\vdots$

즉, 수열 $\{a_n\}$은 1, 2, 3, 1, 0, 1이 이 순서대로 반복되므로 모든 자연수 n에 대하여

$a_{n+6}=a_n$

STEP 2 $\sum\limits_{k=1}^{6} a_k=1+2+3+1+0+1=8$이므로 $\sum\limits_{k=1}^{6n} a_k=8n$

$\sum\limits_{k=1}^{120} a_k=\sum\limits_{k=1}^{6\times20} a_k=8\times20=160$이고, $a_{121}=a_1=1$, $a_{122}=a_2=2$,
$\underbrace{\qquad\qquad\qquad}_{a_{121}=a_{6\times20+1}=a_1}$

$a_{123}=a_3=3$이므로 $166=160+1+2+3$에서

$$\sum_{k=1}^{m} a_k=\sum_{k=1}^{120} a_k+a_{121}+a_{122}+a_{123}=\sum_{k=1}^{123} a_k$$

$\therefore m=123$

735 답 ③

STEP 1 수열 $\{a_n\}$의 각 항을 구하면

$a_1=\dfrac{1}{2}$

$a_2=-\dfrac{1}{a_1-1}=-\dfrac{1}{\frac{1}{2}-1}=2$

$a_3=-\dfrac{1}{a_2-1}=-\dfrac{1}{2-1}=-1$

$a_4=-\dfrac{1}{a_3-1}=-\dfrac{1}{-1-1}=\dfrac{1}{2}$

$a_5=-\dfrac{1}{a_4-1}=-\dfrac{1}{\frac{1}{2}-1}=2$

$\qquad\vdots$

즉, 수열 $\{a_n\}$은 $\dfrac{1}{2}$, 2, -1이 이 순서대로 반복되므로 모든 자연수 n에 대하여

$a_{n+3}=a_n$

STEP 2 $S_3=\dfrac{1}{2}+2+(-1)=\dfrac{3}{2}$이므로

$S_{3n}=\dfrac{3}{2}n$,

$S_{3n+1}=S_{3n}+\dfrac{1}{2}=\dfrac{3}{2}n+\dfrac{1}{2}$,

$S_{3n+2}=S_{3n}+\dfrac{1}{2}+2=\dfrac{3}{2}n+\dfrac{5}{2}$

STEP 3 이때 $S_m=11=\dfrac{3}{2}\times7+\dfrac{1}{2}$이므로
$\underbrace{\qquad\qquad}_{m=3n+1 \, 꼴}$

$m=3\times7+1=22$

736 답 8

a_{n+1}은 a_n의 부호에 따라 계산하는 방법이 다르므로 값을 모르는 a_3이 양수인 경우와 음수인 경우로 나누어 계산한다.

STEP 1 $a_1=6 \geq 0$이므로

$a_2=2-a_1=2-6=-4<0$

$a_3=a_2+p=-4+p$

STEP 2 (i) $a_3=-4+p \geq 0$, 즉 $p \geq 4$일 때

$a_4=2-a_3=2-(-4+p)=6-p$

$a_4=0$에서

$6-p=0$

$\therefore p=6$

(ii) $a_3=-4+p<0$, 즉 $p<4$일 때

$a_4=a_3+p=(-4+p)+p=-4+2p$

$a_4=0$에서

$-4+2p=0$

$\therefore p=2$

(i), (ii)에 의하여 $a_4=0$이 되도록 하는 모든 실수 p의 값의 합은

$6+2=8$

737 답 ①

a_1이 홀수일 때와 짝수일 때로 나누어 a_2, a_4의 값을 각각 구하고 조건을 만족시키는 a_1의 값을 찾는다.

STEP 1 자연수 k에 대하여

(i) a_1이 홀수, 즉 $a_1=2k-1$일 때

$a_2=a_1+1=(2k-1)+1=2k$

$a_3=\frac{1}{2}a_2=\frac{1}{2} \times 2k=k$

ⓐ k가 홀수, 즉 a_3이 홀수일 때

$a_4=a_3+1=k+1$이므로 $a_2+a_4=40$에서

$2k+(k+1)=40$

$3k=39$ $\therefore k=13$

$\therefore a_1=2k-1=2 \times 13-1=25$

ⓑ k가 짝수, 즉 a_3이 짝수일 때

$a_4=\frac{1}{2}a_3=\frac{1}{2}k$이므로 $a_2+a_4=40$에서

$2k+\frac{1}{2}k=40$

$\frac{5}{2}k=40$ $\therefore k=16$

$\therefore a_1=2k-1=2 \times 16-1=31$

ⓐ, ⓑ에서 a_1의 값은 25, 31이다.

STEP 2 (ii) a_1이 짝수, 즉 $a_1=2k$일 때

$a_2=\frac{1}{2}a_1=\frac{1}{2} \times 2k=k$

ⓒ k가 홀수, 즉 a_2가 홀수일 때

$a_3=a_2+1=k+1$이므로 ┈┈ 짝수

$a_4=\frac{1}{2}a_3=\frac{k+1}{2}$

$a_2+a_4=40$에서 $k+\frac{k+1}{2}=40$

$3k=79$ $\therefore k=\frac{79}{3}$

그런데 k는 자연수이어야 하므로 조건을 만족시키지 않는다.

ⓓ k가 짝수, 즉 a_2가 짝수일 때

$a_3=\frac{1}{2}a_2=\frac{1}{2}k$

┈┈ k가 짝수이므로 $\frac{1}{2}k$는 자연수

① $\frac{1}{2}k$가 홀수, 즉 a_3이 홀수일 때

$a_4=a_3+1=\frac{1}{2}k+1$이므로 $a_2+a_4=40$에서

$k+\left(\frac{1}{2}k+1\right)=40$

$\frac{3}{2}k=39$ $\therefore k=26$

┈┈ $\frac{1}{2}k=13$은 홀수

$\therefore a_1=2k=2 \times 26=52$

② $\frac{1}{2}k$가 짝수, 즉 a_3이 짝수일 때

$a_4=\frac{1}{2}a_3=\frac{1}{4}k$이므로 $a_2+a_4=40$에서

$k+\frac{1}{4}k=40$

$\frac{5}{4}k=40$ $\therefore k=32$

┈┈ $\frac{1}{2}k=16$은 짝수

$\therefore a_1=2k=2 \times 32=64$

ⓒ, ⓓ에서 a_1의 값은 52, 64이다.

STEP 3 (i), (ii)에서 a_1의 값은 25, 31, 52, 64이므로 구하는 합은

$25+31+52+64=172$

738 답 ①

수열 $\{a_n\}$의 관계식과 a_8의 값을 이용하여 a_7의 값을 구하고, a_7의 값을 이용하여 a_6의 값을 구한다.

STEP 1 주어진 식에서 $n=7$일 때, $a_8=\log_2 a_7$이므로

$\log_2 a_7=5$

$\therefore a_7=2^5=32$

또, $n=6$일 때, $a_7=2^{a_6+1}$이므로

$2^{a_6+1}=2^5$

즉, $a_6+1=5$이므로

$a_6=4$

STEP 2 $\therefore a_6+a_7=4+32=36$

739 답 142

♥ a_{n+1}이 홀수이면 a_n+3 또는 $\dfrac{a_n}{2}$이 홀수이므로 a_n은 짝수이다.

♥ a_{n+1}이 짝수이면 a_n+3 또는 $\dfrac{a_n}{2}$이 짝수이므로 a_n은 홀수 또는 짝수이다.

STEP 1 a_n이 홀수이면 $a_{n+1}=a_n+3$은 짝수이다.

즉, a_{n+1}이 홀수이면 a_n은 짝수이다.

이때 $a_5=5$는 홀수이므로 a_4는 짝수이어야 한다.

즉, $a_5=\dfrac{a_4}{2}=5$에서 $a_4=10$

STEP 2 수열 $\{a_n\}$의 규칙에 따라 a_5, a_4, a_3, a_2, a_1의 값을 구하면 다음과 같다.

a_5	5			
a_4	10			
a_3	a_3이 홀수		a_3이 짝수	
	$a_3+3=10$에서 $a_3=7$		$\dfrac{a_3}{2}=10$에서 $a_3=20$	
a_2	$\dfrac{a_2}{2}=7$에서 $a_2=14$		a_2가 홀수	a_2가 짝수
			$a_2+3=20$에서 $a_2=17$	$\dfrac{a_2}{2}=20$에서 $a_2=40$
a_1 (a_1은 짝수)	$\dfrac{a_1}{2}=14$에서 $a_1=28$		$\dfrac{a_1}{2}=17$에서 $a_1=34$	$\dfrac{a_1}{2}=40$에서 $a_1=80$

따라서 수열 $\{a_n\}$의 첫째항 a_1이 될 수 있는 수는 28, 34, 80이므로 구하는 합은

$28+34+80=142$

다른 풀이

a_1이 짝수이므로 $a_1=4k$인 경우와 $a_1=4k+2$인 경우로 나누어 $a_5=5$가 되는 정수 k의 값을 구하면 다음과 같다.

a_1	$4k$			$4k+2$	
a_2	$2k$			$2k+1$	
a_3	k			$2k+4$	
a_4	a_3이 홀수	a_3이 짝수		$k+2$	
	$k+3$	$\dfrac{k}{2}$			
a_5	$\dfrac{k+3}{2}=5$	a_4가 홀수	a_4가 짝수	a_4가 홀수	a_4가 짝수
		$\dfrac{k}{2}+3=5$	$\dfrac{k}{4}=5$	$k+5=5$	$\dfrac{k+2}{2}=5$
k	7	4	20	0	8

$k=4$인 경우, $a_4=\dfrac{k}{2}$가 짝수이므로 a_4가 홀수라는 조건을 만족시키지 않는다.

$\therefore a_5\ne\dfrac{k}{2}+3$

$k=0$인 경우, $a_4=k+2$가 짝수이므로 a_4가 홀수라는 조건을 만족시키지 않는다.

$\therefore a_5\ne k+5$

$\therefore k=7$ 또는 $k=20$ 또는 $k=8$

따라서 a_1이 될 수 있는 수는 $4\times7=28$, $4\times20=80$, $4\times8+2=34$ 이므로 구하는 합은

$28+34+80=142$

740 답 ③

♥ a_5의 값과 수열 $\{a_n\}$의 관계식을 이용하여 a_6, a_7, a_8, $\cdots$의 값을 구하여 규칙성을 찾는다.

♥ $\displaystyle\sum_{k=1}^{100}a_k=\sum_{k=1}^{4}a_k+\sum_{k=5}^{100}a_k$이므로 음수인 항의 개수에 따라 a_1, a_2, a_3, a_4의 값을 구한다.

STEP 1 조건 (개)에서 $a_5=5\geq0$이므로

$a_6=a_5-6=5-6=-1<0$

$a_7=-2a_6+3=-2\times(-1)+3=5\geq0$

$a_8=a_7-6=5-6=-1<0$

$\vdots$

즉, $n\geq5$일 때

$a_n=\begin{cases}5 & (n\text{이 홀수})\\-1 & (n\text{이 짝수})\end{cases}$

$\displaystyle\sum_{k=5}^{100}a_k$의 값이 일정하므로 a_1, a_2, a_3, a_4의 값에 따라 $\displaystyle\sum_{k=1}^{100}a_k$의 최댓값, 최솟값이 정해진다.

STEP 2 $a_n<0$이면 $a_{n+1}=-2a_n+3\geq0$이므로 수열 $\{a_n\}$의 항의 값이 연속하여 음수인 경우는 없다. 따라서 a_1, a_2, a_3, a_4의 값 중 음수는 최대 2개가 나올 수 있다.

(i) 음수의 개수가 2일 때

ⓐ $a_4\geq0$, $a_3<0$, $a_2\geq0$, $a_1<0$이면

$a_5=a_4-6$에서 $5=a_4-6$ $\therefore a_4=11$

$a_4=-2a_3+3$에서 $11=-2a_3+3$

$2a_3=-8$ $\therefore a_3=-4$

$a_3=a_2-6$에서 $-4=a_2-6$ $\therefore a_2=2$

$a_2=-2a_1+3$에서 $2=-2a_1+3$

$2a_1=1$ $\therefore a_1=\dfrac{1}{2}$

그런데 $a_1<0$이어야 하므로 조건을 만족시키지 않는다.

ⓑ $a_4<0$, $a_3\geq0$, $a_2<0$, $a_1\geq0$이면

$a_5=-2a_4+3$에서 $5=-2a_4+3$

$2a_4=-2$ $\therefore a_4=-1$

$a_4=a_3-6$에서 $-1=a_3-6$ $\therefore a_3=5$

$a_3=-2a_2+3$에서 $5=-2a_2+3$

$2a_2=-2$ $\therefore a_2=-1$

$a_2=a_1-6$에서 $-1=a_1-6$ $\therefore a_1=5$

$\therefore \displaystyle\sum_{k=1}^{100}a_k=5+(-1)+5+(-1)+\sum_{k=5}^{100}a_k=8+\sum_{k=5}^{100}a_k$

(ii) 음수의 개수가 1일 때

ⓒ $a_4\geq0$, $a_3\geq0$, $a_2\geq0$, $a_1<0$이면

$a_5=a_4-6$에서 $5=a_4-6$ $\therefore a_4=11$

$a_4=a_3-6$에서 $11=a_3-6$ $\therefore a_3=17$

$a_3=a_2-6$에서 $17=a_2-6$ $\therefore a_2=23$

$a_2=-2a_1+3$에서 $23=-2a_1+3$

$2a_1=-20$ $\therefore a_1=-10$

$\therefore \sum_{k=1}^{100}a_k=-10+23+17+11+\sum_{k=5}^{100}a_k=41+\sum_{k=5}^{100}a_k$

ⓓ $a_4\geq0$, $a_3\geq0$, $a_2<0$, $a_1\geq0$이면

$a_5=a_4-6$에서 $5=a_4-6$ $\therefore a_4=11$

$a_4=a_3-6$에서 $11=a_3-6$ $\therefore a_3=17$

$a_3=-2a_2+3$에서 $17=-2a_2+3$

$2a_2=-14$ $\therefore a_2=-7$

$a_2=a_1-6$에서 $-7=a_1-6$ $\therefore a_1=-1$

그런데 $a_1\geq0$이어야 하므로 조건을 만족시키지 않는다.

ⓔ $a_4\geq0$, $a_3<0$, $a_2\geq0$, $a_1\geq0$이면

$a_5=a_4-6$에서 $5=a_4-6$ $\therefore a_4=11$

$a_4=-2a_3+3$에서 $11=-2a_3+3$

$2a_3=-8$ $\therefore a_3=-4$

$a_3=a_2-6$에서 $-4=a_2-6$ $\therefore a_2=2$

$a_2=a_1-6$에서 $2=a_1-6$ $\therefore a_1=8$

$\therefore \sum_{k=1}^{100}a_k=8+2+(-4)+11+\sum_{k=5}^{100}a_k=17+\sum_{k=5}^{100}a_k$

ⓕ $a_4<0$, $a_3\geq0$, $a_2\geq0$, $a_1\geq0$이면

$a_5=-2a_4+3$에서 $5=-2a_4+3$

$2a_4=-2$ $\therefore a_4=-1$

$a_4=a_3-6$에서 $-1=a_3-6$ $\therefore a_3=5$

$a_3=a_2-6$에서 $5=a_2-6$ $\therefore a_2=11$

$a_2=a_1-6$에서 $11=a_1-6$ $\therefore a_1=17$

$\therefore \sum_{k=1}^{100}a_k=17+11+5+(-1)+\sum_{k=5}^{100}a_k=32+\sum_{k=5}^{100}a_k$

(iii) 음수의 개수가 0일 때, 즉 $a_4\geq0$, $a_3\geq0$, $a_2\geq0$, $a_1\geq0$이면

$a_5=a_4-6$에서 $5=a_4-6$ $\therefore a_4=11$

$a_4=a_3-6$에서 $11=a_3-6$ $\therefore a_3=17$

$a_3=a_2-6$에서 $17=a_2-6$ $\therefore a_2=23$

$a_3=a_1-6$에서 $23=a_1-6$ $\therefore a_1=29$

$\therefore \sum_{k=1}^{100}a_k=29+23+17+11+\sum_{k=5}^{100}a_k=80+\sum_{k=5}^{100}a_k$

STEP 3 (i), (ii), (iii)에 의하여

$M=80+\sum_{k=5}^{100}a_k$, $m=8+\sum_{k=5}^{100}a_k$

$\therefore M-m=80+\sum_{k=5}^{100}a_k-\left(8+\sum_{k=5}^{100}a_k\right)=72$

741 답 ③

STEP 1 $a_4\leq4$이면 $a_5=3\times4-2-a_4$에서

$5=10-a_4$ $\therefore a_4=5$

그런데 $a_4\leq4$이어야 하므로 조건을 만족시키지 않는다.

따라서 $a_4>4$이므로 $a_4=a_5=5$

STEP 2 (i) $a_3>3$일 때

$a_3=a_4=5$

ⓐ $a_2>2$이면

$a_2=a_3$에서 $a_2=5$

$a_1>1$일 때, $a_1=a_2=5$

$a_1\leq1$일 때, $a_2=3\times1-2-a_1$에서

$5=1-a_1$ $\therefore a_1=-4$

ⓑ $a_2\leq2$이면

$a_3=3\times2-2-a_2$에서

$5=4-a_2$에서 $a_2=-1$

$a_1>1$일 때, $a_1=a_2=-1$이므로 $a_1>1$을 만족시키지 않는다.

$a_1\leq1$일 때, $a_2=3\times1-2-a_1$에서

$-1=1-a_1$ $\therefore a_1=2$

이것은 $a_1\leq1$을 만족시키지 않는다.

(ii) $a_3\leq3$일 때

$a_4=3\times3-2-a_3$에서

$5=7-a_3$ $\therefore a_3=2$

ⓒ $a_2>2$이면 $a_2=a_3=2$이므로 $a_2>2$를 만족시키지 않는다.

ⓓ $a_2\leq2$이면

$a_3=3\times2-2-a_2$에서

$2=4-a_2$ $\therefore a_2=2$

$a_1>1$일 때, $a_1=a_2=2$

$a_1\leq1$일 때, $a_2=3\times1-2-a_1$에서

$2=1-a_1$ $\therefore a_1=-1$

STEP 3 (i), (ii)에 의하여 $a_1=5$ 또는 $a_1=-4$ 또는 $a_1=2$ 또는

$a_1=-1$이므로 구하는 곱은

$5\times(-4)\times2\times(-1)=40$

742 답 96

❤ 주어진 식의 n에 적절한 값을 차례로 대입하여 항을 구한다.

❤ 수열 $\{a_n\}$의 첫째항부터 제n항까지의 합을 S_n이라 할 때, $a_1=S_1$, $a_n=S_n-S_{n-1}$ ($n\geq2$)임을 이용할 수도 있다.

STEP 1 $a_n=3+\sum_{k=1}^{n-1}a_k$에 $n=2, 3, 4, 5, 6$을 차례로 대입하면

$a_2=3+a_1=3+3=6$

$a_3=3+\underbrace{a_1+a_2}_{=a_2}=2a_2=2\times6=12$

$a_4=3+\underbrace{a_1+a_2+a_3}_{=a_3}=2a_3=2\times12=24$

$a_5=3+\underbrace{a_1+a_2+a_3+a_4}_{=a_4}=2a_4=2\times24=48$

STEP 2 $\therefore a_6=3+\underbrace{a_1+a_2+a_3+a_4+a_5}_{=a_5}=2a_5=2\times48=96$

다른 풀이

$S_n=\sum_{k=1}^{n}a_k$라 하면

$a_n=3+\sum_{k=1}^{n-1}a_k=3+S_{n-1}$ ($n\geq2$) $\cdots\cdots$ ㉠

$$a_{n+1}=3+\sum_{k=1}^{n}a_k=3+S_n \qquad \cdots\cdots \text{ⓛ}$$

ⓛ-㉠을 하면

$$a_{n+1}-a_n=S_n-S_{n-1}=a_n \ (n\geq2)$$

즉, $a_{n+1}=2a_n$이므로 수열 $\{a_n\}$은 첫째항이 3, 공비가 2인 등비수열이다.

$$\therefore a_6=3\times2^{6-1}=96$$

743 답 ④

STEP 1 조건 ㈐의 $a_n=8+\sum_{k=1}^{n-1}a_k$에 $n=2, 3, 4, \cdots, 10$을 차례로 대입하면

$$a_2=8+a_1$$
$$a_3=8+a_1+a_2=a_2+a_2=2a_2$$
$$a_4=8+a_1+a_2+a_3=a_3+a_3=2a_3=2^2a_2$$
$$\vdots$$
$$a_{10}=2^8a_2$$

STEP 2 조건 ㈎에서 $a_{10}\leq5120$이고, $a_2=8+a_1$이므로

$$2^8(8+a_1)\leq5120, \ 8+a_1\leq20 \qquad \therefore a_1\leq12$$

따라서 a_1의 최댓값은 12이다.

다른 풀이

$S_n=\sum_{k=1}^{n}a_k$라 하면 조건 ㈐에 의하여

$$a_n=8+S_{n-1} \ (n\geq2) \qquad \cdots\cdots \text{㉠}$$
$$a_{n+1}=8+S_n \qquad \cdots\cdots \text{ⓛ}$$

ⓛ-㉠을 하면

$$a_{n+1}-a_n=S_n-S_{n-1}=a_n \ (n\geq2)$$

즉, $a_{n+1}=2a_n$이므로 $a_n=a_2\times2^{n-2} \ (n\geq2)$

조건 ㈎에서 $a_{10}=2^8a_2\leq5120$이므로

$$a_2\leq20, \ 8+a_1\leq20 \qquad \therefore a_1\leq12$$

따라서 a_1의 최댓값은 12이다.

744 답 ④

해결 각 잡기

귀납적으로 정의된 수열의 식에서 a_n과 a_{n+1} 사이의 관계식을 구한다.

STEP 1 $a_{n+1}=\sum_{k=1}^{n}ka_k$에 $n=1$을 대입하면

$$a_2=\sum_{k=1}^{1}ka_k=a_1=2$$

STEP 2 $n\geq2$일 때, $a_n=\sum_{k=1}^{n-1}ka_k$이므로

$$a_{n+1}-a_n=\sum_{k=1}^{n}ka_k-\sum_{k=1}^{n-1}ka_k=na_n$$

$$\therefore a_{n+1}=(n+1)a_n \ (n\geq2)$$

이 식에 $n=50$을 대입하면 $a_{51}=51a_{50}$

$a_{50}>0$이므로 $\dfrac{a_{51}}{a_{50}}=51$

$$\therefore a_2+\frac{a_{51}}{a_{50}}=2+51=53$$

 # 참고

2 이상의 자연수 n에 대하여 $a_n>0 \qquad \cdots\cdots (*)$

임을 수학적 귀납법을 이용하여 보일 수 있다.

$a_2=2$이고 $n\geq2$일 때, $a_{n+1}=(n+1)a_n$이므로

(i) $n=2$일 때, $a_2=2>0$이므로 $(*)$이 성립한다.

(ii) 2 이상의 자연수 k에 대하여 $n=k$일 때 $(*)$이 성립한다고 가정하면 $a_k>0$

$n=k+1$일 때 $a_{k+1}=(k+1)a_k>0$이므로 $n=k+1$일 때도 $(*)$이 성립한다.

(i), (ii)에 의하여 2 이상의 자연수 n에 대하여 $a_n>0$이다.

745 답 45

STEP 1 $a_1=1$이므로 주어진 식에 의하여 $a_n\neq0$

$$3(a_1+a_2+\cdots+a_n)=a_na_{n+1} \qquad \cdots\cdots \text{㉠}$$
$$3(a_1+a_2+\cdots+a_{n-1})=a_{n-1}a_n \ (n\geq2) \qquad \cdots\cdots \text{ⓛ}$$

㉠-ⓛ을 하면 $3a_n=(a_{n+1}-a_{n-1})a_n$

이때 $a_n\neq0$이므로 $a_{n+1}-a_{n-1}=3 \ (n\geq2)$

$$\therefore a_{n+1}=a_{n-1}+3 \ (n\geq2) \qquad \cdots\cdots \text{ⓒ}$$

STEP 2 $a_1+a_2+a_3+\cdots+a_n=\dfrac{1}{3}a_na_{n+1}$에 $n=1$을 대입하면

$a_1=\dfrac{1}{3}a_1a_2$에서 $a_2=3$

ⓒ에 $n=3$을 대입하면 $a_4=a_2+3=3+3=6$

ⓒ에 $n=5$를 대입하면 $a_6=a_4+3=6+3=9$

$$\vdots$$

따라서 $a_{2n}=3n$이므로 $a_{30}=a_{2\times15}=3\times15=45$

다른 풀이

$a_1+a_2+a_3+\cdots+a_n=\dfrac{1}{3}a_na_{n+1}$에 $n=1, 2, 3, \cdots$을 차례로 대입하면

$a_1=\dfrac{1}{3}a_1a_2$에서 $a_2=3$

$a_1+a_2=\dfrac{1}{3}a_2a_3$에서 $1+3=\dfrac{1}{3}\times3\times a_3 \qquad \therefore a_3=4$

$a_1+a_2+a_3=\dfrac{1}{3}a_3a_4$에서 $1+3+4=\dfrac{1}{3}\times4\times a_4 \qquad \therefore a_4=6$

$a_1+a_2+a_3+a_4=\dfrac{1}{3}a_4a_5$에서 $1+3+4+6=\dfrac{1}{3}\times6\times a_5$

$$\therefore a_5=7$$

$a_1+a_2+a_3+a_4+a_5=\dfrac{1}{3}a_5a_6$에서

$1+3+4+6+7=\dfrac{1}{3}\times7\times a_6 \qquad \therefore a_6=9$

$$\vdots$$

따라서 수열 $\{a_n\}$의 항을 나열하면 1, 3, 4, 6, 7, 9, $\cdots$이므로

$$a_{2n}=3n$$

$$\therefore a_{30}=a_{2\times15}=3\times15=45$$

746 답 162

STEP 1 $S_{n+1}=a_{n+1}+S_n$이므로 $a_{n+1}S_n=a_nS_{n+1}$에서

$a_{n+1}S_n=a_n(a_{n+1}+S_n)$

$(S_n-a_n)a_{n+1}=a_nS_n$

$S_{n-1}a_{n+1}=a_nS_n$, 즉 $a_{n+1}=\dfrac{a_nS_n}{S_{n-1}}\ (n\geq2)$ ...... ㉠

STEP 2 $a_1=S_1=2$, $a_2=4$이므로

$S_2=a_1+a_2=2+4=6$

㉠에 $n=2,\ 3,\ 4$를 차례로 대입하면

$a_3=\dfrac{a_2S_2}{S_1}=\dfrac{4\times6}{2}=12$이므로

$S_3=S_2+a_3=6+12=18$

$a_4=\dfrac{a_3S_3}{S_2}=\dfrac{12\times18}{6}=36$이므로

$S_4=S_3+a_4=18+36=54$

$a_5=\dfrac{a_4S_4}{S_3}=\dfrac{36\times54}{18}=108$이므로

$S_5=S_4+a_5=54+108=162$

다른 풀이

$a_{n+1}S_n=a_nS_{n+1}$에서

$a_{n+1}S_n=a_n(S_n+a_{n+1})$

$a_{n+1}S_n-a_nS_n=a_na_{n+1}$

$(a_{n+1}-a_n)S_n=a_na_{n+1}$

$\therefore S_n=\dfrac{a_na_{n+1}}{a_{n+1}-a_n}\ (n\geq2)$ ...... ㉡

이때 $a_1=2$, $a_2=4$이고 $S_2=a_1+a_2=2+4=6$이므로

㉡에 $n=2$를 대입하면 $S_2=\dfrac{a_2a_3}{a_3-a_2}$에서

$6=\dfrac{4a_3}{a_3-4}$

$3a_3-12=2a_3$ $\therefore a_3=12$

$\therefore S_3=S_2+a_3=6+12=18$

㉡에 $n=3$을 대입하면 $S_3=\dfrac{a_3a_4}{a_4-a_3}$에서

$18=\dfrac{12a_4}{a_4-12}$

$3a_4-36=2a_4$ $\therefore a_4=36$

$\therefore S_4=S_3+a_4=18+36=54$

㉡에 $n=4$를 대입하면 $S_4=\dfrac{a_4a_5}{a_5-a_4}$에서

$54=\dfrac{36a_5}{a_5-36}$

$3a_5-108=2a_5$ $\therefore a_5=108$

$\therefore S_5=S_4+a_5=54+108=162$

747 답 ⑤

STEP 1 $\displaystyle\sum_{k=1}^{n}a_k=a_{n-1}\ (n\geq3)$ ...... ㉠

이므로 $n=3$을 대입하면

$a_1+a_2+a_3=a_2$, $a_1+a_3=0$

이때 $a_1=-3$이므로 $a_3=3$

또, ㉠에서 $\displaystyle\sum_{k=1}^{n+1}a_k=a_n$ ...... ㉡

㉡$-$㉠을 하면

$a_{n+1}=a_n-a_{n-1}\ (n\geq3)$

STEP 2 $a_2=k$로 놓고 위의 식에 $n=3,\ 4,\ 5,\ \cdots$를 차례로 대입하면

$a_4=a_3-a_2=3-k$

$a_5=a_4-a_3=(3-k)-3=-k$

$a_6=a_5-a_4=-k-(3-k)=-3$

$a_7=a_6-a_5=-3+k$

$a_8=a_7-a_6=(-3+k)-(-3)=k$

$a_9=a_8-a_7=k-(-3+k)=3$

$\vdots$

즉, 수열 $\{a_n\}$은 둘째 항부터 $k,\ 3,\ 3-k,\ -k,\ -3,\ -3+k$가 이 순서대로 반복되므로

$a_{n+6}=a_n\ (n\geq2)$

STEP 3 $\therefore \displaystyle\sum_{n=1}^{50}a_n=a_1+(a_2+a_3+a_4+a_5+a_6+a_7)\times8+\underbrace{a_2}_{a_{50}=a_{6\times8+2}=a_2}$

$\qquad\qquad\qquad =-3+1$

$\qquad\qquad\qquad =-2$

참고

$a_{20}=a_{6\times3+2}=a_2=1$에서 $k=1$

748 답 ①

STEP 1 $a_{n+1}=1-4\times S_n$에서

$S_n=\dfrac{1}{4}-\dfrac{1}{4}a_{n+1}$

(ⅰ) $n=1$일 때

$\qquad a_1=S_1=\dfrac{1}{4}-\dfrac{1}{4}a_2$ ...... ㉠

(ⅱ) $n\geq2$일 때

$\qquad a_n=S_n-S_{n-1}$

$\qquad\quad =\left(\dfrac{1}{4}-\dfrac{1}{4}a_{n+1}\right)-\left(\dfrac{1}{4}-\dfrac{1}{4}a_n\right)$

$\qquad\quad =-\dfrac{1}{4}a_{n+1}+\dfrac{1}{4}a_n$

이므로 $a_{n+1}=-3a_n\ (n\geq2)$

(ⅰ), (ⅱ)에서 수열 $\{a_{n+1}\}$은 첫째항이 a_2이고 공비가 -3인 등비수열이다.

STEP 2 $a_4=a_2\times(-3)^2=4$에서

$a_2=\dfrac{4}{9}$ ...... ㉡

$a_6=a_4\times(-3)^2=4\times9=36$

㉠, ㉡에서 $a_1=\dfrac{1}{4}-\dfrac{1}{4}\times\dfrac{4}{9}=\dfrac{5}{36}$

$\therefore a_1\times a_6=\dfrac{5}{36}\times36=5$

749 답 ①

STEP 1 (i) $n=1$일 때

$a_1+S_1=a_1+a_1=2a_1=k$에서 $a_1=\dfrac{k}{2}$

(ii) $n\geq 2$일 때

$$a_n=S_n-S_{n-1}$$
$$=(k-a_n)-(k-a_{n-1})$$
$$=-a_n+a_{n-1}$$

이므로 $a_n=\dfrac{1}{2}a_{n-1}\,(n\geq 2)$

(i), (ii)에서 수열 $\{a_n\}$은 첫째항이 $\dfrac{k}{2}$이고 공비가 $\dfrac{1}{2}$인 등비수열이다.

STEP 2 $a_6=\dfrac{k}{2}\times\left(\dfrac{1}{2}\right)^5=\dfrac{k}{64}$이고 $a_6+S_6=k$이므로

$$\dfrac{k}{64}+189=k$$

$$\therefore k=192$$

750 답 ②

해결 각 잡기

주어진 식의 n에 1, 2, 3, …을 차례로 대입하여 수열의 합을 구한다.

STEP 1 $a_{2n-1}+a_{2n}=2a_n$에 $n=1,\,2,\,3,\,\cdots,\,8$을 차례로 대입하면

$a_1+a_2=2a_1$

$a_3+a_4=2a_2$

$a_5+a_6=2a_3$

$\vdots$

$a_{15}+a_{16}=2a_8$

STEP 2 $\therefore \displaystyle\sum_{n=1}^{16} a_n=(a_1+a_2)+(a_3+a_4)+\cdots+(a_{15}+a_{16})$

$\qquad\qquad =2a_1+2a_2+\cdots+2a_8$

$\qquad\qquad =2\underbrace{(a_1+a_2)}_{=2a_1}+2\underbrace{(a_3+a_4)}_{=2a_2}+2\underbrace{(a_5+a_6)}_{=2a_3}+2\underbrace{(a_7+a_8)}_{=2a_4}$

$\qquad\qquad =4a_1+4a_2+4a_3+4a_4$

$\qquad\qquad =4(a_1+a_2)+4(a_3+a_4)$

$\qquad\qquad =8a_1+8a_2=8(a_1+a_2)$

$\qquad\qquad =16a_1$

$\qquad\qquad =16\times\dfrac{3}{2}\ \left(\because a_1=\dfrac{3}{2}\right)$

$\qquad\qquad =24$

다른 풀이 STEP 2

수열 $\{a_n\}$의 첫째항부터 제n항까지의 합을 S_n이라 하면

$S_{2n}=2S_n$

$\therefore \displaystyle\sum_{n=1}^{16} a_n=S_{16}=2S_8=4S_4=8S_2=16\underbrace{S_1}_{=a_1=\frac{3}{2}}$

$\qquad\qquad =16\times\dfrac{3}{2}=24$

751 답 ④

해결 각 잡기

조건 ㈎, ㈏의 관계식을 변끼리 더하면 연속된 두 항 a_{2n}, a_{2n+1}의 합을 구할 수 있는 새로운 관계식을 얻을 수 있다.

STEP 1 $a_{20}=1$이므로 조건 ㈎, ㈏에 의하여

$a_{20}=a_{10}-1$에서 $1=a_{10}-1$ $\quad\therefore a_{10}=2$

$a_{10}=a_5-1$에서 $2=a_5-1$ $\quad\therefore a_5=3$

$a_5=2a_2+1$에서 $3=2a_2+1$ $\quad\therefore a_2=1$

$a_2=a_1-1$에서 $1=a_1-1$ $\quad\therefore a_1=2$

STEP 2 조건 ㈎, ㈏의 두 식을 변끼리 더하면

$a_{2n}+a_{2n+1}=3a_n$

위의 식에 $n=1,\,2,\,3,\,\cdots,\,31$을 차례로 대입하면

$a_2+a_3=3a_1$

$a_4+a_5=3a_2$

$a_6+a_7=3a_3$

$\vdots$

$a_{62}+a_{63}=3a_{31}$

STEP 3 $\therefore \displaystyle\sum_{n=1}^{63} a_n=a_1+(a_2+a_3)+(a_4+a_5)+\cdots+(a_{62}+a_{63})$

$\qquad\qquad =a_1+3a_1+3a_2+\cdots+3a_{31}$

$\qquad\qquad =4a_1+3\underbrace{(a_2+a_3)}_{=3a_1}+3\underbrace{(a_4+a_5)}_{=3a_2}+\cdots+3\underbrace{(a_{30}+a_{31})}_{=3a_{15}}$

$\qquad\qquad =4a_1+9a_1+9a_2+\cdots+9a_{15}$

$\qquad\qquad =13a_1+9(a_2+a_3)+9(a_4+a_5)$

$\qquad\qquad\qquad\qquad\qquad +\cdots+9(a_{14}+a_{15})$

$\qquad\qquad =13a_1+27a_1+27a_2+\cdots+27a_7$

$\qquad\qquad =40a_1+27(a_2+a_3)+27(a_4+a_5)+27(a_6+a_7)$

$\qquad\qquad =40a_1+81a_1+81a_2+81a_3$

$\qquad\qquad =121a_1+81(a_2+a_3)$

$\qquad\qquad =121a_1+243a_1$

$\qquad\qquad =364a_1$

$\qquad\qquad =364\times 2\ (\because a_1=2)$

$\qquad\qquad =728$

752 답 ③

STEP 1 $\begin{cases} a_{3n-1}=2a_n+1 \\ a_{3n}=-a_n+2 \\ a_{3n+1}=a_n+1 \end{cases}$ 을 변끼리 더하면

$a_{3n-1}+a_{3n}+a_{3n+1}=2a_n+4$

STEP 2 위의 식에 $n=4$를 대입하면

$a_{11}+a_{12}+a_{13}=2a_4+4$

이때 $a_4=a_1+1=1+1=2$이므로

$a_{11}+a_{12}+a_{13}=2\times 2+4=8$

다른 풀이

$a_{3n+1}=a_n+1$에 $n=1$을 대입하면

$a_4=a_1+1=1+1=2$

$a_{3n-1}=2a_n+1$에 $n=4$를 대입하면

$a_{11}=2a_4+1=2\times2+1=5$

$a_{3n}=-a_n+2$에 $n=4$를 대입하면

$a_{12}=-a_4+2=-2+2=0$

$a_{3n+1}=a_n+1$에 $n=4$를 대입하면

$a_{13}=a_4+1=2+1=3$

$\therefore a_{11}+a_{12}+a_{13}=5+0+3=8$

753 답 ③

해결 각 잡기

❷ $2\le m\le n$인 자연수 m, n에 대하여 $\sum\limits_{k=m}^{n}a_k=\sum\limits_{k=1}^{n}a_k-\sum\limits_{k=1}^{m-1}a_k$

❷ 조건 ㈏의 식을 이용하여 a_6, a_7, a_8을 a_5에 대한 식으로 나타낸다.

STEP 1 조건 ㈎에 의하여

$\sum\limits_{n=1}^{8}a_n=a_1+a_2+a_3+\cdots+a_8$

$=(a_1+a_5)+(a_2+a_6)+(a_3+a_7)+(a_4+a_8)$

$=4\times15=60$

이때 $\sum\limits_{n=1}^{4}a_n=6$이므로

$\sum\limits_{n=5}^{8}a_n=\sum\limits_{n=1}^{8}a_n-\sum\limits_{n=1}^{4}a_n=60-6=54$

STEP 2 조건 ㈏에서 $a_{n+1}=a_n+n$ $(n\ge5)$이므로

$a_6=a_5+5$

$a_7=a_6+6=(a_5+5)+6=a_5+11$

$a_8=a_7+7=(a_5+11)+7=a_5+18$

STEP 3 $\therefore \sum\limits_{n=5}^{8}a_n=a_5+a_6+a_7+a_8$

$=a_5+(a_5+5)+(a_5+11)+(a_5+18)$

$=4a_5+34$

즉, $4a_5+34=54$이므로

$4a_5=20$ $\therefore a_5=5$

다른 풀이

조건 ㈎에 의하여 $a_1+a_5=a_2+a_6=a_3+a_7=a_4+a_8=15$이므로

$a_1=15-a_5$, $a_2=15-a_6$, $a_3=15-a_7$, $a_4=15-a_8$

조건 ㈏에서 $a_{n+1}=a_n+n$ $(n\ge5)$이므로

$a_6=a_5+5$

$a_7=a_6+6=(a_5+5)+6=a_5+11$

$a_8=a_7+7=(a_5+11)+7=a_5+18$

$\sum\limits_{n=1}^{4}a_n=6$에서 $a_1+a_2+a_3+a_4=6$이므로

$(15-a_5)+(15-a_6)+(15-a_7)+(15-a_8)=6$

$60-(a_5+a_6+a_7+a_8)=6$

$60-\{a_5+(a_5+5)+(a_5+11)+(a_5+18)\}=6$

$60-(4a_5+34)=6$, $4a_5=20$

$\therefore a_5=5$

754 답 21

해결 각 잡기

❷ 제n항과 제$(n+1)$항 사이의 관계를 식으로 나타낸 후 n에 1, 2, 3, …을 차례로 대입한다.

❷ 세 점 P_n, Q_n, R_n의 좌표를 x_n을 이용하여 나타내고, x_{n+1}과 x_n 사이의 관계식을 구한다.

STEP 1

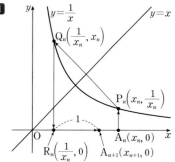

주어진 규칙에 의하여

$A_n(x_n, 0)$, $P_n\left(x_n, \dfrac{1}{x_n}\right)$, $Q_n\left(\dfrac{1}{x_n}, x_n\right)$, $R_n\left(\dfrac{1}{x_n}, 0\right)$

이므로 $A_{n+1}\left(\dfrac{1}{x_n}+1, 0\right)$

$\therefore x_{n+1}=\dfrac{1}{x_n}+1$

STEP 2 위의 식에 $n=1$, 2, 3, 4를 차례로 대입하면

$x_2=\dfrac{1}{x_1}+1=\dfrac{1}{2}+1=\dfrac{3}{2}$

$x_3=\dfrac{1}{x_2}+1=\dfrac{2}{3}+1=\dfrac{5}{3}$

$x_4=\dfrac{1}{x_3}+1=\dfrac{3}{5}+1=\dfrac{8}{5}$

$x_5=\dfrac{1}{x_4}+1=\dfrac{5}{8}+1=\dfrac{13}{8}$

즉, $p=8$, $q=13$이므로

$p+q=8+13=21$

755 답 ③

STEP 1 조건 ㈏에 의하여 점 P_{n+1}의 x좌표는

$-ax_nx+2ax_n{}^2=ax^2$에서

$x^2+x_nx-2x_n{}^2=0$ $(\because a>0)$

$(x+2x_n)(x-x_n)=0$

$\therefore x=-2x_n$ $(\because x\ne x_n)$

STEP 2 즉, 점 P_{n+1}의 x좌표는 $x_{n+1}=-2x_n$이므로 수열 $\{x_n\}$은 공비가 -2인 등비수열이다.

$\therefore x_{10}=\dfrac{1}{2}\times(-2)^9=-256$

756 답 ⑤

모든 자연수 n에 대하여 $a_{n+1}-a_n=d$ (d는 상수)를 만족시키는 수열 $\{a_n\}$ → 공차가 d인 등차수열

STEP 1 두 점 $P_n(a_n, 2^{a_n})$, $P_{n+1}(a_{n+1}, 2^{a_{n+1}})$을 지나는 직선의 기울기는 $\dfrac{2^{a_{n+1}}-2^{a_n}}{a_{n+1}-a_n}$이므로 $\dfrac{2^{a_{n+1}}-2^{a_n}}{a_{n+1}-a_n}=k\times 2^{a_n}$에서

$2^{a_{n+1}}-2^{a_n}=k\times 2^{a_n}(a_{n+1}-a_n)$

$2^{a_{n+1}}=k\times 2^{a_n}(a_{n+1}-a_n)+2^{a_n}$ ← 양변을 2^{a_n}으로 나눈다.

$\therefore 2^{a_{n+1}-a_n}=k(a_{n+1}-a_n)+1$

$a_{n+1}-a_n=x$라 하면

$2^x=kx+1$ $\qquad$ …… ㉠

이므로 모든 자연수 n에 대하여 $a_{n+1}-a_n$은 방정식 ㉠의 해이다.

$k>1$이므로 방정식 ㉠은 오직 하나의 양의 실근 d를 갖는다. 따라서 모든 자연수 n에 대하여 $a_{n+1}-a_n=d$이고, 수열 $\{a_n\}$은 첫째항이 $a_1=1$, 공차가 d인 등차수열이다.

$\therefore a_n=1+(n-1)d$ $\qquad$ …… ㉡

$Q_n(a_{n+1}, 2^{a_n})$이므로

$\overline{P_nQ_n}=a_{n+1}-a_n=d$, $\overline{P_{n+1}Q_n}=2^{a_{n+1}}-2^{a_n}$

$\therefore A_n=\dfrac{1}{2}\times\overline{P_nQ_n}\times\overline{P_{n+1}Q_n}$

$\qquad =\dfrac{1}{2}(a_{n+1}-a_n)(2^{a_{n+1}}-2^{a_n})$

$\qquad =\dfrac{1}{2}\times d\times\{2^{1+nd}-2^{1+(n-1)d}\}$ ($\because$ ㉡)

STEP 2 $\dfrac{A_3}{A_1}=16$이므로

$\dfrac{\dfrac{1}{2}\times d\times(2^{1+3d}-2^{1+2d})}{\dfrac{1}{2}\times d\times(2^{1+d}-2)}=16$

$\dfrac{2^{1+2d}(2^d-1)}{2(2^d-1)}=16$

$2^{2d}=2^4$

$2d=4$이므로 $d=\boxed{2}$

즉, 수열 $\{a_n\}$의 일반항은

$a_n=1+(n-1)d=1+(n-1)\times 2$

$\qquad =\boxed{2n-1}$

따라서 모든 자연수 n에 대하여

$A_n=\dfrac{1}{2}\times 2\times(2^{2n+1}-2^{2n-1})$

$\qquad =2^{2n-1}(2^2-1)$

$\qquad =\boxed{3\times 2^{2n-1}}$

STEP 3 따라서 $p=2$, $f(n)=2n-1$, $g(n)=3\times 2^{2n-1}$이므로

$f(2)=2\times 2-1=3$

$g(4)=3\times 2^{2\times 4-1}=384$

$\therefore p+\dfrac{g(4)}{f(2)}=2+\dfrac{384}{3}=130$

757 답 ⑤

모든 자연수 n에 대하여 $a_{n+1}=a_n+d$ (d는 상수)를 만족시키는 수열 $\{a_n\}$ → 공차가 d인 등차수열

STEP 1 모든 자연수 n에 대하여 점 P_n의 좌표를 $(a_n, 0)$이라 하면

$\overline{OP_{n+1}}=\overline{OP_n}+\overline{P_nP_{n+1}}$이므로

$a_{n+1}=a_n+\overline{P_nP_{n+1}}$ $\qquad$ …… ㉠

삼각형 OP_nQ_n과 삼각형 $Q_nP_nP_{n+1}$이 닮음이므로

$\overline{OP_n}:\overline{P_nQ_n}=\overline{P_nQ_n}:\overline{P_nP_{n+1}}$

$Q_n(a_n, \sqrt{3a_n})$이므로

$a_n:\sqrt{3a_n}=\sqrt{3a_n}:\overline{P_nP_{n+1}}$

$a_n\times\overline{P_nP_{n+1}}=3a_n$

$\therefore \overline{P_nP_{n+1}}=\boxed{3}$

STEP 2 ㉠에서 $a_{n+1}=a_n+3$이므로 수열 $\{a_n\}$은 첫째항이 1이고 공차가 3인 등차수열이다.

$\therefore a_n=1+(n-1)\times 3=3n-2$

따라서 삼각형 $OP_{n+1}Q_n$의 넓이 A_n은

$A_n=\dfrac{1}{2}\times\overline{OP_{n+1}}\times\overline{P_nQ_n}=\dfrac{1}{2}\times a_{n+1}\times\sqrt{3a_n}$

$\qquad =\dfrac{1}{2}\times(\boxed{3n+1})\times\sqrt{9n-6}$

STEP 3 따라서 $p=3$, $f(n)=3n+1$이므로

$p+f(8)=3+25=28$

758 답 ①

수열 $\{a_n\}$의 첫째항부터 제n항까지의 합을 S_n이라 할 때,

$\qquad a_1=S_1$, $a_n=S_n-S_{n-1}$ ($n\geq 2$)

STEP 1 $n\geq 2$인 모든 자연수 n에 대하여

$a_n=S_n-S_{n-1}$

$\qquad =\displaystyle\sum_{k=1}^{n}\dfrac{3S_k}{k+2}-\sum_{k=1}^{n-1}\dfrac{3S_k}{k+2}=\dfrac{3S_n}{n+2}$

이므로 $3S_n=(n+2)\times a_n$ ($n\geq 2$)

$S_1=a_1$에서 $3S_1=3a_1$이므로

$3S_n=(n+2)\times a_n$ ($n\geq 1$)

이다.

$3a_n=3(S_n-S_{n-1})=3S_n-3S_{n-1}$

$\qquad =(n+2)\times a_n-(\boxed{n+1})\times a_{n-1}$ ($n\geq 2$)

$(n-1)\times a_n=(n+1)\times a_{n-1}$ $\qquad$ …… ㉠

이때 $a_1\neq 0$이므로 모든 자연수 n에 대하여 $a_n\neq 0$

㉠에서

$\dfrac{a_n}{a_{n-1}}=\boxed{\dfrac{n+1}{n-1}}$ ($n\geq 2$)

따라서

$$a_{10}=a_1\times\frac{a_2}{a_1}\times\frac{a_3}{a_2}\times\frac{a_4}{a_3}\times\cdots\times\frac{a_9}{a_8}\times\frac{a_{10}}{a_9}$$

$$=2\times\frac{3}{1}\times\frac{4}{2}\times\frac{5}{3}\times\cdots\times\frac{10}{8}\times\frac{11}{9}=\boxed{110}$$

STEP 2 따라서 $f(n)=n+1$, $g(n)=\dfrac{n+1}{n-1}$, $p=110$이므로

$$\frac{f(p)}{g(p)}=\frac{111}{\frac{111}{109}}=109$$

759 답 ①

로그의 성질

$a>0$, $a\neq1$, $M>0$, $N>0$일 때

(1) $\log_a M+\log_a N=\log_a MN$

(2) $\log_a M-\log_a N=\log_a\dfrac{M}{N}$

STEP 1 주어진 식 $(*)$에 의하여

$$nS_n=\log_2(n+1)+\sum_{k=1}^{n-1}S_k\ (n\geq2)\qquad\cdots\cdots\ \text{㉠}$$

$(*)$에서 ㉠을 빼서 정리하면

$$(n+1)S_{n+1}-nS_n$$

$$=\log_2(n+2)-\log_2(n+1)+\sum_{k=1}^{n}S_k-\sum_{k=1}^{n-1}S_k\ (n\geq2)$$

이때

(좌변)$=nS_{n+1}+S_{n+1}-nS_n=n(S_{n+1}-S_n)+S_{n+1}$

$\qquad=na_{n+1}+S_{n+1}$

(우변)$=\log_2(n+2)-\log_2(n+1)+\sum_{k=1}^{n}S_k-\sum_{k=1}^{n-1}S_k$

$\qquad=\log_2\dfrac{n+2}{n+1}+S_n$

이므로

$$na_{n+1}+S_{n+1}=\log_2\frac{n+2}{n+1}+S_n$$

$$na_{n+1}+S_{n+1}-S_n=\log_2\frac{n+2}{n+1}$$

$$na_{n+1}+a_{n+1}=\log_2\frac{n+2}{n+1}$$

$$\therefore(\boxed{n+1})\times a_{n+1}=\log_2\frac{n+2}{n+1}\ (n\geq2)\qquad\cdots\cdots\ \text{㉡}$$

또, $(*)$에 $n=1$을 대입하면

$2S_2=\log_2 3+S_1=\log_2 3+a_1$이므로

$2(a_1+a_2)=\log_2 3+a_1$

$\therefore 2a_2=\log_2 3-a_1=\log_2 3-1$

$\qquad\quad=\log_2 3-\log_2 2=\log_2\dfrac{3}{2}$

이것은 ㉡에 $n=1$을 대입한 것과 같으므로 모든 자연수 n에 대하여

$$(n+1)a_{n+1}=\log_2\frac{n+2}{n+1}$$

이 식의 n 대신 $n-1$을 대입하면

$$na_n=\log_2\frac{n+1}{n}\ (n\geq2)\qquad\cdots\cdots\ \text{㉢}$$

$a_1=\log_2 2=1$

$a_1=1$은 ㉢에 $n=1$을 대입한 것과 같으므로 모든 자연수 n에 대하여

$$na_n=\boxed{\log_2\frac{n+1}{n}}$$

$$\therefore\sum_{k=1}^{n}ka_k=\sum_{k=1}^{n}\log_2\frac{k+1}{k}$$

$$=\log_2\frac{2}{1}+\log_2\frac{3}{2}+\cdots+\log_2\frac{n+1}{n}$$

$$=\log_2\left(\frac{2}{1}\times\frac{3}{2}\times\cdots\times\frac{n+1}{n}\right)$$

$$=\boxed{\log_2(n+1)}$$

STEP 2 따라서 $f(n)=n+1$, $g(n)=\log_2\dfrac{n+1}{n}$,

$h(n)=\log_2(n+1)$이므로

$f(8)=9$, $g(8)=\log_2\dfrac{9}{8}=\log_2 9-3$,

$h(8)=\log_2 9$

$\therefore f(8)-g(8)+h(8)=9-(\log_2 9-3)+\log_2 9=12$

760 답 ⑤

수학적 귀납법

모든 자연수 n에 대하여 명제 $p(n)$이 성립함을 증명하려면 다음 두 가지를 보이면 된다.

(i) $n=1$일 때, 명제 $p(n)$이 성립한다.

(ii) $n=k$일 때, 명제 $p(n)$이 성립한다고 가정하면 $n=k+1$일 때도 명제 $p(n)$이 성립한다.

STEP 1 (i) $n=1$일 때,

(좌변)$=a_1$

(우변)$=\dfrac{1\times2}{4}\times(2a_2-1)$

$\qquad=a_2-\boxed{\dfrac{1}{2}}=\left(1+\dfrac{1}{2}\right)-\dfrac{1}{2}$

$\qquad\qquad\qquad\qquad\quad a_2=\sum_{k=1}^{2}\dfrac{1}{k}=1+\dfrac{1}{2}$

$\qquad=1=a_1$

이므로 $(\bigstar)$이 성립한다.

(ii) $n=m$일 때, $(\bigstar)$이 성립한다고 가정하면

$$a_1+2a_2+3a_3+\cdots+ma_m=\frac{m(m+1)}{4}(2a_{m+1}-1)$$

$n=m+1$일 때, $(\bigstar)$이 성립함을 보이자.

$$a_1+2a_2+3a_3+\cdots+ma_m+(m+1)a_{m+1}$$

$$=\frac{m(m+1)}{4}(2a_{m+1}-1)+(m+1)a_{m+1}$$

$$=(m+1)a_{m+1}\left(\boxed{\frac{m}{2}}+1\right)-\frac{m(m+1)}{4}$$

$$=\frac{(m+1)(m+2)}{2}a_{m+1}-\frac{m(m+1)}{4}$$

$a_n=\sum\limits_{k=1}^{n}\dfrac{1}{k}$이므로

$a_{m+2}=\sum\limits_{k=1}^{m+2}\dfrac{1}{k}=1+\dfrac{1}{2}+\dfrac{1}{3}+\cdots+\dfrac{1}{m}+\dfrac{1}{m+1}+\dfrac{1}{m+2}$

$\therefore\ a_{m+1}=\sum\limits_{k=1}^{m+1}\dfrac{1}{k}=\sum\limits_{k=1}^{m+2}\dfrac{1}{k}-\dfrac{1}{m+2}=a_{m+2}-\dfrac{1}{m+2}$

따라서

$\dfrac{(m+1)(m+2)}{2}a_{m+1}-\dfrac{m(m+1)}{4}$

$=\dfrac{(m+1)(m+2)}{2}\left(a_{m+2}-\boxed{\dfrac{1}{m+2}}\right)-\dfrac{m(m+1)}{4}$

$=\dfrac{(m+1)(m+2)}{4}(2a_{m+2}-1)$

따라서 $n=m+1$일 때도 (★)이 성립한다.

(i), (ii)에 의하여 모든 자연수 n에 대하여

$a_1+2a_2+3a_3+\cdots+na_n=\dfrac{n(n+1)}{4}(2a_{n+1}-1)$

이 성립한다.

STEP 2 따라서 $p=\dfrac{1}{2}$, $f(m)=\dfrac{m}{2}$, $g(m)=\dfrac{1}{m+2}$이므로

$p+\dfrac{f(5)}{g(3)}=\dfrac{1}{2}+\dfrac{\frac{5}{2}}{\frac{1}{5}}=13$

761 답 ⑤

STEP 1 $1+2+3+\cdots+n=\dfrac{n(n+1)}{2}$이므로 주어진 식 (∗)의 양

변을 $\dfrac{n(n+1)}{2}$로 나누면

$1+\dfrac{1}{2}+\dfrac{1}{3}+\cdots+\dfrac{1}{n}>\dfrac{2n}{n+1}$ ...... ㉠

(i) $n=2$일 때,

(좌변)$=1+\dfrac{1}{2}=\boxed{\dfrac{3}{2}}$, (우변)$=\dfrac{4}{3}$이므로 ㉠이 성립한다.

STEP 2 (ii) $n=k$ $(k\geq2)$일 때, ㉠이 성립한다고 가정하면

$1+\dfrac{1}{2}+\dfrac{1}{3}+\cdots+\dfrac{1}{k}>\dfrac{2k}{k+1}$ ...... ㉡

㉡의 양변에 $\dfrac{1}{k+1}$을 더하면

$1+\dfrac{1}{2}+\dfrac{1}{3}+\cdots+\dfrac{1}{k}+\dfrac{1}{k+1}>\dfrac{2k+1}{k+1}$

한편, $\dfrac{2k+1}{k+1}-\boxed{(나)}=\dfrac{k}{(k+1)(k+2)}$에서

$\boxed{(나)}=\dfrac{2k+1}{k+1}-\dfrac{k}{(k+1)(k+2)}$

$=\dfrac{(2k+1)(k+2)-k}{(k+1)(k+2)}$

$=\dfrac{2(k+1)^2}{(k+1)(k+2)}$

$=\dfrac{2(k+1)}{k+2}=\dfrac{2(k+1)}{(k+1)+1}$

$\dfrac{k}{(k+1)(k+2)}>0$이므로 $\dfrac{2k+1}{k+1}-\dfrac{2(k+1)}{(k+1)+1}>0$

즉, $\dfrac{2k+1}{k+1}>\dfrac{2(k+1)}{(k+1)+1}$이므로

$1+\dfrac{1}{2}+\dfrac{1}{3}+\cdots+\dfrac{1}{k}+\dfrac{1}{k+1}>\boxed{\dfrac{2(k+1)}{(k+1)+1}}$

따라서 $n=k+1$일 때도 ㉠이 성립한다.

(i), (ii)에 의하여 $n\geq2$인 모든 자연수 n에 대하여 ㉠이 성립하므로 (∗)도 성립한다.

STEP 3 따라서 $p=\dfrac{3}{2}$, $f(k)=\dfrac{2(k+1)}{(k+1)+1}$이므로

$8p\times f(10)=8\times\dfrac{3}{2}\times\dfrac{2\times11}{12}=22$

본문 242쪽 ~ 245쪽

C 수능 완성!

762 답 678

해결 각 잡기

조건 (가), (나)에 의하여 수열 $\{|a_n|\}$은 첫째항이 2, 공비가 2인 등비수열이다.

STEP 1 조건 (가)에서 $|a_1|=2$이므로 $a_1=\pm2$

조건 (나)에서 $|a_{n+1}|=2|a_n|$이므로 $a_{n+1}=\pm2a_n$

조건 (가), (나)를 만족시키는 a_1, a_2, $\cdots$, a_{10}의 값은 다음과 같다.

a_1	a_2	a_3	a_4	a_5
2	4	8	16	32
-2	-4	-8	-16	-32

a_6	a_7	a_8	a_9	a_{10}
64	128	256	512	1024
-64	-128	-256	-512	-1024

위와 같이 a_n은 양수 또는 음수 중 하나의 값을 갖는다.

수열 $\{|a_n|\}$은 첫째항이 2, 공비가 2인 등비수열이므로

$\sum\limits_{n=1}^{9}|a_n|=\dfrac{2(2^9-1)}{2-1}=1022$

STEP 2 (i) a_1부터 a_9까지 모두 양수, a_{10}이 음수일 때

$\sum\limits_{n=1}^{10}a_n=\sum\limits_{n=1}^{9}a_n+a_{10}=1022+(-1024)=-2$

(ii) a_2부터 a_9까지 모두 양수, a_1, a_{10}이 모두 음수일 때

$\sum\limits_{n=1}^{10}a_n=\underline{\sum\limits_{n=2}^{9}a_n}+a_1+a_{10}$

└─ 첫째항이 4, 공비가 2, 항수가 8

$=\dfrac{4(2^8-1)}{2-1}+(-2)+(-1024)$

$=1020-1026=-6$

(iii) a_3부터 a_9까지 모두 양수, a_1, a_2, a_{10}이 모두 음수일 때

$$\sum_{n=1}^{10} a_n = \sum_{n=3}^{9} a_n + a_1 + a_2 + a_{10}$$

첫째항이 8, 공비가 2, 항수가 7

$$= \frac{8(2^7-1)}{2-1} + (-2) + (-4) + (-1024)$$

$$= 1016 - 1030 = -14$$

(i), (ii), (iii)에서 a_3부터 a_9까지 모두 양수, a_1, a_2, a_{10}이 모두 음수

일 때, $\sum_{n=1}^{10} a_n = -14$이므로

$$a_1 + a_3 + a_5 + a_7 + a_9 = -2 + 8 + 32 + 128 + 512 = 678$$

763 답 ②

해결 각 잡기

주어진 식에 $n=1$을 대입하면 a_1과 a_2의 대소에 따라 $a_3 = 2a_1 + a_2$
이거나 $a_3 = a_1 + a_2$이다. 따라서 $a_3 = 2$임을 이용하여 a_1, a_2의 대소
에 따라 경우를 나누어 a_4, a_5, a_6을 각각 구하고 a_1을 구한다.

STEP 1 주어진 식에 $n=1$을 대입하면

$$a_3 = \begin{cases} 2a_1 + a_2 & (a_1 \leq a_2) \\ a_1 + a_2 & (a_1 > a_2) \end{cases}$$

STEP 2 (i) $a_1 \leq a_2$일 때

$$a_3 = 2a_1 + a_2 = 2 \quad \cdots\cdots \text{㉠}$$

이므로 $a_2 > 0$ ┌ $a_1 \leq a_2$이므로 $a_2 \leq 0$이면 $a_1 \leq 0$
└ $a_3 = 2a_1 + a_2 \leq 0$이 되므로 $a_3 = 2$를 만족시키지 않는다.

$a_1 \geq 0$일 때와 $a_1 < 0$일 때로 경우를 나누어 $a_6 = 19$를 만족시키
는 a_1의 값을 구해 보자.

ⓐ $a_1 \geq 0$일 때

$a_2 \leq a_3$이므로 $a_4 = 2a_2 + a_3 = 2a_2 + 2$

$a_3 < a_4$이므로 $a_5 = 2a_3 + a_4 = 2a_2 + 6$

$a_4 < a_5$이므로 $a_6 = 2a_4 + a_5 = 6a_2 + 10$

이때 $a_6 = 19$이므로

$$6a_2 + 10 = 19 \qquad \therefore a_2 = \frac{3}{2}$$

$a_2 = \frac{3}{2}$을 ㉠에 대입하면

$$2a_1 + \frac{3}{2} = 2 \qquad \therefore a_1 = \frac{1}{4}$$

ⓑ $a_1 < 0$일 때 ┌ $a_1 < 0$이고 $a_2 > 0$이므로 $a_3 = 2a_1 + a_2 < a_2$

$a_2 > a_3$이므로 $a_4 = a_2 + a_3 = a_2 + 2$

$a_3 < a_4$이므로 $a_5 = 2a_3 + a_4 = a_2 + 6$

$a_4 < a_5$이므로 $a_6 = 2a_4 + a_5 = 3a_2 + 10$

이때 $a_6 = 19$이므로

$$3a_2 + 10 = 19$$

$$\therefore a_2 = 3$$

$a_2 = 3$을 ㉠에 대입하면

$$2a_1 + 3 = 2$$

$$\therefore a_1 = -\frac{1}{2}$$

(ii) $a_1 > a_2$일 때

$$a_3 = a_1 + a_2 = 2 \quad \cdots\cdots \text{㉡}$$

이므로 $a_1 > 0$ ┌ $a_1 > a_2$이므로 $a_1 \leq 0$이면 $a_2 \leq 0$
└ $a_3 = a_1 + a_2 \leq 0$이 되므로 $a_3 = 2$를 만족시키지 않는다.

$a_2 < a_3$이므로

$$a_4 = 2a_2 + a_3 = 2a_2 + 2$$

$a_2 \geq 0$일 때와 $a_2 < 0$일 때로 경우를 나누어 $a_6 = 19$를 만족시키
는 a_1의 값을 구해 보자.

ⓒ $a_2 \geq 0$일 때

$a_3 \leq a_4$이므로 $a_5 = 2a_3 + a_4 = 2a_2 + 6$

$a_4 < a_5$이므로 $a_6 = 2a_4 + a_5 = 6a_2 + 10$

이때 $a_6 = 19$이므로

$$6a_2 + 10 = 19 \qquad \therefore a_2 = \frac{3}{2}$$

$a_2 = \frac{3}{2}$을 ㉡에 대입하면

$$a_1 + \frac{3}{2} = 2 \qquad \therefore a_1 = \frac{1}{2}$$

그런데 $a_1 > a_2$이어야 하므로 조건을 만족시키지 않는다.

ⓓ $a_2 < 0$일 때

$a_3 > a_4$이므로 $a_5 = a_3 + a_4 = 2a_2 + 4$

$a_4 < a_5$이므로 $a_6 = 2a_4 + a_5 = 6a_2 + 8$

이때 $a_6 = 19$이므로

$$6a_2 + 8 = 19 \qquad \therefore a_2 = \frac{11}{6}$$

그런데 $a_2 < 0$이어야 하므로 조건을 만족시키지 않는다.

(i), (ii)에서

$$a_1 = \frac{1}{4} \text{ 또는 } a_1 = -\frac{1}{2}$$

따라서 모든 a_1의 값의 합은

$$\frac{1}{4} + \left(-\frac{1}{2}\right) = -\frac{1}{4}$$

다른 풀이

$a_3 \leq a_4$일 때와 $a_3 > a_4$일 때로 경우를 나누어 $a_6 = 19$를 만족시키는
a_1의 값을 구해 보자.

(iii) $a_3 \leq a_4$일 때

$a_5 = 2a_3 + a_4 = 4 + a_4$

$a_4 < a_5$이므로

$a_6 = 2a_4 + a_5 = 3a_4 + 4$

이때 $a_6 = 19$이므로

$$3a_4 + 4 = 19 \qquad \therefore a_4 = 5$$

ⓔ $a_2 \leq a_3$일 때

$a_4 = 2a_2 + a_3$에서

$$5 = 2a_2 + 2 \qquad \therefore a_2 = \frac{3}{2}$$

① $a_1 \leq a_2$일 때, $a_3 = 2a_1 + a_2$에서

$$2 = 2a_1 + \frac{3}{2} \qquad \therefore a_1 = \frac{1}{4}$$

② $a_1 > a_2$일 때, $a_3 = a_1 + a_2$에서

$$2 = a_1 + \frac{3}{2} \qquad \therefore a_1 = \frac{1}{2}$$

그런데 $a_1 > a_2$이어야 하므로 조건을 만족시키지 않는다.

ⓕ $a_2 > a_3$일 때

$\quad a_4 = a_2 + a_3$에서 $5 = a_2 + 2$ $\quad \therefore a_2 = 3$

$\quad$③ $a_1 \leq a_2$일 때, $a_3 = 2a_1 + a_2$에서

$\qquad 2 = 2a_1 + 3$ $\quad \therefore a_1 = -\dfrac{1}{2}$

$\quad$④ $a_1 > a_2$일 때, $a_3 = a_1 + a_2$에서

$\qquad 2 = a_1 + 3$ $\quad \therefore a_1 = -1$

$\quad$ 그런데 $a_1 > a_2$이어야 하므로 조건을 만족시키지 않는다.

(iv) $a_3 > a_4$일 때

$\quad a_5 = a_3 + a_4 = a_4 + 2$

$\quad a_4 < a_5$이므로 $a_6 = 2a_4 + a_5 = 3a_4 + 2$

$\quad$ 이때 $a_6 = 19$이므로

$\quad 3a_4 + 2 = 19$ $\quad \therefore a_4 = \dfrac{17}{3}$

$\quad$ 그런데 $a_3 > a_4$이어야 하므로 조건을 만족시키지 않는다.

(iii), (iv)에서 $a_1 = \dfrac{1}{4}$ 또는 $a_1 = -\dfrac{1}{2}$

따라서 모든 a_1의 값의 합은

$\dfrac{1}{4} + \left(-\dfrac{1}{2}\right) = -\dfrac{1}{4}$

764 답 ③

해결 각 잡기

수열 $\{a_n\}$의 모든 항은 자연수이므로 $a_6 + a_7 = 3$을 만족시키는 a_6의 값을 이용하여 a_1의 값을 구한다.

STEP 1 a_1은 자연수이므로 a_1이 홀수일 때 $a_2 = 2^{a_1}$은 자연수이고,

a_1이 짝수일 때 $a_2 = \dfrac{1}{2}a_1$도 자연수이다.

따라서 a_1이 자연수이면 a_2도 자연수이다.

한편, 2 이상인 자연수 k에 대하여 a_k가 자연수라 가정하면 a_k가 홀수일 때 $a_{k+1} = 2^{a_k}$은 자연수이고, a_k가 짝수일 때 $a_{k+1} = \dfrac{1}{2}a_k$도 자연수이다.

따라서 모든 자연수 n에 대하여 a_n은 자연수이다.

STEP 2 수열 $\{a_n\}$의 모든 항은 자연수이므로 $a_6 + a_7 = 3$을 만족시키는 a_6, a_7의 값은

$a_6 = 1$, $a_7 = 2$ 또는 $a_6 = 2$, $a_7 = 1$

STEP 3 (i) $a_6 = 1$일 때 #

$\quad a_5$가 홀수이면

$\quad a_6 = 2^{a_5}$에서 $1 = 2^{a_5}$ $\quad \therefore a_5 = 0$

$\quad$ 그런데 a_5가 자연수라는 조건을 만족시키지 않는다.

$\quad a_5$가 짝수이면

$\quad a_6 = \dfrac{1}{2}a_5$에서 $1 = \dfrac{1}{2}a_5$ $\quad \therefore a_5 = 2$

$\quad a_5 = 2$이고 a_4가 홀수이면

$\quad a_5 = 2^{a_4}$에서 $2 = 2^{a_4}$ $\quad \therefore a_4 = 1$

$a_5 = 2$이고 a_4가 짝수이면

$\quad a_5 = \dfrac{1}{2}a_4$에서 $2 = \dfrac{1}{2}a_4$ $\quad \therefore a_4 = 4$

따라서 가능한 a_4의 값은 1, 4이다.

ⓐ $a_4 = 1$일 때

$\quad a_3$이 홀수이면 $a_4 = 2^{a_3}$에서 $1 = 2^{a_3}$ $\quad \therefore a_3 = 0$

$\quad$ 그런데 a_3이 자연수라는 조건을 만족시키지 않는다.

$\quad a_3$이 짝수이면 $a_4 = \dfrac{1}{2}a_3$에서 $1 = \dfrac{1}{2}a_3$ $\quad \therefore a_3 = 2$

ⓑ $a_4 = 4$일 때

$\quad a_3$이 홀수이면 $a_4 = 2^{a_3}$에서 $4 = 2^{a_3}$ $\quad \therefore a_3 = 2$

$\quad$ 그런데 a_3이 홀수라는 조건을 만족시키지 않는다.

$\quad a_3$이 짝수이면 $a_4 = \dfrac{1}{2}a_3$에서 $4 = \dfrac{1}{2}a_3$ $\quad \therefore a_3 = 8$

따라서 가능한 a_3의 값은 2, 8이다.

ⓒ $a_3 = 2$일 때

$\quad a_2$가 홀수이면 $a_3 = 2^{a_2}$에서 $2 = 2^{a_2}$ $\quad \therefore a_2 = 1$

$\quad a_2$가 짝수이면 $a_3 = \dfrac{1}{2}a_2$에서 $2 = \dfrac{1}{2}a_2$ $\quad \therefore a_2 = 4$

ⓓ $a_3 = 8$일 때

$\quad a_2$가 홀수이면 $a_3 = 2^{a_2}$에서 $8 = 2^{a_2}$ $\quad \therefore a_2 = 3$

$\quad a_2$가 짝수이면 $a_3 = \dfrac{1}{2}a_2$에서 $8 = \dfrac{1}{2}a_2$ $\quad \therefore a_2 = 16$

따라서 가능한 a_2의 값은 1, 3, 4, 16이다.

ⓔ $a_2 = 1$일 때

$\quad a_1$이 홀수이면 $a_2 = 2^{a_1}$에서 $1 = 2^{a_1}$ $\quad \therefore a_1 = 0$

$\quad$ 그런데 a_1이 자연수라는 조건을 만족시키지 않는다.

$\quad a_1$이 짝수이면 $a_2 = \dfrac{1}{2}a_1$에서 $1 = \dfrac{1}{2}a_1$ $\quad \therefore a_1 = 2$

ⓕ $a_2 = 3$일 때

$\quad a_1$이 홀수이면 $a_2 = 2^{a_1}$에서 $3 = 2^{a_1}$

$\quad$ 이 등식을 만족시키는 자연수 a_1의 값은 없다.

$\quad a_1$이 짝수이면 $a_2 = \dfrac{1}{2}a_1$에서

$\quad 3 = \dfrac{1}{2}a_1$ $\quad \therefore a_1 = 6$

ⓖ $a_2 = 4$일 때

$\quad a_1$이 홀수이면 $a_2 = 2^{a_1}$에서 $4 = 2^{a_1}$ $\quad \therefore a_1 = 2$

$\quad$ 그런데 a_1이 홀수라는 조건을 만족시키지 않는다.

$\quad a_1$이 짝수이면 $a_2 = \dfrac{1}{2}a_1$에서

$\quad 4 = \dfrac{1}{2}a_1$ $\quad \therefore a_1 = 8$

ⓗ $a_2 = 16$일 때

$\quad a_1$이 홀수이면 $a_2 = 2^{a_1}$에서 $16 = 2^{a_1}$ $\quad \therefore a_1 = 4$

$\quad$ 그런데 a_1이 홀수라는 조건을 만족시키지 않는다.

$\quad a_1$이 짝수이면 $a_2 = \dfrac{1}{2}a_1$에서

$\quad 16 = \dfrac{1}{2}a_1$ $\quad \therefore a_1 = 32$

따라서 가능한 a_1의 값은 2, 6, 8, 32이다.

(ii) $a_6=2$일 때, (i)과 같은 방법으로

a_6	a_5	a_4	a_3	a_2	a_1
2	1	2	1	2	1
					4
			4	8	3
					16
	4	8	3	6	12
			16	32	5
					64

따라서 a_1의 값은 1, 3, 4, 5, 12, 16, 64이다.

(i), (ii)에 의하여 조건을 만족시키는 모든 a_1의 값의 합은

$(2+6+8+32)+(1+3+4+5+12+16+64)=153$

> # 참고
>
> $a_6=1$일 때 a_5, a_4, $\cdots$, a_1의 값을 표로 나타내면 다음과 같다.
>
> | a_6 | a_5 | a_4 | a_3 | a_2 | a_1 |
> |---|---|---|---|---|---|
> | 1 | 2 | 1 | 2 | 1 | 2 |
> | | | | | 4 | 8 |
> | | | 4 | 8 | 3 | 6 |
> | | | | | 16 | 32 |
>
> 이때 $a_{n+1}=1$이면 $a_n=2$, $a_{n+1}=2$이면 $a_n=1$ 또는 $a_n=4$, $a_{n+1}=4$이면 $a_n=8$, $a_{n+1}=8$이면 $a_n=3$ 또는 $a_n=16$임을 알 수 있다. 이를 이용하면 $a_6=2$일 때, a_1의 값을 쉽게 구할 수 있다.

765 답 ②

해결 각 잡기

⊙ 두 조건 (가), (나)에 적당한 자연수 n을 대입하여 a_8, a_{15}를 a_2에 대한 식으로 나타낸다.

⊙ $0<a_1<1$임에 주의하여 a_1의 값을 구한다.

STEP 1 조건 (가)에 $n=1$, 2, 4를 차례로 대입하면

$a_2=a_2\times a_1+1$ ⋯⋯ ㉠

$a_4=a_2\times a_2+1=a_2^2+1$

$\therefore a_8=a_2\times a_4+1=a_2(a_2^2+1)+1=a_2^3+a_2+1$ ⋯⋯ ㉡

조건 (나)에 $n=1$을 대입하면 $a_3=a_2\times a_1-2$ ⋯⋯ ㉢

㉠-㉢을 하면 $a_2-a_3=3$

$\therefore a_3=a_2-3$

또, $n=3$, 7을 차례로 대입하면

$a_7=a_2\times a_3-2=a_2(a_2-3)-2=a_2^2-3a_2-2$

$a_{15}=a_2\times a_7-2=a_2(a_2^2-3a_2-2)-2=a_2^3-3a_2^2-2a_2-2$

이때 $a_8-a_{15}=63$에서

$(a_2^3+a_2+1)-(a_2^3-3a_2^2-2a_2-2)=63$

$3a_2^2+3a_2+3=63$, $a_2^2+a_2-20=0$, $(a_2+5)(a_2-4)=0$

$\therefore a_2=-5$ 또는 $a_2=4$

STEP 2 (i) $a_2=-5$일 때

㉠에서 $-5=-5a_1+1$

$5a_1=6$ $\therefore a_1=\dfrac{6}{5}$

그런데 $0<a_1<1$이므로 조건을 만족시키지 않는다.

(ii) $a_2=4$일 때

㉠에서 $4=4a_1+1$

$4a_1=3$ $\therefore a_1=\dfrac{3}{4}$

(i), (ii)에서 $a_1=\dfrac{3}{4}$, $a_2=4$

STEP 3 $a_2=4$를 ㉡에 대입하면 $a_8=4^3+4+1=69$이므로

$\dfrac{a_8}{a_1}=\dfrac{69}{\dfrac{3}{4}}=92$

766 답 ⑤

해결 각 잡기

⊙ a_{n+1}이 3의 배수인지 아닌지에 따라 항들 사이의 관계식이 달라지고 a_7의 값이 주어졌으므로 a_6이 3의 배수인지 아닌지 경우를 나누어 a_9의 값을 구한다.

⊙ 모든 자연수는 자연수 k에 대하여 $3k-2$, $3k-1$, $3k$로 나눌 수 있다.

STEP 1 $a_7=40$이므로

(i) a_6이 3의 배수이면

$a_7=\dfrac{1}{3}a_6$에서

$a_6=3a_7=3\times40=120$

$a_7=40$은 3의 배수가 아니므로

$a_8=a_7+a_6=40+120=160$

$a_8=160$은 3의 배수가 아니므로

$a_9=a_8+a_7=160+40=200$

STEP 2 (ii) $a_6=3k-2$ (k는 자연수)이면

$a_7=a_6+a_5$에서

$a_5=a_7-a_6=40-(3k-2)$

$=42-3k=3(14-k)$

a_5는 자연수이므로 $a_5=3(14-k)>0$에서 $k<14$

한편, a_5는 3의 배수이므로 $a_6=\dfrac{1}{3}a_5$

즉, $3k-2=\dfrac{1}{3}\times3(14-k)$에서

$4k=16$ $\therefore k=4$

$\therefore a_6=3\times4-2=10$

$a_7=40$은 3의 배수가 아니므로

$a_8=a_7+a_6=40+10=50$

$a_8=50$은 3의 배수가 아니므로

$a_9=a_8+a_7=50+40=90$

STEP 3 (iii) $a_6=3k-1$ (k는 자연수)이면

$a_7=a_6+a_5$에서

$a_5=a_7-a_6=40-(3k-1)=41-3k$

a_5는 자연수이므로 $41-3k>0$에서 $k<\dfrac{41}{3}$ ...... ㉠

한편, a_5는 3의 배수가 아니므로 $a_6=a_5+a_4$에서

$a_4=a_6-a_5$

　　$=(3k-1)-(41-3k)$

　　$=6k-42$

　　$=3(2k-14)$

a_4가 자연수이므로 $3(2k-14)>0$에서 $k>7$ ...... ㉡

㉠, ㉡에 의하여 $7<k<\dfrac{41}{3}$

한편, a_4는 3의 배수이므로 $a_5=\dfrac{a_4}{3}$

즉, $41-3k=\dfrac{3(2k-14)}{3}$에서

$5k=55$ ∴ $k=11$

∴ $a_6=3\times11-1=32$

$a_7=40$은 3의 배수가 아니므로

$a_8=a_7+a_6=40+32=72$

$a_8=72$는 3의 배수이므로

$a_9=\dfrac{a_8}{3}=\dfrac{72}{3}=24$

STEP 4 (i), (ii), (iii)에 의하여 a_9의 최댓값 M과 최솟값 m은

$M=200$, $m=24$

∴ $M+m=200+24=224$

767 답 ②

♥ $a_1=0$, $a_{22}=0$이므로 수열 $\{a_n\}$은 어떤 규칙을 가지고 반복되는 수열이라고 생각할 수 있다.

♥ 주어진 식에 $n=1, 2, 3, \cdots$을 차례로 대입하여 규칙을 찾는다.

STEP 1 주어진 식에 $n=1, 2, 3, \cdots$을 차례로 대입하면

$a_1=0\le0$이므로

$a_2=a_1+\dfrac{1}{k+1}=\dfrac{1}{k+1}>0$

$a_3=a_2-\dfrac{1}{k}=\dfrac{1}{k+1}-\dfrac{1}{k}<0$

$a_4=a_3+\dfrac{1}{k+1}=\dfrac{2}{k+1}-\dfrac{1}{k}=\dfrac{k-1}{k(k+1)}$

(i) $k=1$이면

$a_4=a_1=0$이므로 수열 $\{a_n\}$의 주기는 3이다.

∴ $a_{22}=a_{3\times7+1}=a_1=0$

(ii) $k>1$이면

$a_4>0$이므로

$a_5=a_4-\dfrac{1}{k}=\dfrac{2}{k+1}-\dfrac{2}{k}=2\left(\dfrac{1}{k+1}-\dfrac{1}{k}\right)<0$

$a_6=a_5+\dfrac{1}{k+1}=\dfrac{3}{k+1}-\dfrac{2}{k}=\dfrac{k-2}{k(k+1)}$

ⓐ $k=2$이면

$a_6=a_1=0$이므로 수열 $\{a_n\}$의 주기는 5이다.

∴ $a_{22}=a_{5\times4+2}=a_2\ne0$

즉, $k=2$일 때 주어진 조건을 만족시키지 않는다.

ⓑ $k>2$이면

$a_6>0$이므로

$a_7=a_6-\dfrac{1}{k}=\dfrac{3}{k+1}-\dfrac{3}{k}=3\left(\dfrac{1}{k+1}-\dfrac{1}{k}\right)<0$

$a_8=a_7+\dfrac{1}{k+1}=\dfrac{4}{k+1}-\dfrac{3}{k}=\dfrac{k-3}{k(k+1)}$

① $k=3$이면

$a_8=a_1=0$이므로 수열 $\{a_n\}$의 주기는 7이다.

∴ $a_{22}=a_{7\times3+1}=a_1=0$

② $k>3$이면

$a_8>0$이므로

$a_9=a_8-\dfrac{1}{k}=\dfrac{4}{k+1}-\dfrac{4}{k}=4\left(\dfrac{1}{k+1}-\dfrac{1}{k}\right)<0$

$a_{10}=a_9+\dfrac{1}{k+1}=\dfrac{5}{k+1}-\dfrac{4}{k}=\dfrac{k-4}{k(k+1)}$

$k=4$이면 $a_{10}=a_1=0$이므로 수열 $\{a_n\}$의 주기는 9이다.

∴ $a_{22}=a_{9\times2+4}=a_4\ne0$

즉, $k=4$일 때 주어진 조건을 만족시키지 않는다.

(i), (ii)에서 $k=m$이면 $a_{2m+2}=0$이고 수열 $\{a_n\}$의 주기는 $2m+1$임을 알 수 있다.

STEP 2 $a_1=0$, $a_{22}=0$이므로 수열 $\{a_n\}$의 주기는 21의 양의 약수이어야 한다.

$2m+1=1$일 때, m은 자연수이므로 조건을 만족시키지 않는다.

$2m+1=3$일 때, $m=1$, $k=1$

$2m+1=7$일 때, $m=3$, $k=3$

$2m+1=21$일 때, $m=10$, $k=10$

따라서 조건을 만족시키는 k의 값의 합은

$1+3+10=14$

768 답 64

♥ a_{n+1}의 값은 a_n의 값의 조건에 따라 결정되므로 a_n의 값의 조건으로 경우를 나누어 문제를 해결한다.

♥ a_3의 값을 기준으로 a_2, a_4의 값을 구하고 조건을 만족시키는 a_1의 값을 찾는다.

STEP 1 조건 (나)에서 $|a_m|=|a_{m+2}|$인 자연수 m의 최솟값이 3이므로

$|a_3|=|a_5|$

STEP 2 (i) $|a_3|=|a_5|$가 홀수일 때

$a_4=a_3-3$이므로 $|a_4|$는 짝수이다.

즉, $a_5=\dfrac{1}{2}a_4=\dfrac{1}{2}(a_3-3)$이므로 $|a_3|=|a_5|$에서

$$|a_3|=\left|\dfrac{1}{2}(a_3-3)\right|$$

$\therefore a_3=-3$ 또는 $a_3=1$

ⓐ $a_3=-3$이면

$a_4=-6$, $a_2=-6$이므로 $|a_2|=|a_4|$가 되어 조건 ㈏를 만족시키지 않는다.

ⓑ $a_3=1$이면

$a_4=-2$, $a_2=2$이므로 $|a_2|=|a_4|$가 되어 조건 ㈏를 만족시키지 않는다.

STEP 3 (ii) $|a_3|=|a_5|$가 0 또는 짝수일 때

a_3	a_4	a_5
a_3	$\dfrac{1}{2}a_3$	$\dfrac{1}{2}a_3-3$
		$\dfrac{1}{4}a_3$

$|a_3|=\left|\dfrac{1}{2}a_3-3\right|$에서 $a_3=-6$ 또는 $a_3=2$

ⓒ $a_3=-6$이면

$a_4=-3$이고 a_1, a_2의 값은 다음과 같다.

a_1	a_2	a_3
	-3	
-9		-6
-24	-12	

$a_2=-3$이면 $|a_2|=|a_4|$가 되어 조건 ㈏를 만족시키지 않으므로 $a_2=-12$

$\therefore a_1=-9,\ -24$

ⓓ $a_3=2$이면

$a_4=1$이고 a_1, a_2의 값은 다음과 같다.

a_1	a_2	a_3
10	5	
7		2
8	4	

$\therefore a_1=7,\ 8,\ 10$

$|a_3|=\left|\dfrac{1}{4}a_3\right|$에서 $a_3=0$

ⓔ $a_3=0$이면

$a_4=0$이고 a_1, a_2의 값은 다음과 같다.

a_1	a_2	a_3
6	3	0
	0	

$a_2=0$이면 $|a_2|=|a_4|$가 되어 조건 ㈏를 만족시키지 않으므로 $a_2=3$

$\therefore a_1=6$

(i), (ii)에 의하여 $a_1=-24,\ -9,\ 6,\ 7,\ 8,\ 10$

$\therefore |a_1|=24,\ 9,\ 6,\ 7,\ 8,\ 10$

따라서 구하는 합은

$6+7+8+9+10+24=64$

---

769 답 ③

해결 각 잡기

♡ 조건 ㈎, ㈏를 이용하여 a_4, a_5, a_6, a_7, a_8의 값을 r에 대한 식으로 나타내고 a_4의 값을 구한다.

♡ a_1, a_2, a_3, $\cdots$의 값을 구하여 $|a_m|>5$를 만족시키는 m의 값을 찾는다.

STEP 1 조건 ㈎에 의하여

$a_4=r$ …… ㉠

$a_8=r^2$ …… ㉡

$a_4=r$이고 $0<|r|<1$에서 $|a_4|<5$이므로 조건 ㈏에 의하여

$a_5=r+3$

$|a_5|<5$이므로

$a_6=a_5+3=r+6$

$|a_6|\geq 5$이므로

$a_7=-\dfrac{1}{2}a_6=-\dfrac{r}{2}-3$

$|a_7|<5$이므로

$a_8=a_7+3=-\dfrac{r}{2}$

㉡에 의하여

$r^2=-\dfrac{r}{2}$

$r\neq 0$이므로

$r=-\dfrac{1}{2}$

$\therefore a_4=-\dfrac{1}{2}\ (\because ㉠)$

STEP 2 (i) $|a_3|<5$이면

$a_4=a_3+3$에서

$a_3=a_4-3=-\dfrac{1}{2}-3=-\dfrac{7}{2}$

(ii) $|a_3|\geq 5$이면

$a_4=-\dfrac{1}{2}a_3$에서

$a_3=-2a_4=-2\times\left(-\dfrac{1}{2}\right)=1$

그런데 $|a_3|\geq 5$라는 조건을 만족시키지 않는다.

(i), (ii)에서

$a_3=-\dfrac{7}{2}$

(iii) $|a_2|<5$이면

$a_3=a_2+3$에서

$a_2=a_3-3=-\dfrac{7}{2}-3=-\dfrac{13}{2}$

그런데 $|a_2|<5$라는 조건을 만족시키지 않는다.

(iv) $|a_2|\geq 5$이면

$a_3=-\dfrac{1}{2}a_2$에서

$a_2=-2a_3=-2\times\left(-\dfrac{7}{2}\right)=7$

(iii), (iv)에서

$a_2=7$

(v) $|a_1|<5$이면

$a_2=a_1+3$에서

$a_1=a_2-3=7-3=4$

(vi) $|a_1|\geq5$이면

$a_2=-\dfrac{1}{2}a_1$에서

$a_1=-2a_2=-2\times7=-14$

조건 (나)에 의하여 $a_1<0$이므로

$a_1=-14$

$\therefore a_1=-14$, $a_2=7$, $a_3=-\dfrac{7}{2}$, $a_4=-\dfrac{1}{2}$,

$a_5=-\dfrac{1}{2}+3$, $a_6=-\dfrac{1}{2}+6$, $a_7=\dfrac{1}{4}-3$, $a_8=\dfrac{1}{4}$,

$a_9=\dfrac{1}{4}+3$, $a_{10}=\dfrac{1}{4}+6$, $a_{11}=-\dfrac{1}{8}-3$, $a_{12}=-\dfrac{1}{8}$, $\cdots$

이와 같은 과정을 계속하면 $|a_1|\geq5$이고, 자연수 k에 대하여 $|a_{4k-2}|\geq5$임을 알 수 있다.

따라서 $|a_m|\geq5$를 만족시키는 100 이하의 자연수 m은 1, 2, 6, 10, $\cdots$, 98이고, $98=4\times25-2$이므로

$p=1+25=26$

$\therefore p+a_1=26+(-14)=12$

MEMO